Progress in Mathematics
Volume 113

Colette Moeglin
Jean-Loup Waldspurger

Décomposition Spectrale et Séries d'Eisenstein

Une Paraphrase de l'Écriture

Birkhäuser Verlag
Basel · Boston · Berlin

First published in French 1993

Authors:
Colette Moeglin
Jean-Loup Waldspurger
Université Paris 7
UFR de Mathématiques
2 place Jussieu
F–75251 Paris Cedex 05

A CIP catalogue record for this book is available from the Library of Congress, Washington D.C., USA

Deutsche Bibliothek Cataloging-in-Publication Data

Moeglin, Colette:
Décomposition spectrale et séries d'Eisenstein : une paraphrase de l'écriture / Colette Moeglin; Jean-Loup Waldspurger. – Basel ; Boston ; Berlin : Birkhäuser, 1994
(Progress in mathematics ; Vol. 113)
ISBN 978-3-7643-2938-9 (Basel . . .)

NE: Waldspurger, Jean-Loup:; GT

Printed on acid-free paper produced of chlorine-free pulp

ISBN 978-3-7643-2938-9

9 8 7 6 5 4 3 2 1

TABLE DES MATIÈRES

II Décomposition suivant les données cuspidales

III Opérateurs Hilbertiens et formes automorphes

PRÉAMBULE

Depuis quelques années, Arthur a formulé des conjectures extrêmement précises, généralisant celles de Jacquet concernant $GL(n)$, sur la description des formes automorphes de carré intégrable (cf. [J], [A2], [A3], [A4]). L'origine de ces conjectures provient de ses travaux sur la formule des traces et leur point de départ remonte donc aux travaux de Langlands (cf. l'exposé d'Arthur à Corvallis [A1]). Il est vraisemblable que toute la force des constructions de ces formes automorphes comme résidus de séries d'Eisenstein n'a pas été utilisée. Il importe donc de bien comprendre le livre de base [L], c'est en tout cas, ce qui nous a motivé. Depuis que Langlands a écrit le matériel de ce livre (aux alentours de 67), plusieurs auteurs en ont déjà donné des présentations personnelles (Godement [G], Harish-Chandra [Hch], Osborne-Warner [O-W]). Morris a, quant à lui, étendu les résultats de Langlands aux cas des corps de fonctions ([M1] et [M2]).

Les notes qui suivent sont une redite de ce livre [L] et une version améliorée (et unifiée) d'exposés que nous avons faits au séminaire "automorphe" (Paris 7/ENS). Un séminaire ne peut avoir lieu sans auditeurs critiques; nous tenons donc à remercier P. Barrat, J.-P. Labesse, P. Perrin (qui ont aussi fait des exposés sur ce sujet), A.-M. Aubert, C. Blondel, L. Clozel, G. Henniart, G. Laumon (pour qui le but du séminaire était de rendre obscur ce qui est peu clair), M.-F. Vignéras, D. Wigner. Nous remercions aussi Y. Colin de Verdières qui est venu exposer sa démonstration du prolongement méromorphe des séries d'Eisenstein [C], K. Lai pour ses remarques sur une première version du manuscrit,

P. Deligne qui nous a communiqué la démonstration de l'appendice I et enfin, tout particulièrement, H. Jacquet qui nous a expliqué la preuve du prolongement méromorphe des séries d'Eisenstein que l'on trouvera au chapitre IV.

Voici une description plus précise des différents chapitres.

Le premier chapitre est un exposé général sur les formes automorphes et leurs termes constants. Notre but n'est nullement de donner un exposé complet de leurs propriétés, mais seulement de formuler celles-ci dans le cadre qui nous convient, en insistant sur celles qui résultent du principe selon lequel une forme automorphe est déterminée par ses termes constants. En particulier, nous utilisons sans démonstration des résultats de la théorie de la réduction et de celle des formes automorphes cuspidales. On s'inspire de Harish-Chandra [HC], de Godement [G], de Borel et Jacquet [BJ] et bien sûr de Langlands [L], chapitres 1, 2, 3, 5.

Soient k un corps global, G un groupe réductif connexe défini sur k, $G(\mathbb{A})$ le groupe de ses points adéliques. On se donne un groupe $\mathbf{G}$, revêtement fini et central de $G(\mathbb{A})$ dans lequel le groupe $G(k)$ des points rationnels se relève en un groupe encore noté $G(k)$. Ce cadre permet d'inclure les groupes métaplectiques. Après un long paragraphe consacré aux propriétés de ces données, on introduit la notion de terme constant d'une fonction sur $G(k)\backslash\mathbf{G}$: soient $P = MU$ un sous-groupe parabolique standard de G et ϕ une fonction, disons continue, sur $G(k)\backslash\mathbf{G}$; son terme constant le long de P est la fonction ϕ_P sur $U(\mathbb{A})M(k)\backslash\mathbf{G}$ définie par

$$\phi_P(g) = \int_{U(k)\backslash U(\mathbb{A})} \phi(ug)\mathrm{d}u,$$

cf. I.2.6. On explique comment une fonction à croissance modérée peut être approchée par une combinaison linéaire de ses termes constants le long des différents paraboliques standards de G (cf. I.2.7 à I.2.16; les paragraphes I.2.13 à I.2.16 sont tirés de [A2]). On introduit ensuite les notions de forme automorphe et de forme automorphe cuspidale sur $G(k)\backslash\mathbf{G}$, ou plus généralement sur $U(\mathbb{A})M(k)\backslash\mathbf{G}$, $P = MU$ étant un parabolique standard, cf. I.2.17, I.2.18.

Supposons un instant que le centre $Z_{\mathbf{G}}$ de $\mathbf{G}$ soit trivial, et soit ϕ une forme automorphe sur $G(k)\backslash\mathbf{G}$. On définit facilement la "composante cuspidale" de ϕ: c'est l'unique forme automorphe cuspidale ϕ^{cusp} sur $G(k)\backslash\mathbf{G}$ telle que

$$\langle\phi_0, \phi^{\text{cusp}}\rangle = \langle\phi_0, \phi\rangle$$

pour toute forme automorphe cuspidale ϕ_0, où l'on a posé

$$\langle\phi_0, \phi\rangle = \int_{G(k)\backslash\mathbf{G}} \overline{\phi}_0(g)\phi(g)\mathrm{d}g.$$

Cette définition s'étend au cas d'un groupe $\mathbf{G}$ quelconque et d'une forme automorphe sur $U(\mathbb{A})M(k)\backslash\mathbf{G}$, cf. I.2.18 et [L] p. 55. En particulier si ϕ est une forme automorphe sur $G(k)\backslash\mathbf{G}$, on définit la composante cuspidale ϕ_P^{cusp} du terme constant de ϕ le long de P. Quand P décrit les paraboliques standards, ces fonctions déterminent ϕ (proposition I.3.4, [L] lemme 3.7).

Soient $P = MU$ un sous-groupe parabolique standard et π une représentation automorphe cuspidale irréducible de $\mathbf{M}$ (:= l'image réciproque de $M(\mathbb{A})$ dans $\mathbf{G}$). On définit l'espace $A_0(U(\mathbb{A})M(k)\backslash\mathbf{G})_\pi$ des formes cuspidales de type π sur $U(\mathbb{A})M(k)\backslash\mathbf{G}$, cf. I.3.3.

Notons $\mathrm{Rat}(M)$ le groupe des caractères rationnels de M,

$$M(\mathbb{A})^1 := \bigcap_{\chi\in\mathrm{Rat}(M)} \mathrm{Ker}\,|\chi|$$

et $\mathbf{M}^1$ son image réciproque dans $\mathbf{G}$. Le groupe abélien $\mathbf{M}/\mathbf{M}^1$ est un espace vectoriel réel de dimension finie si k est un corps de nombres, un $\mathbb{Z}$-module libre de type fini si k est un corps de fonctions. Cela permet de définir l'espace des polynômes sur $\mathbf{M}/\mathbf{M}^1$, que l'on a des raisons de noter $\mathbb{C}[\mathrm{Re}\,\mathfrak{a}_M]$. Un tel polynôme définit une fonction sur $\mathbf{G}$, invariante à gauche par $\mathbf{M}^1U(\mathbb{A})$.

Cela étant, pour π comme ci-dessus,

$$\mathbb{C}[\mathrm{Re}\,\mathfrak{a}_M] \otimes_{\mathbb{C}} A_0(U(\mathbb{A})M(k)\backslash\mathbf{G})_\pi \tag{1}$$

s'identifie à un sous-espace de l'espace des formes automorphes cuspidales sur $U(\mathbb{A})M(k)\backslash\mathbf{G}$. Ce dernier est en fait la somme de ces sous-espaces, quand π décrit toutes les représentations cuspidales irréductibles de $\mathbf{M}$, cf. I.3.3.

Cela permet de définir le support d'une forme cuspidale ϕ comme le plus petit ensemble Π de représentations cuspidales irréducibles de $\mathbf{M}$ tel que ϕ appartienne à la somme des espaces (1) pour $\pi \in \Pi$. En particulier, si ϕ est automorphe sur $G(k)\backslash\mathbf{G}$, ϕ_P^{cusp} a un support que l'on note $\Pi_0(\mathbf{M}, \phi)$. La connaissance de ce support, quand maintenant P décrit tous les paraboliques standards, détermine des majorations de la fonction ϕ (cf. lemme I.4.1). En utilisant les arguments de [L] lemmes 5.1 et 5.2 et un argument de Waldschmidt (cf. lemme I.4.2), on obtient des critères assez précis assurant la convergence d'une suite de formes automorphes (lemme I.4.4) ou l'holomorphie d'une fonction $z \mapsto \phi_z$ à valeurs dans l'espace des formes automorphes (lemme I.4.10). Ces résultats sont un petit peu plus forts que ceux du chapitre 5 de [L]. Enfin si ϕ est supposée avoir un caractère central unitaire, le fait que ϕ soit ou non de carré intégrable (modulo $Z_{\mathbf{G}}$) se lit sur les caractères centraux des éléments de ses supports $\Pi_0(\mathbf{M}, \phi)$ (cf. I.4.11, [L] pp. 104 et 186).

Au chapitre II, on introduit les objets de base, séries d'Eisenstein et ce que nous appelons pseudo-séries d'Eisenstein (Godement parle de séries theta et Langlands ne leur donne pas vraiment de nom); ce sont, en fait des intégrales de séries d'Eisenstein. Ces objets dont les propriétés utilisées sont démontrées au chapitre 4 de [L], sont devenus maintenant classiques et nous nous sommes largement inspirés de l'exposé de Godement à Bourbaki présentant les travaux de Langlands. Ces objets dépendent d'abord de la donnée d'un Lévi standard M de G dont on note $\mathbf{M}$ l'image réciproque dans $\mathbf{G}$. On note $X_M^{\mathbf{G}}$ l'ensemble des caractères (continus) de $\mathbf{M}$ triviaux sur $\mathbf{M}^1$ (cf. ci-dessus) et sur le centre de $\mathbf{G}$ (une description précise de ce groupe est donnée en I.3; si k est un corps de nombres, $X_M^{\mathbf{G}}$ est naturellement un sous-espace vectoriel de $\operatorname{Rat} M \otimes_{\mathbb{Z}} \mathbb{C}$). Ils dépendent aussi d'une orbite de $X_M^{\mathbf{G}}$ dans l'ensemble des sous-représentations automorphes irréducibles (propriété non indispensable) de $\mathbf{M}$, notée $\mathfrak{P}$, i.e. $\mathfrak{P}$ est de la forme:

$$\mathfrak{P} := \{\lambda \otimes \pi_0,\ \lambda \in X_M^{\mathbf{G}}\},$$

où π_0 est une représentation de $\mathbf{M}$ se réalisant dans l'espace des formes automorphes sur $\mathbf{M}$. Ils dépendent, enfin, de sections du fibré sur $\mathfrak{P}$ dont la fibre en un point π de $\mathfrak{P}$ est l'espace des formes automorphes sur $M(k)U(\mathbb{A})\backslash\mathbf{G}$ de type π (cf. II.1.1) (où U est le radical unipotent du parabolique standard de Lévi M).

Remarquons que si k est un corps de nombres, il est possible de fixer π_0 canoniquement (en lui imposant d'avoir un caractère central trivial sur un sous-tore (au sens des groupes de Lie) de $\mathbf{M}$ supplémentaire de $Z_{\mathbf{G}}\mathbf{M}^1$). D'où dans ce cas une identification canonique de $X_M^{\mathbf{G}}$ avec $\mathfrak{P}$, et le fibré qui nous intéresse est canoniquement isomorphe au fibré trivial sur $X_M^{\mathbf{G}}$ de fibre l'espace des formes automorphes sur $M(k)U(\mathbb{A})\backslash\mathbf{G}$ de type π_0. Par contre si k est un corps de fonctions, il n'y a pas en général de choix canonique de π_0 et le fibré qui nous intéresse est isomorphe à un fibré principal sur $X_M^{\mathbf{G}}/Fix_{X_M^{\mathbf{G}}}\mathfrak{P}$ de fibre l'espace des formes automorphes sur $M(k)U(\mathbb{A})\backslash\mathbf{G}$ de type π_0.

Il n'est pas difficile de munir $X_M^{\mathbf{G}}$ et $\mathfrak{P}$ d'une structure de variétés analytiques complexes de telle sorte que pour tout choix de $\pi_0 \in \mathfrak{P}$ l'application:

$$\lambda \in X_M^{\mathbf{G}} \mapsto \lambda \otimes \pi_0 \in \mathfrak{P}$$

soit holomorphe. On définit alors aisément la notion de sections holomorphes, méromorphes, de Paley-Wiener, ... du fibré ci-dessus. Soit ϕ

une section; on définit classiquement une série d'Eisenstein dépendant de $\mathfrak{P}$ en posant quand la série converge absolument:

$$E(\phi,\pi)(g) = \sum_{\gamma\in P(k)\backslash G(k)} \phi(\pi)(\gamma g);$$

en suivant de près Godement, on donne les conditions suffisantes classiques qui assurent la convergence absolue et uniforme sur tout compact de $\mathbf{G}$, conditions qui portent sur la valeur absolue du caractère central de π, notée $\operatorname{Re}\pi$.

Dans ce qui suit, on fixe un caractère unitaire du centre de $\mathbf{G}$, noté ξ, et l'on suppose que $\mathfrak{P}$ est formé de représentations cuspidales de $\mathbf{M}$ pour lesquelles la restriction du caractère central au centre de $\mathbf{G}$ est ξ et l'on ne regarde que les sections ϕ comme ci-dessus à valeurs dans l'espace des formes automorphes cuspidales sur $M(k)U(\mathbb{A})\backslash\mathbf{G}$. On dit alors que $(M,\mathfrak{P})$ est une donnée cuspidale relativement à ξ. Pour $\mathfrak{P}$ vérifiant ces hypothèses et pour $\pi\in\mathfrak{P}$, le caractère $\operatorname{Re}\pi$ évoqué ci-dessus est en fait un élément de $X_M^{\mathbf{G}}$. On peut définir les pseudo-séries d'Eisenstein pour $(M,\mathfrak{P})$ fixé comme ci-dessus et pour ϕ une section de Paley-Wiener, en posant:

$$\theta_\phi := \int_{\substack{\pi\in\mathfrak{P}\\ \operatorname{Re}\pi=\lambda_0}} E(\phi,\pi)d\pi,$$

où λ_0 est un élément réel de $X_M^{\mathbf{G}}$, très positif. On vérifie que θ_ϕ est bien définie (i.e. que l'integrale converge, ne dépend pas du choix de λ_0 et que c'est une fonction sur $G(k)\backslash\mathbf{G}$ à décroisssance rapide (à support compact si k est un corps de fonctions). Une des propriétés des pseudo-séries d'Eisenstein est le théorème de "densité" suivant (cf. II.1.12): *soit ψ une fonction sur $G(k)\backslash\mathbf{G}$ se transformant suivant ξ sous le centre de $\mathbf{G}$ soit à croissance lente, soit L^2 modulo le centre telle que l'on ait:*

$$\int_{Z_{\mathbf{G}}G(k)\backslash\mathbf{G}} \overline{\psi}(g)\theta_\phi(g)dg = 0,$$

pour toute pseudo-série d'Eisenstein (on autorise évidemment n'importe quelle donnée cuspidale relativement à ξ), alors $\psi = 0$.

Ce résultat est en fait une conséquence à peu près immédiate du chapitre I. La deuxième partie du chapitre II est consacrée au calcul du produit scalaire de deux pseudo-séries d'Eisenstein. Ce calcul est standard: il se fait en utilisant le calcul des termes constants soit des séries d'Eisenstein ([L], 4.6(ii)) soit des pseudo-séries d'Eisenstein. Et c'est le deuxième point de vue que nous avons adopté (II.2.1). Le calcul des termes constants des séries d'Eisenstein est fait en II.1.7 et celui des termes constants des pseudo-séries d'Eisenstein en II.2.2; ces calculs sont voisins et faits dans un cadre relativement général, déjà utilisé par Arthur. Le calcul du produit scalaire, aboutit en particulier à la première décomposition orthogonale de $L^2(G(k)\backslash\mathbf{G})_\xi$ (cf. [L], 4.6(i)): *soient* $(M,\mathfrak{P})$ *et* $(M',\mathfrak{P}')$ *des données cuspidales relativement à* ξ*; on dit que* $(M,\mathfrak{P})$ *est équivalent à* $(M',\mathfrak{P}')$ *s'il existe* $\gamma \in G(k)$ *tel que* $\gamma M\gamma^{-1} = M'$ *et* $\gamma\mathfrak{P} = \mathfrak{P}'$. *Soit* $\mathfrak{X}$ *une classe d'équivalence de données cuspidales; on note* $L^2(G(k)\backslash\mathbf{G})_\mathfrak{X}$ *la clôture du sous-espace de* $L^2(G(k)\backslash\mathbf{G})_\xi$ *engendré par les pseudo-séries d'Eisenstein* θ_ϕ *correspondant à tous les éléments de* $\mathfrak{X}$*, alors si* $\mathfrak{X}$*,* $\mathfrak{X}'$ *sont deux classes d'équivalence distinctes* $L^2(G(k)\backslash\mathfrak{G})_\mathfrak{X}$ *est orthogonal à* $L^2(G(k)\backslash\mathfrak{G})_{\mathfrak{X}'}$ *et* $L^2(G(k)\backslash\mathbf{G})_\xi$ *est le complété de la somme orthogonale* $\oplus_\mathfrak{X} L^2(G(k)\backslash\mathfrak{G})_\mathfrak{X}$ *où* $\mathfrak{X}$ *parcourt l'ensemble des classes d'équivalence de données cuspidales.*

En fait pour la suite et essentiellement pour résoudre des problèmes de convergence dans le cas où k est un corps de nombres, Langlands a remarqué qu'il est trop restrictif de ne travailler qu'avec des pseudo-séries d'Eisenstein provenant de sections ϕ qui sont de Paley-Wiener. On introduit, à la suite de Langlands, la notion de Paley-Wiener R (cf. II.1.4) et pour R suffisament grand, on définit θ_ϕ comme cela a été fait ci-dessus. On montre alors, que θ_ϕ est encore de carré intégrable modulo le centre (II.1.10); il est sans difficultés majeures de calculer les termes constants de θ_ϕ sous cette hypothèse et d'étendre la formule du produit scalaire à ce cadre. Grâce au théorème de densité, on a immédiatement que $\theta_\phi \in L^2(G(k)\backslash\mathbf{G})_\mathfrak{X}$ si ϕ est de Paley-Wiener R et est définie à partir d'une donnée cuspidale appartenant à $\mathfrak{X}$.

Le chapitre III introduit une algèbre d'opérateurs. Soit $\mathfrak{X}$ une classe d'équivalence de données cuspidales. Pour $(M,\mathfrak{P}) \in \mathfrak{X}$, soit $f_{M,\mathfrak{P}}$ une fonction sur $\mathfrak{P}$, disons pour simplifier à valeurs dans $\mathbb{C}$. Si certaines propriétés de croissance, de régularité et d'invariance sont vérifiées, la famille $f = (f_{M,\mathfrak{P}})_{(M,\mathfrak{P})\in\mathfrak{X}}$ détermine un opérateur $\Delta(f)$ de $L^2(G(k)\backslash\mathbf{G})_\mathfrak{X}$. En particulier, si $(M,\mathfrak{P}) \in \mathfrak{X}$ et ϕ est une fonction sur $\mathfrak{P}$ de Paley-Wiener, on a $\Delta(f)\theta_\phi = \theta_{\phi'}$, où $\phi' = f_{M,\mathfrak{P}}\phi$. L'espace $H_\mathfrak{X}^R$ de ces opérateurs apparait comme un analogue global du centre de l'algèbre enveloppante de $\mathfrak{G}_\infty$. En particulier, il contient un opérateur autoadjoint qui joue un rôle essentiel au chapitre IV pour éliminer les questions de convergence à l'infini et dont l'introduction par Langlands est l'une de ses plus subtiles contributions.

Ces opérateurs permettent de décomposer l'espace des formes automorphes de la façon suivante. Soit $\mathfrak{y}$ une classe de conjugaison de couples (M,π) où M est un Lévi standard et π une représentation cuspidale irréductible de $\mathbf{M}$. Notons $A(G(k)\backslash\mathbf{G})_\mathfrak{y}$ l'espace des formes automorphes ϕ sur $G(k)\backslash\mathbf{G}$ telles que l'ensemble formé des couples (M,π), où M est un Lévi standard et $\pi \in \Pi_0(\mathbf{M}, \phi)$, soit inclus dans $\mathfrak{y}$. Alors quand on fait varier $\mathfrak{y}$, les espaces $A(G(k)\backslash\mathbf{G})_{\mathfrak{y}}$ engendrent l'espace des formes automorphes sur $G(k)\backslash\mathbf{G}$ (cf. III.2.6).

Le chapitre se termine par un énoncé reprenant le lemme 7.3 de [L], selon lequel si ϕ est une forme automorphe sur $G(k)\backslash\mathbf{G}$, de caractère central unitaire et de carré intégrable modulo $Z_{\mathbf{G}}$, les caractères centraux χ_π des éléments π des supports cuspidaux $\Pi_0(\mathbf{M}, \phi)$ ne sont pas quelconques. Pour énoncer le résultat simplement, supposons $\mathbf{G} = G(\mathbb{A})$, $Z_{\mathbf{G}} = \{1\}$. Notons T_M le plus grand tore déployé contenu dans le centre de M. On montre qu'il existe un entier $N(G)$, ne dépendant que de G comme l'indique la notation, tel que pour π comme ci-dessus, la restriction à $T_M(\mathbb{A})$ de $(\chi_\pi)^{N(G)}$ soit à valeurs réelles positives.

Le chapitre IV démontre que les séries d'Eisenstein issues d'une paire $(M, \mathfrak{P})$ formée d'un Lévi standard et d'une orbite de représentations automorphes cuspidales et irréducibles de $\mathbf{M}$, se prolongent méromorphiquement à tout $\mathfrak{P}$. Il en est de même des opérateurs d'entrelacement. La démonstration nous a été communiquée par Jacquet. Lui même l'attribue à Selberg (?...). On trouve aussi cette idée de démonstration dans [E].

On commence par le cas où M est un Lévi propre maximal de G. Le principe de la démonstration s'applique ensuite, grâce à une récurrence, à tout M. Supposons donc M propre maximal et supposons pour simplifier que k est un corps de nombres et que $\mathrm{Stab}(M, \mathfrak{P})$ a deux éléments 1 et w. On montre d'abord que les séries d'Eisenstein tronquées $\wedge^T E(\phi, \pi)$, définies dans un demi-plan positif, sont solutions d'équations fonctionnelles ne faisant intervenir que des opérateurs compacts (lemme IV.3.4). La théorie usuelle des résolvantes d'opérateurs compacts permet alors de construire une fonction $\tilde{E}$ méromorphe sur (à peu près) tout $\mathfrak{P}$ de sorte que, dans un demi-plan positif, on ait l'égalité

$$(**) \qquad E(\phi, \pi) - \tilde{E}(\phi, \pi) + \tilde{E}(M(w, \pi)\phi, w\pi),$$

où $M(w, \pi)$ est l'opérateur d'entrelacement. Mais E elle-même vérifie une équation fonctionnelle que $\tilde{E}$ ne vérifie pas. En appliquant cette équation, on déduit de $(**)$ une égalité

$$0 = R(\phi, \pi) + R(M(w, \pi)\phi, w\pi)$$

cf. IV.3.9. De là se déduit par inversion le prologement méromorphe de $M(w, \pi)$. On prolonge ensuite $E(\phi, \pi)$ par l'égalité $(**)$.

En utilisant les lemmes de I.4 et les opérateurs de III, on démontre diverses propriétés des singularités des séries d'Eisenstein et des opérateurs d'entrelacement. On obtient aussi les équations fonctionnelles qui dans la situation ci-dessus s'expriment par

$$E(\phi,\pi) = E(M(w,\pi)\phi, w\pi)$$
$$M(w,w\pi)M(w,\pi) = 1.$$

Enfin on reproduit un argument de Harder ([H] I.6.6) qui montre que, si k est un corps de fonctions, les opérateurs $M(w,\pi)$ et les valeurs $E(\phi,\pi)(g)$ (pour g fixé et ϕ convenable) sont des fonctions rationnelles de π.

L'objet de chapitres V et VI est de donner la décomposition "spectrale" de $L^2(G(k)\backslash\mathbf{G})_{\mathfrak{X}}$ où $\mathfrak{X}$ est une classe d'equivalence de données cuspidales relativement au caractère ξ (cf. ci-dessus). Pour ces chapitres, on suit quasiment à la lettre le chapitre VII et l'appendice II de Langlands. On fixe donc $\mathfrak{X}$ et pour $(M,\mathfrak{P}) \in \mathfrak{X}$, on définit $S_{(M,\mathfrak{P})}$ (cf. V.1.1) un ensemble de "sous-espace affines" de $\mathfrak{P}$ qui contient tous les hyperplans singuliers des opérateurs d'entrelacement:

$$\pi \mapsto M(w^{-1}, -w\overline{\pi})\phi(-w\overline{\pi}),$$

où w est un élément du groupe de Weyl de G de longeur minimale dans sa classe à droite modulo le groupe de Weyl de M et tel que wMw^{-1} est encore un Lévi standard de G (on note $W(M)$ cet ensemble, ce n'est évidemment pas un groupe), où $-\overline{\pi}$ est la contragrédiente hermitienne de π et où ϕ est une section holomorphe du fibré sur $-w\overline{\mathfrak{P}}$ analogue évident de celui décrit ci-dessus.

On suppose en outre que $S_{(M,\mathfrak{P})}$ est stable par intersection et par conjugaison au sens suivant:

$$\forall w \in W(M),\ wS_{(M,\mathfrak{P})} = S_{(wMw^{-1},w\mathfrak{P})}.$$

On pose $S_{\mathfrak{X}} = \cup_{(M,\mathfrak{P})\in\mathfrak{X}} S_{(M,\mathfrak{P})}$. Soient $\mathfrak{S}'$, $\mathfrak{S}'' \in S_{\mathfrak{X}}$; on dit que $\mathfrak{S}'$ et $\mathfrak{S}''$ sont équivalents si $\mathfrak{S}' \in S_{(M',\mathfrak{P}')}$, $\mathfrak{S}'' \in S_{(M'',\mathfrak{P}'')}$ avec $(M',\mathfrak{P}')$, $(M'',\mathfrak{P}'') \in \mathfrak{X}$ et s'il existe $w \in W(M')$ tel que $w\mathfrak{S}' = \mathfrak{S}''$ (ce qui sous-entend aussi: $wM'w^{-1} = M''$ et $w\mathfrak{P}' = \mathfrak{P}''$). On note $[S_{\mathfrak{X}}]$, l'ensemble des classes d'équivalence. On remarque que $S_{\mathfrak{X}}$ est un ensemble localement dénombrable et qu'il devient localement fini si l'on fixe un nombre fini de $\mathbf{K}$-types, $\mathfrak{F}$ et que l'on impose à ϕ ci-dessus de se transformer suivant l'un de ces $\mathbf{K}$-types. C'est le point de vue que Langlands et nous, à sa suite, avons adopté, mais que nous ne reprenons pas dans cette introduction pour alléger les notations. Le but est d'associer à tout élément $\mathfrak{C}$ de $[S_{\mathfrak{X}}]$ un sous-espace fermé de $L^2(G(k)\backslash\mathbf{G})_{\mathfrak{X}}$, noté $L^2(G(k)\backslash\mathbf{G})_{\mathfrak{C}}$, éventuellement nul, tel que:

1. $L^2(G(k)\backslash\mathbf{G})_{\mathfrak{C}}$ est orthogonal à $L^2(G(k)\backslash\mathbf{G})_{\mathfrak{C}'}$ si $\mathfrak{C}$ est différent de $\mathfrak{C}'$,

2. $L^2(G(k)\backslash\mathbf{G})_{\mathfrak{X}}$ est le complété de la somme orthogonale des
$$L^2(G(k)\backslash\mathbf{G})_{\mathfrak{C}},$$
le spectre discret de $L^2(G(k)\backslash\mathbf{G})_{\mathfrak{X}}$ est le complété de la somme orthogonale de $L^2(G(k)\backslash\mathbf{G})_{\mathfrak{C}}$ quand $\mathfrak{C}$ est formé d'éléments de dimension 0, i.e. de points.

Ces résultats de [L] n'ont pas du tout la forme abstraite ci-dessus mais [L] fournit en même temps une méthode de construction très explicite de la projection orthogonale de $L^2(G(k)\backslash\mathbf{G})_{\mathfrak{X}}$ sur $L^2(G(k)\backslash\mathbf{G})_{\mathfrak{C}}$, projection notée $\mathrm{proj}_{\mathfrak{C}}$. Pour cela, on décrit $\mathrm{proj}_{\mathfrak{C}}\,\theta_\phi$ quand ϕ est de Paley-Wiener R. Cette projection est une intégrale de résidus de séries d'Eisenstein. Il y a donc plusieurs problèmes à résoudre:

définir ces résidus; cela se fait avec comme seul outil le théorème des résidus classique généralisé à plusieurs variables. Pour nous les définitions et le théorème des résidus font l'objet de V.1.5 et la description des résidus est en V.2.2. Ces résidus sont noté $\mathrm{Res}^G_{\mathfrak{S}'}\,E(\phi,\pi)$ pour $\mathfrak{S}' \in \mathfrak{C}$ et $\pi \in \mathfrak{S}'$. (Ces références correspondent à [L], 7.1, plus précis que V.1.5, comme on l'explique à cet endroit et à [L] preuve de 7.7);

définir l'ensemble sur lequel on intègre; pour cela on fixe $\mathfrak{S} \in \mathfrak{C}$ (tout ce qui suit est indépendent de ce choix) et l'on intègre sur l'axe imaginaire de $\mathfrak{S}$ défini de la façon suivante:

on rappelle que $\mathrm{Re}\,\mathfrak{S} := \{\mathrm{Re}\,\pi, \pi \in \mathfrak{S}\}$ est un sous-espace affine (au sens usuel) de $\mathrm{Rat}\,M \otimes_{\mathbb{Z}} \mathbb{R}$; on note $(\mathrm{Re}\,\mathfrak{S})^0$ sa partie vectorielle et l'on pose:
$$o(\mathfrak{S}) = (\mathrm{Re}\,\mathfrak{S})^{0\perp} \cap \mathrm{Re}\,\mathfrak{S},$$
où l'orthogonal est pris pour un produit scalaire invariant mis sur $\mathrm{Rat}\,M \otimes_{\mathbb{Z}} \mathbb{R}$. L'axe imaginaire est alors:
$$\{\pi \in \mathfrak{S} \mid \mathrm{Re}\,\pi = o(\mathfrak{S})\}.$$

définir la fonction que l'on intègre, montrer qu'elle est holomorphe en tous points de l'ensemble d'intégration et que l'intégrale converge en un sens approprié. Pour la fonction, il s'agit (avec $\mathfrak{S}$ comme plus haut et $(M,\mathfrak{P}) \in \mathfrak{C}$ tel que $\mathfrak{S} \in S_{(M,\mathfrak{P})}$) de:
$$\{\pi \in \mathfrak{S} \mid \mathrm{Re}\,\pi = o(\mathfrak{S})\} \mapsto \sum_{w\in W(M)} \left(\mathrm{Res}^G_{w\mathfrak{S}}\,E(\phi,\pi')\right)_{\pi'=w\pi} =: *e_{\mathfrak{C}}(\phi,\pi),$$
où $*$ est un scalaire convenable. L'étude de l'intégrale est délicate dans le cas des corps de nombres car elle ne semble pas converger absolument. Supposons donc que k est un corps de nombres. On considère l'opérateur $\Delta(f_0)$ (cf. chapitre III) associé à la fonction, f_0, élément de $H^R_{\mathfrak{X}}$, définie par $f_0(\pi) = (\lambda_\pi, \lambda_\pi)$ où λ_π est l'unique élément de $\mathrm{Rat}\,M \otimes_{\mathbb{Z}} \mathbb{C}$ tel que $\lambda_\pi \otimes \pi_0 \simeq \pi$ (π_0 est l'élément canonique de $\mathfrak{P}$) et où $(,)$ est le

prolongement $\mathbb{C}$-linéaire d'un produit scalaire invariant sur Rat $M \otimes_{\mathbb{Z}} \mathbb{R}$. Le spectre de cet opérateur est réel et pour T point de continuité de ce spectre, on note q_T la projection sur la partie spectrale supérieure ou égale à $-T$. On commence en fait par décrire:

$$L^2(G(k)\backslash\mathbf{G})_{\mathfrak{C}} \cap q_T L^2(G(k)\backslash\mathbf{G})_{\xi} =: L^2(G(k)\backslash\mathbf{G})_{\mathfrak{C},T}$$

qui n'est pas autre chose que $q_T L^2(G(k)\backslash\mathbf{G})_{\mathfrak{C}}$. Pour cela, on donne une définition ad hoc ([L] premières notations de 7.6 et V.2.3) de $L^2(G(k)\backslash\mathbf{G})_{\mathfrak{C},T}$; on note $\text{proj}_{\mathfrak{C},T}$ la projection orthogonale sur cet espace. On vérifie aisément qu'en exceptant un sous-ensemble de mesure nulle de:

$$(**) \qquad \{\pi \in \mathfrak{G} \mid \operatorname{Re}\pi = o(\mathfrak{G}) et \|\operatorname{Im}\lambda_\pi\|^2 < T + \|o(\mathfrak{G})\|^2\}$$

l'application $\pi \mapsto e_{\mathfrak{C}}(\phi, \pi)$ pour ϕ fixé de Paley-Wiener R est holomorphe; on note $A_{\mathfrak{C},\pi}$ l'espace vectoriel engendré quand ϕ varie. Toujours en exceptant un ensemble de mesure nulle, on montre que $A_{\mathfrak{C},\pi}$ est muni d'un produit scalaire hilbertien caractérisé par la formule:

$$\langle e_{\mathfrak{C}}(\phi, \pi), e_{\mathfrak{C}}(\phi', \pi)\rangle = \langle \theta_\phi, e_{\mathfrak{C}}(\phi', \pi)\rangle,$$

pour tout ϕ de Paley-Wiener et ϕ' de Paley-Wiener R. (cf. V.3.9 qui "s'inspire beaucoup" de ([L], 7.5).

On montre aussi que $\pi \mapsto A_{\mathfrak{C},\pi}$ est un champ préhilbertien que l'on transforme aisément, en complétant, en un champ hilbertien. On a alors une description "spectrale" de $L^2(G(k)\backslash\mathbf{G})_{\mathfrak{C},T}$ (cf. V.3.11) et c'est à l'aide de cette description et d'arguments d'algèbre linéaire simples que l'on montre que $\pi \mapsto e_{\mathfrak{C}}(\phi, \pi)$ est holomorphe en tout point de l'ensemble (**) ci-dessus (cf. [L], preuve de 7.6 et V.3.11). Il n'est alors plus très difficile (cf. V.3.11) de prouver la formule

$$\text{proj}_{\mathfrak{C},T}\,\theta_\phi = \int_{\substack{\pi\in\mathfrak{G} \\ \operatorname{Re}\pi = o(\mathfrak{G}) \\ \|\operatorname{Im}\lambda_\pi\|^2 < T + \|o(\mathfrak{G})\|^2}} e_{\mathfrak{C}}(\phi, \pi)\,d\pi.$$

Ensuite, on prouve que:

$$q_T\theta_\phi = \sum_{\mathfrak{C}\in[S_{\mathfrak{X}}]} \text{proj}_{\mathfrak{C},T}\,\theta_\phi,$$

presque tous les termes intervenant sont nuls puisque l'on suppose que ϕ est $\mathbf{K}$-finie dans la définition de Paley-Wiener R. Pour cela, il faut comparer, et donc en particulier calculer, le produit scalaire de $q_T\theta_\phi$ et $\text{proj}_{\mathfrak{C},T}\,\theta_\phi$ contre toutes les pseudo-séries d'Eisenstein (cf. V.2.9 et V.3.4); cela utilise le corollaire 1 de [L], 7.4 qui devient ci-dessous les lemmes V.2.10 et V.3.5. On a ainsi décomposé non pas $L^2(G(k)\backslash\mathbf{G})_{\mathfrak{X}}$ mais $q_T L^2(G(k)\backslash\mathbf{G})_{\mathfrak{X}}$ (cf. [L] 7.6 et V.3.12). Finalement, en faisant tendre T vers l'infini, on vérifie que les fonctions à croissance lente

$\mathrm{proj}_{\mathfrak{C},T}\,\theta_\phi$ (pour ϕ fixé de Paley-Wiener R), sur $G(k)\backslash\mathbf{G}$, ont une limite dans $L^2(G(k)\backslash\mathbf{G})_{\mathfrak{X}}$ ([L] 7.6 et 7.7 et V.3.14); l'espace fermé engendré par ces limites est $L^2(G(k)\backslash\mathbf{G})_{\mathfrak{C}}$ et l'on obtient la décomposition cherchée. Il est à peu près immédiat que $L^2(G(k)\backslash\mathbf{G})_{\mathfrak{C}}$ rencontre le spectre discret si et seulement si les éléments de $\mathfrak{C}$ sont réduits à un point (i.e. $\mathrm{proj}_{\mathfrak{C},T}$ est définie sans intégration). Cet espace est alors totalement inclus dans le spectre discret et l'on dit que $\mathfrak{C}$ est la classe singulière attachée à cet espace. En général, comme représentation de $\mathbf{G}$, cet espace n'est pas irréductible, il est même de longeur infinie (cf. l'exemple de G_2).

Le chapitre VI a pour but de décrire $L^2(G(k)\backslash\mathbf{G})_{\mathfrak{C}}$ quand cet espace n'appartient pas au spectre discret, à l'aide d'une partie du spectre discret d'un Lévi standard de G; pour éviter des difficultés, non conceptuelles, on suppose encore, ici, que k est un corps de nombres. Le résultat est alors le suivant:
on montre qu'il existe un couple (L,δ), unique, à association près, où $\mathbf{L}$ est un Lévi standard de G et où δ est un sous-espace du spectre de $\mathbf{L}$ de la forme $L^2(L(k)\backslash\mathbf{L})_{\mathfrak{C}_L}$ (avec $\mathfrak{C}_L$ une classe singulière, comme ci-dessus) caractérisé par:

$\forall \mathfrak{G}_L \in \mathfrak{C}_L$, $\mathfrak{G}_L$ est réduit à un point (cf. ci-dessus), noté π_L, et $\pi_L \otimes X_L^G$ est un élément de $\mathfrak{C}$ (où X_L^G est l'analogue de X_M^G défini au début de l'introduction).

(cf. ([L], 7.2) et VI.1.9).

Puis on montre que $L^2(G(k)\backslash\mathbf{G})_{\mathfrak{C}}$ est engendré par les intégrales sur l'axe imaginaire de X_L^G des séries d'Eisenstein de $\mathbf{L}$ à $\mathbf{G}$ associées aux formes automorphes pour $\mathbf{L}$ incluses dans δ. L'intégrale n'est encore qu'une limite au sens L^2 comme ci-dessus (cf. VI.2.2 et la formulation faite par Arthur à Corvallis ([A1]) des résultats de Langlands). En fait cette description de $L^2(G(k)\backslash\mathbf{G})_{\mathfrak{C}}$ résulte, comme l'explique Langlands dans son appendice II de la description, pour π général, des espaces $A_{\mathfrak{C},\pi}$ introduits ci-dessus (cf. ([L], 7.4) et VI.2.4) et de l'équation fonctionnelle pour les résidus de séries d'Eisenstein (cf. VI.1.5). On montre en particulier que $A_{\mathfrak{C},\pi}$ (pour π général) s'identifie à l'espace des séries d'Eisenstein de $\mathbf{L}$ à $\mathbf{G}$ construites à partir des formes automorphes incluses dans δ. Pour cela, on utilise un renseignement assez précis sur la situation des pôles des résidus des séries d'Eisenstein, $\mathrm{Res}_{\mathfrak{G}}^G\, E(\phi,\pi)$ définies ci-dessus, qui est [L], corollaire de 7.6 et VI.1.2. Langlands utilise ce renseignement dans la preuve de 7.7; nous l'utilisons dans la "réduction" au Lévi (cf. VI.1.4) qui est implicite dans ([L], 7.4 et suivant).

Dans l'appendice I, on démontre que le revêtement $\mathbf{G} \to G(A)$ est scindé sur tout sous-groupe $U(\mathbb{A})$, où U est le radical unipotent d'un sous-groupe parabolique de G. C'est facile à démontrer si la caractéristique de k ne divise pas le nombre de feuillets du revêtement. Cela l'est beaucoup moins dans le cas général. La démonstration nous a été communiquée par P. Deligne.

L'appendice II démontre que si k est un corps de fonctions, toute forme automorphe sur $G(k)\backslash\mathbf{G}$ est combinaison linéaire de dérivées de séries d'Eisenstein (cf. 1.4). Le raisonnement est le suivant. Soit ϕ une forme automorphe sur $G(k)\backslash\mathbf{G}$. Pour toute pseudo-série d'Eisenstein θ_Φ, l'integrale

$$I(\phi, \Phi) = \int_{G(k)\backslash\mathbf{G}} \phi(g)\theta_\Phi(g)dg$$

est convergente. Elle s'exprime aisément au moyen des composantes cuspidales des termes constants de ϕ (cf. 2.2). Alors l'implication

$$\theta_\Phi = 0 \Rightarrow I(\phi, \Phi) = 0$$

impose à ces composantes de vérifier un système d'équations linéaires. En particulier les composantes cuspidales des dérivées de séries d'Eisenstein sont solutions de ce système. On montre que toute solution du système provient d'une telle fonction. L'argument est algébrique: c'est là que l'on utilise l'hypothèse que k est un corps de fonctions. Le résultat final s'en déduit aisément.

L'appendice III étudie la partie du spectre discret d'un groupe de type G_2 issue d'un Lévi minimal et de sa représentation triviale. Langlands a montré que le sous-espace des vecteurs de ce spectre invariants par le compact maximal était de dimension 2. On lève cette hypothèse d'invariance (en la conservant toutefois pour les places archimédiennes; on suppose que k est un corps de nombres). Le résultat est bizarre...

Dans l'appendice IV, on étudie les modifications à apporter à la théorie quand le groupe G n'est plus supposé (algébriquement) connexe. On pense par exemple au cas du groupe orthogonal. Essentiellement, on peut dire que les résultats sont exactement les mêmes que dans le cas connexe, pourvu que les rangs déployés des centres de G et de sa composante neutre G^0 soient égaux. Pour pouvoir effectuer des récurrences, on est amené à définir la notion de sous-groupe de Lévi de sorte que ces sous-groupes vérifient la condition ci-dessus. Pour cela, si M^0 est un sous-groupe de Lévi de G^0, on lui associe un sous-groupe de Lévi M de

G qui est par définition le commutant dans G du plus grand tore déployé central dans M^0. Avec ces définitions, les résultats des chapitres 5 et 6 s'étendent au cas non connexe. On doit tout de même résoudre quelques problèmes. Par exemple, sur un corps local, il n'existe pas toujours de sous-groupe compact maximal coupant toute composante connexe. Il n'y a pas dans ce cas de décomposition d'Iwasawa. Mais on montre que cela ne perturbe pas sérieusement les démonstrations. Si G ne vérifie pas la condition évoquée ci-dessus, on doit introduire le groupe G', commutant dans G du plus grand tore déployé central dans G^0. Ce groupe vérifie la condition souhaitée et la décomposition spectrale pour le groupe G se déduit par induction de celle pour G'. Notons par exemple que pour un tel groupe, le "spectre discret" est réduit à $\{0\}$!

TABLE DES NOTATIONS

I

Hypothèses, formes automorphes, termes constants

I.1. Hypothèses et notations générales

I.1.1. Soit k un corps global; on note $\mathbb{A}$ l'anneau des adèles de k. Pour une place finie v de k, on note ϑ_v l'anneau des entiers. On note $\mathbb{A}_f$ l'anneau des adèles finies de k et $\mathbb{A}_\infty = \prod k_v$, produit sur les places archimédiennes. Si k est un corps de fonctions, on note q le nombre d'éléments de son corps des constantes.

Soit G un groupe algébrique réductif connexe défini sur k. On fixe un plongement dans un groupe linéaire de la façon suivante. On choisit d'abord un plongement $i'_G : G \hookrightarrow GL_n$, défini sur k, d'image fermée. Alors $i_G : G \hookrightarrow GL_{2n}$ est défini par

$$i_G(g) = \begin{pmatrix} i'_G(g) & 0 \\ 0 & t_{i'_G(g)^{-1}} \end{pmatrix}.$$

Il existe un ensemble fini S de places de k contenant les places archimédiennes, tel que l'image de i_G soit définie et lisse sur $\vartheta^S := \prod_{v \notin S} \vartheta_v$ (cf. [Sp] §4.9). Pour $v \notin S$, cela permet de définir le groupe $G(\vartheta_v)$ des points à valeurs dans ϑ_v. Pour presque tout $v \notin S$, c'est un sous-groupe compact maximal de $G(k_v)$ (cf. [Sp]p.18, 1.3 et suivantes). On fixe un sous-groupe compact maximal K de $G(\mathbb{A})$ tel que $K = \prod_v K_v$, produit sur toutes les places de k, où K_v est un sous-groupe compact maximal de $G(k_v)$. On suppose comme il est loisible que pour presque toute place finie, $K_v = G(\vartheta_v)$. On imposera des propriétés supplémentaires à K en I.1.4.

Soit $\mathbf{G}$ un groupe topologique qui est un revêtement fini et central de $G(\mathbb{A})$ (cf. [M3]) i.e. il existe un morphisme surjectif pr de groupes topologiques, dont le noyau $\mathbf{N}$ est un sous-groupe fini du centre de $\mathbf{G}$, pr étant un revêtement topologique. Cette dernière condition se traduit de la façon suivante: il existe un voisinage ouvert U de l'unité de $G(\mathbb{A})$ et un isomorphisme j de $pr^{-1}(U)$ sur $U \times \mathbf{N}$ rendant commutatif le diagramme

$$\begin{array}{ccc} \mathrm{pr}^{-1}(U) & \xrightarrow{j} & U \times \mathbf{N} \\ & \mathrm{pr}\searrow \quad \swarrow \mathrm{pr}_1 & \\ & U & \end{array}$$

où pr_1 est la projection sur le premier facteur.

I.1.2. Description de G. Commençons par une remarque.

Remarque: il existe un ensemble fini S de places de k tel que pour tout $v \notin S$, K_v se relève dans $\mathbf{G}$.

$\mathbb{P}$. On fixe U comme ci-dessus et on impose à j de vérifier $j(1_{\mathbf{G}}) = 1_{\mathbf{N}} \times 1_{G(\mathbb{A})}$ où 1 avec un indice désigne l'élément neutre du groupe écrit en indice. On pose $\tilde{U} = j^{-1}(U \times 1_{\mathbf{N}})$. Comme j est un homéomorphisme, $\tilde{U}$ est un ouvert de $\mathrm{pr}^{-1}(U)$ contenant $1_{\mathbf{G}}$; c'est donc un voisinage de $1_{\mathbf{G}}$ sur lequel la restriction de pr coïncide avec j et induit un isomorphisme avec U. On fixe $\tilde{U}'$ un voisinage ouvert de $1_{\mathbf{G}}$ dans $\mathbf{G}$, inclus dans $\tilde{U}$, tel que $\tilde{U}'\tilde{U}' \subset \tilde{U}$. On pose $U' = \mathrm{pr}(\tilde{U}')$. Soit S un ensemble fini de places de k et soit U'_S un voisinage de l'unité dans $\prod_{v \in S} G(k_v)$ tels que l'on ait

$$U' \supset U'_S \times \prod_{v \notin S} K_v$$

(l'existence de S et U'_S résulte de la description de la topologie adélique de $G(\mathbb{A})$). Pour tout $v \notin S$, K_v s'identifie à un sous-groupe de U' et l'on pose $\tilde{K}_v = \mathrm{pr}^{-1}(K_v) \cap \tilde{U}$; on remarque que $\tilde{K}_v$ est inclus dans $\tilde{U}'$. D'après ce qui précède, pr induit un isomorpisme de $\tilde{K}_v$ sur K_v. En particulier, si v est finie, $\tilde{K}_v$ est ouvert et compact. La propriété de $\tilde{U}'$ entraine alors que $\tilde{K}_v$ est un sous-groupe de $\mathbf{G}$. D'où le résultat cherché. □

Bien évidemment, le relèvement défini ci-dessus n'est pas canonique et n'a aucune raison d'être unique. Toutefois il vérifie la propriété suivante: (1) pour tout ouvert $\mathbf{U}$ de $\mathbf{G}$ contenant $1_{\mathbf{G}}$, il existe un ensemble fini de places S tel que $\mathbf{U}$ contienne $\prod_{v \notin S} \tilde{K}_v$.

Deux systèmes de relèvements (i.e. des relèvements pour presque tout v de K_v) vérifiant cette hypothèse coïncident presque partout.

Pour une place v de k, on note $\mathbf{G}_v$ l'image réciproque de $G(k_v)$ par pr. Il est clair que $\mathbf{G}_v$ muni de la topologie induite par celle de $\mathbf{G}$ est un groupe topologique. On a la suite exacte, réalisant $\mathbf{G}_v$ comme revêtement de $G(k_v)$:

$$1 \longrightarrow \mathbf{N} \longrightarrow \mathbf{G}_v \xrightarrow{\text{pr}} G(k_v) \longrightarrow 1$$

On fixe pour presque tout v un relèvement $\tilde{K}_v$ de K_v, système de relèvements satisfaisant (1) ci-dessus et l'on pose

$$\prod_v{}' \mathbf{G}_v = \{(g_v)_{v \text{ place de } k}; g_v \in \mathbf{G}_v \text{ et pour presque tout } v, g_v \in \tilde{K}_v\}.$$

Cela est indépendant du choix des relèvements. On munit $\prod_v' \mathbf{G}_v$ de la topologie adélique. Ce groupe contient dans son centre le groupe

$$\bigoplus_v \mathbf{N} = \{(n_v)_{v \text{ place de } k}; n_v \in \mathbf{N} \text{ et } n_v = 1 \text{ pour presque tout } v\}.$$

Définissons

$$(\bigoplus_v \mathbf{N})^1 = \{(n_v) \in \bigoplus_v \mathbf{N}; \prod n_v = 1\}.$$

On a alors l'isomorphisme

$$\prod_v{}' \mathbf{G}_v / (\bigoplus_v \mathbf{N})^1 \xrightarrow{\sim} \mathbf{G}. \tag{2}$$

Réciproquement, soit $\mathbf{N}$ un groupe abélien fini et toute place v de k, fixons un groupe topologique $\mathbf{G}_v$ extension centrale de $G(k_v)$ par $\mathbf{N}$, i.e.

$$1 \longrightarrow \mathbf{N} \longrightarrow \mathbf{G}_v \xrightarrow{\text{pr}_v} G(k_v) \longrightarrow 1$$

On suppose que pour presque toute place finie de k, il existe un sous-groupe compact ouvert $\tilde{K}_v$ de $\mathbf{G}_v$ tel que la restriction de pr_v à $\tilde{K}_v$ soit un isomorphisme de $\tilde{K}_v$ sur K_v. On définit le groupe topologique $\prod_v' \mathbf{G}_v$ comme ci-dessus et son sous-groupe $(\bigoplus_v \mathbf{N})^1$. Alors

$$\mathbf{G} := (\prod_v{}' \mathbf{G}_v)/(\bigoplus_v \mathbf{N})^1$$

est naturellement une extension de $G(\mathbb{A})$ par $\mathbb{N}$.

I.1.3. Le revêtement $\mathbf{G}_v \xrightarrow{\text{pr}} G(\mathbb{A})$: hypothèses et propriétés

On suppose

(1) $G(k)$ se relève en un sous-groupe de $\mathbf{G}$.

On fixe une fois pour toutes un relèvement que l'on note encore $G(k)$. Remarquons que l'on a:

(2) soit C un sous-groupe commutatif de $G(\mathbb{A})$ et $\mathbf{C}$ son image réciproque; alors le centre de $\mathbf{C}$ contient l'image réciproque de

$$C^{|\mathbf{N}|}(:= \{c^{|\mathbf{N}|}; c \in C\}),$$

où $|\mathbf{N}|$ est le nombre d'éléments de $\mathbf{N}$.

La preuve est élémentaire.

On a besoin de relever les sous-groupes unipotents de $G(\mathbb{A})$. Plus précisément, soit P un sous-groupe parabolique de G (défini sur k) et U son radical unipotent. On prouvera en appendice

(3) $U(\mathbb{A})$ se relève canoniquement dans $\mathbf{G}$.

On note encore $U(\mathbb{A})$ l'image de ce relèvement. Alors $U(\mathbb{A})$ est produit adélique de sous-groupes définis pour toute place v de k et isomorphes à $U(k_v)$. En outre (3) assure que

(4) l'image réciproque du normalisateur de $U(\mathbb{A})$ dans $G(\mathbb{A})$ est le normalisateur de $U(\mathbb{A})$ dans $\mathbf{G}$.

On reviendra plus loin (cf. I.1.5) sur les propriétés du revêtement $\mathrm{pr} : \mathbf{G} \to G(\mathbb{A})$.

I.1.4. Sous-groupes de Lévi et caractères

On a déjà introduit $k, A, G, \mathbf{G}, \mathrm{pr}, K$ (cf. I.1.1). On note $\mathbf{K}$ l'image réciproque de K dans $\mathbf{G}$. Soit P un sous-groupe parabolique de G (i.e. G/P est une variété algébrique complète), défini sur k de radical unipotent U et soit M un sous-groupe de Lévi de P. On note $\mathbf{M}$ l'image réciproque de $M(\mathbb{A})$ dans $\mathbf{G}$. On note encore $U(\mathbb{A})$ le relèvement canonique de $U(\mathbb{A})$ dans $\mathbf{G}$ (cf. I.1.3 (3)). On fixe un sous-groupe parabolique P_0 de G, défini sur k, minimal, et un sous-groupe de Lévi M_0 de P_0, défini sur k. On appellera sous-groupe parabolique standard de G tout sous-groupe parabolique de G défini sur k contenant P_0. On appellera sous-groupe de Lévi standard de G un sous-groupe de Lévi, contenant M_0, d'un sous-groupe parabolique standard de G. Tout sous-groupe parabolique standard possède un unique sous-groupe de Lévi standard.

On impose au groupe K de vérifier les propriétés suivantes:

(i) $G(\mathbb{A}) = P_0(\mathbb{A})K$;

(ii) pour tout sous-groupe parabolique standard $P = MU$ de G, on a l'égalité $P(\mathbb{A}) \cap K = (M(\mathbb{A}) \cap K)(U(\mathbb{A}) \cap K)$, et $M(\mathbb{A}) \cap K$ est encore un sous-groupe compact maximal de $M(\mathbb{A})$.

C'est loisible. Grâce à (ii), le choix de K fixe aussi un choix de sous-groupe compact maximal de $M(\mathbb{A})$ pour tout Lévi standard M.

Remarque. L'hypothèse (ii) est commode mais pas indispensable. Si elle n'était pas vérifiée, il faudrait choisir un sous-groupe compact maximal de $M(\mathbb{A})$ contenant l'image dans $M(\mathbb{A}) \simeq P(\mathbb{A})/U(\mathbb{A})$ de $P(\mathbb{A}) \cap K$.

On note Z_G le centre de G, $Z_{\mathbf{G}}$ celui de $\mathbf{G}$ et pour M un sous-groupe de Lévi de G, Z_M le centre de M et $Z_{\mathbf{M}}$ celui de $\mathbf{M}$.

Remarque. En général, $Z_{\mathbf{M}}$ n'est pas égal à l'image réciproque de $Z_M(\mathbb{A})$ par pr. Néanmoins on montre comme en I.1.3 (2) que $Z_{\mathbf{M}}$ contient $pr^{-1}(Z_M(\mathbb{A})^{|\mathbf{N}|})$.

Fixons M un Lévi standard de G; on note $\mathrm{Rat}(M)$ le groupe des caractères rationnels de M (i.e. les homomorphismes de groupes algébriques de M dans le groupe multiplicatif $\mathbb{G}_m$). On pose

$$\mathfrak{a}_M^* = \mathrm{Rat}(M) \bigotimes_{\mathbb{Z}} \mathbb{C}, \ \mathfrak{a}_M = \mathrm{Hom}_{\mathbb{Z}}(\mathrm{Rat}(M), \mathbb{C}).$$

Les espaces vectoriels complexes $\mathfrak{a}_M$ et $\mathfrak{a}_M^*$ sont duaux l'un de l'autre. Notons qu'ils sont naturellement munis de $\mathbb{Q}$-structures: si l'on pose

(1) $$\mathfrak{a}_{M,\mathbb{Q}}^* = \mathrm{Rat}(M) \bigotimes_{\mathbb{Z}} \mathbb{Q}, \ \mathfrak{a}_{M,\mathbb{Q}} = \mathrm{Hom}_{\mathbb{Z}}(\mathrm{Rat}(M), \mathbb{Q}),$$

on a évidement

$$\mathfrak{a}_M^* = \mathfrak{a}_{M,\mathbb{Q}}^* \bigotimes_{\mathbb{Q}} \mathbb{C}, \ \mathfrak{a}_M = \mathfrak{a}_{M,\mathbb{Q}} \bigotimes_{\mathbb{Q}} \mathbb{C}.$$

On utilisera également les espaces réels

$$\mathrm{Re}\mathfrak{a}_M^* = \mathrm{Rat}(M) \bigotimes_{\mathbb{Z}} \mathbb{R}, \ \mathrm{Re}\mathfrak{a}_M = \mathrm{Hom}_{\mathbb{Z}}(\mathrm{Rat}(M), \mathbb{R}).$$

Soit $\chi \in \mathrm{Rat}(M)$; pour toute place v de k, χ définit un caractère algébrique noté χ_v de $M(k_v)$ dans k_v^*. On définit $|\chi|$, un homomorphisme continu de $M(\mathbb{A})$ dans $\mathbb{C}^*$ par

$$\forall m = (m_v) \in M(\mathbb{A}), \ m^{|\chi|} = \prod_v |m_v^{\chi_v}|_v,$$

où $| \ |_v$ est la valeur absolue de k_v (en général, si H est un groupe, h un élément de H et χ un caractère de H, on note h^χ la valeur de χ au point h; cela conduit à noter additivement la loi de groupe sur l'ensemble des caractères de H). On note

$$M^1 = \bigcap_{\chi \in \mathrm{Rat}(M)} \mathrm{Ker}|\chi|;$$

c'est un sous-groupe distingué de $M(\mathbb{A})$;

X_M le groupe des homomorphismes continus de $M(\mathbb{A})$ dans $\mathbb{C}^*$ triviaux sur M^1.

Vu l'importance que joue X_M dans ce qui suit, il vaut mieux décrire un peu plus ce groupe:

(2) soit $\lambda \in X_M$, alors il existe $\chi_1, \ldots, \chi_R \in \mathrm{Rat}(M)$ et $s_1, \ldots, s_R \in \mathbb{C}$

tels que l'on ait

$$\forall m \in M(\mathbb{A}),\ m^{\lambda} = (m^{|\chi_1|})^{s_1} \dots (m^{|\chi_R|})^{s_R}.$$

$\mathbb{P}$. Le groupe $\mathrm{Rat}(M)$ est un $\mathbb{Z}$-module libre puisque M est connexe. Fixons une base $\chi_1, \dots, \chi_R$ de ce $\mathbb{Z}$-module et notons V le sous-groupe de R_+^* image de $\mathbb{A}^*$ par l'application valeur absolue (on a $V = \mathbb{R}_+^*$ si k est un corps de nombres, $V = q^{\mathbb{Z}}$ si k est un corps de fonctions). Définissons une application

$$j : M(\mathbb{A}) \to V^R$$

par $j(m) = (m^{|\chi_1|}, \dots, m^{|\chi_R|})$. Son noyau est M^1 car

$$M^1 = \bigcap_{i=1}^{R} \mathrm{Ker}|\chi_i|.$$

Son image est V^R tout entier si k est un corps de nombres, un sous-groupe d'indice fini de V^R si k est un corps de fonctions. En effet supposons d'abord que M est un tore déployé. Alors l'application

$$M(\mathbb{A}) \longrightarrow \mathbb{A}^{*R}$$

$$m \longmapsto (m^{\chi_1}, \dots, m^{\chi_R})$$

est surjective et l'assertion est claire. Dans le cas général, il suffit de démontrer la même assertion pour le sous-groupe $j(T_M(\mathbb{A}))$, où T_M est le tore déployé maximal de Z_M. L'ensemble des restrictions $\{\chi_{i|T_M}; i = 1, \dots, R\}$ n'engendre pas $\mathrm{Rat}(T_M)$ mais reste linéairement indépendant et engendre un sous-groupe d'indice fini de $\mathrm{Rat}(T_M)$. Cela suffit pour conclure.

On vérifie que j définit un isomorphisme de groupes topologiques de $M(\mathbb{A})/M^1$ sur l'image $j(M(\mathbb{A}))$. Un homomorphisme continu de $M(\mathbb{A})/M^1$ dans $\mathbb{C}^*$ provient donc d'un homomorphisme continu de V^R dans $\mathbb{C}^*$ et ce dernier est toujours de la forme

$$(x_1, \dots, x_R) \longmapsto x_1^{s_1} \dots x_R^{s_R}$$

pour des $s_1, \dots, s_R \in \mathbb{C}$ convenables. □

En d'autres termes, X_M se réalise comme quotient de $\mathfrak{a}_M^*$, i.e. il existe un morphisme de groupes surjectif

$$\kappa : \mathfrak{a}_M^* \to X_M \tag{3}$$

L'argument ci-dessus prouve que κ est bijectif si k est un corps de nombres; si k est un corps de fonctions, le noyau de κ est de la forme $(2\pi i/\log q)L$, où L est un réseau de $\mathrm{Rat}(M) \bigotimes_{\mathbb{Z}} \mathbb{Q}$ contenant l'image de $\mathrm{Rat}(M)$ dans cet espace vectoriel. On retrouve ce résultat de façon équivalente par les considérations suivantes. Il existe une application naturelle de $M(A)$ dans $\mathfrak{a}_M$, notée $\log_M$ définie par

(4) $\quad \forall m \in M(\mathbb{A}),\ \forall \chi \in \mathrm{Rat}(M),\ <\chi, \log_M(m)> \ = \ \log(m^{|\chi|}).$

Le noyau de $\log_M$ est précisément M^1 et $M(\mathbb{A})/M^1$ s'identifie par $\log_M$ à un sous-groupe de $\mathfrak{a}_M$ et même de $\mathrm{Re}\mathfrak{a}_M$. Le noyau de κ est l'ensemble des $\lambda \in \mathfrak{a}_M^*$ tels que $\mathrm{e}^{<\lambda,H>} = 1$ pour tout H dans l'image de $\log_M$. Si k est un corps de nombres, on a $\log_M(M(\mathbb{A})/M^1) \simeq \mathrm{Re}\mathfrak{a}_M$, et κ est bijective. Si k est un corps de fonctions, $\log_M(M(\mathbb{A})/M^1)$ est un réseau de $\mathrm{Re}\mathfrak{a}_M$ inclus dans $\mathrm{Hom}_{\mathbb{Z}}(\mathrm{Rat}(M), (\log q)\mathbb{Z})$.

Revenons à k quelconque. On pose

$$\mathrm{Re}X_M = \kappa(\mathrm{Re}\mathfrak{a}_M^*),\ \mathrm{Im}X_M = \kappa(\mathrm{i}\,\mathrm{Re}\,\mathfrak{a}_M^*).$$

Il résulte de ce qui précède que κ induit un isomorphisme

(5) $$\mathrm{Re}\mathfrak{a}_M^* \simeq \mathrm{Re}X_M.$$

On vérifie que $\mathrm{Re}X_M$ est le groupe des caractères de $M(\mathbb{A})/M^1$ (i.e. des homomorphismes continus de $M(\mathbb{A})/M^1$ dans $\mathbb{C}^*$) à valeurs dans $\mathbb{R}_+^*$. Le groupe X_M s'identifie au groupe des caractères de $\mathbf{M}$ triviaux sur $\mathbf{M}^1$, où $\mathbf{M}^1$ est l'image réciproque de M^1. Le groupe $\mathrm{Re}X_M$ s'identifie alors au groupe des caractères de $\mathbf{M}/\mathbf{M}^1$ à valeurs dans $\mathbb{R}_+^*$. Comme on le verra plus loin, si l'on munit $\mathbf{M}^1$ d'une mesure de Haar, le quotient $M(k)\backslash\mathbf{M}^1$ est de volume fini. Il en résulte qu'un caractère de $\mathbf{M}^1$ à valeurs dans $\mathbb{R}_+^*$, trivial sur $M(k)$, est nécessairement trivial. Alors $\mathrm{Re}X_M$ s'identifie aussi au groupe des caractères de $\mathbf{M}$ à valeurs dans $\mathbb{R}_+^*$, triviaux sur $M(k)$. En utilisant le lemme I.1.6 ci-dessous, il s'identifie de la même façon au groupe des caractères de $Z_{\mathbf{M}}$, à valeurs dans $\mathbb{R}_+^*$, triviaux sur $Z_M(k) \cap Z_{\mathbf{M}}$.

(6) On note $X_M^{\mathbf{G}}$ le sous-groupe de X_M formé des caractères de $\mathbf{M}/\mathbf{M}^1$ triviaux sur $Z_{\mathbf{G}}$.

Ce groupe jouera un rôle essentiel dans nos constructions. Nous y reviendrons plus loin (cf. I.1.6 (6)). On note encore $\log_M$ la composée de $\log_M$ et de pr. Notons p le sous-groupe parabolique standard dont M est le Lévi et U son radical unipotent. Utilisant l'égalité $\mathbf{G} = \mathbf{PK}$ (qui résulte de I.1.4 (i)), on définit l'application

$$m_P : \mathbf{G} \longrightarrow \mathbf{M}^1\backslash\mathbf{M}$$

par $m_P(g) = \mathbf{M}^1 m$ si $g = umk$, avec $u \in U(\mathbb{A}),\ m \in \mathbf{M},\ k \in \mathbf{K}$. Cela est bien défini car $\mathbf{M} \cap \mathbf{K}$ est inclus dans $\mathbf{M}^1$ et $\mathbf{M}^1$ est un sous-groupe distingué de $\mathbf{M}$.

Soient $M \subset M'$ les Lévi standards des sous-groupes paraboliques $P \subset P'$; l'application de restriction identifie $X_{M'}$, à un sous-groupe de X_M, donc $\mathrm{Re}X_{M'}$ est naturellement un sous-espace vectoriel de $\mathrm{Re}X_M$

et l'on a des applications $\mathfrak{a}_{M'}^* \hookrightarrow \mathfrak{a}_M^*$ et $\mathfrak{a}_M \to \mathfrak{a}_{M'}$. On a aussi un diagramme commutatif

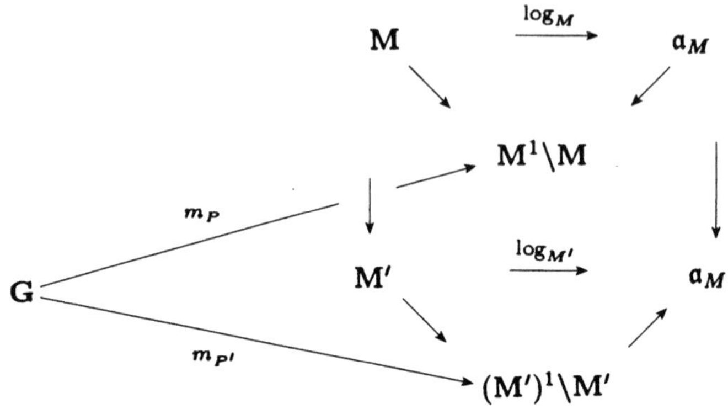

I.1.5. Description de G, suite

Posons $Z_G^1 = Z_G(\mathbb{A}) \cap G^1$, $Z_{\mathbf{G}}^1 = Z_{\mathbf{G}} \cap \mathbf{G}^1 = Z_{\mathbf{G}} \cap \mathrm{pr}^{-1}(Z_G^1)$.

Lemme. *Les sous-groupes $Z_G(k)Z_{\mathbf{G}}$ et $G(k)Z_{\mathbf{G}}$ de $\mathbf{G}$ sont fermés. Le quotient $Z_G(k) \cap Z_{\mathbf{G}} \backslash Z_{\mathbf{G}}^1$ est compact.*

$\mathbb{P}$. Commençons par montrer que, pour toute place v de k, il existe un sous-groupe ouvert distingué d'indice fini $\mathbf{G}_v^\circ$ de $\mathbf{G}_v$ qui commute à $\mathrm{pr}^{-1}(Z_G(k_v))$. Pour $g \in \mathbf{G}_v$ et $z \in \mathrm{pr}^{-1}(Z_G(k_v))$, on a une égalité

$$z^{-1}gz = \chi(g,z)g,$$

où χ est un bicaractère de $\mathbf{G}_v \times \mathrm{pr}^{-1}(Z_G(k_v)) \to \mathbf{N}$. Comme pr est un revêtement, il existe des voisinages ouverts U, resp. V, de 1 dans $\mathbf{G}_v$, resp. $\mathrm{pr}^{-1}(Z_G(k_v))$, tels que χ soit trivial sur $U \times V$. Notons $\mathbf{G}_v^N$, resp. $\mathrm{pr}^{-1}(Z_G(k_v))^N$, l'ensemble des puissances N-ièmes dans $\mathbf{G}_v$, resp. $\mathrm{pr}^{-1}(Z_G(k_v))$, où $N = |\mathbf{N}|$. Le bicaractère χ est aussi trivial sur $\mathbf{G}_v^N \times \mathrm{pr}^{-1}(Z_G(k_v))$ et $\mathbf{G}_v \times \mathrm{pr}^{-1}(Z_G(k_v))^N$. Notons U_0, resp. V_0 le sous-groupe distingué engendré par U et $\mathbf{G}_v^N$, resp. V et $\mathrm{pr}^{-1}(Z_G(k_v))^N$. Alors χ est trivial sur $U_0 \times V_0$. On montre aisément que U_0, resp. V_0, est d'indice fini dans $\mathbf{G}_v$, resp. $\mathrm{pr}^{-1}(Z_G(k_v))$. Soient $z_1, \ldots, z_n$, un ensemble de représentants de $\mathrm{pr}^{-1}(Z_G(k_v))/V_0$. Pour $i = 1, \ldots, n$, notons U_i le noyau du caractère $g \longmapsto \chi(g, z_i)$. Alors U_i est ouvert d'indice fini dans $\mathbf{G}_v$. Posons $\mathbf{G}_v^\circ = \bigcap_{i=0}^{n} U_i$. Ce groupe répond à la question.

Choisissons un ensemble fini S de places de k, contenant les places archimédiennes, assez grand pour que

(i) $\left(\prod_{v\in S} G(k_v) \prod_{v\notin S} K_v\right) G(k) = G(\mathbb{A})$;

(ii) pour $v \notin S$, K_v se relève en un sous-groupe noté $\tilde{K}_v$ de $\mathbf{G}_v$.

Posons $H = \prod_{v \in S} G(k_v) \prod_{v \notin S} K_v$, soit $\mathbf{H}$ son image réciproque dans $\mathbf{G}$. Montrons que

$$(*) \qquad (Z_G(k) \cap Z_{\mathbf{G}})(\mathbf{H} \cap Z^1_{\mathbf{G}})$$

est d'indice fini dans $Z^1_{\mathbf{G}}$.

Notons Z^0_G la composante neutre de Z_G. C'est un tore. Posons $Z^{01}_G = Z^0_G(\mathbb{A}) \cap G^1$. C'est d'ailleurs le groupe qui se déduit de $Z^0_G(\mathbb{A})$ comme G^1 se déduit de $G(\mathbb{A})$. D'après la finitude du nombre de classes de $k, Z^0_G(k)(H \cap Z^{01}_G)$ est d'indice fini dans Z^{01}_G. D'après le lemme 1 de l'appendice IV, $Z^{01}_G(H \cap Z^1_G)$ est d'indice fini dans Z^1_G. Donc $Z_G(k)(H \cap Z^1_G)$ est d'indice fini dans Z^1_G. Il suffit donc de montrer que $(Z_G(k) \cap Z_{\mathbf{G}})(\mathbf{H} \cap Z^1_{\mathbf{G}})$ est d'indice fini dans $[Z_G(k)(\mathbf{H} \cap \mathrm{pr}^{-1}(Z^1_G))] \cap Z^1_{\mathbf{G}}$. Il suffit encore de montrer que $\mathbf{H} \cap Z^1_{\mathbf{G}}$ est d'indice fini dans $\mathbf{H} \cap Z_G(k) Z^1_{\mathbf{G}}$. Considérons un élément h de cet ensemble. Pour $v \in S$, choisissons un groupe $\mathbf{G}^\circ_v$ comme ci-dessus. Comme $h \in \mathrm{pr}^{-1}(Z_G(\mathbb{A}))$, il commute à $\mathbf{G}^\circ_v$. Soit $v \notin S$. Comme $\tilde{K}_v \to K_v$ est un isomorphisme et que $h \in \mathbf{H} \cap \mathrm{pr}^{-1}(Z_G(\mathbb{A}))$, h commute à $\tilde{K}_v$. Comme $Z_G(k)$ et $Z^1_{\mathbf{G}}$ commutent à $G(k)$, h aussi. Donc h commute au sous-groupe distingué engendré par $G(k)$ et $\prod_{v \in S} \mathbf{G}^\circ_v \prod_{v \notin S} \tilde{K}_v$. Notons C ce sous-groupe. Il résulte de (i) que C est d'indice fini dans $\mathbf{G}$. Pour $g \in \mathbf{G}$, notons comme ci-dessus $h^{-1}gh = \chi(g,h)g$. L'application $h \mapsto \chi(.,h)$ est une injection de

$$\mathbf{H} \cap Z^1_{\mathbf{G}} \backslash \mathbf{H} \cap Z_G(k) Z^1_{\mathbf{G}}$$

dans le groupe fini des caractères de $C \backslash \mathbf{G}$. Donc le groupe ci-dessus est fini, ce que l'on voulait démontrer.

Notons $E = Z^0_G(k) \cap H$. Du théorème des unités résulte que

(iii) $E \backslash H \cap Z^1_G$ est compact;

(iv) E est le produit d'un groupe fini par un groupe libre de type fini.

Notons E^N le sous-groupe des puissances N-ièmes de E. Il s'identifie à un sous-groupe de $\mathbf{H} \cap Z^1_{\mathbf{G}}$. L'application naturelle

$$E^N \backslash \mathbf{H} \cap Z^1_{\mathbf{G}} \longrightarrow E^N \backslash H \cap Z^1_G$$

est propre. L'espace d'arrivée est compact d'après (iii) et (iv). L'espace de départ l'est donc aussi. On peut donc trouver un sous-ensemble compact Γ de $\mathbf{H} \cap Z^1_{\mathbf{G}}$ tel que $\mathbf{H} \cap Z^1_{\mathbf{G}} = E^N \Gamma$. Alors

$$(Z_G(k) \cap Z_{\mathbf{G}})(\mathbf{H} \cap Z^1_{\mathbf{G}}) = (Z_G(k) \cap Z_{\mathbf{G}})\Gamma$$

et il résulte de (*) que $Z_G(k) \cap Z_{\mathbf{G}} \backslash Z^1_{\mathbf{G}}$ est compact. Les groupes $Z_G(k) Z^1_{\mathbf{G}}$, resp. $G(k) Z^1_{\mathbf{G}}$, contiennent

$$Z_G(k)(Z_G(k) \cap Z_{\mathbf{G}})(\mathbf{H} \cap Z^1_{\mathbf{G}}) = Z_G(k)\Gamma$$

$$\text{resp. } G(k)(Z_G(k) \cap Z_{\mathbf{G}})(\mathbf{H} \cap Z^1_{\mathbf{G}}) = G(k)\Gamma$$

comme sous-groupes d'indice fini. Ces derniers groupes sont fermés car produits d'un ensemble discret par un ensemble compact. Il en résulte que $Z_G(k)Z^1_{\mathbf{G}}$ et $G(k)Z^1_{\mathbf{G}}$ sont fermés. Utilisons la construction de la démonstration de I.1.4 (2) pour $M = G$. On a une application continue

$$j \circ \mathrm{pr} : \mathbf{G} \longrightarrow V^R$$

de noyau $\mathbf{G}^1$. On a alors le diagramme d'applications continues

$$\begin{array}{ccccccccc} 1 & \longrightarrow & \mathbf{G}^1 & \longrightarrow & \mathbf{G} & \longrightarrow & j \circ \mathrm{pr}(\mathbf{G}) & \longrightarrow & 1 \\ & & \uparrow & & \uparrow & & \uparrow & & \\ 1 & \longrightarrow & G(k)Z^1_{\mathbf{G}} & \longrightarrow & G(k)Z_{\mathbf{G}} & \longrightarrow & j \circ \mathrm{pr}(Z_{\mathbf{G}}) & \longrightarrow & 1 \end{array}$$

On vérifie que $j \circ \mathrm{pr}(Z_{\mathbf{G}})$ est fermé dans $j \circ \mathrm{pr}(\mathbf{G})$ et que l'application $Z_{\mathbf{G}} \to j \circ \mathrm{pr}(Z_{\mathbf{G}})$ admet une section continue. Du fait que $G(k)Z^1_{\mathbf{G}}$ est fermé dans $\mathbf{G}^1$ résulte alors que $G(k)Z_{\mathbf{G}}$ est fermé dans $\mathbf{G}$. Idem pour $Z_G(k)Z_{\mathbf{G}}$. □

I.1.6. Racines et coracines

On a déjà fixé P_0 un sous-groupe parabolique minimal de G et M_0 un sous-groupe de Lévi de P_0; on note T_0 le tore déployé maximal du centre de M_0 (T_0 ne dépend des choix faits et en particulier du choix de P_0 qu'à conjugaison près par un élément de $G(k)$). On note $R(T_0, G)$ l'ensemble des racines de G relativement à T_0. Il forme un système de racines au sens de [B] chapitre 6. Rappelons qu'à toute racine on sait associer une coracine qui est un sous-groupe à un paramètre de T_0 ([BT] §7 nous ramène au cas déployé).

Il y a une dualité canonique à valeurs dans $\mathbb{Z}$ entre le sous-groupe des caractères rationnels d'un tore déployé et celui de ses sous-groupes à un paramètre, notée $<,>$. Cela permet de définir pour tout $\chi \in \mathrm{Rat}(M_0)$ et toute coracine $\check{\beta}, < \chi, \check{\beta} > := < \mathrm{res}_0\chi, \check{\beta} >$, où res_0 est la restriction de M_0 à T_0. En prolongeant $\mathbb{R}$-linéairement, on définit $< \lambda, \check{\beta} >$ pour tout $\lambda \in \mathrm{Re}X_{M_0} \simeq \mathrm{Re}\mathfrak{a}^*_{M_0}$ et en prolongeant $\mathbb{C}$-linéairement, on définit $< \lambda, \check{\beta} >$ pour tout $\lambda \in \mathfrak{a}^*_{M_0}$. En particulier toute coracine s'identifie à un élément de $\mathrm{Re}\mathfrak{a}_{M_0}$. Si k est un corps de nombres, cela définit $< \lambda, \check{\beta} >$ pour tout $\lambda \in X_{M_0}$. Si k est un corps de fonctions, on ne peut pas définir $< \lambda, \check{\beta} >$ pour $\lambda \in X_{M_0}$. Voir toutefois I.1.8 ci-dessous.

Remarques. (1) On note comme ci-dessus res_0 l'application de restriction de $\mathrm{Rat}(M_0)$ dans $\mathrm{Rat}(T_0)$. Le noyau et le conoyau de cette application sont finis d'où un isomorphisme

$$\mathrm{Re}\mathfrak{a}^*_{M_0} = \mathrm{Rat}(M_0) \bigotimes_{\mathbb{Z}} \mathbb{R} \simeq \mathrm{Rat}(T_0) \bigotimes_{\mathbb{Z}} \mathbb{R}.$$

Cela permet de voir les racines comme des éléments de $\mathrm{Re}\mathfrak{a}^*_{M_0} \simeq \mathrm{Re}X_{M_0}$. Dorénavant, sauf mention explicite du contraire, on considèrera les racines comme des éléments de $\mathrm{Re}\mathfrak{a}^*_{M_0} \simeq \mathrm{Re}X_{M_0}$ et les coracines comme des éléments de $\mathrm{Re}\mathfrak{a}_{M_0}$, i.e. comme des formes linéaires sur $\mathrm{Re}X_{M_0}$.

(2) Il est clair qu'en fait racines et coracines sont des éléments rationnels de $\mathrm{Re}\mathfrak{a}^*_{M_0}$, resp. $\mathrm{Re}\mathfrak{a}_{M_0}$, i.e. qu'elles appartiennent à $\mathrm{Rat}(M_0) \bigotimes_{\mathbb{Z}} \mathbb{Q}$, resp. $\mathrm{Hom}_{\mathbb{Z}}(\mathrm{Rat}(M_0), \mathbb{Q})$, cf. I.1.4 (1).

(3) Le choix de P_0 détermine un ensemble de racines positives noté $R^+(T_0, G)$ de $R(T_0, G)$ et un sous-ensemble de racines simples, noté Δ_0.

Soit maintenant $P = MU$ un sous-groupe parabolique standard de G. Le groupe $P_0 \cap M$ est un sous-groupe parabolique minimal de M; utilisant ce qui a déjà été fait ci-dessus, on définit $R(T_0, M)$ l'ensemble des racines de T_0 dans M ainsi que l'ensemble des coracines de M, qui s'identifient à des sous-ensembles des ensembles de racines, resp. des coracines de G. On note $\Delta_0^M = \Delta_0 \cap R(T_0, M)$.

Soit T_M le tore déployé maximal du centre de M. Il est inclus dans T_0. On note $R(T_M, G)$ l'ensemble des "racines" de G relativement à T_M. En général $R(T_M, G)$ n'est pas un système de racines. Comme ci-dessus, grâce à l'application de restriction de M à T_M, on identifie $R(T_M, G)$ à un sous-ensemble de $\mathrm{Re}\,\mathfrak{a}^*_M \simeq \mathrm{Re}X_M$ engendrant cet espace. On a une application de restriction

$$R(T_0, G) \to R(T_M, G) \cup \{0\}, \tag{4}$$

triviale sur $R(T_0, M)$. On note Δ_M le sous-ensemble de $R(T_M, G)$ formé par les restrictions non triviales d'éléments de Δ_0. C'est encore un ensemble générateur de $\mathrm{Re}\mathfrak{a}^*_M$.

On note $\mathrm{Re}(\mathfrak{a}^M_{M_0})^*$ le sous-espace vectoriel réel de $\mathrm{Re}\mathfrak{a}^*_{M_0}$ engendré par les éléments de $R(T_0, M)$. Par l'application de restriction de M à M_0, $\mathrm{Re}\mathfrak{a}^*_M$ s'identifie à un sous-espace vectoriel réel de $\mathrm{Re}\mathfrak{a}^*_{M_0}$ et l'on a

$$\mathrm{Re}\mathfrak{a}^*_{M_0} \simeq \mathrm{Re}\mathfrak{a}^*_M \oplus \mathrm{Re}(\mathfrak{a}^M_{M_0})^*,$$

l'application de restriction (4) provenant de la projection de $\mathrm{Re}\mathfrak{a}^*_{M_0}$ sur $\mathrm{Re}\mathfrak{a}^*_M$. Les éléments de $\mathrm{Re}(\mathfrak{a}^M_{M_0})^*$ s'identifient à ceux de $\mathrm{Re}X_{M_0}$ triviaux sur le centre de $M(\mathbb{A})$. On note $\mathrm{Re}X^M_{M_0}$ l'ensemble formé par ces éléments. Plus généralement, soient $M \subset M'$ des Lévis standards. On définit $R(T_M, M')$ de façon analogue à $R(T_M, G)$; c'est un sous-ensemble de $R(T_M, G)$. On note $\mathrm{Re}(\mathfrak{a}^{M'}_M)^*$ le sous-espace vectoriel réel de $\mathrm{Re}\mathfrak{a}^*_M$

engendré par $R(T_M, M')$ et l'on a encore, comme ci-dessus

(5) $$\mathrm{Re}\mathfrak{a}_M^* \simeq \mathrm{Re}\mathfrak{a}_{M'}^* \oplus \mathrm{Re}(\mathfrak{a}_M^{M'})^*.$$

Les éléments de $\mathrm{Re}(\mathfrak{a}_M^{M'})^*$ s'identifient aux éléments de $\mathrm{Re}X_M$ triviaux sur le centre de $M'(\mathbb{A})$. On note $\mathrm{Re}X_M^{M'}$ l'ensemble de ces éléments. Rappelons que l'on note $\mathbf{M}'$ l'image réciproque de $M'(\mathbb{A})$ dans $\mathbf{G}$ et $Z_{\mathbf{M}'}$ son centre; on a vu que le quotient $pr^{-1}(Z_{M'}(\mathbb{A}))/Z_{\mathbf{M}'}$ est de $|N|$-torsion. On note $X_M^{\mathbf{M}'}$ l'ensemble des éléments de X_M triviaux sur l'image par pr du centre de $\mathbf{M}'$ et l'on a

$$\mathrm{Re}X_M^{\mathbf{M}'} = \mathrm{Re}X_M^{M'}.$$

Grâce à (5) on obtient une décomposition

(6) $$\mathfrak{a}_M^* = \mathfrak{a}_{M'}^* \oplus (\mathfrak{a}_M^{M'})^*, \text{ où } (\mathfrak{a}_M^{M'})^* = \mathrm{Re}(\mathfrak{a}_M^{M'})^* \bigotimes_{\mathbb{R}} \mathbb{C}.$$

Remarquons que l'application $\mathfrak{a}_M^* \to X_M$ se restreint en une application

(7) $$(\mathfrak{a}_M^{M'})^* \to X_M^{\mathbf{M}'}.$$

Si k est un corps de nombres, c'est un isomorphisme. Si k est un corps de fonctions, elle n'est en général ni injective ni surjective; son noyau est de la forme $(2\pi i/\log q)L$, où L est un réseau de $(\mathrm{Rat}(M) \bigotimes_{\mathbb{Z}} \mathbb{Q}) \cap (\mathfrak{a}_M^{M'})^*$; son image est la composante neutre de $X_M^{\mathbf{M}'}$ et est d'indice fini dans ce groupe.

Parallèlement à (6), on a une application surjective

(8) $$X_M \leftarrow X_{M'} \oplus X_M^{\mathbf{M}'},$$

morphisme obtenu en additionant l'application de restriction $X_{M'} \to X_M$ et l'inclusion $X_M^{\mathbf{M}'} \hookrightarrow X_M$. Le noyau est $X_{M'}^{\mathbf{M}'}$ plongé antidiagonalement.

En se limitant aux parties réelles, l'application ci-dessus devient un isomorphisme

(9) $$\mathrm{Re}X_M \simeq \mathrm{Re}X_{M'} \oplus \mathrm{Re}X_M^{\mathbf{M}'}.$$

Revenons à M_0 et M et procédons dualement. Notons $\mathrm{Re}\mathfrak{a}_{M_0}^M$ le sous-espace vectoriel réel de $\mathrm{Re}\mathfrak{a}_{M_0}$ engendré par les coracines associées aux éléments de $R(T_0, M)$ et $\mathfrak{a}_{M_0}^M = \mathrm{Re}\,\mathfrak{a}_{M_0}^M \bigotimes_{\mathbb{R}} \mathbb{C}$. Alors $\mathfrak{a}_{M_0}^M$ est l'orthogonal de $\mathfrak{a}_M^*$ et l'on a une décomposition (définie sur $\mathbb{R}$ et même sur $\mathbb{Q}$):

(10) $$\mathfrak{a}_{M_0} = \mathfrak{a}_{M_0}^M \oplus \mathfrak{a}_M.$$

I.1.7. Groupes de Weyl

On note W le groupe de Weyl de G, i.e. le quotient

$$W = \mathrm{Norm}_{G(k)}T_0(k)/\mathrm{Cent}_{G(k)}T_0(k)$$

(on a d'ailleurs $\mathrm{Cent}_{G(k)}\,T_0(k) = M_0(k)$). Tout élément w de W se représente par un élément de $G(k)$, on fixe un tel représentant $\dot{w}$. On a la décomposition de Bruhat

$$G(k) = \bigcup_{w \in W} P_0(k)\dot{w}P_0(k).$$

Le groupe W agit naturellement sur le groupe algébrique T_0 car un élément qui normalise (resp. centralise) $T_0(k)$ normalise aussi (resp. centralise) tout le groupe T_0. Le groupe W agit donc aussi sur $\mathrm{Re}\mathfrak{a}^*_{M_0}$ et s'identifie ainsi au groupe de Weyl du système de racines $R(T_0, G)$. On sait bien qu'il s'agit d'un groupe de Coxeter engendré par les symétries relatives aux racines simples. Nous aurons besoin d'une généralisation de cette propriété dans la situation suivante.

Soit M un sous-groupe de Lévi standard de G. Notons W_M le groupe de Weyl de M (l'analogue de W pour le groupe M) et $W(M)$ l'ensemble des éléments $w \in W$, de longueur minimale dans leur classe wW_M, tels que wMw^{-1} soit encore un Lévi standard. Ce n'est pas un groupe en général. Toutefois si $w \in W(M)$ et $w' \in W(wMw^{-1})$, alors $w'w \in W(M)$.

Soit $w \in W(M)$. Il conjugue T_M en $T_{wMw^{-1}}$ et induit une application encore notée $w : R(T_M, G) \to R(T_{wMw^{-1}}, G)$. Notons $R_{\mathrm{ind}}(T_M, G)$ l'ensemble des racines indivisibles dans $R(T_M, G)$. Posons

$$\ell(w) = \#\{\alpha \in R_{\mathrm{ind}}(T_M, G); \alpha > 0,\ w\alpha < 0\}.$$

Cela définit une fonction longueur $\ell : W(M) \to \mathbb{N}$.

Soient $\alpha \in \Delta_M$ et α_0 l'unique élément de Δ_0 qui se projette sur α. Notons M_α le sous-groupe de Lévi standard de G tel que $\Delta_0^{M_\alpha} = \{\alpha_0\} \cup \Delta_0^M$. Alors M est un sous-groupe de Lévi propre maximal de M_α. Si l'on note $W_{M_\alpha}(M)$ l'analogue de $W(M)$ quand M_α remplace G, on montre aisément que $W_{M_\alpha}(M)$ a deux éléments: l'identité et l'élément $s_\alpha = w_2 w_1$, où w_1, resp. w_2, est l'élément de plus grande longueur de W_M, resp. W_{M_α}. Remarquons que $W_{M_\alpha}(M)$ se plonge naturellement dans $W(M)$. Cela définit un élément $s_\alpha \in W(M)$ que l'on appelle une symétrie élémentaire.

Lemme.

(a) $\{\beta \in R_{\mathrm{ind}}(T_M, G); \beta > 0,\ s_\alpha\beta < 0\} = \{\alpha\}$.

(b) s_α *est caractérisé par (a).*

$\mathbb{P}$. Par construction, s_α conserve $R^+(T_0, G) - R^+(T_0, M_\alpha)$. Par contre il envoie $R^+(T_0, M_\alpha) - R^+(T_0, M)$ sur l'ensemble opposé, i.e. $\{-\beta; \beta \in R^+(T_0, M_\alpha) - R^+(T_0, M)\}$. Or, en notant D_α l'ensemble des éléments de $R^+(T_M, G)$ proportionnels à α, $R^+(T_M, G) - D_\alpha$ est la projection dans $\mathrm{Re}\mathfrak{a}_M^*$ de $R^+(T_0,G) - R^+(T_0,M_\alpha)$ et D_α est la projection de $R^+(T_0,M_\alpha) - R^+(T_0,M)$. L'assertion (a) en résulte.

Soit $w \in W(M)$ tel que $\{\beta \in R_{\text{ind}}(T_M,G); \beta > 0, w\beta < 0\} = \{\alpha\}$. Posons $M' = wMw^{-1}$ et $w' = s_\alpha w^{-1}$. Alors $w' \in W(M')$ et $w'\beta > 0$ pour tout $\beta \in R^+(T_{M'},G)$. En utilisant la définition de $W(M')$, i.e. la minimalité de w' dans $w'W_{M'}$, on montre que $w'\beta > 0$ pour tout $\beta \in R^+(T_0,G)$. Mais alors $w' = 1$, d'où (b). □

I.1.8. Décomposition en symétries élémentaires

Lemme. *Soient $w \in W(M), M' = wMw^{-1}$.*

(a) Pour tout $w' \in W(M'), \ell(w'w) \leq \ell(w') + \ell(w)$.

(b) Pour tout $\alpha \in \Delta_{M'}$, on a

$$\ell(s_\alpha w) = \begin{cases} \ell(w)+1 & si\ w^{-1}\alpha > 0, \\ \ell(w)-1 & si\ w^{-1}\alpha < 0. \end{cases}$$

(c) Il existe une suite de Lévis standards $M_0 = M, M_1, \dots, M_\ell = M'$, où $\ell = \ell(w)$, pour tout $i \in \{1,\dots,\ell\}$ une racine $\alpha_i \in \Delta_{M_{i-1}}$, de sorte que $M_i = s_{\alpha_i} M_{i-1} s_{\alpha_i}^{-1}$ pour tout i et

$$w = s_{\alpha_\ell} \dots s_{\alpha_1}.$$

Pour toute telle décomposition, on a l'égalité

$$\begin{aligned}&\{\alpha \in R_{\text{ind}}(T_M,G); \alpha > 0, w\alpha < 0\} \\ =&\{s_{\alpha_1}^{-1} s_{\alpha_2}^{-1} \dots s_{\alpha_{i-1}}^{-1}(\alpha_i);\ i = 1,\dots,\ell\}.\end{aligned}$$

P. L'ensemble $\{\beta \in R_{\text{ind}}(T_M,G); \beta > 0, w'w\beta < 0\}$ est union disjointe de

$$A = \{\beta \in R_{\text{ind}}(T_M,G); \beta > 0, w\beta > 0, w'w\beta < 0\}$$

et

$$B = \{\beta \in R_{\text{ind}}(T_M,G); \beta > 0, w\beta < 0, w'w\beta < 0\}.$$

Ce dernier a moins de $\ell(w)$ éléments. Par l'application $\beta \mapsto w\beta$, A est en bijection avec

$$C = \{\beta \in R_{\text{ind}}(T_{M'},G); \beta > 0, w'\beta < 0, w^{-1}\beta > 0\}$$

qui a moins de $\ell(w')$ éléments. D'où (a). Pour $w' = s_\alpha$,

$$B = \begin{cases} \{\beta \in R_{\text{ind}}(T_M,G); \beta > 0, w\beta < 0\}, & \text{si } w^{-1}\alpha > 0, \\ \{\beta \in R_{\text{ind}}(T_M,G); \beta > 0, w\beta < 0\} - \{-w^{-1}\alpha\}, & \text{si } w^{-1}\alpha < 0, \end{cases}$$

$$C = \begin{cases} \{\alpha\}, & \text{si } w^{-1}\alpha > 0, \\ \emptyset, & \text{si } w^{-1}\alpha < 0. \end{cases}$$

D'où (b). Supposons $w \neq 1$. On voit comme dans la démonstration du lemme I.1.7 qu'il existe au moins une racine $\alpha \in \Delta_{M'}$ telle que $w^{-1}\alpha < 0$.

Choisissons-en une, posons $M_{\ell-1} = s_\alpha M' s_\alpha^{-1}, w' = s_\alpha w, \alpha_\ell = -s_\alpha(\alpha)$. On a $s_{\alpha_\ell} = s_\alpha^{-1}$. On vérifie grâce à (b) que $\ell(w') = \ell(w) - 1$. En raisonnant par récurrence sur $\ell(w)$, on peut choisir $M_1, \dots, M_{\ell-2}, \alpha_1, \dots, \alpha_{\ell-1}$ de sorte que

$$w' = s_{\alpha_{\ell-1}} \dots s_{\alpha_1}.$$

Alors $w = s_{\alpha_\ell} s_{\alpha_{\ell-1}} \dots s_{\alpha_1}$, cette décomposition vérifiant les conditions de l'énoncé. Il est immédiat que toutes les décompositions possibles sont obtenues par ce procédé. Avec les notations ci-dessus,

$$\{\beta \in R_{\text{ind}}(T_M, G); \beta > 0, w\beta < 0\}$$

est l'union de

$$\{\beta \in R_{\text{ind}}(T_M, G); \beta > 0, w'\beta < 0\}$$

et

$$\{w'^{-1}(\alpha_\ell)\}.$$

On obtient la dernière assertion de l'énoncé par récurrence. □

I.1.9. Un lemme de composition

Lemme. *Soient $M \subset L$ deux Lévis standards et $w \in W$. Décomposons w en $w = w_1 w_2$, où $w_2 \in W_L$ et w_1 est de longueur minimale dans wW_L. Supposons $w \in W(M)$. Alors $w_2 \in W_L(M)$ et $w_1 \in W(w_2 M w_2^{-1})$.*

$\mathbb{P}$. Il est clair que w_2 est de longueur minimale dans $w_2 W_M$. Soit $\alpha \in \Delta_0^M$. Comme $w\alpha > 0$ et $\ell(w) = \ell(w_1) + \ell(w_2)$ (il s'agit des longueurs dans W), on a aussi $w_2\alpha > 0$. Ecrivons

$$w_2\alpha = \sum_{\beta \in \Delta_0^L} n_\beta \beta,$$

avec des $n_\beta \geq 0$. Comme w_1 est de longueur minimale dans $w_1 W_L$,

$$w_1\beta > 0 \text{ pour tout } \beta \in \Delta_0^L.$$

Comme $w \in W(M), w\alpha$ est simple. Alors l'égalité

$$w\alpha = \sum_{\beta \in \Delta_0} n_\beta w_1 \beta$$

implique que n_β est nul pour tout β sauf un pour lequel $n_\beta = 1$. I.e. $w_2\alpha \in \Delta_0^L$. Alors $M' = w_2 M w_2^{-1}$ est le Lévi standard tel que $\Delta_0^{M'} = \{w_2\alpha; \alpha \in \Delta_0^M\}$ et $w_2 \in W_L(M)$. On en déduit immédiatement $w_1 \in W(M')$. □

I.1.10. Décomposition de $\operatorname{Re} \mathfrak{a}_M$

Notons ici $C_M = \{H \in \operatorname{Re}\mathfrak{a}_M; \forall \alpha \in \Delta_M, < \alpha, H >> 0\}$. Pour

$\alpha \in R^+(T_M, G)$, notons $P_\alpha = \{H \in \mathrm{Re}\mathfrak{a}_M; <\alpha, H>= 0\}$ et posons

$$(\mathrm{Re}\mathfrak{a}_M)^{\mathrm{reg}} = \mathrm{Re}\mathfrak{a}_M - \bigcup_{\alpha \in R^+(T_M,G)} P_\alpha.$$

Lemme. *L'application qui à $w \in W(M)$ associe $w^{-1}(C_{wMw^{-1}})$ est une bijection de $W(M)$ sur l'ensemble des composantes connexes de* $(\mathrm{Re}\mathfrak{a}_M)^{\mathrm{reg}}$.

$\mathbb{P}$. L'injectivité est facile. Soit C_1 une composante connexe de $(\mathrm{Re}\mathfrak{a}_M)^{\mathrm{reg}}$. Notons $\ell(C_1)$ le nombre des hyperplans P_α séparant C_1 de C_M, Supposons $C_1 \neq C_M$. Il y a au moins un mur de C_1 (i.e. un P_α tel que $P_\alpha \cap \overline{C}_1$ contienne un ouvert de P_α) qui sépare C_1 de C_M. Choisissons un tel mur P, soit C_2 l'unique composante connexe qui n'est séparée de C_1 que par P. Alors $\ell(C_2) = \ell(C_1) - 1$. En raisonnant par récurrence sur les longueurs, on peut supposer qu'il existe $w_2 \in W(M)$ tel que $C_2 = w_2^{-1}(C_{w_2 M w_2^{-1}})$. Il existe $\alpha \in \Delta_{w_2 M w_2^{-1}}$ tel que $P = w_2^{-1} P_\alpha$. Posons $w_1 = s_\alpha w_2$. On vérifie qu'alors $C_1 = w_1^{-1}(C_{w_1 M w_1^{-1}})$. □

I.1.11. Retour aux coracines

Soient M un sous-groupe de Lévi standard de G et $\alpha \in R(T_M, G)$. Nous voulons définir une coracine $\check{\alpha} \in \mathrm{Re}\,\mathfrak{a}_M$. Il y a une unique racine $\alpha_0 \in R^+(T_M, G)$, indivisible et un unique $n \in \mathbb{Z}$ tels que $\alpha = n\alpha_0$. En supposant défini $\check{\alpha}_0$, on pose $\check{\alpha} = n^{-1}\check{\alpha}_0$. Cela nous ramène au cas d'une racine α positive et indivisible. Montrons qu'à une telle racine on peut associer de façon unique une racine $\beta \in R(T_0, G)$. Il existe $w \in W(M)$ tel que $w\alpha \in \Delta_{wMw^{-1}}$. En effet soient w_1 et w_2 les éléments de plus grande longueur de W_M et W. Alors $w_2 w_1 \in W(M)$ et $w_2 w_1(\alpha) < 0$. Ecrivons $w_2 w_1 = s_{\alpha_\ell} \dots s_{\alpha_1}$ comme en I.1.8 (c). La dernière assertion de ce lemme assure qu'un élément $w = s_{\alpha_i} \dots s_{\alpha_1}$ vérifie la condition requise. Soit donc un tel w. Soit β_1 l'unique élément de Δ_0 qui se projette sur $w\alpha$. On pose $\beta = w^{-1}\beta_1$. On doit montrer que cette définition ne dépend pas du choix de w. Soient $w' \in W(M)$ tel que $w'\alpha \in \Delta_{w'Mw'^{-1}}$ et β_2 l'unique élément de Δ_0 qui se projette sur $w'\alpha$. Notons M_1 et M_2 les sous-groupes de Lévi standards de G tels que $\Delta_0^{M_1} = \{\beta_1\} \cup \Delta_0^{wMw^{-1}}$, $\Delta_0^{M_2} = \{\beta_2\} \cup \Delta_0^{w'Mw'^{-1}}$. Considérons l'élément $w'w^{-1} \in W(wMw^{-1})$. Il envoie wMw^{-1} sur $w'Mw'^{-1}$ et $w\alpha$ sur $w'\alpha$, donc M_1 sur M_2 et même $R^+(T_{M_1}, G)$ sur $R^+(T_{M_2}, G)$, donc aussi $\Delta_0^{M_1}$ sur $\Delta_0^{M_2}$. Comme il envoie $\Delta_0^{wMw^{-1}}$ sur $\Delta_0^{w'Mw'^{-1}}$, il envoie β_1 sur β_2, d'où l'égalité $w^{-1}\beta_1 = w'^{-1}\beta_2$ que l'on voulait démontrer.

Cela étant, comme on a défini $\check{\beta}$ en I.1.6, on définit $\check{\alpha}$ comme la projection de $\check{\beta}$ sur $\mathrm{Re}\mathfrak{a}_M$.

Supposons que k soit un corps de fonctions. Plutôt que la coracine $\check{\alpha}$, on utilisera parfois un élément α^* de $\mathbf{M}/\mathbf{M}^1$ que nous allons définir. Soit M_α le sous-groupe de Lévi de G, contenant M comme sous-groupe de Lévi propre maximal, associé à α (avec les notations précédentes, $M_\alpha = w^{-1}M_1 w$). Ce n'est pas en général un sous-groupe de Lévi standard, mais peu importe. La suite

$$1 \to \mathbf{M} \cap \mathbf{M}_\alpha^1/\mathbf{M}^1 \to \mathbf{M}/\mathbf{M}^1 \to \mathbf{M}_\alpha/\mathbf{M}_\alpha^1 \to 1$$

est exacte. Le premier groupe est donc un $\mathbb{Z}$-module libre de rang 1. On associe naturellement à α un élément, disons h_α, de $\mathbf{M}/\mathbf{M}^1$. En effet, notons $X_*(T_0)$ le groupe des sous-groupes à un paramètre de T_0. On a une identification canonique

$$T_0(\mathbb{A}) \simeq \mathbb{A}^* \bigotimes_{\mathbb{Z}} X_*(T_0),$$

d'où

$$\mathbf{T}_0/\mathbf{T}_0^1 \simeq \mathbb{A}^*/\mathbb{A}^1 \bigotimes_{\mathbb{Z}} X_*(T_0),$$

où $\mathbb{A}^1$ est le sous-groupe de $\mathbb{A}^*$ formé des idèles de valeur absolue 1. Or $\mathbb{A}^*/\mathbb{A}^1 \simeq \mathbb{Z}$ par $x \mapsto \log|x|/\log q$. D'où

$$\mathbf{T}_0/\mathbf{T}_0^1 \simeq X_*(T_0).$$

Soit alors $\beta \in R(T_0, G)$ l'élément associé à α. On a $\check{\beta} \in X_*(T_0)$ et on définit h_α comme l'image de $\check{\beta}$ par l'application

$$X_*(T_0) \simeq \mathbf{T}_0/\mathbf{T}_0^1 \to \mathbf{M}/\mathbf{M}^1.$$

Il est facile de voir que pour tout $\lambda \in \operatorname{Re}\mathfrak{a}_M \simeq \operatorname{Re} X_M$, on a

$$h_\alpha^\lambda = q^{<\lambda,\check{\alpha}>}.$$

On en déduit que $h_\alpha \in \mathbf{M} \cap \mathbf{M}_\alpha^1/\mathbf{M}^1$. On définit alors α^* comme l'unique générateur de $\mathbf{M} \cap \mathbf{M}_\alpha^1/\mathbf{M}^1$ dont h_α soit un multiple positif.

I.1.12. Produit scalaire

On fixe un produit scalaire défini positif sur $\operatorname{Re}\mathfrak{a}_{M_0}^*$ invariant par W; par restriction pour tout Lévi standard M, on en déduit un produit scalaire sur $\operatorname{Re}\mathfrak{a}_M^* \simeq \operatorname{Re}X_M$. Par extension des scalaires, on en déduit une forme bilinéaire symétrique $(,)$ sur $\mathfrak{a}_M^* \times \mathfrak{a}_M^*$ et par extension hermitienne un produit hermitien défini positif $<,>$ sur $\mathfrak{a}_M^*$. Par dualité, on a des objets analogues sur $\mathfrak{a}_M$. On note $\|.\|$ les normes associées aux produits hermitiens sur $\mathfrak{a}_M$ ou $\mathfrak{a}_M^*$. Si k est un corps de nombres on a un produit hermitien défini positif sur X_M, tandis que si k est un corps de fonctions, cela n'est pas le cas et l'on ne dispose que d'un produit scalaire défini positif sur $\operatorname{Re}X_M$. Le choix du produit scalaire permet d'identifier $\mathfrak{a}_M$ et $\mathfrak{a}_M^*$ (ce que d'ailleurs nous ne ferons que par exception dans la suite); mais remarquons que pour $\alpha \in R(T_0, G)$, la coracine $\check{\alpha}$ est proportionelle à α dans une telle identification et cela permet de vérifier que les décompositions I.1.6 (5), (6) et (9) sont des décompositions orthogonales.

I.1.13. Mesures

Pour tout groupe unipotent U, on munit $U(\mathbb{A})$ de la mesure de Haar telle que, $U(k)$ étant muni de la mesure de comptage et $U(k)\backslash U(\mathbb{A})$ de la mesure quotient, on ait $\mathrm{mes}(U(k)\backslash U(\mathbb{A}))) = 1$. On munit $\mathbf{K}$ de la mesure de Haar telle que $\mathrm{mes}(\mathbf{K}) = 1$ et on fixe une mesure sur $\mathbf{M}_0$. Notons U_0 le radical unipotent de P_0 et ρ_0 la demi-somme des racines positives de T_0. Alors l'application

$$f \longmapsto \int_{U_0(\mathbb{A})\times\mathbf{M}_0\times\mathbf{K}} f(umk)m^{-2\rho_0}dk\ dm\ du$$

définie pour une fonction continue à support compact sur $\mathbf{G}$ est une mesure de Haar, notée dg, sur $\mathbf{G}$. Plus généralement, soit $P = MU$ un sous-groupe parabolique standard de G. Définissons une mesure dm sur $\mathbf{M}$ en remplaçant G par M dans la construction ci-dessus et notons ρ_P la demi-somme des racines positives de T_M. Pour une fonction f continue à support compact sur $\mathbf{G}$, on a la formule de compatibilité

$$\int_{\mathbf{G}} f(g)dg = \int_{U(\mathbb{A})\times\mathbf{M}\times\mathbf{K}} f(umk)m^{-2\rho_P}dk\ dm\ du.$$

On fixe une mesure de Haar sur $Z_{\mathbf{G}}$. Grâce au lemme I.1.5, $G(k)Z_{\mathbf{G}}$ se retrouve lui aussi muni d'une telle mesure.

Les espaces vectoriels réels $\mathrm{Re}\mathfrak{a}_{M_0}$ et $\mathrm{Re}\mathfrak{a}^*_{M_0}$ ayant été munis de produits scalaires définis positifs se retrouvent munis de mesures de Haar (pour lesquelles la mesure d'un cube de côté de longueur 1 est 1). La même remarque vaut pour tous leurs sous-espaces vectoriels.

Soit M un sous-groupe de Lévi standard de G. On munit $\mathrm{Im}\, X_M^{\mathbf{G}}$ de la mesure de Haar pour laquelle l'application $\mathrm{Re}\mathfrak{a}_M^G \to \mathrm{Im}X_M^{\mathbf{G}}$, $\lambda \mapsto \kappa(i\lambda)$, préserve localement les mesures. On en déduit une mesure sur tout ensemble de la forme

$$\{\lambda \in X_M^{\mathbf{G}};\ \mathrm{Re}\lambda = \lambda_0\}.$$

I.2. Formes automorphes: croissance, termes constants

I.2.1. Domaines de Siegel

Fixons un isomorphisme $T_0 \to \mathbb{G}_m^R$ défini sur k, où $\mathbb{G}_m$ est le groupe multiplicatif. Si k est un corps de nombres, plongeons $\mathbb{R}_+^*$ dans $\mathbb{A}^*$

en identifiant $t \in \mathbb{R}_+^*$ à l'élément $(t_v) \in \mathbb{A}^*$ tel que $t_v = t$ si v est archimédienne, $t_v = 1$ si v est finie. Alors ${\mathbb{R}_+^*}^R$ s'identifie à un sous-groupe de $T_0(\mathbb{A})$ qui est scindé dans l'extension $\mathbf{T}_0$ puisque $\mathbb{R}_+^*$ est simplement connexe. On note $A_{\mathbf{M}_0}$ l'unique sous-groupe connexe de $\mathbf{T}_0$ qui se projette sur ${\mathbb{R}_+^*}^R$. Si k est un corps de fonctions, fixons une fois pour toutes une place v_0 de k et une uniformisante ϖ en v_0. Le groupe $\varpi^{\mathbb{Z}}$ engendré par ϖ s'identifie à un sous-groupe de $\mathbb{A}^*$ et $(\varpi^{\mathbb{Z}})^R$ à un sous-groupe de $T_0(\mathbb{A})$. En utilisant le fait que $\mathbf{T}_0^{|\mathbf{N}|}$ est inclus dans $Z_{\mathbf{M}_0}$ (cf. I.1.3 (2)), on vérifie qu'il existe un sous-groupe de $Z_{\mathbf{M}_0}$ tel que la projection $pr : \mathbf{G} \to G(\mathbb{A})$ établisse un isomorphisme entre ce groupe et un sous-groupe d'indice fini de $(\varpi^{\mathbb{Z}})^R$. On fixe une fois pour toutes un tel sous-groupe, que l'on note $A_{\mathbf{M}_0}$. Quitte à le remplacer par

$$\bigcap_{w \in W} w A_{\mathbf{M}_0} w^{-1},$$

qui vérifie les mêmes conditions, on peut supposer $A_{\mathbf{M}_0}$ invariant par l'action de W.

Plus généralement, si $P = MU$ est un sous-groupe parabolique standard de G, on pose $A_{\mathbf{M}} = A_{\mathbf{M}_0} \cap Z_{\mathbf{M}}$. Notons $\log^M$ la composée de l'application $\log : \mathbf{M}_0 \to \mathfrak{a}_{M_0}$ et de la projection $\mathfrak{a}_{M_0} \to \mathfrak{a}_{M_0}^M$. On a l'égalité

$$A_{\mathbf{M}} = \{a \in A_{\mathbf{M}_0}; \log^M a = 0\}.$$

$\mathbb{P}$. On a $Z_{\mathbf{M}} \subset \operatorname{Ker}(\log^M)$ car $z^\alpha = 1$ pour tout $z \in Z_{\mathbf{M}}$, $\alpha \in \Delta_0^M$, d'où

$$A_{\mathbf{M}} \subset \{a \in A_{\mathbf{M}_0}; \log^M a = 0\}.$$

Il faut démontrer l'inclusion opposée. Soit $a \in A_{\mathbf{M}_0}$ tel que $\log^M a = 0$. On veut montrer que $a \in Z_{\mathbf{M}}$, i.e. qu'il commute à tout élément de $\mathbf{M}$. Or $\mathbf{M}$ est engendré par $\mathbf{M}_0$ et des sous-groupes unipotents sur lesquels $\mathbf{T}_0$ agit par des éléments de $R(T_0, M)$ (vus dans cette démonstration comme des caractères algébriques). Comme a commute à tout élément de $\mathbf{M}_0$, pour montrer qu'il commute à tout élément de $\mathbf{M}$, il suffit que pour tout $\alpha \in R(T_0, M)$, on ait $a^\alpha = 1$. Mais par définition de $A_{\mathbf{M}_0}$, on a $a^\alpha \in \mathbb{R}_+^*$ si k est un corps de nombres, $a^\alpha \in \varpi^Z$ si k est un corps de fonctions. Donc les égalités $a^\alpha = 1$ et $a^{|\alpha|} = 1$ (i.e. $|a^\alpha| = 1$) sont équivalentes. Or l'egalité $a^{|\alpha|} = 1$ est vraie pour $\alpha \in R(T_0, M)$ car $\log^M a = 0$. Cela achève la démonstration. □

On définit le groupe $A_{\mathbf{M}}^G = \{a \in A_{\mathbf{M}}; \log_G a = 0\}$. Si k est un corps de nombres, on a l'égalité $A_{\mathbf{M}} = A_{\mathbf{G}} \oplus A_{\mathbf{M}}^G$. Si k est un corps de fonctions, $A_{\mathbf{G}}$ et $A_{\mathbf{M}}^G$ sont en somme directe et leur somme est d'indice fini dans $A_{\mathbf{M}}$.

L'ensemble $A_{\mathbf{M}}\backslash\mathbf{M}/\mathbf{M}^1$ est fini. On fixe un ensemble $\mathbf{M}^c$, réunion finie de classes modulo $\mathbf{M}^1$, de sorte que $\mathbf{M} = A_{\mathbf{M}}\mathbf{M}^c$. Si k est un corps de nombres, on choisit $\mathbf{M}^c = \mathbf{M}^1$.

Soient ω un sous-ensemble compact de $\mathbf{P}_0$, t_0 un élément de $\mathbf{M}_0$. Posons

$$A_{\mathbf{M}_0}(t_0) = \{a \in A_{\mathbf{M}_0}; \forall\alpha \in \Delta_0,\ a^\alpha > t_0^\alpha\},$$
$$S = \{pak;\ p \in \omega,\ a \in A_{\mathbf{M}_0}(t_0),\ k \in \mathbf{K}\}.$$

Si ω est assez grand et t_0 assez petit, i.e. t_0^α assez proche de 0 pour tout $\alpha \in \Delta_0$, on a les égalités

$$G(k)S = \mathbf{G},\ U_0(k)S = U_0(\mathbb{A})S,$$

où U_0 est le radical unipotent de P_0. Plus généralement, pour un sous-groupe parabolique standard P de G, on définit S^P en remplaçant Δ_0 par Δ_0^M dans la définition de $A_{\mathbf{M}_0}(t_0)$. Par exemple si $P = P_0$, $S^P = \omega A_{\mathbf{M}_0}\mathbf{K}$. Pour ω assez grand et t_0 assez petit, on a l'égalité $P(k)S^P = \mathbf{G}$. On suppose désormais ω et t_0 fixés tels que toutes les égalités ci-dessus soient vraies.

I.2.2. Hauteurs

On munit $G(\mathbb{A})$ d'une hauteur de la façon suivante. On a fixé au I.1.1 un plongement $i_G : G \to SL_{2n}$. Pour $g \in G(\mathbb{A})$, écrivons $i_G(g) = (g_{rs})_{r,s=1,\dots,2n}$. On pose

$$\|g\| = \prod_v \sup\{|g_{rs}|_v; r, s = 1, \dots, 2n\}$$

produit sur toutes les places de k. On munit $\mathbf{G}$ d'une hauteur en composant la hauteur de $G(\mathbb{A})$ et la projection $pr : \mathbf{G} \to G(\mathbb{A})$. Notons quelques propriétés de cette hauteur:

(i) il existe $c > 0$ tel que $\|g\| > c$ pour tout $g \in \mathbf{G}$;

(ii) il existe $c > 0$ tel que $\|g_1g_2\| < c\|g_1\|\|g_2\|$ pour tous $g_1, g_2 \in \mathbf{G}$;

(iii) il existe $c, r > 0$ tels que $\|g^{-1}\| < c\|g\|^r$ pour tout $g \in \mathbf{G}$;

(iv) la hauteur est liée à la norme sur $\mathfrak{a}_{M_0}$: il existe $c, c'' > 0$ et $c' \in \mathbb{R}$ tels que pour tout $a \in A_{\mathbf{M}_0}$, on ait

$$c\|\log_{M_0} a\| \leq \log\|a\| + c' \leq c''\|\log_{M_0} a\|;$$

(v) soit $\lambda \in \mathrm{Re}X_{M_0}$; il existe $c, r > 0$ tels que

$$m_{P_0}(g)^\lambda \leq c\|g\|^r$$

pour tout $g \in \mathbf{G}$;

(vi) il existe $\lambda \in \mathrm{Re}X_{M_0}$ et $c > 0$ tels que

$$\|g\| \leq c m_{P_0}(g)^\lambda$$

pour tout $g \in \mathbf{G}^c \cap S$;

(vii) il existe $c > 0$ tel que pour tous $\gamma \in G(k)$, $g \in S$, on ait

$$\|g\| \leq c\|\gamma g\|;$$

(viii) il existe $c, t, t' > 0$ tels que pour tous $a \in A_{\mathbf{G}}$ et $g \in \mathbf{G}^c$, on ait

$$c\|a\|^{t'}\|g\|^t \leq \|ag\|.$$

Démontrons (vii) et (viii) qui sont les seules propriétés non évidentes. Pour tous $N \in \mathbb{N}$, $N \geq 1$, $g \in GL_N(\mathbb{A})$, $g = (g_{rs})_{r,s=1,\dots,N}$, pour toute place v de k, notons

$$|g|_v = \sup\{|g_{rs}|_v;\ r, s = 1, \dots, N\},$$
$$\|g\|_v = \sup(|g|_v, |g^{-1}|_v),$$
$$\|g\|'_v = \sup(|g|_v |\det g|_v^{-1/N}, |g^{-1}|_v |\det g|_v^{1/N}).$$

Démontrons (vii). Comme il existe un compact Ω de $\mathbf{G}$ tel que $S \subset A_{\mathbf{M}_0}(t_0)\Omega$, on peut supposer $g \in A_{\mathbf{M}_0}(t_0)$. Quitte à composer i'_G avec un automorphisme intérieur de GL_n, ce qui transforme la norme en une norme équivalente, on peut supposer $i'_G(T_0)$ diagonal. Alors (vii) résulte de l'assertion suivante:
(∗) supposons $G = GL_n$, $i'_G = \mathrm{id}$, T_0 =le tore diagonal, $\mathbf{G} = GL_n(A)$; alors pour tous $\gamma \in G(k)$, $a \in A_{\mathbf{M}_0}$, on a $\|a\| \leq \|\gamma a\|$.

Un élément

$$a \in A_{\mathbf{M}_0}$$

est une matrice diagonale de coefficients $a_1, \dots, a_n \in \mathbb{R}_+^*$ si k est un corps de nombres, $\in \mathfrak{w}^Z$ si k est un corps de fonctions. Identifions W au groupe des matrices de permutations. Pour $w \in W$, on a $\|waw^{-1}\| = \|a\|$, $\|\gamma waw^{-1}\| = \|\gamma wa\|$. Il est loisible de remplacer a par un conjugué et l'on peut supposer

$$|a_1| \geq |a_2| \geq \cdots \geq |a_n|.$$

Alors $\|a\| = \sup(|a_1|, |a_n|^{-1})^d$, où $d = [k : \mathbb{Q}]$ si k est un corps de nombres, $d = 1$ si k est un corps de fonctions. Soit $\gamma \in G(k)$. D'après la décomposition de Bruhat-Tits, il existe $u, u' \in U_0(k)$ (où U_0 est le groupe unipotent "supérieur"), $w \in W$ et $t \in T_0(k)$ de sorte que $\gamma = uwtu'$. Notons $t_1, \dots, t_n$ les coefficients diagonaux de t et identifions w à une permutation de $\{1, \dots, n\}$. On vérifie que

$$(\gamma a)_{w1,1} = a_1 t_1,\ (a^{-1}\gamma^{-1})_{n,wn} = a_n^{-1} t_n^{-1}.$$

Par construction, pour toute place v,

$$\sup(|(\gamma a)_{w1,1}|_v, |(a^{-1}\gamma^{-1})_{n,wn}|_v) \leq \|\gamma a\|_v.$$

D'où

$$\sup(|a_1 t_1|_v, |a_n^{-1} t_n^{-1}|_v) \leq \|\gamma a\|_v$$

et

$$\sup(\prod_v |a_1 t_1|_v, \prod_v |a_n^{-1} t_n^{-1}|_v) \leq \|\gamma a\|.$$

Comme $t_1, t_n \in k^*$, $\prod_v |t_1|_v = \prod_v |t_n|_v = 1$ et l'on obtient

$$\sup(|a_1|^d, |a_n|^{-d}) \leq \|\gamma a\|,$$

i.e. $\|a\| \leq \|\gamma a\|$, ce qui achève la preuve de $(*)$ et de (vii).

Démontrons (viii). On a d'abord l'assertion élémentaire suivante dont on laisse la démonstration à la lectrice:

(1) soient $S \subset V$ deux ensembles finis; soit $s > 0$ et pour tout $v \in V$, soit $x_v > 0$; supposons $S \neq \emptyset$ et $\prod_{v \in V} x_v = 1$; alors

$$\prod_{v \in S} \sup(s x_v, s^{-1} x_v^{-1}) \prod_{v \in V - S} \sup(x_v, x_v^{-1}) \geq \sup(s, s^{-1})^{1/2} (\prod_{v \in V} \sup(x_v, x_v^{-1}))^{1/4}.$$

Pour $N \in \mathbb{N}$, $N \geq 1$, $g \in GL_N(\mathbb{A})$, on pose $\|g\|' = \prod_v \|g\|'_v$. On a

(2) $\|g\| \leq \|\det g\|^{1/N} \|g\|'$.

Montrons que si $N \geq 2$,

(3) il existe $c > 0$ tel que pour tout $g \in GL_N(\mathbb{A})$, on ait l'inégalité

$$c \|\det g\|^{1/N} \|g\|'^{1/(N-1)} \leq \|g\|.$$

Fixons une place v de k. D'après les formules calculant le déterminant et l'inverse d'une matrice, il existe des constantes c'_v et $c''_v > 0$, $c'_v = c''_v = 1$ si v est finie, de sorte que pour tout $g \in GL_N(\mathbb{A})$, on ait

$$|g^{-1}|_v \leq c'_v |g|_v^{N-1} |\det g|_v^{-1},$$

$$|\det g|_v \leq c''_v |g|_v^N.$$

Cette dernière inégalité entraine

$$\left(|g|_v |\det g|_v^{-1/N}\right)^{1/(N-1)} \leq c''^{1/(N-1)}_v |g|_v |\det g|_v^{-1/N}.$$

De la première résulte que

$$\left(|g^{-1}|_v |\det g|_v^{1/N}\right)^{1/(N-1)} \leq c'^{1/(N-1)}_v |g|_v |\det g|_v^{-1/N}.$$

Ces deux dernières inégalités entrainent

$$c_v \|g\|'^{1/(N-1)}_v \leq |g|_v |\det g|_v^{-1/N}$$

où $c_v = \inf(c'^{-1/(N-1)}_v, c''^{-1/(N-1)}_v)$. Supposons $|\det g|_v \geq 1$. Alors $\|\det g\|_v = |\det g|_v$. Comme $|g|_v \leq \|g\|_v$, on obtient

$$c_v \|\det g\|_v^{1/N} \|g\|'^{1/(N-1)}_v \leq \|g\|_v.$$

Cette inégalité reste vraie si $|\det g|_v \leq 1$: il suffit de remplacer g par g^{-1}. En faisant le produit de ces inégalités, on obtient l'inégalité de gauche de (3), où $c = \prod_v c_v$.

Supposons $G = GL_n$, $i'_G = \mathrm{id}$ (cf. I.1.1), $\mathbf{G} = GL_n(\mathbb{A})$. Soient $a \in A_{\mathbf{G}}$, $g \in \mathbf{G}^1$. Supposons d'abord $n \geq 2$. D'après (3),

$$c\|\det ag\|^{1/n}\|ag\|'^{1/(n-1)} \leq \|ag\|.$$

Pour toute place v on a $|a|_v = |\det a|_v^{1/n}$, d'où $\|ag\|' = \|g\|'$. Appliquons (1) en prenant pour S l'ensemble des places archimédiennes si k est un corps de nombres, $S = \{v_0\}$ si k est un corps de fonctions, V la réunion de S et de l'ensemble des places v pour lesquelles $|\det g|_v \neq 1$, $s = |\det a|_v$ pour $v \in S$, $x_v = |\det g|_v$. Alors

$$\|\det a\|^{1/2}\|\det g\|^{1/4} \leq \|\det ag\|.$$

On obtient

$$c\|\det a\|^{1/2n}\|\det g\|^{1/4n}\|g\|'^{1/(n-1)} \leq \|ag\|.$$

Posons $t = \inf(1/4, 1/(n-1))$. Comme $\|\det g\|$ et $\|g\|'$ sont bornés inférieurement, il existe $c' > 0$ indépendant de g de sorte que

$$\|\det g\|^{1/4n} \geq c'\|\det g\|^{t/n},$$

$$\|g\|'^{1/(n-1)} \geq c'\|g\|'^{t}.$$

D'après (2), on obtient

$$\|\det g\|^{1/4n}\|g\|'^{(1/(n-1)} \geq c'^2\|g\|$$

et finalement

$$cc'^2\|\det a\|^{1/2n}\|g\|^t \leq \|ag\|,$$

qui est l'inégalité que l'on voulait obtenir. Si $n = 1$, le raisonnement se simplifie: on n'a plus besoin de considérer les termes $\|\ \|'$.

Passons au cas général. Posons $V = k^n$. Le groupe G agit dans V par i'_G. En particulier T_G agit dans V. Cette action étant définie sur k, on peut décomposer V en sous-espaces propres pour l'action de T_G:

$$V = \bigoplus_{m=1}^{M} V_m.$$

Chaque V_m est stable par G. Fixons pour tout m une base de V_m, on en déduit un homomorphisme $i'_m : G \to GL_{n(m)}$ et un plongement

$$j'_G : G \hookrightarrow GL_n$$

$$g \longmapsto \begin{pmatrix} i'_1(g) & & \\ & \ddots & \\ & & i'_M(g) \end{pmatrix}$$

La norme déduite de j'_G est équivalente à celle que l'on a fixée. On peut donc supposer $j'_G = i'_G$. Montrons qu'alors

(4) il existe $c > 0$ tel que pour tout $g \in G(\mathbb{A})$, on ait
$$\prod_{m=1}^{M} \|i'_m(g)\|^{1/M} \leq \|g\| \leq c \prod_{m=1}^{M} \|i'_m(g)\|.$$
Fixons une place v de k. Il existe $c_v > 0$, $c_v = 1$ si v est finie, tel que
$$\|i'_m(g)\|_v \geq c_v$$
pour tout $g \in G(\mathbb{A})$ et tout $m \in \{1, \ldots, M\}$. Par définition, pour $g \in G(\mathbb{A})$,
$$\|g\|_v = \sup\{\|i'_m(g)\|_v; m = 1, \ldots, M\}.$$
Or si $x_1, \ldots, x_M$ sont des nombres réels $> c_v$, on a les inégalités
$$\prod_{m=1}^{M} x_m^{1/M} \leq \sup\{x_m; m = 1, \ldots, M\} \leq c_v^{1-M} \prod_{m=1}^{M} x_m.$$
Alors
$$\prod_{m=1}^{M} \|i'_m(g)\|_v^{1/M} \leq \|g\|_v \leq c_v^{1-M} \prod_{m=1}^{M} \|i'_m(g)\|_v,$$
d'où (4) avec $c = \prod_v c_v^{1-M}$.

Soient $g \in G(\mathbb{A})^1$ et $a \in A_{G(\mathbb{A})}$. Alors pour tout m,
$$i'_m(g) \in GL_{n(m)}(\mathbb{A})^1 \quad \text{et} \quad i'_m(a) \in A_{GL_{n(m)}}(\mathbb{A}).$$
On a donc des inégalités
$$c(m)\|i'_m(a)\|^{t'(m)}\|i'_m(g)\|^{t(m)} \leq \|i'_m(ag)\|$$
où $c(m)$, $t(m)$, $t'(m) > 0$ sont indépendants de a et g. Posons
$$t = \inf\{t(m)/M;\ m = 1, \ldots, M\},\ t' = \inf\{t'(m)/M;\ m = 1, \ldots, M\}.$$
Comme les $\|i'_m(a)\|$ et $\|i'_m(g)\|$ sont bornés inférieurement, on déduit des inégalités ci-dessus des inégalités
$$c'\|i'_m(a)\|^{t'}\|i'_m(g)\|^{t} \leq \|i'_m(ag)\|^{1/M}$$
où c' est indépendant de m, a et g. Utilisant deux fois (4), on a la suite d'inégalités
$$\begin{aligned}\|ag\| &\geq \prod_{m=1}^{M} \|i'_m(ag)\|^{1/M} \\ &\geq c'^M\Big(\prod_{m=1}^{M} \|i'_m(a)\|\Big)^{t'}\Big(\prod_{m=1}^{M} \|i'_m(g)\|\Big)^{t} \\ &\geq c'^M c^{-t-t'}\|a\|^{t'}\|g\|^{t},\end{aligned}$$
qui démontre l'assertion souhaitée. □

La généralisation au revêtement $\mathbf{G}$ et à deux éléments $a \in A_{\mathbf{G}}$, $g \in \mathbf{G}^c$ est immédiate.

I.2.3. Fonctions à croissance modérée

Quand V est un espace de fonctions sur $\mathbf{G}$ stable par translations à droite, on note δ l'action de $\mathbf{G}$ dans V par translations à droite. Plus généralement les translations à droite permettent parfois de définir dans un espace de fonctions V une action d'une algèbre de fonctions sur $\mathbf{G}$, ou d'une algèbre d'opérateurs différentiels (par exemple d'une algèbre enveloppante). On note encore δ cette action.

Soit $\phi : \mathbf{G} \to \mathbb{C}$ une fonction. On dit que ϕ est à croissance modérée s'il existe $c, r \in \mathbb{R}$ tels que pour tout $g \in \mathbf{G}$, on ait

$$|\phi(g)| \leq c\|g\|^r.$$

Supposons que k soit un corps de nombres, soient $G_\infty = \prod_v G(k_v)$, produit sur les places archimédiennes de k, $\mathbf{G}_\infty$ son image réciproque dans $\mathbf{G}$,$\mathcal{U}$ l'algèbre enveloppante de l'algèbre de Lie (complexifiée) de $\mathbf{G}$. Elle agit par translations à droite sur l'espace des fonctions C^∞ sur $\mathbf{G}$. Soit alors $\phi : \mathbf{G} \to \mathbb{C}$ une fonction C^∞. On dit que ϕ et ses dérivées sont à croissance uniformément modérée si

$$\exists r \in \mathbb{R},\ \forall X \in \mathcal{U},\ \exists c_X \in \mathbb{R},\ \forall g \in \mathbf{G},\ |\delta(X)\phi(g)| \leq c_X\|g\|^r.$$

Soient $P = MU$ un sous-groupe parabolique standard de G et $\phi : U(\mathbb{A})M(k)\backslash\mathbf{G} \to \mathbb{C}$. Alors ϕ est à croissance modérée si et seulement s'il existe $c, r \in \mathbb{R}$ et $\lambda \in \mathrm{Re}X_{M_0}$ tels que pour tous $a \in A_\mathbf{M}$, $k \in A_\mathbf{M}$, $m \in \mathbf{M}^c \cap S^P$, on ait

$$|\phi(amk)| \leq c\|a\|^r m_{P_0}(m)^\lambda.$$

Quand k est un corps de nombres, on peut traduire de façon analogue la condition: ϕ et ses dérivées sont à croissance uniformément modérée.

I.2.4. Un lemme de majoration

Pour tout sous-ensemble $C \subset \mathbf{G}$, notons 1_C la fonction caractéristique de C.

Lemme. *(a) Il existe $r > 0$, pour tout sous-ensemble compact $C \subset \mathbf{G}$, il existe $c > 0$ de sorte que*

(i) pour tous $x, y \in \mathbf{G}$, on ait

$$\sum_{\gamma \in G(k)} 1_C(x^{-1}\gamma y) \leq c\|x\|^r;$$

(ii) pour tous $x, y \in \mathbf{G}^c$, on ait

$$\int_{G(k)Z_\mathbf{G}} 1_C(x^{-1}\gamma y)d\gamma \leq c\|x\|^r.$$

(b) Soit $r > 0$. Il existe $r' > 0$, pour tout sous-ensemble compact $C \subset \mathbf{G}$, il existe $c > 0$ de sorte que

(i) *pour tous $x \in \mathbf{G}$, $y \in S$, on ait*
$$\sum_{\gamma \in G(k)} 1_C(x^{-1}\gamma y) \leq c\|x\|^{r'}\|y\|^{-r};$$
(ii) *pour tous $x \in \mathbf{G}^c$, $y \in S \cap \mathbf{G}^c$, on ait*
$$\int_{G(k)Z_{\mathbf{G}}} 1_C(x^{-1}\gamma y)d\gamma \leq c\|x\|^{r'}\|y\|^{-r}.$$

$\mathbb{P}$. Soient $\gamma_1, \gamma_2 \in G(k)$ tels que $1_C(x^{-1}\gamma_i y) = 1$ pour $i = 1, 2$. Alors $\gamma_i \in xCy^{-1}$ pour $i = 1, 2$, d'où $\gamma_1\gamma_2^{-1} \in xCC^{-1}x^{-1}$ et
$$\|\gamma_1\gamma_2^{-1}\| \leq c'\|x\|^R,$$
où $c' > 0$ ne dépend que de C et $R > 0$ est indépendant de x, y et C. La somme (a)(i) est bornée par
$$\#\{\gamma \in G(k); \|\gamma\| \leq c'\|x\|^R\}.$$
On montre qu'il existe c et $r > 0$ tels que ce nombre soit borné par $c\|x\|^r$ (la définition de la norme nous ramène à $G = GL_n$ pour lequel c'est un simple exercice).

Soient $y \in S, \gamma \in G(k)$, supposons $1_C(x^{-1}\gamma y) = 1$. Alors $\gamma y \in xC$, d'où $\|\gamma y\| \leq c'\|x\|$, où c' ne dépend que de C. Grâce à I.2.2 (vii), on obtient $\|y\| \leq c''\|x\|$, où c'' ne dépend que de C. Alors (b)(i) se déduit de (a)(i).

Notons Γ l'image dans $\mathbf{G}/\mathbf{G}^1$ de $\mathbf{G}^c \times C \times \mathbf{G}^c$ par l'application
$$(x, g, y) \mapsto \text{projection de } xgy^{-1} \text{ dans } \mathbf{G}/\mathbf{G}^1.$$
Il est clair que Γ est compact. On peut dans (a)(ii) et (b)(ii) se limiter à intégrer sur les $\gamma \in G(k)Z_{\mathbf{G}}$ dont l'image dans $\mathbf{G}/\mathbf{G}^1$ appartient à Γ. Du lemme I.1.5 on déduit qu'il existe un sous-ensemble compact $\Gamma' \subset Z_{\mathbf{G}}$ tel que l'ensemble précédent soit inclus dans $G(k)\Gamma'$. Il existe alors $c > 0$ tel que pour tous $x, y \in \mathbf{G}^c$,
$$\int_{G(k)Z_{\mathbf{G}}} 1_C(x^{-1}\gamma y)d\gamma \leq c \sum_{\gamma \in G(k)} 1_{C\Gamma'}(x^{-1}\gamma y).$$
On déduit (a)(ii) de (a)(i) et (b)(ii) de (b)(i). □

I.2.5. Construction de fonctions à croissance modérée

Si ξ est un caractère unitaire de $Z_{\mathbf{G}}$, trivial sur $Z_G(k) \cap Z_{\mathbf{G}}$, on note $L^2(G(k)\backslash\mathbf{G})_\xi$ l'espace des fonctions ϕ sur $G(k)\backslash\mathbf{G}$, de "caractère central" ξ (i.e. $\phi(zg) = \xi(z)\phi(g)$ pour tous $z \in Z_{\mathbf{G}}$, $g \in \mathbf{G}$) et de carré intégrable modulo $Z_{\mathbf{G}}$. Cet espace est muni de la norme L^2. Le groupe $\mathbf{G}$ y agit par translations à droite.

Soit $f : \mathbf{G} \to \mathbb{C}$ une fonction. Si k est un corps de fonctions, on dit que f est lisse si elle est localement constante. Si k est un corps de nombres, on dit que f est lisse si la condition suivante est vérifiée. Notons $\mathbf{G}_f$ l'image réciproque de $G(\mathbb{A}_f)$ dans $\mathbf{G}$. Soit $g \in \mathbf{G}$, $g = g_\infty g_f$, avec $g_\infty \in \mathbf{G}_\infty$, $g_f \in \mathbf{G}_f$. On demande qu'il existe un voisinage V_∞ de g_∞ dans $\mathbf{G}_\infty$, un voisinage V_f de g_f dans $\mathbf{G}_f$ et une fonction $f' : V_\infty \to \mathbb{C}$, qui soit C^∞, de sorte que

$$f(g'_\infty g'_f) = f'(g'_\infty)$$

pour tous $g'_\infty \in V_\infty$, $g'_f \in V_f$.

Lemme. *Soit $f : \mathbf{G} \to C$ une fonction lisse à support compact.*

(a) Soit $\phi : G(k)\backslash\mathbf{G} \to \mathbb{C}$ une fonction à croissance modérée. Alors $\delta(f)\phi$ est à croissance modérée. Si k est un corps de nombres, $\delta(f)\phi$ et ses dérivées sont à croissance uniformément modérée.

(b) Soient ξ un caractère unitaire de $Z_{\mathbf{G}}$, trivial sur $Z_G(k) \cap Z_{\mathbf{G}}$ et $\phi \in L^2(G(k)\backslash\mathbf{G})_\xi$. Alors $\delta(f)\phi$ vérifie les mêmes propriétés qu'en (a).

$\mathbb{P}$. Pour (a), on écrit

$$\delta(f)\phi(x) = \int_{G(k)\backslash\mathbf{G}} \sum_{\gamma\in G(k)} f(x^{-1}\gamma y)\phi(y)dy.$$

et on utilise I.2.4 (b)(i). Si k est un corps de nombres et $X \in \mathcal{U}$, on a de même

$$(\delta(X)\delta(f)\phi)(x) = \int_{G(k)\backslash\mathbf{G}} \sum_{\gamma\in G(k)} Xf(x^{-1}\gamma y)\phi(y)dy,$$

où X agit sur f via les translations à gauche. On conclut de même. La démonstration de (b) est analogue. □

Remarque. Dans la suite du chapitre, nous n'étudions que des fonctions à croissance modérée. Certains résultats ont des conséquences pour les fonctions de carré intégrable (qui ne sont pas en général à croissance modérée) en vertu du fait suivant. Soient ξ un caractère unitaire de $Z_{\mathbf{G}}$, trivial sur $Z_G(k) \cap Z_{\mathbf{G}}$ et $\phi \in L^2(G(k)\backslash\mathbf{G})_\xi$. Pour tout $\varepsilon > 0$, il existe une fonction $f : \mathbf{G} \to \mathbb{C}$ lisse, à support compact, $\mathbf{K}$-finie à droite et à gauche, telle que $\|\delta(f)\phi - \phi\| < \varepsilon$. La fonction $\delta(f)\phi$ est lisse $\mathbf{K}$-finie et, comme on vient de le voir, à croissance modérée.

I.2.6. Termes constants

Soient $P = MU$ un sous-groupe de Lévi standard de G, ϕ une fonction sur $U(k)\backslash\mathbf{G}$ mesurable et localement L^1. On définit une fonction ϕ_P sur $U(\mathbb{A})\backslash\mathbf{G}$ mesurable et localement L^1 par

$$\phi_P(g) = \int_{U(k)\backslash U(\mathbb{A})} \phi(ug)du.$$

Si ϕ est invariante à gauche par $G(k)$, resp. à croissance modérée, resp. lisse, alors ϕ_P est invariante à gauche par $M(k)$, resp. à croissance modérée, resp. lisse.

I.2.7. Lemme. *Supposons que k est un corps de fonctions. Soit $\mathbf{K}'$ un sous-groupe ouvert compact de $\mathbf{G}$. Alors il existe $c > 0$ tel que la propriété suivante soit vérifiée. Soit ϕ une fonction sur $G(k)\backslash\mathbf{G}$ invariante à droite par $\mathbf{K}'$, soit $g \in S$ tel que*

$$m_{P_0}(g)^\alpha > c \textit{ pour tout } \alpha \in R^+(T_0, G) - R^+(T_0, M).$$

Alors on a l'égalité $\phi(g) = \phi_P(g)$.

$\mathbb{P}$. Choisissons un sous-groupe ouvert $V \subset U(\mathbb{A})$ tel que pour tout $k \in \mathbf{K}$, on ait $k^{-1}Vk \subset \mathbf{K}'$. Soit V' un sous-ensemble ouvert compact de $U(\mathbb{A})$ tel que la projection $V' \to U(k)\backslash U(\mathbb{A})$ soit bijective. Soit $g \in S$, écrivons $g = pak$, avec $p \in \omega$, $k \in \mathbf{K}$, $a \in A_{\mathbf{M}_0}$. On a

$$\begin{aligned}\phi_P(g) &= \int_{U(k)\backslash U(\mathbb{A})} \phi(upak)du \\ &= \int_{V'} (\delta(k)\phi)(upa)du \\ &= (mes\ V'')^{-1} \int_{V''} (\delta(k)\phi)(pau)du\end{aligned}$$

où $V'' = (pa)^{-1}V'pa$. Supposons $V'' \subset V$. Alors $\delta(k)\phi$ est invariante par V'' et l'on obtient $\phi_P(g) = (\delta(k)\phi)(pa) = \phi(g)$. Comme p reste dans un compact, il est clair qu'il existe $c > 0$ tel que la condition $V'' \subset V$ soit réalisée pourvu que $a^\alpha > c$ pour tout $\alpha \in R^+(T_0, G) - R^+(T_0, M)$. Quitte à modifier c, cela équivaut à la condition de l'énoncé. □

A la suite de Langlands, introduisons une partition de $\mathbf{M}_0$. Soit $t \in \mathbf{M}_0$. Pour un sous-groupe parabolique standard $P = MU$ de G, notons $\hat{\Delta}^M$ la base de $(\mathfrak{a}_{M_0}^M)^*$ duale de la base des coracines $\{\check{\alpha}; \alpha \in \Delta^M\}$ de $\mathfrak{a}_{M_0}^M$, et définissons l'ensemble $\mathbf{M}_0(P, t)$ des $m \in \mathbf{M}_0$ tels que

$$\begin{aligned} m^\alpha &> t^\alpha \text{ pour tout } \alpha \in \Delta_M, \\ m^\omega &\leq t^\omega \text{ pour tout } \omega \in \hat{\Delta}^M. \end{aligned}$$

On a l'egalité (cf.[A1] lemme 6.3):

$$\mathbf{M}_0 = \bigcup_{P; P_0 \subset P \subset G} \mathbf{M}_0(P, t)$$

l'union étant disjointe.

Remarque: de la partition ci-dessus se déduit immédiatement une partition de $\mathbf{M}_0^1\backslash\mathbf{M}_0$.

I.2.8. Corollaire. *Supposons que k est un corps de fonctions. Soit $\mathbf{K}'$ un sous-groupe ouvert compact de $\mathbf{G}$. Alors il existe $c > 0$ tel que la propriété suivante soit vérifiée. Soit ϕ une fonction sur $G(k)\backslash\mathbf{G}$ invariante à droite par $\mathbf{K}'$, soit $t \in \mathbf{M}_0$ tel que $t^\alpha > c$ pour tout $\alpha \in \Delta_0$, soit P un sous-groupe parabolique standard de G et soit $g \in S$ tel que $m_{P_0}(g) \in \mathbf{M}_0(P,t)$. Alors on a l'égalité $\phi(g) = \phi_P(g)$.*

$\mathbb{P}$. Ecrivons $P = MU$, soit $\alpha \in R^+(T_0,G) - R^+(T_0,M)$. Il existe $\beta \in \Delta_0 - \Delta_0^M$ et $\gamma \in R^+(T_0,G) \cup \{0\}$ tels que $\alpha = \beta + \gamma$. On peut écrire

$$\beta = \beta_M + \sum_{\mathfrak{w} \in \hat{\Delta}^M} c_{\mathfrak{w}}\omega, \text{ avec } \beta_M \in \Delta_M.$$

Si $\omega \in \hat{\Delta}^M$ est associé à la coracine $\check{\delta}$, avec $\delta \in \Delta^M$, on a

$$c_\omega = <\beta, \check{\delta}> \leq 0.$$

Comme $m_{P_0}(g) \in \mathbf{M}_0(P,t)$, on en déduit

$$m_{P_0}(g)^\beta > t^\beta.$$

Il existe c' tel que pour tout $g' \in S$, on ait $m_{P_0}(g')^\gamma > c'$. D'où

$$m_{P_0}(g)^\alpha > c't^\beta.$$

Soit c la constante du lemme précédent associée à P et $\mathbf{K}'$. Si t est assez grand, on obtient $m_{P_0}(g)^\alpha > c$ et le lemme permet de conclure. □

I.2.9. Corollaire. *Supposons que k est un corps de fonctions. Soit $\mathbf{K}'$ un sous-groupe ouvert compact de $\mathbf{G}$. Alors il existe un sous-ensemble compact $C \subset A_{\mathbf{G}}\backslash S$ tel que la propriété suivante soit vérifiée. Soit ϕ une fonction sur $G(k)\backslash\mathbf{G}$ invariante à droite par $\mathbf{K}'$. Définissons une fonction $s\phi$ sur S par*

$$s\phi(g) = \sum_{P=MU;P_0 \subset P \subset G} (-1)^{rg(G)-rg(M)}\phi_P(g).$$

Alors l'image dans $A_{\mathbf{G}}\backslash S$ du support de $s\phi$ est incluse dans C.
(On a noté $rg(G)$ et $rg(M)$ les rangs semi-simples de G et M, i.e. par exemple $rg(G) = |\Delta_0|$).

$\mathbb{P}$. Le lemme I.2.7 se généralise aux fonctions sur $U'(\mathbb{A})M'(k)\backslash\mathbf{G}$ pour un parabolique $P' \subset P$. Il suffit de remplacer $R(T_0,G)$ par $R(T_0,M')$. Choisissons alors un c assez grand pour assurer la conclusion du lemme I.2.7 pour tout couple P,P' tel que $P_0 \subset P \subset P'$. Soit $g \in S$, posons

$$\Delta_0(g) = \{\alpha \in \Delta_0; m_{P_0}(g)^\alpha \leq c\}.$$

L'ensemble des sous-groupes paraboliques standards est en bijection avec l'ensemble des couples (Γ,Γ') avec $\Gamma \subset \Delta_0(g), \Gamma' \subset \Delta_0 - \Delta_0(g)$, par

$$(\Gamma,\Gamma') \longmapsto P(\Gamma,\Gamma') = M(\Gamma,\Gamma')U(\Gamma,\Gamma')$$

de sorte que $\Delta_0^{M(\Gamma,\Gamma')} = \Gamma \cup \Gamma'$. La fonction de l'énoncé s'écrit

$$\sum_{\Gamma \subset \Delta_0(g)} \sum_{\Gamma' \subset \Delta_0 - \Delta_0(g)} (-1)^{|\Gamma|+|\Gamma'|} \phi_{P(\Gamma,\Gamma')}(g).$$

D'après le lemme I.2.7, généralisé comme expliqué ci-dessus, on a l'égalité $\phi_{P(\Gamma,\Gamma')}(g) = \phi_{P(\Gamma,\emptyset)}(g)$. Mais alors dans la somme ci-dessus, on peut mettre en facteur la somme

$$\sum_{\Gamma' \subset \Delta_0 - \Delta_0(g)} (-1)^{|\Gamma'|}.$$

Or cette somme est nulle sauf si $\Delta_0 = \Delta_0(g)$. Mais l'ensemble des $g \in S$ pour lesquels $\Delta_0(g) = \Delta_0$ est compact modulo $A_{\mathbf{G}}$. □

I.2.10. Le cas des corps de nombres

Sur un corps de nombres, la situation est beaucoup plus compliquée.

Lemme. *Soient $P = MU$ un sous-groupe parabolique standard de G, propre et maximal, α la racine telle que $\{\alpha\} = \Delta_0 - \Delta_0^M$. Soient $\mathbf{K}'_f$ un sous-groupe ouvert compact de $\mathbf{G}_f$, $X \in \mathcal{U}$, $c > 0$ et $t > 0$. Alors il existe deux sous-ensembles finis $\{X_i; i = 1, \dots, N\} \subset \mathcal{U}$, $\{c_i; i = 1, \dots, N\} \subset \mathbb{R}_+^*$ tels que la propriété suivante soit vérifiée. Soient ϕ une fonction lisse sur $U_0(k)\backslash\mathbf{G}$ invariante à droite par $\mathbf{K}'_f$, $r > 0$ et $\lambda \in$ ReX_{M_0}. Supposons que pour tous $a \in A_{\mathbf{G}}$, $g \in \mathbf{G}^1 \cap S$, $i \in \{1, \dots, N\}$, on ait l'inégalité*

$$|\delta(X_i)\phi(ag)| \leq c_i \|a\|^r m_{P_0}(g)^\lambda.$$

Alors pour tous $a \in A_{\mathbf{G}}$, $g \in \mathbf{G}^1 \cap S$, on a l'inégalité

$$|\delta(X)(\phi - \phi_P)(ag)| \leq c\|a\|^r m_{P_0}(g)^{\lambda - t\alpha}.$$

$\mathbb{P}$. (cf. [HC] lemme 10). Fixons, ainsi qu'il est loisible, une suite

$$V_0 = \{1\} \subset V_1 \subset V_2 \subset \cdots \subset V_N = U$$

de sous-groupes définis sur k de sorte que, pour tout i, V_i soit distingué dans U et $V_{i-1}\backslash V_i$ soit isomorphe au groupe additif $\mathbb{G}_a$. Notons $j_i : V_i \to \mathbb{G}$ le morphisme composé $V_i \to V_{i-1}\backslash V_i \to G_a$. Posons

$$\Gamma_i = V_i(\mathbb{A}_f) \cap (\bigcap_{g \in S} g\mathbf{K}'_f g^{-1}).$$

Alors $j_i(\Gamma_i)$ est un sous-groupe ouvert compact de $\mathbb{A}_f$. La structure de $k\backslash\mathbb{A}/j_i(\Gamma_i)$ est bien connue: il existe un réseau $L_i \subset \mathbb{A}_\infty$ tel que

$$L_i\backslash\mathbb{A}_\infty \simeq k\backslash\mathbb{A}/j_i(\Gamma_i),$$

où $\mathbb{A}_\infty$ s'envoie dans $\mathbb{A}$ par l'application naturelle. Fixons un supplémentaire ϑ_i de Lie$V_{i-1}(\mathbb{A}_\infty))$ dans Lie$(V_i(\mathbb{A}_\infty))$ (il s'agit ici des algèbres de

Lie réelles). L'application $j_i \circ \exp : \vartheta_i \to \mathbb{A}_\infty$ est un isomorphisme. On choisit une base $(X_{i\ell})_{\ell=1,\ldots,d}$ (où $d = [k : \mathbb{Q}]$) de ϑ_i telle que $(j_i \circ \exp(X_{i\ell}))_{\ell=1,\ldots,d}$ soit une base de L_i. On obtient finalement que l'application

$$\begin{aligned}(\mathbb{Z}\backslash\mathbb{R})^d &\longrightarrow V_{i-1}(\mathbb{A})V_i(k)\backslash V_i(\mathbb{A})/\Gamma_i \\ (x_\ell)_{\ell=1,\ldots,d} &\longmapsto \exp\left(\sum_{\ell=1}^{d} x_\ell X_{i\ell}\right)\end{aligned}$$

est un isomorphisme.

Nous aurons besoin de l'assertion suivante. Fixons une base $\{X_j; j \in J\}$ de $\mathrm{Lie}(\mathbf{G}_\infty)$, notons $\{X_j^*; j \in J\}$ la base duale de

$$\mathrm{Hom}_{\mathbb{R}}(\mathrm{Lie}(\mathbf{G}_\infty), \mathbb{R}).$$

(1) Il existe $c_1 > 0$ tel que pour tous $i \in \{1, \ldots, N\}$, $\ell \in \{1, \ldots, d\}$, $j \in J$, $g \in S$, on ait

$$| < \mathrm{Ad}(g_\infty^{-1})X_{i\ell}, X_j^* > | \leq c_1 m_{P_0}(g)^{-\alpha},$$

où g_∞ est la composante de g dans $\mathbf{G}_\infty$.

Ecrivons $g = pak$, $p \in \omega$, $k \in \mathbf{K}$, $a \in A_{\mathbf{M}_0}(t_0)$ (cf. I.2.1). Comme $p \in \mathbf{P}_0$, $\mathrm{Ad}(p_\infty^{-1})$ conserve $\mathrm{Lie}(U(\mathbb{A}_\infty))$. Comme de plus ω est compact, on peut écrire

$$\mathrm{Ad}(p_\infty^{-1})X_{i\ell} = \sum_{i',\ell'} c_{i'\ell'} X_{i'\ell'},$$

avec des coefficients $c_{i',\ell'}$ bornés. Le groupe $A_{\mathbf{M}_0}$ conserve également $\mathrm{Lie}(U(\mathbb{A}_\infty))$. Il y agit de façon semi-simple, les caractères propres étant des racines de la forme $\alpha + \beta, \beta \geq 0$. On peut donc écrire, pour $a \in A_{\mathbf{M}_0}(t_0)$

$$\mathrm{Ad}(a^{-1})X_{i'\ell'} = \sum_{i'',\ell''} a^{-\alpha} c_{i',\ell';i''\ell''} X_{i'',\ell''},$$

avec des coefficients $c_{i',\ell';i'',\ell''}$ bornés. Enfin $\mathbf{K}$ étant compact agit aussi de façon bornée. En composant ces trois actions et en remarquant que $a^{-\alpha} < m_{P_0}(g)^{-\alpha}$, on obtient (1).

Soit ϕ comme dans l'énoncé. Pour $i = 0, \ldots, N$, définissons une fonction $\phi_i : \mathbf{G} \to \mathbb{C}$ par

$$\phi_i(g) = \int_{V_i(k)\backslash V_i(\mathbb{A})} \phi(ug)du.$$

On a $\phi_0 = \phi$, $\phi_P = \phi_N$, d'où

(2) $$\phi - \phi_P = \sum_{i=1}^{N}(\phi_{i-1} - \phi_i).$$

Fixons i. Nous allons établir une majoration pour la fonction $\phi_{i-1} - \phi_i$. Remarquons que

$$\phi_i(g) = \int_{V_{i-1}(\mathbb{A})V_i(k)\backslash V_i(\mathbb{A})} \phi_{i-1}(ug)du.$$

Pour $a \in A_{\mathbf{G}}$ et $g \in \mathbf{G}^1 \cap S$, la fonction

$$u \longmapsto \phi_{i-1}(uag)$$

est invariante à droite par Γ_i. D'après la discussion ci-dessus, on a donc

(i) la fonction

$$\mathbb{R}^d \longrightarrow \mathbb{C}$$

$$(x_\ell)_{\ell=1,\dots,d} \longmapsto \phi_{i-1}(\exp\left(\sum_{\ell=1}^{d} x_\ell X_{i\ell}\right) ag)$$

est invariante par $\mathbb{Z}^d$;

(ii)

$$\phi_i(ag) = \int_{\mathbb{Z}^d\backslash\mathbb{R}^d} \phi_{i-1}(\exp(\sum_{\ell=1}^{d} x_\ell X_{i\ell})ag)\Pi dx_\ell.$$

Par inversion de Fourier, on a donc

$$(3) \qquad (\phi_{i-1} - \phi_i)(ag) = \sum_{\xi\in\mathbb{Z}^d-\{0\}} \phi_{i-1}^{\xi}(ag),$$

où, pour $\xi = (\xi_\ell)_{\ell=1,\dots,d} \in \mathbb{Z}^d$, on pose

$$\phi_{i-1}^{\xi}(ag) = \int_{\mathbb{Z}^d\backslash\mathbb{R}^d} \phi_{i-1}(\exp\left(\sum_{\ell=1}^{d} x_\ell X_{i\ell}\right) ag) \exp\left(2\pi i \sum_{\ell=1}^{d} x_\ell \xi_\ell\right) \Pi dx_\ell.$$

Soit $\xi = (\xi_\ell)_{\ell=1,\dots,d} \in \mathbb{Z}^d - \{0\}$. Choisissons $\ell(\xi) \in \{1, \dots, d\}$ tel que $|\xi_{\ell(\xi)}|$ soit maximal. On a

$$\phi_{i-1}^{\xi}(ag) = \int_{\mathbb{Z}^d\backslash\mathbb{R}^d} \phi_{i-1}\left(\exp\left(\sum_{\ell\neq\ell(\xi)} x_\ell X_{i\ell}\right) ag \exp\left(x_{\ell(\xi)} X'_{i\ell(\xi)}\right)\right)$$
$$\exp\left(2\pi i \sum_{\ell=1}^{d} x_\ell \xi_\ell\right) \Pi dx_\ell,$$

où $X'_{i\ell(\xi)} = \mathrm{Ad}(g_\alpha^{-1}) X_{i\ell(\xi)}$. Pour $h \in \mathbb{N}$, on a aussi, par intégration par parties

$$\phi_{i-1}^{\xi}(ag) = (2\pi i \xi_{\ell(\xi)})^{-h} \int_{\mathbb{Z}^d\backslash\mathbb{R}^d} \frac{d^h}{dx_{\ell(\xi)}} \phi_{i-1}\left(\exp\left(\sum_{\ell\neq\ell(\xi)} x_\ell X_{i\ell}\right) ag \times\right.$$
$$\left.\exp\left(x_{\ell(\xi)} X'_{i\ell(\xi)}\right)\right) \exp\left(2\pi i \sum_{\ell=1}^{d} x_\ell \xi_\ell\right) \Pi dx_\ell$$

$$=(2\pi i\xi_{\ell(\xi)})^{-h}\int_{\mathbb{Z}^d\backslash\mathbb{R}^d}\delta(X'^h_{i\ell(\xi)})\phi_{i-1}\left(\exp\left(\sum_{\ell\neq\ell(\xi)}x_\ell X_{i\ell}\right)\right.$$
$$\left.ag\exp\left(x_{\ell(\xi)}X'_{i\ell(\xi)}\right)\right)\exp\left(2\pi i\sum_{\ell=1}^d x_\ell\xi_\ell\right)\Pi dx_\ell$$
$$=(2\pi i\xi_{\ell(\xi)})^{-h}\int_{\mathbb{Z}^d\backslash\mathbb{R}^d}\delta(X'^h_{i\ell(\xi)})\phi_{i-1}\left(\exp\left(\sum_{\ell=1}^d x_\ell X_{i\ell}\right)ag\right)$$
$$\exp\left(2\pi i\sum_{\ell=1}^d x_\ell\xi_\ell\right)\Pi dx_\ell.$$

D'où la majoration

$$|\phi^\xi_{i-1}(ag)|\leq$$
$$(2\pi\sup\{|\xi_\ell|;\ell=1,\dots,d\})^{-h}\sup\{|\delta(X'^h_{i\ell(\xi)})\phi_{i-1}(uag)|;u\in U(\mathbb{A})\}.$$

D'après (1), il existe donc $c_h>0$, ne dépendant que de h, tel que

$$|\phi^\xi_{i-1}(ag)|\leq c_h\sup\{|\xi_\ell|;\ell=1,\dots,d\}^{-h}m_{P_0}(g)^{-h\alpha}\times$$
$$\sup\{|\delta(X_{j_1}\dots X_{j_h})\phi(uag)|;u\in U(\mathbb{A}),j_1,\dots,j_h\in J\}.$$

Fixons h tel que

(4) $h\geq t$,

(5) la série $\sum_{\xi\in\mathbb{Z}^d-\{0\}}\sup\{|\xi_\ell|;\ell=1,\dots,d\}^{-h}$ soit convergente.

Soit $c'>0$, supposons que l'on ait la majoration

$$|\delta(X_{j_1}\dots X_{j_h})\phi(a'g')|\leq c'\|a'\|^r m_{P_0}(g')^\lambda \tag{6}$$

pour tous $a'\in A_{\mathbf{G}}$, $g'\in\mathbf{G}^1\cap S$, $j_1,\dots,j_h\in J$. Comme ϕ est invariante par $U_0(k)$, comme $U_0(\mathbb{A})S=U_0(k)S$ et m_{P_0} est invariante par $U_0(\mathbb{A})$, on en déduit

$$\sup\{|\delta(X_{j_1}\dots X_{j_h})\phi(uag)|;u\in U(\mathbb{A}),j_1,\dots,j_h\in J\}\leq c'\|a\|^r m_{P_0}(g)^\lambda.$$

D'où

$$|\phi^\xi_{i-1}(ag)|\leq c'c_h\sup\{|\xi_\ell|;\ell=1,\dots,d\}^{-h}m_{P_0}(g)^{\lambda-h\alpha}\|a\|^r.$$

De (2), (3), (4), (5) et (6) et du fait que $m_{P_0}(g)^\alpha$ est minoré puisque $g\in S$, on déduit qu'il existe $c'_h>0$ ne dépendant que de h tel que

$$|(\phi-\phi_P)(ag)|\leq c'c'_h\|a\|^r m_{P_0}(g)^{\lambda-t\alpha}.$$

En prenant $c'=c/c'_h$, on obtient la conclusion du lemme pour $X=1$. On obtient la conclusion pour tout X en remplaçant ϕ par $\delta(X)\phi$. □

I.2.11. Corollaire. *Supposons que k est un corps de nombres. Soit $\mathbf{K}'_f$ un sous-groupe ouvert compact de $\mathbf{G}_f$, soient $r>0$, $\lambda\in\mathrm{Re}X_{M_0}$, $X\in\mathcal{U}$ et $c>0$. Alors il existe deux sous-ensembles finis*

$$\{X_i;\ i=1,\dots,N\}\subset\mathcal{U},\ \{c_i;i=1,\dots,N\}\subset\mathbb{R}^*_+$$

tels que la propriété suivante soit vérifiée. Soit ϕ une fonction lisse sur $G(k)\backslash\mathbf{G}$ invariante à droite par $\mathbf{K}'_f$. Supposons que pour tout $i \in \{1, \ldots, N\}$ et tout $g \in \mathbf{G}$, on ait l'inégalité

$$|\delta(X_i)\phi(g)| \leq c_i \|g\|^r.$$

Définissons une fonction $s\phi$ sur S par

$$s\phi(g) = \sum_{P=MU; P_0 \subset P \subset G} (-1)^{rg(G)-rg(M)} \phi_P(g).$$

Alors pour tous $a \in A_{\mathbf{G}}$, $g \in \mathbf{G}^1 \cap S$, on a l'inégalité

$$|\delta(X)s\phi(ag)| \leq c\|a\|^r m_{P_0}(g)^\lambda.$$

$\mathbb{P}$. Numérotons les racines simples, notons-les $\alpha_1, \ldots, \alpha_n$. Pour $i = 1, \ldots, n$, soient $P_i = M_iU_i$, resp. $P'_i = M'_iU'_i$, le sous-groupe parabolique standard de G tel que $\{\alpha_i\} = \Delta_0 - \Delta_0^{M_i}$, resp. $\{\alpha_1, \ldots, \alpha_i\} = \Delta_0 - \Delta_0^{M'_i}$. Définissons une fonction $s_i\phi$ sur $U_0(k)\backslash\mathbf{G}$ par

$$s_i\phi(g) = \sum_{P=MU; P'_i \subset P \subset G} (-1)^{rg(G)-rg(M)} \phi_P(g).$$

Posons $s_0\phi = \phi$. On vérifie que

$$s_i\phi = s_{i-1}\phi - (s_{i-1}\phi)_{P_i}.$$

Le lemme précédent permet d'obtenir par récurrence des majorations sur $s_i\phi$. Or $s_n\phi$ est la fonction $s\phi$ de l'énoncé. □

I.2.12. Fonctions à décroissance rapide

Soit $\phi : S \to \mathbb{C}$. Le corps k étant un corps de nombres, on dit que ϕ est à décroissance rapide s'il existe $r > 0$ et si pour tout $\lambda \in \mathrm{Re}X_{M_0}$, il existe $c > 0$ tels que pour tous $a \in A_{\mathbf{G}}$, $g \in \mathbf{G}^1 \cap S$, on ait l'inégalité

$$|\phi(ag)| \leq c\|a\|^r m_{P_0}(g)^\lambda.$$

Soit $\phi : G(k)\backslash\mathbf{G} \to \mathbb{C}$. On dit que ϕ est à décroissance rapide si la restriction de ϕ à S est à décroissance rapide.

On peut essentiellement résumer les corollaires I.2.9 et I.2.11 de la façon suivante.

Corollaire. *Soit $\phi : G(k)\backslash\mathbf{G} \to \mathbb{C}$ une fonction lisse et $\mathbf{K}$-finie. Définissons une fonction $s\phi$ sur S par*

$$s\phi(g) = \sum_{P=MU; P_0 \subset P \subset G} (-1)^{rg(G)-rg(M)} \phi_P(g).$$

Si k est un corps de fonctions, l'image dans $A_{\mathbf{G}}\backslash S$ du support de $s\phi$ est compacte. Si k est un corps de nombres, supposons de plus que ϕ

et ses dérivées sont à croissance uniformémént modérée. Alors $s\phi$ est à décroissance rapide. □

I.2.13. Troncature

Arthur a introduit une autre façon d'approximer une fonction par ses termes constants. Nous rappelons ci-dessous la définition et les principales propriétés de l'opérateur de troncature d'Arthur, en renvoyant à [A2] pour les démonstrations. Pour un sous-groupe parabolique standard $P = MU$ de G, notons $\hat{\tau}_P$ la fonction caractéristique de la somme de $\mathrm{Re}\mathfrak{a}_G$ et de l'intérieur du cône de $\mathrm{Re}\mathfrak{a}_M^G$ engendré par les éléments de Δ_M. Fixons $T \in \mathrm{Re}\mathfrak{a}_{M_0}$. On suppose T assez positif, i.e. $< \alpha, T >$ assez grand pour tout $\alpha \in \Delta_0$. On note T_M la projection de T sur $\mathrm{Re}\mathfrak{a}_M$ (on espère que cela ne crée pas de confusion avec le sous-tore T_M de M).

Lemme. *Soient $r > 0$, $c > 0$. il existe $r' > 0$ et $c' > 0$ de sorte que la propriété suivante soit vérifiée. Soit $\phi : P(k)\backslash\mathbf{G} \to \mathbb{C}$ une fonction. Supposons*

$$|\phi(g)| \leq c\|g\|^r$$

pour tout $g \in \mathbf{G}$. Soit $g \in \mathbf{G}$. Alors

$$\sum_{\gamma \in P(k)\backslash G(k)} |\phi(\gamma g)|\hat{\tau}_P(\log_M(m_P(\gamma g)) - T_M) \leq c'\|g\|^{r'}.$$

En particulier, la somme est finie,

cf. [A1], corollaire 5.2. □

Soit $\phi : G(k)\backslash\mathbf{G} \to \mathbb{C}$ une fonction localement L^1. On définit une fonction $\wedge^T\phi$ sur $G(k)\backslash\mathbf{G}$, localement L^1, par

$$\wedge^T \phi(g) = \sum_{P=MU; P_0 \subset P \subset G} (-1)^{rg(G)-rg(M)} \times$$

$$\sum_{\gamma \in P(k)\backslash G(k)} \hat{\tau}_P(\log_M(m_P(\gamma g)) - T_M)\phi_P(\gamma g).$$

Remarque: en partant d'une fonction ϕ localement L^1, $\wedge^T\phi(g)$ n'est défini que presque partout; si l'on suppose de plus ϕ localement bornée, a fortiori si l'on suppose ϕ continue, $\wedge^T\phi(g)$ est défini pour tout g et $\wedge^T\phi$ est localement bornée.

Il résulte du lemme ci-dessus que si ϕ est à croissance modérée, $\wedge^T\phi$ l'est aussi.

I.2.14. Lemme. *Soit $\phi : G(k)\backslash\mathbf{G} \to \mathbb{C}$ une fonction localement L^1*

(resp. et localement bornée). Alors on a l'égalité

$$\wedge^T \wedge^T \phi(g) = \wedge^T \phi(g)$$

pour presque tout g (resp. pour tout g).,
cf. [A2] corollaire 1.2. □

I.2.15. Lemme. *Soient ξ un caractère unitaire de $Z_{\mathbf{G}}$, ϕ_1 et ϕ_2 deux fonctions localement L^1 sur $G(k)\backslash\mathbf{G}$ de "caractère central" ξ. On suppose ϕ_1 à croissance modérée, ϕ_2 à décroissance rapide si k est un corps de nombres, bornée et à support compact dans $Z_{\mathbf{G}}G(k)\backslash\mathbf{G}$ si k est un corps de fonctions. Alors*

$$\int_{Z_{\mathbf{G}}G(k)\backslash\mathbf{G}} \overline{\wedge^T \phi_1}(g)\phi_2(g)dg = \int_{Z_{\mathbf{G}}G(k)\backslash\mathbf{G}} \overline{\phi}_1(g) \wedge^T \phi_2(g)dg,$$

cf. [A2] lemme 1.3. □

I.2.16. Lemme. *(1) Supposons que k soit un corps de nombres. Soit $\mathbf{K}'_f$ un sous-groupe ouvert de $\mathbf{G}_f$, r, r' deux réels positifs. Il existe un sous-ensemble fini $\{X_i; i = 1, \ldots, N\} \subset \mathcal{U}$ tel que la propriété suivante soit vérifiée. Soient ϕ une fonction lisse sur $G(k)\backslash\mathbf{G}$ invariante à droite par $\mathbf{K}'_f$, $a \in A_{\mathbf{G}}$, $g \in \mathbf{G}^1 \cap S$. Alors*

$$|\wedge^T \phi(ag)| \leq \|g\|^{-r} \sum_{i=1}^{N} \sup\{|\delta(X_i)\phi(ag')|\, \|g'\|^{-r'}; g' \in \mathbf{G}^1\}.$$

(2) Supposons que k soit un corps de fonctions. Soit $\mathbf{K}'$ un sous-groupe ouvert de $\mathbf{G}$. Il existe un sous-ensemble Γ de $G(k)\backslash\mathbf{G}$, d'image compacte dans $G(k)Z_{\mathbf{G}}\backslash\mathbf{G}$, tel que pour toute fonction lisse ϕ sur $G(k)\backslash\mathbf{G}$ invariante à droite par $\mathbf{K}'$, le support de $\wedge^T\phi$ soit inclus dans Γ.

$\mathbb{P}$. cf. [A2] lemme 1.4 dans le cas d'un corps de nombres. Pour un corps de fonctions, on constate que le lemme 1.1 de [A2] reste valable. Ce lemme implique que pour tout sous-groupe parabolique standard P et tout $t \in \mathbf{M}_0$, l'intersection du support de $(\wedge^T\phi)_P$ avec $\{g \in S; m_{P_0}(g) \in \mathbf{M}_0(P,t)\}$ est contenue dans un ensemble indépendant de ϕ et compact modulo $A_{\mathbf{G}}$. En appliquant le corollaire I.2.8 à la fonction $\wedge^T\phi$, on obtient que son support est contenu dans un ensemble indépendant de ϕ et d'image compacte dans $G(k)A_{\mathbf{G}}\backslash\mathbf{G}$. Mais $(G(k) \cap Z_{\mathbf{G}})A_{\mathbf{G}}\backslash Z_{\mathbf{G}}$ est compact et on en déduit le lemme. □

I.2.17. Formes automorphes

Rappelons que si k est un corps de nombres, on a noté $\mathcal{U}$ l'algèbre enveloppante de l'algèbre de Lie de $\mathbf{G}_\infty$ (cf. I.2.3). On note alors $\mathfrak{z}$ le centre de $\mathcal{U}$. Si k est un corps de fonctions, on a fixé une place v_0 de k (cf. I.2.1). On note $\mathbf{G}_{v_0}$ l'image réciproque de $G(k_{v_0})$ dans $\mathbf{G}$ (cf. I.1.2) et $\mathfrak{z}$ le centre de Bernstein de $\mathbf{G}_{v_0}$ (cf. [BDKV]).

Soient $P = MU$ un sous-groupe parabolique standard de G et ϕ : $U(\mathbb{A})M(k)\backslash\mathbf{G} \to \mathbb{C}$ une fonction. On dit que ϕ est automorphe si elle vérifie les conditions suivantes:

(i) ϕ est à croissance modérée;
(ii) ϕ est lisse (cf. I.2.5);
(iii) ϕ est $\mathbf{K}$-finie;
(iv) ϕ est $\mathfrak{z}$-finie.

On se ramène au cas plus habituel des formes automorphes sur $M(k)\backslash\mathbf{M}$ de la façon suivante. Pour $\phi : U(\mathbb{A})M(k)\backslash\mathbf{G} \to \mathbb{C}$ et $k \in \mathbf{K}$, définissons $\phi_k : M(k)\backslash\mathbf{M} \to \mathbb{C}$ par

$$\phi_k(m) = m^{-\rho_P}\phi(mk),$$

où ρ_P est la demi-somme des racines de M dans Lie U (le décalage ρ_P nous sera utile ultérieurement). Alors ϕ est automorphe si et seulement si elle est lisse, $\mathbf{K}$-finie et pour tout $k \in \mathbf{K}$, ϕ_k est automorphe sur $M(k)\backslash\mathbf{M}$.

$\mathbb{P}$. La seule difficulté est de montrer l'équivalence des conditions de finitude (iv). Notons $\mathfrak{z}^{\mathbf{M}}$ l'analogue de $\mathfrak{z}$ pour le groupe $\mathbf{M}$. Les algèbres $\mathfrak{z}$ et $\mathfrak{z}^{\mathbf{M}}$ agissent par translations à droite, resp. à gauche, sur l'espace V des fonctions lisses sur $U(\mathbb{A})\backslash\mathbf{G}$. Il existe un homomorphisme d'algèbres de Harish-Chandra (plutôt de Bernstein dans le cas d'un corps de fonctions) $i : \mathfrak{z} \to \mathfrak{z}^{\mathbf{M}}$ de sorte que si $\varphi \in V$ et $z \in \mathfrak{z}$, on ait

$$z.\varphi = i(z).\varphi',$$

où φ' est définie par $\varphi'(g) = m_P(g)^{-\rho_P}\varphi(g)$. De plus $\mathfrak{z}^{\mathbf{M}}$ est un $i(\mathfrak{z})$-module de type fini (si k est un corps de fonctions, cela résulte de la description de $\mathfrak{z}$ et $\mathfrak{z}^{\mathbf{M}}$, cf. [BDKV] th. 2.13; si k est un corps de nombres, cf. [HC2]).

Supposons ϕ automorphe. D'après (iv) et les propriétés ci-dessus, ϕ' est $\mathfrak{z}^{\mathbf{M}}$-finie pour l'action de $\mathfrak{z}^{\mathbf{M}}$ par translations à gauche. Donc pour tout $k \in \mathbf{K}$, ϕ_k est $\mathfrak{z}^{\mathbf{M}}$-finie. Mais ϕ_k est une fonction sur $\mathbf{M}$ et l'action de $\mathfrak{z}^{\mathbf{M}}$ par translations à gauche sur les fonctions sur $\mathbf{M}$ s'identifie à son action par translations à droite, à un automorphisme de $\mathfrak{z}^{\mathbf{M}}$ près. Donc ϕ_k est $\mathfrak{z}^{\mathbf{M}}$-finie, $\mathfrak{z}^{\mathbf{M}}$ agissant cette fois par translations à droite, i.e. ϕ_k vérifie l'analogue de (iv) pour le groupe $\mathbf{M}$. Réciproquement supposons ϕ_k automorphe pour tout $k \in \mathbf{K}$. Par $\mathbf{K}$-finitude, l'espace engendré par les ϕ_k est de dimension finie. Il existe donc un idéal $I \subset \mathfrak{z}^{\mathbf{M}}$ de codimension finie qui annule tous les ϕ_k. Alors I annule ϕ (pour son action par translations à gauche) et l'image réciproque $i^{-1}(I) \subset \mathfrak{z}$ annule ϕ, donc ϕ vérifie (iv). □

On note $A(U(\mathbb{A})M(k)\backslash\mathbf{G})$ l'espace des formes automorphes sur $U(\mathbb{A})M(k)\backslash\mathbf{G}$.

Remarque: Si k est un corps de fonctions, cet espace dépend a priori du choix de la place v_0; nous montrerons en I.3.6 qu'en fait il n'en dépend pas. Soit ξ un caractère de $Z_{\mathbf{M}}$ (homomorphisme continu de $Z_{\mathbf{M}}$ dans $\mathbb{C}^*$). On note $A(U(\mathbb{A})M(k)\backslash\mathbf{G})_\xi$ le sous-espace des $\phi \in A(U(\mathbb{A})M(k)\backslash\mathbf{G})$ qui vérifient

(v) pour tous $g \in \mathbf{G}$, $z \in Z_{\mathbf{M}}$, $\phi(zg) = z^{\rho_P}\xi(z)\phi(g)$
(évidemment on peut supposer $\xi|_{Z_M(k)\cap Z_{\mathbf{M}}} = 1$ sinon
$$A(U(\mathbb{A})M(k)\backslash\mathbf{G})_\xi = \{0\}).$$

Si k est un corps de fonctions, $\mathbf{G}$ agit par translations à droite sur $A(U(\mathbb{A})M(k)\backslash\mathbf{G})$ et $A(U(\mathbb{A})M(k)\backslash\mathbf{G})_\xi$. Si k est un corps de nombres, ce n'est pas le cas car la condition (iii) n'est pas stable par translations. Mais on peut faire agir sur ces espaces le triplet $\mathrm{Lie}(\mathbf{G}_\infty) \times \mathbf{K}_\infty \times \mathbf{G}_f$. Cette action remplace l'action manquante de $\mathbf{G}$.

Un certain nombre de théorèmes classiques concernant les formes automorphes sur $M(k)\backslash\mathbf{M}$ se généralisent immédiatement aux formes automorphes sur $U(\mathbb{A})M(k)\backslash\mathbf{G}$. Par exemple le théorème de finitude (cf. [HC] th. 1) et le lemme suivant:

Lemme. *Soient $\{P_i = M_iU_i; i = 1, \dots, n\}$ un ensemble fini de sous-groupes paraboliques standards de G et, pour tout i, V_i un sous-espace de dimension finie de $A(U_i(\mathbb{A})M_i(k)\backslash\mathbf{G})$. Alors il existe une fonction $f : \mathbf{G} \to \mathbb{C}$, à support compact, lisse et $\mathbf{K}$-finie à droite et à gauche, telle que pour tout $i = 1, \dots, n$, et toute $\phi \in V_i$, on ait l'égalité $\delta(f)\phi = \phi$,*

cf. [HC3] §8, th. 1. □

Supposons que k soit un corps de nombres. Le lemme précédent et le lemme I.2.5 montrent que pour tout P et tout $\phi \in A(U(\mathbb{A})M(k)\backslash\mathbf{G})$, ϕ et ses dérivées sont à croissance uniformément modérée.

Remarque. La démonstration du théorème de finitude utilise la théorie des composantes cuspidales développée ci-dessus. Nous n'utiliserons donc pas ce théorème jusqu'à la fin du paragraphe I.3 pour éviter toute boucle logique. La démonstration du lemme ci-dessus est tout-à-fait indépendante.

I.2.18. Formes cuspidales

Soient $P = MU$ un sous-groupe parabolique standard de G, ϕ une forme automorphe sur $U(\mathbb{A})M(k)\backslash\mathbf{G}$. On dit que ϕ est cuspidale si pour tout sous-groupe parabolique P' tel que $P_0 \subset P' \subsetneq P$, on a $\phi_{P'} = 0$. On note $A_0(U(\mathbb{A})M(k)\backslash\mathbf{G})$ l'espace des formes automorphes cuspidales sur $U(\mathbb{A})M(k)\backslash\mathbf{G}$. Soit ξ un caractère de $Z_{\mathbf{M}}$. On note $A_0(U(\mathbb{A})M(k)\backslash\mathbf{G})_\xi$ le sous-espace des éléments de $A_0(U(\mathbb{A})M(k)\backslash\mathbf{G})$ qui vérifient la condition (v) de I.2.17. Il résulte du corollaire I.2.12, généralisé aux fonctions sur $U(\mathbb{A})M(k)\backslash\mathbf{G}$, que si ϕ est cuspidale elle est à décroissance rapide, en un sens convenable, si k est un corps de nombres; son support est compact modulo $Z_{\mathbf{M}}$ si k est un corps de fonctions.

Fixons un caractère ξ de $Z_{\mathbf{M}}$. La représentation de $\mathbf{G}$ dans $A(U(\mathbb{A})M(k)\backslash\mathbf{G})$ (plus exactement de Lie $(\mathbf{G}_\infty) \times \mathbf{K}_\infty \times \mathbf{G}_f$ si k est un corps de nombres) conserve $A_0(U(\mathbb{A})M(k)\backslash\mathbf{G})$ et $A_0(U(\mathbb{A})M(k)\backslash\mathbf{G})_\xi$. Dans le cas où $P = G$, la représentation ainsi définie dans $A_0(G(k)\backslash\mathbf{G})_\xi$ est semi-simple. Pour tout caractère μ de $\mathfrak{z}$ (cf. I.2.17) et toute représentation irréductible σ de $\mathbf{K}$, notons $A_0(\mu, \sigma)_\xi$ le sous-espace des éléments de $A_0(U(\mathbb{A})M(k)\backslash\mathbf{G})_\xi$ propres pour $\mathfrak{z}$, de valeur propre μ et se transformant sous $\mathbf{K}$ selon σ (évidemment pour que cet espace soit non nul, il faut que μ et σ vérifient une condition de compatibilité avec ξ). Alors $A_0(\mu, \sigma)_\xi$ est de dimension finie et $A_0(U(\mathbb{A})M(k)\backslash\mathbf{G})_\xi$ est la somme directe algébrique de ces sous-espaces. Ces assertions se déduisent des mêmes assertions dans le cas particulier où $P = G$ pour lesquelles on renvoie à [HC] lemme 18 et th. 3. Pour $\phi \in A(U(\mathbb{A})M(k)\backslash\mathbf{G})_\xi$ et $\phi_0 \in A_0(U(\mathbb{A})M(k)\backslash\mathbf{G})_{\xi^*}$, où $\xi^* = \overline{\xi}^{-1}$, on peut définir

$$< \phi_0, \phi > = \int_{Z_{\mathbf{M}} U(\mathbb{A})M(k)\backslash\mathbf{G}} \overline{\phi}_0(g)\phi(g)dg.$$

En particulier si ξ est unitaire, $A_0(U(\mathbb{A})M(k)\backslash\mathbf{G})_\xi$ est un espace préhilbertien dont on décrit aisément le complété (si $P = G$, c'est $L_0^2(G(k)\backslash\mathbf{G})_\xi$). Si $\phi \in A(U(\mathbb{A})M(k)\backslash\mathbf{G})_\xi$, il existe une unique $\phi^{\mathrm{cusp}} \in A_0(U(\mathbb{A})M(k)\backslash\mathbf{G})_\xi$ telle que

$$(1) \qquad < \phi_0, \phi^{\mathrm{cusp}} > = < \phi_0, \phi >$$

pour toute $\phi_0 \in A_0(U(\mathbb{A})M(k)\backslash\mathbf{G})_\xi$. En effet pour tout caractère μ de $\mathfrak{z}$ et toute représentation irréductible σ de $\mathbf{K}$, on peut définir $\phi^{\mathrm{cusp}}(\mu, \sigma) \in A_0(\mu, \sigma)_\xi$ de sorte que (1) soit vraie pour $\phi_0 \in A_0(\mu^*, \sigma)_{\xi^*}$ (où μ^* se déduit de μ par l'automorphisme déduit de $g \longmapsto g^{-1}$ composé avec la conjugaison complexe). Cela parce que les espaces $A_0(\mu, \sigma)_\xi$ et $A_0(\mu^*, \sigma)_{\xi^*}$ sont de dimension finie et en dualité. Les propriétés de finitude imposées à ϕ impliquent que $\phi^{\mathrm{cusp}}(\mu, \sigma) = 0$ pour presque tous (μ, σ). On pose alors $\phi^{\mathrm{cusp}} = \sum_{\mu,\sigma} \phi^{\mathrm{cusp}}(\mu, \sigma)$.

I.3. Composantes cuspidales

I.3.1. Fonctions $A_{\mathbf{M}}$-finies

Soit M un sous-groupe de Lévi standard de G.

Remarque. Notons $\mathrm{Hom}(A_{\mathbf{M}}, \mathbb{C}^*)$ l'ensemble des caractères de $A_{\mathbf{M}}$, i.e. des homomorphismes continus de $A_{\mathbf{M}}$ dans $\mathbb{C}^*$. L'application de restriction de $\mathbf{M}$ à $A_{\mathbf{M}}$ définit une application

(1) $$X_M \to \mathrm{Hom}(A_{\mathbf{M}}, \mathbb{C}^*).$$

On en démontre la surjectivité en décrivant $\mathrm{Hom}(A_{\mathbf{M}}, \mathbb{C}^*)$ de façon analogue à la description de X_M (cf. I.1.4). Comme $A_{\mathbf{M}}\mathbf{M}^1$ est d'indice fini dans $\mathbf{M}$, le noyau de (1) est fini. Il contient $X_M^{\mathbf{M}}$ puisque $A_{\mathbf{M}} \subset Z_{\mathbf{M}}$. Nous le noterons ici $X_M(A_{\mathbf{M}})$. On obtient un isomorphisme

$$\mathrm{Hom}(A_{\mathbf{M}}, \mathbb{C}^*) \simeq X_M/X_M(A_{\mathbf{M}}).$$

Supposons d'abord que k est un corps de nombres. Notons $\mathfrak{z}(A_{\mathbf{M}})$ l'algèbre enveloppante de l'algèbre de Lie (complexe) du groupe réel $A_{\mathbf{M}}$. On a

$$\mathfrak{z}(A_{\mathbf{M}}) \simeq \mathrm{Sym}_{\mathbb{R}}(\mathfrak{a}_M) \bigotimes_{\mathbb{R}} \mathbb{C}.$$

Donc $\mathfrak{z}(A_{\mathbf{M}})$ s'identifie, par une application que nous noterons $z \longmapsto \hat{z}$, à l'algèbre des polynômes sur l'espace complexe $\mathfrak{a}_M^*$, lui-même isomorphe à X_M ou encore $X_M/X_M(A_{\mathbf{M}})$ (puisque $X_M(A_{\mathbf{M}}) = \{0\}$). Supposons maintenant que k est un corps de fonctions. Notons $\mathfrak{z}(A_{\mathbf{M}})$ l'algèbre de convolution des fonctions à support compact sur $A_{\mathbf{M}}$. A $z \in \mathfrak{z}(A_{\mathbf{M}})$, associons sa transformée de Fourier-Mellin $\hat{z}$ qui est la fonction sur $X_M/X_M(A_{\mathbf{M}})$ définie par

$$\hat{z}(\lambda) = \int_{A_{\mathbf{M}}} z(a)a^{-\lambda}da.$$

Fixons une base $(a_i)_{i=1,\ldots,n}$ du $\mathbb{Z}$-module $A_{\mathbf{M}}$. Alors $\mathfrak{z}(A_{\mathbf{M}})$ s'identifie par $z \longmapsto \hat{z}$ à l'espace des polynômes en les variables $a_i^{\lambda}, a_i^{-\lambda}$ pour $i = 1, \ldots, n$.

Considérons un ensemble fini $\wedge \subset X_M/X_M(A_{\mathbf{M}})$ et une famille $N = (N_\lambda)_{\lambda\in\wedge}$ d'entiers ≥ 0. Notons $\mathfrak{z}(A_{\mathbf{M}}; \wedge, N)$ l'espace des $z \in \mathfrak{z}(A_{\mathbf{M}})$ tels que pour tout $\lambda \in \wedge$, $\hat{z}$ s'annule à l'ordre au moins N_λ en λ. C'est un idéal de codimension finie de $\mathfrak{z}(A_{\mathbf{M}})$. La description ci-dessus montre qu'inversement si $I \subset \mathfrak{z}(A_{\mathbf{M}})$ est un idéal de codimension finie, il existe un couple $\wedge, N$ tel que $I \supset \mathfrak{z}(A_{\mathbf{M}}; \wedge, N)$.

De l'action de $A_{\mathbf{M}}$ sur lui-même par translation se déduit une action de l'algèbre $\mathfrak{z}(A_{\mathbf{M}})$ sur l'espace des fonctions lisses sur $A_{\mathbf{M}}$.

Fixons une fois pour toutes une base $\mathfrak{q}_M$ de l'espace $\mathbb{C}[\mathrm{Re}\,\mathfrak{a}_M]$ des polynômes sur $\mathrm{Re}\mathfrak{a}_M$, formée d'éléments homogènes. On vérifie que pour $\wedge, N$ comme ci-dessus, l'ensemble des fonctions

$$(2) \qquad a \longmapsto a^\lambda Q(\log_M a),$$

pour $\lambda \in \wedge$, $Q \in \mathfrak{q}_M$, $\deg(Q) < N_\lambda$, forme une base de l'espace des fonctions lisses sur $A_{\mathbf{M}}$ annulées par $\mathfrak{z}(A_{\mathbf{M}}; \wedge, N)$. Il en résulte que toute fonction lisse et $\mathfrak{z}(A_{\mathbf{M}})$-finie sur $A_{\mathbf{M}}$ est combinaison linéaire de fonctions de la forme (2). Cette propriété nous sera utile plus tard.

I.3.2. Décomposition d'une forme automorphe

Soit $P = MU$ un sous-groupe parabolique standard de G. Notons $\mathrm{Hom}(Z_{\mathbf{M}}, \mathbb{C}^*)$ l'ensemble des caractères de $Z_{\mathbf{M}}$ (i.e. des homomorphismes continus de $Z_{\mathbf{M}}$ dans $\mathbb{C}^*$), et

$$A(U(\mathbb{A})M(k)\backslash\mathbf{G})_Z = \sum_{\xi \in \mathrm{Hom}(Z_{\mathbf{M}}, \mathbb{C}^*)} A(U(\mathbb{A})M(k)\backslash\mathbf{G})_\xi.$$

Soient $Q \in \mathbb{C}[\mathrm{Re}\mathfrak{a}_M]$ et $\psi \in A(U(\mathbb{A})M(k)\backslash\mathbf{G})_Z$. La fonction sur $\mathbf{G}$:

$$g \longmapsto Q(\log_M m_P(g))\psi(g)$$

est invariante à gauche par $U(\mathbb{A})M(k)$. On vérifie que c'est une forme automorphe sur $U(\mathbb{A})M(k)\backslash\mathbf{G}$. En prolongeant linéairement cette construction, on obtient une application

$$(1) \qquad \mathbb{C}[\mathrm{Re}\mathfrak{a}_M] \bigotimes A(U(\mathbb{A})M(k)\backslash\mathbf{G})_Z \longmapsto A(U(\mathbb{A})M(k)\backslash\mathbf{G}).$$

Lemme. *L'application ci-dessus est un isomorphisme.*

$\mathbb{P}$. On a introduit en I.2.17 les algèbres $\mathfrak{z}$ et $\mathfrak{z}^{\mathbf{M}}$ et montré que tout élément de $A(U(\mathbb{A})M(k)\backslash\mathbf{G})$ était $\mathfrak{z}^{\mathbf{M}}$-fini, $\mathfrak{z}^{\mathbf{M}}$ agissant par translations à gauche (la translation par ρ_P que l'on avait introduite en I.2.17 est inessentielle). Une démonstration analogue (utilisant cette fois la $\mathbf{K}$-finitude des formes automorphes) montre que tout élément de $A(U(\mathbb{A})M(k)\backslash\mathbf{G})$ est $Z_{\mathbf{M}}$-fini, $Z_{\mathbf{M}}$ agissant lui aussi par translations à gauche. Soit $\phi \in A(U(\mathbb{A})M(k)\backslash\mathbf{G})$. Comme l'algèbre $\mathfrak{z}(A_{\mathbf{M}})$ s'identifie à une sous-algèbre de $\mathfrak{z}^{\mathbf{M}}$, ϕ est $\mathfrak{z}(A_{\mathbf{M}})$-finie. Il existe donc un ensemble fini $\wedge \subset X_M/X_M(A_{\mathbf{M}})$ (cf. I.3.1) et une famille $N = (N_\lambda)_{\lambda\in\wedge}$ d'entiers ≥ 0 tels que ϕ soit annulée par $\mathfrak{z}(A_{\mathbf{M}}; \wedge, N)$. Choisissons un ensemble que nous noterons encore $\wedge$, inclus dans X_M, qui s'envoie bijectivement sur le $\wedge$ précédent. Rappelons que l'on a fixé une base $\mathfrak{q}_M$ de $\mathbb{C}[\mathrm{Re}\mathfrak{a}_M]$ (cf. I.3.1). Soit $q \in \mathbf{G}$. Les fonctions sur $A_{\mathbf{M}}$

$$a \longmapsto f_{\lambda,Q,g}(a) = (am_P(g))^\lambda Q(\log_M(am_P(g))),$$

pour $\lambda \in \wedge$, $Q \in q_M$, $\deg(Q) < N_\lambda$ forment encore une base de l'espace des fonctions lisses sur $A_{\mathbf{M}}$ annulées par $\mathfrak{z}(A_{\mathbf{M}}; \wedge, N)$. On en déduit l'existence et l'unicité d'éléments $\psi_{\lambda,Q}(g) \in \mathbb{C}$ tels que pour tout $a \in A_{\mathbf{M}}$, on ait

$$(2) \qquad \phi(ag) = \sum_{\lambda\in\wedge} \sum_{Q\in\mathfrak{q}_M;\deg(Q)<N_\lambda} f_{\lambda,Q,g}(a)\psi_{\lambda,Q}(g).$$

Cela définit des fonctions $\psi_{\lambda,Q} : \mathbf{G} \to \mathbb{C}$. L'unicité de l'écriture ci-dessus permet de montrer que $\psi_{\lambda,Q}$ est invariante à gauche par $A_{\mathbf{M}}U(\mathbb{A})M(k)$ et est $\mathbf{K}$-finie. Montrons que $\psi_{\lambda,Q}$ est automorphe. Fixons donc λ et Q. Supposons d'abord $\deg(Q) = N_\lambda - 1$. Grâce à la description de $\mathfrak{z}(A_{\mathbf{M}})$ donnée en I.3.1, on montre qu'il existe $z \in \mathfrak{z}(A_{\mathbf{M}})$ tel que pour tous $a \in A_{\mathbf{M}},\ g \in \mathbf{G}$, on ait

$$(z.f_{\lambda,Q,g})(a) = (am_P(g))^\lambda,$$
$$(z.f_{\lambda',Q',g})(a) = 0$$

pour tous $\lambda' \in \wedge,\ Q' \in \mathfrak{q}_M,\ \deg(Q') < N_{\lambda'}$ et $(\lambda', Q') \neq (\lambda, Q)$. Fixons $g \in \mathbf{G}$, notons $\phi_g : A_{\mathbf{M}} \to \mathbb{C}$ la fonction telle que $\phi_g(a) = \phi(ag)$. De (2) résulte que

$$(z \cdot \phi_g)(a) = (am_P(g))^\lambda \psi_{\lambda,Q}(g).$$

Il est clair que $(z.\phi_g)(a) = (z\phi)(ag)$, où z agit sur ϕ via les translations à gauche. On en déduit

$$\psi_{\lambda,Q}(g) = m_P(g)^{-\lambda}(z\phi)(g).$$

Il résulte de I.2.17 que $z\phi$ est automorphe (pour tout $k \in \mathbf{K}$, $(z\phi)_k = z\phi_k$ est automorphe). Donc $\psi_{\lambda,Q}$ est aussi automorphe. En remplaçant ϕ par

$$\phi - \sum_{\lambda\in\wedge} \sum_{Q\in\mathfrak{q}_M;\deg(Q)=N_\lambda-1} m_P(.)^\lambda Q(\log_M m_P(.))\psi_{\lambda,Q},$$

on montre que $\psi_{\lambda,Q}$ est automorphe si $\deg(Q) = N_\lambda - 2$, etc... Donc chaque fonction $\psi_{\lambda,Q}$ est automorphe. Elle est donc $Z_{\mathbf{M}}$-finie (à gauche). Or elle est invariante par $A_{\mathbf{M}}$ et $Z_{\mathbf{M}}/A_{\mathbf{M}}$ est compact. Par "inversion de Fourier" sur le groupe abélien compact $Z_{\mathbf{M}}/A_{\mathbf{M}}$, elle se décompose uniquement en une somme finie

$$(3) \qquad \psi_{\lambda,Q} = \sum_\xi \psi_{\lambda,Q,\xi}$$

où ξ parcourt un sous-ensemble fini de $\mathrm{Hom}(Z_{\mathbf{M}}, \mathbb{C}^*)$ et $\psi_{\lambda,Q,\xi}$ vérifie

$$\psi_{\lambda,Q,\xi}(zg) = \xi(z)\psi_{\lambda,Q,\xi}(g)$$

pour tous $z \in Z_{\mathbf{M}},\ g \in \mathbf{G}$. Reportons les égalités (3) dans (2) et faisons $a = 1$. On obtient

$$\phi(g) = \sum_{\lambda,Q,\xi} m_P(g)^\lambda Q(\log_M m_P(g))\psi_{\lambda,Q,\xi}(g)$$

où (λ, Q, ξ) parcourt un certain ensemble fini. Pour tout tel triplet (λ, Q, ξ), définissons ξ^λ par $\xi^\lambda(z) = z^{\lambda - \rho_P}\xi(z)$ et $\psi'_{\lambda,Q,\xi}$ par

$$\psi'_{\lambda,Q,\xi}(g) = m_P(g)^\lambda \psi_{\lambda,Q,\xi}(g).$$

Alors $\psi'_{\lambda,Q,\xi} \in A(U(\mathbb{A})M(k)\backslash\mathbf{G})_{\xi^\lambda}$ et on a

$$\phi(g) = \sum_{\lambda,Q,\xi} Q(\log_M m_P(g))\psi'_{\lambda,Q,\xi}(g).$$

Donc ϕ est dans l'image de l'application (1), ce qui démontre la surjectivité de cette application. Son injectivité se déduit aisément de l'unicité des décompositions (2) et (3). □

Remarque. Fixons un caractère ξ de $Z_\mathbf{G}$, notons $A(U(\mathbb{A})M(k)\backslash\mathbf{G})_\xi$ le sous-espace des $\phi \in A(U(\mathbb{A})M(k)\backslash\mathbf{G})$ tels que $\phi(zg) = \xi(z)\phi(g)$ pour tous $z \in Z_\mathbf{G}$, $g \in \mathbf{G}$ (il n'y a pas de conflit de notations: on a déjà défini un espace noté de la même façon pour un caractère ξ de $Z_\mathbf{M}$; si $M = G$, c'est bien le même espace). Posons

$$A(U(\mathbb{A})M(k)\backslash\mathbf{G})_{Z,\xi} = \bigoplus_\eta A(U(\mathbb{A})M(k)\backslash\mathbf{G})_\eta$$

où l'on somme sur les $\eta \in \mathrm{Hom}(Z_\mathbf{M}, \mathbb{C}^*)$ tels que $\eta|_{Z_\mathbf{G}} = \xi$. Les constructions et le lemme ci-dessus ont alors pour variantes la définition d'une application

$$\mathbb{C}[\mathrm{Re}\mathfrak{a}_M^G] \otimes A(U(\mathbb{A})M(k)\backslash\mathbf{G})_{Z,\xi} \longrightarrow A(U(\mathbb{A})M(k)\backslash\mathbf{G})_\xi;$$

et cette application est un isomorphisme.

I.3.3. Exposants des formes automorphes cuspidales

Les constructions de I.3.2 ont des analogues évidentes pour les formes automorphes cuspidales. En définissant l'espace $A_0(U(\mathbb{A})M(k)\backslash\mathbf{G})_Z$ de façon évidente, on a un isomorphisme

(1) $$\mathbb{C}[\mathrm{Re}\mathfrak{a}_M] \otimes A_0(U(\mathbb{A})M(k)\backslash\mathbf{G})_Z \longrightarrow A_0(U(\mathbb{A})M(k)\backslash\mathbf{G}).$$

On peut ici aller plus loin. Pour un caractère ξ de $Z_\mathbf{M}$, notons $\Pi_0(\mathbf{M})_\xi$ l'ensemble des classes d'isomorphie de représentations irréductibles de $\mathbf{M}$ intervenant comme sous-module de $A_0(M(k)\backslash\mathbf{M})_\xi$. Pour $\pi \in \Pi_0(\mathbf{M})_\xi$, notons $A_0(M(k)\backslash\mathbf{M})_\pi$ la composante isotypique de type π de $A_0(M(k)\backslash\mathbf{M})_\xi$. Notons enfin $A_0(U(\mathbb{A})M(k)\backslash\mathbf{G})_\pi$ le sous-espace des

$$\phi \in A_0(U(\mathbb{A})M(k)\backslash\mathbf{G})_\xi$$

tels que $\phi_k \in A_0(M(k)\backslash\mathbf{M})_\pi$ pour tout $k \in \mathbf{K}$. De la décomposition

$$A_0(M(k)\backslash\mathbf{M})_\xi = \bigoplus_{\pi\in\Pi_0(\mathbf{M})_\xi} A_0(U(\mathbb{A})M(k)\backslash\mathbf{M})_\pi$$

(cf. I.2.18), on déduit la décomposition

$$A_0(U(\mathbb{A})M(k)\backslash\mathbf{G})_\xi = \bigoplus_{\pi\in\Pi_0(\mathbf{M})_\xi} A_0(U(\mathbb{A})M(k)\backslash\mathbf{G})_\pi$$

Si l'on pose

$$\Pi_0(\mathbf{M}) = \bigcup_{\xi\in\mathrm{Hom}(Z_\mathbf{M},\mathbb{C}^*)} \Pi_0(\mathbf{M})_\xi,$$

on obtient

$$A_0(U(\mathbb{A})M(k)\backslash\mathbf{G})_Z = \bigoplus_{\pi\in\Pi_0(\mathbf{M})} A_0(U(\mathbb{A})M(k)\backslash\mathbf{G})_\pi$$

La surjectivité de l'application (1) signifie que pour tout

$$\phi \in A_0(U(\mathbb{A})M(k)\backslash\mathbf{G}),$$

il existe un ensemble fini

$$D(M,\phi) \subset \mathbb{C}[\mathrm{Re}\mathfrak{a}_M] \times \Pi_0(\mathbf{M}) \times A_0(U(\mathbb{A})M(k)\backslash\mathbf{G})$$

de sorte que

(i) si $(Q,\pi,\psi) \in D(M,\phi)$, alors $\psi \in A_0(U(\mathbb{A})M(k)\backslash\mathbf{G})_\pi$;

(ii) pour tout $g \in \mathbf{G}$, on a l'égalité

$$\phi(g) = \sum_{(Q,\pi,\psi)\in D(M,\phi)} Q(\log_M m_P(g))\psi(g).$$

On appelle $D(M,\phi)$ un ensemble de données cuspidales pour ϕ. Si l'on suppose de plus que pour $(Q,\pi,\psi) \in D(M,\phi)$, on a $\phi \in \mathfrak{q}_M$ (cf. I.3.1) et $\psi \neq 0$, alors $D(M,\phi)$ est unique. On note alors $\Pi_0(\mathbf{M},\phi)$ la projection de $D(M,\phi)$ sur $\Pi_0(\mathbf{M})$, i.e. l'ensemble des π tels qu'il existe Q,ψ vérifiant $(Q,\pi,\psi) \in D(M,\phi)$. On appelle $\Pi_0(\mathbf{M},\phi)$ le support cuspidal de ϕ.

Remarque.

On peut définir $\Pi_0(\mathbf{M},\phi)$ sans recourir à une base $\mathfrak{q}_M$: c'est l'ensemble des $\pi \in \Pi_0(\mathbf{M})$ tels que $\sum Q \otimes \psi \neq 0$ dans

$$\mathbb{C}[\mathrm{Re}\mathfrak{a}_M] \bigotimes_{\mathbb{C}} A_0(U(\mathbb{A})M(k)\backslash\mathbf{G}),$$

où l'on somme sur les (Q,ψ) tels que $(Q,\pi,\psi) \in D(M,\phi)$.

Introduisons les notations suivantes concernant les représentations de $\mathbf{M}$. Soit π une représentation irréductible de $\mathbf{M}$. On note χ_π le caractère central de π. C'est un caractère de $Z_\mathbf{M}$. Supposons χ_π trivial sur $Z_M(k)$ (c'est le cas si π est automorphe, a fortiori si π est cuspidale). Rappelons qu'à un tel caractère χ, on peut associer un élément noté $\mathrm{Re}\chi$ de $\mathrm{Re}X_M$: il suffit d'identifier le caractère $|\chi|$ à un élément de $\mathrm{Re}X_M$, cf. I.1.4. On pose simplement $\mathrm{Re}\pi = \mathrm{Re}\chi_\pi$, on définit

$$\mathrm{Im}\pi = \pi \otimes (-\mathrm{Re}\pi).$$

Si π est cuspidale, la représentation $\mathrm{Im}\pi$ est unitaire. On note enfin $-\pi$ la représentation contragrédiente de π et $-\overline{\pi}$ la conjuguée de cette contragrédiente.

Pour ϕ comme ci-dessus, l'ensemble $\{\chi_\pi; \pi \in \Pi_0(\mathbf{M}, \phi)\}$ est appelé ensemble des exposants cuspidaux de ϕ.

Remarque. Comme en I.3.2, les définitions et résultats ci-dessus ont des analogues évidents quand on fixe un caractère ξ de $Z_{\mathbf{G}}$ et que l'on considère le sous-espace $A_0(U(\mathbb{A})M(k)\backslash\mathbf{G})_\xi$ des éléments $\phi \in A_0(U(\mathbb{A})M(k)\backslash\mathbf{G})$ tels que $\phi(zg) = \xi(z)\phi(g)$ pour tous $z \in Z_{\mathbf{G}}$, $g \in \mathbf{G}$.

I.3.4. Composantes cuspidales

Soit $P = MU$ un sous-groupe parabolique standard de G. Notons $C_0(U(\mathbb{A})M(k)\backslash\mathbf{G})$ l'espace des fonctions sur $U(\mathbb{A})M(k)\backslash\mathbf{G}$ qui sont combinaisons linéaires de fonctions de la forme

$$g \longmapsto b(m_P(g))\phi(g),$$

où $\phi \in A_0(U(\mathbb{A})M(k)\backslash\mathbf{G})$ et b est une fonction lisse à support compact sur $\mathbf{M}^1\backslash\mathbf{M}$. Soit maintenant ϕ une fonction sur $G(k)\backslash\mathbf{G}$, mesurable et à croissance modérée. On définit la composante cuspidale de ϕ le long de P: c'est la forme linéaire sur $C_0(U(\mathbb{A})M(k)\backslash\mathbf{G})$:

$$\varphi \longmapsto \int_{U(\mathbb{A})M(k)\backslash\mathbf{G}} \overline{\phi}_P(g)\varphi(g)\, dg.$$

Proposition. *Soit $\phi : G(k)\backslash\mathbf{G} \to \mathbb{C}$ une fonction mesurable et à croissance modérée. Supposons que pour tout sous-groupe parabolique standard P de G, la composante cuspidale de ϕ le long de P soit nulle. Alors $\phi = 0$ presque partout.*

$\mathbb{P}$. En raisonnant par récurrence sur le rang semi-simple de G, on peut supposer le lemme vrai pour tout sous-groupe de Lévi propre de G. Si $P = MU$ est un sous-groupe parabolique standard propre de G, on en déduit un énoncé analogue pour les fonctions sur $U(A)M(k)\backslash\mathbf{G}$. Soient donc ϕ comme dans l'énoncé et P un sous-groupe parabolique standard propre de G. La fonction ϕ_P vérifie les mêmes hypothèses que ϕ car si P' est tel que $P_0 \subset P' \subset P$, les composantes cuspidales de ϕ et de ϕ_P le long de P' coïncident. D'après l'hypothèse de récurrence, on a donc $\phi_P = 0$. Soit h une fonction sur $\mathbf{G}$, lisse, à support compact et $\mathbf{K}$-finie. Posons $\phi' = \delta(h)\phi$. Pour P tel que $P_0 \subset P \subsetneq G$, on a $\phi'_P = \delta(h)\phi_P = 0$. La fonction ϕ' vérifie les hypothèses du corollaire

I.2.12 et l'on a l'égalité $s\phi' = \phi'$ dans un domaine de Siegel S. Ce corollaire I.2.12 implique donc que ϕ' est à décroissance rapide si k est un corps de nombres, à support d'image compacte dans $Z_{\mathbf{G}}G(k)\backslash\mathbf{G}$ si k est un corps de fonctions. Supposons $\phi' \neq 0$. Comme ϕ' est lisse, on peut trouver une fonction b sur $\mathbf{G}^1\backslash\mathbf{G}$, lisse à support compact, telle que la fonction ϕ'' définie par

$$\phi''(g) = \int_{A_{\mathbf{G}}} \overline{b}(am_G(g))\phi'(ag)da$$

soit non nulle. Maintenant ϕ'' est une fonction sur $A_{\mathbf{G}}G(k)\backslash\mathbf{G}$, vérifiant $\phi''_P = 0$ pour $P_0 \subset P \subsetneq G$ et les propriétés de décroissance de ϕ' impliquent que $\phi'' \in L^2_0(A_{\mathbf{G}}G(k)\backslash\mathbf{G})$. Notons ici $A_0(A_{\mathbf{G}}G(k)\backslash\mathbf{G})$ le sous espace des éléments de $A_0(G(k)\backslash\mathbf{G})$ invariants à gauche par A_G. L'espace $A_0(A_{\mathbf{G}}(k)\backslash\mathbf{G})$ est dense dans $L^2_0(A_{\mathbf{G}}G(k)\backslash\mathbf{G})$ (c'est une généralisation immédiate de la situation de I.2.18). En particulier il existe

$$\varphi \in A_0(A_{\mathbf{G}}G(k)\backslash\mathbf{G})$$

tel que

$$\int_{A_{\mathbf{G}}G(k)\backslash\mathbf{G}} \overline{\phi''}(g)\varphi(g)dg \neq 0.$$

Posons $\varphi_1(g) = b(m_G(g))\varphi(g)$. Alors $\varphi_1 \in C_0(G(k)\backslash\mathbf{G})$ et l'on a

$$\int_{G(k)\backslash\mathbf{G}} \overline{\phi'}(g)\varphi_1(g)dg \neq 0.$$

Posons $\varphi_2 = \delta(h^*)\varphi_1$, où $h^*(g) = \overline{h}(g^{-1})$. On peut montrer que $\varphi_2 \in C_0(G(k)\backslash\mathbf{G})$. La relation précédente s'écrit

$$\int_{G(k)\backslash\mathbf{G}} \overline{\phi}(g)\varphi_2(g)dg \neq 0.$$

Cela contredit l'hypothèse que la composante cuspidale de ϕ le long de G est nulle. La supposition $\phi' \neq 0$ conduit à une contradiction, donc $\phi' = 0$, i.e. $\delta(h)\phi = 0$ pour tout h. Mais alors $\phi = 0$ presque partout.

□

Remarques. (1) Ici encore, si l'on fixe un caractère ξ de $Z_{\mathbf{G}}$, la proposition a une analogue s'appliquant aux fonctions ϕ sur $G(k)\backslash\mathbf{G}$ telles que $\phi(zg) = \xi(z)\phi(g)$ pour tous $z \in Z_{\mathbf{G}}$, $g \in \mathbf{G}$; il faut pour cela utiliser les espaces $C_0(U(\mathbb{A})M(k)\backslash\mathbf{G})_{\xi^*}$ engendrés par les fonctions de la forme

$$g \longmapsto b(m_P(g))\phi(g),$$

où $\phi \in A_0(U(\mathbb{A})M(k)\backslash\mathbf{G})_{\xi^*}$ (cf. I.3.3) et b est une fonction lisse à support compact sur $Z_{\mathbf{G}}\mathbf{M}^1\backslash\mathbf{M}$.

(2) En vertu de la remarque I.2.5 et de la remarque ci-dessus, une variante du lemme vaut aussi pour les éléments de $L^2(G(k)\backslash\mathbf{G})_{\xi}$. Plus

généralement, une variante du lemme vaut pour les fonctions de la forme $\phi_1 + \phi_2$ où $\phi_1 \in L^2(G(k)\backslash\mathbf{G})_\xi$ et ϕ_2 est à croissance modérée, telle que $\phi_2(zg) = \xi(z)\phi_2(g)$ pour tous $z \in Z_\mathbf{G}$, $g \in \mathbf{G}$.

I.3.5. Composantes cuspidales et automorphie

Soient ϕ une fonction sur $G(k)\backslash\mathbf{G}$, mesurable et à croissance modérée, et $P = MU$ un sous-groupe parabolique standard de G. On a défini la composante cuspidale de ϕ le long de P. On dit que cette composante cuspidale est automorphe s'il existe une forme automorphe ϕ'_P sur $U(\mathbb{A})M(k)\backslash\mathbf{G}$ telle que la composante cuspidale de ϕ le long de P soit égale à la forme linéaire (sur $C_0(U(\mathbb{A})M(k)\backslash\mathbf{G})$):

$$\varphi \longmapsto \int_{U(\mathbb{A})M(k)\backslash\mathbf{G}} \overline{\phi'}_P(g)\varphi(g)dg.$$

S'il existe une telle forme automorphe ϕ'_P, on peut la choisir cuspidale: si l'on écrit

$$\phi'_P(g) = \sum_{Q,\xi} Q(\log_M m_P(g))\psi_{Q,\xi}(g),$$

où (Q,ξ) parcourt un certain sous-ensemble fini de

$$\mathbb{C}[\mathrm{Re}\mathfrak{a}_M] \times \mathrm{Hom}(Z_\mathbf{M}, \mathbb{C}^*),$$

et $\psi_{Q,\xi} \in A(U(\mathbb{A})M(k)\backslash\mathbf{G})_\xi$, cf. I.3.2, il suffit de remplacer ϕ'_P par la fonction

$$g \longmapsto \sum_{Q,\xi} Q(\log_M m_P(g))\psi_{Q,\xi}^{\mathrm{cusp}}(g),$$

cf. I.2.18. Une telle forme ϕ'_P cuspidale est unique, on la notera ϕ_P^{cusp}.

Remarque: on espère que cette notation ne crée pas de confusion; ϕ^{cusp} est définie donc aussi $(\phi^{\mathrm{cusp}})_P$ mais ce terme n'est pas lié au terme que l'on vient de définir ($(\phi^{\mathrm{cusp}})_P = 0$ si $P \neq G$).

Lemme. *Soit $\phi : G(k)\backslash\mathbf{G} \to \mathbb{C}$ une fonction mesurable et à croissance modérée. Alors ϕ est automorphe (plus exactement il existe ϕ' automorphe telle que $\phi' = \phi$ presque partout) si et seulement si pour tout sous-groupe parabolique standard P de G, la composante cuspidale de ϕ le long de P est automorphe.*

$\mathbb{P}$. Si ϕ est automorphe, ϕ_P l'est aussi et le résultat est clair. Réciproquement supposons que pour tout P la composante cuspidale de ϕ le long de P soit automorphe. Introduisons la fonction ϕ_P^{cusp}. Choisissons une fonction f sur $\mathbf{G}$ à support compact, lisse et $\mathbf{K}$-finie à gauche, de sorte que $\delta(f)\phi_P^{\mathrm{cusp}} = \phi_P^{\mathrm{cusp}}$ pour tout P (cf. lemme I.2.17). On a $\delta(f)\phi_P^{\rm cusp} = (\delta(f)\phi)_P^{\rm cusp}$. Donc les fonctions ϕ et $\delta(f)\phi$ ont mêmes composantes cuspidales le long de P pour tout P, donc $\phi = \delta(f)\phi$ presque partout. En remplaçant ϕ par $\delta(f)\phi$, on a maintenant une fonction à croissance modérée, lisse et $\mathbf{K}$-finie. Il existe un idéal I de $\mathfrak{z}$, de codimension finie, tel que pour tout $X \in I$ et tout P, $\delta(X)\phi_P^{\rm cusp} = 0$. On a $\delta(X)\phi_P^{\rm cusp} = (\delta(X)\phi)_P^{\rm cusp}$, on en déduit comme ci-dessus que $\delta(X)\phi = 0$. D'où la $\mathfrak{z}$-finitude de ϕ, qui est bien automorphe. □

Si ϕ est une forme automorphe sur $G(k)\backslash\mathbf{G}$, on note pour simplifier $D(M,\phi) = D(M,\phi_P^{\rm cusp})$, $\Pi_0(\mathbf{M},\phi) = \Pi_0(\mathbf{M},\phi_P^{\rm cusp})$ (cf. I.3.3). On appelle $\Pi_0(\mathbf{M},\phi)$ le support cuspidal de ϕ le long de P, et la réunion

$$\bigcup_M \Pi_0(\mathbf{M},\phi)$$

(union sur les Lévis M standards), le support cuspidal de ϕ.

I.3.6. Cas des corps de fonctions: indépendance du choix de v_0

Supposons que k soit un corps de fonctions. Nous allons montrer brièvement que la notion de forme automorphe est indépendante du choix de la place v_0. Soient $P = MU$ un sous-groupe parabolique standard de G, ξ un caractère de $Z_{\mathbf{M}}, \mathbf{K}'$ un sous-groupe ouvert de $\mathbf{K}$. Notons $L_0(U(\mathbb{A})M(k)\backslash\mathbf{G})_\xi^{\mathbf{K}'}$ l'espace des fonctions $\phi : U(\mathbb{A})M(k)\backslash\mathbf{G} \to \mathbb{C}$ de caractère central ξ, invariantes par $\mathbf{K}'$, telles que $\phi_{P'} = 0$ pour tout P' tel que $P_0 \subset P' \subsetneq P$. Le corollaire I.2.8 montre qu'il existe un sous-ensemble $\Gamma \subset U(\mathbb{A})M(k)\backslash\mathbf{G}$, d'image compacte dans $Z_{\mathbf{M}}U(\mathbb{A})M(k)\backslash\mathbf{G}$, tel que si $\phi \in L_0(U(\mathbb{A})M(k)\backslash\mathbf{G})_\xi^{\mathbf{K}'}$, alors ϕ est à support dans Γ. Donc $L_0(U(\mathbb{A})M(k)\backslash\mathbf{G})_\xi^{\mathbf{K}'}$ est de dimension finie. Comme $\mathfrak{z}$ laisse stable cet espace, tout élément de $L_0(U(\mathbb{A})M(k)\backslash\mathbf{G})_\xi^{\mathbf{K}'}$ est $\mathfrak{z}$-fini. D'où

$$L_0(U(\mathbb{A})M(k)\backslash\mathbf{G})_\xi^{\mathbf{K}'} \subset A_0(U(\mathbb{A})M(k)\backslash\mathbf{G})_\xi^{\mathbf{K}'},$$

où l'exposant $\mathbf{K}'$ de droite signifie que l'on a pris les invariants par $\mathbf{K}'$. Comme l'inclusion opposée est évidente, on a l'égalité de ces espaces. Donc $A_0(U(\mathbb{A})M(k)\backslash\mathbf{G})_\xi^{\mathbf{K}'}$ est indépendant de v_0. Comme

$$A_0(U(\mathbb{A})M(k)\backslash\mathbf{G})_\xi$$

est réunion de ces sous-espaces quand $\mathbf{K}'$ varie, il est lui-aussi indépendant de v_0. La description I.3.3 (1) montre que $A_0(U(\mathbb{A})M(k)\backslash\mathbf{G})$ l'est aussi. L'espace $C_0(U(\mathbb{A})M(k)\backslash\mathbf{G})$ utilisé en I.3.5 l'est aussi. Mais alors le lemme I.3.5 montre que $A(G(k)\backslash\mathbf{G})$ est indépendant de v_0. Ce résultat se généralise aux espaces $A(U(\mathbb{A})M(k)\backslash\mathbf{G})$.

I.4. Majorations en fonction du terme constant

I.4.1. Lemme. *Soit ϕ une forme automorphe sur $G(k)\backslash\mathbf{G}$. Pour tout sous-groupe parabolique standard $P = MU$ de G, donnons-nous un ensemble*

$$D(M,\phi) \subset \mathbb{C}[\mathrm{Re}\mathfrak{a}_M] \times \Pi_0(\mathbf{M}) \times A_0(M(k)U(\mathbb{A})\backslash\mathbf{G})$$

de données cuspidales pour ϕ_P^{cusp} (cf. I.3.3). Alors il existe $c > 0$ tel que pour tout $g \in S$, on ait la majoration

$$|\phi(g)| \leq c \sum_P \sum_{(Q,\pi,\psi)\in D(M,\phi)} m_{P_0}(g)^{\mathrm{Re}\pi+\rho_P}(1 + \|\log_M m_P(g)\|)^{\deg(Q)}$$

(cf. I.3.3 pour la définition de $\mathrm{Re}\pi$; $\deg(Q)$ est le degré total de Q). *Plus généralement pour tout $\mu \in \mathrm{Re}X_{M_0}$, il existe $c_\mu > 0$ tel que pour tout $g \in S$, on ait la majoration*

$$|\phi(g)| \leq$$
$$c_\mu \sum_P \sum_{(Q,\pi,\psi)\in D(M,\phi)} m_{P_0}(g)^{\mathrm{Re}\pi+\mu^M+\rho_P}(1 + \|\log_M m_P(g)\|)^{\deg(Q)},$$

où μ^M est la projection de $\mu \in \mathrm{Re}X_{M_0}$ sur $\mathrm{Re}X_{M_0}^M$ (cf. I.1.6 (9)).

$\mathbb{P}$. (a) On raisonne par récurrence sur le rang semi-simple de G. On suppose le lemme démontré pour tout sous-groupe de Lévi M standard propre de G. On en déduit immédiatement un lemme similaire concernant les formes automorphes sur $M(k)U(\mathbb{A})\backslash\mathbf{G}$ pour tout parabolique standard propre $P = MU$ de G. Remarquons que si $P' \subset P$ sont deux tels sous-groupes, on a l'égalité des composantes cuspidales

$$(\phi_P)_{P'}^{\mathrm{cusp}} = \phi_{P'}^{\mathrm{cusp}}.$$

On en déduit que pour tout $P \subsetneq G$ et tout $G \in S^P$, on a une majoration

$$|\phi_P(g)| \leq$$
$$c \sum_{P' \subset P} \sum_{(Q,\pi,\psi)\in D(M',\phi)} m_{P_0}(g)^{\mathrm{Re}\pi+\mu^{M'}+\rho_{P'}}(1 + \|\log_{M'} m_{P'}(g)\|)^{\deg(Q)}.$$

A fortiori, on peut remplacer la somme en P' par la somme sur tous les $P' \subset G$ et se limiter à $g \in S$.

(b) Introduisons comme en I.3.1 une base $\mathfrak{q}_G$ de $\mathbb{C}[\mathrm{Re}\mathfrak{a}_G]$ formée de polynômes homogènes. Choisissons un ensemble $D \subset \mathfrak{q}_G \times \mathrm{Hom}(Z_{\mathbf{G}}, \mathbb{C}^*)$ et pour tout $(Q,\xi) \in D$ un élément $\psi_{Q,\xi} \in A(G(k)\backslash\mathbf{G})_\xi$ de sorte que l'on ait l'égalité

$$\phi(g) = \sum_{(Q,\xi)\in D} Q(\log_G g)\psi_{Q,\xi}(g)$$

pour tout $g \in \mathbf{G}$. On suppose de plus $\psi_{Q,\xi} \neq 0$ pour tout $(Q,\xi) \in D$. Alors les données ci-dessus sont uniques (cf. I.3.2). Montrons que
(1) pour tout $(Q,\xi) \in D$, il existe un sous-groupe de Lévi standard M et $(Q',\pi',\psi') \in D(M,\phi)$ tels que $\chi_{\pi'}|_{Z_{\mathbf{G}}} = \xi$, $\deg(Q') \geq \deg(Q)$.

En effet soit $(Q,\xi) \in D$. Choisissons $P = MU$ tel que $\psi^{\mathrm{cusp}}_{Q,\xi;P} \neq 0$. On a évidemment

$$\phi_P^{\mathrm{cusp}}(g) = \sum_{(Q'',\xi'')\in D} Q''(\log_G g)\psi^{\mathrm{cusp}}_{Q'',\xi'';P}(g).$$

Faisons agir $Z_{\mathbf{G}}$ par translations. La somme partielle

$$(2) \qquad \sum_{(Q'',\xi)\in D} Q''(\log_G g)\psi^{\mathrm{cusp}}_{Q'',\xi;P}(g)$$

est la composante de ϕ_P^{cusp} sur l'espace propre généralisé (pour l'action de $Z_{\mathbf{G}}$) de valeur propre ξ. En utilisant l'égalité de l'énoncé, on obtient une autre expression pour cette composante, à savoir

$$(3) \qquad \sum Q'(\log_M m_P(g))\psi'(g), \text{ somme sur les } (Q',\pi',\psi') \in D(M,\phi) \text{ tel que } \chi_{\pi'}|Z_{\mathbf{G}} = \xi.$$

D'où l'égalité de (2) et (3). Fixons g_0 tel que $\psi^{\mathrm{cusp}}_{Q,\xi;P}(g_0) \neq 0$, remplaçons g par zg_0 avec $z \in Z_{\mathbf{G}}$ dans les formules (2) et (3) et multiplions-les par $\xi(z)^{-1}$. L'expression (2) est alors un polynôme (en $\log_G z$) de degré $\geq \deg(Q)$. L'expression (3) est un polynôme de degré $\leq \sup\{\deg(Q');\ (Q',\pi',\psi') \in D(M,\phi),\ \chi_{\pi'}|_{Z_{\mathbf{G}}} = \xi\}$. Donc $\deg(Q)$ est inférieur ou égal à ce terme. C'est précisément ce qu'affirme (1).

(c) Introduisons la fonction sur S.

$$(4) \qquad s\phi = \sum_{P=MU} (-1)^{\dim T_M - \dim T_G} \phi_P.$$

On a évidemment

$$s\phi(g) = \sum_{(Q,\xi)\in D} Q(\log_G g) s\psi_{Q,\xi}(g).$$

Fixons $(Q,\xi) \in D$. La fonction $s\psi_{Q,\xi}$ est propre pour l'action de $Z_{\mathbf{G}}$, à décroissance rapide si k est un corps de nombres, à support d'image compacte dans $Z_{\mathbf{G}}G(k)\backslash\mathbf{G}$ si k est un corps de fonctions (cf. I.2.12). On en déduit que pour tout $\nu \in \mathrm{Re}X_{M_0}$, il existe $c > 0$ tel que pour tout $g \in S$, on ait la majoration

$$|s\psi_{Q,\xi}(g)| \leq c m_{P_0}(g)^{\mathrm{Re}\xi + \nu^G},$$

où ν^G est la projection de $\nu \in \mathrm{Re}X_{M_0}$ sur $\mathrm{Re}X^{\mathbf{G}}_{M_0}$, cf. I.1.6 (9). En particulier fixons $P = MU$ et (Q',π',ψ') vérifiant (1). Choisissons $\nu = \nu^G = (\mathrm{Re}\pi')^G + \mu^M + \rho_P$. On a $\mathrm{Re}\xi + \nu^G = \mathrm{Re}\pi' + \mu^M + \rho_P$, d'où

$$|s\psi_{Q,\xi}(g)| \leq c m_{P_0}(g)^{\mathrm{Re}\pi' + \mu^M + \rho_P}.$$

D'autre part, d'après (1), on a une majoration (avec un autre c):

$$|Q(\log_G g)| \leq c(1 + \| \log_G g\|)^{\deg(Q')} \leq c(1 + \| \log_M m_P(g)\|)^{\deg(Q')}$$

d'où

$$|Q(\log_G g)s\psi_{Q,\xi}(g)| \leq c m_{P_0}(g)^{\mathrm{Re}\pi' + \mu^M + \rho_P}(1 + \| \log_M m_P(g)\|)^{\deg(Q')}.$$

On peut remplacer le terme de droite par la somme sur $P = MU$ et $(Q', \pi', \psi') \in D(M, \phi)$ de la même expression, puis sommer les membres de gauche sur $(Q, \xi) \in D$. On obtient

$$|s\phi(g)| \leq$$

$$c \sum_P \sum_{(Q',\pi',\psi') \in D(M,\phi)} m_{P_0}(g)^{\mathrm{Re}\pi' + \mu^M + \rho_P}(1 + \| \log_M m_P(g)\|)^{\deg(Q')}.$$

Grâce à (4), on peut exprimer ϕ comme combinaison linéaire de $s\phi$ et des ϕ_P pour $P \subsetneq G$. La majoration ci-dessus et celles du (a) entrainent celles de l'énoncé. □

I.4.2. Fonctions polynômes exponentiels

Soient $n, d \in \mathbb{N}$, $R \in \mathbb{R}$, $n, d \geq 1$, $R > 0$. On considère l'ensemble Y égal soit à $\mathbb{R}^n$, soit à $\mathbb{Z}^n$. Notons $A(d, R, Y)$ l'ensemble des fonctions sur Y à valeurs complexes, de la forme

$$y \longmapsto \sum_{i=1}^{N} P_i(y) e^{y\lambda_i},$$

où

(i) pour tout i, P_i est un polynôme sur Y, à coefficients complexes;
(ii) $\sum_{i=1}^N (1 + \deg(P_i)) \leq d$;
(iii) pour tout i, $\lambda_i \in \mathbb{C}^n$ et $\|\lambda_i\| < R$;

on note évidemment, pour $y = (y_1, \ldots, y_n)$, $\lambda = (\lambda_1, \ldots, \lambda_n) \in \mathbb{C}^n$,

$$y\lambda = \sum_{j=1}^{n} y_j \lambda_j, \|\lambda\| = \left(\sum_{j=1}^{n} |\lambda_j|^2 \right)^{1/2}.$$

L'ensemble $A(d, R, Y)$ n'est pas un espace vectoriel mais peu importe. Pour $r \in \mathbb{R}$, $r > R$, $f \in A(d, R, Y)$, la fonction

$$y \longmapsto |f(y)| e^{-r\|y\|}$$

est bornée sur Y. On peut poser

$$s(f, r) = \sup\{|f(y)| e^{-r\|y\|}; y \in Y\}.$$

Lemme. *Soient $n, d \in \mathbb{N}$, $R \in \mathbb{R}$, $n, d \geq 1$, $R > 0$. Posons $Y = \mathbb{R}^n$ ou $\mathbb{Z}^n$. Il existe un sous-ensemble fini $Y_0 \subset Y$ et pour tout $r \in \mathbb{R}$, $r \geq$*

$2^{(n-1)/2}(R+1)$, *il existe* $c(r)>0$ *tel que, pour tout* $f\in A(d,R,Y)$, *on ait l'inégalité*

$$s(f,r)\le c(r)\sup\{|f(y)|;y\in Y_0\}.$$

$\mathbb{P}$. La démonstration est une adaptation de [W] lemme 6.3.1. Supposons d'abord $n=1$ et $Y=\mathbb{R}$. On étudie la fonction $f:\mathbb{R}\longmapsto\mathbb{C}$ donnée par

$$f(y)=\sum_{i=1}^{N}\sum_{j=0}^{d_i-1}c_{ij}y^je^{y\lambda_i}$$

où les λ_i sont des nombres complexes distincts tels que $|\lambda_i|<R$, les c_{ij} sont des complexes et l'entier

$$d'=\sum_{i=1}^{N}d_i$$

vérifie $d'\le d$. Soit m un entier $\ge 4R/\pi$. Pour $z\in\mathbb{C}$, on pose $e(z)=e^{z/m}$. Notons $(\alpha_1,\dots,\alpha_{d'})$ la suite formée des λ_i, chaque λ_i étant répété d_i fois. Soit $y\in\mathbb{R}$. Pour tout $\lambda\in\mathbb{C}$ tel que $|\lambda|<R$, tout $z\in\mathbb{C}$ et tout $k=1,\dots,d'$, on a l'identité

$$\frac{1}{e(z)-e(\lambda)}=\frac{1}{e(z)-e(\alpha_k)}+\frac{e(\lambda)-e(\alpha_k)}{e(z)-e(\alpha_k)}\frac{1}{e(z)-e(\lambda)}$$

D'où par récurrence

$$\frac{1}{e(z)-e(\lambda)}=\left[\sum_{k=1}^{d'}\left(\prod_{\ell=1}^{k-1}(e(\lambda)-e(\alpha_\ell))\right)\left(\prod_{\ell=1}^{k}(e(z)-e(\alpha_\ell))\right)^{-1}\right]$$
$$+\left(\prod_{\ell=1}^{d'}(e(\lambda)-e(\alpha_\ell))\right)\left[(e(z)-e(\lambda))\prod_{\ell=1}^{d'}(e(z)-e(\alpha_\ell))\right]^{-1}.$$

Multiplions cette identité par $e^{zy}dz$ et intégrons sur le contour Γ:

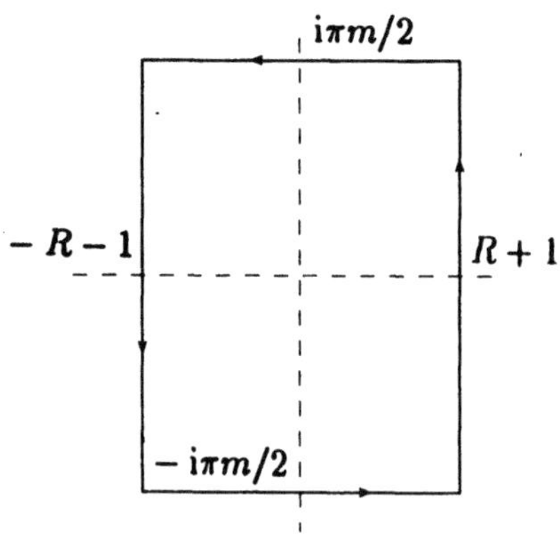

Remarquons que quand z parcourt Γ, $e(z)$ parcourt le contour Γ' suivant, tandis que $e(\lambda)$ est en tout cas dans l'ensemble hachuré:

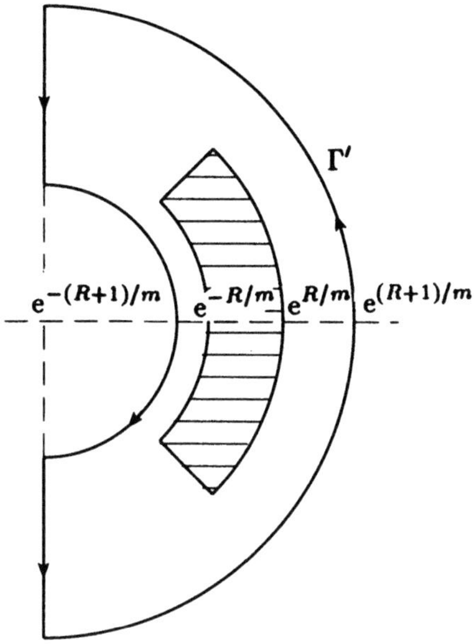

Les fonctions que l'on intègre sont donc holomorphes sur Γ. Le seul pôle intérieur à Γ du membre de gauche est en $z = \lambda$. La formule des résidus donne pour intégrale du membre de gauche $2\pi i m e^{\lambda y - \lambda/m}$. A droite on obtient

$$\text{(2)} \qquad \sum_{k=1}^{d'} a_k \prod_{\ell=1}^{k-1} (e(\lambda) - e(\alpha_\ell)) + \varphi(\lambda) \prod_{\ell=1}^{d'} (e(\lambda) - e(\alpha_\ell))$$

où $\varphi(\lambda)$ est une fonction holomorphe pour $|\lambda| < R$ et

$$a_k = \int_\Gamma \mathrm{e}^{zy} (\prod_{\ell=1}^{k} (e(z) - e(\alpha_\ell)))^{-1} dz$$

pour $k = 1, \ldots, d'$. Il ressort de la figure qu'il existe $c_1 > 0$ ne dépendant que de R et m tel que $|e(z) - e(\alpha_\ell)| \geq c_1$ pour tout $z \in \Gamma$, tout $\ell = 1, \ldots, d'$. D'où

$$|a_k| \leq c_2 \mathrm{e}^{(R+1)|y|}$$

où $c_2 > 0$ est indépendant de y et des λ_i. La formule (2) s'écrit aussi bien

$$2\pi i m (\sum_{k=0}^{d'-1} b_k \mathrm{e}(\lambda)^k + R(\lambda))$$

où

$$R(\lambda) = (2\pi i m)^{-1}\varphi(\lambda)\prod_{\ell=1}^{d'}(\mathrm{e}(\lambda) - e(\alpha_\ell))$$

et les b_k vérifient une inégalité

(3) $$|b_k| \leq c_3 e^{(R+1)|y|}.$$

Avec ces notations, on a donc l'égalité

$$e^{\lambda y} = \sum_{k=1}^{d'} b_{k-1}e^{\lambda k/m} + R(\lambda).$$

Soit $i \in \{1,\ldots,N\}$, $j \in \{0,\ldots,d_i - 1\}$, appliquons à cette égalité l'opérateur $\frac{d^j}{d\lambda^j}$ et évaluons l'égalité obtenue en λ_i. Comme $R(\lambda)$ contient le facteur $(e(\lambda) - e(\lambda_i))^{d_i}$, il est clair que

$$\left(\frac{d^j}{d\lambda^j}R\right)(\lambda_i) = 0.$$

On obtient alors

$$y^j e^{\lambda_i y} = \sum_{k=1}^{d'} b_{k-1}(k/m)^j e^{\lambda_i k/m}.$$

Alors

$$\begin{aligned} f(y) &= \sum_{i=1}^{N}\sum_{j=0}^{d_i-1} c_{ij}y^j e^{y\lambda_i} = \sum_{i=1}^{N}\sum_{j=0}^{d_i-1}\sum_{k=1}^{d'} c_{ij}b_{k-1}(k/m)^j e^{\lambda_i k/m} \\ &= \sum_{k=1}^{d'} b_{k-1}f(k/m). \end{aligned}$$

Pour $r \geq R+1$, il résulte de (3) que l'on a l'inégalité

$$|f(y)|e^{-r|y|} \leq c_3 d' \sup\{|f(k/m)|;\ k = 1,\ldots,d'\}.$$

C'est l'inégalité que l'on cherchait.

Supposons toujours $n = 1$ mais $Y = \mathbb{Z}$. On peut trouver $\beta \in \mathbb{R}$ tel que $\inf\{|\mathrm{Im}(\lambda_i) + 2nm - \beta|;\ i = 1,\ldots,N,\ m \in \mathbb{Z}\} \geq \pi/(d+1)$. Fixons un tel β. Quitte à remplacer λ_i par $\lambda_i + 2\pi i m_i$ pour un certain $m_i \in \mathbb{Z}$, on peut supposer

$$\beta \leq \mathrm{Im}(\lambda_i) \leq \beta + 2\pi$$

et donc en fait

$$\beta + \pi/(d+1) \leq \mathrm{Im}(\lambda_i) \leq \beta - \pi/(d+1) + 2\pi.$$

Reprenons la formule (1), où cette fois $e(z) = e^z$ et où l'on suppose maintenant

(4) $$\beta + \pi/(d+1) \leq \mathrm{Im}(\lambda) \leq \beta - \pi/(d+1) + 2\pi,\ |\lambda| < R.$$

On la multiplie par $e^{zy}dz$ et on intègre sur le nouveau contour Γ:

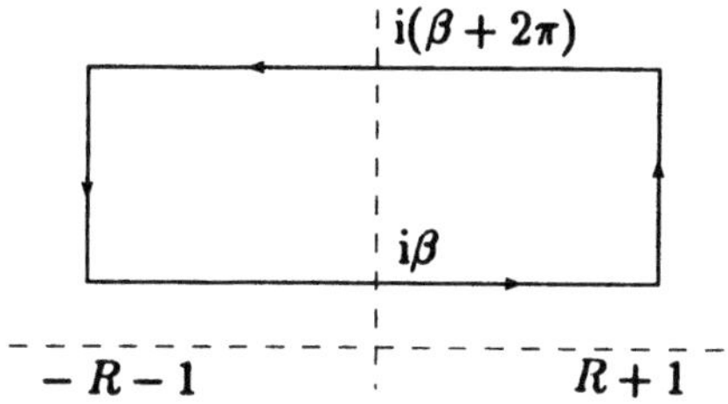

Quand z parcourt Γ, e^z parcourt le contour Γ' suivant tandis que pour λ vérifiant (4), $e(\lambda)$ reste dans l'ensemble hachuré:

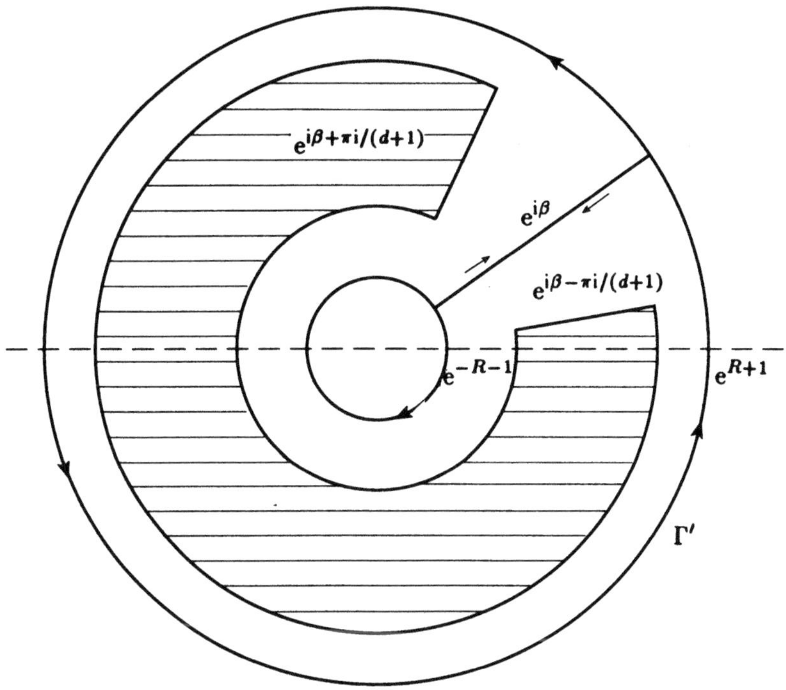

Les mêmes calculs que dans le cas $Y = \mathbb{R}$ conduisent à une égalité

$$f(y) = \sum_{k=1}^{d'} b_{k-1} f(k),$$

où les b_k vérifient une inégalité $|b_k| \leq ce^{|y|(R+1)}$, c étant indépendant de y et des λ_i. On conclut comme dans le cas $Y = \mathbb{R}$.

Pour passer au cas général, on raisonne par récurrence sur n. On suppose donc le lemme démontré pour tout entier $n' < n$. On écrit $\mathbb{R}^n = \mathbb{R} \oplus \mathbb{R}^{n-1}$ (un raisonnement analogue vaut pour $\mathbb{Z}^n$). Pour $y \in \mathbb{R}^n$, posons $y = y_1 + y_2$, avec $y_1 \in \mathbb{R}$, $y_2 \in \mathbb{R}^{n-1}$. Pour $f \in A(d, R, \mathbb{R}^n)$, la fonction

$$y_1 \longmapsto f(y_1 + y_2)$$

appartient à $A(d, R, \mathbb{R})$. D'où une majoration

$$|f(y_1 + y_2)| \leq c_1(r) e^{r|y_1|} \sup\{|f(y_1' + y_2)|;\ y_1' \in Y_1\}$$

pour $r \geq R + 1$, où Y_1 est un sous-ensemble fini de $\mathbb{R}$. Pour $y_1' \in \mathbb{R}$, la fonction

$$y_2 \longmapsto f(y_1' + y_2)$$

appartient à $A(d, R, \mathbb{R}^{n-1})$. D'où une majoration

$$|f(y_1' + y_2)| \leq c_2(r) e^{r\|y_2\|} \sup\{|f(y_1' + y_2')|;\ y_2' \in Y_2\},$$

pour $r \geq 2^{(n-2)/2}(R + 1)$, où Y_2 est un sous-ensemble fini de $\mathbb{R}^{n-1}$. Finalement

$$|f(y_1 + y_2)| \leq c_1(r) c_2(r) e^{r|y_1| + r\|y_2\|} \sup\{|f(y_1' + y_2')|;\ y_1' \in Y_1;\ y_2' \in Y_2\}.$$

Il reste à remarquer que $|y_1| + \|y_2\| \leq \sqrt{2}\|y_1 + y_2\|$ et à remplacer r par $r/\sqrt{2}$ pour obtenir la majoration

$$|f(y)| \leq c_1(r) c_2(r) e^{r\|y\|} \sup\{|f(y_1' + y_2')|;\ y_1' \in Y_1,\ y_2' \in Y_2\}$$

pour $r \geq 2^{(n-1)/2}(R + 1)$. □

I.4.3. Une majoration uniforme des formes automorphes

Pour toute fonction φ à croissance modérée sur $\mathbf{G}$ et tout réel $r > 0$, on pose

$$s(\varphi, r) = \sup\{\|g\|^{-r} |\varphi(g)|;\ g \in \mathbf{G}\}.$$

Ce terme est fini si r est assez grand.

Soient $P = MU$ un sous-groupe parabolique standard de G, V un sous-espace de dimension finie de $A_0(U(\mathbb{A})M(k)\backslash \mathbf{G})$, Γ un sous-ensemble compact de X_M, N un entier ≥ 1. Notons $A(V, \Gamma, N)$ l'ensemble des fonctions sur $\mathbf{G}$ de la forme

$$g \longmapsto \sum_{i=1}^{N} m_P(g)^{\lambda_i} \varphi_i(g),$$

où, pour tout $i, \varphi_i \in V$ et $\lambda_i \in \Gamma$. Il est clair qu'il existe un réel $R > 0$ tel que pour tout $\varphi \in A(V, \Gamma, N)$, $s(\varphi, R)$ soit fini.

Lemme. *Soient P, V, Γ, N et R comme ci-dessus. Il existe $R' \geq R$ et un sous-ensemble fini $C \subset \mathbf{G}$ tels que, pour tout $r \geq R'$, il existe $c(r) > 0$ de sorte que, pour tout $\varphi \in A(V, \Gamma, N)$, on ait l'inégalité*

$$s(\varphi, r) \leq c(r) \sup\{|\varphi(g)|;\ g \in C\}.$$

Remarque: il est clair que l'on a aussi une inégalité en sens inverse

$$\sup\{|\varphi(g)|;\ g \in C\} \leq c'(r)s(\varphi, r)$$

où $c'(r) = \sup\{\|g\|^r;\ g \in C\}$.

$\mathbb{P}$. Notons $A(\mathbf{M}^1\backslash\mathbf{M})$, resp. $A(A_{\mathbf{M}})$, l'espace de fonctions sur $\mathbf{M}^1\backslash\mathbf{M}$, resp. $A_{\mathbf{M}}$, engendré par les fonctions

$$m \longmapsto m^{\lambda}P(\log_M m),$$

où $\lambda \in X_M$, $P \in \mathbb{C}[\mathrm{Re}\,\mathfrak{a}_M]$. Notons $A_0(A_{\mathbf{M}}U(\mathbb{A})M(k)\backslash\mathbf{G})$ le sous-espace des éléments de $A_0(U(\mathbb{A})M(k)\backslash\mathbf{G})$ invariants à gauche par $A_{\mathbf{M}}$. De I.3.3 résulte que l'application

$$A(\mathbf{M}^1\backslash\mathbf{M}) \bigotimes_{\mathbb{C}} A_0(A_{\mathbf{M}}U(\mathbb{A})M(k)\backslash\mathbf{G}) \to A_0(U(\mathbb{A})M(k)\backslash\mathbf{G})$$

qui à $f \otimes \varphi$ associe la fonction $g \longmapsto f(m_P(g))\varphi(g)$, est surjective. Pour obtenir un isomorphisme, fixons un ensemble de représentants $\mathfrak{m}$ du quotient (fini) $\mathbf{M}^1 A_{\mathbf{M}}\backslash\mathbf{M}$. Pour $m \in \mathfrak{m}$, notons $A_0(A_{\mathbf{M}}U(\mathbb{A})M(k)\backslash\mathbf{G})_m$ le sous-espace des éléments de $A_0(A_{\mathbf{M}}U(\mathbb{A})M_k\backslash\mathbf{G})$ à support dans $\{g \in \mathbf{G}; m_P(g) \in \mathbf{M}^1 A_{\mathbf{M}} m\}$. On définit une application

$$A(A_{\mathbf{M}}) \bigotimes_{\mathbb{C}} A_0(A_{\mathbf{M}}U(\mathbb{A})M(k)\backslash\mathbf{G})_m \to A_0(U(\mathbb{A})M(k)\backslash\mathbf{G})$$

qui à $f\otimes\varphi$ associe la fonction $g \longmapsto f(m_P(g)m^{-1})\varphi(g)$, où l'on considère $m_P(g)m^{-1}$ comme un élément de $A_{\mathbf{M}}$. Alors l'application somme, notée ζ:

$$\zeta : \bigoplus_{m\in\mathfrak{m}} [A(A_{\mathbf{M}}) \bigotimes_{\mathbb{C}} A_0(A_{\mathbf{M}}U(\mathbb{A})M(k)\backslash\mathbf{G})_m] \to A_0(U(\mathbb{A})M(k)\backslash\mathbf{G})$$

est un isomorphisme. Comme V est de dimension finie, on peut trouver

(i) un sous-ensemble fini $(\varphi_i)_{j\in J}$ d'éléments de $A_0(A_{\mathbf{M}}U(\mathbb{A})M(k)\backslash\mathbf{G})$ linéairement indépendants, de sorte que pour tout $j \in J$, il existe $m(j) \in \mathfrak{m}$ tel que $\varphi_j \in A_0(A_{\mathbf{M}}U(\mathbb{A})M(k)\backslash\mathbf{G})_{m(j)}$;

(ii) un sous-espace de dimension finie $V' \subset A(A_{\mathbf{M}})$;

de sorte que tout élément $\varphi \in V$ s'écrive sous la forme

$$(*) \qquad \varphi = \zeta\left[\sum_{m\in\mathfrak{m}}\left(\sum_{j\in J; m(j)=m} f_j \otimes \varphi_j\right)\right]$$

avec des $f_j \in V'$.

Pour un entier $d \geq 1$ et un sous-ensemble compact $\Gamma' \subset X_M$, notons $A(d, \Gamma', A_{\mathbf{M}})$ l'ensemble des fonctions sur $A_{\mathbf{M}}$ de la forme

$$m \longmapsto \sum_{i=1}^{N'} m^{\lambda_i} P_i(\log_M m)$$

où

(iii) pour tout i, $P_i \in \mathbb{C}[\mathrm{Re}\mathfrak{a}_M]$;
(iv) $\sum_{i=1}^{N'}(1+\deg(P_i)) \leq d$;
(v) pour tout i, $\lambda_i \in \Gamma'$.

Il est clair que l'on peut trouver d et Γ' de sorte que tout $\varphi \in A(V,\Gamma,N)$ s'écrive sous la forme (*) avec des $f_j \in A(d,\Gamma',A_{\mathbf{M}})$. Il existe $R_1 > 0$ tel que pour $f \in A(d,\Gamma',A_{\mathbf{M}})$, la fonction $m \longmapsto |f(m)|\,\|m\|^{-R_1}$ soit bornée sur $A_{\mathbf{M}}$. Pour $r \geq R_1$, on pose

$$s(f,r) = \sup\{|f(m)|\,\|m\|^{-r};\ m \in A_{\mathbf{M}}\}.$$

Il existe $R_2 > 0$, $c_2 > 0$ tels que pour tous $g \in \mathbf{G}$, $m \in \mathfrak{m}$ vérifiant $m_P(g)m^{-1} \in \mathbf{M}^1 A_{\mathbf{M}}$, on ait

$$\|m_P(g)m^{-1}\| \leq c_2\|g\|^{R_2},$$

où l'on considère $m_P(g)m^{-1}$ comme un élément de $A_{\mathbf{M}}$. Enfin il existe $R_3 > 0$, $c_3 > 0$ tels que pour tout $j \in J$ et tout $g \in \mathbf{G}$,

$$|\varphi_j(g)| \leq c_3\|g\|^{R_3}.$$

Posons $R' = R_1R_2 + R_3$. On peut supposer $R' \geq R$. Soient $r \geq R'$, $g \in \mathbf{G}$ et $\varphi \in A(V,\Gamma,N)$, que l'on écrit sous la forme ($*$). On a

$$\varphi(g) = \sum_{j\in J(g)} f_j(m_P(g)m(j)^{-1})\varphi_j(g),$$

où $J(g) = \{j \in J;\ m_P(g)m(j)^{-1} \in \mathbf{M}^1A_{\mathbf{M}}\}$. D'où

$$\begin{aligned}
&|\varphi(g)|\,\|g\|^{-r}\\
&\leq \sum_{j\in J(g)} |f_j(m_P(g)m(j)^{-1})|\,\|g\|^{-r+R_3}|\varphi_j(g)|\|g\|^{-R_3}\\
&\leq c_3 \sum_{j\in J(g)} s(f_j,(r-R_3)/R_2)\|m_P(g)m(j)^{-1}\|^{(r-R_3)/R_2}\|g\|^{-r+R_3}\\
&\leq c_3c_2^{(r-R_3)/R_2} \sum_{j\in J(g)} s(f_j,(r-R_3)/R_2).
\end{aligned}$$

Comme $A_{\mathbf{M}}$ est isomorphe à $\mathbb{R}^n$ ou $\mathbb{Z}^n$, où $n = \dim X_M$, on peut appliquer à $A(d,\Gamma',A_{\mathbf{M}})$ le lemme I.4.2: quitte à accroitre R_1, il existe un sous-ensemble fini $Y_0 \subset A_{\mathbf{M}}$ et pour tout $r' \geq R_1$ un réel $c_1(r') > 0$ de sorte que

$$s(f,r') \leq c_1(r')\sup\{|f(y)|;\ y \in Y_0\}.$$

D'où

$$|\varphi(g)|\,\|g\|^{-r} \leq c_4(r)\sum_{j\in J(g)} \sup\{|f_j(y)|;\ y \in Y_0\},$$

où $c_4(r) = c_1((r-R_3)/R_2)c_2^{(r-R_3)/R_2}c_3$.

Fixons un ensemble $(g_j)_{j\in J}$ d'éléments de $\mathbf{G}$ tels que

$$\det(\varphi_k(g_j))_{j,k\in J} \neq 0.$$

On peut supposer $m_P(g_j)m(j)^{-1} \in \mathbf{M}^1$ pour tout j. Notons Ξ la matrice $(\varphi_k(g_j))_{j,k\in J}$. Pour $m \in A_{\mathbf{M}}$, introduisons les matrices colonnes

$$\varphi(mg.) = (\varphi(mg_j))_{j\in J}, \ f(m) = (f_j(m))_{j\in J}.$$

On a l'égalité

$$\varphi(mg.) = \Xi f(m)$$

d'où

$$f(m) = \Xi^{-1}\varphi(mg.).$$

En notant c_5 le produit de $|J|$ et du sup des valeurs absolues des coefficients de Ξ^{-1}, on obtient pour tout j

$$\sup\{|f_j(y)|;\ y \in Y_0\} \leq c_5 \sup\{|\varphi(g')|;\ g' \in C\},$$

où l'on a posé

$$C = \{yg_k;\ y \in Y_0,\ k \in J\}.$$

En posant $c(r) = |J|c_4(r)c_5$, on obtient alors

$$|\varphi(g)|\,\|g\|^{-r} \leq c(r) \sup\{|\varphi(g')|;\ g' \in C\}$$

et cela pour tout g. C'est la majoration cherchée. □

I.4.4. Suites de formes automorphes

Pour tout sous-groupe parabolique standard $P = MU$ de G, donnons-nous un espace V_P de dimension finie de l'espace des formes automorphes cuspidales sur $U(\mathbb{A})M(k)\backslash\mathbf{G}$, un sous-ensemble compact $\Gamma_P \subset X_M$ et un entier N_P. On note $A((V_P, \Gamma_P,\ N_P)_{P_0\subset P\subset G})$ l'ensemble des formes automorphes ϕ sur $G(k)\backslash\mathbf{G}$ telles que, pour tout P il existe une famille $(\lambda_{P,i}, \varphi_{P,i})_{i=1,\dots,N_P}$ d'éléments de $\Gamma_P \times V_P$ de sorte que l'on ait l'égalité

$$\phi_P^{\text{cusp}}(g) = \sum_{i=1}^{N_P} m_P(g)^{\lambda_{P,i}}\varphi_{P,i}(g)$$

pour tout $g \in \mathbf{G}$. Ce n'est pas un espace vectoriel. Il résulte du lemme I.4.1 qu'il existe $R > 0$ tel que $s(\phi, R)$ soit fini pour tout $\phi \in A((V_P, \Gamma_P, N_P)_{P_0\subset P\subset G})$.

Lemme. *Pour tout sous-groupe parabolique standard $P = MU$ de G, soit V_P un sous-espace de dimension finie de l'espace des formes automorphes cuspidales sur $U(\mathbb{A})M(k)\backslash\mathbf{G}$, soit Γ_P un sous-ensemble compact de X_M et soit N_P un entier. Alors*
(a) il existe une fonction $f : \mathbf{G} \to \mathbb{C}$ lisse, à support compact, $\mathbf{K}$-finie à droite et à gauche, il existe une application

$$A((V_P, \Gamma_P, N_P)_{P_0\subset P\subset G}) \longrightarrow A(G(k)\backslash\mathbf{G})$$

$$\phi \longmapsto \phi',$$

pour tout $r > 0$, *il existe* $c_1(r)$, $c_2(r) > 0$, *de sorte que pour tout* $\phi \in A((V_P, \Gamma_P, N_P)_{P_0 \subset P \subset G})$, *on ait*

(i) $\phi = \delta(f)\phi'$;

(ii) $c_1(r)s(\phi', r) \leq s(\phi, r) \leq c_2(r)s(\phi', r)$;

(b) il existe $R > 0$ *et pour tout* $r \geq R$, *il existe* $c(r) > 0$ *de sorte que pour tout* $\phi \in A((V_P, \Gamma_P, N_P)_{P_0 \subset P \subset G})$, *on ait*

$$s(\phi, r) \leq c(r) \sup\{s(\phi_P^{\mathrm{cusp}}, r);\ P_0 \subset P \subset G\};$$

(c) soit $(\phi_n)_{n \in \mathbb{N}}$ *une suite d'éléments de* $A((V_P, \Gamma_P, N_P)_{P_0 \subset P \subset G})$ *et, pour tout* P, *soit* $\varphi_P \in V_P$. *Supposons que pour tout* P, *la suite* $(\phi_{n,P}^{\mathrm{cusp}})_{n \in \mathbb{N}}$ *converge vers* φ_P *uniformément sur tout compact de* $\mathbf{G}$. *Alors il existe une unique forme automorphe* ϕ *sur* $G(k)\backslash\mathbf{G}$ *telle que la suite* $(\phi_n)_{n \in \mathbb{N}}$ *converge vers* ϕ *uniformément sur tout compact. Pour tout* P, *on a l'égalité* $\phi_P^{\mathrm{cusp}} = \varphi_P$.

I.4.5. Preuve de I.4.4 (a)

Comme on peut toujours agrandir V_P, on peut supposer qu'il existe un ensemble fini $\mathfrak{F}$ de $\mathbf{K}$-types et pour tout $P = MU$ un idéal de codimension finie $\mathfrak{J}_M \subset \mathfrak{z}_M$ de sorte que V_P soit l'espace des formes automorphes cuspidales φ sur $U(\mathbb{A})M(k)\backslash\mathbf{G}$ telles que

(1) l'espace engendré par $\{\delta(k)\varphi;\ k \in \mathbf{K}\}$ se décompose en somme de représentations irréductibles de $\mathbf{K}$ dont la classe appartient à $\mathfrak{F}$;

(2) pour tout $k \in \mathbf{K}$, φ_k est annulée par $\mathfrak{J}_M$.

On peut supposer $\mathfrak{F}$ stable par passage à la contragrédiente. Notons $\mathcal{H}^{\mathfrak{F}}$ l'algèbre des fonctions $f : \mathbf{G} \longrightarrow \mathbb{C}$, lisses et à support compact, telles que la représentation de $\mathbf{K} \times \mathbf{K}$ dans l'espace engendré par les translatés (à droite et à gauche) de f se décompose en somme de représentations irréductibles dont la classe appartient à $\mathfrak{F} \times \mathfrak{F}$.

Pour tous $P = MU$ et $\lambda \in X_M$, notons $V_P[\lambda] = \{\lambda\varphi;\ \varphi \in V_P\}$, où, pour $\varphi \in V_P$, on note $\lambda\varphi$ la fonction $g \longmapsto m_P(g)^\lambda \varphi(g)$. Alors si $f \in \mathcal{H}^{\mathfrak{F}}$, $\delta(f)$ laisse stable $V_P[\lambda]$. Notons $R_P(\lambda, f; X)$ le polynôme caractéristique de $\delta(f)$ dans $V_P[\lambda]$ et d_P la dimension de V_P. Montrons:

(3) pour tout $\varepsilon > 0$, il existe $f \in \mathcal{H}^{\mathfrak{F}}$ telle que pour tout P et tout $\lambda \in \Gamma_P$, chaque coefficient de $R_P(\lambda, f; X) - (X-1)^{d_P}$ est borné (en valeur absolue) par ε.

Remarquons que $R_P(\lambda, f)$ est le polynôme caractéristique de l'endomorphisme $\varphi \longmapsto (-\lambda)\delta(f)\lambda\varphi$ de V_P. Fixons une base $(\varphi_{P,i})_{i=1,\ldots,N_P}$ de V_P et un sous-ensemble $(g_{P,i})_{i=1,\ldots,N_P}$ de $\mathbf{G}$ de sorte que

$$\det(\varphi_{P,i}(g_{P,j}))_{i,j=1,\ldots,N_P} \neq 0.$$

Pour tout $u \in \mathrm{End}(V_P)$, les coefficients du polynôme caractéristique de u sont des polynômes en les variables $u(\varphi_{P,i})(g_{P,j})$. Alors (3) résulte de

(4) pour tout $\varepsilon > 0$, il existe $f \in \mathcal{H}^{\mathfrak{F}}$ telle que pour tout P, tout $\lambda \in \Gamma_P$, tous $i, j = 1, \ldots, N_P$, on ait

$$|((-\lambda)\delta(f)\lambda\varphi_{P,i})(g_{P,j}) - \varphi_{P,i}(g_{P,j})| < \varepsilon.$$

On peut sans perdre grand chose remplacer l'inégalité ci-dessus par

$$|(\delta(f)\lambda\varphi_{P,i})(g_{P,j}) - (\lambda\varphi_{P,i})(g_{P,j})| < \varepsilon.$$

Comme Γ_P est compact, l'ensemble des fonctions $\{\lambda\varphi_{P,i}; P_0 \subset P \subset G,\ \lambda \in \Gamma_P,\ i = 1, \ldots, N_P\}$ est équicontinu, uniformément sur tout compact de $\mathbf{G}$. En approchant la mesure de Dirac à l'origine par une fonction lisse à support dans un petit voisinage de l'origine, on montre que pour tout compact C de $\mathbf{G}$, il existe une fonction f' lisse et à support compact dans $\mathbf{G}$ telle que pour tous $P, \lambda \in \Gamma_P,\ i = 1, \ldots, N_P,\ g \in C$, on ait

$$|(\delta(f')\lambda\varphi_{P,i})(g) - (\lambda\varphi_{P,i})(g)| < \varepsilon.$$

Fixons une telle f' pour un compact C contenant tous les $g_{P,j}$ et stable à gauche par $\mathbf{K}$. Notons χ la distribution sur $\mathbf{G}$ à support dans $\mathbf{K}$ et qui, sur $\mathbf{K}$, est la somme des caractères des éléments de $\mathfrak{F}$. Posons $f = \chi * f' * \chi$. Alors $f \in \mathcal{H}^{\mathfrak{F}}$ et f vérifie les inégalités souhaitées. Cela achève la démonstration de (3).

Soit maintenant, pour tout P et tout $i = 1, \ldots, N_P$, un élément $\lambda_{P,i} \in \Gamma_P$. Considérons l'espace

$$V((\lambda_{P,i})) = \bigoplus_P \bigoplus_{i=1}^{N_P} V_P[\lambda_{P,i}].$$

Sa dimension est indépendante des $\lambda_{P,i}$, notons-la d. L'algèbre $\mathcal{H}^{\mathfrak{F}}$ agit dans cet espace par la représentation δ. Pour $f \in \mathcal{H}^{\mathfrak{F}}$, notons $R((\lambda_{P,i}), f; X)$ le polynôme caracteristique de $\delta(f)$ agissant dans $V((\lambda_{P,i}))$. Il résulte de (3) que pour tout $\varepsilon > 0$, il existe $f \in \mathcal{H}^{\mathfrak{F}}$ telle que, pour toute famille $(\lambda_{P,i})$ comme ci-dessus, les coefficients de

$$R((\lambda_{P,i}), f; X) - (X-1)^d$$

soient bornés (en valeur absolue) par ε. Fixons une telle f associée à $\varepsilon = 1/2$. Soit $\phi \in A((V_P, \Gamma_P, N_P)_{P_0 \subset P \subset G})$. Pour tout P, soit $(\lambda_{P,i})_{i=1,\ldots,N_P}$ une famille d'éléments de Γ_P telle que $\phi_P^{\mathrm{cusp}} \in \sum_{i=1}^{N_P} V_P[\lambda_{P,i}]$. Posons simplement $R(X) = R((\lambda_{P,i}),\ f; X)$, notons r_d son terme constant, posons $Q(X) = 1 - R(X)/r_d$. Alors

(5) les coefficients de $Q(X)$ sont bornés, par exemple par $2(d! + 1)$;

(6) le terme constant de $Q(X)$ est nul;

(7) l'opérateur $\delta(Q(f))$ de $V((\lambda_{P,i}))$ est égal à l'identité.

De (7) résulte que ϕ et $\delta(Q(f))\phi$ ont les mêmes composantes cuspidales. D'après la proposition I.3.3, on a donc $\phi = \delta(Q(f))\phi$. Posons $Q'(X) = X^{-1}Q(X)$ (cf.(6)) et $\phi' = \delta(Q'(f))\phi$. La relation précédente s'écrit $\phi = \delta(f)\phi'$. De cette relation résulte une inégalité

$$s(\phi, r) \leq c_2(r)s(\phi', r)$$

pour tout $r > 0$, où $c_2(r)$ est indépendant de ϕ. De même, de la relation $\phi' = \delta(Q'(f))\phi$ et de (5) résulte une inégalité

$$c_1(r)s(\phi', r) \leq s(\phi, r).$$

Cela démontre le (a) du lemme I.4.4.

I.4.6. Preuve partielle de I.4.4(c)

Démontrons (c) en imposant à la suite $(\phi_n)_{n\in\mathbb{N}}$ la condition supplémentaire suivante:

(1) il existe $r > 0$ et $c > 0$ tels que pour tout $n \in \mathbb{N}$, on ait $s(\phi_n, r) \leq c$.

Fixons f et l'application $\phi \longmapsto \phi'$ vérifiant le (a) du lemme I.4.4. De la suite $(\phi_n)_{n\in\mathbb{N}}$ se déduit une suite $(\phi'_n)_{n\in\mathbb{N}}$. Les inégalités

$$c_1(r)s(\phi'_n, r) \leq s(\phi_n, r)$$

et la relation (1) montrent que cette suite est uniformément bornée sur tout compact de $\mathbf{G}$. Comme $\phi_n = \delta(f)\phi'_n$, la suite $(\phi_n)_{n\in\mathbb{N}}$ est uniformément continue sur tout compact de $\mathbf{G}$. Elle est aussi uniformément bornée sur tout compact. On peut lui appliquer le théorème d'Ascoli: de toute sous-suite, on peut extraire une sous-suite convergeant uniformément sur tout compact. Notons ϕ la limite d'une telle sous-suite $(\phi_{n(i)})_{i\in\mathbb{N}}$. La fonction ϕ est nécessairement continue, à croissance modérée. Montrons que:

(2) pour tout sous-groupe parabolique standard P, on a l'égalité

$$\phi_P^{\text{cusp}} = \varphi_P.$$

Fixons donc $P = MU$, soit $\varphi \in C_0(U(\mathbb{A})M(k)\backslash\mathbf{G})$. Posons

$$< \phi_P^{\text{cusp}}, \varphi >= \int_{U(\mathbb{A})M(k)\backslash\mathbf{G}} \overline{\phi_P^{cusp}}(g)\varphi(g)dg.$$

On a les égalités

$$\begin{aligned} < \phi_P^{\text{cusp}}, \varphi > &= \int_{U(\mathbb{A})M(k)\backslash\mathbf{G}} \overline{\phi_P}(g)\varphi(g)dg \\ &= \int_{U(\mathbb{A})M(k)\backslash\mathbf{G}} \lim_{i\to\infty} \overline{\phi_{n(i),P}}(g)\varphi(g)dg. \end{aligned}$$

L'hypothèse (1) nous permet d'intervertir intégration et passage à la limite. On obtient

$$< \phi_P^{\text{cusp}}, \varphi > = \lim_{i\to\infty} \int_{U(\mathbb{A})M(k)\backslash\mathbf{G}} \overline{\phi_{n(i),P}}(g)\varphi(g)dg$$

(3)
$$= \lim_{i\to\infty} \int_{U(\mathbb{A})M(k)\backslash \mathbf{G}} \overline{\phi^{\mathrm{cusp}}_{n(i),P}}(g)\varphi(g)dg.$$
Le lemme I.4.3 et l'hypothèse montrent que, pour r assez grand,
$$\lim_{n\to\infty} s(\phi^{\mathrm{cusp}}_{n,P} - \varphi_P, r) = 0.$$

Remarque. Dans I.4.3, on n'a considéré que des termes $s(\varphi, r)$ et non pas $s(\varphi_1 - \varphi_2, r)$; mais avec les notations de I.4.3, si $\varphi_1, \varphi_2 \in A(V, \Gamma, N)$, on a $\varphi_1 - \varphi_2 \in A(V, \Gamma, 2N)$ et il suffit d'appliquer I.4.3 pour l'entier $2N$ pour obtenir des majorations de $s(\varphi_1 - \varphi_2, r)$.

Comme la fonction $g \longmapsto \|g\|^r|\varphi(g)|$ est intégrable, disons sur S^P, le théorème de convergence dominée montre que l'on peut intervertir limite et intégration dans l'expression (3). D'où
$$\begin{aligned} < \phi_P^{\mathrm{cusp}}, \varphi > &= \int_{U(\mathbb{A})M(k)\backslash \mathbf{G}} \lim_{i\to\infty} \overline{\phi^{\mathrm{cusp}}_{n(i),P}}(g)\varphi(g)dg \\ &= \int_{U(\mathbb{A})M(k)\backslash \mathbf{G}} \overline{\varphi_P}(g)\varphi(g)dg \end{aligned}$$
et l'égalité cherchée $\phi_P^{\mathrm{cusp}} = \varphi_P$.

De (2) résulte que la fonction ϕ est bien déterminée (proposition I.3.3). Mais alors la suite $(\phi_n)_{n\in\mathbb{N}}$ elle-même converge vers une fonction ϕ qui, comme on l'a dit, est continue, à croissance modérée et vérifie (2). Ces propriétés impliquent que ϕ est automorphe (lemme I.3.4). Cela démontre le (c) du lemme I.4.4 sous l'hypothèse (1).

I.4.7. Preuve de I.4.4 (b)

En raisonnant par récurrence sur le rang semi-simple de G, on peut supposer le lemme démontré pour tout sous-groupe de Lévi propre M de G. On en déduit un énoncé similaire à celui du lemme pour les formes automorphes sur $U(\mathbb{A})M(k)\backslash\mathbf{G}$. En particulier il existe $R_1 > 0$ et pour tout $r \geq R_1$, il existe $c_1(r) > 0$ de sorte que pour tout $\phi \in A((V_P, \Gamma_P, N_P)_{P_0 \subset P \subset G})$ et tout sous-groupe parabolique standard propre P de G, on ait

(1) $$s(\phi_P, r) \leq c_1(r) \sup\{s(\phi^{\mathrm{cusp}}_{P'}, r);\ P_0 \subset P' \subset P\}.$$

D'autre part, on a la propriété:

(2) il existe $R_2 > 0,\ t > 0$, un sous-ensemble compact $C \subset \mathbf{G}^1\backslash\mathbf{G}$ et, pour tout $r \geq R_2$, un réel $c_2(r) > 0$ de sorte que pour tout $\phi \in A((V_P, \Gamma_P, N_P)_{P_0 \subset P \subset G})$, on ait
$$s(\phi, r) \leq c_2(r) \sup\{|\phi(g)|\, \|g\|^{-rt};\ g \in \mathbf{G},\ m_G(g) \in C\}.$$
En effet, le même raisonnement qu'en I.4.1 (b) montre qu'il existe un

entier $d \geq 1$ et un sous-ensemble compact $\Gamma \subset X_M$ tel que pour tout $\phi \in A((V_P, \Gamma_P, N_P)_{P_0 \subset P \subset G})$ et tout $g \in \mathbf{G}$, la fonction sur $A_{\mathbf{G}} : a \longmapsto \phi(ag)$ soit de la forme

$$a \longmapsto \sum_{i=1}^{N} a^{\lambda_i} P_i(\log_G a)$$

où

(i) pour tout i, $P_i \in \mathbb{C}[\mathrm{Re}\mathfrak{a}_G]$;

(ii) $\sum_{i=1}^{N}(1 + \deg(P_i)) \leq d$;

(iii) pour tout i, $\lambda_i \in \Gamma$.

Appliquons I.4.2. Il existe $R_2' > 0$, un sous-ensemble fini $Y_0 \subset A_{\mathbf{G}}$ et, pour tout $r \geq R_2'$, un réel $c_2'(r) > 0$ de sorte que pour tous ϕ, g comme ci-dessus, on ait

$$\sup\{|\phi(ag)|\,\|a\|^{-r}; a \in A_{\mathbf{G}}\} \leq c_2'(r) \sup\{|\phi(ag)|;\ a \in Y_0\}.$$

Fixons c, t, t' comme en I.2.2 (viii), posons $R_2 = R_2'/t'$. Pour $r \geq R_2$, $g \in \mathbf{G}^c$, $a \in A_{\mathbf{G}}$ et $\phi \in A((V_p, \Gamma_P, N_P)_{P_0 \subset P \subset G})$, on a

$$\begin{aligned} |\phi(ag)|\,\|ag\|^{-r} &\leq c^{-r}|\phi(ag)|\,\|a\|^{-rt'}\|g\|^{-rt} \\ &\leq c^{-r}c_2'(rt')\|g\|^{-rt}\sup\{|\phi(ag)|;\ a \in Y_0\} \\ &\leq c_2(r)\sup\{|\phi(ag)|\,\|ag\|^{-rt};\ a \in Y_0\}, \end{aligned}$$

pour un certain réel $c_2(r)$. Prenons pour C un sous-ensemble compact de $\mathbf{G}^1\backslash\mathbf{G}$ contenant $m_G(a'g')$ pour tous $a \in Y_0$, $g' \in \mathbf{G}^c$. Alors

$$\begin{aligned} &\sup\{|\phi(ag)|\,\|ag\|^{-rt};\ a \in Y_0\} \\ &\qquad \leq \sup\{|\phi(g')|\,\|g'\|^{-rt};\ g' \in \mathbf{G},\ m_G(g') \in C\}. \end{aligned}$$

D'où l'assertion (2).

Soit $R_3 > 0$ tel que, pour tout $\phi \in A((V_P, \Gamma_P, N_P)_{P_0 \subset P \subset G})$, $s(\phi, R_3)$ soit fini ainsi que $s(\phi_P^{\mathrm{cusp}}, R_3)$ pour tout P. Soit $r \geq R_3$. Si l'assertion (b) du lemme I.4.4 est fausse, on peut trouver une suite $(\psi_n)_{n\in\mathbb{N}}$ d'éléments de $A((V_P, \Gamma_P, N_P)_{P_0 \subset P \subset G})$ telle que pour tout n,

$$n \sup\{s(\psi_{n,P}^{\mathrm{cusp}}, r);\ P_0 \subset P \subset G\} \leq s(\psi_n, r) \neq 0.$$

Posons

$$\phi_n = s(\psi_n, r)^{-1}\psi_n.$$

Alors

$$(3) \qquad s(\phi_n, r) = 1.$$

Pour tout P,

$$(4) \qquad s(\phi_{n,P}^{\mathrm{cusp}}, r) \leq 1/n,$$

la suite $(\phi_{n,P}^{\mathrm{cusp}})_{n\in\mathbb{N}}$ tend donc vers 0 uniformément sur tout compact.

La suite $(\phi_n)_{n\in\mathbb{N}}$ vérifie donc les hypothèses du lemme I.4.4 (c) et la condition (1) de I.4.6. Elle converge uniformément sur tout compact vers une fonction dont les composantes cuspidales sont nulles, donc converge vers 0.

Introduisons les fonctions sur S

$$s\phi_n = \sum_{P=MU} (-1)^{rg(G)-rg(M)} \phi_{n,P}. \tag{5}$$

D'après I.4.4 (a) et (3) ci-dessus, il existe une fonction f sur $\mathbf{G}$, lisse, à support compact, $\mathbf{K}$-finie à droite et à gauche et une suite $(\phi'_n)_{n\in\mathbb{N}}$ de fonctions sur $G(k)\backslash\mathbf{G}$ de sorte que

$$\phi_n = \delta(f)\phi'_n,$$

il existe $c > 0$ tel que pour tout $n \in \mathbb{N}$, $s(\phi'_n, r) \leq c$.

Si k est un corps de fonctions, il résulte de cela et du corollaire I.2.7 qu'il existe un sous-ensemble C' de S, compact modulo $A_{\mathbf{G}}$, tel que $s\phi_n$ soit à support dans C' pour tout n. Si k est un corps de nombres, on utilise le corollaire I.2.9: pour tout $\lambda \in \mathrm{Re}X_{M_0}$, il existe $c' > 0$ tel que pour tous $n \in \mathbb{N}$, $g \in \mathbf{G}^1 \cap S$, $a \in A_{\mathbf{G}}$, on ait l'inégalité

$$|s\phi_n(g)| \leq c'\|a\|^r m_{P_0}(g)^\lambda.$$

Supposons $r \geq R_2$, introduisons l'ensemble compact C et le réel t du (2). Fixons $\varepsilon > 0$. D'après ce qui précède, il existe un sous-ensemble compact $C' \subset \mathbf{G}^c \cap S$ tel que pour tous $n \in \mathbb{N}$, $g \in \mathbf{G}^c \cap S - C'$, $a \in A_{\mathbf{G}}$, on ait l'inégalité

$$|s\phi_n(ag)| \leq \varepsilon\|a\|^r\|g\|^{rt}.$$

Limitons-nous aux couples (a, g) tels que $m_G(ag) \in C$. Comme l'ensemble

$$\{\|a\|^r\|g\|^{rt}\|ag\|^{-rt};\ a \in A_{\mathbf{G}},\ g \in \mathbf{G}^c,\ m_G(ag) \in C\}$$

est majoré, disons par $c_4(r)$, on obtient

$$|s\phi_n(ag)| \leq \varepsilon c_4(r)\|ag\|^{rt} \tag{6}$$

pour tous $n \in \mathbb{N}$, $a \in A_{\mathbf{G}}$, $g \in \mathbf{G}^c \cap S - C'$ tels que $m_G(ag) \in C$.

Supposons $r \geq R_1/t$. D'après (1), sous les mêmes hypothèses que ci-dessus, on a

$$\sum_{P_0 \subset P \subsetneq G} |\phi_{n,P}(ag)| \leq c'_1(r)\|ag\|^{rt} \sup\{s(\phi^{\mathrm{cusp}}_{n,P}, rt); P_0 \subset P \subset G\}$$

pour un certain réel $c'_1(r) > 0$. D'après (4), le lemme I.4.3 et la remarque qui le suit, on a

$$\lim_{n\to\infty} s(\phi^{\mathrm{cusp}}_{n,P}, rt) = 0$$

pour tout P, en tout cas si r est assez grand, disons $r \geq R_4$. Il existe donc N tel que, pour $n \geq N$ et a, g comme ci-dessus,

$$\sum_{P_0 \subset P \subsetneq G} |\phi_{n,P}(ag)| \leq \varepsilon \|ag\|^{-rt}.$$

Cette inégalité, jointe à (5) et (6), implique

$$|\phi_n(ag)| \leq \varepsilon(1 + c_4(r))\|ag\|^{-rt}$$

pour $n \geq N$, $a \in A_{\mathbf{G}}$, $g \in \mathbf{G}^c \cap S - C'$, $m_G(ag) \in C$.

D'autre part, l'ensemble $\{ag;\ a \in A_{\mathbf{G}},\ g \in C',\ m_G(ag) \in C\}$ est compact. Comme la suite $(\phi_n)_{n\in\mathbb{N}}$ tend vers 0 sur tout compact, il existe N' tel que pour $n \geq N'$ et a, g dans l'ensemble en question, on ait

$$|\phi_n(ag)| \leq \varepsilon(1 + c_4(r))\|ag\|^{-rt}.$$

Finalement, pour $n \geq N, N'$, on a

$$|\phi_n(g)| \leq \varepsilon(1 + c_4(r))\|g\|^{-rt}$$

pour tout $g \in S$ tel que $m_G(g) \in C$. De I.2.2 (vii), on déduit alors l'existence d'un réel $c_5(r) > 0$ tel que

$$|\phi_n(g)| \leq \varepsilon c_5(r)\|g\|^{-rt}$$

pour tout $g \in \mathbf{G}$ tel que $m_G(g) \in C$ et tout $n \geq N, N'$. Grâce à (2), on obtient

$$s(\phi_n, r) \leq \varepsilon c_2(r) c_5(r)$$

pour $n \geq N, N'$. Pour ε assez petit, cela contredit (3). Cette contradiction démontre l'assertion (b) du lemme I.4.4.

I.4.8. Fin de la preuve de I.4.4

Achevons la démonstration du (c). L'hypothèse et le lemme I.4.3 montrent que pour r assez grand, l'ensemble

$$\{s(\phi_{n,P}^{\mathrm{cusp}}, r);\ n \in \mathbb{N},\ P_0 \subset P \subset G\}$$

est majoré. D'après I.4.4 (b), l'ensemble

$$\{s(\phi_n, r);\ n \in \mathbb{N}\}$$

l'est donc aussi, i.e. la suite $(\phi_n)_{n\in\mathbb{N}}$ vérifie l'hypothèse (1) de I.4.6. D'où la conclusion. □

I.4.9. Espaces de Fréchet et fonctions holomorphes

Rappelons quelques propriétés des applications à valeurs dans les espaces de Fréchet. Soit H un tel espace, i.e. un espace vectoriel sur $\mathbb{C}$ muni d'une topologie définie par une famille de semi-normes, pour laquelle il est séparé et complet. Soient U un ouvert de $\mathbb{C}$ et $f : U \to H$ une fonction. On dit que f est holomorphe si pour tout $z \in U$, la fonction $z' \longmapsto (z' - z)^{-1}(f(z') - f(z))$ a une limite dans H quand z' tend vers z. Il revient au même ([R] 3.31) de demander que $\ell \circ f$ soit holomorphe pour toute forme linéaire continue $\ell : H \to \mathbb{C}$. Si maintenant U est un ouvert de $\mathbb{C}^N$ et $f : U \to H$ une fonction, on dit que f est holomorphe si elle l'est relativement à chaque variable $z_1, \ldots, z_N$ de $\mathbb{C}^N$. Enfin, si X est une variété analytique complexe et $f : X \to H$ une fonction, on dit que f est holomorphe si pour toute carte locale

$$\mathbb{C}^N \supset U \hookrightarrow^{i} X$$

la fonction $f \circ i$ est holomorphe. Si maintenant f est seulement définie presque partout sur X, on dit que f est méromorphe si pour tout $x \in X$ et tout voisinage assez petit V de x, il existe deux fonctions holomorphes

$$f_1 : V \to H,\ d : V \to \mathbb{C}$$

$d \neq 0$, de sorte que $d(y)f(y) = f_1(y)$ en tout point $y \in V$ où $f(y)$ est définie.

Plusieurs théorèmes classiques pour les fonctions holomorphes à valeurs complexes se généralisent à cette situation: le développement en série convergente d'une fonction holomorphe dans un polydisque, la formule de Cauchy et, si X est connexe, l'unicité du prolongement méromorphe d'une fonction définie sur un ouvert non vide.

Soit Y un espace topologique localement compact et dénombrable à l'infini, muni d'une mesure. Notons $L^2_{\mathrm{loc}}(Y)$ l'espace des fonctions sur Y, à valeurs complexes, qui sont localement de carré intégrable. On identifie, bien sûr, les fonctions égales presque partout. Pour tout sous-ensemble compact $C \subset Y$, définissons la semi-norme $\varphi \mapsto \|\varphi_{|C}\|$ sur $L^2_{\mathrm{loc}}(Y)$ par

$$\varphi \longmapsto \|\varphi|_C\|^2 = \int_C |\varphi(y)|^2 dy.$$

Alors cette famille de semi-normes munit $L^2_{\mathrm{loc}}(Y)$ d'une structure d'espace de Fréchet. Pour tout sous-ensemble compact $C \subset Y$, munissons $L^2(C)$ de la topologie définie par la norme L^2. C'est donc aussi un espace de Fréchet. L'application de restriction

$$\varphi \longmapsto \varphi|_C$$

$$L^2_{\mathrm{loc}}(Y) \longrightarrow L^2(C)$$

est continue. Soient U un ouvert de $\mathbb{C}^N$ et $f : U \to L^2_{\mathrm{loc}}(Y)$ une fonction. On vérifie que f est holomorphe si et seulement si, pour tout C, la fonction

$$U \longrightarrow L^2(C)$$

$$x \longmapsto f(z)|_C$$

est holomorphe. Il revient au même de demander que pour tout $\varphi \in L^2(C)$, la fonction

$$U \longrightarrow \mathbb{C}$$

$$z \longmapsto \int_C f(z)(y)\overline{\varphi(y)}\,dy$$

soit holomorphe.

I.4.10. Formes automorphes dépendant holomorphiquement d'un paramètre

Lemme. *Pour tout sous-groupe parabolique standard $P = MU$ de G, soient V_P un sous-espace de dimension finie de l'espace des formes automorphes cuspidales sur $U(\mathbb{A})M(k)\backslash\mathbf{G}$, Γ_P un sous-ensemble compact de X_M et N_P un entier. Soient n un entier, D un sous-ensemble ouvert connexe de $\mathbb{C}^n$, $f : D \to \mathbb{C}$ une fonction holomorphe non identiquement nulle. Posons $D' = \{z \in D;\ f(z) \neq 0\}$. Soit*

$$\phi : D' \longrightarrow L^2_{\text{loc}}(\mathbf{G})$$

$$z \longmapsto \phi_z$$

une fonction. Supposons

(i) pour tout $z \in D'$, $\phi_z \in A((V_P, \Gamma_P, N_P)_{P_0 \subset P \subset G})$.
Pour tout P, notons $\psi_P : D' \to L^2_{\text{loc}}(\mathbf{G})$ la fonction définie par

$$z \longmapsto \psi_{P,z} = \phi^{\text{cusp}}_{z,P}.$$

Supposons
(ii) pour tout P, ψ_P est holomorphe dans D'.

Alors la fonction ϕ se prolonge en une fonction holomorphe de D dans $L^2_{\text{loc}}(\mathbf{G})$ si et seulement si pour tout P, la fonction ψ_P vérifie la même propriété. Supposons ces conditions vérifiées et notons encore ϕ et ψ_P les prolongements de nos fonctions. Ils vérifient les propriétés:
(a) *pour tout $z \in D$, ϕ_z est automorphe;*
(b) *pour tout $z \in D$ et tout P, $\phi^{\text{cusp}}_{z,P} = \psi_{P,z}$;*
(c) *la fonction*

$$\mathbf{G} \times D \longrightarrow \mathbb{C}$$

$$(g, z) \longmapsto \phi_z(g)$$

est lisse;
(d) *soit $g \in \mathbf{G}$; la fonction $z \longmapsto \phi_z(g)$ est holomorphe dans D.*

$\mathbb{P}$. Démontrons d'abord l'assertion suivante:

(1) soit C un sous-ensemble compact de $\mathbf{G}$; alors il existe un sous-ensemble compact C' de $\mathbf{G}$ et un réel $c > 0$ tels que pour tout sous-groupe parabolique standard P de G, tous $z, z' \in D'$ et tout $g \in C$, on ait

$$|\psi_{P,z}(g)| \leq c\|\psi_{P,z}|_{C'}\|,$$

$$|\psi_{P,z}(g) - \psi_{P,z'}(g)| \leq c\|(\psi_{P,z} - \psi_{P,z'})|_{C'}\|.$$

Il a été démontré en I.4.5 qu'il existait une fonction $\varphi : \mathbf{G} \to \mathbb{C}$, lisse, à support compact, $\mathbf{K}$-finie à droite et à gauche, un entier d, un réel $c_1 > 0$ et, pour tout $z \in D'$, un polynôme sans terme constant, de degré $d : Q_z(X) = \sum_{j=1}^{d} q_{z,j} X^j$, tel que

(i) $|q_{z,j}| \leq c_1$ pour tous z, j;
(ii) $\psi_{P,z} = \delta(Q_z(\varphi))\psi_{P,z}$ pour tous P, z.
Pour $g \in \mathbf{G}$, on a donc

$$\psi_{P,z}(g) = \sum_{j=1}^{d} q_{z,j} \int_{\mathbf{G}} \varphi^j(g^{-1}h)\psi_{P,z}(h)dh,$$

où bien sûr $\varphi^j = \varphi * \ldots * \varphi$ (j fois). Posons

$$c_2 = \sup\{|\varphi^j(h)|;\ h \in \mathbf{G},\ j = 1, \ldots, d\},$$

soit $C' \subset \mathbf{G}$ un compact contenant $g\mathrm{Supp}(\varphi^j)$ pour tout $g \in C$, $j = 1, \ldots, d$. Alors pour $g \in C$, on a

$$|\psi_{P,z}(g)| \leq dc_1c_2mes(C')\|\psi_{P,z}|_{C'}\|.$$

C'est la première inégalité cherchée. Comme on l'a remarqué en I.4.5, la même démonstration s'applique aux fonctions $\psi_{P,z} - \psi_{P,z'}$. Cela démontre (1).

Il résulte de (1) et du lemme I.4.3 qu'il existe $R > 0$ tel que pour tout $r \geq R$, $s(\psi_{P,z}, r)$ et $s(\psi_{P,z} - \psi_{P,z'}, r)$ soient finis pour tout P et tous $z, z' \in D'$. Soit $z_0 \in D'$. Comme l'application $z \longmapsto \psi_{P,z}$ est holomorphe dans D', l'application $z \longmapsto \|(\psi_{P,z} - \psi_{P,z_0})|_{C'}\|$ y est continue. Il résulte de (1) et du lemme I.4.3 que pour $r \geq R$, $\lim_{z \to z_0} s(\psi_{P,z} - \psi_{P,z_0}, r) = 0$. On déduit de ces propriétés que l'application

$$\mathbf{G} \times D' \longrightarrow \mathbb{C}$$

$$(g, z) \longmapsto \psi_{P,z}(g)$$

est continue.

On déduit de I.4.4 (b) et de ce qui précède l'existence d'un réel $r \geq R$ tel que $s(\phi_z, r)$ et $s(\phi_z - \phi_{z'}, r)$ soient finis pour tous $z, z' \in D'$. Pour tout $z_0 \in D'$, on a $\lim_{z \to z_0} s(\phi_z - \phi_{z_0}, r) = 0$. On en déduit encore que l'application

$$\mathbf{G} \times D' \longrightarrow \mathbb{C}$$

$$(g,z) \longmapsto \phi_z(g)$$

est continue.

Soit $z_0 \in D$. Supposons pour simplifier les notations $z_0 = 0$. Quitte à effectuer une transformation linéaire sur les coordonnées, on peut supposer que la fonction

$$\{u \in \mathbb{C};\ (u,0,\ldots,0) \in D\} \longrightarrow \mathbb{C}$$

$$u \longmapsto f(u,0,\ldots,0)$$

n'est pas identiquement nulle. Pour $\varepsilon > 0$, posons

$$D(\varepsilon) = \{u \in \mathbb{C};\ |u| < \varepsilon\},\ \overline{D}(\varepsilon) = \{u \in \mathbb{C};\ |u| \leq \varepsilon\},$$

$$C(\varepsilon) = \{u \in \mathbb{C};\ |u| = \varepsilon\}.$$

Il existe $\varepsilon_1 > 0$ tel que $\{(u,0,\ldots,0);\ u \in \overline{D}(\varepsilon_1)\} \subset D$ et $f(u,0,\ldots,0) \neq 0$ pour tout $u \in C(\varepsilon_1)$. Fixons un tel ε_1. On peut alors trouver $\varepsilon_2,\ldots,\varepsilon_n > 0$ tels que

$$\overline{D}(\varepsilon_1) \times \overline{D}(\varepsilon_2) \times \ldots \times \overline{D}(\varepsilon_n) \subset D$$

et $f(u_1,\ldots,u_n) \neq 0$ pour $(u_1,\ldots,u_n) \in C(\varepsilon_1) \times \ldots \times C(\varepsilon_n)$.

Pour $z = (z_1,\ldots,z_n) \in D(\varepsilon_1) \times \ldots \times D(\varepsilon_n)$ et $g \in \mathbf{G}$, posons

$$(2) \quad \phi'_z(g) = (2\pi \mathrm{i})^{-n} \int_{C(\varepsilon_1)\times\ldots\times C(\varepsilon_n)} \phi_u(g) \prod_{i=1}^{n} (u_i - z_i)^{-1} \prod_{i=1}^{n} du_i,$$

et, pour tout P,

$$(3) \quad \psi'_{P,z}(g) = (2\pi \mathrm{i})^{-n} \int_{C(\varepsilon_1)\times\ldots\times C(\varepsilon_n)} \psi_{P,u}(g) \prod_{i=1}^{n} (u_i - z_i)^{-1} \prod_{i=1}^{n} du_i$$

(les fonctions que l'on intègre sont continues).

La compacité de $C(\varepsilon_1)\times\ldots\times C(\varepsilon_n)$ permet d'étendre à la fonction ϕ'_z les propriétés de ϕ_u pour $u \in D'$. A savoir $s(\phi'_z, r)$ et $s(\phi'_z - \phi'_{z'}, r)$ sont finis pour $z, z' \in D(\varepsilon_1) \times \ldots \times D(\varepsilon_n)$. En particulier ϕ'_z est à croissance modérée. Pour $z' \in D(\varepsilon_1) \times \ldots \times D(\varepsilon_n)$, $\lim_{z\to z'} s(\phi'_z - \phi'_{z'}, r) = 0$. L'application

$$\mathbf{G} \times D(\varepsilon_1) \times \ldots \times D(\varepsilon_n) \longrightarrow \mathbb{C}$$

$$(g,z) \longmapsto \phi'_z(g)$$

est continue. Les mêmes propriétés sont vraies pour les fonctions $\psi'_{P,z}$.

Montrons que pour tout $z \in D(\varepsilon_1) \times \ldots \times D(\varepsilon_n)$ et tout $P = MU$, la composante cuspidale de $\phi'_{z,P} - \psi'_{P,z}$ (le long de P) est nulle.

Comme calculer un terme constant consiste à intégrer sur un compact, la continuité de l'application $(g,u) \longmapsto \phi_u(g)$ implique l'égalité

$$\phi'_{z,P}(g) = (2\pi \mathrm{i})^{-n} \int_{C(\varepsilon_1)\times\ldots\times C(\varepsilon_n)} \phi_{u,P}(g) \prod_{i=1}^{n}(u_i - z_i)^{-1} \prod_{i=1}^{n} du_i$$

pour tout $g \in \mathbf{G}$. Soit $\psi \in C_0(U(\mathbb{A})M(k)\backslash\mathbf{G})$. Posons

$$<\psi, \phi'_{z,P}> = \int_{U(\mathbb{A})M(k)\backslash\mathbf{G}} \overline{\psi}(g)\phi'_{z,P}(g)dg.$$

La fonction $u \longmapsto s(\phi_{u,P}, r)$ étant bornée sur $C(\varepsilon_1) \times \ldots \times C(\varepsilon_n)$, on peut intervertir les intégrations. On obtient

$$\begin{aligned} &<\psi, \phi'_{z,P}> \\ &= (2\pi \mathrm{i})^{-n} \int_{C(\varepsilon_1)\times\ldots\times C(\varepsilon_n)} <\psi, \phi_{u,P}> \prod_{i=1}^{n}(u_i - z_i)^{-1} \prod_{i=1}^{n} du_i \\ &= (2\pi \mathrm{i})^{-n} \int_{C(\varepsilon_1)\times\ldots\times C(\varepsilon_n)} <\psi, \psi_{P,u}> \prod_{i=1}^{n}(u_i - z_i)^{-1} \prod_{i=1}^{n} du_i. \end{aligned}$$

On peut encore intervertir les intégrations. On obtient

$$<\psi, \phi'_{z,P}> = <\psi, \psi'_{P,z}>$$

et cela démontre l'assertion.

Supposons que ϕ se prolonge en une fonction holomorphe de D dans $L^2_{\mathrm{loc}}(\mathbf{G})$. Montrons que $\phi_z = \phi'_z$ pour tout $z \in D(\varepsilon_1) \times \ldots \times D(\varepsilon_n)$. Il suffit de montrer que pour tout sous-ensemble compact C de $\mathbf{G}$ et tout $\psi \in L^2(C)$, on a

$$<\psi, \phi'_z> = <\psi, \phi_z>,$$

où l'on a posé par exemple

$$<\psi, \phi'_z> = \int_C \overline{\psi}(g)\phi'_z(g)dg.$$

La fonction $(g,u) \longmapsto \phi_u(g)$ est bornée sur $C \times C(\varepsilon_1) \times \ldots \times C(\varepsilon_n)$. On peut intervertir les intégrations:

$$<\psi, \phi'_z> = (2\pi \mathrm{i})^{-n} \int_{C(\varepsilon_1)\times\ldots\times C(\varepsilon_n)} <\psi, \phi_u> \prod_{i=1}^{n}(u_i - z_i)^{-1} \prod_{i=1}^{n} du_i.$$

Comme la fonction $u \longmapsto <\psi, \phi_u>$ est holomorphe, la formule de Cauchy affirme que le membre de droite ci-dessus est égal à $<\psi, \phi_z>$, d'où notre assertion. Remarquons que, sans hypothèse sur ϕ, le calcul ci-dessus montre que $z \longmapsto <\psi, \phi'_z>$ est holomorphe, donc que l'application

$$\begin{aligned} D(\varepsilon_1) \times \ldots \times D(\varepsilon_n) &\longrightarrow L^2_{\mathrm{loc}}(\mathbf{G}) \\ z &\longmapsto \phi'_z \end{aligned}$$

est holomorphe.

Soit $z \in D' \cap (D(\varepsilon_1) \times \ldots \times D(\varepsilon_n))$. Sous l'hypothèse que ϕ se prolonge holomorphiquement, on a $\phi'_z = \phi_z$. Comme $z \in D'$, ϕ_z est automorphe et pour tout P, $\phi_{z,P}^{\text{cusp}}$ existe. La composante cuspidale le long de P de $\phi_{z,P}^{\text{cusp}} - \psi'_{P,z}$ est nulle. Comme il est clair que $(\phi_{z,P}^{\text{cusp}} - \psi'_{P,z})_{P'} = 0$ pour tout $P' \subsetneq P$, toutes les composantes cuspidales de $\phi_{z,P}^{\text{cusp}} - \psi'_{P,z}$ sont nulles. D'après I.3.4, $\phi_{z,P}^{\text{cusp}} = \psi'_{P,z}$. Comme $\phi_{z,P}^{\text{cusp}} = \psi_{P,z}$ par hypothèse, on obtient $\psi_{P,z} = \psi'_{P,z}$. On montre comme ci-dessus que l'application

$$D(\varepsilon_1) \times \ldots \times D(\varepsilon_n) \longrightarrow L^2_{\text{loc}}(\mathbf{G})$$

$$z \longmapsto \psi'_{P,z}$$

est holomorphe. Donc ψ_P se prolonge en une fonction holomorphe sur $D(\varepsilon_1) \times \ldots \times D(\varepsilon_n)$, puis sur D en faisant varier le point z_0.

Réciproquement, supposons que toutes les fonctions ψ_P se prolongent holomorphiquement. On montre comme ci-dessus que $\psi'_{P,z} = \psi_{P,z}$ pour tout $z \in D(\varepsilon_1) \times \ldots \times D(\varepsilon_n)$ et tout P. Pour tout $z \in D' \cap (D(\varepsilon_1) \times \ldots \times D(\varepsilon_n))$, la composante cuspidale de $\phi'_z - \phi_z$ le long de P est celle de $\phi'_{z,P} - \phi_{z,P}^{\text{cusp}}$, i.e. celle de $\phi'_{P,z} - \psi'_{P,z}$, qui est nulle. D'après I.3.4 $\phi'_z = \phi_z$. Comme $z \longmapsto \phi'_z$ est holomorphe, cela montre que ϕ se prolonge en une fonction holomorphe sur $D(\varepsilon_1) \times \ldots \times D(\varepsilon_n)$, puis sur D.

Supposons désormais que les fonctions ϕ et ψ_P se prolongent holomorphiquement à D. Pour démontrer les propriétés (a) à (d), on peut supposer que $z \in D(\varepsilon_1) \times \ldots \times D(\varepsilon_n)$ comme ci-dessus. Les fonctions ϕ et ψ_P sont alors données par les formules (2) et (3). L'assertion (d) est immédiate. Il résulte de I.4.4 (a) qu'il existe un sous-groupe ouvert $\mathbf{K}'_f$ de $\mathbf{G}_f$ qui laisse invariante ϕ_u pour tout $u \in D'$. Si k est un corps de fonctions, l'assertion (c) résulte de cette propriété et de (d). Supposons que k soit un corps de nombres. Utilisons les objets introduits au début de la démonstration. Pour tout $u \in D'$, on a l'égalité

$$\phi_u = \sum_{j=1}^{d} q_{u,j} \delta(\varphi^j) \phi_u.$$

Soit $X \in \mathcal{U}$. On a alors

$$\delta(X)\phi_u = \sum_{j=1}^{d} q_{u,j} \delta(X\varphi^j) \phi_u$$

où X agit sur φ^j via les translations à gauche. Il existe $c > 0$ tel que pour toute fonction ψ sur $\mathbf{G}$ et tout $j = 1, \ldots, d$, on ait

$$s(\delta(X\varphi^j)\psi, r) \leq c\, s(\psi, r).$$

Les propriétés des coefficients $q_{u,j}$ et le fait que $s(\phi_u, r)$ est localement borné sur D' impliquent alors que $s(\delta(X)\phi_u, r)$ est localement borné sur

D'. On démontre de même que pour tout $u' \in D'$,

$$\lim_{u \to u'} s(\delta(X)\phi_u - \delta(X)\phi_{u'}, r) = 0.$$

Alors la fonction

$$\mathbf{G} \times D' \longrightarrow \mathbb{C}$$

$$(g, u) \longmapsto (\delta(X)\phi_u)(g)$$

est continue. Soit Δ un opérateur différentiel sur D, à coefficients constants. En utilisant les propriétés ci-dessus, on montre par récurrence sur les degrés de X et Δ que pour $z \in D(\varepsilon_1) \times \ldots \times D(\varepsilon_n)$ et $g \in \mathbf{G}, \Delta\delta(X)\phi_z(g)$ et $\delta(X)\Delta\phi_z(g)$ existent et sont toutes deux égales à

$$(2\pi \mathrm{i})^{-n} \int_{C(\varepsilon_1)\times\ldots\times C(\varepsilon_n)} (\delta(X)\phi_u(g)\Delta(\prod_{i=1}^{n}(u_i - z_i)^{-1})\Pi_{i=1}^{n} du_i.$$

Elles sont donc égales et continues en (z, g). Donc la fonction $(g, z) \longmapsto \phi_z(g)$ est C^∞ comme fonction des variables "archimédiennes" et cela achève la démonstration de (c).

Fixons $P = MU$, montrons que $\psi_{P,z}$ est automorphe pour $z \in D(\varepsilon_1) \times \ldots \times D(\varepsilon_n)$. On a déjà dit que $\psi_{P,z}$ est à croissance modérée. On montre comme ci-dessus qu'elle est lisse. Il résulte du début de la démonstration (existence de la fonction φ) qu'il existe un ensemble fini $\mathfrak{F}$ de $\mathbf{K}$-types tel que pour tout $z \in D'$, l'espace engendré par $\{\delta(k)\psi_{P,z}; k \in \mathbf{K}\}$ se décompose en représentations irréductibles de $\mathbf{K}$ dont la classe appartient à $\mathfrak{F}$. Grâce à la formule (3), cette propriété s'étend à tout $z \in D(\varepsilon_1) \times \ldots \times D(\varepsilon_n)$ et $\psi_{P,z}$ est $\mathbf{K}$-finie. On a vu au cours de la démonstration de I.4.3 qu'il existait (avec les notations introduites en I.4.3):

(i) un ensemble fini $(\varphi_j)_{j \in J}$ d'éléments de $A_0(A_\mathbf{M} U(\mathbb{A}) M(k)\backslash\mathbf{G})$ linéairement indépendants, de sorte que pour tout $j \in J$, il existe $m(j) \in \mathfrak{m}$ tel que $\varphi_j \in A_0(A_\mathbf{M} U(\mathbb{A}) M(k)\backslash\mathbf{G})_{m(j)}$

(ii) un entier $d \geq 1$ et un sous-ensemble compact $\Gamma' \subset X_M$;

(iii) pour tout $z \in D'$, un sous-ensemble $\{f_{z,j};\ j \in J\} \subset A(d, \Gamma', A_\mathbf{M})$ de sorte que

$$\psi_{P,z}(g) = \sum_{j \in J(g)} f_{z,j}(m_P(g)m(j)^{-1})\varphi_j(g)$$

pour tout $g \in \mathbf{G}$;

(iv) un sous-ensemble $\{g_j;\ j \in J\} \subset \mathbf{G}$ et une matrice $\Xi = (\xi_{jk})_{j,k \in J}$ tels que pour tout $z \in D'$, tout $m \in A_\mathbf{M}$ et tout $j \in J$, on ait l'égalité

$$f_{z,j}(m) = \sum_{k \in J} \xi_{jk}\psi_{P,z}(mg_k).$$

Cette dernière propriété permet de définir $f_{z,j}$ pour tout $z \in D$. Comme la fonction

$$\mathbf{G} \times D \longrightarrow \mathbb{C}$$
$$(g, z) \longmapsto \psi_{P,z}(g)$$

est lisse (même démonstration que pour la fonction ϕ), pour tout $j \in J$, la fonction

$$A_{\mathbf{M}} \times D \longrightarrow \mathbb{C}$$
$$(m, z) \longmapsto f_{z,j}(m)$$

l'est aussi et la formule (iii) se prolonge par continuité à tout $z \in D$. Pour montrer que $\psi_{P,z}$ est $\mathfrak{z}$-finie, il suffit alors de montrer que, pour $j \in J$ la fonction $f_{z,j}(A_{\mathbf{M}})$-finie (cf. I.3.1). Fixons $j \in J$ et $z \in D$. Soit $(z(\ell))_{\ell \in \mathbb{N}}$ une suite d'éléments de D' telle que $\lim_{\ell \to \infty} z(\ell) = z$. Pour tout $\ell \in \mathbb{N}$, choisissons $\lambda_1(\ell), \ldots, \lambda_d(\ell) \in \Gamma'$ et des polynômes $P_1(\ell), \ldots, P_d(\ell) \in \mathbb{C}[\mathrm{Re}\,\mathfrak{a}_M]$ de sorte que, pour tout $m \in A_{\mathbf{M}}$,

$$f_{z(\ell),j}(m) = \sum_{i=1}^{d} m^{\lambda_i(\ell)} P_i(\ell; \log_M m)$$

et $\sum_{i=1}^{d}(1+\deg(P_i(\ell))) \leq d$ (cf. I.4.3). D'après la compacité de Γ', on peut supposer, quitte à extraire une sous-suite de $(z(\ell))_{\ell \in \mathbb{N}'}$, que pour tout i, la suite $(\lambda_i(\ell))_{\ell \in \mathbb{N}}$ converge vers une limite notée $\lambda_i \in \Gamma'$. Rappelons que $\mathfrak{z}(A_{\mathbf{M}})$ s'identifie à une algèbre de polynômes sur X_M (cf. I.3.1). Notons I l'idéal de $\mathfrak{z}(A_{\mathbf{M}})$ engendré par les produits $Q_1, \ldots, Q_d$, où $Q_1 \in \mathfrak{z}(A_{\mathbf{M}})$ s'annule à l'ordre d en λ_i. On montre facilement que I est de codimension finie dans $\mathfrak{z}(A_{\mathbf{M}})$. Montrons que pour $Q \in I$, $\delta(Q)f_{z,j} = 0$. On peut supposer $Q = Q_1 \ldots Q_d$ comme ci-dessus. Pour $\ell \in N$, définissons un élément $Q(\ell) \in \mathfrak{z}(A_{\mathbf{M}})$ par

$$Q(\ell; \lambda) = Q_1(\lambda + \lambda_1 - \lambda_1(\ell)) \ldots Q_d(\lambda + \lambda_d - \lambda_d(\ell))$$

pour tout $\lambda \in X_M$. Ces polynômes sont de degrés bornés et leurs coefficients convergent vers ceux de Q quand ℓ tend vers ∞. De la lissité de la fonction $(m, z') \longmapsto f_{z',j}(m)$, on déduit alors que pour tout $m \in A_{\mathbf{M}}$,

$$(\delta(Q)f_{z,j})(m) = \lim_{\ell \to \infty} (\delta(Q(\ell))f_{z(\ell),j})(m).$$

Fixons $\ell \in \mathbb{N}$. Pour tout $i = 1, \ldots, d$, le polynôme $\lambda \longmapsto Q_i(\lambda + \lambda_i - \lambda_i(\ell))$ s'annule à l'ordre d en $\lambda_i(\ell)$, donc annule la fonction sur $A_{\mathbf{M}}$: $m \longmapsto m^{\lambda_i(\ell)} P_i(\ell; \log_M m)$. D'où $\delta(Q(\ell))f_{z(\ell),j} = 0$ puis $\delta(Q)f_{z,j} = 0$. Cela démontre que $f_{z,j}$ est $\mathfrak{z}(A_{\mathbf{M}})$-finie et cela achève la démonstration de l'automorphie de $\psi_{P,z}$ pour tout $z \in D(\varepsilon_1) \times \ldots \times D(\varepsilon_n)$.

Mais alors le fait que la composante cuspidale de $\phi_{z,P} - \psi_{P,z}$ est nulle revient à dire que la composante cuspidale de ϕ_z le long de P est automorphe, égale à $\psi_{P,z}$. Cela démontre (b) puis (a) en appliquant I.3.5. □

I.4.11. Exposants des formes automotphe de carré intégrable

Lemme. *Soient ξ un caractère unitaire de $Z_{\mathbf{G}}$ et $\phi \in A(G(k)\backslash\mathbf{G})_\xi$* (cf. I.2.17). *Pour tout sous-groupe parabolique standard $P = MU$ de G, soit $\Pi_0(\mathbf{M}, \phi)$ le support cuspidal de ϕ le long de P* (cf. I.3.5). *Alors pour que ϕ soit de carré intégrable, il faut et il suffit que pour tout $P = MU$ et tout $\pi \in \Pi_0(\mathbf{M}, \phi)$, le caractère* Re$\pi$ *s'écrive sous la forme*

$$\mathrm{Re}\pi = \sum_{\alpha\in\Delta_M} x_\alpha \alpha,$$

avec des coefficients $x_\alpha \in \mathbb{R}$, $x_\alpha < 0$.

Remarques.

(a) Comme ξ est unitaire, on a en tout cas $\mathrm{Re}\pi \in \mathrm{Re}X_M^{\mathbf{G}}$ pour tout $\pi \in \Pi_0(\mathbf{M}, \phi)$;

(b) introduisons la base $\{\varpi_{\check\alpha};\ \alpha \in \Delta_0\}$ de $\mathrm{Re}\mathfrak{a}_{M_0}^G$ duale de la base Δ_0 de $\mathrm{Re}(\mathfrak{a}_{M_0}^G)^*$. Pour $\alpha \in \Delta_M$, soit $\beta \in \Delta_0$ l'unique racine simple se projetant sur α; posons par définition $\varpi_{\check\alpha} = \varpi_{\check\beta}$. On sait que $\varpi_{\check\alpha} \in \mathrm{Re}\mathfrak{a}_M^G$ et que $\{\varpi_{\check\alpha};\ \alpha \in \Delta_M\}$ est la base de $\mathrm{Re}\mathfrak{a}_M^G$ duale de la base Δ_M de $\mathrm{Re}(\mathfrak{a}_M^G)^*$. Identifions ici et dans la démonstration ci-dessous $\mathrm{Re}X_M^{\mathbf{G}}$ à $\mathrm{Re}(\mathfrak{a}_M^G)^*$. En vertu de la remarque (a), la conclusion de l'énoncé s'écrit aussi

$$< \varpi_{\check\alpha}, \mathrm{Re}\pi > < 0 \text{ pour tout } \alpha \in \Delta_M.$$

$\mathbb{P}$. Commençons par la suffisance. D'après le lemme I.4.1, il suffit de montrer qu'il existe $\mu \in \mathrm{Re}X_{M_0}$ tel que pour tout $P = MU$, tout $\pi \in \Pi_0(\mathbf{M}, \phi)$, tout entier N, la fonction sur $A_{\mathbf{G}}\backslash S$

$$g \longmapsto m_{P_0}(g)^{\mathrm{Re}\pi+\mu^M+\rho_P}(1 + \|\log_M m_P(g)\|)^N$$

soit de carré intégrable. Compte tenu de la forme qu'a la mesure sur S, on est ramené à montrer l'existence de μ tel que l'intégrale suivante soit convergente:

$$\int a^{2\mathrm{Re}\pi+2\mu^M+2\rho_P}(1 + \|\log_M a\|)^{2N} a^{-2\rho_0} da$$

où l'on intègre sur

$$\{a \in A_{\mathbf{G}}\backslash A_{\mathbf{M}_0};\ \forall\alpha \in \Delta_0,\ a^\alpha > t_0^\alpha\}$$

cf. I.2.1, et où $\rho_0 = \rho_{P_0}$. Notons $\log_{M_0}^G$ la composée de $\log_{M_0}$ et de la projection $a_{M_0} \to \mathfrak{a}_{M_0}^G$. Pour $a \in A_{\mathbf{M}_0}$, écrivons

$$\log_{M_0}^G a = \sum_{\alpha\in\Delta_0} y_\alpha \varpi_{\check\alpha}$$

et de même

$$\log_{M_0}^G t_0 = \sum_{\alpha\in\Delta_0} t_\alpha \varpi_{\check\alpha},$$

avec des y_α, $t_\alpha \in \mathbb{R}$. Les conditions $a^\alpha > t_0^\alpha$ se traduisent par $y_\alpha > t_\alpha$. Pour que l'intégrale précédente converge, il suffit donc que l'on ait

(1) $$< \varpi_{\check\alpha}, \mathrm{Re}\pi + \mu^M + \rho_P - \rho_0 > < 0$$

pour tout $\alpha \in \Delta_0$. Si $\alpha \in \Delta_0^M$, on peut choisir μ tel que $< \varpi_{\check\alpha}, \mu^M >$ soit très négatif et la condition ci-dessus est vérifiée. Si $\alpha \in \Delta_0 - \Delta_0^M$, on a $\varpi_{\check\alpha} \in a_M^G$, d'où

$$< \varpi_{\check\alpha}, \mu^M + \rho_P - \rho_0 > = 0$$

et l'inégalité (1) résulte de l'hypothèse sur $\mathrm{Re}\pi$.

Démontrons la nécessité. Soient $P = MU \not\subseteq G$ (si $P = G$, il n'y a rien à démontrer) et $\alpha \in \Delta_M$. Soit $P' = M'U'$ le sous-groupe parabolique propre maximal de G tel que $P \subset P'$, associé à la racine α (i.e. α est l'unique racine de Δ_M qui ne s'annule pas sur $\mathfrak{a}_{M'}$). Notons $\alpha_0 \in \Delta_0$ l'unique élément qui se projette sur $\alpha \in \Delta_M$. Posons

$$S(\alpha_0) = \{g \in S; m_{P_0}(g)^{\alpha_0} > \sup\{m_{P_0}(g)^\beta;\ \beta \in \Delta_0 - \{\alpha_0\}\}\}.$$

Il résulte des lemmes I.2.7 et I.2.10 que la fonction $\phi - \phi_{P'}$ est de carré intégrable sur $A_{\mathbf{G}}\backslash S(\alpha_0)$. La fonction ϕ étant supposée de carré intégrable, $\phi_{P'}$ est donc elle-même de carré intégrable sur $A_{\mathbf{G}}\backslash S(\alpha_0)$. Nous allons en déduire:

(2) il existe un sous-ensemble $S_n \subset S$ de mesure nulle et, pour tout $g \in S - S_n$, il existe $c_g > 0$ tel que la fonction $a \longmapsto a^{-\rho_{P'}}\phi_{P'}(ag)$ soit de carré intégrable sur $A_{\mathbf{G}}\backslash\{a \in A_{\mathbf{M}'};\ a^\alpha > c_g\}$.

Rappelons (cf. I.2.1) que $S = \{pak;\ p \in \omega,\ k \in \mathbf{K},\ a \in A_{\mathbf{M}_0}(t_0)\}$. La mesure invariante est donnée sur $A_{\mathbf{G}}\backslash S$ par la formule

$$\int_S f(g)dg = \int_{\omega\times A_{\mathbf{G}}\backslash A_{\mathbf{M}_0}(t_0)\times\mathbf{K}} f(pak)a^{-2\rho_0}dk\ da\ dp$$

pour toute fonction f disons continue à support compact sur S, dp étant une mesure invariante à gauche. D'autre part, posons $A_{\mathbf{M}_0}^{\mathbf{M}'} = A_{\mathbf{M}_0}\cap\mathbf{M}'^1$. Alors $A_{\mathbf{M}'}A_{\mathbf{M}_0}^{\mathbf{M}'}$ est d'indice fini dans $A_{\mathbf{M}_0}$ (il y a égalité si k est un corps de nombres). Fixons un ensemble B de représentants du quotient. Enfin notons ε_α et ε_{t_0} les fonctions caractéristiques de $A_{\mathbf{G}}\backslash S(\alpha_0)$, resp. $A_{\mathbf{G}}\backslash A_{\mathbf{M}_0}(t_0)$. Alors l'intégrabilité du carré de $\phi_{P'}$ sur $A_{\mathbf{G}}\backslash S(\alpha_0)$ signifie que l'intégrale suivante est convergente:

$$\int_{\omega\times A_{\mathbf{G}}\backslash A_{\mathbf{M}'}\times A_{\mathbf{M}_0}^{\mathbf{M}'}\times\mathbf{K}} \sum_{b\in B} |\phi_{P'}(paa'bk)|^2 (aa'b)^{-2\rho_0} \quad \times$$
$$\varepsilon_\alpha(paa'bk)\varepsilon_{t_0}(aa'b)dk\ da'\ da\ dp.$$

D'après le théorème de Fubini, il existe un ensemble $S'_n \subset \omega \times A_{\mathbf{M}_0}^{\mathbf{M}'} \times B \times \mathbf{K}$ de mesure nulle, tel que si $(p,a',b,k) \notin S'_n$, l'intégrale suivante est convergente:

$$\int_{A_{\mathbf{G}}\backslash A_{\mathbf{M}'}} |\phi_{P'}(paa'bk)|^2 (aa'b)^{-2\rho_0} \varepsilon_\alpha(paa'bk)\varepsilon_{t_0}(aa'b)da.$$

Fixons $(p,a',b,k) \notin S'_n$ tel que la fonction sur $A_{\mathbf{M}'}$: $a \longmapsto \varepsilon_{t_0}(aa'b)$ ne soit pas identiquement nulle. Remarquons que l'on peut écrire $p = mu$ avec $m \in \mathbf{M}'$, $u \in U'(\mathbb{A})$. Comme $\phi_{P'}$ est invariante à gauche par $U'(\mathbb{A})$ et que $A_{\mathbf{M}'}$ commute à $\mathbf{M}'$ et normalise $U'(\mathbb{A})$, on obtient

$$\phi_{P'}(paa'bk) = \phi_{P'}(apa'bk).$$

D'autre part, on voit facilement qu'il existe $c > 0$ tel que

$$A_{\mathbf{G}}\backslash\{paa'bk;\ a \in A_{\mathbf{M}'},\ a^\alpha > c\} \subset S(\alpha_0).$$

Enfin pour $a \in A_{\mathbf{G}}\backslash A_{\mathbf{M}'}$, on a $a^{\rho_0} = a^{\rho_{P'}}$. On obtient que l'intégrale suivante est convergente

$$\int_{A_{\mathbf{G}}\backslash\{a\in A_{\mathbf{M}'};\ a^\alpha>c\}} |a^{-\rho_{P'}}\phi_{P'}(apa'bk)|^2 da.$$

Cela démontre (2) pour $g = pa'bk$. L'assertion se généralise immédiatement à $g \in S - S_n$, où l'on pose

$$S - S_n = S \cap \{paa'bk;\ a \in A_{\mathbf{M}'},\ (p,a',b,k) \notin S'_n\}.$$

Fixons $g \in S - S_n$, choisissons un ensemble fini $\wedge'_g \subset \mathrm{Hom}(A_{\mathbf{M}'}, \mathbb{C}^*) \simeq X_{M'}/X_{M'}(A_{\mathbf{M}'})$ (cf. I.3.1) et pour tout $\lambda \in \wedge'_g$ un polynôme $Q_\lambda \in \mathbb{C}[\mathrm{Re}\mathfrak{a}_{M'}^G]$, non nul, de sorte que l'on ait

$$\phi_{P'}(ag) = \sum_{\lambda\in\wedge'_g} a^{\lambda+\rho_{P'}} Q_\lambda(\log_{M'}^G a)$$

pour tout $a \in A_{\mathbf{M}'}$ (cf. I.3.1; la condition $Q_\lambda \in \mathbb{C}[\mathrm{Re}\mathfrak{a}_{M'}^G]$, et non pas $Q_\lambda \in \mathbb{C}[\mathrm{Re}\mathfrak{a}_{M'}]$, est loisible car on a supposé que ϕ avait un caractère central; $\log_{M'}^G$ est bien sûr la composée de $\log_{M'}$ et de la projection $\mathfrak{a}_{M'} \to a_{M'}^G$). Remarquons que $\log_{M'}^G a$ est colinéaire à $\varpi_{\check\alpha}$ pour tout $a \in A_{\mathbf{M}'}$. C'est alors un exercice d'intégration sur $A_{\mathbf{G}}\backslash A_{\mathbf{M}'}$ (qui est isomorphe à $\mathbb{R}$ ou à $\mathbb{Z}\times$groupe fini, selon que k est un corps de nombres ou de fonctions) de montrer que l'intégrabilité de $|\phi_{P'}(ag)|^2$ implique $< \varpi_{\check\alpha}, \mathrm{Re}\lambda > < 0$ pour tout $\lambda \in \wedge'_g$ ($\mathrm{Re}\lambda := \mathrm{Re}\lambda'$ pour n'importe quel $\lambda' \in X_{M'}$ d'image λ dans $X_{M'}/X_{M'}(A_{\mathbf{M}'})$).

Un raisonnement analogue à celui du (b) de la démonstration du lemme I.4.1 montre que si $\pi \in \Pi_0(\mathbf{M}, \phi)$, il existe $g \in S - S_n$ tel que $\chi_{\pi|_{A'_{\mathbf{M}}}} \in \wedge'_g$. Comme $\mathrm{Re}(\chi_{\pi|_{A'_{\mathbf{M}}}})$ est la projection de $\mathrm{Re}\pi$ sur $\mathrm{Re}X_{M'}$, le résultat précedent implique $< \mathfrak{w}_{\check{\alpha}}, \mathrm{Re}\pi > < 0$. Et cela pour tout $\pi \in \Pi_0(\mathbf{M}, \phi)$. $\square$

II

Décomposition suivant les données cuspidales

II.1. Définitions

II.1.1. Classes d'équivalence de sous-représentations irréductibles de l'espace des formes automorphes et structure analytique complexe

Soit M un sous-groupe de Levi standard de G, on note $\mathbf{M}$ l'image réciproque de $M(\mathbb{A})$ dans $\mathbf{G}$ (cf. 1.1.4) et P un sous-groupe parabolique standard de Levi M; on note U le radical unipotent de P. En I.2.17, on a défini les espaces $A(M(k)\backslash\mathbf{M})$ et $A(U(\mathbb{A})M(k)\backslash\mathbf{G})$ de formes automorphes; le premier est un $\mathbf{M}_f \times ((\mathbf{M}_\infty \cap \mathbf{K}), \operatorname{Lie}\mathbf{M}_\infty \otimes_\mathbb{R} \mathbb{C})$-module. Le second est un $\mathbf{G}_f \times (\mathbf{K}, \operatorname{Lie}\mathbf{G}_\infty \otimes_\mathbb{R} \mathbb{C})$-module. Soit V un sous-module irréductible dans $A(M(k)\backslash\mathbf{M})$; on note π_0 la représentation de $\mathbf{M}_f \times ((\mathbf{M} \cap \mathbf{K}), \operatorname{Lie}\mathbf{M}_\infty \otimes_\mathbb{R} \mathbb{C})$ dans V. On dit que π_0 est une sous-représentation automorphe de $\mathbf{M}$. (En général une représentation automorphe de $\mathbf{M}$ est la classe d'isomorphie d'un sous-quotient irréductible de $A(M(k)\backslash\mathbf{M})$.) On note $A(M(k)\backslash\mathbf{M})_{\pi_0}$ le sous-module π_0 isotypique, i.e. l'ensemble des formes automorphes de $\mathbf{M}$ engendrant un $\mathbf{M}_f \times ((\mathbf{M} \cap \mathbf{K}), \operatorname{Lie}\mathbf{M}_\infty \otimes_\mathbb{R} \mathbb{C})$-module semi-simple isotypique de type π_0. On a un isomorphisme canonique:

$$V \otimes \operatorname{Hom}_{\mathbf{M}_f \otimes ((\mathbf{M}\cap\mathbf{K}), \operatorname{Lie}\mathbf{M}_\infty \otimes_\mathbb{R}\mathbb{C})}(V, A(M(k)\backslash\mathbf{M})) \to A(M(k)\backslash\mathbf{M})_{\pi_0}.$$

On pose (avec la notation ϕ_k de I.2.17):

$$A(U(\mathbb{A})M(k)\backslash\mathbf{G})_{\pi_0} := \{\phi \in A(U(\mathbb{A})M(k)\backslash\mathbf{G}) \mid \forall k \in \mathbf{K}, \phi_k \in A(M(k)\backslash\mathbf{M})_{\pi_0}\}.$$

Cet espace s'identifie canoniquement à l'induite $\mathrm{ind}_{\mathbf{M}\cap\mathbf{K}}^{\mathbf{K}} A(M(k)\backslash\mathbf{M})_{\pi_0}$.

Supposons que π_0 soit cuspidale, i.e. que $A(M(k)\backslash\mathbf{M})_{\pi_0}$ contienne des formes automorphes cuspidales. On ne sait pas, en général, si $A(M(k)\backslash\mathbf{M})_{\pi_0}$ est alors inclus dans l'ensemble des formes automorphes cuspidales, i.e. dans $A_0(M(k)\backslash\mathbf{M})$; mais il sera plus commode pour nous de faire la convention suivante:

si π_0 est explicitement supposée cuspidale, par convention, $A(M(k)\backslash\mathbf{M})_{\pi_0}$ est le sous-espace de $A_0(M(k)\backslash\mathbf{M})$ isotypique de type π_0. On utilisera la même convention pour $A(U(\mathbb{A})M(k)\backslash\mathbf{G})_{\pi_0}$.

Soit π une représentation automorphe irréductible de $\mathbf{M}$ et soit π_0 comme ci-dessus; on dit que π_0 est équivalente à π s'il existe $\lambda \in X_M^{\mathbf{G}}$ tel que $\pi \simeq \pi_0 \otimes \lambda$. Remarquons que, si π vérife cet isomorphisme π se réalise aussi comme sous-module de l'ensemble des formes automorphes de $\mathbf{M}$. On a plus précisément:

(1) $$A(M(k)\backslash\mathbf{M})_{\pi} = \lambda A(M(k)\backslash\mathbf{M})_{\pi_0},$$

où λ est vu comme une fonction sur $\mathbf{M}$;

(2) $$A(U(\mathbb{A})M(k)\backslash\mathbf{G})_{\pi} = \lambda \circ m_P A(U(\mathbb{A})M(k)\backslash\mathbf{G})_{\pi_0},$$

On note $\mathfrak{P}$ la classe d'équivalence de π_0 et on remarque que le sous-groupe de $X_M^{\mathbf{G}}$

(3) $$\{\nu \in X_M^{\mathbf{G}} | \nu \otimes \pi \simeq \pi\}$$

est indépendant du point π de $\mathfrak{P}$ choisi. On le note $\mathrm{Fix}_{X_M^{\mathbf{G}}} \mathfrak{P}$. Clairement $\mathrm{Fix}_{X_M^{\mathbf{G}}} \mathfrak{P}$ est inclus dans $X_M^{\mathbf{M}}$ et est un groupe fini. Il est trivial si k est un corps de nombres. Le groupe $X_M^{\mathbf{G}}/\,\mathrm{Fix}_{X_M^{\mathbf{G}}} \mathfrak{P}$ opère librement et transitivement sur $\mathfrak{P}$; en particulier $\mathfrak{P}$ est un espace homogène principal sous $X_M^{\mathbf{G}}/\,\mathrm{Fix}_{X_M^{\mathbf{G}}} \mathfrak{P}$. Pour mettre une structure de variété analytique complexe sur $\mathfrak{P}$, il suffit donc d'en mettre une sur $X_M^{\mathbf{G}}/\,\mathrm{Fix}_{X_M^{\mathbf{G}}} \mathfrak{P}$ pour laquelle l'opération naturelle de $X_M^{\mathbf{G}}$ est analytique. Il suffit encore d'en mettre une sur $X_M^{\mathbf{G}}$ avec la même propriété. On utilise la réalisation de X_M comme quotient de $\mathfrak{a}_M^*$ par un réseau de la partie imaginaire (cf. 1.1.4); $\mathfrak{a}_M^*$ est un espace vectoriel complexe et l'on considère la structure analytique complexe qui s'en déduit. On obtient celle de X_M par passage au quotient. Tout élément $m \in \mathbf{M}$ définit une fonction analytique sur X_M par $\epsilon_m(\lambda) := m^\lambda - 1$; $X_M^{\mathbf{G}}$ est l'ensemble des zéros de ces fonctions pour m parcourant $Z_{\mathbf{G}}$. Ainsi $X_M^{\mathbf{G}}$ est un fermé analytique de X_M et toutes les propriétés cherchées sont claires. Cela donne la structure de variété complexe analytique de $\mathfrak{P}$ que nous utiliserons dans la suite.

Notation: un couple $(M, \mathfrak{P})$ où l'on suppose comme ci-dessus que $\mathfrak{P}$

est formé de représentations cuspidales, sera appelé une donnée cuspidale.

On sera parfois amené à préciser le caractère de $Z_{\mathbf{G}}$ correspondant à $\mathfrak{P}$, i.e., notons ξ le charactère de $Z_{\mathbf{G}}$ tel que la restriction du caractère central de tout élément de $\mathfrak{P}$ à $Z_{\mathbf{G}}$ soit ξ; on dit que $(M, \mathfrak{P})$ est une donnée cuspidale de caractère central ξ.

Remarque: soit ξ un caractère unitaire de $Z_{\mathbf{G}}$ et soit $(M, \mathfrak{P})$ une donnée cuspidale de caractère central ξ. Pour tout $\pi \in \mathfrak{P}$, on a défini $\mathrm{Re}\,\pi$ en I.3.3 et, sous l'hypothèse faite, $\mathrm{Re}\,\pi \in \mathrm{Re}\,X_M^{\mathbf{G}}$ et $\mathrm{Im}\,\pi$, défini aussi en loc.cit. appartient à $\mathfrak{P}$; d'où $-\overline{\pi} \in \mathfrak{P}$, pour tout $\pi \in \mathfrak{P}$. D'autre part l'ensemble des éléments de $\mathfrak{P}$ dont le caractère central est unitaire, est non vide (c'est un espace homogène sous $\mathrm{Im}\,X_M^{\mathbf{G}}$).

II.1.2. Fonctions de Paley-Wiener

On fixe $M, \mathbf{M}, \mathfrak{P}$ comme en II.1.1. Soit ϕ une fonction sur $\mathfrak{P}$ avec les propriétés:

(1) $$\forall \pi \in \mathfrak{P}, \phi(\pi) \in A(U(\mathbb{A})M(k)\backslash\mathbf{G})_{\pi},$$

(2) $$\phi \text{ est } \mathbf{K} - \text{finie}.$$

On fixe $\pi_0 \in \mathfrak{P}$; à une fonction ϕ vérifiant les propiétés ci-dessus, on associe une fonction $\tilde{\phi}$ sur $X_M^{\mathbf{G}}$ à valeurs dans $A(U(\mathbb{A})M(k)\backslash\mathbf{G})_{\pi_0}$ définie par:

$$\tilde{\phi}(\lambda) = \lambda^{-1}\phi(\pi_0 \otimes \lambda).$$

Cette fonction vérifie:

(3) $$\forall \mu \in \mathrm{Fix}_{X_M^{\mathbf{G}}}\mathfrak{P}, \quad \phi(\lambda + \mu) = \mu^{-1}\phi(\lambda)$$

(4) le sous-espace vectoriel de $\big(A(U(\mathbb{A})M(k)\backslash\mathbf{G})\big)_{\pi_0}$ engendré par l'ensemble des éléments $\phi(\lambda)$ pour λ parcourant $X_M^{\mathbf{G}}$ est de dimension finie.

En effet (1) est équivalent à (3) et (2) est équivalent à (4). Réciproquement à toute fonction $\tilde{\phi}$ sur $X_M^{\mathbf{G}}$ à valeurs dans $A(U(\mathbb{A})M(k)\backslash\mathbf{G})_{\pi_0}$ vérifiant (3) et (4), on associe une fonction ϕ sur $\mathfrak{P}$ vérifiant (1) et (2) par la formule:

$$\phi(\pi) = \mu_\pi\tilde{\phi}(\mu_\pi)$$

où μ_π est un élément de $X_M^{\mathbf{G}}$ vérifiant $\pi \simeq \pi_0 \otimes \mu_\pi$.

Avec ce double point de vue, il n'y a aucune difficulté à introduire les notions de fonctions continues, dérivables, holomorphes .... Nous allons expliciter la notion de Paley-Wiener importante pour nous dans la suite.

On note $P(X_M^{\mathbf{G}})$ l'ensemble des fonctions à valeurs complexes sur $X_M^{\mathbf{G}}$ qui sont de Paley-Wiener, i.e. transformées de Fourier de fonctions sur $\mathbf{M}^1 Z_{\mathbf{G}} \backslash \mathbf{M}$, C^∞ à support compact, ou encore, $f \in P(X_M^{\mathbf{G}})$ si pour λ_0 fixé dans $\operatorname{Re} X_M^{\mathbf{G}}$, la fonction:

$$\hat{f}(m) := \int_{\substack{\lambda \in X_M^{\mathbf{G}} \\ \operatorname{Re}\lambda = \lambda_0}} |\operatorname{Fix}_{X_M^{\mathbf{G}}} \mathfrak{P}|^{-1} f(\lambda) m^\lambda d\lambda$$

est une fonction sur $\mathbf{M}^1 Z_{\mathbf{G}} \backslash \mathbf{M}$ à support compact (elle ne dépend pas du choix de λ_0). On a alors,

$$f(\lambda) = * \int_{\mathbf{M}^1 Z_{\mathbf{G}} \backslash \mathbf{M}} \hat{f}(m) m^{-\lambda} dm$$

où $*$ est un scalaire qui dépend du choix des mesures. Clairement f est alors holomorphe sur $X_M^{\mathbf{G}}$. Revenons à ϕ considérée ci-dessus vérifiant (1) et (2). On dit que ϕ est de Paley-Wiener si $\tilde{\phi}$ s'identifie à un élément de $A(U(\mathbb{A})M(k)\backslash \mathbf{G})_{\pi_0} \otimes_{\mathbb{C}} P(X_M^{\mathbf{G}})$. On note $P_{(M,\mathfrak{P})}$ l'ensemble des fonctions de Paley-Wiener. Le groupe $\operatorname{Fix}_{X_M^{\mathbf{G}}} \mathfrak{P}$ agit sur

$$A(U(\mathbb{A})M(k)\backslash \mathbf{G})_{\pi_0} \otimes_{\mathbb{C}} P(X_M^{\mathbf{G}})$$

par le produit tensoriel de la multiplication par les fonctions $\mu \circ m_P$ (pour $\mu \in \operatorname{Fix}_{X_M^{\mathbf{G}}} \mathfrak{P}$) avec les translations T_μ définies par les élements de $X_M^{\mathbf{G}}$, où $T_\mu f(\lambda) = f(\lambda + \mu)$. On note avec un exposant en haut l'espace des invariants pour cette action et l'on a un isomorphisme naturel:

$$(5) \qquad P_{(M,\mathfrak{P})} \xleftarrow{\sim} \left(A(U(\mathbb{A})M(k)\backslash \mathbf{G})_{\pi_0} \otimes_{\mathbb{C}} P(X_M^{\mathbf{G}}) \right)^{\operatorname{Fix}_{X_M^{\mathbf{G}}} \mathfrak{P}}$$

On va caractériser $P_{(M,\mathfrak{P})}$ à l'aide de la transformation de Fourier.

II.1.3. Transformation de Fourier

Soient $\phi \in P_{(M,\mathfrak{P})}$ et $\pi \in \mathfrak{P}$. On définit la transformée de Fourier de ϕ par: (la convergence de l'integrale sera vue ci-dessous, cf. ce qui précède (5))

$\forall g \in \mathbf{G}$, où $g = umk$ avec $u \in U(\mathbb{A}), m \in \mathbf{M}, k \in \mathbf{K}$ et $\forall m' \in \mathbf{M}$,

$$F_\pi(\phi)(g)(m') := |\operatorname{Fix}_{X_M^{\mathbf{G}}} \mathfrak{P}|^{-1} \int_{\lambda \in \operatorname{Im} X_M^{\mathbf{G}}} (m')^{-\lambda - \rho_P} \phi(\pi \otimes \lambda)(\pi \otimes \lambda)(m'mk) d\lambda.$$

Si k est un corps de fonctions, $F_\pi(\phi)(g) \in A(M(k)\backslash \mathbf{M}))_\pi$ pour tout $g \in \mathbf{G}$; si k est un corps de nombres, la propriété de $\mathbf{K} \cap \mathbf{M}$ finitude est perdue, pour g général dans $\mathbf{G}$, aux places archimédiennes. On notera $\tilde{A}(M(k)\backslash\mathbf{M})_\pi$ l'espace vectoriel engendré par les translatés sous M des éléments de $A(M(k)\backslash\mathbf{M})_\pi$. Cette notation nous servira très peu. Alors:

$$F_\pi(\phi)(g) \in \tilde{A}(M(k)\backslash\mathbf{M})_\pi, \forall g \in \mathbf{G}.$$

On note δ la translation à droite dans $\tilde{A}(M(k)\backslash\mathbf{M})_\pi$ et l'on a:

(1) $\forall m \in Z_{\mathbf{G}}\mathbf{M}^1$, $\forall u \in U(\mathbb{A})$, $\forall g \in \mathbf{G}$ $\ F_\pi(\phi)(umg) = \delta(m)F_\pi(\phi)(g)$.

La dépendance en π est très faible, puisque l'on a:

(2) $$\forall\lambda \in X_M^{\mathbf{G}}, \quad F_{(\pi\otimes\lambda)}(\phi)(g) = \lambda F_\pi(\phi)(g).$$

En particulier, pour tout $\mu \in \mathrm{Fix}_{X_M^{\mathbf{G}}}\mathfrak{P}$, on a $F_\pi(\phi)(g) = \mu F_\pi(\phi)(g)$ i.e.

(3) $F_\pi(\phi)(g)$ est à support dans le sous-groupe de $\mathbf{M}$ égal à $\bigcap_{\mu\in\mathrm{Fix}_{X_M^{\mathbf{G}}}\mathfrak{P}} \mathrm{Ker}\,\mu$.

On note ϵ l'évaluation des éléments de $\tilde{A}(M(k)\backslash\mathbf{M})_\pi$ en l'élement neutre de $\mathbf{M}$. On s'intéressera surtout aux fonctions de la forme $\epsilon\, F_\pi(\phi)$ qui ne dépendent pas du choix de π et sont donc notés $\epsilon\, F(\phi)$; on les caractérisera ci-dessous.

On définit $\left(A(U(\mathbb{A})M(k)\backslash\mathbf{G})_\pi \otimes_{\mathbb{C}} P(X_M^{\mathbf{G}})\right)^{\mathrm{Fix}_{X_M^{\mathbf{G}}}\mathfrak{P}}$ comme en II.1.2(5), (ici π remplace π_0). On fait agir $\mathrm{Fix}_{X_M^{\mathbf{G}}}\mathfrak{P}$ sur

$$A(U(\mathbb{A})M(k)\backslash\mathbf{G})_\pi \otimes C_c^\infty(M^1 Z_{\mathbf{G}}\backslash\mathbf{M})$$

de façon à ce que l'on ait pour tout

$$\mu \in \mathrm{Fix}_{X_M^{\mathbf{G}}}\mathfrak{P}, \ \psi \in A(U(\mathbb{A})M(k)\backslash\mathbf{G})_\pi$$

et $f \in C_c^\infty(\mathbf{M}^1 Z_{\mathbf{G}}\backslash\mathbf{M})$

$$\mu(\psi \otimes f) = (\mu \circ m_P)\psi \otimes \mu^{-1} f.$$

On note avec $\mathrm{Fix}_{X_M^{\mathbf{G}}}\mathfrak{P}$ en exposant en haut l'espace des éléments fixés pour cette action et l'on note aussi $\hat{P}_{(M,\mathfrak{P})}$ l'image de $P_{(M,\mathfrak{P})}$ par la transformation de Fourier. On définit:

$$\nu : \left(A(U(\mathbb{A})M(k)\backslash\mathbf{G})_\pi \otimes C_c^\infty(M^1 Z_{\mathbf{G}}\backslash\mathbf{M})\right)^{\mathrm{Fix}_{X_M^{\mathbf{G}}}\mathfrak{P}}$$

dans l'ensemble des fonctions sur $\mathbf{G}$ à valeurs dans $\tilde{A}(M(k)\backslash\mathbf{M})_\pi$ par

(4) $$\nu\left(\sum \psi_i \otimes f_i\right)(g)(m') = \sum f_i(m_P(g))\psi_i(m'g)(m')^{-\rho_P}.$$

On vérifie de façon élémentaire que l'on a un diagramme commutatif avec comme flèches: la première flèche horizontale est celle de II.1.2: $\phi \leftrightarrow \tilde{\phi}$, la première flèche verticale est $id \otimes F$ où F est la transformation de Fourier, la deuxième flèche verticale est la transformation F_π définie ci-dessus (la convergence de l'integrale résulte du diagramme) et la deuxième flèche horizontale est ν:

$$
(5)\quad
\begin{array}{ccc}
\left(A(U(\mathbb{A})M(k)\backslash\mathbf{G})_\pi \otimes_{\mathbb{C}} P(X_M^{\mathbf{G}})\right)^{\mathrm{Fix}_{X_M^{\mathbf{G}}}\mathfrak{P}} & \overset{\mapsto}{\sim} & P_{(M,\mathfrak{P})} \\
\downarrow\sim & & \downarrow\sim \\
\left(A(U(\mathbb{A})M(k)\backslash\mathbf{G})_\pi \otimes_{\mathbb{C}} C_c^\infty(\mathbf{M}^1 Z_{\mathbf{G}}\backslash\mathbf{M})\right)^{\mathrm{Fix}_{X_M^{\mathbf{G}}}\mathfrak{P}} & \overset{\mapsto}{\sim} & \hat{P}_{(M,\mathfrak{P})}.
\end{array}
$$

Grâce à ce diagramme, on obtient la caractérisation suivante de $\epsilon\hat{P}_{(M,\mathfrak{P})}$:

$$
(6)\quad \epsilon\hat{P}_{M,\mathfrak{P})} = \left\{
\begin{array}{l}
\Phi \text{ fonctions sur } U(\mathbb{A})M(k)\backslash\mathbf{G} \text{ à valeurs complexes,} \\
\mathbf{K}\text{–finies, telles que } \forall\pi\in\mathfrak{P}, \text{il existe un ensemble} \\
\quad \text{de fonctions} \\
\{f_i\}\subset C_c^\infty(\mathbf{M}^1 Z_{\mathbf{G}}\backslash\mathbf{M}) \text{ et un ensemble de} \\
\quad \text{fonctions} \\
\{\psi_i\}\subset A(U(\mathbb{A})M(k)\backslash\mathbf{G})_\pi \text{ indexés par le} \\
\text{même ensemble fini d'indices,} \\
\text{tels que } \Phi = \sum_i (f_i\circ m_P)\psi_i.
\end{array}
\right\}
$$

En effet, l'inclusion du membre de gauche dans celui de droite résulte du diagramme et il est clair que le membre de droite vaut

$$\epsilon\circ\nu(A(U(\mathbb{A})M(k)\backslash\mathbf{G})_\pi \otimes C_c^\infty(\mathbf{M}^1 Z_{\mathbf{G}}\backslash\mathbf{M}))$$

où π est n'importe quel élément fixé de $\mathfrak{P}$. On note proj la projection de

$$A(U(\mathbb{A})M(k)\backslash\mathbf{G})_\pi \otimes C_c^\infty(\mathbf{M}^1 Z_{\mathbf{G}}\backslash\mathbf{M})$$

sur l'espace des invariants sous $\mathrm{Fix}_{X_M^{\mathbf{G}}}\mathfrak{P}$ et l'assertion résulte alors de:

$$\nu\circ\mathrm{proj} = \nu.$$

Avant de terminer, remarquons d'une part qu'il est très facile d'écrire la transformation de Fourier inverse:

soit $\Phi\in\hat{P}_{(M,\mathfrak{P})}$; alors Φ est la transformée de Fourier de la fonction ϕ suivante:

$$\forall k\in\mathbf{K}, \forall\pi'\in\mathfrak{P}, \phi(\pi')_k = \mu_{\pi'} \int_{\mathbf{M}^1 Z_{\mathbf{G}}\backslash\mathbf{M}} (\delta(m)^{-1}\Phi(mk))m^{-(\rho_P+\mu_{\pi'})}\mathrm{d}m$$

où δ est comme précédemment la translation dans $\tilde{A}(M(k)\backslash\mathbf{M})_\pi$ et où $\mu_{\pi'}$ est n'importe quel élément de $X_M^{\mathbf{G}}$ satisfaisant $\mu_{\pi'}\otimes\pi\simeq\pi'$.

D'autre part, pour tout ϕ comme ci-dessus, tout $\pi_0\in\mathfrak{P}$ et tout $g\in\mathbf{G}$:

$$\epsilon F(\phi)(g) = \int_{\substack{\pi\in\mathfrak{P}\\ \mathrm{Re}\,\pi=\mathrm{Re}\,\pi_0}} \phi(\pi)(g)\mathrm{d}\pi.$$

II.1.4. Les espaces $P^R_{(M,\mathfrak{P})}$

Si k est un corps de nombres, $P(X^{\mathbf{G}}_M)$ est l'espace des fonctions holomorphes f sur $X^{\mathbf{G}}_M$ à valeurs complexes vérifiant:

$$\exists r > 0 | \forall n \in \mathbf{N}, \quad \sup_{\lambda \in X^{\mathbf{G}}_M} |f(\lambda)| e^{-r\| \operatorname{Re}\lambda\|}(1+\|\lambda\|)^n < \infty.$$

Si k est un corps de fonctions, $P(X^{\mathbf{G}}_M)$ est simplement l'espace des combinaisons linéaires des fonctions de la forme $\lambda \mapsto m^\lambda$ où m est un élément de $\mathbf{M}$, ou plus simplement, est l'algèbre des fonctions polynomiales sur $X^{\mathbf{G}}_M$.

Pour certaines démonstrations, il est nécessaire de considérer des espaces plus gros. Soit R un réel positif; on note $P^R(X^{\mathbf{G}}_M)$ l'ensemble des fonctions holomorphes f sur $D_R := \{\lambda \in X^{\mathbf{G}}_M \text{ tel que } \|\operatorname{Re}\lambda\| < R\}$ vérifiant:

si k est un corps de nombres, pour tout
$n \in \mathbf{N}$ $\sup_{\lambda \in D_R} |f(\lambda)|(1+\|\lambda\|)^n < \infty.$

si k est un corps de fonctions, f est bornée sur D_R.

Pour $\pi \in \mathfrak{P}$, on note $(\operatorname{Re}\pi)^G$ la projection de $\operatorname{Re}\pi$ sur $\operatorname{Re} X^{\mathbf{G}}_M$ (cf. I.1.6 (9)). En tenant compte de l'isomorphisme $\phi \mapsto \tilde{\phi}$ de II.1.2, on définit $P^R_{(M,\mathfrak{P})}$ comme étant l'ensemble des fonctions holomorphes sur

$$\mathfrak{P}_R := \{\pi \in \mathfrak{P} | \quad \|(\operatorname{Re}\pi)^G\| < R\}$$

s'identifiant à un élément de $\left(A(U(\mathbb{A})M(k)\backslash\mathbf{G})_{\pi_0} \otimes P^R(X^{\mathbf{G}}_M)\right)^{\operatorname{Fix}_{X^{\mathbf{G}}_M}\mathfrak{P}}$
où π_0 est fixé dans $\mathfrak{P}$ vérifiant $(\operatorname{Re}\pi_0)^G = 0$.

Pour $\phi \in P^R_{(M,\mathfrak{P})}$ et pour tout $\pi \in \mathfrak{P}_R$, on définit $F_\pi(\phi)$,comme en II.1.3. Notons $\tilde{P}^R(X^{\mathbf{G}}_M)$ l'espace des fonctions $\tilde{f}$ sur $\mathbf{M}^1 Z_{\mathbf{G}}\backslash\mathbf{M}$ qui sont C^∞ et vérifient:

$$\exists c > 0 \text{ tel que } \forall m \in \mathbf{M}, |\tilde{f}(m)| \leq c\exp(-R)\|\log^{\mathbf{G}}_M m\|.$$

On définit comme en II.1.3.une application ν de

$$\left(A(U(\mathbb{A})M(k)\backslash\mathbf{G})_{\pi_0} \otimes \tilde{P}^R(X^{\mathbf{G}}_M)\right)^{\operatorname{Fix}_{X^{\mathbf{G}}_M}\mathfrak{P}}$$

dans l'ensemble des fonctions $\Phi : \mathbf{G} \to \tilde{A}(M(k)\backslash\mathbf{M})_{\pi_0}$ (cf. II.1.3 pour la notation).

Lemme: *On note $\hat{P}^R_{(M,\mathfrak{P})}$ l'espace des transformées de Fourier de $P^R_{(M,\mathfrak{P})}$. Alors $\hat{P}^R_{(M,\mathfrak{P})}$ est contenu dans l'image de l'application ν définie ci-dessus.*

On a un diagramme commutatif analogue à I.3.(5) en ajoutant des R en exposants et en remplaçant $C_c^\infty(\mathbf{M}^1 Z_{\mathbf{G}}\backslash\mathbf{M})$ par $\hat{P}^R(X_M^{\mathbf{G}})$, qui est, par définition, l'image de $P^R(X_M^{\mathbf{G}})$ par la transformation de Fourier. Il suffit donc de démontrer l'inclusion $\hat{P}^R(X_M^{\mathbf{G}}) \subset \tilde{P}^R(X_M^{\mathbf{G}})$. Soit $f \in P^R(X_M^{\mathbf{G}})$. Sa transformée de Fourier $\hat{f}$ est défine par:

$$\hat{f}(m) = \int_{\lambda \in X_M^{\mathbf{G}} \mid \operatorname{Re}\lambda = \lambda_0} m^\lambda f(\lambda) d\,\lambda,$$

où ici $\lambda_0 \in \operatorname{Re} X_M^{\mathbf{G}}$ vérifie $\|\lambda_0\| < R$. Les conditions de décroissance imposées à f impliquent que $\hat{f}$ est C^∞. Fixons m. On a:

$$|\hat{f}(m)| \leq m^{\lambda_0} \int_{\lambda \in X_M^{\mathbf{G}} \mid \operatorname{Re}\lambda = \lambda_0} |f(\lambda)| d\,\lambda.$$

Cette dernière intégrale est majorée indépendamment de λ_0. D'où:

$$|\hat{f}(m)| \leq c m^{\lambda_0},$$

où c est une constante convenable. Identifions $\operatorname{Re}\mathfrak{a}_M^{\mathbf{G}}, \operatorname{Re}\mathfrak{a}_M^{\mathbf{G}*}$ et $\operatorname{Re} X_M^{\mathbf{G}}$. Choisissons $\lambda_0 := -R(1-\epsilon)\|\log_M^{\mathbf{G}} m\|^{-1}$, avec $\epsilon > 0$. On a l'égalité:

$$m^{\lambda_0} = \exp(< \lambda_0, \log_M^{\mathbf{G}} m >) = \exp(-R(1-\epsilon)\|\log_M^{\mathbf{G}} m\|).$$

d'où:

$$|\hat{f}(m)| \leq c \exp(-R(1-\epsilon)\|\log_M^{\mathbf{G}} m\|).$$

En faisant tendre ϵ vers 0, on obtient la majoration qui assure que $\hat{f} \in \tilde{P}^R(X_M^{\mathbf{G}})$.

II.1.5. Série d'Eisenstein

Soit π une representation automorphe irréductible de M; par exemple, avec les notations ci-dessus, $\pi \in \mathfrak{P}$. Soit ϕ_π un élément de $A(U(\mathbb{A})M(k)\backslash\mathbf{G})_\pi$. On définit, quand la série ci-dessous converge, une fonction sur $G(k)\backslash\mathbf{G}$ par:

$$E(\phi_\pi, \pi)(g) = \sum_{\gamma \in P(k)\backslash G(k)} \phi_\pi(\gamma g).$$

Pour tout $\lambda \in X_M^{\mathbf{G}}$, on note $\lambda\phi_\pi$ l'élément $\lambda \circ m_P \phi_\pi$ de

$$A(U(\mathbb{A})M(k)\backslash\mathbf{G})_{\pi\otimes\lambda}.$$

Proposition: *Il existe un cône ouvert (positif) de* $\operatorname{Re} X_M^{\mathbf{G}}$ *tel que pour tout* π *de partie réelle dans ce cône, la série définissant* $E(\lambda\phi_\pi, \pi\otimes\lambda)(g)$ *converge normalement pour* g *dans un compact et* λ *dans un voisinage de* 0 *dans* $X_M^{\mathbf{G}}$. *Elle définit alors une forme automorphe sur* $G(k)\backslash\mathbf{G}$. *Suppposons que* $\mathfrak{P}$ *est formé de représentations cuspidales, le cône suivant convient:*

$$\{\lambda \in \operatorname{Re} X_M^{\mathbf{G}} \mid < \lambda, \check{\alpha} > > < \rho_P, \check{\alpha} >, \forall \alpha \in \Delta^+(T_M, G)\}.$$

Si l'on suppose que $\mathfrak{P}$ est formé de représentations cuspidales, en particulier pour tout $\mathfrak{P}$ si $M = M_0$, la proposition est démontrée dans [G] par. 3; Godement traite le cas des corps de nombres mais le cas des corps de fonctions est analogue. Ne faisons pas cette hypothèse de cuspidalité, mais utilisons quand même les arguments de Godement. On note ρ_0 au lieu de ρ_{P_0}. Fixons $\mu \in \operatorname{Re} X_{M_0}^{\mathbf{M}}$ tel que $< \mu, \check{\alpha} > > < \rho_0, \check{\alpha} >$ pour toute racine simple positive α de M_0 dans M. Soit $y : \mathbf{G} \to \mathbb{R}_+^*$ une fonction vérifiant pour tout $u \in U_0(\mathbb{A})$, tout $m \in \mathbf{M}_0$, tout $g \in \mathbf{G}$ et tout $k \in \mathbf{K}$:

$$y(umg) = m^{\mu+\rho_0} y(g), \quad 1 < y(k)$$

On pose, pour tout $g \in \mathbf{G}$:

$$E^M(g) := \sum_{\gamma \in M(k)\cap P_0(k)\backslash M(k)} y(\gamma g);$$

d'après la partie de la proposition déjà démontrée par Godement, que l'on utilise pour $\mathbf{G} = \mathbf{M}$, cette série converge et définit un élément de $A(U(\mathbb{A})M(k)\backslash \mathbf{G})$. En plus $E^M(g)$ est une série à termes tous positifs dont l'un est $y(g)$, d'où:

$$E^M(g) \geq y(g), \forall g \in \mathbf{G}.$$

Pour $\lambda \in X_M^{\mathbf{G}}$, la fonction $m \in \mathbf{M} \longmapsto \lambda\phi_\pi(m) = m^\lambda \phi_\pi(m)$ est à croissance modérée. Ainsi si μ est un élément de $\operatorname{Re} X_{M_0}^{\mathbf{M}}$ suffisamment positif, il existe c tel que pour tout $k \in \mathbf{K}$ et pour tout $m \in \mathbf{M}^c \cap S^P$ (notations de I.2.1):

$$|\lambda\phi_\pi(mk)| \leq c m_{P_0}(m)^{\mu+\rho_0}.$$

Or:

$$m_{P_0}(m)^{\mu+\rho_0} = cy(mk)y(k)^{-1} \leq cy(mk) \leq cE^M(mk).$$

En utilisant l'invariance à gauche sous $M(k)$ de $\lambda\phi_\pi$ et de E^M, on obtient, pour tout $m \in M(k)(\mathbf{M}^c \cap S^P)$ et pour tout $k \in \mathbf{K}$:

$$|\lambda\phi_\pi(mk)| \leq cE^M(mk).$$

En prenant ω assez grand en I.2.1, on a $M(k)(\mathbf{M}^c \cap S^P) = \mathbf{M}^c$, l'inégalité ci-dessus est donc vraie pour tout $m \in \mathbf{M}^c$ et tout $k \in \mathbf{K}$. On sait aussi que $\lambda\phi_\pi$ se transforme à gauche sous le centre de $\mathbf{M}$ par le caractère central de $\pi \otimes \lambda \otimes \rho_P$, en particulier pour tout $z \in A_{\mathbf{M}}$:

$$|\lambda\phi_\pi(zmk)| \leq c z^{\operatorname{Re}\pi + \operatorname{Re}\lambda + \rho_P} \lambda\phi_\pi(mk).$$

Pour z comme ci-dessus, on a $z^{\mu+\rho_P} = z^{\rho_P}$ et $E^M(zmk) = z^{\rho_0} E^M(mk)$. On en tire, l'inégalité:

$$\forall z \in A_{\mathbf{M}}, \forall m \in \mathbf{M}^c, \forall k \in \mathbf{K},\ |\lambda\phi_\pi(zmk)| \leq c z^{\operatorname{Re}\pi + \operatorname{Re}\lambda} E^M(zmk),$$

ou encore:

$$\forall m \in \mathbf{M}, \forall k \in \mathbf{K},\ |\lambda\phi_\pi(mk)| \leq c m^{\operatorname{Re}\pi + \operatorname{Re}\lambda} E^M(mk).$$

Chacun des termes est invariant à gauche par $U(\mathbb{A})$ ce qui donne l'inégalité:

$$cm_P(g)^{\mathrm{Re}\,\pi+\mathrm{Re}\,\lambda}E^M(g) \geq |\lambda\phi_\pi(g)|, \forall g \in \mathbf{G}.$$

Pour démontrer la proposition, on peut donc remplacer $\lambda\phi_\pi$ par la fonction:

$$g \longmapsto m_P(g)^{\mathrm{Re}\,\pi+\mathrm{Re}\,\lambda}E^M(g).$$

Un argument par étage ramène immédiatement au cas du parabolique minimal. C'est alors le résultat déjà cité (cf. [G]).

II.1.6. Opérateurs d'entrelacement

Soient M, M' des Levi standards de G correspondant à des paraboliques standards P et P' de radicaux unipotents U et U'. Soit $w \in G(k)$. On suppose que l'on a:

$$wMw^{-1} = M'.$$

On fixe $\mathfrak{P}$ une classe d'equivalence de sous-représentations automorphes irréductibles de $\mathbf{M}$; ainsi w transporte $\mathfrak{P}$ en une classe d'équivalence de sous-représentations automorphes irréductibles, $w\mathfrak{P}$ de $\mathbf{M}'$. Soient $\pi \in \mathfrak{P}$ et ϕ_π un élément de $A(U(\mathbb{A})M(k)\backslash\mathbf{G})_\pi$. Pour $g \in \mathbf{G}$, on pose, quand l'intégrale ci-dessous est convergente:

$$(M(w,\pi)\phi_\pi)(g) = \int_{(U'(k)\cap wU(k)w^{-1})\backslash U'(\mathbb{A})} \phi_\pi(w^{-1}ug)du.$$

Remarque: l'intégrale vaut, quand elle existe, l'intégrale de la même fonction sur

$$(U'(\mathbb{A}) \cap wU(\mathbb{A})w^{-1})\backslash U'(\mathbb{A}),$$

puisque le volume de $(U'(k) \cap wU(k)w^{-1})\backslash(U'(\mathbb{A}) \cap wU(\mathbb{A})w^{-1})$ est égal à 1.

Proposition: *Soient w, π comme ci-dessus; on note $\mathfrak{P}$ la classe d'equivalence de π.*

(i) L'intégrale qui vient d'être définie, converge absolument et uniformément quand g reste dans un compact si $< \mathrm{Re}\,\pi, \check{\alpha} >\gg 0$ pour toute α racine simple positive de G relativement à M. Sous cette hypothèse, l'intégrale ne dépend que de la double classe

$$M'(k)wM(k)$$

et définit un élément de $A(U'(\mathbb{A})M'(k)\backslash\mathbf{G})_{w\pi}$.

(ii) On suppose que $\mathfrak{P}$ est formé de représentations cuspidales et soit

C un compact de $\{\mathrm{Re}\,\pi; \pi \in \mathfrak{P}\}$, inclus dans le domaine de convergence décrit au (i). Soit aussi U un ouvert de $\mathfrak{P}$ formé d'éléments dont la partie réelle est dans C. Soient ϕ, (resp. ϕ') une fonction holomorphe sur U (resp. $-w\overline{U}$) vérifiant II.1.2 (1) et (2). Alors l'application:

$$\pi \in U \longmapsto < \phi'(-w\overline{\pi}), M(w,\pi)\phi(\pi) >,$$

où $<,>$ est l'accouplement naturel entre $A(U'(\mathbb{A})M'(k)\backslash\mathbf{G})_{w\pi}$ et $A(U'(\mathbb{A})M'(k)\backslash\mathbf{G})_{-w\overline{\pi}}$, est holomorphe et bornée.

(iii) *Supposons de plus π cuspidale unitaire. Alors les propriétés (i) sont vraies sous la condition plus précise: $< \mathrm{Re}\,\pi, \check{\alpha} > > < \rho_P, \check{\alpha} >$ pour tout α comme en (i).*

(iv) *Plus précisément, il suffit dans (i), resp. (iii), de supposer que*

$$< \mathrm{Re}\,\pi, \check{\alpha} > \gg 0, \text{ resp. } < \mathrm{Re}\,\pi, \check{\alpha} > > < \rho_P, \check{\alpha} >,$$

pour toute racine $\alpha \in R(T_M, G)$ telle que $\alpha > 0$ et $w\alpha < 0$.

Pour (i) et (iii), on majore l'intégrale définissant $M(w,\pi)(\phi_\pi)(g)$ par:

$$\int_{U'(k)\cap wU(k)w^{-1}\backslash U'(\mathbb{A})} |\phi_\pi(w^{-1}ug)|du.$$

On verra plus loin (II.1.7 (4) et (6)) que cette intégrale est majorée uniformément sur tout compact de $\mathbf{G}$ par:

$$\int_{U'(k)\backslash U'(\mathbb{A})} \sum_{\gamma \in P(k)\backslash G(k)} |\phi_\pi(\gamma ug)|du.$$

Comme $U'(k)\backslash U'(\mathbb{A})$ est compact et que les fonctions sont continues, ce terme est fini pourvu que la série converge uniformément sur tout compact. Il suffit alors d'appliquer la proposition II.1.5. pour obtenir le résultat.

(ii) On considère $\lambda \in X_M^{\mathbf{G}}$ comme une fonction sur $\mathbf{G}$ en précomposant avec m_P. On fixe π et l'on a

$$(w\lambda)^{-1}M(w,\pi\otimes\lambda)(\lambda\phi(\pi)) \in A(U'(\mathbb{A})M'(k)\backslash\mathbf{G})_{w\pi}$$

et par $\mathbf{K}$-finitude, cette fonction reste dans un sous-espace de dimension finie, noté $\mathfrak{M}$ de $A(U'(\mathbb{A})M'(k)\backslash\mathbf{G})_{w\pi}$. Le produit avec $\phi'(-\overline{w\pi})$ définit une forme linéaire sur $\mathfrak{M}$. Or le dual de $\mathfrak{M}$ est engendré par les évaluations aux différents points de $\mathbf{G}$. Il suffit donc, pour tout $g \in \mathbf{G}$, de démontrer les mêmes propriétés qu'au (ii) pour l'application:

$$\lambda \longmapsto (w\lambda)^{-1}M(w,\pi\otimes\lambda)(\lambda\phi(\pi))(g).$$

Alors l'holomorphie est évidente pour $\lambda\otimes\pi \in U$. Pour montrer que cette application est bornée pour λ tel que $\lambda\otimes\pi \in U$, on se ramène comme pour (i) à la même assertion pour

$$\sum_{\gamma \in P(k)\backslash G(k)} |\lambda\phi(\pi)(\gamma g)|,$$

qui résulte par dévissage (cf. II.1.5.) de [G] par. 3.

(iv) Cherchons à préciser (i). Introduisons la même fonction E^M : $U(\mathbb{A})M(k)\backslash \mathbf{G} \to \mathbb{R}_+^*$ que dans la démonstration de II.1.5. Il existe $c > 0$ tel que pour tout $g \in \mathbf{G}$,

$$(1) \qquad |\phi_\pi(g)| \leq c m_P(g)^{\mathrm{Re}\,\pi} E^M(g).$$

Notons ϕ' la fonction définie par $\phi'(g) = m_P(g)^{\mathrm{Re}\,\pi} E^M(g)$ et π' la représentation automorphe de $\mathbf{M}$ engendrée par les fonctions ϕ'_k pour $k \in \mathbf{K}$. Cette représentation n'est pas toujours irréductible mais admet un caractère central et l'on a $\mathrm{Re}\,\pi' = \mathrm{Re}\,\pi$. En vertu de la relation (1), pour tout $w \in W$, l'intégrale définissant $M(w,\pi)\phi_\pi$ converge absolument et uniformément quand g reste dans un compact pourvu qu'il en soit de même de l'intégrale définissant $M(w,\pi')\phi'$. C'est cette dernière intégrale que l'on va étudier. Notons $W(M)$ l'ensemble des $w \in W$ tels que wMw^{-1} soit standard et w est minimal dans sa classe à droite modulo W_M où W_M est le groupe de Weyl de M. On peut supposer que $w \in W(M)$ grâce à (i). On sait qu'à toute racine simple $\alpha \in R(T_M, G)$ on peut associer un élément $w_\alpha \in W(M)$ de sorte que $w_\alpha(\alpha) < 0$ mais $w_\alpha(\beta) > 0$ pour tout $\beta \in R(T_M, G), \beta > 0$ et β non multiple de α (cf. I.1.7). Soit $\alpha \in R(T_M, G)$ une racine simple. Introduisons le sous-groupe de Levi standard M_α contenant M tel que $\mathfrak{a}_{M_\alpha} = \{H \in \mathfrak{a}_M, < H, \check{\alpha} >= 0\}$ et définissons $W^{M_\alpha}(M)$ de façon analogue à $W(M)$. L'élément w_α s'identifie à un élément de $W^{M_\alpha}(M)$. On voit que $M(w_\alpha, \pi')$ est induit d'un opérateur défini sur $A((U(\mathbb{A})M(k) \cap \mathbf{M}_\alpha \backslash \mathbf{M}_\alpha)_{\pi'}$. Les résultats de (i) s'appliquent au groupe M_α et à cet opérateur (la démonstration vaut même si π' n'est pas irréductible). L'intégrale définissant $M(w_\alpha, \pi')\phi'$ converge donc pourvu que $< \mathrm{Re}\,\pi', \check{\beta} > \gg 0$ pour β racine simple de $R(T_M, M_\alpha)$. La seule racine simple dans $R(T_M, M_\alpha)$ est α. De plus $\mathrm{Re}\,\pi' = \mathrm{Re}\,\pi$. La condition est donc $< \mathrm{Re}\,\pi, \check{\alpha} > \gg 0$, i.e. $< \mathrm{Re}\,\pi, \check{\beta} > \gg 0$ pour toute racine $\beta \in R(T_M, G)$ telle que $\beta > 0$ et $w_\alpha\beta < 0$. Cela achève la démonstration pour $w = w_\alpha$. En général, on sait que l'on peut trouver une décomposition:

$$w = w_{\alpha_n} \cdots w_{\alpha_1},$$

de sorte que, si l'on pose $w_i = w_{\alpha_i} \cdots w_{\alpha_1}, M_i = w_i M w_i^{-1}$, on ait: α_{i+1} est une racine simple de $R(T_{M_i}, G), w_i^{-1}(\alpha_{i+1}) > 0$ et:

(2) l'ensemble des racines positives multiples d'un élément de

$$\{w_i^{-1}(\alpha_{i+1}); i = 0, \ldots, n-1\}$$

coïncide avec $\{\alpha \in R(T_M, G) | \alpha > 0, w\alpha < 0\}$.

Notons U_i le radical unipotent du parabolique standard P_i de Levi M_i. On peut décomposer l'intégration sur $U_n(\mathbb{A}) \cap wU(\mathbb{A})w^{-1} \backslash U_n(\mathbb{A})$ en n intégrales sur

$$(U_n(\mathbb{A}) \cap ww_{i-1}^{-1}U_{i-1}(\mathbb{A})w_{i-1}w^{-1}) \backslash (U_n(\mathbb{A}) \cap ww_i^{-1}U_i(\mathbb{A})w_iw^{-1})$$

qui par $u \longmapsto w_iw^{-1}uww_i^{-1}$ est isomorphe à

$$(U_i(\mathbb{A}) \cap w_{\alpha_i}U_{i-1}(\mathbb{A})w_{\alpha_i}^{-1}) \backslash U_i(\mathbb{A}).$$

Cette désintégration et quelques changements de variables conduisent à l'égalité:

$$M(w, \pi')\phi' = M(w_{\alpha_n}, w_{n-1}\pi')M(w_{\alpha_{n-1}}, w_{n-2}\pi') \cdots M(w_{\alpha_1}, \pi')\phi'.$$

Remarquons que toutes ces intégrales concernent des fonctions à valeurs réelles positives. Par le théorème de Fubini, pour que l'intégrale du membre de gauche soit convergente, il suffit que chaque intégrale partielle du membre de droite le soit. Or chacune relève du cas déjà étudié: pour traiter l'opérateur $M(w_{\alpha_i}, w_{i-1}\pi')$, on applique le résultat ci-dessus à la représentation $\pi'' = w_{i-1}\pi'$ et à la fonction

$$\phi'' = M(w_{\alpha_{i-1}}, w_{i-2}\pi') \cdots M(w_{\alpha_1}, \pi')\phi'.$$

Les conditions de convergence sont donc:

$$< \mathrm{Re}\, w_i\pi, \check{\alpha}_{i+1} > \gg 0,$$

pour $i = 0, \cdots, n-1$, i.e $< \mathrm{Re}\, \pi, w_i^{-1}(\alpha_{i+1})\check{} > \gg 0$ pour $i = 0, \cdots, n-1$ et l'on retrouve la condition de l'énoncé en utilisant (2).

Remarque: avec les notations ci-dessus, on a l'égalité:

$$M(w, \pi')\phi_{\pi'} = M(w_{\alpha_n}, w_{n-1}\pi')M(w_{\alpha_{n-1}}, w_{n-2}\pi') \cdots M(w_{\alpha_1}, \pi')\phi_{\pi'}$$

si $\mathrm{Re}\, \pi$ vérifie les conditions de convergence de l'énoncé. Cela résulte du calcul ci-dessus.

Cherchons maintenant à préciser (iii). On note cette fois ϕ' la fonction définie par $\phi'(g) = m_P(g)^{\mathrm{Re}\, \pi + \rho_P}$. Comme π est cuspidale, ϕ_π est bornée sur $\mathbf{M}^c\mathbf{K}$ et il existe $c > 0$ telle que:

$$|\phi_\pi(g)| \leq c\phi'(g)$$

pour tout $g \in \mathbf{G}$. On est ramené à étudier l'intégrale $M(w, \pi')\phi'$, où π' est la représentation de $\mathbf{M}$ engendrée par les fonctions ϕ'_k pour $k \in \mathbf{K}$, i.e π' est le caractère $\mathrm{Re}\, \pi$. Supposons d'abord que w est une symétrie élémentaire w_α. On peut alors supposer $G = M_\alpha$. Mais sous cette hypothèse, Godement démontre que la série d'Eisenstein:

$$\sum_{\gamma \in P(k)\backslash G(k)} m_P(\gamma g)^{\mathrm{Re}\,\pi + \rho_P}$$

converge pour tout g pourvu que $< \mathrm{Re}\,\pi, \check{\alpha} > > < \rho_P, \check{\alpha} >$ (cf. [G], th. 3). Comme on l'a dit au début de la preuve, cela entraine la convergence de l'intégrale $M(w_\alpha, \pi')\phi'$ sous la même hypothèse.

Pour $w = w_{\alpha_n} \cdots w_{\alpha_1}$, le résultat ci-dessus et le procédé de désintégration des intégrales expliqué plus haut conduisent aux conditions de convergence suivantes:

(2) $$< \mathrm{Re}\, w_i\pi, \check{\alpha}_{i+1} > > < \rho_{P_i}, \check{\alpha}_{i+1} >,$$

pour $i = 0, \cdots, n-1$, où l'on rappelle que P_i est le sous-groupe parabolique standard de Lévi $w_i M w_i^{-1}$.

Fixons i, posons $\alpha = \alpha_{i+1}, w = w_i$ (en oubliant le w initial qui n'intervient plus maintenant), $P' = P_i, P' = M'U'$. La racine α est simple dans $R(T_{M'}, G)$. Soit β une racine simple de $R(T_0, G)$ se projetant sur α par l'application naturelle (cf. I.1.5). On a $\check{\beta} - \check{\alpha} \in \mathfrak{a}^{M'}$ d'où $< \rho_{P'}, \check{\beta} - \check{\alpha} >= 0$. Comme $w \in W(M)$, on a $w^{-1}(\check{\beta} - \check{\alpha}) \in \mathfrak{a}^M$, d'où $< \rho_P, w^{-1}(\check{\beta} - \check{\alpha}) >= 0$, i.e. $< w\rho_P, \check{\beta} - \check{\alpha} >= 0$. Il faut donc vérifier que l'on a:

(3) $$< \rho_{P'}, \check{\beta} > \leq < w\rho_P, \check{\beta} > .$$

Puisque w est de longueur minimale dans sa classe modulo le groupe de Weyl de M, on a: $w\rho_{P_0}^M = \rho_{P_0}^{M'}$, où l'on note $\rho_{P_0}^M$ resp. $\rho_{P_0}^{M'}$ la demi-somme des racines > 0 dans M resp. M'. Comme $\rho_{P_0}^M + \rho_P = \rho_{P_0}$ et $\rho_{P_0}^{M'} + \rho_{P'} = \rho_{P_0}$, on peut remplacer (3) par la condition:

(4) $$< \rho_{P_0}, \check{\beta} > \leq < w\rho_{P_0}, \check{\beta} > .$$

Cela nous ramène à la situation d'un système de racines. Par un dévissage analogue à celui de la démonstration de II.1.10 ci-dessous, on se ramène au cas où G est simple déployé sur k. Comme β est simple, on a:

$$< \rho_{P_0}, \check{\beta} >= 1.$$

Par hypothèse, $w^{-1}\beta$ est une racine positive, donc $< \rho_{P_0}, w^{-1}\check{\beta} > \geq 1$, ce qui démontre (4) et achève la démonstration de la proposition

II.1.7. Termes constants des séries d'Eisenstein

Soit M un Levi standard de G; on note $W(M)$ l'ensemble des éléments, w, du groupe de Weyl de G de longueur minimale modulo le groupe de Weyl de M et tels que wMw^{-1} soit encore un Levi standard de G.

Soit $(M, \mathfrak{P})$ une donnée cuspidale.

Proposition: *Soit $\pi \in \mathfrak{P}$ tel que $< \mathrm{Re}\,\pi, \check{\alpha} >\gg 0, \forall \alpha \in R^+(T_M, G)$ et soit $\phi_\pi \in A(U(\mathbb{A})M(k)\backslash \mathbf{G})_\pi$. La série d'Eisenstein $E(\phi_\pi, \pi)$ est définie par une série convergente (cf. II.1.5). Soit $P' = U'M'$ un parabolique standard de Levi standard M' et de radical unipotent U'. On note $E_{P'}(\phi_\pi, \pi)$ le terme constant de $E(\phi_\pi, \pi)$ le long de U' et l'on a:*

(i) si M' est conjugué de M,

$$E_{P'}(\phi_\pi, \pi) = \sum_{w \in W(M)\, wMw^{-1} = M'} M(w, \pi)\phi_\pi,$$

en particulier les opérateurs d'entrelacement $M(w, \pi)$ sont définis par des intégrales absolument convergentes, uniformément sur tout compact de G.

(ii) Plus généralement, on a:

$$E_{P'}(\phi_\pi, \pi) = \sum_{w \in W(M, M')} E^{M'}(M(w, \pi)\phi_\pi, w\pi),$$

où $W(M, M') = \{w \in W | w^{-1}(\alpha) > 0, \forall \alpha \in R^+(T_0, M')$ et wMw^{-1} est un Levi standard de $M'\}$. Ce terme constant est nul si $W(M, M') = \emptyset$.

La preuve est élémentaire: on va utiliser la décomposition de Bruhat (cf. I.1.6):

(1)
$$G(k) = \bigcup_{w \in W_{M'} \backslash W / W_M} P(k) w^{-1} P'(k),$$

union disjointe et les remarques:

(2)
$$W^\bullet_{M,M'} := \{w \in W | \forall \alpha \in R^+(T_0, M)\ w(\alpha) > 0, \ \forall \alpha \in R^+(T_0, M')\ w^{-1}(\alpha) > 0\}$$

est un système de représentant de $W_{M'} \backslash W / W_M$

(3)
$$\{w \in W^\bullet_{M,M'} | wMw^{-1} \subset M'\} = W(M, M').$$

On calcule, en suivant les définitions:

$$E_{P'}(\phi_\pi, \pi)(g) = \int_{U'(k)\backslash U'(\mathbb{A})} \sum_{\gamma \in P(k) \backslash G(k)} \phi_\pi(\gamma u g) du.$$

Grâce aux propriétés de convergence de la série, on peut échanger somme et intégration (l'intégrale se fait, elle, sur un compact) et l'on trouve, en utilisant (1) et (2):

$$E_{P'}(\phi_\pi, \pi)(g) = \sum_{w \in W^\bullet_{M,M'}} \quad \sum_{m' \in (M'(k) \cap wP(k)w^{-1}) \backslash M'(k)}$$

$$\int_{U'(k)\backslash U'(\mathbb{A})} \sum_{u'\in(U'(k)\cap m'^{-1}wP(k)w^{-1}m')\backslash U'(k)} \phi_\pi(w^{-1}m'u'u)du.$$

Et une formule analogue en remplaçant ϕ_π par $|\phi_\pi|$. En particulier, on obtient, pour tout $w \in W^\bullet_{M,M'}$ et tout $m' \in M'(k)$:

$$(4)\quad \begin{aligned} &\int_{U'(k)\backslash U'(\mathbb{A})} \sum_{u'\in U'(k)\cap m'^{-1}wP(k)w^{-1}m'\backslash U'(k)} |\phi_\pi|(w^{-1}m'u'ug)du \\ &= \int_{U'(k)\cap wP(k)w^{-1}\backslash U'(\mathbb{A})} |\phi_\pi|(w^{-1}um'g)du \end{aligned}$$

est convergent, uniformément sur tout compact de $\mathbf{G}$. Cette intégrale et son analogue pour ϕ_π est nulle d'après la propriété de cuspidalité, si $w^{-1}U'w \cap M \neq \{1\}$ i.e. si wMw^{-1} n'est pas inclus dans M'; ou encore, d'après (3), si w n'est pas un élément de $W(M, M')$. Soit $w \in W(M, M')$, on a:

(5) $M' \cap wPw^{-1}$ est le parabolique standard de M' de Levi wMw^{-1},

(6) $U'(k) \cap wP(k)w^{-1} = U'(k) \cap wU(k)w^{-1}$,

d'où:

$$\begin{aligned} &E_{P'}(\phi_\pi, \pi)(g) \\ &= \sum_{w\in W(M,M')} \sum_{m'\in M'(k)\cap wP(k)w^{-1}\backslash M'(k)} M(w,\pi)\phi(\pi)(m'g) \\ &= \sum_{w\in W(M,M')} E^{M'}(M(w,\pi)\phi(\pi), w\pi)(g). \end{aligned}$$

II.1.8. Adjonction des opérateurs d'entrelacement

Lemme: *Soient M, M' des Levi standards et soit $w \in W(M)$ tel que $wMw^{-1} = M'$ (notations du paragraphe précédent). Soient aussi π une sous-représentation cuspidale de $\mathbf{M}$ et $\phi_\pi \in A(U(\mathbb{A})M(k)\backslash\mathbf{G})_\pi$, $\phi'_{-w\overline{\pi}} \in A(U'(\mathbb{A})M'(k)\backslash\mathbf{G})_{-w\overline{\pi}}$. Alors, si $\mathrm{Re}\,\pi$ est dans le cône positif de convergence absolue pour l'opérateur d'entrelacement:*

$$< \phi'_{-w\overline{\pi}}, M(w,\pi)\phi_\pi > = < M(w^{-1}, -w\overline{\pi})\phi'_{-w\overline{\pi}}, \phi_\pi > .$$

On a:

$$\begin{aligned} &< \phi'_{-w\overline{\pi}}, M(w,\pi)\phi_\pi > = \\ &\int_{(U'(\mathbb{A})M'(k)Z_{\mathbf{M}'}\backslash\mathbf{G})} \overline{\phi}'_{-w\overline{\pi}}(g') \int_{(U'(k)\cap wU(k)w^{-1})\backslash U'(\mathbb{A})} \phi_\pi(w^{-1}u'g')du'dg'. \end{aligned}$$

Chaque intégrale converge absolument et uniformément sur tout compact, ce qui permet d'écrire:

$$< \phi'_{-w\overline{\pi}}, M(w,\pi)\phi_\pi > = \int_{(U'(k)\cap wU(k)w^{-1})M'(k)Z_{M'}\backslash \mathbf{G}} \overline{\phi}'_{-w\overline{\pi}}(g')\phi_\pi(w^{-1}g')dg'.$$

On pose: $g' = wg$, d'où l'égalité de l'expression précédente avec:

$$\int_{(w^{-1}U'(k)w\cap U(k))M(k)Z_M\backslash \mathbf{G}} \overline{\phi}'_{-w\overline{\pi}}(wg)\phi_\pi(g)dg,$$

que l'on décompose en intégrale sur

$$U(\mathbb{A})M(k)Z_M\backslash \mathbf{G} \times (U(k)\cap w^{-1}U'(k)w)\backslash U(\mathbb{A}).$$

D'où le résultat.

II.1.9. Développement eulérien des opérateurs d'entrelacements

Dans le cas, extrêmement fréquent, où pour $\pi \in \mathfrak{P}$ la représentation régulière droite dans $A(M(k)\backslash \mathbf{M})_\pi$ n'est pas irréductible, les opérateurs $M(w^{-1}, w\pi)$ définis en II.1.6 ne peuvent avoir de développement eulérien bien que, compte tenu de la remarque, on puisse les définir par une intégrale sur un domaine ayant un développement en produit sur toutes les places de k. Pour obtenir un développement eulérien, il faut adopter un autre point de vue. On fixe $\rho \in \mathfrak{P}$ et un modèle V_ρ de ρ. On identifie canoniquement:

$$A(U(\mathbb{A})M(k)\backslash \mathbf{G})_\rho \simeq (\mathrm{ind}_{\mathbf{M}\cap\mathbf{K}}^{\mathbf{K}} V_\rho) \otimes \mathrm{Hom}_{\mathbf{M}}(V_\rho, A(M(k)\backslash \mathbf{M})).$$

On fixe aussi $V_{w\rho}$ un modèle pour la représentation $w\rho$ de $\mathbf{M}'$ et un isomorphisme $A : V_\rho \xrightarrow{\sim} V_{w\rho}$ tel que:

$$(1) \qquad \forall m \in \mathbf{M}, \forall y \in V_\rho, A(\rho(m)y) = (w\rho)(wmw^{-1})A(y),$$

si k est un corps de fonctions; si k est un corps de nombres, m ne parcourt pas $\mathbf{M}$ mais seulement $\mathbf{M}_f \times (\mathrm{Lie}\, M_\infty, \mathbf{M}_\infty \cap \mathbf{K})$.

Soit $\pi \in \mathfrak{P}$; on fixe $\mu_\pi \in X_M^{\mathbf{G}}$ tel que $\pi \simeq \rho \otimes \mu_\pi$. Cela permet d'identifier V_ρ en un modèle, noté alors V_π de π. Puisque $w\pi \simeq w\rho \otimes w\mu_\pi$ on a aussi une identification (compatible) de $V_{w\rho}$ avec $V_{w\pi}$. Ainsi A définit un isomorphisme de V_π sur $V_{w\pi}$ vérifiant l'analogue de (1).

On définit:

$$\tilde{A} : \mathrm{Hom}_{\mathbf{M}'}(V_{w\pi}, A(M'(k)\backslash \mathbf{M}')) \simeq \mathrm{Hom}_{\mathbf{M}}(V_\pi, A(M(k)\backslash \mathbf{M}))$$

par $\tilde{A}(h)(y)(m) = hA(y)(wmw^{-1})$ pour tout $y \in V_\pi$ et tout $m \in \mathbf{M}$. On définit l'opérateur $M_A(w^{-1}, w\pi)$ (quand l'intégrale converge) de

$\mathrm{ind}_{\mathbf{M}'\cap\mathbf{K}}^{\mathbf{K}} V_{w\pi}$ dans $\mathrm{ind}_{\mathbf{M}\cap\mathbf{K}}^{\mathbf{K}} V_\pi$ par, $\forall\tilde{\phi} \in \mathrm{ind}_{\mathbf{M}'\cap\mathbf{K}}^{\mathbf{K}} V_{w\pi}$:

$$(M_A(w^{-1}, w\pi)\tilde{\phi})(k) = \int_{(U(\mathbb{A})\cap w^{-1}U'(\mathbb{A})w\backslash U(\mathbb{A}))} A^{-1}(i_{P',G}\tilde{\phi})(wnk)dn$$

où $(i_{P'G}\tilde{\phi})(g) := (m'_g)^{\rho_{P'}} w\pi(m'_g)\tilde{\phi}(k_g)$ pour tout $g \in \mathbf{G}$ où $g = u'm'_g k_g$ avec $u' \in U'(\mathbb{A}), m'_g \in \mathbf{M}'$ et $k_g \in \mathbf{K}$. On vérifie que

$$M(w^{-1}, w\pi) \simeq M_A(w^{-1}, w\pi) \otimes \tilde{A},$$

en particulier le membre de droite ne dépend pas du choix de A; l'opérateur $M_A(w^{-1}, w\pi)$ a un développement eulérien.

II.1.10. Pseudo-série d'Eisenstein

Soit $\phi \in P_{(M,\mathfrak{P})}$, ou plus généralement, soit $R > \|\rho_0\|$ et $\phi \in P^R_{(M,\mathfrak{P})}$. On note $\epsilon F(\phi)$ la fonction sur $\mathbf{G}$ obtenue en évaluant la transformée de Fourier de ϕ en l'élément neutre de $\mathbf{M}$ (cf. II.1.3). On définit, si la série ci-dessous converge, pour $g \in \mathbf{G}$:

$$\theta_\phi(g) := \sum_{\gamma \in P(k)\backslash G(k)} \epsilon F(\phi)(\gamma g).$$

Proposition: *Supposons que $\mathfrak{P}$ est formé de représentations cuspidales ayant pour restriction à $Z_{\mathbf{G}}$ un caractère, noté ξ. Soit $\phi \in P^R_{(M,\mathfrak{P})}$; la série définissant $\theta_\phi(g)$ est absolument convergente, uniformément quand g reste dans un compact. Elle se transforme sous $Z_{\mathbf{G}}$ par le caractère ξ. Supposons que ξ est unitaire, alors θ_ϕ est de carré intégrable modulo le centre. Supposons que $\phi \in P_{(M,\mathfrak{P})}$, alors θ_ϕ est à décroissance rapide si k est un corps de nombres et à support compact modulo le centre si k est un corps de fonctions.*

Soit $\phi \in P^R_{(M,\mathfrak{P})}$, sans au départ faire d'hypothèse sur ξ. Choisissons $\mu \in \mathrm{Re}\, X^{\mathbf{G}}_{M_0}$ tel que $< \mu, \check{\alpha} > > < \rho_0, \check{\alpha} >$ pour tout racine positive α de $R(T_0, G)$ et μ soit très voisin de ρ_0. Choisissons une fonction continue $y : \mathbf{G} \to \mathbb{R}^*_+$ vérifiant:

$$y(umg) = m^{\mu+\rho_0+\mathrm{Re}\,\xi} y(g),$$

pour tous $u \in U_0(\mathbb{A})$, $m \in \mathbf{M}_0$, $g \in \mathbf{G}$. Introduisons comme dans la démonstration de II.1.5. la série:

$$E^M(g) = \sum_{\gamma \in P_0 \cap M(k)\backslash M(k)} y(\gamma g).$$

Elle est convergente et vérifie une minoration, puisqu'elle est à termes tous positifs dont l'un est $y(g)$:

$$E^M(g) \geq y(g).$$

Notons μ^M et μ_M les composantes de μ sur $\mathrm{Re}\, X^{\mathbf{M}}_{M_0}$ et $\mathrm{Re}\, X^{\mathbf{G}}_M$ respectivement. On fixe $\pi_0 \in \mathfrak{P}$ tel que $\mathrm{Re}\,\pi_0 = \mathrm{Re}\,\xi$ (en identifiant $\mathrm{Re}\, X_G$ à un sous-espace de $\operatorname{Re} X_M$). Tout élément ϕ de $A(U(\mathbb{A})M(k)\backslash\mathbf{G})_{\pi_0}$ (qui, par convention est un sous ensemble de $A_0(U(\mathbb{A})M(k)\backslash\mathbf{G})$, cf. II.1.1), vérifie une majoration de la forme:

$$|\Phi(g)| \leq cm_{P_0}(g)^{\rho_0+\mu^M+\operatorname{Re}\xi}$$

pour tout $g \in S^P$ (cf. I.2.13 et I.2.10). Comme R est supposé strictement supérieur à $\|\rho_P\|$ et comme μ est très proche de ρ_0, donc μ_M très proche de ρ_P, tout élément f de $\hat{P}^R(X_M^{\mathbf{G}})$ (cf. II.1.4) vérifie une majoration de la forme:

$$|f(m)| \leq cm^{\mu_M}, \forall m \in \mathbf{M}.$$

En utilisant le lemme II.1.4., on voit que la fonction $\epsilon F(\phi)(g)$ vérifie une majoration de la forme:

$$|\epsilon F(\phi)(g)| \leq cm_{P_0}(g)^{\rho_P+\mu+\operatorname{Re}\xi}, \forall g \in S^P,$$

ou encore:

$$|\epsilon F(\phi)(g)| \leq cE^M(g),\ \forall g \in S^P,$$

pour une fonction y comme ci-dessus. Comme dans la démonstration de II.1.5, on en déduit des majorations:

$$|\epsilon F(\phi)(g)| \leq cE^M(g),\ \forall g,$$

$$\sum_{\gamma\in P(k)\backslash G(k)} |\epsilon F(\phi)(\gamma g)| \leq c \sum_{\gamma\in P(k)\backslash G(k)} E^M(\gamma g) := E(g).$$

La série de droite est convergente d'après l'hypothèse sur μ, on en déduit la convergence. L'uniformité de la convergence s'en déduit également. Il est clair que $\theta_\phi(zg) = \xi(z)\theta_\phi(g)$ pour tout $z \in Z_{\mathbf{G}}$ et pour tout $g \in \mathbf{G}$. Supposons maintenant que ξ est unitaire. D'après le choix fait, π_0 est unitaire c'est à-dire $\operatorname{Re}\pi_0 = 0$. Pour montrer que θ_ϕ est de carré intégrable modulo le centre, il suffit, d'après la majoration ci-dessus, de montrer que:

$$\int_{A_{\mathbf{G}}G(k)\backslash\mathbf{G}} |\theta_\phi(g)|E(g)dg < \infty.$$

Par un calcul immédiat, l'intégrale est majorée par:

$$\int_{A_{\mathbf{G}}U(\mathbb{A})M(k)\backslash\mathbf{G}} |\epsilon F(\phi)(g)|E_P(g)dg =$$

$$\int_{A_{\mathbf{G}}\backslash A_{\mathbf{M}}} \int_{M(k)\backslash\mathbf{M}^c} \int_{\mathbf{K}} |\epsilon F(\phi)(amk)|E_P(amk)dk(am)^{-2\rho_P} dm\ da.$$

On peut décomposer $E_P(amk)$ en somme de fonctions de la forme:

$$a^{\mu'+\rho_P}E'(mk)$$

où E' est à croissance modérée sur $\mathbf{M}^c\mathbf{K}$ et μ' est conjugué de μ par un élément de W. Comme π_0 est cuspidale de caractère central unitaire, tout élément Φ de $A_0(U(\mathbb{A})M(k)\backslash\mathbf{G})_{\pi_0}$ vérifie une égalité:

$$|\Phi(amk)| = a^{\rho_P}\psi(mk),$$

pour tous $a \in A_{\mathbf{M}}$, $m \in \mathbf{M}^c$, $k \in \mathbf{K}$, où la fonction ψ définie sur $\mathbf{M}^c\mathbf{K}$ est à décroissance rapide (en un sens évident) si k est un corps de nombres, à support d'image compacte dans $M(k)\backslash\mathbf{M}^c\mathbf{K}$ si k est un corps de fonctions. Comme $m_P(m)$ reste dans un compact quand $m \in \mathbf{M}^c$, il résulte de la définition que tout élément f de $\hat{P}^R(X_M^{\mathbf{G}})$ vérifie une majoration de la forme:

$$|f(am)| \leq c\exp(-R\|\log_M^G a\|), \forall a \in A_{\mathbf{M}},\ m \in \mathbf{M}^c.$$

En utilisant le lemme II.1.4, on voit que l'on a une majoration

$$|\epsilon F(\phi)(amk)| \leq a^{\rho_P}\exp(-R\|\log_M^G a\|)\psi(mk),$$

pour $a \in A_{\mathbf{M}}$, $m \in \mathbf{M}^c$, $k \in \mathbf{K}$, où ψ vérifie les mêmes conditions que ci-dessus.

Dans (1) l'intégrale sur $M(k)\backslash\mathbf{M}^c \times \mathbf{K}$ est donc convergente. Il reste à démontrer la convergence de:

$$\int_{A_{\mathbf{G}}\backslash A_{\mathbf{M}}} a^{\mu'}\exp(-R\|\log_M^G a\|)da.$$

Dans ce qui suit, on identifie $(\operatorname{Re}\mathfrak{a}_{M_0}^G)^*$ et $\operatorname{Re}X_{M_0}^{\mathbf{G}}$. Si $\lambda \in \operatorname{Re}X_{M_0}^{\mathbf{G}}$, on note λ^M et λ_M ses composantes sur $\operatorname{Re}X_{M_0}^{\mathbf{G}}$ et $\operatorname{Re}X_M^{\mathbf{G}}$ respectivement (cf. I.1.6 (9)). On note $\{\omega_\alpha^M; \alpha \in \Delta_{M_0}^M\}$ la base de $\operatorname{Re}X_{M_0}^{\mathbf{M}}$ duale de la base $\{\check{\alpha}; \alpha \in \Delta_{M_0}^M\}$ de $\operatorname{Re}\mathfrak{a}_{M_0}^M$ identifié, grâce au produit scalaire fixé à $\operatorname{Re}X_{M_0}^{\mathbf{M}}$. En vertu des hypothèses sur μ et R, il suffit de montrer que si $w \in W$, on a $\|(w\rho_{P_0})_M\| \leq \|\rho_P\|$.

Supposons d'abord G déployé sur k, simple. On se place dans l'espace $\mathfrak{a}^*$. On pose $\rho_0 := \rho_{P_0}$. On a les égalités:

$$\rho_P = (\rho_0)_M,$$

$$\|(\rho_0)_M\|^2 + \|(\rho_0)^M\|^2 = \|\rho_0\|^2 = \|w\rho_0\|^2 = \|(w\rho_0)_M\|^2 + \|(w\rho_0)^M\|^2,$$

qui nous ramènent à démontrer l'inégalité:

$$\|(\rho_0)^M\| \leq \|(w\rho_0)^M\|.$$

On peut supposer que w est le longueur minimale dans sa classe à gauche modulo le groupe de Weyl de M. Il est bien connu que:

$$< \rho_0, \check{\alpha} >= 1,$$

pour toute racine simple α. En appliquant cela dans M, on a:

(2) $$(\rho_0)^M = \sum_{\alpha \in \Delta_{M_0}^M} \omega_\alpha^M.$$

Soit $\alpha \in \Delta_{M_0}^M$. On a:

$$< (w\rho_0)^M, \check{\alpha} > = < w_{P_0}, \check{\alpha} > = < \rho_0, w^{-1}\check{\alpha} > .$$

D'après l'hypothèse sur w, la racine $w^{-1}\alpha$ est positive. Donc

$$< \rho_0, w^{-1}\check{\alpha} > \geq 1$$

et

$$(3) \qquad (w\rho_0)^M = \sum_{\alpha \in \Delta_{M_0}^M} c_\alpha \omega_\alpha^M,$$

avec des coefficients c_α supérieurs ou égaux à 1. Comme l'on a:

$$(\omega_\alpha^M, \omega_\beta^M) \geq 0,$$

pour tous $\alpha, \beta \in \Delta_{M_0}^M$, il résulte de (2) et (3) que:

$$\|(\rho_0)^M\| \leq \|(w\rho_0)^M\|,$$

ce que l'on voulait démontrer.

Quand G n'est pas simple déployé, il faut introduire la clôture séparable k_s de k. Sur k_s, choisissons un sous-groupe de Borel B et un sous-tore maximal T de G de sorte que:

$$\begin{array}{ccc} T & \subset & M_0 \\ \cap & & \cap \\ B & \subset & P_0. \end{array}$$

Notons $\mathfrak{a}_s^*, W_s$ les analogues de $\mathfrak{a}^*$ et W sur k_s relatifs à ces choix. On a l'égalité

$$\mathfrak{a}^* = (\mathfrak{a}_s^*)^{\mathrm{Gal}(k_s/k)}.$$

Pour $w \in W$, il existe $w_s \in W_s$ conservant M_0 et $\mathfrak{a}^*$, dont l'action dans $\mathfrak{a}^*$ coïncide avec celle de w: il suffit de représenter w par un élément de $G(k)$ que l'on multiple par un élément de $M_0(k_s)$ pour assurer qu'il conserve T; l'élément obtenu représente w_s. Pour un tel w_s, on a:

$$(w\rho_0)_M = (w_s\rho_0)_M = (w_s\rho_B)_M.$$

D'autre part:

$$\rho_P = (\rho_B)_M.$$

On est donc ramené au cas déployé. En décomposant ensuite $\mathfrak{a}_s^*$ en composantes simples, on est ramené au cas simple déployé. Cela achève la démonstration de la première partie de la proposition.

La deuxième partie de la proposition est prouvée, pour les corps de nombres, dans [G]4. Le cas des corps de fonctions est très simple: on vérifie à l'aide de II.1.4 (6) qu'il existe un compact, ω, de $\mathbf{G}$ tel que le support de $\epsilon \circ F\phi$ soit inclus dans $P(k)Z_G\omega$ et donc à fortiori dans $G(k)Z_{\mathbf{G}}\omega$. D'où l'assertion.

Par une preuve analogue à celle qui vient d'être faite, on prouve la remarque suivante:

Remarque: (notations de la proposition) *Soit* $\phi \in P_{(M,\mathfrak{P})}$ *et soit* ϕ' *une forme automorphe sur* $\mathbf{G}$ *de caractère central* $-\overline{\xi}$. *Alors* $\overline{\theta_\phi}\phi'$ *est intégrable sur* $G(k)Z_{\mathbf{G}}\backslash\mathbf{G}$, *intégrale notée* $< \theta_\phi, \phi' >$.

II.1.11. Lien entre pseudo-série d'Eisenstein et série d'Eisenstein

Remarque: *On garde les hypothèses sur* $\mathfrak{P}$ *faites dans la proposition II.1.10. On fixe* $\pi_0 \in \mathfrak{P}$ *dans le domaine de définition de* ϕ *vérifiant* $< \mathrm{Re}\,\pi_0, \check{\alpha} > \gg 0$, *pour tout racine positive de* $R(T_M, G)$. *Alors, pour tout* $g \in \mathbf{G}$, *on a:*

$$\theta_\phi(g) = \int_{\pi\in\mathfrak{P}|\,\mathrm{Re}\,\pi=\mathrm{Re}\,\pi_0} E(\phi,\pi)(g)d\pi,$$

où $d\pi$ *s'obtient à partir de la mesure de Lebesgue* $d\lambda$ *sur* $\mathrm{Im}\,X_M^{\mathbf{G}}$ *servant à définir la transformation de Fourier après identification* $\lambda \in \mathrm{Im}\,X_M^{\mathbf{G}}/\,\mathrm{Fix}_{X_M^{\mathbf{G}}}\,\mathfrak{P} \mapsto \lambda \otimes \pi_0$.

On a:

$$(\epsilon F(\phi))(g) = \int_{\pi\in\mathfrak{P}|\,\mathrm{Re}\,\pi=\mathrm{Re}\,\pi_0} \phi(\pi)(g)d\pi.$$

D'où:

$$\theta_\phi(g) = \sum_{\gamma\in P(k)\backslash G(k)} \int_{\pi\in\mathfrak{P}|\,\mathrm{Re}\,\pi=\mathrm{Re}\,\pi_0} \phi(\pi)(\gamma g)d\pi.$$

Les hypothèses sur $\mathrm{Re}\,\pi_0$ et la proposition II.1.5. assurent que l'on peut échanger la somme et l'intégrale. D'où le résultat.

II.1.12. Densité des pseudo-séries d'Eisenstein

On fixe ξ un caractère unitaire du centre de $\mathbf{G}$ et on note $L^2(G(k)\backslash\mathbf{G})_\xi$ les fonctions sur $G(k)\backslash\mathbf{G}$ ayant un caractère central qui coïncide avec ξ et de carré intégrable modulo le centre de $\mathbf{G}$.

Théorème: *La clôture de l'espace engendré par les pseudo-séries d'Eisenstein* θ_ϕ, *quand* ϕ *parcourt* $P_{(M,\mathfrak{P})}$, *où* $(M,\mathfrak{P})$ *décrit l'ensemble des couples de données cuspidales telles que* $\mathfrak{P}$ *vérifie les hypothèses de II.1.10, est* $L^2(G(k)\backslash\mathbf{G})_\xi$ *lui-même.*

Soit $f \in L^2(G(k)\backslash\mathbf{G})_\xi$ orthogonal à toutes les pseudo-séries d'Eisenstein. On doit montrer que f est nulle. Par hypothèse, on a, pour tout

$(M, \mathfrak{P})$ comme dans l'énoncé, et pour tout $\phi \in P_{(M,\mathfrak{P})}$.

$$0 = \int_{G(k)Z_{\mathbf{G}}\backslash\mathbf{G}} \overline{f}(g)\theta_\phi(g)dg = \int_{P(k)Z_{\mathbf{G}}\backslash\mathbf{G}} \overline{f}(g)\epsilon F(\phi)(g)dg$$
$$= \int_{P(k)U(\mathbb{A})Z_{\mathbf{G}}\backslash\mathbf{G}} \overline{f}_P(g)\epsilon F(\phi)(g)dg,$$

où U est le radical unipotent du parabolique standard de Levi M et où:

$$f_P(g) := \int_{U(k)\backslash U(\mathbb{A})} f(ug)du.$$

On fixe $(M, \mathfrak{P})$ et on fait varier ϕ dans $P_{(M,\mathfrak{P})}$; ces égalités prouvent que la partie cuspidale du terme constant de f le long de U est nulle. La proposition est donc conséquence immédiate de la remarque 2 de I.3.4.

Remarques:

1. Soient ϕ, ϕ' des formes automorphes sur $\mathbf{G}$ de même caractère central. La preuve ci-dessus, montre que si $\phi - \phi'$ est orthogonal à toutes les pseudo-séries d'Eisenstein dont le caractère central est complexe conjugué de celui de $\phi - \phi'$, alors $\phi - \phi' = 0$.

2. Cela reste aussi vrai si l'on suppose ϕ automorphe et ϕ' de carré intégrable modulo le centre.

3. Soit ϕ une forme automorphe sur $\mathbf{G}$ et soit $\mathfrak{E} := \{(Q, \pi, \psi)\}$ les composantes cuspidales de ϕ (cf. I.3.5 et I.3.3) et pour tout Levi standard M de G, on note $\mathfrak{E}_M = \{(Q, \pi, \psi) \in \mathfrak{E} | \pi \in \Pi_0(M)\}$ (notations de I.3.3). Alors:

$$\forall(\mathfrak{P}', M') \text{ donnée cuspidale }, \forall\phi' \in P_{(\mathfrak{P}',M')} :$$
$$< \theta_{\phi'}, \phi >= \sum_{(Q,\pi,\psi)\in\mathfrak{E}_{M'},\ \pi\in-\overline{\mathfrak{P}'}} < \Delta_Q\phi'(-\overline{\pi}), \psi >,$$

où Δ_Q est un opérateur différentiel sur $P_{(\mathfrak{P}',M')}$ obtenu comme transformée de Fourier du polynôme contragrédient de Q (un calcul plus précis est fait dans la démonstration de III.2.2).

II.2. Calcul du produit scalaire de deux pseudo-séries d'Eisenstein

II.2.1. Enoncé

Soient M, M' des Levi standards, $P = MU$ et $P' = M'U'$ les paraboliques standards correspondants, $\mathfrak{P}, \mathfrak{P}'$ des classes d'équivalence de représentations automorphes de $\mathbf{M}$ et $\mathbf{M}'$ respectivement (cf. II.1.1). On dit que $(M, \mathfrak{P}) \sim (M', \mathfrak{P}')$ s'il existe $\gamma \in G(k)$ tel que:

$$\gamma M \gamma^{-1} = M', \quad \gamma\mathfrak{P} = \mathfrak{P}'.$$

Grâce à la décomposition de Bruhat, s'il existe un tel γ, on peut alors supposer que γ est un élément du groupe de Weyl, W. Supposons que $(M,\mathfrak{P})$ et $(M',\mathfrak{P}')$ sont équivalents; on pose:

$$W\Big((M,\mathfrak{P}),(M',\mathfrak{P}')\Big) := \{w\in W|w(M,\mathfrak{P})=(M',\mathfrak{P}')\}.$$

Théorème: *On fixe $\lambda_0 \in \operatorname{Re} X_M^{\mathbf{G}}$ tel que les conditions de positivité de II.1.6 soient satisfaites, puis on fixe $R\in\mathbb{R}_+^*$ tel que $\|\lambda_0\|<R$. On suppose que $\mathfrak{P}$ et $\mathfrak{P}'$ sont formés de représentations cuspidales ayant pour restriction à $Z_{\mathbf{G}}$ un caractère unitaire. Soient $\phi\in P^R_{(M,\mathfrak{P})}$ et $\phi'\in P^R_{(M',\mathfrak{P}')}$. On forme θ_ϕ et $\theta_{\phi'}$ les pseudo -séries d'Eisenstein qui sont des fonctions sur $G(k)\backslash\mathbf{G}$. On a:*

$$<\theta_{\phi'},\theta_\phi>=\begin{cases}0, \text{ si } (M,\mathfrak{P})\not\sim(M',\mathfrak{P}')\\ \int_{\pi\in\mathfrak{P},\ \operatorname{Re}\pi=\lambda_0}\sum_{w\in W((M,\mathfrak{P}),(M',\mathfrak{P}'))}\\ <M(w^{-1},-w\overline{\pi})\phi'(-w\overline{\pi}),\phi(\pi)>d\pi,\end{cases}$$

où $<,>$ est le produit hermitien sur

$$A(U(\mathbb{A})M(k)\backslash\mathbf{G})_{-\overline{\pi}}\times A(U(\mathbb{A})M(k)\backslash\mathbf{G})_{\pi}$$

obtenu de la façon usuelle,

$$(\psi',\psi)\mapsto\int_{(M(k)Z_{\mathbf{M}}\backslash\mathbf{M})\times\mathbf{K}} m^{-2\rho_P}\overline{\psi}'(mk)\psi(mk)dm\ dk.$$

Remarque: *il n'est pas utile, dans le théorème ci-dessus, de supposer que la restriction des représentations de $\mathfrak{P}$ et $\mathfrak{P}'$ à $Z_{\mathbf{G}}$ est un caractère unitaire. Sans cette hypothèse, le résultat devient:*

$$<\theta_{\phi'},\theta_\phi>=\begin{cases}0, \text{ si } (M,\mathfrak{P}),\not\sim(M',-\overline{\mathfrak{P}'})\\ \int_{\pi\in\mathfrak{P},\ (\operatorname{Re}\pi)^G=\lambda_0}\sum_{w\in W((M,\mathfrak{P}),(M',-\overline{\mathfrak{P}'}))}\\ <M(w^{-1},-w\overline{\pi})\phi'(-w\overline{\pi}),\phi(\pi)>d\pi,\end{cases}$$

sinon.

On part des définitions:

$$<\theta_{\phi'},\theta_\phi> = \int_{G(k)Z_{\mathbf{G}}\backslash\mathbf{G}}\overline{\theta_{\phi'}}(g)\theta_\phi(g)dg = \int_{P(k)Z_{\mathbf{G}}\backslash\mathbf{G}}\overline{\theta_{\phi'}}(g)\epsilon F(\phi)(g)dg$$
$$= \int_{U(\mathbb{A})M(k)Z_{\mathbf{G}}\backslash\mathbf{G}}\epsilon F(\phi)(g)\overline{\theta_{\phi',P}}(g)dg,$$

où $\theta_{\phi',P} := \int_{U(k)\backslash U(\mathbb{A})}\theta_{\phi'}(ug)du$ est le terme constant le long de U de $\theta_{\phi'}$. Il faut donc le calculer.

II.2.2. Calcul des termes constants des pseudo-séries d'Eisenstein

Comme nous l'utiliserons dans la suite, nous allons faire ce calcul dans un cadre plus général que celui de II.2.1.

On a défini en II.1.4, les espaces $P^R_{(M,\mathfrak{P})}$. Considérons deux Levi standards $M \subset M'$ et une classe d'équivalence de représentations automorphes cuspidales $\mathfrak{P}$ de $\mathbf{M}$ de restriction à $Z_{\mathbf{G}}$ un caractère unitaire, ξ. Soit $\xi_{M'}$ un caractère unitaire du centre de $\mathbf{M}'$ prolongeant ξ et l'on suppose que:

$$\mathfrak{P}_{M'} := \{\pi \in \mathfrak{P} | \pi_{|Z_{\mathbf{M}'}} = \xi_{M'}\} \neq \emptyset.$$

Alors $(M, \mathfrak{P}_{M'})$ est une donnée cuspidale pour M' au sens de II.1.1. On définit de façon similaire à $P^R_{(M,\mathfrak{P})}$ l'espace $P^{R,M'}_{(M,\mathfrak{P}_{M'})}$ et l'on considèrera l'espace induit à $\mathbf{G}$ i.e.:

$$P^R_{(M,\mathfrak{P}_{M'})} := \{\phi \text{ fonction sur } \mathfrak{P}_{M'} \text{ à valeurs dans l'ensemble des fonctions sur } U'(\mathbb{A})M'(k)\backslash\mathbf{G} \text{ telle que } \forall k \in \mathbf{K}, \phi_k \in P^{R,M'}_{(M,\mathfrak{P}_{M'})}\}$$

Lemme: *Soient $P = MU$, $P' = M'U'$ deux paraboliques standards de G et $\mathfrak{P}$ comme ci-dessus. Soient aussi R et R' deux réels positifs, avec $R' > \|\rho_P\|$ et R très grand par rapport à R'. On fixe $\mu_0 \in \operatorname{Re} X^{\mathbf{G}}_{M'}$ vérifiant $\|\mu_0\| + R' < R$ mais $< -\mu_0, \check{\alpha} >\gg 0$, pour tout $\alpha \in R^+(T_{M'}, G)$. On définit $W(M, M')$ comme en I.1.7.*

(i) *Pour tout $w \in W(M, M')$, l'opérateur $M(w, w^{-1}\pi)$ est défini par une intégrale convergente si*

$$\pi \in D_{w,\mu_0} := \{\pi' \in w\mathfrak{P} | \operatorname{Re}\pi' = \mu_0 + \nu, \text{ où } \nu \in \operatorname{Re} X^{\mathbf{M}'}_{wMw^{-1}} \text{ et } \|\nu\| < R'\}.$$

(ii) *Soient $w \in W(M, M')$ et $\pi'_w \in w\mathfrak{P}$ tels que $\operatorname{Re}\pi'_w = \mu_0$. On pose:*

$$[\pi'_w]_{M'} := \{\pi'_w \otimes X^{\mathbf{M}'}_{wMw^{-1}}\},$$
$$[\pi'_w]_{M',R'} := \{\pi' \in [\pi'_w]_{M'} | \, \|\operatorname{Re}\pi' - \mu_0\| < R'\}.$$

On a l'inclusion $[\pi'_w]_{M',R'} \subset D_{w,\mu_0}$ et la fonction $\pi' \in [\pi'_w]_{M',R'} \mapsto M(w, w^{-1}\pi')\phi(w^{-1}\pi') =: \phi(\pi'_w; \pi')$ appartient à $P^{R'}_{(wMw^{-1},[\pi'_w]_{M'})}$.

(iii) *Sous les hypothèses de (ii), on peut former la pseudo-série d'Eisenstein pour M', qui est la fonction sur $\{\pi'_w \in w\mathfrak{P} | \operatorname{Re}\pi'_w = \mu_0\} \times \mathbf{G}$ définie par:*

$$\theta^{M'}_\phi(\pi'_w, g) = \int_{\pi' \in [\pi'_w]_{M'}, \operatorname{Re}\pi' = \mu_0 + \nu_0} \sum_{\gamma \in (P^w \cap M')(k)\backslash M'(k)} \phi(\pi'_w; \pi')(\gamma g) d\pi',$$

où $\nu_0 \in \mathrm{Re}\, X^{M'}_{wMw^{-1}}$ *tel que*

$$<\nu_0, \check{\alpha}> \, > \, <\rho^{P'}_{P^w}, \check{\alpha}>, \forall \alpha \in R(T_{wMw^{-1}}, M')$$

et $\|\nu_0\| < R'$, *où l'on a noté* $P^w = wMw^{-1}U^w$ *le parabolique standard de* G *de Levi* wMw^{-1} *et où* $\rho^{P'}_{P^w}$ *est la fonction module de* wMw^{-1} *agissant dans le radical unipotent de* $M' \cap P^w$. *Si* π'_w *et* π''_w *ne diffèrent que par un élément de* $\mathrm{Im}\ X^{\mathbf{M}'}_{wMw^{-1}}$, *on a l'égalité* $\theta^{M'}_\phi(\pi'_w, g) = \theta^{M'}_\phi(\pi''_w, g)$. *Posons*

$$D^\bullet_{w,\mu_0} := \{\pi'_w \in w\mathfrak{P} | \mathrm{Re}\, \pi'_w = \mu_0\} / \mathrm{Im}\ X^{\mathbf{M}'}_{wMw^{-1}}.$$

Pour $g \in \mathbf{G}$, *la fonction* $\pi'_w \mapsto \theta^{M'}_\phi(\pi'_w, g)$ *définie sur* $D^\bullet_{w,\mu_0}$ *est à décroissance rapide (bornée si k est un corps de fonctions) et cela uniformément quand g reste dans un compact.*

(iv) *On note* $\theta_{\phi,P'}$ *le terme constant de* θ_ϕ *le long de* P' *et l'on a pour tout* $g \in \mathbf{G}$:

$$\theta_{\phi,P'}(g) = \sum_{w \in W(M,M')} \int_{D^\bullet_{w,\mu_0}} \theta^{M'}_\phi(\pi'_w, g) d\pi'_w.$$

(i) D'après II.1.6. il suffit de prouver que pour toute racine $\alpha \in R(T_M, G)$, avec $\alpha > 0$ et $w\alpha < 0$, pour tout $\nu \in \mathrm{Re}\, X^{M'}_{wMw^{-1}} \|\nu\| < R'$, on a:

$$<\rho_P, \check{\alpha}> \, < \, <w^{-1}(\mu_0 + \nu), \check{\alpha}>,$$

i.e.

$$<\rho_P, \check{\alpha}> \, < \, <\mu_0 + \nu, w\check{\alpha}> .$$

Par hypothèse sur w et α, on sait que $-w\alpha > 0$ et $-w\alpha$ n'est pas une racine de $wT_M w^{-1}$ dans M'. On a donc $<\mu_0, w\check{\alpha}> \gg 0$, alors que $<\nu, w\check{\alpha}>$ reste borné par un terme qui ne dépend que de R' et du système de racines. D'où l'assertion.

(ii) Comme pour (i), on peut appliquer la proposition II.1.6 (ii), quand $\pi' \in [\pi'_w]_{M',R'}$ qui montre que l'opérateur $M(w, w^{-1}\pi')$ est borné dans un sens convenable. Comme $\phi \in P^R_{(M,\mathfrak{P})}$, on a une majoration de $\phi(w^{-1}\pi')$ dont on déduit une majoration de $\phi(\pi'_w; \pi')$ et l'assertion.

(iii) Les premières assertions sont triviales. Pour les questions de croissance, traitons le cas d'un corps de nombres, celui d'un corps de fonctions étant plus simple. Notons $\epsilon F^{\mathbf{M}'}(\phi)(\pi'_w; g)$ la transformée de Fourier partielle de $\phi(\pi'_w; \pi')$ évaluée en l'élément neutre de wMw^{-1}, c'est-à-dire:

$$\epsilon F^{\mathbf{M}'}(\phi)(\pi'_w; g) := \int_{\lambda \in \mathrm{Im}\, X^{\mathbf{M}'}_{wMw^{-1}}} \phi(\pi'_w; \pi'_w \otimes \lambda)(g) d\lambda.$$

On voit comme en II.1.11 que l'on a l'égalité:

$$(1) \qquad \theta_\phi^{M'}(\pi'_w; g) = \sum_{\gamma \in (P^w \cap M')(k) \backslash M'(k)} \epsilon F(\phi)(\pi'_w; \gamma g).$$

Notons U^w le radical unipotent de P^w. Etablissons une majoration de $|\epsilon F^{M'}(\phi)(\pi'_w; muk)|$ pour $m \in w\mathbf{M}w^{-1}$, $u \in U^w(\mathbb{A})$, $k \in \mathbf{K}$. Comme au (ii), en utilisant le fait que $M(w, w^{-1}\pi')$ est borné et $\phi \in P^R_{(M,\mathfrak{P})}$, on obtient la majoration suivante: pour tous $n, n' \in \mathbf{N}$, il existe une constante $c > 0$ telle que l'on ait:

$$|\phi(\pi'_w; \pi'_w \otimes \lambda)(muk)| \leq c(1 + \| \operatorname{Im} \pi'_w \|)^{-n} (1 + \| \operatorname{Im} \lambda \|)^{-n'} m^{\mu_0 + \operatorname{Re} \lambda + \rho_{P^w}},$$

inégalité valable pour $\pi'_w \in w\mathfrak{P}$, avec

$$\operatorname{Re} \pi'_w = \mu_0 \text{ et } \lambda \in X^{\mathbf{M}'}_{wMw^{-1}}, \| \operatorname{Re} \lambda \| < R'.$$

Comme en II.1.4, une telle majoration conduit à la majoration suivante pour la transformée de Fourier:

(2)

$$|\epsilon F^{M'}(\phi)(\pi'_w; muk)| \leq$$
$$c'(1 + \| \operatorname{proj}_{X_{M'}} \operatorname{Im} \pi'_w \|)^{-n} m^{\mu_0 + \rho_{P^w}} \exp(-R' \| \log^{M'}_{wMw^{-1}} m \|).$$

Introduisons la fonction:

$$\psi(muk) = m^{\mu_0 + \rho_{P^w}} \exp(-R' \| \log^{\mathbf{M}'}_{wMw^{-1}} m \|).$$

On démontre comme en II.1.10. que la série:

$$E^{M'}_\psi(g) := \sum_{\gamma \in (P^w \cap M')(k) \backslash M'(k)} \psi(\gamma g)$$

est absolument convergente pour $g \in \mathbf{G}$ et définit une fonction continue de g. D'après (1) et (2), on a une majoration:

$$|\theta^{M'}_\phi(\pi'_w; g)| \leq c'(1 + \| \operatorname{proj}_{X_{M'}} \operatorname{Im} \pi'_w \|)^{-n} E^{M'}_\psi(g).$$

Une telle majoration étant vraie pour tout n, cela signifie bien que $\theta^{M'}_\phi(\pi'_w; g)$ est à décroissance rapide en π'_w, quand $\operatorname{Re} \pi'_w = \mu_0$, uniformément quand g reste dans un compact.

(iv) D'après II.1.11 et II.1.7., on a l'égalité:

$$\theta_{\phi, P'}(g) = \sum_{w \in W(M, M')} I_w(g),$$

où:

$$I_w(g) = \int_{\pi \in \mathfrak{P} | \operatorname{Re} \pi = \lambda_0} E^{M'}(M(w, \pi)\phi(\pi), w\pi, g) d\pi,$$

λ_0 étant un élément de $\operatorname{Re} X^{\mathbf{G}}_M$ avec $\lambda_0 - \rho_P$ dans le cône positif et $\|\lambda_0\| < R$. Fixons w et effectuons le changement de variables $\pi \mapsto w^{-1}\pi'$ dans l'intégrale ci-dessus, on obtient:

$$I_w(g) = \int_{\pi' \in w\mathfrak{P} | \operatorname{Re} \pi' = w\lambda_0} E^{M'}(M(w, w^{-1}\pi')\phi(w^{-1}\pi'), \pi', g) d\pi'.$$

Fixons $\nu_0 \in \operatorname{Re} X^{\mathbf{M}'}_{wMw^{-1}}$ comme dans le (iii) de l'énoncé. Considèrons le segment S dans $\operatorname{Re} X^{\mathbf{G}}_{wMw^{-1}}$ qui joint $w\lambda_0$ à $\mu_0 + \nu_0$. L'opérateur $M(w, w^{-1}\pi')$ et la série d'Eisenstein $E^{M'}(M(w, w^{-1}\pi')\phi(w^{-1}\pi')\pi', g)$ sont définis et holomorphes en tout point π' tel que $\operatorname{Re}\pi' \in S$. En effet pour $M(w, w^{-1}\pi')$, il suffit de voir que:

$$(3) \qquad < w^{-1} \operatorname{Re}\pi', \check{\alpha} > \; > \; < \rho_P, \check{\alpha} >,$$

pour tout π' tel que $\operatorname{Re}\pi' \in S$ et $\alpha \in R(T_M, G)$ avec $\alpha > 0$ et $w\alpha < 0$. On l'a déjà vérifié au (i) pour $\operatorname{Re}\pi' = \mu_0 + \nu_0$. C'est immédiat pour $\operatorname{Re}\pi' = w\lambda_0$. Comme la condition (3) définit un ensemble convexe, elle est donc vérifiée pour $\operatorname{Re}\pi' \in S$. De même pour la série d'Eisenstein, il suffit de voir, que:

$$(4) \qquad < \operatorname{Re}\pi', \check{\alpha} > \, > \, < \rho^{P'}_{P^w}, \check{\alpha} >,$$

pour tout $\alpha \in R^+(T_{wMw^{-1}}, M')$ où $\rho^{P'}_{P^w}$ est la demi-somme des racines de $T_{wMw^{-1}}$ dans $\operatorname{Lie} M' \cap U^w$. C'est immédiat si $\operatorname{Re}\pi' = \mu_0 + \nu_0$ par hypothèse sur ν_0. Si $\operatorname{Re}\pi' = w\lambda_0$, remarquons que l'on a:

$$< \rho^{P'}_{P^w}, \check{\alpha} > = < \rho_{P^w}, \check{\alpha} > \leq < w\rho_P, \check{\alpha} >,$$

(cf. II.1.6., démonstration de (iv)). Il suffit donc de voir que:

$$< w\lambda_0, \check{\alpha} > \; > \; < w\rho_P, \check{\alpha} >,$$

ou encore: $< \lambda_0 - \rho_P, w^{-1}\check{\alpha} >> 0$, ce qui résulte de l'hypothèse sur λ_0 et du fait que $w^{-1}\alpha > 0$ puisque $w \in W(M, M')$. Ici encore la condition (4) définit un convexe et est donc vérifiée pour $\operatorname{Re}\pi' \in S$.

La fonction:

$$\pi' \mapsto E^{M'}(M(w, w^{-1}\pi')\phi(w^{-1}\pi'), \pi', g)$$

est holomorphe dans $\{\pi' \in w\mathfrak{P} | \operatorname{Re}\pi' \in S\}$, bornée si k est un corps de fonctions et à décroissance rapide si k est un corps de nombres. On peut donc déplacer la base d'intégration le long de S (voir plus loin au chapitre 4 le théorème des résidus) et on obtient:

$$I_w(g) = \int_{\pi' \in w\mathfrak{P} | \operatorname{Re}\pi' = \mu_0 + \nu_0} E^{M'}(M(w, w^{-1}\pi')\phi(w^{-1}\pi'), \pi', g) d\pi',$$

ou encore:

$$I_w(g) = \int_{\pi'_w \in D^{\bullet}_{w,\mu_0}} \int_{\substack{\pi' \in [\pi'_w]_{M'} \\ \operatorname{Re}\pi' = \mu_0 + \nu_0}} E^{M'}(M(w, w^{-1}\pi')\phi(w^{-1}\pi'), \pi')(g) d\pi' d\pi'_w.$$

L'intégrale intérieure n'est autre que $\theta^{M'}_{\phi}(\pi'_w, g)$ d'où:

$$I_w(g) = \int_{\pi'_w \in D^{\bullet}_{w,\mu_0}} \theta^{M'}_{\phi}(\pi'_w, g) d\pi'_w,$$

ce qui conduit à l'égalité de l'énoncé.

II.2.3. Fin du calcul du produit scalaire

On utilise II.2.2 (iii), en échangeant les rôles de M et M'; par symétrie, on suppose que le rang semi-simple de M' est inférieur ou égal à celui de M. Sous cette hypothèse, $W(M, M')$ est l'ensemble des éléments w de W de longueur minimale dans leur classe à droite modulo le groupe de Weyl de M vérifiant: $wMw^{-1} = M'$. D'où:

$$< \theta_{\phi'}, \theta_\phi > = \sum_{w \in W(M,M')} \int_{U(\mathbb{A})M(k)Z_{\mathbf{G}}\backslash \mathbf{G}} \epsilon F(\phi)(g) \times$$
$$\int_{\pi | -w\overline{\pi} \in \mathfrak{P}', \mathrm{Re}\,\pi = \lambda_0} \overline{M(w^{-1}, -w\overline{\pi})\phi'(-w\overline{\pi})(g)} d\pi dg$$

où λ_0 est dans le cône très positif.

On peut échanger les intégrales. Or on a:

$$\int_{U(\mathbb{A})M(k)Z_{\mathbf{G}}\backslash \mathbf{G}} \epsilon F(\phi)(g)\overline{M(w^{-1}, -w\overline{\pi})\phi'(-w\overline{\pi})(g)} dg =$$
$$\int_{\mathbf{K} \times (M(k)Z_{\mathbf{G}}\backslash \mathbf{M})} m^{-2\rho_P} \epsilon F(\phi)(mk)\overline{M(w^{-1}, -w\overline{\pi})\phi'(-w\overline{\pi})(mk)} dm\, dk.$$

On doit calculer, pour tout π tel que $-w\overline{\pi} \in \mathfrak{P}'$, la projection de la fonction $m \mapsto m^{-2\rho_P}\epsilon F(\phi)(mk)$ sur la composante π-isotypique. On calcule cette projection en intégrant d'abord sur le centre de $\mathbf{M}$ contre le caractère central de π, noté χ. Avec II.1.3 et les formules d'inversion de Fourier, on obtient, pour $\pi_0 \in \mathfrak{P}$ de partie réelle λ_0:

$$\int_{Z_{\mathbf{M}} \cap \mathbf{M}^1 Z_{\mathbf{G}} \backslash Z_{\mathbf{M}}} \int_{\lambda \in \mathrm{Im}\ X_M^{\mathbf{G}} / \mathrm{Fix}_{X_M^{\mathbf{G}}} \mathfrak{P}} \phi(\rho \otimes \lambda_0 \otimes \lambda)(zmk)\chi(z)^{-1} dz\, d\lambda$$
$$= \sum_{\pi' \in \mathfrak{C}} \phi(\pi')(mk),$$

où $\mathfrak{C}$ est l'ensemble des éléments de $\mathfrak{P}$ de caractère central χ et de partie réelle λ_0. Cet ensemble est fini et il est même un espace homogène sous $X_M^{\mathbf{M}}$. Ainsi cette projection est nulle sauf si $\pi \in \mathfrak{C}$. Dans ce cas, elle vaut: $m \mapsto \phi(\pi)(mk)$. Or on a: $\pi \in \mathfrak{C}$ si et seulement si $-w\overline{\pi} \in \mathfrak{P}'$ ou encore $w\pi \in \mathfrak{P}'$. Cela entraine qu'il faut: $w(M', \mathfrak{P}') = (M, \mathfrak{P})$ (rappelons que $\mathrm{Re}\,\pi = \lambda_0$). D'où le résultat annoncé.

II.2.4. Décomposition de $L^2(G(k)\backslash \mathbf{G})_\xi$ suivant le support cuspidal

Soit ξ un caractère unitaire de $Z_{\mathbf{G}}$. On note $\mathfrak{E}$ l'ensemble des classes d'équivalence parmi les couples $(M, \mathfrak{P})$ formés d'un Levi standard de G, noté M, et d'une classe d'équivalence de représentations cuspidales de $\mathbf{M}$ dont la restriction à $Z_{\mathbf{G}}$ est ξ. Pour $\mathfrak{X} \in \mathfrak{E}$, on note $L^2(G(k)Z_{\mathbf{G}}\backslash \mathbf{G})_{\mathfrak{X}}$

le sous-espace fermé de $L^2(G(k))\backslash\mathbf{G})_\xi$ engendré par les pseudo-séries d'Eisenstein θ_ϕ où ϕ parcourt $P_{(M',\mathfrak{P}')}$ et où $(M',\mathfrak{P}')$ décrit $\mathfrak{X}$. Alors, on a:

Proposition: *Avec les notations précédentes, on a:*

$$L^2(G(k)\backslash\mathbf{G})_\xi = \hat{\oplus}_{\mathfrak{X}\in\mathfrak{E}} L^2(G(k)\backslash\mathbf{G})_{\mathfrak{X}},$$

où la somme est orthogonale.

Cela résulte immédiatement de II.1.8 et II.2.1.

II.2.5. En conservant les hypothèses du lemme II.2.2, on a:

Lemme: *soit f une fonction lisse à croissance modérée sur*

$$M'(k)U'(\mathbb{A})\backslash\mathbf{G},$$

se transformant sous $Z_{\mathbf{G}}$ selon un caractère unitaire et soient

$$T \in \mathfrak{a}_{M_0}, R > \|\rho_P\| \text{ et } \mu_0 \in \operatorname{Re} X_{M'}^{\mathbf{G}}.$$

On suppose que R est assez grand, ainsi que $< \mu_0, \check{\alpha} >$ pour tout $\alpha \in R^+(T_M, G)$ (ces conditions dépendant de f). Alors l'intégrale suivante est convergente (notation de II.2.2):

$$\int_{Z_{\mathbf{G}}M'(k)U'(\mathbb{A})\backslash\mathbf{G}} \sum_{w\in W(M,M')} \int_{D^\bullet_{w,\mu_0}} |f(g)|\hat{\tau}_{P'}(\log_{M'} g - T) \quad \times$$

$$|\theta_\phi^{M'}(\pi'_w, g)|d\pi'_w dg,$$

(cf. I.2.11 pour la définition de $\hat{\tau}_{P'}$).

Il suffit de considérer l'intégrale correspondant à un $w \in W(M,M')$ fixé. En utilisant la définition de $\theta_\phi^{M'}(\pi', g)$, un dévissage nous ramène à l'intégrale:

$$\int_{(Z_{\mathbf{G}}(P^w\cap M')(k)U'(\mathbb{A}))\backslash\mathbf{G}} |f(g)|\hat{\tau}_{P'}(\log_{M'} g - T) \quad \times$$

$$(1) \qquad \int_{D^\bullet_{w,\mu_0}} |\epsilon F^{M'}(\phi)(\pi'_w; g)|d\pi'_w dg.$$

On peut remplacer le domaine d'intégration par $Z_{\mathbf{G}}P^w(k)\backslash\mathbf{G}$, puis par $S^{P^w} \cap \mathbf{G}^c$ (cf. I.2.1) et écrire $g = amuk$ avec

$$a \in A_{wMw^{-1}}, m \in \mathbf{M}^c_w w^{-1},\ u \in U^w(\mathbb{A}), k \in \mathbf{K}$$

(la mesure dg devient $(am)^{-2\rho_{P^w}} da\ dm\ du\ dk$). Quand

$$g = amuk \in S^{P^w} \cap \mathbf{G}^c,$$

on peut améliorer la majoration de $\epsilon F^{M'}\phi(\pi'_w, g)$ établie dans la démonstration de II.2.2 de la façon suivante: pour tout $n \in \mathbb{N}$ et tout $\nu \in$

$\operatorname{Re} X_{M_0}^{wMw^{-1}}$, il existe $c > 0$ tel que:

$$|\epsilon F^{M'}(\phi)(\pi'_w; amuk)| \leq$$
$$c(1 + \| \operatorname{proj}_{X_{M'}} \operatorname{Im} \pi'_w \|)^{-n} a^{\mu_0 + \rho_{P^w}} \exp(-R' \| \log_{wMw^{-1}}^{M'} a \|) m^{\nu},$$

pour $amuk \in S^{P^w} \cap \mathbf{G}^c$. Il suffit de reprendre le raisonnement de II.2.2 et de se rappeler que $\mathfrak{P}$ est formé de représentations cuspidales, ce qui permet d'introduire le terme m^{ν}. Comme f est à croisance modérée, il existe N tel que:

$$|f(amuk)| \leq \|a\|^N \|m\|^N, \forall\ amuk \in S^{P^w} \cap \mathbf{G}^c.$$

En choisissant ν assez négatif, on voit que dans l'intégrale (1), l'intégrale partielle en (m, u, k, π'_w) est convergente et majorée par:

$$c a^{\mu_0 + \rho_{P^w}} \|a\|^N \exp(-R' \| \log_{wMw^{-1}}^{M'} a \|).$$

Quitte à accroitre N, on fait rentrer les termes $a^{\rho_{P^w}}$ dans $\|a\|^N$ et il reste à voir que l'intégrale suivante est convergente:

$$J := \int_{A_{\mathbf{G}} \backslash A_{wMw^{-1}} \cap \mathbf{G}^c} a^{\mu_0} \|a\|^N \hat{\tau}_{P'}(\log_{M'} a - T) \exp(-R \| \log_{wMw^{-1}}^{M'} a \|) da.$$

On voit que l'application:

$$A_{\mathbf{M}'} \cap \mathbf{G}^c \times A_{wMw^{-1}} \cap \mathbf{M'}^1 \to A_{\mathbf{G}} \backslash A_{wMw^{-1}} \cap \mathbf{G}^c$$

est injective et de conoyau fini. On peut essentiellement se limiter à intégrer sur l'ensemble de gauche. Choisissons N' et N'' et c de sorte que:

$$\|a'a''\|^N \leq c \|a'\|^{N'} \|a''\|^{N''}.$$

Alors J est majorée par le produit des deux intégrales:

$$J'' := \int_{A_{wMw^{-1}} \cap \mathbf{M'}^1} \|a''\|^{N''} \exp(-R \| \log_{wMw^{-1}}^{M'} a'' \|) da'',$$

$$J' := \int_{A_{M'} \cap \mathbf{G}^c} \hat{\tau}_{P'}(\log_{M'} a' - T) a'^{\mu_0} \|a'\|^{N'} da'.$$

La première converge pour R assez grand. Dans la seconde, posons:

$$\log_{M'}^G a' := \sum_{\alpha \in \Delta_{M'}} h_\alpha \check{\alpha}, \quad \log_{M'}^G T = \sum_{\alpha \in \Delta_{M'}} t_\alpha \check{\alpha},$$

où h_α appartient à $\mathbb{R}$ si k est un corps de nombres, à un certain sous-groupe monogène de $\mathbb{R}$ si k est un corps de fonctions. Introduisons des N'_α de sorte que:

$$\|a'\|^{N'} \leq \exp \sum |h_\alpha| N'_\alpha.$$

Alors J' est bornée par:

$$\prod_{a\in\Delta_{M'}} \int_{h_\alpha > t_\alpha} \exp(h_\alpha(N'_\alpha + < \mu_0, \check{\alpha} >))dh_\alpha.$$

Ces intégrales sont convergentes pourvu que $< -\mu_0, \check{\alpha} >$ soit assez grand. □

III

Opérateurs Hilbertiens et formes automorphes

III.1. Opérateurs Hilbertiens

III.1.1. Une famille d'opérateurs

Fixons une classe d'équivalence $\mathfrak{X}$ de couples $(M, \mathfrak{P})$ où M est un Lévi standard de G et $\mathfrak{P}$ une orbite sous $X_M^{\mathbf{G}}$ de représentations automorphes cuspidales irréductibles de $\mathbf{M}$, pour l'équivalence définie au II.2.1. On note $\tilde{\mathfrak{X}}$ l'ensemble des couples (M, π), où π est une représentation automorphe cuspidale irréductible de $\mathbf{M}$, tels que si $\mathfrak{P}$ est l'orbite de π, on ait $(M, \mathfrak{P}) \in \mathfrak{X}$. Notons ξ le caractère de $Z_{\mathbf{G}}$, restriction à $Z_{\mathbf{G}}$ du caractère central de π, pour n'importe quel couple $(M, \pi) \in \tilde{\mathfrak{X}}$. Fixons un réel R tel que si $(M, \mathfrak{P}) \in \mathfrak{X}$ et si P est le sous-groupe parabolique standard de G de Lévi M, on ait $R > \|\rho_P\|$ (la norme $\|\rho_P\|$ est la même pour tous les couples $(M, \mathfrak{P}) \in \mathfrak{X}$). Notons $\Theta_{\mathfrak{X}}^R$ l'espace engendré par les fonctions θ_φ pour $\varphi \in P_{(M,\mathfrak{P})}^R$ et $(M, \mathfrak{P}) \in \mathfrak{X}$. Dans le cas où ξ est unitaire, on note $L_{\mathfrak{X}}^2$ sa clôture dans $L^2(G(k)\backslash\mathbf{G})_\xi$ (cet espace $L_{\mathfrak{X}}^2$ est indépendant de R).

Introduisons l'espace $H_{\mathfrak{X}}^R$ dont les éléments sont les fonctions f définies sur $\tilde{\mathfrak{X}}^R := \{(M, \pi) \in \tilde{\mathfrak{X}}; \|\operatorname{Re}\pi - \operatorname{Re}\xi\| < R\}$, qui à (M, π) associent un élément $f(M, \pi) \in \operatorname{End}_{\mathbf{M}}\Big(A_0(M(k)\backslash\mathbf{M})_\pi\Big)$ (cf. I.3.3; ce dernier espace est de dimension finie), et qui vérifient

(i) f est holomorphe sur $\tilde{\mathfrak{X}}^R$. C'est-à-dire fixons $(M, \pi) \in \tilde{\mathfrak{X}}$ et considérons la fonction $\lambda \mapsto f(M, \pi \otimes \lambda)$ définie sur un certain sous-ensemble de $X_M^{\mathbf{G}}$. On peut identifier $A_0(M(k)\backslash\mathbf{M})_{\pi\otimes\lambda}$ à l'espace

$A_0(M(k)\backslash \mathbf{M})_\pi$, qui est indépendant de λ, par l'application qui à la fonction φ associe la fonction $m \mapsto m^{-\lambda}\varphi(m)$. On note $(-\lambda)$ cette opération. Alors on veut que la fonction

$$\lambda \longmapsto f_{M,\pi}(\lambda) := (-\lambda) \circ f(M, \pi \otimes \lambda) \circ \lambda$$

soit holomorphe;

(ii) si k est un corps de fonctions, resp. de nombres, f est bornée, resp. à croissance lente. C'est-à-dire que la fonction $f_{M,\pi}$ définie au (i) est bornée sur $\{\lambda \in X_M^{\mathbf{G}}; \| \operatorname{Re} \pi \otimes \lambda - \operatorname{Re} \xi \| < R\}$, resp. il existe $c > 0$ et $n \in \mathbb{N}$ tels que l'on ait

$$|f_{M,\pi}(\lambda)| < c(1 + \|\lambda\|)^n$$

dans ce domaine, où la valeur absolue du membre de gauche est une norme fixée sur l'espace de dimension finie $\operatorname{End}_{\mathbf{M}}(A_0(M(k)\backslash \mathbf{M})_\pi)$;

(iii) soient (M, π), $(M', \pi') \in \tilde{\mathfrak{X}}$, $w \in G(k)$ tels que

$$wMw^{-1} = M', w\pi = \pi';$$

la conjugaison par w induit un isomorphisme, noté $\operatorname{ad}(w)$

$$A_0(M(k)\backslash \mathbf{M})_\pi \xrightarrow{\operatorname{ad}(w)} A_0(M'(k)\backslash \mathbf{M})'_\pi.$$

Alors on a l'égalité

$$f(M, \pi) = \operatorname{ad}(w)^{-1} \circ f(M', \pi') \circ \operatorname{ad}(w).$$

Remarques

(1) D'après (iii), la fonction f est déterminée par la donnée de $f_{M,\pi}$ pour un seul couple $(M, \pi) \in \tilde{\mathfrak{X}}$;

(2) $H_{\mathfrak{X}}^R$ est une algèbre pour le produit défini par

$$(f_1 f_2)(M, \pi) = f_1(M, \pi) \circ f_2(M, \pi);$$

(3) $H_{\mathfrak{X}}^R$ contient la sous-algèbre $H_{\mathfrak{X},\mathbb{C}}^R$ des éléments à valeurs dans les homothéties, qui s'identifient à des fonctions à valeurs dans $\mathbb{C}$.

III.1.2. Opération sur les pseudo-séries d'Eisenstein

Remarquons que si $P = MU$ est un parabolique standard et π une représentation cuspidale irréductible de $\mathbf{M}$, $\operatorname{End}_{\mathbf{M}}(A_0(M(k)\backslash \mathbf{M})_\pi)$ s'identifie à une sous-algèbre de $\operatorname{End}_{\mathbf{G}}(A_0(M(k)U(\mathbb{A})\backslash \mathbf{G})_\pi)$ par $(u(\varphi))_k = u(\varphi_k)$ pour $u \in \operatorname{End}_{\mathbf{M}}(A_0(M(k)\backslash \mathbf{M})_\pi)$, $\varphi \in A_0(M(k)U(\mathbb{A})\backslash \mathbf{G})_\pi$, $k \in \mathbf{K}$, cf. I.2.12 pour la définition de φ_k.

Cela étant, soit $(M, \mathfrak{P}) \in \mathfrak{X}$ (cf. III.1.1). Alors $H_{\mathfrak{X}}^R$ agit sur $P_{(M,\mathfrak{P})}^R$ par

$$(f\varphi)(\pi) = f(M, \pi)(\varphi(\pi)),$$

pour $\pi \in \mathfrak{P}, \| \operatorname{Re} \pi - \operatorname{Re} \xi \| < R$, $f \in H_{\mathfrak{X}}^R, \varphi \in P_{(M,\mathfrak{P})}^R$. Pour un Lévi M

et une orbite $\mathfrak{P}$ de représentations de $\mathbf{M}$, notons $-\overline{\mathfrak{P}} = \{-\overline{\pi}; \pi \in \mathfrak{P}\}$. Posons $-\overline{\mathfrak{X}} = \{(M, -\overline{\mathfrak{P}}); (M, \mathfrak{P}) \in \mathfrak{X}\}$. On définit une application $f \mapsto f^*$ de $H^R_{\mathfrak{X}}$ dans $H^R_{-\overline{\mathfrak{X}}}$ par

$$f^*(M, \pi) = f(M, -\overline{\pi})^*,$$

où le deuxième $*$ désigne l'adjonction. On vérifie sur la formule du produit scalaire que pour $(M, \mathfrak{P}) \in \mathfrak{X}, (M', \mathfrak{P}') \in -\overline{\mathfrak{X}}, \varphi \in P^R_{(M,\mathfrak{P})}, \varphi' \in P^{R'}_{(M',\mathfrak{P}')}, f \in H^R_{\mathfrak{X}}$, on a

$$\langle \theta_{\varphi}, \theta_{f\varphi} \rangle = \langle \theta_{f^*\varphi'}, \theta_{\varphi} \rangle.$$

On en déduit que l'application $\varphi \mapsto f\varphi$ "passe au quotient" par l'application $\varphi \longmapsto \theta_{\varphi}$ et définit une application $\Delta_{\theta}(f) \in \mathrm{End}\Theta^R_{\mathfrak{X}}$. Cette application commute aux translations à droite par des élements de $\mathbf{G}$ (ou de Lie $\mathbf{G}_{\infty}$ etc...). Dans le cas où ξ est unitaire, un problème est de savoir si cette opération se prolonge à $L^2_{\mathfrak{X}}$.

III.1.3. Transformations des espaces de Hilbert

Rappelons quelques définitions concernant les transformations dans les espaces de Hilbert. Soit H un espace de Hilbert. Une transformation (linéaire) de H est un couple (D, T) où D est un sous-espace vectoriel de H et $T \in \mathrm{Hom}_{\mathbb{C}}(D, H)$. On dit que D est le domaine de T. On dit que deux transformations (D, T) et (D', T') sont préadjointes si pour tous $h \in D,\ h' \in D'$, on a

$$< h', Th > = < T'h', h > .$$

Soit (D, T) une transformation. Supposons D dense dans H. Soit D^* l'ensemble des $h' \in H$ tels qu'il existe h'' vérifiant

$$< h'', h > = < h', Th >$$

pour tout $h \in D$. Pour $h' \in D^*$, le h'' est unique, on définit $T^* : D^* \to H$ par $T^*h' = h''$. Alors (D^*, T^*) est une transformation appelée l'adjointe de (D, T), c'est la plus grande des transformations préadjointes à (D, T). On dit que (D, T) est autoadjointe si $D = D^*,\ T = T^*$.

Soient (D, T) une transformation, $V \subset H \times H$ l'adhérence de

$$\{(h, Th);\ h \in D\}.$$

Supposons qu'il existe $(\hat{D}, \hat{T})$ tel que $V = \{(h, \hat{T}h);\ h \in \hat{D}\}$. On dit alors que $(\hat{D}, \hat{T})$ est la clôture de (D, T). En particulier si (D, T) admet une transformation préadjointe de domaine dense, sa clôture existe. On dit qu'une transformation est fermée si elle est égale à sa clôture. C'est le cas d'une transformation autoadjointe.

Soit (D, T) une transformation. On dit que T est bornée s'il existe c tel que $\|Th\| \leq c\|h\|$ pour tout $h \in D$. Supposons T bornée et de plus D

dense dans H. Alors la clôture de (D, T) existe, a pour domaine H tout entier et est encore bornée. L'adjointe de (D, T) existe et a les mêmes propriétés (cf. [St] th. 2.23 et 2.30).

III.1.4. Opérateurs bornés

On suppose ξ unitaire. Il résulte de la formule d'adjonction que la transformation $(\Theta_{\mathfrak{X}}^R, \Delta_\theta(f))$ de $L^2_{\mathfrak{X}}$ (cf. III.1.2) admet une clôture $(D_f, \Delta(f))$ que nous noterons plus simplement $\Delta(f)$. Elle commute aux translations à droite par des éléments de $\mathbf{G}$.

Lemme. *Soit $f \in H_{\mathfrak{X}}^R$. Supposons f bornée. Alors $D_f = L^2_{\mathfrak{X}}$ et $\Delta(f)$ est bornée.*

$\mathbb{P}$ Comme f, et donc aussi f^*, est bornée, on peut choisir $c > 0$ de sorte que les valeurs propres de l'élément

$$c - f^*(M, \pi) f(M, \pi)$$

de $\mathrm{End}_{\mathbf{M}}(A_0(M(k)\backslash\mathbf{M})_\pi)$ aient des parties réelles > 0, pour tout

$$(M, \pi) \in \mathfrak{X}^R.$$

On peut extraire la racine carrée d'un tel endomorphisme, de façon unique si l'on impose que les valeurs propres restent de partie réelle > 0. On peut ainsi définir une fonction g telle que

$$g(M, \pi)^2 = c - f^*(M, \pi) f(M, \pi).$$

Par unicité, g vérifie la condition (iii) de III.1.1, donc $g \in H_{\mathfrak{X}}^R$. Toujours par unicité, on a l'égalité $g = g^*$. Alors pour $\psi \in \Theta_{\mathfrak{X}}^R$, on a

$$\begin{aligned} \|\Delta_\theta(f)\psi\|^2 &= < \Delta_\theta(f^*)\Delta_\theta(f)\psi, \psi > \\ &= c\|\psi\|^2 - < \Delta_\theta(g^*)\Delta_\theta(g)\psi, \psi > \\ &= c\|\psi\|^2 - \|\Delta_\theta(g)\psi\|^2 \\ &\le c\|\psi\|^2, \end{aligned}$$

donc $\Delta_\theta(f)$ est bornée, ce qui implique le lemme. □

On note $H_{\mathfrak{X},b}^R$ l'ensemble des $f \in H_{\mathfrak{X}}^R$ bornées. Pour $f \in H_{\mathfrak{X},b}^R$, $\Delta(f)$ a donc L^2 pour domaine; on a $f^* \in H_{\mathfrak{X},b}^R$ et $\Delta(f^*)$ est l'adjoint de $\Delta(f)$.

III.1.5. Adjonction d'opérateurs non bornés

Le lemme précédent règle le cas des corps de fonctions puisqu'alors $H_{\mathfrak{X}}^R = H_{\mathfrak{X},b}^R$. Dans le cas d'un corps de nombres, il est nécessaire de travailler avec des transformations non bornées. Il serait tentant de démontrer que pour tout $f \in H_{\mathfrak{X}}^R$, $\Delta(f^*)$ est l'adjoint de $\Delta(f)$, mais nous ne savons pas le faire. On a en tout cas:

Lemme. *Soient $f \in H^R_{\mathfrak{X}}$, $z \in \mathbb{C}$ et $c > 0$. Supposons que pour tout $(M,\pi) \in \tilde{\mathfrak{X}}^R$, $f(M,\pi) - z$ soit inversible et que l'on ait*

$$\|(f(M,\pi) - z)^{-1}\| < c.$$

Alors $\Delta(f)$ et $\Delta(f^*)$ sont adjoints l'un de l'autre.

$\mathbb{P}$. Définissons une fonction g par $g(M,\pi) = (f(M,\pi) - z)^{-1}$. Alors $g \in H^R_{\mathfrak{X}}$ et même $g \in H^R_{\mathfrak{X},b}$. La transformation $\Delta(g)$ a donc $L^2_{\mathfrak{X}}$ pour domaine. Posons $D = \Delta(g)(L^2_{\mathfrak{X}})$. L'application $\Delta(g) : L^2_{\mathfrak{X}} \to D$, est bijective. En effet soit $\psi \in L^2_{\mathfrak{X}}$ tel que $\Delta(g)\psi = 0$, soit $(\psi_n)_{n\in\mathbb{N}}$ une suite d'éléments de $\Theta^R_{\mathfrak{X}}$ telle que $\lim_{n\to\infty}\psi_n = \psi$, posons $\psi'_n = \Delta_\theta(f^*)\psi_n - \bar{z}\psi_n$. On a $\Delta(g^*)\psi'_n = \psi_n$, d'où

$$0 = <\Delta(g)\psi, \psi'_n> = <\psi, \Delta(g^*)\psi'_n> = <\psi, \psi_n>,$$

et

$$0 = \lim_{n\to\infty} <\psi,\psi_n> = \|\psi\|^2,$$

d'où $\psi = 0$. On peut donc définir $\Delta(g)^{-1} : D \to L^2_{\mathfrak{X}}$. On vérifie alors que $\Delta(f)$ a pour domaine D et est égal à $\Delta(g)^{-1} + z$. On définit de façon analogue D^* et $\Delta(g^*)^{-1} : D^* \to L^2_{\chi}$. Alors $\Delta(f^*)$ a pour domaine D^* et est égal à $\Delta(g^*)^{-1} + \bar{z}$. Il reste à vérifier que les transformations $(D, \Delta(g)^{-1}+z)$ et $(D^*, \Delta(g^*)^{-1}+\bar{z})$ sont adjointes, ce qui est aisé. □

Supposons que k est un corps de nombres. Rappelons que l'on a muni $\mathfrak{a}^*_{M_0}$ d'une forme bilinéaire (,) prolongeant linéairement le produit scalaire sur $\mathrm{Re}\,\mathfrak{a}^*_{M_0}$. D'autre part si M est un sous-groupe de Lévi standard de G et π une représentation irréductible de $\mathbf{M}$, on définit un terme $\lambda_\pi \in \mathfrak{a}^*_M$ en restreignant le caractère central de π à $A_{\mathbf{M}}$ et en utilisant le fait que $\mathfrak{a}^*_M$ est naturellement isomorphe au groupe des caractères de $A_{\mathbf{M}}$. Définissons une fonction f sur $\tilde{\mathfrak{X}}^R$

$$f(M,\pi) = (\lambda_\pi, \lambda_\pi).$$

Alors $f \in H^R_{\mathfrak{X},\mathbf{C}}$. On note simplement Δ la transformation associée. Comme $f = f^*$ et comme f vérifie l'hypothèse du lemme précédent (car $\mathrm{Re} f(M,\pi) < R^2$), la transformation Δ est autoadjointe.

III.1.6. Projections spectrales

Rappelons les propriétés qui nous seront utiles des transformations autoadjointes. Soient H un espace de Hilbert et (D,Δ) une transformation autoadjointe de H (D est supposé dense dans H). Soit $\mathcal{Q}$ l'ensemble des $z \in \mathbb{C}$ tels que $\Delta - z : D \to H$ soit bijectif, d'inverse borné. On montre que $\mathcal{Q}$ est ouvert et contient $\mathbb{C} - \mathbb{R}$. L'ensemble $\mathbb{C} - \mathcal{Q}$ est appelé le spectre de Δ et pour $z \in \mathcal{Q}$, $(\Delta - z)^{-1}$ est appelée la résolvante de Δ.

Pour tout $x \in \mathbb{R}$, on peut définir un sous-espace fermé $H_x \subset H$ de sorte que si l'on note $p_x : H \to H_x$ la projection orthogonale, les propriétés suivantes soient vérifiées:

(i) $x \leq x' \Longrightarrow H_x \subset H_{x'}$;

(ii) $H_x = \bigcap_{x'>x} H_{x'}$;

(iii) $\bigcap_x H_x = \{0\}, \bigcup_x H_x$ est dense dans H;

(iv) pour tous $h \in D$, $h' \in H$, $< h', \Delta h > = \int_{-\infty}^{+\infty} x d < h', p_x h >$ l'intégrale étant prise au sens de Stieltjes (cf. [St] §V.1).

On a aussi

(v) Pour $h \in D$, $< \Delta h, \Delta h > = \int_{-\infty}^{+\infty} x^2 \, d < h, p_x h >$;

(vi) pour $h \in H$, $< h, h > = \int_{-\infty}^{+\infty} d < h, p_x h >$;

(vii) pour $z \in \mathcal{Q}$, $h, h' \in H$, ,

$$< h', (\Delta - z)^{-1} h > = \int_{-\infty}^{+\infty} (x - z)^{-1} d < h', p_x h > .$$

Notons H_{x-0} la clôture de $\bigcup_{x'<x} H_{x'}$ et p_{x-0} la projection orthogonale sur H_{x-0}. Alors pour $x < x'$, $h, h' \in H$, on a

(viii)

$$\begin{aligned} &< h', p_{x'} h > + < h', p_{x'-0} h > - < h', p_x h > - < h', p_{x-0} h > \\ &\qquad = \lim_{\varepsilon \to 0} -(\pi \mathrm{i})^{-1} \int_{\Gamma(x,x',\varepsilon)} < h', (\Delta - z)^{-1} h > dz, \end{aligned}$$

où $\Gamma(x, x', \varepsilon)$ est le contour:

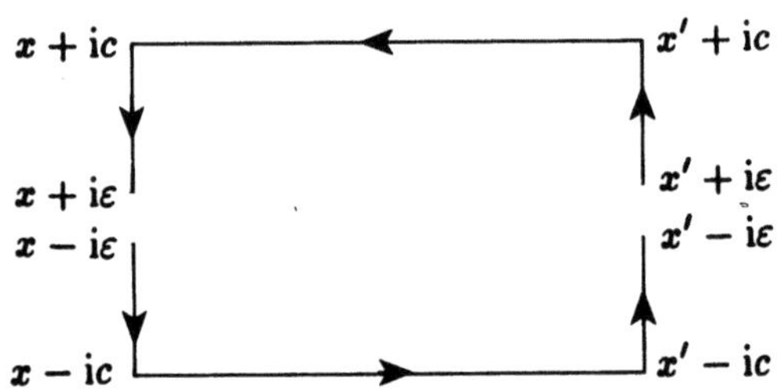

c étant n'importe quel nombre > 0 fixé.

On appelle point de continuité de (H_x) un point x tel que $H_x = H_{x-0}$. Leur complémentaire dans $\mathbb{R}$ est dénombrable.

Remarque. Nous appliquerons la formule (viii) dans la situation suivante: on suppose qu'il existe un réel $R > 0$ tel que le spectre de Δ est inclus dans $]-\infty, R]$; on se donne un réel T "très grand"; on suppose que $-T$ est un point de continuité de (H_x); posons $q_T = 1 - p_{-T}$; fixons

$R' > R$; on a $1 = p'_R = p_{R'-0}$, et la formule (viii) nous donne

$$< h', q_T h > = \lim_{\varepsilon \to 0} -(2\pi i)^{-1} \int_{\Gamma(-T,R',\varepsilon)} < h', (\Delta - z)^{-1} h > dz.$$

III.1.7. Transformations de $L^2(G(k)\backslash \mathbf{G})_\xi$

On peut regrouper les constructions de III.1.1 de la façon suivante. Soit ξ un caractère de $Z_{\mathbf{G}}$. Introduisons les espaces

$$\Theta_\xi^R = \oplus \Theta_{\mathfrak{X}}^R, H_\xi^R = \oplus H_{\mathfrak{X}}^R,$$

où on somme sur les classes $\mathfrak{X}$ dont ξ est le caractère associé et où il s'agit de sommes directes algébriques. Pour $f \in H_\xi^R$, on définit un élément $\Delta_\theta(f) \in \operatorname{End} \Theta_\xi^R$. On définit de façon évidente les espaces $H_{\xi,b}^R$, $H_{\xi,\mathbb{C}}^R$. On définit encore

$$\Theta_\xi = \oplus \Theta_{\mathfrak{X}}$$

où $\Theta_{\mathfrak{X}}$ est l'analogue de $\Theta_{\mathfrak{X}}^R$ obtenu en remplaçant dans les définitions les espaces $P_{(M,\mathfrak{P})}^R$ par les espaces $P_{(M,\mathfrak{P})}$.

Supposons ξ unitaire. On sait que l'on a une décomposition en somme directe hilbertienne

$$L^2(G(k)\backslash \mathbf{G})_\xi = \hat{\oplus} L_{\mathfrak{X}}^2,$$

où l'on somme sur le même ensemble de classes que ci-dessus (cf. II.2.4). Pour $f \in H_\xi^R$, on définit une transformation $\Delta(f)$ de $L^2(G(k)\backslash \mathbf{G})_\xi$.

III.2. Une décomposition de l'espace des formes automorphes

III.2.1. Opérateurs sur l'espaces des formes automorphes

Soit ξ un caractère de $Z_{\mathbf{G}}$. Notons ξ^* le caractère défini par $\xi^*(z) = \overline{\xi}(z^{-1})$. Il résulte du lemme II.2.5 appliqué à $M' = G$ que si $\phi \in A(G(k)\backslash \mathbf{G})_\xi$, si R est assez grand relativement à ϕ, alors l'intégrale

$$\int_{Z_{\mathbf{G}} G(k)\backslash \mathbf{G}} \overline{\theta}(g)\phi(g)dg$$

est absolument convergente pour tout $\theta \in \Theta_{\xi^*}^R$. On note $< \theta, \phi >$ le terme ainsi défini.

Proposition *Soient $\phi \in A(G(k)\backslash \mathbf{G})_\xi$ et $R > 0$. Supposons R assez grand relativement à ϕ. Alors pour tout $f \in H_\xi^R$, il existe un unique élément $\Delta(f)\phi \in A(G(k)\backslash \mathbf{G})_\xi$ tel que pour tout $\theta \in \Theta_{\xi^*}$, on ait l'égalité*

$$< \Delta_\theta(f^*)\theta, \phi > = < \theta, \Delta(f)\phi > .$$

La démonstration sera faite au paragraphe III.2.5.

III.2.2. Composantes cuspidales

On va d'abord déterminer ce que doivent être les composantes cuspidales de $\Delta(f)\phi$. Soient donc $\phi \in A(G(k)\backslash\mathbf{G})_\xi$ et $P = MU$ un sous-groupe parabolique standard de G. Soit

$$D(M,\phi) \subset \mathbb{C}[\mathrm{Re}\mathfrak{a}_M^G] \times \Pi_0(\mathbf{M}) \times A_0(M(k)U(\mathbb{A})\backslash\mathbf{G})$$

un ensemble de données cuspidales pour ϕ_P^{cusp} (cf. I.3.3). On a donc l'égalité

$$\phi_P^{\mathrm{cusp}}(g) = \sum_{(Q,\pi,\psi)\in D(M,\phi)} Q(\log_M^G m_P(g))\psi(g)$$

pour tout $g \in \mathbf{G}$. Notons $\Pi_0(\mathbf{M},\phi)$ le support cuspidal de ϕ_P^{cusp} (cf. I.3.3). On suppose $D(M,\phi)$ tel que $\Pi_0(\mathbf{M},\phi)$ soit la projection de $D(M,\phi)$ sur $\Pi_0(\mathbf{M})$. Soit R tel que $R > \|\mathrm{Re}\pi - \mathrm{Re}\xi\|$ pour toute $\pi \in \Pi_0(\mathbf{M},\phi)$ et soit $f \in H_\xi^R$. Nous allons définir une fonction $\Delta_P(f)\phi_P^{\mathrm{cusp}}$. Notons $\Pi_0(\mathbf{M})_\xi$ l'ensemble des $\pi \in \Pi_0(\mathbf{M})$ telles que $\chi_{\pi|Z_\mathbf{G}} = \xi$. Remarquons que $\Pi_0(\mathbf{M},\phi) \subset \Pi_0(\mathbf{M})_\xi$. Pour $\pi \in \Pi_0(\mathbf{M})_\xi$, le terme $f(M,\pi)$ est défini. On a déjà dit que (cf. III.1.2) l'on pouvait l'interpréter comme un élément de

$$\mathrm{End}_\mathbf{G}(A_0(M(k)U(\mathbb{A})\backslash\mathbf{G})_\pi).$$

On peut donc définir $(f(M,\pi)\psi)(g)$ pour $\psi \in A_0(M(k)U(\mathbb{A})\backslash\mathbf{G})_\pi$ et $g \in \mathbf{G}$. Plus généralement, pour $\lambda \in X_M^\mathbf{G}$, définissons $\lambda \circ \psi$ par

$$(\lambda \circ \psi)(g) = m_P(g)^\lambda \psi(g).$$

Alors

$$\lambda \circ \psi \in A_0(M(k)U(\mathbb{A})\backslash\mathbf{G})_{\pi\otimes\lambda}$$

et on peut définir $(f(M,\pi\otimes\lambda)(\lambda\circ\psi))(g)$. D'autre part l'espace des polynômes $\mathbb{C}[\mathrm{Re}\mathfrak{a}_M^G]$ est isomorphe à

$$\mathrm{Sym}(\mathrm{Re}(\mathfrak{a}_M^G)^*) \otimes_\mathbb{R} \mathbb{C}$$

et s'interprète comme un espace de dérivations sur $X_M^\mathbf{G}$: à $\mu \in \mathrm{Re}(\mathfrak{a}_M^G)^*$, on associe la dérivation ∂_μ définie par

$$\partial_\mu F(\lambda) = \frac{d}{dt} F(\lambda + t\mu)_{|t=0},$$

pour toute fonction F sur $X_M^\mathbf{G}$, où l'on identifie $t\mu \in \mathrm{Re}(\mathfrak{a}_M^G)^*$ à un élément de $\mathrm{Re}X_M^\mathbf{G}$. Donc à $Q \in \mathbb{C}[\mathrm{Re}\mathfrak{a}_M^G]$ est associé une dérivation ∂_Q. On vérifie que si l'on fixe $g \in \mathbf{G}$ et que l'on note $m_P(g)^\bullet$ la fonction sur $X_M^\mathbf{G}$ qui en λ vaut $m_P(g)^\lambda$, on a l'égalité

$$(1) \qquad (\partial_Q m_P(g)^\bullet)(\lambda) = Q(\log_M^G m_P(g)) m_P(g)^\lambda.$$

Cela étant, on pose, pour $g \in \mathbf{G}$:

$$(\Delta_P(f)\phi_P^{\mathrm{cusp}})(g) = \sum_{(Q,\pi,\psi)\in D(M,\phi)} \partial_Q(\lambda \longmapsto (f(M,\pi\otimes\lambda)(\lambda\circ\psi))(g))_{|\lambda=0}.$$

On peut vérifier que ce terme ne dépend pas du choix de l'ensemble $D(M,\phi)$. Cela résulte d'ailleurs de la démonstration du lemme ci-dessous.

Lemme. *Soient $\phi, \phi' \in A(G(k)\backslash\mathbf{G})_\xi$, $R > 0$, $f \in H_\xi^R$. On suppose R assez grand. Alors les conditions suivantes sont équivalentes:*

(i) pour tout $\theta \in \Theta_{\xi^*}$, $< \theta, \phi' > = < \Delta_\theta(f^*)\theta, \phi >$;
(ii) pour tout $\theta \in \Theta_{\xi^*}^R$, $< \theta, \phi' > = < \Delta_\theta(f^*)\theta, \phi >$;
(iii) pour tout sous-groupe parabolique standard P de G,

$$\phi_P^{\text{cusp}} = \Delta_P(f)\phi_P'^{cusp}.$$

$\mathbb{P}$. Soient $P = MU$ un sous-groupe parabolique standard de G, $\mathfrak{P}$ une orbite sous $X_M^{\mathbf{G}}$ de représentations cuspidales irréductibles de $\mathbf{M}$ dont les caractères centraux ont ξ^* pour restriction à $Z_{\mathbf{G}}$. Soit $\varphi \in P_{(M,\mathfrak{P})}^R$. Par un calcul immédiat, on a

$$< \theta_\varphi, \phi' > = \int_{Z_{\mathbf{G}} M(k)U(\mathbb{A})\backslash\mathbf{G}} \overline{\varepsilon F\varphi}(g)\phi'_P(g)dg$$

(cf. II.1.3 pour la définition de $\varepsilon F\varphi$). Comme on a seulement $\varphi \in P_{(M,\mathfrak{P})}^R$ et non pas $\varphi \in P_{(M,\mathfrak{P})}$, la fonction $\varepsilon F\varphi$ n'appartient pas à l'espace $C_0(M(k)U(\mathbb{A})\backslash\mathbf{G})_{\xi^*}$ de I.3.4. Mais choisissons une suite $(F_n)_{n\in\mathbb{N}}$ de fonctions sur $Z_{\mathbf{G}}\mathbf{M}^1U(\mathbb{A})\backslash\mathbf{G}$, lisses à supports compacts, telle que

(i) pour tout $g \in \mathbf{G}$, $0 \le F_0(g) \le F_1(g) \le \ldots \le 1$;
(ii) pour tout $g \in \mathbf{G}$, $\lim_{n\to\infty} F_n(g) = 1$.

D'après le théorème de convergence dominée, on a

$$< \theta_\varphi, \phi' > = \lim_{n\to\infty} \int_{Z_{\mathbf{G}} M(k)U(\mathbb{A})\backslash\mathbf{G}} F_n(g)\overline{\varepsilon F\varphi}(g)\phi'_P(g)dg.$$

La fonction $F_n(\varepsilon F\varphi)$ appartient à $C_0(M(k)U(\mathbb{A})\backslash\mathbf{G})_{\xi^*}$. Par définition de $\phi_P'^{\text{cusp}}$, on peut donc remplacer ϕ'_P, par $\phi_P'^{\text{cusp}}$ dans l'intégrale précédente. En passant à la limite, on obtient

$$< \theta_\varphi, \phi' > = \int_{Z_{\mathbf{G}} M(k)U(\mathbb{A})\backslash\mathbf{G}} \overline{\varepsilon F\varphi}(g)\phi_P'^{\text{cusp}}(g)dg,$$

pourvu que cette intégrale soit absolument convergente, ce qui est le cas si R est assez grand, ainsi qu'il résulte des majorations établies au II.1.4.

Supposons démontrée la formule

$$(2) \qquad < \Delta_\theta(f^*)\theta_\varphi, \phi > = \int_{Z_{\mathbf{G}} M(k)U(\mathbb{A})\backslash\mathbf{G}} \overline{\varepsilon F\varphi}(g)(\Delta_P(f)\phi_P^{\text{cusp}})(g)dg.$$

Quand $\mathfrak{P}$ parcourt les orbites dans $\Pi_0(\mathbf{M})_{\xi^*}$ et φ parcourt $P_{(M,\mathfrak{P})}$, $\varepsilon F\varphi$ parcourt un ensemble qui engendre linéairement $C_0(M(k)U(\mathbb{A})\backslash\mathbf{G})_{\xi^*}$. Les deux formules ci-dessus entrainent alors les implications (i) $\Longrightarrow$ (iii)

$\Longrightarrow$ (ii). Comme (ii) $\Longrightarrow$ (i) trivialement, le lemme résulte donc de (2) que nous allons démontrer.

On a comme ci-dessus l'égalité

$$< \Delta_\theta(f^*)\theta_\varphi, \phi > = \int_{Z_{\mathbf{G}} M(k)U(\mathbb{A})\backslash \mathbf{G}} \overline{\varepsilon F(f^*\varphi)}(g)\phi_P^{\text{cusp}}(g)dg.$$

En choisissant un ensemble $D(M,\phi)$ de données cuspidales pour ϕ_P^{cusp}, on obtient

$$< \Delta_\theta(f^*)\theta_\varphi, \phi > =$$

$$\sum_{(Q,\pi,\psi)\in D(M,\phi)} \int_{Z_{\mathbf{G}} M(k)U(\mathbb{A})\backslash \mathbf{G}} \overline{\varepsilon F(f^*\varphi)}(g)Q(\log_M^G m_P(g))\psi(g)dg.$$

Fixons $(Q,\pi,\psi) \in D(M,\phi)$. Pour $\lambda \in X_M^{\mathbf{G}}$, posons

$$I(\varphi,\psi;\lambda) = \int_{Z_{\mathbf{G}} M(k)U(\mathbb{A})\backslash \mathbf{G}} \overline{\varepsilon F\varphi}(g)m_P(g)^\lambda \psi(g)dg.$$

Il résulte de (1) que l'on a l'égalité

$$(3) \qquad < \Delta_\theta(f^*)\theta_\varphi, \phi > = \sum_{(Q,\pi,\psi)\in D(M,\phi)} \partial_Q I(f^*\varphi,\psi;0).$$

Calculons $I(\varphi,\psi;\lambda)$. C'est nul si pour $\pi' \in \mathfrak{P}$, les restrictions de χ_π et $-\overline{\chi}_{\pi'}$ à $Z_{\mathbf{M}}^1 (:= Z_{\mathbf{M}} \cap \mathbf{M}^1)$ sont distinctes (remarquons que la restriction de $\chi_{\pi'}$ à $Z_{\mathbf{M}}^1$ ne dépend pas du choix de π' dans $\mathfrak{P}$): il suffit de décomposer l'intégrale en une intégrale double sur

$$(Z_{\mathbf{G}}(Z_M(k) \cap Z_{\mathbf{M}})\backslash Z_{\mathbf{G}} Z_{\mathbf{M}}^1) \times (Z_{\mathbf{G}} Z_{\mathbf{M}}^1 M(k)U(\mathbb{A})\backslash \mathbf{G}),$$

l'intégrale sur le premier facteur se calculant aisément. Supposons donc les restrictions de χ_π et $-\overline{\chi}_{\pi'}$ à $Z_{\mathbf{M}}^1$ égales, pour $\pi' \in \mathfrak{P}$. On peut écrire

$$I(\varphi,\psi;\lambda) = m \int_{Z_{\mathbf{M}} M(k)U(\mathbb{A})\backslash \mathbf{G}} \int_{Z_{\mathbf{G}} Z_{\mathbf{M}}^1\backslash Z_{\mathbf{M}}} m_P(zg)^\lambda \psi(zg) \times$$

$$\int_{\pi'\in\mathfrak{P}, \mathrm{Re}\pi' = \lambda_0 + \mathrm{Re}\xi^*} \overline{\varphi(\pi')}(zg)d\pi' \; dz \; dg$$

où $m = mes(Z_{\mathbf{G}}(Z_M(k) \cap Z_{\mathbf{M}})\backslash Z_{\mathbf{G}} Z_{\mathbf{M}}^1)$ et $\lambda_0 \in \mathrm{Re}X_M^{\mathbf{G}}$, $\|\mathrm{Re}\lambda_0\| < R$. La double intégrale intérieure se calcule par inversion de Fourier pourvu que $R > \|\mathrm{Re}\pi - \mathrm{Re}\xi\|$. En supposant la mesure sur $Z_{\mathbf{G}} Z_{\mathbf{M}}^1 \backslash Z_{\mathbf{M}}$ convenablement choisie, on obtient

$$I(\varphi,\psi;\lambda) = m \int_{Z_{\mathbf{M}} M(k)U(\mathbb{A})\backslash \mathbf{G}} m_P(g)^\lambda \psi(g) \sum_{\pi'\in\mathfrak{P},\, -\chi_{\pi'} = \chi_\pi + \lambda} \overline{\varphi(\pi')}(g)dg.$$

L'intégrale restante se calcule aisément, on obtient finalement

$$I(\varphi,\psi;\lambda) = \begin{cases} 0, & \text{si } -(\overline{\pi\otimes\lambda}) \notin \mathfrak{P}, \\ m < \varphi(-(\overline{\pi\otimes\lambda})), \lambda\circ\psi >, & \text{si } -(\overline{\pi\otimes\lambda}) \in \mathfrak{P}, \end{cases}$$

où il s'agit du produit naturel sur

$$A_0(M(k)U(\mathbb{A})\backslash\mathbf{G})_{-(\overline{\pi\otimes\lambda})} \times A_0(M(k)U(\mathbb{A})\backslash\mathbf{G})_{\pi\otimes\lambda}.$$

D'où

$$I(f^*\varphi,\psi;\lambda)=\begin{cases}0, & \text{si } -(\overline{\pi\otimes\lambda})\notin\mathfrak{P},\\ m<f^*(-(\overline{\pi\otimes\lambda}))\varphi(-(\overline{\pi\otimes\lambda})),\lambda\circ\psi>, & \text{si } -(\overline{\pi\otimes\lambda})\in\mathfrak{P}.\end{cases}$$

Par définition (cf. III.1.2)

$$\begin{aligned}&< f^*(-(\overline{\pi\otimes\lambda}))\varphi(-(\overline{\pi\otimes\lambda})),\lambda\circ\psi >\\ &\qquad = < f(\pi\otimes\lambda)^*\varphi(-(\overline{\pi\otimes\lambda})),\lambda\circ\psi >\\ &\qquad = < \varphi(-(\overline{\pi\otimes\lambda})), f(\pi\otimes\lambda)(\lambda\circ\psi) >\end{aligned}$$

En remontant le calcul précédent, on obtient alors

$$I(f^*\varphi,\psi;\lambda) = \int_{Z_{\mathbf{G}}M(k)U(\mathbb{A})\backslash\mathbf{G}} \overline{\varepsilon F\varphi}(g)f(\pi\otimes\lambda)(\lambda\circ\psi)(g)dg.$$

En appliquant la formule (3), on obtient

$$< \Delta_\theta(f^*)\theta_\varphi,\phi > =$$

$$\int_{Z_{\mathbf{G}}M(k)U(\mathbb{A})\backslash\mathbf{G}} \sum_{(Q,\pi,\psi)\in D(M,\phi)} \overline{\varepsilon F\varphi}(g)\partial_Q(f(\pi\otimes\lambda)(\lambda\circ\psi)(g))_{|\lambda=0}dg,$$

et il suffit d'appliquer la définition de $\Delta_P(f)\phi_P^{\mathrm{cusp}}$ pour obtenir la formule (2). Cela achève la démonstration. □

III.2.3. Généralisation

L'énoncé III.2.1 peut être généralisé de la façon suivante. Si $P = MU$ est un sous-groupe parabolique standard, de l'énoncé pour M se déduit un énoncé induit en considérant un caractère η de $Z_{\mathbf{M}}$, des fonctions $\phi \in A(M(k)U(\mathbb{A})\backslash\mathbf{G})_\eta$, $f \in H_\eta^{M,R}$ (analogue de H_ξ^R quand on remplace G par M), θ appartenant à l'espace "induit" à partir de $\Theta_{\eta^*}^M$ (analogue de Θ_{ξ^*} quand on remplace G par M) construit à l'aide des espaces $P_{(M',\mathfrak{P}'_M)}$ de II.2.2. On note $\Theta_{\eta^*}^{M,G}$ cet espace "induit".

III.2.4. Une sous-algèbre d'opérateurs

On aura besoin d'une sous-algèbre $H_\xi^{\exp}$ de H_ξ^R que nous allons maintenant introduire. C'est le sous-espace formé des $f \in H_\xi^R$ tels que pour tout couple (M,π), où M est un Lévi standard et π une représentation cuspidale irréductible de $\mathbf{M}$ telle que $\chi_{\pi|Z_{\mathbf{G}}} = \xi$, il existe un entier n et des éléments $m_i \in \mathbf{M}$ et $u_i \in \mathrm{End}_{\mathbf{M}}(A_0(M(k)\backslash\mathbf{M})_\pi)$, pour $i = 1,\dots,n$, de sorte que

$$f_{M,\pi}(\lambda) = \sum_{i=1}^n m_i^\lambda u_i$$

pour tout $\lambda \in X_M^{\mathbf{G}}$ (cf. III.1.1 (i) pour la définition de $f_{M,\pi}$).

Ce sous-espace $H_\xi^{\exp}$ vérifie une propriété de stabilité par restriction. En général si $f \in H_\xi^R$, si M est un Lévi standard et η un caractère de $Z_{\mathbf{M}}$ dont la restriction à $Z_{\mathbf{G}}$ est ξ, on définit f_η qui est la restriction de f aux couples (M', π') tels que $M' \subset M$ et $\chi_{\pi'|Z_{\mathbf{M}}} = \eta$. On a $f_\eta \in H_\eta^{M,R'}$, pourvu que $R' + \|\mathrm{Re}\eta - \mathrm{Re}\xi\| < R$. Si $f \in H_\xi^{\exp}$, on a alors $f_\eta \in H_\eta^{M,\exp}$ (analogue de $H^{\exp}$ quand on remplace G par M). Plus précisément, montrons qu'il existe un entier n et pour $i = 1, \ldots, n$, un caractère η_i de $Z_{\mathbf{M}}$ dont la restriction à $Z_{\mathbf{G}}$ est ξ, un élément $f_i \in H_{\eta_i}^{M,\exp}$ et un élément $m_i \in \mathbf{M}$ de sorte que

(2)

(i) pour tout couple (M', π') tel que $M' \subset M$ et $\chi_{\pi'|Z_{\mathbf{M}}} = \eta_i$, pour tout $\nu \in X_M^{\mathbf{M}}$, on a

$$f_i(M', \pi' \otimes \nu) = m_i^\nu \nu \circ f_i(M', \pi') \circ (-\nu);$$

(ii) pour tout couple (M', π') tel que $M' \subset M$ et $\chi_{\pi'|Z_{\mathbf{M}}} = \eta$, on a

$$f_\eta(M', \pi') = \sum_{i=1}^{n} f_{\eta,i}(M', \pi'),$$

où l'on a posé

$$f_{\eta,i}(M', \pi') = 0,$$

si $\eta - \eta_i$ est non trivial sur $Z_{\mathbf{M}}^1$;

$$f_{\eta,i}(M', \pi') = m_i^\mu \mu \circ f_i(M', \pi' \otimes (-\mu)) \circ (-\mu),$$

si $\eta - \eta_i$ est trivial sur $Z_{\mathbf{M}}^1$, où μ est un élément de $X_M^{\mathbf{G}}$ tel que $\mu_{|Z_{\mathbf{G}}} = \eta - \eta_i$. (D'après (i), l'expression ci-dessus ne dépend pas du choix de μ.)

$\mathbb{P}$. Par définition de H_ξ, on peut trouver un ensemble fini J' et pour tout $j \in J'$, un couple (M_j, π_j) formé d'un Lévi standard M_j et d'une représentation cuspidale irréductible π_j de $\mathbf{M}_j$ telle que $\chi_{\pi_j|Z_{\mathbf{G}}} = \xi$, de sorte que f soit supporté par

$$\bigcup_{j \in J'} \{(M_j, \pi_j \otimes \lambda);\ \lambda \in X_{M_j}^{\mathbf{G}}\}.$$

Fixons de telles données avec $|J'|$ minimal, soit $J = \{j \in J';\ M_j \subset M\}$. Par définition de $H_\xi^{\exp}$, pour tout $j \in J$, on peut choisir un ensemble fini L_j et pour tout $\ell \in L_j$ des éléments $m_{j,\ell} \in \mathbf{M}_j^1 \backslash \mathbf{M}_j$, $u_{j,\ell} \in \mathrm{End}_{\mathbf{M}_j}(A_0(M_j(k) \backslash \mathbf{M}_j)_{\pi_j})$, de sorte que

(1) $$f_{M_j,\pi_j}(\lambda) = \sum_{\ell \in L_j} m_{j,\ell}^\lambda u_{j,\ell}$$

pour tout $\lambda \in X^{\mathbf{G}}_{M_j}$. On suppose comme il est loisible les $m_{j,\ell}$ tous distincts (pour j fixé). Notons $\mathfrak{M}_j$ l'ensemble des images des $m_{j,\ell}$ dans $\mathbf{M}^1\backslash\mathbf{M}$. Considérons l'ensemble $\coprod_{j\in J}\mathfrak{M}_j$ que l'on réindice par l'ensemble $\{1,\dots,n\}$ ce qui définit l'entier n. A $i\in\{1,\dots,n\}$ est donc associé un élément $j\in J$ et un élément, noté $\dot{m}_i$, de $\mathfrak{M}_j\subset\mathbf{M}^1\backslash\mathbf{M}$. On pose $\eta_i = \chi_{\pi_j|Z_{\mathbf{M}}}$ et on fixe un élément m_i de $\mathbf{M}$ d'image $\dot{m}_i$ dans $\mathbf{M}^1\backslash\mathbf{M}$. Il reste à définir f_i. Commençons par définir une fonction f'_i. Pour un couple (M',π') formé d'un Lévi M' de M et d'une représentation cuspidale π' de $\mathbf{M}'$ telle que $\chi_{\pi'|Z_{\mathbf{M}}}=\eta_i$, on pose

$$f'_i(M',\pi') = \begin{cases} \lambda\circ\left(\sum\limits_{\ell\in L_j(\dot{m}_i)} m^{\lambda}_{j,\ell}u_{j,\ell}\right)\circ(-\lambda), & \text{si } M'=M_j \\ & \text{et } \pi'=\pi_j\otimes\lambda, \\ & \text{avec } \lambda\in X^{\mathbf{M}}_{M_j}; \\ 0, & \text{sinon;} \end{cases}$$

où $L_j(\dot{m}_i)$ est l'ensemble des $\ell\in L_j$ tels que $m_{j,\ell}$ soit d'image $\dot{m}_i$ dans $\mathbf{M}^1\backslash\mathbf{M}$. Il faut voir que cette définition est correcte: dans le premier cas le terme ainsi défini doit être indépendant du choix de λ, qui n'est déterminé que modulo $\mathrm{Stab}(\pi_j)(:=\{\nu\in X^{\mathbf{M}_j}_{M_j};\pi_j\otimes\nu\simeq\pi_j\})$. Mais comme f_{M_j,π_j} provient d'un élément de $H^{\exp}_{\xi}$, on a la relation

$$(-\nu)\circ f_{M_j,\pi_j}(\lambda+\nu)\circ\nu = f_{M_j,\pi_j}(\lambda)$$

pour tout $\nu\in\mathrm{Stab}(\pi_j)$. L'unicité de la décomposition (1) implique l'égalité

$$(-\nu)\circ m^{\nu}_{j,\ell}u_{j,\ell}\circ\nu = u_{j,\ell}$$

pour tous $\ell\in L_j$, $\nu\in\mathrm{Stab}(\pi_j)$, qui inversement implique l'indépendance du choix de λ dans la formule (3). La fonction f'_i est donc bien définie. Comme $m^{\nu}_{j,\ell}=m^{\nu}_i$ pour tous $\nu\in X^{\mathbf{M}}_M$, $\ell\in L_j(\dot{m}_i)$, on montre aisément que f'_i vérifie la condition (2)(i). Définissons une fonction f_i par

$$f_i(M',\pi') = |W_M(M')|^{-1}\sum_{w\in W_M(M')}\mathrm{ad}(w)^{-1}\circ f'_i(wM'w^{-1},w\pi')\circ\mathrm{ad}(w)$$

où $W_M(M')$ est l'ensemble des éléments du groupe de Weyl de M tels que $wM'w^{-1}$ soit standard. Il est clair que la fonction f_i ainsi définie vérifie la condition (iii) de III.1.1 relative au groupe M. On en déduit aisément que $f_i\in H^{M,\exp}_{\eta_i}$. Elle vérifie comme f'_i la propriété (2)(i). Il reste à voir qu'avec ces définitions, on a la propriété (2)(ii) souhaitée.

Commençons par démontrer la relation

$$(4)\qquad f_\eta(M',\pi') = \sum_{i=1}^{n} f'_{\eta,i}(M',\pi'),$$

pour M',π',η comme en (2)(ii), où $f'_{\eta,i}$ est défini en remplaçant f_i par f'_i

dans la définition de $f_{\eta,i}$. Soient donc M', π', η comme en (2)(ii). On a

$$f_\eta(M',\pi') = f(M',\pi').$$

(a) S'il n'existe pas de $j \in J$ tel que $M' = M_j$ et π' soit de la forme $\pi_j \otimes \lambda$, avec un $\lambda \in X^{\mathbf{G}}_{M_j}$, on a $f(M',\pi') = 0$ par définition de l'ensemble J. Mais alors pour tout $i = 1, \dots, n$, ou bien $\eta - \eta_i$ est non trivial sur $\mathbf{M}^1$, ou bien il l'est mais $f'_i(\pi' \otimes \lambda) = 0$ pour tout $\lambda \in X^{\mathbf{G}}_{M'}$ tel que $\lambda_{|Z_{\mathbf{M}}} = \eta - \eta_i$. En tout cas $f'_{\eta,i}(M',\pi') = 0$, d'où (4).

(b) Supposons au contraire qu'il existe un $j \in J$ et un $\lambda \in X^{\mathbf{G}}_{M_j}$ tels que $M' = M_j$ et $\pi' = \pi_j \otimes \lambda$. On fixe un tel couple (j, λ). Le j est d'ailleurs unique. On a alors

$$\begin{aligned} f(M',\pi') &= \lambda \circ f_{M_j,\pi_j}(\lambda) \circ (-\lambda) \\ &= \lambda \circ \left(\sum_{\ell \in L_j} m^\lambda_{j,\ell} u_{j,\ell} \right) \circ (-\lambda) \\ &= \sum_{\dot{m} \in \mathfrak{M}_j} \lambda \circ \left(\sum_{\ell \in L_j(\dot{m})} m^\lambda_{j,\ell} u_{j,\ell} \right) \circ (-\lambda) \end{aligned}$$

Soit $i \in \{1, \dots, n\}$. Si l'élément de J associé à i est différent de j, on vérifie comme en (a) que $f'_{\eta,i}(M',\pi') = 0$. Supposons que i soit associé au couple $(j, \dot{m}_i)$, avec $\dot{m}_i \in \mathfrak{M}_j$. L'hypothèse $\pi' = \pi_j \otimes \lambda$ implique que $\eta - \eta_i$ est trivial sur $Z^1_{\mathbf{M}}$. Fixons un élément μ de $X^{\mathbf{G}}_M$ tel que $\mu_{|Z_{\mathbf{M}}} = \eta - \eta_i$. Remarquons que $\pi' \otimes (-\mu) = \pi_j \otimes (\lambda - \mu)$. Les définitions impliquent

$$f'_{\eta,i}(M',\pi') = m^\mu_i \lambda \circ \left(\sum_{\ell \in L_j(\dot{m}_i)} m^{\lambda-\mu}_{j,\ell} u_{j,\ell} \right) \circ (-\lambda).$$

Mais $m^\mu_i = m^\mu_{j,\ell}$ pour tout $\ell \in L_j(\dot{m}_i)$, d'où

$$f'_{\eta,i}(M',\pi') = \lambda \circ \left(\sum_{\ell \in L_j(\dot{m}_i)} m^\lambda_{j,\ell} u_{j,\ell} \right) \circ (-\lambda). \tag{6}$$

La comparaison des formules (5) et (6) impliquent l'égalité (4) qui est maintenant démontrée en tout cas.

Soit alors $w \in W_M(M')$. Appliquons l'égalité (4) au couple $wM'w^{-1}$, $w\pi'$, conjuguons l'égalité obtenue par $ad(w)$, et faisons la somme pondérée sur $w \in W_M(M')$ des formules obtenues. Au membre de gauche, on obtient $f_\eta(M',\pi')$ car f_η vérifie la condition (iii) de III.1.1 (relative à M). A droite on obtient

$$\sum_{i=1}^{n} f_{\eta,i}(M',\pi')$$

par définition des fonctions f_i. Cela démontre (2).

III.2.5. Démonstration de la proposition III.2.1

On la démontre par récurrence sur le rang semi-simple de G. Nous la supposons donc démontrée pour tout sous-groupe de Lévi standard propre de G. Cela implique un énoncé "induit" concernant les éléments de $A(M(k)U(\mathbb{A})\backslash\mathbf{G})$ si $P = MU$ est un parabolique standard propre, cf. III.2.3.

En tordant toutes les données par Reξ, on est ramené au cas où ξ est unitaire, ce que nous supposons désormais. Soit $\phi \in A(G(k)\backslash\mathbf{G})_\xi$. Pour tout entier N, notons $H_\xi^R(\phi, N)$ l'espace des $f \in H_\xi^R$ telles que pour tout Lévi standard M et tout $\pi \in \Pi_0(\mathbf{M}, \phi)$ (cf. I.3.5), la fonction $f_{M,\pi}$ s'annule à l'ordre au moins N en $\lambda = 0$ (cf. III.1.1 (i) pour la définition de $f_{M,\pi}$). Par définition des termes $\Delta_P(f)\phi_P^{\text{cusp}}$, il existe un entier N tel que $\Delta_P(f)\phi_P^{\text{cusp}} = 0$ pour tout P si $f \in H_\xi^R(\phi, N)$. Fixons un tel entier N. Il résulte du lemme III.2.2 que pour $f \in H_\xi^R(\phi, N)$, la fonction $\Delta(f)\phi := 0$ vérifie l'égalité de l'énoncé III.2.1. La proposition est donc démontrée pour $f \in H_\xi^R(\phi, N)$.

On vérifie que si $f \in H_\xi^R$, il existe $f' \in H_\xi^{\text{exp}}$ (cf. III.2.4) tel que $f'_{M,\pi}$ ait même développement à l'ordre N en 0 que $f_{M,\pi}$ pour tout M et tout $\pi \in \Pi_0(\mathbf{M}, \phi)$. Autrement dit, $H_\xi^R = H_\xi^{\text{exp}} + H_\xi^R(\phi, N)$. Il suffit donc de démontrer la proposition sous l'hypothèse que $f \in H_\xi^{\text{exp}}$.

Sous cette hypothèse, on va montrer

(1) il existe une fonction ϕ' sur $G(k)\backslash\mathbf{G}$, de "caractère central" ξ, qui est somme d'une fonction de carré intégrable et d'une fonction à croissance modérée, telle que

$$< \theta, \phi' > = < \Delta_\theta(f^*)\theta, \phi >$$

pour tout $\theta \in \Theta_\xi$.

Fixons $T \in \operatorname{Re}\mathfrak{a}_{M_0}$, avec $< T, \check{\alpha} >$ assez grand pour tout $\alpha \in \Delta_0$. On a pour tout $g \in \mathbf{G}$ l'égalité

$$\phi(g) = \wedge^T\phi(g) - \sum_{P=MU; P_0 \subset P \subsetneq G} (-1)^{\dim T_M - \dim T_G} \phi[P](g),$$

où l'on a posé

$$\phi[P](g) = \sum_{\gamma \in P(k)\backslash G(k)} \phi_P(\gamma g)\hat{\tau}_P(\log_M m_P(\gamma g) - T)$$

cf. I.2.13 et [A2] §1. Il suffit de démontrer les analogues de (1) obtenus en remplaçant ϕ par $\wedge^T\phi$ ou par chacune des $\phi[P]$.

Le cas de $\wedge^T\phi$ est aisé: comme $\wedge^T\phi \in L^2(G(k)\backslash\mathbf{G})_\xi$ et $f \in H_\xi^{\exp} \subset H_{\xi,b}^R$, $\Delta(f)\wedge^T\phi$ est défini (cf. III.1.4), il suffit de poser $\phi' = \Delta(f)\wedge^T\phi$.

Traitons le cas de $\phi[P]$ pour un sous-groupe parabolique standard propre $P \subsetneq G$. Fixons un autre sous-groupe parabolique standard $P' = M'U'$ de G (éventuellement $P' = P$), $\mathfrak{P}'$ une orbite de représentations cuspidales irréductibles de $\mathbf{M}'$ telle que $\chi_{\pi'|Z_\mathbf{G}} = \xi$ pour $\pi' \in \mathfrak{P}'$, et soit $\varphi \in P_{(M',\mathfrak{P}')}$. On calcule

$$< \Delta_\theta(f^*)\theta_\varphi, \phi[P] > = \int_{Z_\mathbf{G}M(k)U(\mathbb{A})\backslash\mathbf{G}} \overline{\theta}_{f^*\varphi,P}(g)\hat{\tau}_P(\log_M m_P(g) - T)\phi_P(g)dg.$$

Fixons R' et $\mu_0 \in \operatorname{Re} X_M^\mathbf{G}$ de sorte à assurer la validité des lemmes II.2.2 et II.2.5 (où on pose $R = \infty$ et on échange les rôles de M et M'). En appliquant ces lemmes, on obtient

$$\begin{aligned} < \Delta_\theta(f^*)\theta_\varphi, \phi[P] > = & \int_{Z_\mathbf{G}M(k)U(\mathbb{A})\backslash\mathbf{G}} \sum_{w\in W(M',M)} \\ & \int_{D^\bullet_{w,\mu_0}} \overline{\theta^M(f^*\varphi,\pi)}(g)\hat{\tau}_P(\log_M m_P(g) - T)\phi_P(g)d\pi\, dg, \end{aligned} \tag{2}$$

cette expression étant absolument convergente.

Choisissons un ensemble fini

$$D \subset \mathbb{C}[\operatorname{Re}\mathfrak{a}_M^G] \times \operatorname{Hom}(Z_\mathbf{M}, \mathbb{C}^*) \;\times A(M(k)U(\mathbb{A})\backslash\mathbf{G}),$$

de sorte que

(3)

(i) si $(Q,\eta,\psi) \in D$, alors $\psi \in A(M(k)U(\mathbb{A})\backslash\mathbf{G})_\eta$,

(ii) on a pour tout $g \in \mathbf{G}$ l'égalité

$$\phi_P(g) = \sum_{(Q,\eta,\psi)\in D} Q(\log_M^G m_P(g))\psi(g)$$

(cf. I.3.2). Fixons provisoirement $(Q,\eta,\psi) \in D$, $w \in W(M',M)$ et $\pi \in D^\bullet_{w,\mu_0}$, posons

$$\begin{aligned} J = & \int_{Z_\mathbf{G}M(k)U(\mathbb{A})\backslash\mathbf{G}} \overline{\theta^M(f^*\varphi,\pi)}(g)\hat{\tau}_P(\log_M m_P(g) - T)\times \\ & Q(\log_M^G m_P(g))\psi(g)\, dg. \end{aligned} \tag{4}$$

Notons χ la restriction de χ_π à $Z_\mathbf{M}$ et définissons une fonction b sur $\mathbf{G}$

par

$$b(g) = \int_{Z_{\mathbf{G}}(Z_M(k)\cap Z_{\mathbf{M}})\backslash Z_{\mathbf{M}}} z^{\eta+\overline{\chi}}\hat{\tau}_P(\log_M m_P(zg) - T)Q(\log_M^G m_P(zg))dz.$$

En faisant apparaitre dans la définition de J une intégrale intermédiaire sur $Z_{\mathbf{G}}(Z_M(k)\cap Z_{\mathbf{M}})\backslash Z_{\mathbf{M}}$, on obtient l'égalité

$$(5)\qquad J = \int_{Z_{\mathbf{M}}M(k)U(\mathbb{A})\backslash\mathbf{G}} \overline{\theta^M(f^*\varphi,\pi)}(g)b(g)\psi(g)dg.$$

La fonction b est invariante à gauche par $\mathbf{M}^1$, à droite par $\mathbf{K}$, et se transforme sous $Z_{\mathbf{M}}$ selon le caractère $-\eta-\overline{\chi}$. Si ce dernier est non trivial sur $Z^1_{\mathbf{M}}$, on a donc $b=0$. Sinon b est combinaison linéaire des fonctions $g\longmapsto m_P(g)^\nu$ où ν parcourt le sous-ensemble fini, noté $Y(-\eta-\overline{\chi})$, des éléments de $X_M^{\mathbf{G}}$ dont la restriction à $Z_{\mathbf{M}}$ est $-\eta-\overline{\chi}$. Dans ce cas on peut introduire des coefficients $b_\nu\in\mathbb{C}$ pour $\nu\in Y(-\eta-\overline{\chi})$ uniquement déterminés, de sorte que pour tout $g\in\mathbf{G}$, on ait

$$(6)\qquad b(g) = \sum_{\nu\in Y(-\nu-\overline{\chi})} b_\nu m_P(g)^\nu.$$

En tout cas, la fonction $b\psi$ appartient à $A(M(k)U(\mathbb{A})\backslash\mathbf{G})_{-\overline{\chi}}$. De $f\in H_\xi^{\exp}$ se déduit un élément $f_{-\overline{\chi}}\in H_{-\overline{\chi}}^{M,\exp}$ (cf. III.2.4). En se reportant aux définitions II.2.2 et III.1.2, on voit que $\theta^M(\varphi,\pi)\in\Theta_\chi^{M,G}$, cf. III.2.3, et que l'on a l'égalité

$$\theta^M(f^*\varphi,\pi) = \Delta_\theta((f_{-\overline{\chi}})^*)\theta^M(\varphi,\pi).$$

En utilisant l'hypothèse de récurrence, convenablement généralisée comme il est expliqué au III.2.3, on obtient

$$J = \int_{Z_{\mathbf{M}}M(k)U(\mathbb{A})\backslash\mathbf{G}} \overline{\theta^M(\varphi,\pi)}(g)(\Delta(f_{-\overline{\chi}})(b\psi))(g)dg.$$

Calculons $\Delta(f_{-\overline{\chi}})(b\psi)$. Introduisons l'entier n et les éléments η_i, f_i, m_i de III.2.4. Pour $i=1,\dots,n$, définissons une fonction ψ_i de la façon suivante: si $\eta-\eta_i$ est non trivial sur $Z^1_{\mathbf{M}}$, $\psi_i=0$; si $\eta-\eta_i$ est trivial sur $Z^1_{\mathbf{M}}$, on choisit $\mu_i\in X_M^{\mathbf{G}}$ tel que $\mu_{i|Z_{\mathbf{M}}} = \eta-\eta_i$ et on pose

$$\psi_i = m_i^{\mu_i}\mu_i\circ\Delta(f_i)((-\mu_i)\circ\psi).$$

Ce terme ne dépend pas du choix de μ_i: il suffit de vérifier que les composantes cuspidales $\psi_{i,P'}^{\mathrm{cusp}}$ n'en dépendent pas, pour tout parabolique standard $P'\subset P$; or celles-ci sont calculées par le lemme III.2.2 et il suffit d'utiliser la relation (2)(i) de III.2.4 pour démontrer leur indépendance du choix de μ_i. La fonction ψ_i est donc bien définie. Elle appartient à $A(M(k)U(\mathbb{A})\backslash\mathbf{G})_\eta$. Montrons que l'on a l'égalité

$$(7)\qquad (\Delta(f_{-\overline{\chi}})(b\psi))(g) = \sum_{i=1}^n b(m_ig)\psi_i(g).$$

Si $-\eta-\overline{\chi}$ est non trivial sur $Z^1_{\mathbf{M}}$, $b=0$ et l'égalité est triviale. Supposons $-\eta-\overline{\chi}$ trivial sur $Z^1_{\mathbf{M}}$. En utilisant l'égalité (6), on obtient

$$\Delta(f_{-\overline{\chi}})(b\psi) = \sum_{\nu\in Y(-\eta-\overline{\chi})} b_\nu \Delta(f_{-\overline{\chi}})(\nu\circ\psi).$$

En utilisant III.2.4 (ii) et en comparant comme indiqué ci-dessus les composantes cuspidales des fonctions en question, on voit que

$$\Delta(f_{-\overline{\chi}})(\nu\circ\psi) = \sum_i m_i^{\mu_i'}\mu_i'\circ\Delta(f_i)((\nu-\mu_i')\circ\psi),$$

où on somme sur les $i\in\{1,\dots,n\}$ tels que $\eta-\eta_i+\nu_{|Z_{\mathbf{M}}}$ est trivial sur $Z^1_{\mathbf{M}}$, et où μ_i' est un élément de $X_M^{\mathbf{G}}$ tel que $\mu'_{i|Z_{\mathbf{M}}}=\eta-\eta_i+\nu_{|Z_{\mathbf{M}}}$. Comme $\nu\in X_M^{\mathbf{G}}$, $\nu_{|Z^1_M}$ est trivial et les conditions "$\eta-\eta_i+\nu_{|Z_{\mathbf{M}}}$ est trivial sur $Z^1_{\mathbf{M}}$" et "$\eta-\eta_i$ est trivial sur $Z^1_{\mathbf{M}}$" sont équivalentes. Quand elles sont vérifiées, on peut choisir $\mu_i'=\nu+\mu_i$, où μ_i est comme dans la définition de ψ_i. On obtient

$$\Delta(f_{-\overline{\chi}})(\nu\circ\psi) = \sum_i m_i^{\mu_i+\nu}(\mu_i+\nu)\circ\Delta(f_i)((-\mu_i)\circ\psi)$$

sommé sur les $i\in\{1,\dots,n\}$ tels que $\eta-\eta_i$ est trivial sur $Z^1_{\mathbf{M}}$, i.e.

$$\Delta(f_{-\overline{\chi}})(\nu\circ\psi) = \sum_{i=1}^n m_i^\nu(\nu\circ\psi_i).$$

D'où

$$\Delta(f_{-\overline{\chi}})(b\psi) = \sum_{i=1}^n \left(\sum_{\nu\in Y(-\eta-\overline{\chi})} b_\nu m_i^\nu(\nu\circ\psi_i)\right).$$

En un point g, on a les égalités

$$\sum_{\nu\in Y(-\eta-\overline{\chi})} b_\nu m_i^\nu m_P(g)^\nu = \sum_{\nu\in Y(-\eta-\overline{\chi})} b_\nu m_P(m_i g)^\nu = b(m_i g),$$

d'où l'égalité (7).

En utilisant cette égalité, on obtient

$$J=\sum_{i=1}^n \int_{Z_{\mathbf{M}}M(k)U(\mathbb{A})\backslash\mathbf{G}} \overline{\theta^M(\varphi,\pi)}(g)b(m_ig)\psi_i(g)dg$$

ou encore, par le même calcul qui nous a fait passer de (4) à (5),

$$J=\sum_{i=1}^n \int_{Z_{\mathbf{G}}M(k)U(\mathbb{A})\backslash\mathbf{G}} \overline{\theta^M(\varphi,\pi)}(g)\hat{\tau}_P(\log_M m_P(m_ig)-T)\times$$
$$Q(\log_M^G m_P(m_ig))\psi_i(g)dg.$$

Définissons une fonction e sur $M(k)U(\mathbb{A})\backslash\mathbf{G}$ par

$$e(g)=\sum_{i=1}^n\sum_{(Q,\eta,\psi)\in D}\hat{\tau}_P(\log_M m_P(m_ig)-T)Q(\log_M^G m_P(m_ig))\psi_i(g).$$

Le résultat ci-dessus et les égalités (2) et (3) (ii) conduisent à:
(8)

$$< \Delta_\theta(f^*)\theta_\varphi, \phi[P] > =$$

$$\sum_{w\in W(M',M)} \int_{D^\bullet_{w,\mu_0}} \int_{Z_{\mathbf{G}} M(k)U(\mathbb{A})\backslash \mathbf{G}} \overline{\theta^M(\varphi,\pi)}(g)e(g)d\pi\; dg.$$

On vérifie sur sa définition que e se transforme sous $Z_{\mathbf{G}}$ selon le caractère ξ et qu'il existe $T' \in \mathrm{Re}\,\mathfrak{a}_{M_0}$ et une fonction e' à croissance modérée sur $M(k)U(\mathbb{A})\backslash\mathbf{G}$ de sorte que l'on ait la majoration

(9) $$|e(g)| \leq e'(g)\hat{\tau}_P(\log_M m_P(g) - T').$$

D'après le lemme II.2.5, l'expression (8) est absolument convergente. On peut permuter les intégrales. Grâce au lemme II.2.2, on obtient

$$< \Delta_\theta(f^*)\theta_\varphi, \phi[P] > = \int_{Z_{\mathbf{G}} M(k)U(\mathbb{A})\backslash \mathbf{G}} \overline{\theta}_{\varphi,P}(g)e(g)dg.$$

Définissons une fonction $\phi'[P]$ sur $G(k)\backslash\mathbf{G}$ par

$$\phi'[P](g) = \sum_{\gamma\in P(k)\backslash G(k)} e(\gamma g).$$

On montre grâce à la majoration (9) que cette série converge (c'est même une somme finie) et qu'elle définit une fonction à croissance modérée (cf. I.2.13). Avec cette définition, on obtient

$$< \Delta_\theta(f^*)\theta_\varphi, \phi[P] > = < \theta_\varphi, \phi'[P] > .$$

La fonction $\phi'[P]$ vérifie bien l'analogue de (1) pour la fonction $\phi[P]$ ce qui achève la démonstration de (1).

Choisissons alors une fonction ϕ' vérifiant (1) et une fonction F sur $\mathbf{G}$ à support compact, lisse et $\mathbf{K}$-finie à droite et à gauche, telle que

$$\delta(F)\phi = \phi.$$

Posons $\Delta(f)\phi = \delta(F)\phi'$. Montrons que cette fonction vérifie les conditions de la proposition III.2.1. Elle est lisse, $\mathbf{K}$-finie et à croissance modérée (cf. I.2.5). Pour $\theta \in \Theta_\xi$, on a les égalités

$$< \theta, \Delta(f)\phi > = < \theta, \delta(F)\phi' > = < \delta(\check{F})\theta, \phi' >,$$

où $\check{F}$ est la fonction définie par $\check{F}(g) = \overline{F}(g^{-1})$. On a $\delta(\check{F})\theta \in \Theta_\xi$, d'où

$$\begin{aligned} < \delta(\check{F})\theta, \phi' > &= < \Delta_\theta(f^*)\delta(\check{F})\theta, \phi > = < \delta(\check{F})\Delta_\theta(f^*)\theta, \phi > \\ &= < \Delta_\theta(f^*)\theta, \delta(F)\phi > = < \Delta_\theta(f^*)\theta, \phi > . \end{aligned}$$

On obtient bien l'égalité

$$< \theta, \Delta(f)\phi > = < \Delta_\theta(f^*)\theta, \phi > .$$

Cette égalité implique que $\Delta(f)\phi$ est $\mathfrak{z}$-finie (cf. I.2.12). En effet si $z \in \mathfrak{z}$

annule ϕ, on a de la même façon

$$\begin{aligned} <\theta,\delta(z)\Delta(f)\phi> &= <\delta(\check{z})\theta,\Delta(f)\phi> = <\Delta_\theta(f^*)\delta(\check{z})\theta,\phi> \\ &= <\delta(\check{z})\Delta_\theta(f^*)\theta,\phi> = <\Delta_\theta(f^*)\theta,\delta(z)\phi> \\ &= 0. \end{aligned}$$

Donc $\delta(z)\Delta(f)\phi$ est orthogonale à toutes les pseudo-séries d'Eisenstein et donc $\delta(z)\Delta(f)\phi = 0$ (cf. II.1.12, remarque 1). La fonction $\Delta(f)\phi$ vérifie bien les conditions de la proposition. Son unicité est immédiate par l'argument d'orthogonalité que l'on vient d'utiliser.

III.2.6. Décomposition de l'espace des formes automorphes

Fixons un caractère ξ de $Z_{\mathbf{G}}$, considérons l'ensemble des couples (M,π) où M est un sous-groupe de Lévi standard de G,π une représentation cuspidale irréductible de $\mathbf{M}$ dont le caractère central a ξ pour restriction à $Z_{\mathbf{G}}$. Nous dirons que deux couples (M,π) et (M',π') sont équivalentes s'il existe $w \in G(k)$ tel que $M' = wMw^{-1}$, $\pi' = w\pi$. Notons $\Xi(\xi)$ l'ensemble des classes d'équivalence obtenu.

Remarque: Soit $\mathfrak{y} \in \Xi(\xi)$, posons $\mathfrak{X} = \{(M,\mathfrak{P}); \exists (M,\pi) \in \mathfrak{y}$ tel que $\mathfrak{P}$ soit l'orbite de $\pi\}$. Alors $\mathfrak{X}$ est une classe d'équivalence pour l'équivalence définie en II.2.1.

Pour $\mathfrak{y} \in \Xi(\xi)$, on note $A(G(k)\backslash\mathbf{G})_{\mathfrak{y}}$ l'espace des formes automorphes $\phi \in A(G(k)\backslash\mathbf{G})_\xi$ dont le support cuspidal (cf. I.3.5) est concentré sur $\mathfrak{y}$. C'est-à-dire que pour tout sous-groupe parabolique standard $P = MU$ de G, on demande qu'il existe un ensemble de données cuspidales $D(M,\phi) \subset \mathbb{C}[\mathrm{Re}\ \mathfrak{a}_M^G] \times \Pi_0(\mathbf{M}) \times A_0(M(k)U(\mathbb{A})\backslash\mathbf{G})$ tel que pour tout $(Q,\pi,\psi) \in D(M,\phi)$, on ait $(M,\pi) \in \mathfrak{y}$. Rappelons, cf. I.3.3, que $D(M,\phi)$ est un ensemble tel que

(i) pour tout $(Q,\pi,\psi) \in D(M,\phi), \psi \in A_0(M(k)U(\mathbb{A})\backslash\mathbf{G})_\pi$;

(ii) pour tout $g \in \mathbf{G}$,

$$\phi_P^{\mathrm{cusp}}(g) = \sum_{(Q,\pi,\psi)\in D(M,\phi)} Q(\log_M^G m_P(g))\psi(g).$$

Il est clair que $A(G(k)\backslash\mathbf{G})_{\mathfrak{y}}$ est stable par translation à droite (plus exactement, si k est un corps de nombres, par l'action de Lie $\mathbf{G}_\infty \times \mathbf{K} \times \mathbf{G}_f$, cf. I.2.12).

Théorème. *On a la décomposition en somme directe*

$$A(G(k)\backslash\mathbf{G})_\xi = \bigoplus_{\mathfrak{y}\in\Xi(\xi)} A(G(k)\backslash\mathbf{G})_{\mathfrak{y}}.$$

P. Soit $\phi \in A(G(k)\backslash\mathbf{G})_\xi$. Pour tout sous-groupe parabolique standard $P = MU$ de G, choisissons un ensemble de données cuspidales $D(M, \phi)$. Il existe un ensemble fini d'éléments de $\Xi(\xi)$, disons $\{\mathfrak{y}_1, \ldots, \mathfrak{y}_n\}$ de sorte que

$$\{(M, \pi); M \text{ standard }, \exists (Q, \psi) \text{ tel que } (Q, \pi, \psi) \in D(M, \phi)\} \subset \bigcup_{i=1}^{n} \mathfrak{y}_i.$$

Fixons un entier N tel que $N > \deg(Q)$ pour tout polynôme Q intervenant dans une donnée cuspidale. Pour $i = 1, \ldots, n$, on peut trouver un élément $f^i \in H^R_{\xi,\mathbb{C}}$ (cf. III.1.1), où R est choisi assez grand, de sorte que

(i) si $(M, \pi) \in \mathfrak{y}_j$, $j \neq i$, la fonction $f^i_{M,\pi}$ (cf. III.1.1 (i)) s'annule à l'ordre N en 0;

(ii) si $(M, \pi) \in \mathfrak{y}_i$, la fonction $f^i_{M,\pi} - 1$ s'annule à l'ordre N en 0.

Il résulte de ces conditions et du lemme III.2.2 que

(i) $\Delta(f^i)\phi \in A(G(k)\backslash\mathbf{G})_{\mathfrak{y}_i}$;

(ii) $\phi = \sum_{i=1}^n \Delta(f^i)\phi$.

Donc $\phi \in \sum_{\mathfrak{y}\in\Xi(\xi)} A(G(k)\backslash\mathbf{G})_\mathfrak{y}$, d'où l'égalité

$$A(G(k)\backslash\mathbf{G})_\xi = \sum_{\mathfrak{y}\in\Xi(\xi)} A(G(k)\backslash\mathbf{G})_\mathfrak{y}.$$

Que la somme soit directe se démontre de façon analogue: si $\sum \phi_i = 0$, où $\phi_i \in A(G(k)\backslash\mathbf{G})_{\mathfrak{y}_i}$, on choisit des fonctions f^i telles que $\Delta(f^i)\phi_j = 0$ si $j \neq i$, $\Delta(f^i)\phi_i = \phi_i$, on en déduit que toutes les fonctions ϕ_i sont nulles. □

III.3. Exposants cuspidaux et formes automorphes de carré intégrable

III.3.1. Le résultat

Soit ξ un caractère unitaire de $Z_\mathbf{G}$. On s'intéresse à

$$A^2(G(k)\backslash\mathbf{G})_\xi = A(G(k)\backslash\mathbf{G})_\xi \cap L^2(G(k)\backslash\mathbf{G})_\xi.$$

Soient $\phi \in A(G(k)\backslash\mathbf{G})_\xi$ et $P = MU$ un sous-groupe parabolique standard de G. On a défini (cf. I.3.5) le support cuspidal $\Pi_0(\mathbf{M}, \phi)$ de ϕ le long de P. C'est un ensemble de représentations cuspidales de $\mathbf{M}$. Rappelons que si π est une représentation irréductible de $\mathbf{M}$, on note χ_π son caractère central.

Pour tout sous-groupe de Lévi standard M' de G, notons M'_{der} le groupe dérivé de M', $\mathbf{M}'_{\text{der}}$ l'image réciproque de $M'_{\text{der}}(\mathbb{A})$ dans $\mathbf{G}$ et $T_{\mathbf{M}'}$ l'intersection de $Z_{\mathbf{M}'}$ avec l'image réciproque de $T_{M'}(\mathbb{A})$ dans $\mathbf{G}$.

On définira en III.3.2 un entier $N(G) \geq 1$.

Proposition. *Pour tout élément ϕ de $A^2(G(k)\backslash\mathbf{G})_\xi$, pour tout sous-groupe parabolique standard $P = MU$ de G et tout $\pi \in \Pi_0(\mathbf{M}, \phi)$, la restriction à $T_{\mathbf{M}} \cap \mathbf{G}_{\text{der}}$ de $N(G)\chi_\pi$ est à valeurs réelles positives.*

Remarques. (a) Rappelons, pour expliquer la notation $N(G)\chi_\pi$, que l'on a noté additivement la loi de groupe de tout groupe de caractères.

(b) Supposons que k soit un corps de nombres. Il résulte de la proposition que pour ϕ, M et π comme dans l'énoncé, la restriction à $A_{\mathbf{M}} \cap \mathbf{G}_{\text{der}}$ de χ_π est à valeurs réelles positives.

III.3.2. Définition de $N(G)$

Le groupe algébrique $T_G \cap G_{\text{der}}$ est fini. Donc $T_{\mathbf{G}} \cap \mathbf{G}_{\text{der}}$ est un groupe de torsion. Notons $N'(G)$ le plus petit entier ≥ 1 qui annule ce groupe.

Soient M et M' deux sous-groupes de Lévi standards de G et w un élément du groupe de Weyl W de G. Supposons

(i) M' propre maximal;
(ii) $M \subset M'$;
(iii) $wMw^{-1} = M$;
(iv) w, agissant dans $\mathfrak{a}^*_{M_0}$, ne fixe pas point par point le sous-espace $(\mathfrak{a}^G_{M'})^*$.

Notons $(w-1)T_{\mathbf{M}}$ le sous-groupe de $T_{\mathbf{M}}$ formé des éléments $wtw^{-1}t^{-1}$ pour $t \in T_{\mathbf{M}}$. Il est inclus dans $T_{\mathbf{M}} \cap \mathbf{G}_{\text{der}}$. Montrons que le quotient

(1) $$(T_{\mathbf{M}} \cap \mathbf{G}_{\text{der}})/((w-1)T_{\mathbf{M}})(T_{\mathbf{M}} \cap \mathbf{M}'_{\text{der}})$$

est de torsion. On se ramène aisément au cas où $\mathbf{G} = G(\mathbb{A})$, auquel cas l'assertion se déduit de l'assertion algébrique suivante. Notons $(T_M \cap G_{\text{der}})^\circ$ et $(T_M \cap M'_{\text{der}})^\circ$ les composantes connexes de $T_M \cap G_{\text{der}}$ et $T_M \cap M'_{\text{der}}$; pour tout tore déployé T, notons $X_*(T)$ le groupe des sous-groupes à un paramètre de T; notons $(w-1)X_*(T_M)$ le sous-groupe de $X_*(T_M)$ formé des éléments de la forme $wx - x$ pour $x \in X_*(T_M)$, où w agit de façon naturelle dans $X_*(T_M)$. Alors le quotient

$$X_*((T_M \cap G_{\text{der}})^\circ)/[(w-1)X_*(T_M) + X_*((T_M \cap M'_{\text{der}})^\circ)]$$

est fini. En tensorisant par $\mathbb{C}$, on se ramène à montrer que

$$\mathfrak{a}^G_M = (w-1)\mathfrak{a}_M + \mathfrak{a}^{M'}_M$$

on encore, par dualité

$$\mathfrak{a}^*_G = \{\lambda \in \mathfrak{a}^*_M;\ w\lambda = \lambda\} \cap \mathfrak{a}^*_{M'},$$

ce qui résulte de l'hypothèse (iv).

Notons $N(M, M', w)$ le plus petit entier ≥ 1 annulant le groupe (1).

On définit maintenant $N(G)$ par récurrence sur le rang semi-simple de G. C'est le plus petit multiple commun de $N'(G)$ et des entiers $N(M, M', w)N(M')$ pour tous les triplets (M, M', w) vérifiant les hypothèses (i) à (iv).

III.3.3. Réduction du problème

Soient $\phi \in A^2(G(k)\backslash \mathbf{G})_\xi$, R assez grand et $f \in H^R_{\xi,b}$ (cf. III.1.4, III.1.7). Il y a deux façons de définir $\Delta(f)\phi$ selon que l'on considère ϕ comme un élément de $A(G(k)\backslash \mathbf{G})_\xi$ ou de $L^2(G(k)\backslash \mathbf{G})_\xi$. Ces deux définitions coïncident puisque le produit scalaire de $\Delta(f)\phi$ et d'une pseudo-série d'Eisenstein est donné par une formule unique. En particulier, on a encore $\Delta(f)\phi \in A^2(G(k)\backslash \mathbf{G})_\xi$. La même démonstration qu'au III.2.6 montre que l'on a

$$A^2(G(k)\backslash \mathbf{G})_\xi = \bigoplus_{\mathfrak{y} \in \Xi(\xi)} A^2(G(k)\backslash \mathbf{G})_\mathfrak{y},$$

où l'on a posé

$$A^2(G(k)\backslash \mathbf{G})_\mathfrak{y} = A(G(k)\backslash \mathbf{G})_\mathfrak{y} \cap L^2(G(k)\backslash \mathbf{G})_\xi.$$

Fixons $\mathfrak{y} \in \Xi(\xi)$. Soit $\phi \in A^2(G(k)\backslash \mathbf{G})_\mathfrak{y}$. Comme les opérateurs $\Delta(f)$ commutent aux actions de $\mathbf{K}$ et $\mathfrak{z}$, il résulte du théorème de finitude ([HC] th.1, [BJ] th.5.6) qu'il existe un sous-espace $V \subset A^2(G(k)\backslash \mathbf{G})_\mathfrak{y}$, de dimension finie, contenant ϕ et un réel $R > 0$ tels que pour toute $f \in H^R_{\xi,b}$, l'opérateur $\Delta(f)$ soit défini dans V et conserve V. Limitons-nous alors à l'algèbre $H^R_{\xi,b,\mathbb{C}} = H^R_{\xi,b} \cap H^R_{\xi,\mathbb{C}}$. L'ensemble des opérateurs $\Delta(f)_{|V}$, pour $f \in H^R_{\xi,b,\mathbb{C}}$, est une sous-algèbre commutative de $\mathrm{End}(V)$, stable par adjonction. Elle est donc diagonalisable.

Il résulte de cette discussion que pour démontrer la proposition III.3.1, on peut fixer $\mathfrak{y} \in \Xi(\xi)$ et supposer que ϕ est un élément de $A^2(G(k)\backslash \mathbf{G})_\xi$ fonction propre de tous les opérateurs $\Delta(f)$ pour $f \in H^R_{\xi,b,\mathbb{C}}$. Il résulte de III.2.2 que la valeur propre associée est $f(M, \pi)$ pour un couple $(M, \pi) \in \mathfrak{y}$, cette valeur ne dépendant pas du choix du couple (M, π) d'après III.1.1 (iii).

III.3.4. Démonstration de la proposition III.3.1

On démontre la proposition par récurrence sur le rang semi-simple de G. Nous la supposons donc démontrée pour tout sous-groupe de Lévi propre de G. Comme toujours, on en déduit un énoncé induit concernant les éléments de $A^2(U(\mathbb{A})M(k)\backslash \mathbf{G})_\eta$ si $P = MU$ est un sous-groupe parabolique propre de G et η un caractère unitaire de $Z_\mathbf{M}$.

Soient $\mathfrak{y} \in \Xi(\xi), \phi \in A^2(G(k)\backslash \mathbf{G})_\mathfrak{y}$ (cf. III.3.3) fonction propre des opérateurs $\Delta(f)$ pour $f \in H^R_{\xi,b,\mathbb{C}}$. Si ϕ est cuspidale, le seul sous-groupe de

Lévi intervenant dans la proposition est G lui-même. Or $T_{\mathbf{G}} \cap \mathbf{G}_{\text{der}}$ est un groupe de torsion, annulé par $N(G)$ et l'assertion de la proposition est immédiate. On suppose donc que ϕ n'est pas cuspidale. Considérons l'ensemble $\mathfrak{t}$ des triplets (M, π, α) formés d'un Lévi standard M, d'un élément $\pi \in \Pi_0(\mathbf{M}, \phi)$ et d'une racine $\alpha \in \Delta_M$. Il est non vide. Introduisons la base $\{\varpi_{\check{\beta}}; \beta \in \Delta_0\}$ de $\mathfrak{a}_{M_0}^G$ duale de la base Δ_0 de $(\mathfrak{a}_{M_0}^G)^*$. Rappelons (cf. I.4.11) que pour $\alpha \in \Delta_M$, on définit $\varpi_{\check{\alpha}} = \varpi_{\check{\beta}}$ où β est l'unique élément de Δ_0 qui se projette sur α; et $\{\varpi_{\check{\alpha}}; \alpha \in \Delta_M\}$ est la base de $\mathfrak{a}_M^G$ duale de la base Δ_M de $(\mathfrak{a}_M^G)^*$. D'après I.4.11, on a

$$< \varpi_{\check{\alpha}}, \mathrm{Re}\pi >< 0$$

pour tous $\alpha \in \Delta_M, \pi \in \Pi_0(\mathbf{M}, \phi)$ (cf. I.3.3 pour la définition de $\mathrm{Re}\pi$). Fixons un triplet $(M, \pi, \alpha) \in \mathfrak{t}$ tel que

$$| < \varpi_{\check{\alpha}}, \mathrm{Re}\pi > | \, \|\varpi_{\check{\alpha}}\|^{-1}$$

soit minimal. Considérons le sous-groupe parabolique standard $P' = M'U'$ de G propre et maximal, contenant M tel que α soit l'unique racine simple de Δ_M de restriction non triviale à $\mathfrak{a}_{M'}$. Fixons une base $\mathfrak{q}_{M'}^G$ de $\mathbb{C}[\mathrm{Re}\mathfrak{a}_{M'}^G]$. Il existe alors un unique ensemble

$$D \subset \mathfrak{q}_{M'}^G \times \mathrm{Hom}(Z_{\mathbf{M}'}, \mathbb{C}^*) \times A(U'(\mathbb{A})M'(k)\backslash\mathbf{G})$$

tel que

(i) pour tout $(Q, \eta, \psi) \in D$, on a $\psi \in A(U'(\mathbb{A})M'(k)\backslash\mathbf{G})_\eta$ et $\psi \neq 0$;

(ii) pour tout $g \in \mathbf{G}$,

$$\phi_{P'}(g) = \sum_{(Q,\eta,\psi)\in D} Q(\log_{M'}^G m_{P'}(g))\psi(g).$$

Pour tout sous-groupe parabolique standard $P'' = M''U'' \subset P'$, on déduit de (ii) l'égalité

$$\phi_{P''}^{\text{cusp}}(g) = \sum_{(Q,\eta,\psi)\in D} Q(\log_{M'}^G m_{P'}(g))\psi_{P''}^{\text{cusp}}(g)$$

puis

(1) $$\Pi_0(\mathbf{M}'', \phi) = \bigcup_{(Q,\eta,\psi)\in D} \Pi_0(\mathbf{M}'', \psi).$$

En particulier (pour $P'' = P$), il existe $(Q, \eta, \psi) \in D$ tel que $\pi \in \Pi_0(\mathbf{M}, \psi)$. Fixons un tel triplet $(Q, \eta, \psi) \in D$. Le caractère η n'est pas unitaire en général mais on se ramène à ce cas en remplaçant ψ par $\psi' = (-\mathrm{Re}\eta)\psi$. On a $\psi' \in A(U'(\mathbb{A})M'(k)\backslash\mathbf{G})_{\mathrm{Im}\eta}$. Montrons que l'on a aussi $\psi' \in L^2(U'(\mathbb{A})M'(k)\backslash\mathbf{G})_{\mathrm{Im}\eta}$. Introduisons la base $\{\varpi'_{\check{\beta}}; \beta \in \Delta_0^{M'}\}$ de $\mathfrak{a}_{M_0}^{M'}$ duale de la base $\Delta_0^{M'}$ de $(\mathfrak{a}_{M_0}^{M'})^*$. Elle a les mêmes propriétés que $\{\varpi_{\check{\beta}}; \beta \in \Delta_0\}$: on a simplement remplacé G par M'. D'après I.4.11, pour montrer que $\psi' \in L^2(U'(\mathbb{A})M'(k)\backslash\mathbf{G})_{\mathrm{Im}\eta}$ il suffit de montrer que pour tout sous-groupe parabolique standard $P'' = M''U''$ de P', pour toute racine $\alpha'' \in \Delta_{M''}^{M'}$ (racines simples de $T_{M''}$ dans M'), pour tout $\pi'' \in \Pi_0(\mathbf{M}'', \psi')$ on a

(2) $$< \mathfrak{w}'_{\check{\alpha}''}, \mathrm{Re}\pi'' > < 0.$$

Fixons donc de tels P'', α'', π''. On a $\Delta_{M''}^{M'} \subset \Delta_{M''}$ donc α'' est aussi un élément de $\Delta_{M''}$ et on a un élément $\mathfrak{w}_{\check{\alpha}''}$ de notre base duale. Il est en général différent de $\mathfrak{w}'_{\check{\alpha}''}$, mais la différence $\mathfrak{w}_{\check{\alpha}''} - \mathfrak{w}'_{\check{\alpha}''}$ appartient à $\mathfrak{a}_{M'}^G$. Or $\mathrm{Re}\pi'' \in (\mathfrak{a}_{M''}^{M'})^*$ (car la restriction de π'' à $Z_{\mathbf{M}'}$ est unitaire). La relation (2) est donc équivalente à

$$< \mathfrak{w}_{\check{\alpha}''}, \mathrm{Re}\pi'' > < 0.$$

On a $(\mathrm{Re}\eta)\otimes\pi'' \in \Pi_0(\mathbf{M}'', \phi)$ d'après (1). Donc $(M'', (\mathrm{Re}\eta)\otimes\pi'', \alpha'') \in \mathfrak{t}$. D'après la propriété de maximalité de α, on a donc

(3) $$< \mathfrak{w}_{\check{\alpha}''}, \mathrm{Re}\eta + \mathrm{Re}\pi'' > \; \|\mathfrak{w}_{\check{\alpha}''}\|^{-1} \leq \; < \mathfrak{w}_{\check{\alpha}}, \mathrm{Re}\pi > \; \|\mathfrak{w}_{\check{\alpha}}\|^{-1}.$$

Comme η a ξ pour restriction à $Z_{\mathbf{G}}$ et que ξ est unitaire, on a $\mathrm{Re}\eta \in (\mathfrak{a}_{M'}^G)^*$, il existe donc $x \in \mathbb{R}$ tel que $\mathrm{Re}\,\eta = x\mathfrak{w}_\alpha$, où $\{\mathfrak{w}_\beta; \beta \in \Delta_0\}$ est la base de $(\mathfrak{a}_{M_0}^G)^*$ duale de la base $\{\check{\beta}; \beta \in \Delta_0\}$ de $\mathfrak{a}_{M_0}^G$. De plus, comme $\pi \in \Pi_0(\mathbf{M}, \psi)$, la restriction de χ_π à $Z_{\mathbf{M}'}$ est η, donc $\mathrm{Re}\pi - \mathrm{Re}\,\eta \in (\mathfrak{a}_{M_0}^{M'})^*$ et

$$< \mathfrak{w}_{\check{\alpha}}, \mathrm{Re}\pi - \mathrm{Re}\eta > = 0.$$

On en déduit

$$< \mathfrak{w}_{\check{\alpha}}, \mathrm{Re}\pi > = < \mathfrak{w}_{\check{\alpha}}, \mathrm{Re}\eta > = x < \mathfrak{w}_{\check{\alpha}}, \mathfrak{w}_\alpha > .$$

Comme $< \mathfrak{w}_{\check{\alpha}}, \mathrm{Re}\pi >< 0$ (car ϕ est de carré intégrable, cf. I.4.11), on en déduit $x < 0$. Enfin

$$< \mathfrak{w}_{\check{\alpha}''}, \mathrm{Re}\eta > = x < \mathfrak{w}_{\check{\alpha}''}, \mathfrak{w}_\alpha > .$$

On déduit alors de (3) l'inégalité

$$< \mathfrak{w}_{\check{\alpha}''}, \mathrm{Re}\pi'' > \leq x(< \mathfrak{w}_{\check{\alpha}}, \mathfrak{w}_\alpha > \|\mathfrak{w}_{\check{\alpha}''}\| \; \|\mathfrak{w}_{\check{\alpha}}\|^{-1} - < \mathfrak{w}_{\check{\alpha}''}, \mathfrak{w}_\alpha >).$$

Si on identifie $\mathfrak{a}_{M_0}$ à $\mathfrak{a}_{M_0}^*$ à l'aide du produit scalaire, $\mathfrak{w}_\alpha$ devient un multiple positif de $\mathfrak{w}_{\check{\alpha}}$ et l'inégalité de Schwartz montre que le membre de droite de l'inégalité ci-dessus est < 0. Cela démontre (2).

On a donc $\psi' \in A^2(U'(\mathbb{A})M'(k)\backslash\mathbf{G})_{\mathrm{Im}\eta}$. D'après l'hypothèse de récurrence appliquée à $\pi \otimes (-\mathrm{Re}\eta) \in \Pi_0(\mathbf{M}, \psi')$, on en déduit que la restriction de $N(M')\chi_\pi$ à $T_{\mathbf{M}} \cap \mathbf{M}'_{\mathrm{der}}$ est à valeurs réelles positives.

Montrons que

(4) il existe $w \in W$ tel que $wMw^{-1} = M$ et $-w\overline{\chi}_\pi = \chi_\pi$ (par définition, $w\chi_\pi(z) = \chi_\pi(w^{-1}zw)$ pour $z \in Z_{\mathbf{M}}$).

Si cette condition n'est pas vérifiée, a fortiori les couples (M, π) et $(M, -\overline{\pi})$ ne sont pas conjugués. Il existe alors $f \in H_{\xi,b,\mathbb{C}}^R$ telle que

$f(M,\pi)=1,\ f(M,-\overline{\pi})=0$. La deuxième condition est équivalente à $f^*(M,\pi)=0$. D'après l'hypothèse sur ϕ et ce que l'on a dit en III.3.3, on a donc $\Delta(f)\phi=\phi,\ \Delta(f^*)\phi=0$. Cela contredit la relation

$$<\Delta(f)\phi,\phi> = <\phi,\Delta(f^*)\phi>$$

(cf. III.1.4). Contradiction qui démontre (4).

Fixons w tel que (4) soit vérifié. Montrons que, w agissant de façon naturelle sur $\mathfrak{a}^*_{M_0}$, w ne fixe pas point par point le sous-espace $(\mathfrak{a}^G_{M'})^*$. En effet, s'il le fixait, on aurait $w^{-1}\mathfrak{w}_{\check\alpha}=\mathfrak{w}_{\check\alpha}$, d'où

$$<\mathfrak{w}_{\check\alpha},\mathrm{Re}\pi> = <w^{-1}\mathfrak{w}_{\check\alpha},\mathrm{Re}\pi> = <\mathfrak{w}_{\check\alpha},w\mathrm{Re}\pi> = \ -<\mathfrak{w}_{\check\alpha},\mathrm{Re}\pi>$$

d'après (4). Cela contredit le fait que $<\mathfrak{w}_{\check\alpha},\mathrm{Re}\pi> < 0$.

Notons λ la restriction à $T_{\mathbf{M}}$ de $\mathrm{Im}\,\chi_\pi(\mathrm{Im}\,\chi_\pi$ est défini par $\chi_\pi = \mathrm{Re}\chi_\pi+\mathrm{Im}\chi_\pi$, cf. III.3.1 remarque (a) pour l'interprétation du signe $+$, où $\mathrm{Re}\chi_\pi$ est à valeurs réelles >0 et $\mathrm{Im}\,\chi_\pi$ est unitaire). On a alors

(i) $N(M')\lambda_{|T_{\mathbf{M}}\cap\mathbf{M}'_{\mathrm{der}}}=0$;

(ii) $w\lambda=\lambda$, pour un w tel que $wMw^{-1}=M$ et w ne fixe pas point par point le sous-espace $(\mathfrak{a}^G_{M'})^*$.

Il résulte de (ii) que λ est trivial sur le groupe $(w-1)T_{\mathbf{M}}$ (cf. III.3.2). Donc $N(M')\lambda$ est trivial sur $(T_{\mathbf{M}}\cap\mathbf{M}'_{\mathrm{der}})(w-1)T_{\mathbf{M}})$. Ce dernier groupe est contenu dans $T_{\mathbf{M}}\cap\mathbf{G}_{\mathrm{der}}$, le quotient étant de torsion, annulé par $N(M,M',w)$ (cf. III.3.2). Donc $N(M,M',w)N(M')\lambda$ est trivial sur $T_{\mathbf{M}}\cap\mathbf{G}_{\mathrm{der}}$. Comme $N(M,M',w)N(M')$ divise $N(G)$, cela démontre l'assertion de la proposition III.3.1 pour la représentation π. Mais comme $\phi\in A^2(G(k)\backslash\mathbf{G})_{\mathfrak{y}}$, tous les éléments de son support cuspidal sont conjugés par le groupe de Weyl et on en déduit l'assertion pour tout élément de ce support. □

IV

Prolongement des séries d'Eisenstein

IV.1. Les résultats

IV.1.1. Les espaces

On fixe un caractère unitaire ξ de $Z_{\mathbf{G}}$. Les résultats de ce chapitre se généralisent d'ailleurs au cas non unitaire par tensorisation avec un élément de X_G.

On fixe un ensemble fini $\mathfrak{F}$ de $\mathbf{K}$-types, que l'on suppose stable par passage à la contragrédiente. Pour tout espace V dans lequel $\mathbf{K}$ agit, on note $V^{\mathfrak{F}}$ le sous-espace des éléments $v \in V$ tels que le sous-espace engendré par les éléments kv, pour $k \in \mathbf{K}$, se décompose en somme de sous-espaces irréductibles sous $\mathbf{K}$, dont la classe d'isomorphie appartient à $\mathfrak{F}$.

Nous considérerons les espaces suivants:

$A_\xi = A(G(k)\backslash\mathbf{G})_\xi$ l'espace des formes automorphes sur $G(k)\backslash\mathbf{G}$, de "caractère central" ξ;

$L^2_\xi = L^2(G(k)\backslash\mathbf{G})_\xi$ l'espace des fonctions sur $G(k)\backslash\mathbf{G}$, à valeurs complexes, de caractère central ξ, de carré intégrable modulo $Z_{\mathbf{G}}$;

$L^2_{\xi,\mathrm{loc}}$ l'espace des fonctions sur $G(k)\backslash\mathbf{G}$, à valeurs complexes, de caractère central ξ, localement de carré intégrable modulo $Z_{\mathbf{G}}$.

On a les inclusions

$$A_\xi \subset L^2_{\xi,\mathrm{loc}} \supset L^2_\xi.$$

On munit L^2_ξ de la topologie définie par la norme L^2 et $L^2_{\xi,\mathrm{loc}}$ de celle définie par le filtre de semi-normes

$$f \longmapsto \int_C |f(g)|^2 dg,$$

où C parcourt l'ensemble des sous-ensembles compacts de $Z_{\mathbf{G}}G(k)\backslash\mathbf{G}$. Alors L^2_ξ et $L^2_{\xi,\mathrm{loc}}$ sont des espaces de Fréchet (cf. I.4.9). L'injection $L^2_\xi \to L^2_{\xi,\mathrm{loc}}$ est continue.

On note $\mathcal{H}^{\mathfrak{F}}$ l'espace des fonctions $h : \mathbf{G} \to \mathbb{C}$, lisses, à support compact, telles que l'espace engendré par les translatés de h par $\mathbf{K} \times \mathbf{K}$, agissant à droite et à gauche, se décompose en somme de sous-espaces irréductibles sous $\mathbf{K} \times \mathbf{K}$ dont la classe d'isomorphie appartient à $\mathfrak{F} \times \mathfrak{F}$. C'est une algèbre, qui agit sur $A^{\mathfrak{F}}_\xi, L^{2,\mathfrak{F}}_\xi$ etc... par une action que l'on note δ.

IV.1.2. Les représentations

On considère dans ce chapitre des couples $(M, \mathfrak{P})$ vérifiant les conditions suivantes:

M est un sous-groupe de Lévi standard de G; on note $\mathbf{M}$ son image réciproque dans $\mathbf{G}$;

$\mathfrak{P}$ est une orbite sous $X^{\mathbf{G}}_M$ de représentations cuspidales irréductibles de $\mathbf{M}$, dont le caractère central admet ξ pour restriction à $Z_{\mathbf{G}}$.

On note usuellement $P = MU$ le sous-groupe parabolique standard de G de Lévi M. Pour $\pi \in \mathfrak{P}$, on a défini en I.1.1 un espace

$$A(U(\mathbb{A})M(k)\backslash\mathbf{G})_\pi.$$

Nous le noterons ici plus simplement $A(M, \pi)$.

IV.1.3. Fonctions holomorphes

Fixons quelques définitions qui nous seront utiles pour énoncer les théorèmes. Soit $(M, \mathfrak{P})$ comme en IV.1.2. Pour $\pi \in \mathfrak{P}$ et $\lambda \in X^{\mathbf{G}}_M$, il y a un isomorphisme d'espaces vectoriels

$$\underline{\lambda} : A(M, \pi)^{\mathfrak{F}} \to A(M, \pi \otimes \lambda)^{\mathfrak{F}}$$

$$\varphi \longmapsto \lambda\varphi$$

où $\lambda\varphi$ est définie par $(\lambda\varphi)(g) = m_P(g)^\lambda \varphi(g)$.

Cela étant, soit U un ouvert de $\mathfrak{P}$, H un espace de Fréchet et E une fonction définie sur U telle que pour tout $\pi \in U$,

$$E(\pi) \in \mathrm{Hom}_{\mathbb{C}}(A(M, \pi)^{\mathfrak{F}}, H).$$

Remarquons que, puisque $A(M, \pi)^{\mathfrak{F}}$ est de dimension finie, l'espace ci-dessus est lui-aussi un espace de Fréchet. Nous dirons que E est holomorphe si pour tout $\pi \in U$, la fonction

$$\lambda \longmapsto E(\pi \otimes \lambda) \circ \underline{\lambda}$$

définie dans un voisinage de 0 dans $X^{\mathbf{G}}_M$, à valeurs dans $\mathrm{Hom}_{\mathbb{C}}(A(M, \pi)^{\mathfrak{F}}, H)$, est holomorphe. Si E est seulement définie presque partout dans U, nous dirons que E est méromorphe si pour tout $\pi \in U$ et tout voisinage assez petit V de π dans U, il existe deux fonctions holomorphes $d : V \to \mathbb{C}$, $d \neq 0$, et E_1 définie dans V, analogue à E, de sorte que

$$d(\pi')E(\pi') = E_1(\pi')$$

en tout $\pi' \in V$ où $E(\pi')$ est définie.

Soit ϕ une fonction définie sur U telle que pour tout $\pi \in U$, $\phi(\pi) \in A(M,\pi)^{\mathfrak{F}}$. Nous dirons que ϕ est holomorphe si pour tout $\pi \in U$, la fonction

$$\lambda \longmapsto -\underline{\lambda} \circ \phi(\pi \otimes \lambda)$$

est holomorphe dans un voisinage de 0 dans $X_M^{\mathbf{G}}$, cf. II.1.2. Si ϕ et E sont holomorphes dans U, la fonction

$$U \longrightarrow H$$

$$\pi \longmapsto E(\pi)(\phi(\pi))$$

est holomorphe. Soit $\triangle$ un opérateur différentiel holomorphe dans U. On peut définir la fonction

$$U \longrightarrow H$$

$$\pi \longmapsto \triangle\,(E(\pi)(\phi(\pi))) :$$

on applique l'opérateur $\triangle$ à la fonction précédente et on évalue le résultat en π. Cette fonction est encore holomorphe.

IV.1.4. Opérateurs holomorphes

Notons $W(M)$ l'ensemble des éléments $w \in W$ de longueur minimale dans leur classe à droite modulo le groupe de Weyl de M, tels que wMw^{-1} soit un Lévi standard de G. Soient U un ouvert de $\mathfrak{P}$, $w \in W(M)$ et M_w une fonction définie sur U, telle que pour tout $\pi \in U$,

$$M_w(\pi) \in \mathrm{Hom}_{\mathbb{C}}(A(M,\pi)^{\mathfrak{F}}, A(wMw^{-1}, w\pi)^{\mathfrak{F}}).$$

On dit que M_w est holomorphe si pour tout $\pi \in U$, la fonction

$$\lambda \longmapsto -\underline{w\,\lambda} \circ M_w(\pi \otimes \lambda) \circ \underline{\lambda},$$

définie dans un voisinage de 0 dans $X_M^{\mathbf{G}}$, à valeurs dans l'espace de dimension finie

$$\mathrm{Hom}_{\mathbb{C}}(A(M,\pi)^{\mathfrak{F}}, A(wMw^{-1}, w\pi)^{\mathfrak{F}}),$$

est holomorphe. On définit de même la notion de méromorphie.

IV.1.5. Rationalité

Dans le cas où k est un corps de fonctions, $X_M^{\mathbf{G}}$ est une variété algébrique complexe, d'après la description donnée en I.1.4. Un polynôme sur $X_M^{\mathbf{G}}$ est une combinaison linéaire de fonctions de la forme $\lambda \longmapsto m^\lambda$, où $m \in \mathbf{M}$. On peut algébriser les définitions de IV.1.3 et IV.1.4 et donner un sens aux expressions "E est un polynôme", "E est un fonction rationnelle" etc...

IV.1.6. Singularités le long d'hyperplans

Soient $\pi \in \mathfrak{P}, \alpha \in R^+(T_M, G)$ une racine indivisible. On définit une fonction $h : \mathfrak{P} \to \mathbb{C}$ de la façon suivante:

(i) si k est un corps de nombres, $h(\pi \otimes \lambda) = < \lambda, \check{\alpha} >$ pour tout $\lambda \in X_M^{\mathbf{G}} \simeq \mathfrak{a}_M^G$;

(ii) si k est un corps de fonctions, notons $n(\alpha)$ le plus petit entier $n > 0$ tel que $\alpha^{*n\lambda} = 1$ pour tout $\lambda \in \mathrm{Fix}_{X_M^{\mathbf{G}}}(\mathfrak{P})$; alors $h(\pi \otimes \lambda) = \alpha^{*n(\alpha)\lambda} - 1$ pour tout $\lambda \in X_M^{\mathbf{G}}$.

Posons $H = \{\pi' \in \mathfrak{P};\ h(\pi') = 0\}$. Un tel ensemble est appelé hyperplan radiciel (cette terminologie sera modifiée et précisée en V.1.2). La fonction h est déterminée par H. On la note plus précisément h_H.

Soient D un ensemble d'hyperplans radiciels et E une fonction comme en IV.1.3, méromorphe sur $\mathfrak{P}$. On dit que les singularités de E sont portées par D si, pour tout $\pi \in \mathfrak{P}$, on peut trouver une fonction $n_\pi : D \to \mathbb{N}$, nulle presque partout, de sorte que la fonction

$$\pi' \longmapsto \Big(\prod_{H \in D} h_H(\pi')^{n_\pi(H)}\Big) E(\pi')$$

soit holomorphe en π. On dit que les singularités sont sans multiplicité en π si on peut choisir n_π à valeurs dans $\{0, 1\}$. Des définitions analogues valent pour les fonctions M_w de IV.1.4.

Enfin, nous dirons que D est localement fini si pour tout sous-ensemble compact $C \subset \mathfrak{P}$, $\{H \in D;\ H \cap C \neq \emptyset\}$ est fini.

IV.1.7. Holomorphie des séries d'Eisenstein

Notons $\mathfrak{c}_{\mathfrak{P}} = \{\pi \in \mathfrak{P}; \forall \alpha \in \Delta_M, < \mathrm{Re}\pi, \check{\alpha} > > < \rho_P, \check{\alpha} >\}$. Pour $\pi \in \mathfrak{c}_{\mathfrak{P}}$ et $\varphi \in A(M, \pi)^{\mathfrak{F}}$, on a défini en II.1.5 la série d'Eisenstein $E(\varphi, \pi)$. On a $E(\varphi, \pi) \in A_\xi^{\mathfrak{F}}$, a fortiori $E(\varphi, \pi) \in L^{2,\mathfrak{F}}_{\xi,\mathrm{loc}}$. Cela définit sur $\mathfrak{c}_{\mathfrak{P}}$ une fonction

$$E : \pi \longmapsto E(\pi) \in \mathrm{Hom}_{\mathbb{C}}(A(M,\pi)^{\mathfrak{F}}, L^{2,\mathfrak{F}}_{\xi,\mathrm{loc}}).$$

Lemme. *La fonction E est holomorphe sur $\mathfrak{c}_{\mathfrak{P}}$.*

$\mathbb{P}$. Pour tout sous-ensemble compact C de $Z_{\mathbf{G}}G(k)\backslash\mathbf{G}$, notons $L^2_{\xi,C}$ le sous-espace des éléments de L^2_ξ à support dans C. D'après une variante de ce que l'on a dit en I.4.9, il suffit de prouver que pour tout $\pi \in \mathfrak{c}_{\mathfrak{P}}$, tout $\varphi \in A(M,\pi)^{\mathfrak{F}}$, tout ensemble C comme ci-dessus et tout $\psi \in L^2_{\xi,C}$, l'application

$$\lambda \longmapsto \int_{Z_{\mathbf{G}}G(k)\backslash \mathbf{G}} \overline{\psi}(g) E(\lambda\varphi, \pi \otimes \lambda)(g) dg$$

est holomorphe en 0. On peut aussi bien considérer un sous-ensemble compact C de $S \cap \mathbf{G}^c$, un élément ψ de $L^2(C)$ et l'application

$$\lambda \longmapsto \int_C \overline{\psi}(g) E(\lambda\varphi, \pi \otimes \lambda)(g) dg.$$

Pour λ dans un voisinage de 0 et $g \in C$, la série

$$E(\lambda\varphi, \pi \otimes \lambda)(g) = \sum_{\gamma \in P(k)\backslash G(k)} m_P(\gamma g)^{\lambda} \varphi(\gamma g)$$

converge normalement. Chaque terme est holomorphe en λ. L'holomorphie de l'intégrale ci-dessus en résulte. □

Soit $w \in W(M)$. Pour $\pi \in \mathfrak{c}_{\mathfrak{P}}$, on a défini en II.1.6 l'opérateur d'entrelacement

$$M(w,\pi) \in \mathrm{Hom}_{\mathbb{C}}(A(M,\pi)^{\mathfrak{F}}, A(wMw^{-1}, w\pi)^{\mathfrak{F}}).$$

Cela définit sur $\mathfrak{c}_{\mathfrak{P}}$ une fonction $M(w,.)$, qui est holomorphe (cf. IV.1.4). Pour $\pi \in \mathfrak{P}$, l'algèbre $\mathcal{H}^{\mathfrak{F}}$ agit dans $A(M,\pi)^{\mathfrak{G}}$ par une représentation que l'on note $i(\pi,.)$.

Remarque. D'après la définition de $A(M,\pi)$, $i(\pi,.)$ est multiple de la représentation induite de π, ou plus exactement de la représentation de $\mathcal{H}^{\mathfrak{F}}$ qui s'en déduit. Pour $\pi \in \mathfrak{c}_{\mathfrak{P}}$ et $h \in \mathcal{H}^{\mathfrak{F}}$, on a les relations

(*) $E(\pi) \circ i(\pi,h) = \delta(h) \circ E(\pi)$,

(**) $M(w,\pi) \circ i(\pi,h) = i(w\pi,h) \circ M(w,\pi)$.

Remarque.

De la relation ci-dessus, on peut déduire que $i(\pi,.)$ et $i(w\pi,.)$ sont équivalentes pour presque tout π; il suffit de montrer que $M(w,\pi)$ est inversible pour presque tout π. On préfère ne pas démontrer ce fait a priori, qui résultera du théorème IV.1.10 ci-dessous.

IV.1.8. Prolongement des séries d'Eisenstein

Théorème. *Soit* $(M,\mathfrak{P})$ *comme en* IV.1.2.

(a) La fonction E se prolonge de façon unique en une fonction méromorphe sur $\mathfrak{P}$.

(b) Soit $w \in W(M)$. La fonction $M(w,.)$ se prolonge de façon unique en une fonction méromorphe sur $\mathfrak{P}$.

Pour $\pi \in \mathfrak{P}$ et $\varphi \in A(M,\pi)^{\mathfrak{F}}$, on notera souvent $E(\varphi,\pi)$ le terme $E(\pi)(\varphi)$.

IV.1.9. Propriétés des séries d'Eisenstein

Proposition *Soit* $(M,\mathfrak{P})$ *comme en* IV.1.2.

(a) *Soient* $h \in \mathcal{H}^{\mathfrak{F}}$ *et* $w \in W(M)$. *On a les égalités* IV.1.7(*) *et* (**) *de fonctions méromorphes sur* $\mathfrak{P}$.

(b) *Notons* U *l'ouvert de* $\mathfrak{P}$ *où* E *est holomorphe.*
(i) Pour $\pi \in U$ *et* $\varphi \in A(M,\pi)^{\mathfrak{F}}$, $E(\varphi,\pi) \in A_\xi^{\mathfrak{F}}$.
(ii) Pour $\pi \in U$ *et* $\varphi \in A(M,\pi)^{\mathfrak{F}}$, $E(\varphi,\pi)^{\text{cusp}} = 0$ *si* $M \neq G$.

(c) *Soit* ϕ *une fonction holomorphe dans* $\mathfrak{P}$ *telle que* $\phi(\pi) \in A(M,\pi)^{\mathfrak{F}}$ *pour tout* π. *Alors*
(i) la fonction

$$\mathbf{G} \times U \to \mathbb{C}$$
$$(g,\pi) \longmapsto E(\phi(\pi),\pi)(g)$$

est lisse;
(ii) soit $g \in \mathbf{G}$; *la fonction* $\pi \longmapsto E(\phi(\pi),\pi)(g)$ *est holomorphe dans* U, *méromorphe dans* $\mathfrak{P}$;
(iii) soient $g \in \mathbf{G}$ *et* P' *un sous-groupe parabolique standard de* G; *la fonction* $\pi \longmapsto E(\phi(\pi),\pi)_{P'}(g)$ *est méromorphe dans* $\mathfrak{P}$ *et donnée par la formule* II.1.7.

(d) *Plus généralement, soient* V *un ouvert de* $\mathfrak{P}$, $d : V \to \mathbb{C}$ *une fonction holomorphe telle que* $\pi \longmapsto d(\pi)E(\pi)$ *soit holomorphe dans* V; *soient* D *un opérateur différentiel holomorphe dans* V *et* ϕ *une fonction holomorphe définie dans* V, *telle que* $\phi(\pi) \in A(M,\pi)^{\mathfrak{F}}$ *pour tout* $\pi \in V$. *Alors la fonction*

$$V \to L^{2,\mathfrak{F}}_{\xi,\text{loc}}$$
$$\pi \longmapsto D(d(\pi)E(\phi(\pi),\pi))$$

vérifie des propriétés analogues à (b) et (c).

(e) *La formule d'adjonction* II.1.8 *se prolonge en une égalité de fonctions méromorphes sur* $\mathfrak{P}$.

IV.1.10. Equation fonctionnelle

On note ici plus précisément E_M la fonction notée précédement E.

Théorème. *Soient* $(M,\mathfrak{P})$ *comme en* IV.1.2 *et* $w \in W(M)$.

(a) *On a l'égalité de fonctions méromorphes sur* $\mathfrak{P}$

$$E_M(\pi) = E_{wMw^{-1}}(w\pi) \circ M(w,\pi).$$

(b) *Soit $w' \in W(wMw^{-1})$. On a l'égalité de fonctions méromorphes sur $\mathfrak{P}$*

$$M(w', w\pi) \circ M(w, \pi) = M(w'w, \pi).$$

IV.1.11. Singularités des séries d'Eisenstein

Proposition. *Soit $(M, \mathfrak{P})$ comme en* IV.1.2.

(a) *Il existe un ensemble localement fini d'hyperplans radiciels D tel que les singularités des fonctions E et $M(w, .)$, pour tout $w \in W(M)$, soient portées par D.*

(b) *Soit $\pi \in \mathfrak{P}$ tel que* $\mathrm{Re}\pi = 0$. *Alors les fonctions E et $M(w, .)$ sont holomorphes en π.*

(c) *Soit $\pi \in \mathfrak{P}$ tel que $< \mathrm{Re}\pi, \check{\alpha} > \geq 0$ pour tout $\alpha \in \Delta_M$. Alors les singularités des fonctions E et $M(w, .)$ sont sans multiplicité en π.*

(d) *Il n'y a qu'un nombre fini d'hyperplans singuliers (de E ou de $M(w, .)$) qui coupent $\{\pi \in \mathfrak{P};\ < \mathrm{Re}\pi, \check{\alpha} > \geq 0$ pour tout $\alpha \in \Delta_M\}$.*

IV.1.12. Cas des corps de fonctions

Proposition. *Supposons que k soit un corps de fonctions et soit $(M, \mathfrak{P})$ comme en* IV.1.2.

(a) *Soit $g \in \mathbf{G}$, notons ε_g l'évaluation au point g. La fonction $\pi \longmapsto \varepsilon_g \circ E(\pi)$ est rationnelle.*

(b) *Soit $w \in W(M)$. La fonction $M(w, .)$ est rationnelle.*

IV.2. Quelques préparatifs

IV.2.1. Transformation du problème

On fixe désormais $(M, \mathfrak{P})$ comme en IV.1.2 et $\pi \in \mathfrak{P}$, unitaire. On modifie les définitions du premier paragraphe de la façon suivante. Pour $\lambda \in X_M^{\mathbf{G}}$, on note $i(\lambda, .)$ la représentation de $\mathcal{H}^{\mathfrak{F}}$ dans $A(M, \pi)^{\mathfrak{F}}$ définie par

$$i(\lambda, h)\varphi = -\lambda[i(\pi \otimes \lambda, h)(\lambda\varphi)]$$

pour tous $h \in \mathcal{H}^{\mathfrak{F}}$, $\varphi \in A(M, \pi)^{\mathfrak{F}}$. Posons $\mathfrak{c} = \{\lambda \in X_M^{\mathbf{G}}; \forall\alpha \in \Delta_M, < \mathrm{Re}\lambda, \check{\alpha} > > < \rho_P, \check{\alpha} >\}$. On définit une fonction holomorphe

$$E : \mathfrak{c} \to \mathrm{Hom}_{\mathbb{C}}(A(M, \pi)^{\mathfrak{F}}, L^{2,\mathfrak{F}}_{\xi,\mathrm{loc}})$$

par $E(\varphi, \lambda) = E(\lambda\varphi, \pi \otimes \lambda)$. De même pour $w \in W(M)$, on définit

$$M(w, .) : \mathfrak{c} \to \mathrm{Hom}_{\mathbb{C}}(A(M, \pi)^{\mathfrak{F}}, A(wMw^{-1}, w\pi)^{\mathfrak{F}})$$

par $M(w, \lambda)\varphi = (-w\lambda)M(w, \pi \otimes \lambda)(\lambda\varphi)$. Plus généralement pour $w' \in W(M)$, on définit des objets $i_{w'}(\lambda, .)$, $E_{w'}$, $M_{w'}(w, .)$ en remplaçant dans les constructions précédentes le triplet $(M, \mathfrak{P}, \pi)$ par $(w'Mw'^{-1}, w'\mathfrak{P}, w'\pi)$ (les objets précédents correspondent à $w' = 1$).

Les énoncés IV.1.8 à IV.1.12 ont des analogues pour les fonctions que l'on vient de définir. Il est clair que ceux-ci entrainent ceux-là.

Remarque. La seule subtilité concerne le cas des corps de fonctions. Supposons par exemple prolongée la fonction $E(\lambda)$. Pour $\pi' \in \mathfrak{P}$, on définit $E(\pi')$ ainsi: on choisit λ tel que $\pi' = \pi \otimes \lambda$; pour $\varphi' \in A(M, \pi')^{\mathfrak{F}}$, on pose

$$E(\varphi', \pi') = E((-\lambda)\varphi', \lambda).$$

Il faut vérifier que cela ne dépend pas du choix de λ, i.e. que pour $\mu \in \mathrm{Fix}_{X_{\mathbf{M}}^{G}}(\mathfrak{P})$, on a $E((-\lambda - \mu)\varphi', \lambda + \mu) = E((-\lambda)\varphi', \lambda)$ pour tout φ', ou encore $E((-\mu)\varphi, \lambda + \mu) = E(\varphi, \lambda)$ pour tout $\varphi \in A(M, \pi)^{\mathfrak{F}}$. Or c'est vrai si $\lambda \in \mathfrak{c}$ car on sait qu'alors $E(\varphi', \pi')$ est bien définie. L'égalité se prolonge méromorphiquement à tout λ.

IV.2.2. Choix de fonctions dans l'algèbre de Hecke

Pour $h \in \mathcal{H}^{\mathfrak{F}}$, on définit $h^* \in \mathcal{H}^{\mathfrak{F}}$ par $h^*(g) = \overline{h}(g^{-1})$ pour tout $g \in \mathbf{G}$.

Lemme. *Soit $\lambda \in X_M^{\mathbf{G}}$. Il existe $h \in \mathcal{H}^{\mathfrak{F}}$ tel que*

(i) $h = h^*$;

(ii) $i(\lambda, h) = 1$; *plus généralement pour tout* $w \in W(M), i_w(w\lambda, h) = 1$;

(iii) il existe $\mu \in X_M^{\mathbf{G}}$ tel que $< \mathrm{Re}\mu, \check{\alpha} > \gg 0$ pour tout $\alpha \in \Delta_M$, pour lequel on ait $i_w(w\mu, h) = \mathrm{i}$ pour tout $w \in W(M)$.

$\mathbb{P}$. Pour $\mu \in X_M^{\mathbf{G}}$, notons $\Pi_1(\mu)$, resp. $\Pi_2(\mu)$, l'ensemble des représentations de $\mathcal{H}^{\mathfrak{F}}$ suivantes:

$i(w(\pi\otimes\lambda), .)$, $i(-w(\overline{\pi \otimes \lambda}),).)$, $i(-w(\overline{\pi \otimes \mu}), .)$, où w parcourt $W(M)$, resp. $i(w(\pi \otimes \mu), .)$.

Notons $\sum_1(\mu)$, resp. $\sum_2(\mu)$ l'ensemble des représentations irréductibles de $\mathcal{H}^{\mathfrak{F}}$ intervenant comme sous-quotients dans un élément de $\Pi_1(\mu)$, resp. $\Pi_2(\mu)$. On vérifie que $\sum_1(\mu) \cap \sum_2(\mu) = \emptyset$ pour μ dans un ouvert dense de $X_M^{\mathbf{G}}$ (par exemple en une place v de k où π est non ramifiée, on compare les modules de Jacquet des représentations intervenant dans $\sum_1(\mu)$ et $\sum_2(\mu)$). Fixons donc μ tel que cette condition soit vérifiée et de plus $< \text{Re}\mu, \check{\alpha} > \gg 0$ pour tout $\alpha \in \triangle_M$. Il est bien connu que l'on peut trouver $h_1 \in \mathcal{H}^{\mathfrak{F}}$ telle que

$$\sigma(h_1) = 1 \text{ pour tout } \sigma \in \Sigma_1(\mu),$$

$$\sigma(h_1) = 0 \text{ pour tout } \sigma \in \Sigma_2(\mu).$$

Pour $\tau \in \Pi_2(\mu)$, $\tau(h_1)$ est donc nilpotent. Quitte à élever h_1 à une puissance convenable, on peut supposer $\tau(h_1) = 0$ pour tout $\tau \in \Pi_2(\mu)$. Pour $\tau \in \Pi_1(\mu)$, $\tau(h_1) - 1$ est nilpotent. Il existe un entier N tel que $(\tau(h_1) - 1)^N = 0$ pour tout $\tau \in \Pi_1(\mu)$. Ecrivons

$$(X-1)^N = \sum_{i=0}^{N} a_i X^i \qquad \text{et posons} \qquad h'_1 = (-1)^{N+1} \sum_{i=1}^{N} a_i h_1^i.$$

Alors $h'_i \in \mathcal{H}^{\mathfrak{F}}$ vérifie:

$$\tau(h'_1) = 1 \text{ pour tout } \tau \in \Pi_1(\mu),$$

$$\tau(h'_1) = 0 \text{ pour tout } \tau \in \Pi_2(\mu).$$

On construit de même h'_2 vérifiant

$$\tau(h'_2) = 0 \text{ pour tout } \tau \in \Pi_1(\mu),$$

$$\tau(h'_2) = 1 \text{ pour tout } \tau \in \Pi_2(\mu).$$

Posons $h = (h'_1 + ih'_2)(h'^*_1 - ih'^*_2)$. Remarquons que, par exemple, pour $h' \in \mathcal{H}^{\mathfrak{F}}$, $i(-(\overline{\pi \otimes \lambda}), h'^*)$ est l'adjoint de $i(\pi \otimes \lambda, h')$. Des propriétés ci-dessus résultent alors (ii) et (iii). Et (i) est immédiat par construction.

□

IV.2.3. Opérateurs compacts

Rappelons la définition d'un opérateur compact. Soient H un espace de Hilbert et T une transformation (un "opérateur") définie sur tout H. On dit que T est compacte si $\{Th;\ h \in H,\ \|h\| < 1\}$ est relativement compact dans H.

Exemple. Soient X un espace muni d'une mesure et $H = L^2(X)$; supposons que T soit de Hilbert-Schmidt, i.e. il existe $t \in L^2(X \times X)$ tel que pour tous $h \in H$, $x \in X$, on ait

$$(Th)(x) = \int_X t(x,y)h(y)dy.$$

Alors T est compacte.

Supposons T compacte et autoadjointe. Alors il existe un sous-ensemble dénombrable Γ de $\mathbb{R}$, tendant vers 0 (i.e. $\forall \varepsilon > 0, \{\gamma \in \Gamma;\ |\gamma| > \varepsilon\}$ est fini), pour tout $\gamma \in \Gamma$, il existe un sous-espace fermé H_γ de H, qui est de dimension finie si $\gamma \neq 0$, ces données étant telles que

(i) $H = \bigoplus_{\gamma \in \Gamma} H_\gamma$ (somme directe hilbertienne);

(ii) pour $x \in H$, écrivons $x = \sum_{\gamma \in \Gamma} x_\gamma$ conformément à (i); alors $Tx = \sum_{\gamma \in \Gamma} \gamma x_\gamma$.

Réciproquement, si l'on se donne Γ et $(H_\gamma)_{\gamma \in \Gamma}$ comme ci-dessus, vérifiant (i), la transformation définie par (ii) est compacte et autoadjointe.

IV.2.4. La troncature est une projection orthogonale

Fixons $T \in \mathrm{Re}\mathfrak{a}_{M_0}$ très positif, i.e. tel que $< \alpha, T >$ soit assez grand pour tout $\alpha \in \Delta_0$. Pour toute fonction φ sur $G(k)\backslash\mathbf{G}$, localement L^1, on a défini en I.2.11 une fonction $\wedge^T\varphi$ sur $G(k)\backslash\mathbf{G}$. Comme les éléments de L^2_ξ sont localement L^1, on sait en particulier définir $\wedge^T\varphi$ pour $\varphi \in L^2_\xi$.

Lemme. *Si $\varphi \in L^2_\xi$, alors $\wedge^T\varphi \in L^2_\xi$. L'opérateur $\wedge^T$ de L^2_ξ ainsi défini est une projection orthogonale.*

$\mathbb{P}$. Notons $\mathcal{S}_\xi$ l'espace des fonctions lisses sur $G(k)\backslash\mathbf{G}$, de caractère central ξ, $\mathbf{K}$-finies et à support compact mod $Z_\mathbf{G}$. Du lemme I.2.16 résulte que, si $\varphi \in \mathcal{S}_\xi$, alors $\wedge^T\varphi$ est à décroissance rapide si k est un corps de nombres, à support compact mod $Z_\mathbf{G}$ si k est un corps de fonctions. En tout cas $\wedge^T\varphi \in L^2_\xi$. Des lemmes I.2.14 et I.2.15 résulte l'égalité

$$\|\varphi\|^2 = \| \wedge^T \varphi\|^2 + \|(1 - \wedge^T)\varphi\|^2,$$

où il s'agit de la norme L^2. A fortiori $\| \wedge^T \varphi\| \leq \|\varphi\|$. On peut alors prolonger $\wedge^T$ par continuité à la clôture de $\mathcal{S}_\xi$ dans L^2_ξ, qui n'est autre que L^2_ξ lui-même, en un opérateur borné noté provisoirement $\tilde{\wedge}^T$. Les lemmes I.2.14 et I.2.15 se prolongent par continuité à l'opérateur $\tilde{\wedge}^T$, qui est donc une projection orthogonale.

Il reste à voir que $\wedge^T\varphi = \tilde{\wedge}^T\varphi$ pour tout $\varphi \in L^2_\xi$. Soit $\varphi \in L^2_\xi$. Choisissons une suite $(\varphi_n)_{n\in\mathbb{N}}$ d'éléments de $\mathcal{S}_\xi$ tels que

$$\lim_{n\to\infty} \|\varphi_n - \varphi\| = 0.$$

On vérifie grâce au théorème de Fubini que pour tout sous-groupe parabolique standard Q de G et tout sous-ensemble compact C de $\mathbf{G}$, on a

$$\lim_{n\to\infty} \int_C |\varphi_{n,Q}(g) - \varphi_Q(g)|^2 dg = 0.$$

On sait que pour tout ensemble X muni d'une mesure, pour toute suite $(\psi_n)_{n\in\mathbb{N}}$ d'éléments de $L^2(X)$, telle que $\lim_{n\to\infty} \|\psi_n\| = 0$, on peut trouver une sous-suite $\psi_{n_1}, \psi_{n_2}, \ldots$ telle que $\lim_{i\to\infty} \psi_{n_i}(x) = 0$ pour presque tout $x \in X$. On en déduit que, quitte à extraire une sous-suite de la suite $(\varphi_n)_{n\in\mathbb{N}}$, il existe un ensemble de mesure nulle $\mathfrak{N}$ de $\mathbf{G}$ tel que pour tout sous-groupe parabolique standard Q et tout $g \in \mathbf{G} - \mathfrak{N}$, on ait

$$\lim_{n\to\infty} \varphi_{n,Q}(g) = \varphi_Q(g).$$

On peut supposer $\mathfrak{N}$ stable à gauche par $G(k)$. Alors par construction

$$\lim_{n\to\infty} \wedge^T\varphi_n(g) = \wedge^T\varphi(g)$$

pour $g \notin \mathfrak{N}$. D'autre part, la continuité de $\tilde{\wedge}^T$ implique $\lim_{n\to\infty} \|\tilde{\wedge}^T\varphi_n - \tilde{\wedge}^T\varphi\| = 0$. Quitte à extraire de nouveau une sous-suite, il existe un sous-ensemble $\tilde{\mathfrak{N}}$ de $\mathbf{G}$, de mesure nulle, tel que pour $g \in \mathbf{G} - \tilde{\mathfrak{N}}$,

$$\lim_{n\to\infty} \tilde{\wedge}^T\varphi_n(g) = \tilde{\wedge}^T\varphi(g).$$

Comme $\tilde{\wedge}^T\varphi_n = \wedge^T\varphi_n$ pour tout n, les deux égalités ci-dessus impliquent

$$\wedge^T\varphi(g) = \tilde{\wedge}^T\varphi(g).$$

pour $g \notin \mathfrak{N} \cup \tilde{\mathfrak{N}}$, ce qui achève la démonstration. □

IV.2.5. Majoration d'un noyau tronqué

Prolongeons ξ en un caractère de $Z_{\mathbf{G}}G(k)$ en posant $\xi(zg) = \xi(z)$ pour tous $z \in Z_{\mathbf{G}}$, $g \in G(k)$. Pour $h \in \mathcal{H}^{\mathfrak{F}}$, définissons une fonction $k_h : \mathbf{G} \times \mathbf{G} \to \mathbb{C}$ par

$$k_h(x,y) = \int_{Z_{\mathbf{G}}G(k)} h(x^{-1}\gamma y)\xi(\gamma)d\gamma.$$

Elle est lisse. Notons $\wedge_1^T k_h(x,y)$ la valeur en x de l'image par l'opérateur $\wedge^T$ de la fonction $x \longmapsto k_h(x,y)$, pour y fixé.

Lemme. *Soit $h \in \mathcal{H}^{\mathfrak{F}}$.*

(a) Supposons que k soit un corps de nombres. Pour tout $r > 0$, il existe $c > 0$ tel que pour tous $x, y \in S \cap \mathbf{G}^1$, on ait

$$| \wedge_1^T k_h(x,y)| \leq c\|x\|^{-r}\|y\|^{-r}.$$

(b) Supposons que k soit un corps de fonctions. La restriction de $\wedge_1^T k_h$ à $S \cap \mathbf{G}^c \times S \cap \mathbf{G}^c$ est bornée et à support compact.

$\mathbb{P}$. Supposons que k soit un corps de nombres et soit $r > 0$. Choisissons $r' \in \mathbb{R}$ de sorte que la conclusion du lemme I.2.4(b) soit vérifiée. Appliquons le lemme I.2.16 pour le couple (r, r'). On obtient qu'il existe un ensemble fini $\{X_i; i \in I\} \subset \mathcal{U}$ tel que pour tous $x \in S \cap \mathbf{G}^1$, $y \in \mathbf{G}$, on ait

$$(*) \qquad | \wedge_1^T k_h(x,y)| \leq \|x\|^{-r} \left(\sum_{i\in I} \sup_{x'\in \mathbf{G}^1} |X_i k_h(x',y)| \|x'\|^{-r'} \right).$$

On a l'égalité

$$X_i k_h(x',y) = \int_{Z_{\mathbf{G}}G(k)} X_i h(x'^{-1}\gamma y)\xi(\gamma)d\gamma,$$

où X_i agit sur h via les translations à gauche. Comme le support de $X_i h$ est compact, le lemme I.2.4(b) implique qu'il existe $c > 0$ tel que pour tout $i \in I$, tous $x' \in \mathbf{G}^1$ et $y \in S \cap \mathbf{G}^1$, on ait

$$(**) \qquad |X_i k_h(x', y)| \leq c\|x'\|^{r'} \|y\|^{-r}.$$

Des inégalités $(*)$ et $(**)$ résulte la majoration cherchée.

Supposons maintenant que k soit un corps de fonctions. Remarquons que la fonction $x \longmapsto k_h(x, y)$ est invariante par un sous-groupe ouvert compact indépendant de y. Le lemme I.2.16 implique qu'il existe un sous-ensemble compact $C \subset S \cap \mathbf{G}^c$ tel que pour tout $y \in \mathbf{G}$, la restriction à $S \cap \mathbf{G}^c$ de la fonction $x \longmapsto \wedge_1^T k_h(x, y)$ soit à support dans C. Soit $P' = M'U'$ un sous-groupe parabolique standard de G. Fixons un sous-ensemble compact $C_{U'} \subset U'(\mathbb{A})$ se projetant surjectivement sur $U'(k)\backslash U'(\mathbb{A})$. D'après le lemme I.2.13 l'ensemble

$$\{\gamma \in P'(k)\backslash G(k);\ \exists x \in C, \hat{\tau}_{P'}(\log_{M'} m_{P'}(\gamma x) - T) = 1\}$$

est fini. Soit $\Gamma_{P'} \subset G(k)$ un sous-ensemble fini se projetant surjectivement sur l'ensemble ci-dessus. Posons

$$C_{P'} = C_{U'} \Gamma_{P'} C \operatorname{Supp}(h).$$

alors $C_{P'}$ est compact. Par construction de k_h, si $x \in C$, $y \in \mathbf{G}$, $\gamma \in G(k)$ sont tels que

$$k_{h,P'}(\gamma x, y) \hat{\tau}_{P'}(\log_{M'} m_{P'}(\gamma x) - T) \neq 0,$$

alors $y \in Z_{\mathbf{G}} G(k) C_{P'}$. Posons

$$C' = S \cap \mathbf{G}^c \cap \left(\bigcup_{P'} Z_{\mathbf{G}} G(k) C_{P'} \right).$$

Alors C' est compact et pour $x \in C$, la restriction à $S \cap \mathbf{G}^c$ de la fonction

$$y \longmapsto \wedge_1^T k_h(x, y)$$

est à support dans C'. Il en résulte que la restriction de $\wedge_1^T k_h$ à $(S \cap \mathbf{G}^c) \times (S \cap \mathbf{G}^c)$ est à support dans $C \times C'$. Comme elle est invariante par un sous-groupe ouvert compact, elle est aussi bornée. □

IV.2.6. Compacité d'opérateurs tronqués

Pour $h \in \mathcal{H}^{\mathfrak{F}}$, l'opérateur $\delta(h)$ de $L_\xi^{2,\mathfrak{F}}$ est borné; son adjoint est $\delta(h^*)$.

Lemme. *Soit $h \in \mathcal{H}^{\mathfrak{F}}$.*

(a) L'opérateur $\wedge^T \circ \delta(h)$ de $L_\xi^{2,\mathfrak{F}}$ est compact.

(b) L'opérateur $\wedge^T \circ \delta(h) \circ \wedge^T$ de $L_\xi^{2,\mathfrak{F}}$ est compact. Si $h = h^*$, il est aussi autoadjoint.

$\mathbb{P}$. La dernière assertion est immédiate. La première assertion de (b) résulte de (a) que nous allons démontrer. Pour $\varphi \in L_\xi^{2,\mathfrak{F}}$ et $x \in \mathbf{G}$, on a

$$\begin{aligned}(\delta(h)\varphi)(x) &= \int_{\mathbf{G}} h(y)\varphi(xy)dy = \int_{\mathbf{G}} h(x^{-1}y)\varphi(y)dy \\ &= \int_{Z_{\mathbf{G}}G(k)\backslash\mathbf{G}} k_h(x,y)\varphi(y)dy.\end{aligned}$$

Par construction de $\wedge^T$, on obtient

$$(\wedge^T \circ \delta(h)\varphi)(x) = \int_{Z_{\mathbf{G}}G(k)\backslash\mathbf{G}} \wedge_1^T k_h(x,y)\varphi(y)dy.$$

Du lemme IV.2.5 résulte que la fonction $|\wedge_1^T k_h|$ est de carré intégrable sur $(Z_{\mathbf{G}}G(k)\backslash\mathbf{G})^2$. L'opérateur $\wedge^T \circ \delta(h)$ est donc de Hilbert-Schmidt (essentiellement, car il faut tenir compte du centre) et donc compact.

□

IV.2.7. Un lemme géométrique

Introduisons la base $\{\varpi_\alpha;\ \alpha \in \Delta_0\}$ de $\mathrm{Re}(\mathfrak{a}_{M_0}^G)^*$ duale de la base $\{\check{\alpha};\ \alpha \in \Delta_0\}$.

Lemme. *Il existe $c > 0$ tel que pour tous $\alpha \in \Delta_0$, $w \in W$, $u \in U_0(\mathbb{A})$, on ait*

$$m_{P_0}(wu)^{w\varpi_\alpha} \geq c.$$

$\mathbb{P}$. On peut supposer $\mathbf{G} = G(\mathbb{A})$. Soit $\alpha \in \Delta_0$. Il existe un caractère $\chi \in \mathrm{Rat}(M_0)$, une représentation algébrique irréductible $\sigma : G \to GL(E)$ et un vecteur $e \in E$ tels que

$$\begin{aligned}&(i)\quad |\chi| = r\varpi_\alpha, \text{avec}\, r \in \mathbb{Q},\ r > 0;\\ (1)\qquad &(ii)\quad \sigma(m)e = m^\chi e \text{ pour tout}\, m \in M_0;\\ &(iii)\quad \chi_{|T_0} \text{ est le plus haut poids de}\, \sigma_{|T_0}.\end{aligned}$$

Soit $w \in W$. Fixons une base $(e_i)_{i\in I}$ de E formée de vecteurs propres pour l'action de T_0. On suppose que e est un élément de base. Comme $\sigma(w)e$ est propre pour l'action de T_0, on peut supposer $\sigma(w)e$ proportionnel à un élément de base. Pour un vecteur $e' = \sum_{i\in I} x_i e_i \in E(\mathbb{A})$, on pose

- pour toute place v de k, $\|e'\|_v = \sup\{|x_i|_v;\ i \in I\}$,
- si $\|e'\|_v = 1$ pour presque tout v, $\|e'\| = \prod_v \|e'\|_v$.

Il existe $c_K > 0$ tel que pour tout $k \in K$, tout $e' \in E(\mathbb{A})$ pour lequel $\|e'\|_v = 1$ pour presque tout v, on ait

$$\|\sigma(k)e'\| \geq c_K\|e'\|.$$

Soit $u \in U_0(\mathbb{A})$. Posons $N = \|\sigma(wu)^{-1}\sigma(w)e\|$.

Ecrivons $wu = mu'k$, avec $m = m_{P_0}(wu) \in M_0(\mathbb{A})$, $u' \in U_0(\mathbb{A})$, $k \in K$. Alors

$$N = \|\sigma(k^{-1})\sigma(u'^{-1})\sigma(m^{-1})\sigma(w)e\| \geq c_K\|\sigma(u'^{-1})\sigma(m^{-1})\sigma(w)e\|.$$

On a

$$\sigma(m^{-1})\sigma(w)e = \sigma(w)\sigma(w^{-1}m^{-1}w)e = (w^{-1}m^{-1}w)^{\chi}\sigma(w)e.$$

D'où

$$N \geq c_K(w^{-1}m^{-1}w)^{|\chi|}\|\sigma(u'^{-1})\sigma(w)e\|. \tag{2}$$

Mais l'action de $\sigma(u'^{-1})$ est unipotente, diagonale supérieure si l'on ordonne I convenablement. On a donc

$$\sigma(u'^{-1})\sigma(w)e = \sigma(w)e + \sum_{i \in I'} x_i e_i,$$

où $I' \subset I$ est tel que si e_i est le vecteur proportionnel à $\sigma(w)e$, on ait $i \notin I'$. Alors

$$\|\sigma(u'^{-1})\sigma(w)e\| \geq \|\sigma(w)e\| = 1.$$

D'après (1)(i) et (2), on obtient

$$N \geq c_K(w^{-1}mw)^{-r\varpi_\alpha} = c_K m_{P_0}(wu)^{-rw\varpi_\alpha}.$$

D'autre part

$$\sigma(wu)^{-1}\sigma(w)e = \sigma(u^{-1})e = e,$$

d'où $N = 1$. L'inégalité de l'énoncé en résulte, avec $c = c_K^{1/r}$. □

IV.2.8. Remarque

On aura besoin de la remarque suivante. Soit H un espace de Hilbert, supposons donnée une décomposition en somme directe hilbertienne

$$H = \bigoplus_{\gamma \in \Gamma} H_\gamma.$$

Pour $x \in H$ et $\gamma \in \Gamma$ notons x_γ la composante de x dans H_γ. Soient $f : \mathbb{C} \to H$ une fonction holomorphe et $D \subset \mathbb{C}$ un sous-ensemble compact. Alors

(*) la série $\sum_{\gamma \in \Gamma} \|f(z)_\gamma\|^2$ est normalement convergente pour $z \in D$.

$\mathbb{P}$. Choisissons un cercle C contenant D dans son intérieur. Grâce à la formule de Cauchy, il existe $c > 0$ tel que pour tous $\gamma \in \Gamma$, $z \in D$, on ait

$$\|f(z)_\gamma\|^2 < c \int_C \|f(z')_\gamma\|^2 dz'.$$

Or

$$\sum_{\gamma \in \Gamma} \int_C \|f(z')_\gamma\|^2 dz' = \int_C \|f(z')\|^2 dz' < \infty.$$ □

IV.3. Le cas de rang relatif 1

IV.3.1. La situation en rang relatif 1

On suppose ici $\dim X_M^{\mathbf{G}} = 1$. Alors $W(M)$ a deux éléments: 1 pour lequel $M(1,\lambda) = 1$ pour tout λ; et un élément non trivial que l'on note ici w. On note ${}^wP$ le sous-groupe parabolique standard de Lévi wMw^{-1} et ${}^wU$ son radical unipotent (il arrive que ${}^wP = P$). On note α l'unique élément de $\triangle_M$. Alors $-w\alpha$ est l'unique élément de $\triangle_{wMw^{-1}}$.

IV.3.2. Une série auxiliaire

On définit une application

$$E^T : X_M^{\mathbf{G}} \to \mathrm{Hom}_{\mathbb{C}}(A(M,\pi)^{\mathfrak{F}}, L^{2,\mathfrak{F}}_{\xi,\mathrm{loc}})$$

par

$$E^T(\varphi,\lambda)(g) = \sum_{\gamma\in P(k)\backslash G(k)} (\lambda\varphi)(\gamma g)\hat{\tau}_P(\log_M m_P(\gamma g) - T),$$

pour tous $\varphi \in A(M,\pi)^{\mathfrak{F}}$, $\lambda \in X_M^{\mathbf{G}}$, $g \in \mathbf{G}$. Rappelons que cette somme est en fait finie.

Lemme.

(i) *L'application E^T est holomorphe.*

(ii) *Pour tout sous-ensemble compact $C \subset X_M^{\mathbf{G}}$, il existe $r > 0$ et pour tout $\varphi \in A(M,\pi)^{\mathfrak{F}}$, il existe $c > 0$ de sorte que pour tout $\lambda \in C$, tout $g \in \mathbf{G}$, on ait la majoration*

$$|E^T(\varphi,\lambda)(g)| \leq c\|g\|^r.$$

(iii) *Pour tout $\lambda \in X_M^{\mathbf{G}}$, $E^T(\lambda)$ est injective.*

(iv) *Pour tout $\lambda \in X_M^{\mathbf{G}}$, $\wedge^T \circ E^T(\lambda) = 0$.*

(v) *Il existe $c \in \mathbb{R}$ tel que pour tout $\lambda \in X_M^{\mathbf{G}}$ vérifiant $< \mathrm{Re}\lambda, \check{\alpha} >< c$ et tout $\varphi \in A(M,\pi)^{\mathfrak{F}}$, on ait $E^T(\varphi,\lambda) \in L^{2,\mathfrak{F}}_{\xi}$.*

Remarque. On peut montrer que l'on peut prendre $c = 0$ dans (v). Nous ne le démontrerons pas.

$\mathbb{P}$. Pour $\varphi \in A(M,\pi)^{\mathfrak{F}}$, la série définissant $E^T(\varphi,\lambda)(g)$ est normalement convergente quand λ et g restent dans des compacts (lemme I.2.13). On démontre alors (i) comme le lemme IV.1.7. Le (ii) résulte du lemme I.2.13.

Soient $P' = M'U'$ un sous-groupe parabolique standard, $\lambda \in X_M^{\mathbf{G}}$ et $\varphi \in A(M,\pi)^{\mathfrak{F}}$. Calculons le terme constant $E^T(\varphi,\lambda)_{P'}$. Comme en

II.1.7, on obtient

$$E^T(\varphi,\lambda)_{P'}(g) = \sum_{v\in W^{\bullet}_{M,M'}} \sum_{m'\in M'(k)\cap vP(k)v^{-1}} i(v,m'),$$

où

$i(v,m') =$

$$\int_{U'(k)\cap vP(k)v^{-1}\backslash U'(\mathbb{A})} (\lambda\varphi)(v^{-1}u'm'g)\hat{\tau}_P(\log_M m_P(v^{-1}u'm'g) - T)du'.$$

On peut aussi bien intégrer sur $U'(\mathbb{A}) \cap vM(k)U(\mathbb{A})v^{-1}\backslash U'(\mathbb{A})$, puis décomposer l'intégrale en

$$\int\limits_{U'(\mathbb{A})\cap vP(\mathbb{A})v^{-1}\backslash U'(\mathbb{A})} \int\limits_{U'(\mathbb{A})\cap vM(k)v^{-1}\backslash U'(\mathbb{A})\cap vM(\mathbb{A})v^{-1}} (\lambda\varphi)(v^{-1}u_1'u_2'm'g)\times$$
$$\hat{\tau}_P(\log_M m_P(v^{-1}u_1'u_2'm'g) - T)du_1'du_2'.$$

On a

$$\hat{\tau}_P(\log_M m_P(v^{-1}u_1'u_2'm'g) - T) = \hat{\tau}_P(\log_M m_P(v^{-1}u_2'm'g) - T).$$

L'argument habituel de cuspidalité montre que $i(v,m') = 0$ si $vMv^{-1} \not\subset M'$. Les seuls sous-groupes paraboliques P' pour lesquels existent de tels v sont G, P et ${}^wP$. On obtient

$$(1) \qquad E^T(\varphi,\lambda)_{P'} = 0 \text{ si } P' \neq G, P, {}^wP$$

si $P \neq {}^wP$,

$$(2) \quad E^T(\varphi,\lambda)_P(g) = (\lambda\varphi)(g)\hat{\tau}_P(\log_M m_P(g) - T),$$

$$(3) \quad E^T(\varphi,\lambda)_{{}^wP}(g) = \int\limits_{{}^wU(\mathbb{A})} (\lambda\varphi)(w^{-1}ug)\hat{\tau}_P(\log_M m_P(w^{-1}ug) - T)du;$$

si $P = {}^wP$, $E^T(\varphi,\lambda)_P(g)$ est la somme des expressions (2) et (3).

Ecrivons $g = m_1u_1k_1$, avec

$$m_1 = m_{{}^wP}(g) \in w\mathbf{M}w^{-1},\ u_1 \in {}^wU(\mathbb{A}),\ k_1 \in \mathbf{K}.$$

Pour $u \in {}^wU(\mathbb{A})$, on a

$$w^{-1}ug = w^{-1}um_1u_1k_1 = w^{-1}m_1u_2k_1,$$

où $u_2 = m_1^{-1}um_1u_1$. Posons $w^{-1}u_2 = m_3u_3k_3$, avec

$$m_3 = m_P(w^{-1}u_2) \in \mathbf{M},\ u_3 \in U(\mathbb{A}),\ k_3 \in \mathbf{K}.$$

Alors

$$w^{-1}ug = w^{-1}m_1ww^{-1}u_2k_1 = w^{-1}m_1wm_3u_3k_3k_1.$$

Finalement

$$m_P(w^{-1}ug) = w^{-1}m_1wm_3 = w^{-1}m_{{}^wP}(g)wm_P(w^{-1}u_2).$$

D'où

$$\begin{aligned}
&< \mathfrak{w}_\alpha, \log_M m_P(w^{-1}ug) - T > \\
&\qquad = - < w^{-1}\mathfrak{w}_{-w\alpha}, w^{-1}\log_{wMw^{-1}} m_{{}^wP}(g) > \\
&\qquad\quad - < w^{-1}\mathfrak{w}_{-w\alpha}, \log_M m_P(w^{-1}u_2) > - < \mathfrak{w}_\alpha, T > \\
&\qquad \leq - < \mathfrak{w}_{-w\alpha}, \log_{wMw^{-1}} m_{{}^wP}(g) > - < \mathfrak{w}_\alpha, T > +c
\end{aligned}$$

d'après le lemme IV.2.7. Supposons

$$(4) \qquad < \mathfrak{w}_{-w\alpha}, \log_{wMw^{-1}} m_{{}^wP}(g) > \leq - < \mathfrak{w}_\alpha, T > +c.$$

Alors $\hat{\tau}(\log_M m_P(w^{-1}ug) - T) = 0$ pour tout $u \in {}^w U(\mathbb{A})$ et l'expression (3) est nulle. Sous l'hypothèse (4), $E^T(\varphi, \lambda)(g)$ est donc donné par la formule (2). Mais alors si $\varphi \neq 0$, $E^T(\varphi, \lambda)_P \neq 0$ et a fortiori $E^T(\varphi, \lambda) \neq 0$. Cela démontre (iii).

D'après les calculs ci-dessus, $\wedge^T E^T(\varphi, \lambda)(g)$ est somme de trois termes:

$$E^T(\varphi, \lambda)(g);$$

$$- \sum_{\gamma \in P(k)\backslash G(k)} (\lambda\varphi)(\gamma g)\hat{\tau}_P(\log_M m_P(\gamma g) - T),$$

qui n'est autre que $-E^T(\varphi, \lambda)(g)$;

$$(5) \qquad - \sum_{\gamma \in {}^w P(k)\backslash G(k)} \int_{{}^w U(\mathbb{A})} (\lambda\varphi)(w^{-1}u\gamma g) \quad \times$$
$$\hat{\tau}_P(\log_M m_P(w^{-1}u\gamma g) - T) du \hat{\tau}_{{}^wP}(\log_{wMw^{-1}} m_{{}^wP}(\gamma g) - T).$$

Mais si $\hat{\tau}_{{}^wP}(\log_{wMw^{-1}} m_{{}^wP}(\gamma g) - T) = 1$, on a

$$< \mathfrak{w}_{-w\alpha}, \log_{wMw^{-1}} m_{{}^wP}(\gamma g) > \geq < \mathfrak{w}_{-w\alpha}, T > \geq - < \mathfrak{w}_\alpha, T > +c,$$

car T est supposé assez positif. Donc γg vérifie (4) et l'intégrale intervenant dans (5) est nulle. Donc (5) est nulle, ainsi que $\wedge^T E^T(\varphi, \lambda)$. Cela démontre (iv).

Soit $\mu \in \mathrm{Re}X^{\mathbf{G}}_{M_0}$ tel que $< \mu, \check{\beta} > > < \rho_0, \check{\beta} >$ pour tout $\beta \in \Delta_0$. On va démontrer (v) en prenant pour c:

$$c = \inf\{- < (w\mu)_M, \check{\alpha} >;\ w \in W\},$$

où $(w\mu)_M$ est la projection de $w\mu$ sur $\mathrm{Re}X^{\mathbf{G}}_M$. Soient donc $\lambda \in X^{\mathbf{G}}_M$ tel que $< \mathrm{Re}\lambda, \check{\alpha} > < c$ et $\varphi \in A(M, \pi)^{\mathfrak{F}}$. Choisissons une fonction continue $y : \mathbf{G} \to \mathbb{R}^\times_+$ vérifiant

$$y(umg) = m^{\mu+\rho_0} y(g)$$

pour tous $u \in U_0(\mathbb{A})$, $m \in \mathbf{M}_0$, $g \in \mathbf{G}$. Pour $g \in \mathbf{G}$, posons

$$E_y(g) = \sum_{\gamma \in P_0(k)\backslash G(k)} y(\gamma g).$$

Cette série est convergente. De l'hypothèse sur λ on déduit que, pour tout $g \in \mathbf{G}$ tel que $\hat{\tau}_P(\log_M m_P(g) - T) = 1$, on a

$$|m_P(g)^\lambda| \leq m_P(g)^{\mu_M},$$

où μ_M est la projection de μ sur $\mathrm{Re}X_M^{\mathbf{G}}$. On montre alors comme en II.1.10 qu'il existe $C > 0$ tel que, pour tout $g \in \mathbf{G}$, on ait

$$|E^T(\varphi, \lambda)(g)| \leq CE_y(g).$$

Pour démontrer que $E^T(\varphi, \lambda)$ est de carré intégrable, il suffit de prouver que l'intégrale

$$\int_{Z_{\mathbf{G}}G(k)\backslash\mathbf{G}} |E^T(\varphi, \lambda)(g)|E_y(g)dg$$

est convergente. Et il suffit que

$$\int_{Z_{\mathbf{G}}U(\mathbb{A})M(k)\backslash\mathbf{G}} |(\lambda\varphi)(g)|\hat{\tau}_P(\log_M m_P(g) - T)E_{y,P}(g)dg$$

le soit. Du calcul de $E_{y,P}$ on déduit comme en II.1.10 qu'il suffit que l'intégrale

$$\int_{A_{\mathbf{G}}\backslash A_{\mathbf{M}}} a^{\lambda+(w\mu)_M}\hat{\tau}_P(\log_M a - T)da$$

soit convergente pour tout $w \in W$. Cela résulte de l'hypothèse sur λ.

□

On définit de même une application

$$E_w^T : X_{wMw^{-1}}^{\mathbf{G}} \longrightarrow \mathrm{Hom}_{\mathbb{C}}(A(wMw^{-1}, w\pi)^{\mathfrak{F}}, L_{\xi,\mathrm{loc}}^{2,\mathfrak{F}})$$

qui vérifie des propriétés similaires.

IV.3.3. Troncature de séries auxiliaires

Fixons jusqu'en IV.3.10 une fonction $h \in \mathcal{H}^{\mathfrak{F}}$ vérifiant le lemme IV.2.2 pour un point de $X_M^{\mathbf{G}}$. Pour $\lambda \in X_M^{\mathbf{G}}$ et $\varphi \in A(M, \pi)^{\mathfrak{F}}$, posons $F^T(\varphi, \lambda) = \wedge^T\delta(h)E^T(\varphi, \lambda)$. La fonction $\delta(h)E^T(\varphi, \lambda)$ étant lisse, **K**-finie, à croissance modérée et même uniformément modérée si k est un corps de nombres, il résulte du lemme I.2.16 que $F^T(\varphi, \lambda)$ est à décroissance rapide si k est un corps de nombres, à support compact mod $Z_{\mathbf{G}}G(k)$ si k est un corps de fonctions. A fortiori, $F^T(\varphi, \lambda) \in L_\xi^{2,\mathfrak{F}}$. Cela définit une fonction

$$F^T : X_M^{\mathbf{G}} \to \mathrm{Hom}_{\mathbb{C}}(A(M, \pi)^{\mathfrak{F}}, L_\xi^{2,\mathfrak{F}}).$$

Lemme. *Cette fonction est holomorphe.*

$\mathbb{P}$. Il suffit de montrer que pour tous $\varphi \in A(M, \pi)^{\mathfrak{F}}, \psi \in L_\xi^{2,\mathfrak{F}}$, la fonction

$$\lambda \longmapsto < \psi, F^T(\varphi, \lambda) > = \int_{Z_{\mathbf{G}}G(k)\backslash\mathbf{G}} \overline{\psi}(g)F^T(\varphi, \lambda)(g)dg$$

est holomorphe. Or

$$< \psi, F^T(\varphi,\lambda) > = \int_{Z_{\mathbf{G}}G(k)\backslash \mathbf{G}} \overline{\psi}(g)[\wedge^T \rho(h) E^T(\varphi,\lambda)](g)dg$$

$$= \int_{(Z_{\mathbf{G}}G(k)\backslash \mathbf{G})^2} \overline{\psi}(g) \wedge_1^T k_h(g,y) E^T(\varphi,\lambda)(y)dy\, dg,$$

cf. démonstration du lemme IV.2.6. D'après les lemmes IV.2.5 et IV.3.2(ii), l'intégrale est normalement convergente quand λ reste dans un compact. Comme les valeurs de la fonction à intégrer sont holomorphes en λ, l'intégrale l'est aussi. □

On définit de même

$$F_w^T : X^{\mathbf{G}}_{wMw^{-1}} \to \mathrm{Hom}_{\mathbb{C}}(A(wMw^{-1}, w\pi)^{\mathfrak{F}}, L_\xi^{2,\mathfrak{F}}).$$

IV.3.4. L'équation fonctionnelle des troncatures de séries d'Eisenstein

Pour $\lambda \in \mathfrak{c}$ et $\varphi \in A(M,\pi)^{\mathfrak{F}}$, on définit $\wedge^T E(\varphi,\lambda)$. Comme ci-dessus, cette fonction appartient à $L_\xi^{2,\mathfrak{F}}$. Cela définit

$$\wedge^T \circ E(\lambda) \in \mathrm{Hom}_{\mathbb{C}}(A(M,\pi)^{\mathfrak{F}}, L_\xi^{2,\mathfrak{F}}).$$

Rappelons que pour tout sous-groupe parabolique standard P' de G, on a

$$E(\varphi,\lambda)_{P'} = 0 \text{ si } P' \neq G, P, {}^wP;$$

$$\text{si } P \neq {}^wP, \begin{cases} E(\varphi,\lambda)_P = \lambda\varphi, \\ E(\varphi,\lambda)_{{}^wP} = (w\lambda)(M(w,\lambda)\varphi); \end{cases}$$

$$\text{si } {}^wP = P,\ E(\varphi,\lambda)_P = \lambda\varphi + (w\lambda)(M(w,\lambda)\varphi).$$

De la définition de $\wedge^T$ résulte l'égalité dans $\mathrm{Hom}_{\mathbb{C}}(A(M,\pi)^{\mathfrak{F}}, L_\xi^{2,\mathfrak{F}})$:

$$(*) \qquad \wedge^T \circ E(\lambda) = E(\lambda) - E^T(\lambda) - E_w^T(w\lambda)\circ M(w,\lambda).$$

Lemme. *Pour $\lambda \in \mathfrak{c}$, on a l'égalité*

$$(\wedge^T \circ \delta(h) \circ \wedge^T)(\wedge^T \circ E(\lambda)) - (\wedge^T \circ E(\lambda)) \circ i(\lambda,h)$$
$$= -F^T(\lambda) - F_w^T(w\lambda)\circ M(w,\lambda).$$

$\mathbb{P}$. Le membre de gauche vaut

$$\wedge^T \circ [\delta(h) \circ \wedge^T \circ E(\lambda) - E(\lambda)\circ i(\lambda,h)],$$

i.e., d'après (*)

$$\wedge^T \circ [\delta(h)\circ E(\lambda) - \delta(h)\circ E^T(\lambda) - \delta(h)\circ E_w^T(w\lambda)\circ M(w,\lambda) - E(\lambda)\circ i(\lambda,h)].$$

En appliquant IV.1.7(*), c'est simplement

$$\wedge^T \circ [-\delta(h)\circ E^T(\lambda) - \delta(h)\circ E_w^T(w\lambda)\circ M(w,\lambda)],$$

qui est le membre de droite de l'énoncé. □

IV.3.5. Résolution d'une équation fonctionnelle

Posons $V_h = \{\lambda \in X_M^{\mathbf{G}}; \det i(\lambda, h) = 0\}$. Les conditions imposées à h impliquent que pour tout $z \in \mathbb{R}$, la fonction $\lambda \longmapsto \det(z - i(\lambda, h))$ n'est pas identiquement nulle. En particulier, V_h est discret.

Lemme.

(i) *Il existe une unique fonction méromorphe*

$$e^T : X_M^{\mathbf{G}} - V_h \longrightarrow \mathrm{Hom}_{\mathbb{C}}(A(M,\pi)^{\mathfrak{F}}, L_\xi^{2,\mathfrak{F}})$$

telle que, pour tout $\lambda \in X_M^{\mathbf{G}} - V_h$, on ait l'égalité

$$(\wedge^T \circ \delta(h) \circ \wedge^T) \circ e^T(\lambda) - e^T(\lambda) \circ i(\lambda, h) = -F^T(\lambda).$$

(ii) *On a l'égalité $\wedge^T \circ e^T(\lambda) = e^T(\lambda)$ pour tout $\lambda \in X_M^{\mathbf{G}} - V_h$.*

$\mathbb{P}$. C'est une simple adaptation de la théorie habituelle de la résolvante. Décomposons l'espace $L_\xi^{2,\mathfrak{F}}$ en sous-espaces propres pour l'opérateur autoadjoint compact $\wedge^T \circ \delta(h) \circ \wedge^T$

$$L_\xi^{2,\mathfrak{F}} = \bigoplus_{\gamma \in \Gamma} H_\gamma,$$

cf. IV.2.3. On a

$$\mathrm{Hom}_{\mathbb{C}}(A(M,\pi)^{\mathfrak{F}}, L_\xi^{2,\mathfrak{F}}) = \bigoplus_{\gamma \in \Gamma} \mathrm{Hom}_{\mathbb{C}}(A(M,\pi)^{\mathfrak{F}}, H_\gamma).$$

Pour $x \in \mathrm{Hom}_{\mathbb{C}}(A(M,\pi)^{\mathfrak{F}}, L_\xi^{2,\mathfrak{F}})$ et $\gamma \in \Gamma$, on note x_γ la composante de x dans $\mathrm{Hom}_{\mathbb{C}}(A(M,\pi)^{\mathfrak{F}}, H_\gamma)$. Posons

$$V_h' = \{\lambda \in X_M^{\mathbf{G}}; \exists \gamma \in \Gamma \cup \{0\},\ \det(\gamma - i(\lambda, h)) = 0\}.$$

De la remarque qui précède l'énoncé et des propriétés de Γ résulte que $X_M^{\mathbf{G}} - V_h'$ est un ouvert dense dans $X_M^{\mathbf{G}}$. Soit U un ouvert relativement compact de $X_M^{\mathbf{G}}$ dont la clôture $\overline{U}$ ne coupe pas V_h'. Pour $\lambda \in U$, $\gamma \in \Gamma$, l'équation

$$(\wedge^T \circ \delta(h) \circ \wedge^T) \circ e^T(\lambda)_\gamma - e^T(\lambda)_\gamma \circ i(\lambda, h) = -F^T(\lambda)_\gamma$$

a une unique solution dans $\mathrm{Hom}_{\mathbb{C}}(A(M,\pi)^{\mathfrak{F}}, H_\gamma)$, à savoir

$$e^T(\lambda)_\gamma = -F^T(\lambda)_\gamma (\gamma - i(\lambda, h))^{-1}.$$

La fonction $(\gamma, \lambda) \longmapsto (\gamma - i(\lambda, h))^{-1}$ est continue sur $(\Gamma \cup \{0\}) \times \overline{U}$, car $\overline{U} \cap V_h' = \emptyset$. Comme $(\Gamma \cup \{0\}) \times \overline{U}$ est compact, elle y est bornée. Il existe donc $c > 0$ tel que pour tout $(\gamma, \lambda) \in \Gamma \times U$, on ait

$$(*) \qquad \|e^T(\lambda)_\gamma\| \leq c \|F^T(\lambda)_\gamma\|.$$

On peut alors définir $e^T(\lambda)$ par la série convergente

$$e^T(\lambda) = \sum_{\gamma \in \Gamma} e^T(\lambda)_\gamma.$$

C'est l'unique solution de l'équation de l'énoncé pour $\lambda \in U$. D'après (*) et IV.2.8, la série

$$\sum_{\gamma\in\Gamma} \|e^T(\lambda)_\gamma\|^2$$

est normalement convergente pour $\lambda \in U$. Comme chaque fonction $\lambda \longmapsto e^T(\lambda)_\gamma$ est clairement holomorphe dans U, la somme $e^T(\lambda)$ l'est aussi.

Soit maintenant U un ouvert relativement compact de $X_M^{\mathbf{G}}$ dont la clôture $\overline{U}$ ne coupe pas V_h. L'ensemble

$$\Gamma(U) = \{\gamma \in \Gamma; \exists\lambda \in U \text{ tel que } \det(\gamma - i(\lambda, h)) = 0\}$$

est fini. On montre comme ci-dessus que la fonction

$$\lambda \longmapsto \left(\prod_{\gamma\in\Gamma(u)} \det(\gamma - i(\lambda, h))\right) e^T(\lambda),$$

déjà définie sur un ouvert dense de U, est holomorphe dans U. Comme

$$\prod_{\gamma\in\Gamma(U)} \det(\gamma - i(\lambda, h))$$

n'est pas identiquement nulle, e^T est méromorphe dans U.

En appliquant l'opérateur $\wedge^T$ à l'équation dont $e^T(\lambda)$ est solution et en utilisant la relation $\wedge^T \circ \wedge^T = \wedge^T$, on voit que $\wedge^T \circ e^T(\lambda)$ vérifie la même équation que $e^T(\lambda)$. D'où (ii) par unicité. □

On introduit de même une fonction méromorphe e_w^T. L'ensemble V_h doit être remplacé par

$$V_{w,h} = \{\lambda \in X_{wMw^{-1}}^{\mathbf{G}}; \det i_w(\lambda, h) = 0\}.$$

IV.3.6. Une décomposition des séries d'Eisenstein

Définissons une application

$$\tilde{E} : X_M^{\mathbf{G}} - V_h \longrightarrow \mathrm{Hom}_{\mathbb{C}}(A(M,\pi)^{\mathfrak{F}}, L^{2,\mathfrak{F}}_{\xi,\mathrm{loc}})$$

par $\tilde{E}(\lambda) = E^T(\lambda) + e^T(\lambda)$. Elle est méromorphe d'après les lemmes IV.3.2 et IV.3.5. On définit de même $\tilde{E}_w$.

Lemme. *Pour tout* $\lambda \in \mathfrak{c} \cap (V_h \cup w^{-1}V_{w,h})$, *on a l'égalité*

$$E(\lambda) = \tilde{E}(\lambda) + \tilde{E}_w(w\lambda) \circ M(w, \lambda).$$

$\mathbb{P}$. Pour un tel λ, posons

$$E_1(\lambda) = e^T(\lambda) + e_w^T(w\lambda) \circ M(w, \lambda).$$

Cet élément de $\mathrm{Hom}_{\mathbb{C}}(A(M,\pi)^{\mathfrak{F}}, L_\xi^{2,\mathfrak{F}})$ vérifie l'équation

$$(\wedge^T \circ \delta(h) \circ \wedge^T) \circ E_1(\lambda) - E_1(\lambda) \circ i(\lambda, h) = -F^T(\lambda) - F_w^T(w\lambda) \circ M(w,\lambda).$$

Cela résulte des définitions de e^T et e_w^T et de la relation IV.1.7(**). On montre comme dans la démonstration précédente que cette équation n'a qu'une solution. Or $\wedge^T \circ E(\lambda)$ est solution d'après le lemme IV.3.4. D'où l'égalité $\wedge^T \circ E(\lambda) = E_1(\lambda)$. Il reste à utiliser la relation IV.3.4(*). □

IV.3.7. Corollaire. *Pour $\lambda \in \mathfrak{c} - \mathfrak{c} \cap (V_h \cup w^{-1}V_{w,h})$, on a l'égalité*

$$\begin{aligned}&\delta(h) \circ \tilde{E}(\lambda) - \tilde{E}(\lambda) \circ i(\lambda, h)\\ &\quad + [\delta(h) \circ \tilde{E}_w(w\lambda) - \tilde{E}_w(w,\lambda) \circ i_w(w\lambda, h)] \circ M(w,\lambda)\\ &\quad = 0.\end{aligned}$$

$\mathbb{P}$. On applique IV.1.7(*) et (**) et le lemme précédent. □

IV.3.8. Un lemme d'injectivité

Lemme. *Il existe $\mu \in X_M^{\mathbf{G}} - (V_h \cup w^{-1}V_{w,h})$ tel que l'élément*

$$\delta(h) \circ \tilde{E}_w(w\mu) - \tilde{E}_w(w\mu) \circ i_w(w\mu, h)$$

de $\mathrm{Hom}_{\mathbb{C}}(A(wMw^{-1}, w\pi)^{\mathfrak{F}}, L_{\xi,\mathrm{loc}}^{2,\mathfrak{G}})$ soit injectif.

$\mathbb{P}$. Soit μ vérifiant la condition (iii) du lemme IV.2.2. On a $\mu \in (V_h \cup w^{-1}V_{w,h})$. L'élément de l'énoncé se simplifie en

$$(\rho(h) - i) \circ \tilde{E}_w(w\mu).$$

On a

$$(1 - \wedge^T) \circ \tilde{E}_w(w\mu) = E_w^T(w\mu)$$

d'après les lemmes IV.3.2(v) et IV.3.5(ii). Or $E_w^T(w\mu)$ est injective (lemme IV.3.2(iii)), donc aussi $\tilde{E}_w(w\mu)$. On a $< \mathrm{Re} w\mu, -w\check{\alpha} > \ll 0$ donc $E_w^T(w\mu)$ est à valeurs dans $L_\xi^{2,\mathfrak{F}}$ (lemme IV.3.2(iv)). Alors

$$\tilde{E}_w(w\mu) = e_w^T(w\mu) + E_w^T(w\mu)$$

l'est aussi. Or la restriction à $L_\xi^{2,\sigma}$ de $\rho(h) - i$ est injective car $\rho(h)$ est autoadjoint. Cela achève la démonstration. □

IV.3.9. Démonstration du théorème IV.1.8

Soit μ comme dans le lemme précédent. Choisissons, ainsi qu'il est loisible, une application continue

$$p \in \mathrm{Hom}_{\mathbb{C}}(L_{\xi,\mathrm{loc}}^{2,\mathfrak{F}}, A(wMw^{-1}, w\pi)^{\mathfrak{F}})$$

telle que

$$p \circ [\delta(h) \circ \tilde{E}_w(w\mu) - \tilde{E}_w(w\mu) \circ i_w(w\mu, h)]$$

soit un isomorphisme. Définissons une application méromorphe

$$R : X_M^{\mathbf{G}} - V_h \longrightarrow \mathrm{Hom}_{\mathbb{C}}(A(M,\pi)^{\mathfrak{F}}, A(wMw^{-1}, w\pi)^{\mathfrak{F}})$$

par

$$R(\lambda) = p \circ [\delta(h) \circ \tilde{E}(\lambda) - \tilde{E}(\lambda) \circ i(\lambda, h)].$$

Définissons de même

$$R_w : X_{wMw^{-1}}^{\mathbf{G}} - V_{w,h} \longrightarrow \mathrm{End}_{\mathbb{C}}(A(wMw^{-1}, w\pi)^{\mathfrak{F}}).$$

Comme $R_w(w\mu)$ est inversible, la fonction $\det R_w(\lambda)$ n'est pas identiquement nulle et l'application

$$X_{wMw^{-1}}^{\mathbf{G}} - V_{w,h} \longrightarrow \mathrm{End}_{\mathbb{C}}(A(wMw^{-1}, w\pi)^{\mathfrak{F}})$$
$$\lambda \longmapsto R_w(\lambda)^{-1}$$

est encore méromorphe.

Appliquons p à l'égalité du corollaire IV.3.7. On obtient

$$R(\lambda) + R_w(w\lambda) \circ M(w, \lambda) = 0$$

pour $\lambda \in \mathfrak{c} - \mathfrak{c} \cap (V_h \cup w^{-1}V_{w,h})$. On prolonge alors méromorphiquement la fonction $M(w, .)$ à $X_M^{\mathbf{G}} - (V_h \cup w^{-1}V_{w,h})$ en posant

$$M(w, \lambda) = -R_w(w\lambda)^{-1} \circ R(\lambda).$$

Grâce au lemme IV.3.6, on prolonge ensuite E au même domaine en posant

$$E(\lambda) = \tilde{E}(\lambda) + \tilde{E}_w(w\lambda) \circ M(w, \lambda).$$

Quand on change de fonction h les différents prolongements obtenus se recollent. D'après le lemme IV.2.2, pour tout $\lambda \in X_M^{\mathbf{G}}$, on peut trouver h tel que $\lambda \notin V_h \cup w^{-1}V_{w,h}$. On obtient donc des prolongements à $X_M^{\mathbf{G}}$ tout entier.

IV.3.10. Démonstration de la proposition IV.1.9

Les assertions (a) et (e) sont évidentes par prolongement méromorphe. Continuons à utiliser la fonction h que l'on a fixée en IV.3.3. Notons U_h l'ensemble des $\lambda \in X_M^{\mathbf{G}} - (V_h \cup w^{-1}V_{w,h})$ tels que les fonctions $e^T(.)$, $e_w^T(w, .)$, $M(w, .)$ et $i(., h)^{-1}$ soient holomorphes en λ. Pour $\lambda \in U_h$ et $\varphi \in A(M, \pi)^{\mathfrak{F}}$, on a, d'après IV.1.7(*)

$$E(\varphi, \lambda) = \delta(h) E(i(\lambda, h)^{-1}\varphi, \lambda),$$

i.e. pour presque tout g

$$(*) \qquad E(\varphi, \lambda)(g) = \int_{Z_{\mathbf{G}}G(k)\backslash \mathbf{G}} k_h(g, x) E(i(\lambda, h)^{-1}\varphi, \lambda)(x) dx.$$

La fonction k_h est lisse. Pour tout compact C_1 de $\mathbf{G}$, il existe un compact C_2 de $Z_{\mathbf{G}}G(k)\backslash\mathbf{G}$ tel que, pour $g \in C_1$, la fonction $x \longmapsto k_h(g, x)$ soit à support dans C_2. Enfin la fonction

$$U_h \longrightarrow L^{2,\mathfrak{F}}_{\xi,\mathrm{loc}}$$

$$\lambda \longmapsto E(i(\lambda,h)^{-1}\varphi,\lambda)$$

est holomorphe. Il résulte alors de (*) que la fonction

$$\mathbf{G}\times U_h \longrightarrow \mathbb{C}$$

$$(g,\lambda) \longmapsto E(\varphi,\lambda)(g)$$

est lisse. Pour g fixé, la fonction

$$U_h \longrightarrow \mathbb{C}$$

$$\lambda \longmapsto E(\varphi,\lambda)(g)$$

est holomorphe. D'autre part, puisque $\lambda \in U_h$, $E(i(\lambda,h)^{-1}\varphi,\lambda)$ est par construction somme d'un élément de $L^{2,\mathfrak{F}}_{\xi}$ et d'une fonction à croissance modérée. Plus précisément, en utilisant les lemmes I.2.4(2)(ii) et IV.3.2(ii), on montre que pour tout compact $C \subset U_h$, il existe $c > 0$ et $r > 0$ tels que pour tous $\lambda \in C$, $g \in \mathbf{G}$, on ait

$$|E(\varphi,\lambda)(g)| \le c\|g\|^r.$$

Soit $\psi \in A_0(G(k)\backslash\mathbf{G})_\xi$. On déduit de la majoration précédente que la fonction

$$\lambda \longmapsto \int_{Z_{\mathbf{G}}G(k)\backslash\mathbf{G}} \overline{\psi}(g)E(\varphi,\lambda)(g)dg$$

est holomorphe dans U_h. Elle est nulle sur $\mathfrak{c}$. Comme U_h est connexe, elle est donc nulle sur tout U_h. D'où l'égalité $E(\varphi,\lambda)^{\mathrm{cusp}} = 0$ pour tout $\lambda \in U_h$.

Soit P' un sous-groupe parabolique standard propre de G. Pour $g \in \mathbf{G}$, $E(\varphi,\lambda)_{P'}(g)$ est l'intégrale de $E(\varphi,\lambda)$ sur un sous-ensemble compact de $Z_{\mathbf{G}}G(k)\backslash\mathbf{G}$. Les propriétés déjà démontrées de lissité et d'holomorphie impliquent que l'application $\lambda \longmapsto E(\varphi,\lambda)_{P'}(g)$ est holomorphe dans U_h. Par prolongement holomorphe, elle est donnée par les formules rappelées en IV.3.4. Celles-ci impliquent d'ailleurs les égalités

$$E(\varphi,\lambda)^{\mathrm{cusp}}_P = E(\varphi,\lambda)_P, E(\varphi,\lambda)^{\mathrm{cusp}}_{{}^wP} = E(\varphi,\lambda)_{{}^wP},$$

$$E(\varphi,\lambda)^{\mathrm{cusp}}_{P'} = 0 \text{ si } P' \neq P, {}^wP.$$

Toutes les composantes cuspidales de $E(\varphi,\lambda)$ le long des paraboliques standards sont donc automorphes. D'après I.3.4, $E(\varphi,\lambda)$ est elle-même automorphe.

Soit alors $\lambda \in X^{\mathbf{G}}_M$ quelconque. Choisissons h telle que $\lambda \notin V_h \cup w^{-1}V_{w,h}$. Les propriétés établies ci-dessus de $E(\lambda')$ pour $\lambda' \in U_h$ et le calcul de ses composantes cuspidales montrent que l'on peut trouver un petit voisinage D de λ dans $X_M^{\mathbf{G}}$ tel qu'en posant $D' = D \cap U_h$, les hypothèses du lemme I.4.10 soient vérifiées. Si E est holomorphe en λ, ce lemme implique les propriétés (b)(i),(ii), (c)(i),(ii) au voisinage de λ. Comme on l'a dit plus haut, (c)(iii) est conséquence de (c)(i) et (ii). Si E n'est pas holomorphe en λ, il suffit de remplacer E par dE, où d est une fonction holomorphe non nulle dans D telle que dE soit holomorphe. Cela démontre (b) et (c).

Remarque. Le lemme I.4.10 montre que E est holomorphe en λ si et seulement si $M(w,.)$ l'est. Plus précisément, E a un pôle d'ordre $N \geq 0$ en λ si et seulement si c'est le cas de $M(w,.)$.

Démontrons l'assertion (d) de IV.1.9. On peut supposer que V est assez petit, qu'il s'identifie à un ouvert de $\mathbb{C}$ et que $D = \frac{d^k}{d\lambda^k}$. Supposons pour simplifier E holomorphe dans V (le cas général est similaire). Fixons $\varphi \in A(M,\pi)^{\mathfrak{F}}$ et étudions la fonction $\frac{d^k}{d\lambda^k}E(\varphi,\lambda)$. Pour toute fonction f holomorphe dans V, on a la formule

$$\frac{d^k}{d\lambda^k}f(\lambda) = \lim_{n\to\infty} n^k \sum_{\ell=0}^{k}(-1)^{k-\ell}\binom{\ell}{k} f\left(\lambda + \frac{\ell}{n}\right).$$

Fixons $\lambda \in V$ et considérons la suite de formes automorphes $(\phi_n)_{n\in\mathbb{N}}$ définie par

$$\phi_n = n^k \sum_{\ell=0}^{k}(-1)^{k-\ell}\binom{\ell}{k} E\left(\varphi, \lambda + \frac{\ell}{n}\right).$$

Pour tout sous-groupe parabolique standard P' de G, on a

$$\phi_{n,P'}^{\mathrm{cusp}} = n^k \sum_{\ell=0}^{k}(-1)^{k-\ell}\binom{\ell}{k} E\left(\varphi, \lambda + \frac{\ell}{n}\right)_{P'}^{\mathrm{cusp}}.$$

Les formules explicites pour les fonctions $E(\varphi, \lambda + \frac{\ell}{n})_{P'}^{\mathrm{cusp}}$ montrent que $(\phi_{n,P'}^{\mathrm{cusp}})_{n\in\mathbb{N}}$ converge uniformément sur tout compact vers

$$\frac{d^k}{d\lambda^k}(E(\varphi,\lambda)_{P'}^{\mathrm{cusp}}).$$

Les mêmes formules montrent que les hypothèses du lemme I.4.4(3) sont vérifiées. On déduit alors de ce lemme que $\frac{d^k}{d\lambda^k}E(\varphi,\lambda)$ est automorphe et

$$(\frac{d^k}{d\lambda^k}E(\varphi,\lambda))_{P'}^{\mathrm{cusp}} = \frac{d^k}{d\lambda^k}(E(\varphi,\lambda)_{P'}^{\mathrm{cusp}})$$

pour tout P'. Il reste à appliquer le lemme I.4.10 pour obtenir les propriétés (b) et (c).

IV.3.11. Démonstration du théorème IV.1.10

Considérons la fonction méromorphe

$$e : X_M^{\mathbf{G}} \longrightarrow \mathrm{Hom}_{\mathbb{C}}(A(M,\pi)^{\mathfrak{F}}, L^{2,\mathfrak{F}}_{\xi,\mathrm{loc}})$$
$$\lambda \longmapsto E(\lambda) - E_w(w\lambda) \circ M(w,\lambda).$$

Supposons $e \neq 0$. Choisissons $\lambda \in X_M^{\mathbf{G}}$ tel que

(i) e est holomorphe en λ et $e(\lambda) \neq 0$;

(ii) $< \mathrm{Re}\lambda, \check{\alpha} > < 0$;

(iii) la restriction de $N\chi_{\pi\otimes\lambda}$à $T_{\mathbf{M}} \cap \mathbf{G}_{der}$ n'est pas à valeurs réelles > 0, où N est l'entier $N(G)$ de la proposition III.3.1.

C'est possible. Soit $\varphi \in A(M,\pi)^{\mathfrak{F}}$ tel que $e(\varphi,\lambda) \neq 0$. Grâce à IV.1.9(b)(ii) et IV.1.9(c)(iii), on vérifie que pour tout sous-groupe parabolique standard P' de G, on a

$$e(\varphi,\lambda)_{P'}^{\mathrm{cusp}} = 0 \text{ si } P' \neq P,$$
$$e(\varphi,\lambda)_{P}^{\mathrm{cusp}} = \lambda(\varphi - M_w(w^{-1}, w\lambda)M(w,\lambda)\varphi).$$

D'après (ii) et I.4.11, $e(\varphi,\lambda)$ est de carré intégrable. On a $\pi \otimes \lambda \in \Pi_0(\mathbf{M}, e(\varphi,\lambda))$, cf. I.3.5. Alors (iii) contredit la proposition III.3.1. D'où $e = 0$ et l'égalité

$$E(\lambda) = E_w(w\lambda) \circ M(w,\lambda)$$

pour tout $\lambda \in X_M^{\mathbf{G}}$. De l'égalité $e(\varphi,\lambda)_P^{\mathrm{cusp}} = 0$ pour tous λ, φ, on déduit l'égalité

$$M_w(w^{-1}, w\lambda)M(w,\lambda) = 1.$$

IV.3.12. Démonstration de la proposition IV.1.11

Le (a) est trivial en rang relatif 1. Considérons la relation d'adjonction

$$< \varphi', M(w,\lambda)\varphi > = < M_w(w^{-1}, -w\bar{\lambda})\varphi', \varphi >$$

pour tous $\varphi \in A(M,\pi)^{\mathfrak{F}}, \varphi' \in A(wMw^{-1}, w\pi)^{\mathfrak{F}}$. Limitons-nous à

$$\mathrm{Im}X_M^{\mathbf{G}} = \{\lambda \in X_M^{\mathbf{G}};\ \mathrm{Re}\lambda = 0\}.$$

En utilisant l'équation fonctionnelle, on obtient

$$< M(w,\lambda)\varphi, M(w,\lambda)\varphi > = < \varphi, \varphi >$$

pour tout $\varphi \in A(M,\pi)^{\mathfrak{F}}$, disons pour tout $\lambda \in \mathrm{Im}X_M^{\mathbf{G}}$ où $M(w,.)$ est holomorphe. Soit $\lambda \in \mathrm{Im}X_M^{\mathbf{G}}$. Si $M(w,.)$ n'était pas holomorphe en λ, on pourrait trouver $\varphi \in A(M,\pi)^{\mathfrak{F}}$ telle que $< \varphi, \varphi > = 1$ et une suite $(\lambda_n)_{n\in\mathbb{N}}$ de points de $\mathrm{Im}X_M^{\mathbf{G}}$, telle que $\lim_{n\to\infty} \lambda_n = \lambda$ et

$$\lim_{n\to\infty} < M(w,\lambda_n)\varphi, M(w,\lambda_n)\varphi >= \infty.$$

Cela contredirait la relation ci-dessus. D'où (b).

Soit $\lambda \in X_M^{\mathbf{G}}$ tel que E et $M(w,.)$ aient un pôle en λ (on a vu en

IV.3.10 que E et $M(w,.)$ ont les mêmes singularités). Notons N l'ordre du pôle de E et $M(w,.)$. Ecrivons les développements au voisinage de λ:

$$E(\mu) = \sum_{i=1}^{N} \text{“}\mu - \lambda\text{”}^{-i} E_{-i}(\lambda) + E_0(\mu),$$

$$M(w,\mu) = \sum_{i=1}^{N} \text{“}\mu - \lambda\text{”}^{-i} M_{-i}(w,\lambda) + M_0(w,\mu),$$

où on a noté “$\mu - \lambda$” une fonction coordonnée au voisinage de λ. Soient $\varphi \in A(M,\pi)^{\mathfrak{F}}$, $g \in \mathbf{G}, i \geq 1$ et Q un sous-groupe parabolique standard de G. On calcule:

$$E_{-i}(\varphi,\lambda)_Q^{\text{cusp}}(g) = 0 \text{ si } Q \neq {}^wP,$$

$$(*) \qquad E_{-i}(\varphi,\lambda)_{^wP}^{\text{cusp}}(g) = \sum_{j=i}^{N} < -w\alpha, \log_{wMw^{-1}} m_{^wP}(g) >^{N-j} \quad \times \\ \frac{1}{(N-j)!} m_{^wP}(g)^{w\lambda} (M_{-j}(w,\lambda)\varphi)(g).$$

Supposons $< \text{Re}\lambda, \check{\alpha} > > 0$ et $N \geq 2$. Choisissons φ telle que

$$M_{-N}(w,\lambda)\varphi \neq 0.$$

De (*) et du Lemme I.4.11 on déduit que $E_{-j}(\varphi,\lambda)$ est de carré intégrable pour tout $i \in \{1,\dots,N\}$. Ces fonctions sont linéairement indépendantes d'après (*). Notons V l'espace de dimension 2 engendré par $E_{-N}(\varphi,\lambda)$ et $E_{-N+1}(\varphi,\lambda)$. Fixons R assez grand, posons $H^R_{\xi,b,\mathbb{C}} = H^R_{\xi,b} \cap H^R_{\xi,\mathbb{C}}$, cf. III.1.7. Pour $f \in H^R_{\xi,b,\mathbb{C}}$, on a l'égalité de fonctions méromorphes

$$\triangle(f)E(\mu) = f(\pi \otimes \mu)E(\mu),$$

dont on déduit les égalités

$$(**) \qquad \triangle(f)E_{-N}(\varphi,\lambda) = f(\pi \otimes \lambda)E_{-N}(\varphi,\lambda),$$

$$\triangle(f)E_{-N+1}(\varphi,\lambda) = f(\pi \otimes \lambda)E_{-N+1}(\varphi,\lambda) + f'(\pi \otimes \lambda)E_{-N}(\varphi,\lambda)$$

où

$$f'(\pi \otimes \lambda) = \frac{d}{dz} f(\pi \otimes \lambda\kappa(z\alpha))|_{z=0}.$$

En particulier $\triangle(f)$ laisse stable V. Considérons la sous-algèbre de $\text{End}_{\mathbb{C}}(V)$ formée des restrictions $\triangle(f)|_V$ pour $f \in H^R_{\xi,b,\mathbb{C}}$. Elle est commutative comme $H^R_{\xi,\mathbb{C}}$. Elle est stable par adjonction d'après III.1.5. Elle est donc diagonalisable. Mais comme $< \text{Re}\lambda, \check{\alpha} > > 0$, on a $\pi \otimes \lambda \neq w(\pi \otimes \lambda)$ et il résulte des définitions que l'on peut trouver $f \in H^R_{\xi}$, telle que par exemple $f(\pi \otimes \lambda) = 0$, $f'(\pi \otimes \lambda) = 1$. D'après (**), $\triangle(f)|_V$ est nilpotent, non nul, ce qui contredit la propriété précédente. Cette contradiction démontre que $N \leq 1$. C'est l'assertion (c) de la proposition.

Supposons toujours $< \mathrm{Re}\lambda, \check{\alpha} >> 0$ et maintenant $N = 1$, $\pi \otimes \lambda \neq -w(\overline{\pi \otimes \lambda})$. On vérifie sur les définitions que l'on peut trouver $f \in H^R_{\xi,b,\mathbb{C}}$ telle que $f = f^*$ et par exemple $f(\pi \otimes \lambda) = i$. Comme $f = f^*$, l'opérateur $\triangle(f)$ de L^2_ξ est autoadjoint. Ses valeurs propres sont donc réelles. La relation

$$\triangle(f)E_{-1}(\varphi, \lambda) = iE_{-1}(\varphi, \lambda)$$

est donc contradictoire. On en déduit que les points λ tels que $< \mathrm{Re}\lambda, \check{\alpha} > \geq 0$ et E ou $M(w, .)$ ait un pôle en λ vérifient $\pi \otimes \lambda = -w(\overline{\pi \otimes \lambda})$ (notons que si $< \mathrm{Re}\lambda, \check{\alpha} >= 0$, il n'y a pas de pôle d'après (b)). Ils vérifient aussi $< \mathrm{Re}\lambda, \check{\alpha} > \leq < \rho_P, \check{\alpha} >$. Mais l'ensemble des λ vérifiant ces conditions est compact. Il n'y en a donc qu'un nombre fini, ce qui achève la démonstration du théorème.

Remarque: La condition $\pi \otimes \lambda = -w(\overline{\pi \otimes \lambda})$ impose $P = {}^wP$ et $w\pi \in \mathfrak{P}$; si l'une de ces conditions n'est pas vérifiée, il n'y a donc pas de pôle pour $< \mathrm{Re}\lambda, \check{\alpha} > \geq 0$.

IV.3.13. Démonstration de la proposition IV.1.12(b)

On suppose que k est un corps de fonctions. Rappelons que α^* est un générateur du $\mathbf{Z}$-module

$$\mathbf{M} \cap \mathbf{G}^1/\mathbf{M}^1.$$

Pour $\varphi \in A(M, \pi)^{\mathfrak{F}}$, $g \in \mathbf{G}$ et $\lambda \in \mathbb{C}$, on a la formule

$$(M(w, \lambda)\varphi)(g) = m_{{}^wP}(g)^{-w\lambda} \int_{wU(\mathbf{A})} (\lambda\varphi)(w^{-1}ug)du.$$

On vérifie que le membre de droite ne dépend que de la restriction de λ à $\mathbf{G}^1$. Donc $M(w, \lambda)$ est en fait fonction de $\alpha^{*\lambda} \in \mathbb{C}^\times$ et définit une fonction méromorphe sur $\mathbb{C}^\times$, à valeurs dans

$$\mathrm{Hom}_{\mathbb{C}}(A(M, \pi)^{\mathfrak{F}}, A(wMw^{-1}, w\pi)^{\mathfrak{F}}).$$

Grâce à IV.2.7, on voit qu'il existe $\varepsilon > 0, c > 0, N \in \mathbb{N}$ tels que pour $|\alpha^{*\lambda}| < \varepsilon$, on ait

$$\|M(w, \lambda)\| < c|\alpha^{*\lambda}|^{-N}.$$

Mais alors $(\alpha^{*\lambda})^{N+1}M(w, \lambda)$ se prolonge en une fonction continue en 0, donc holomorphe en 0. Et $M(w, \lambda)$ se prolonge en une fonction de $\alpha^{*\lambda}$ méromorphe sur $\mathbb{C}$. Son inverse aussi. En utilisant ce résultat pour la fonction $M_w(w^{-1}, .)$ et l'équation fonctionnelle, on voit que $M(w, \lambda)$ est aussi méromorphe quand $|\alpha^{*\lambda}|$ tend vers ∞, i.e. $M(w, \lambda)$ est méromorphe sur $\mathbb{P}^1(\mathbb{C})$. Une telle fonction est rationnelle.

IV.3.14. Démonstration de la proposition IV.1.12(a)

On va utiliser l'élégant argument de Harder ([H], th. 1.6.6). Soient $g \in \mathbf{G}$ et $\varphi \in A(M,\pi)^{\mathfrak{F}}$. On veut montrer que la fonction $\lambda \longmapsto E(\varphi,\lambda)(g)$ est rationnelle. D'après I.2.6, il existe un sous-ensemble $C \subset G(k)\backslash\mathbf{G}$, d'image compacte dans $Z_{\mathbf{G}}G(k)\backslash\mathbf{G}$, tel que si $g \in (G(k)\backslash\mathbf{G}) - C$, il existe un sous-groupe parabolique standard propre Q de G de sorte que l'on ait $E(\varphi,\lambda)(g) = E(\varphi,\lambda)_Q(g)$. Le calcul de $E(\varphi,\lambda)_Q$ et IV.1.12(b) montrent que ce terme est rationnel.

Fixons un sous-groupe ouvert $\mathbf{K}' \subset \mathbf{K}$ tel que tous les éléments de $\mathfrak{F}$ soient triviaux sur $\mathbf{K}'$. On peut supposer C stable par multiplication à droite par $\mathbf{K}'$. Pour tout espace H dans lequel $\mathbf{K}$ agit, notons $H^{\mathbf{K}'}$ le sous-espace des invariants par $\mathbf{K}'$. Notons $L^2(C)_\xi$ l'espace des éléments de L^2_ξ à support dans C. L'espace $L^2(C)_\xi^{\mathbf{K}'}$ est de dimension finie et l'application de restriction $P_C : L_\xi^{2,\mathbf{K}'} \to L^2(C)_\xi^{\mathbf{K}'}$ est une projection orthogonale. Il en résulte que pour tout sous-espace $H \subset L_\xi^{2,\mathbf{K}'}$, de clôture notée $\overline{H}$, on a l'égalité $p_C(H) = p_C(\overline{H})$. Du théorème II.1.12, on déduit alors que pour toute $f \in L^2(C)_\xi^{\mathbf{K}'}$, il existe un ensemble fini de triplets $(M_i, \mathfrak{P}_i, \phi_i)_{1<i<n}$ tels que M_i soit un Lévi standard de G, $\mathfrak{P}_i$ une orbite de représentations cuspidales irréductibles de $\mathbf{M}_i$ et $\phi_i \in P^{\mathbf{K}'}_{(M_i,\mathfrak{P}_i)}$, de sorte que

$$f = \sum_{i=1}^{n} p_C \theta_{\phi_i}.$$

D'après II.1.10, le support de

$$f - \sum_{i=1}^{n} \theta_{\phi_i}$$

est compact, contenu dans le complémentaire de C.

Soit $g \in C$. Notons f_g la fonction sur $G(k)\backslash\mathbf{G}$, à support dans $gZ_{\mathbf{G}}\mathbf{K}'$, telle que $f_g(gzk') = \xi(z)$ pour $z \in Z_{\mathbf{G}}$, $k \in \mathbf{K}'$, pour autant qu'une telle fonction existe; sinon posons $f_g = 0$. Il existe $c > 0$ tel que pour tout $\lambda \in X_M^{\mathbf{G}}$, on ait

$$E(\varphi,\lambda)(g) = c < f_g, E(\varphi,\lambda) > .$$

Appliquons à f_g les résultats ci-dessus. Le produit

$$< f_g - \sum_{i=1}^{n} \theta_{\phi_i}, E(\varphi,\lambda) >$$

est rationnel car on a déjà vu que $E(\varphi,\lambda)(g')$ était rationnel pour $g' \notin C$. Pour $i \in \{1,\ldots,n\}$, on calcule

$$(*) \quad < \theta_{\phi_i}, E(\varphi,\lambda) > = \int_{Z_{\mathbf{G}}M_i(k)U_i(\mathbb{A})\backslash\mathbf{G}} \overline{\varepsilon F(\phi_i)}(x) E(\varphi,\lambda)^{\mathrm{cusp}}_{P_i}(x)dx$$

avec des notations évidentes. C'est non nul seulement si $P_i \in \{P, {}^wP\}$. Supposons par exemple $P \neq {}^wP$. Si $P_i = P$, l'intégrale ci-dessus est égale à

$$(**) \qquad \int_{Z_{\mathbf{G}}U(\mathbb{A})M(k)\backslash\mathbf{G}} \overline{\varepsilon F(\phi_i)}(x)(\lambda\varphi)(x)dx.$$

Comme $\varepsilon F(\phi_i)(x)$ est à support compact modulo $Z_{\mathbf{G}}U(\mathbb{A})\mathbf{M}^1$, la fonction de λ ci-dessus est combinaison linéaire finie de fonctions de la forme m^λ; elle est polynomiale. Si $P_i = {}^wP$, l'intégrale (*) vaut

$$\int_{Z_{\mathbf{G}}{}^wU(\mathbb{A})wM(k)w^{-1}\backslash\mathbf{G}} \overline{\varepsilon F(\phi_i)}(x)(w\lambda(M(w,\lambda)\varphi))(x)dx.$$

On peut écrire

$$M(w,\lambda)\varphi = \sum_{j=1}^{N} c_j(\lambda)\varphi_j,$$

où les φ_j forment une base de $A(wMw^{-1}, w\pi)^{\mathfrak{F}}$ et les c_j sont des fonctions rationnelles. On est ramené à considérer

$$c_j(\lambda)\int_{Z_{\mathbf{G}}{}^wU(\mathbb{A})wM(k)w^{-1}\backslash\mathbf{G}} \overline{\varepsilon F(\phi_i)}(x)(w\lambda\varphi_j)(x)dx,$$

qui s'analyse comme (**). Finalement $< f_g, E(\varphi,\lambda) >$ est rationnelle et $E(\varphi,\lambda)(g)$ aussi.

IV.4. Le cas general

IV.4.1. Prolongement des opérateurs d'entrelacement

Soient $w \in W(M), \ell = \ell(w)$. Fixons une suite de Lévi standards $M_0 = M$, $M_1, \ldots, M_\ell = wMw^{-1}$, pour tout $i \in \{1,\ldots,\ell\}$ une racine $\alpha_i \in \Delta_{M_{i-1}}$, de sorte que

$$w = s_{\alpha_\ell}\ldots s_{\alpha_1}$$

cf. I.1.8(iii). Pour $i \in \{1,\ldots,\ell\}$, on pose $w(i-1) = s_{\alpha_{i-1}}\ldots s_{\alpha_1}$. Pour $\lambda \in \mathfrak{c}$, on a

$$(*) \qquad M(w,\lambda) = M_{w(\ell-1)}(s_{\alpha_\ell}, w(\ell-1)\lambda)\ldots M(s_{\alpha_1},\lambda)$$

cf. II.1.6. Chacun des opérateurs $M_{w(i-1)}(s_{\alpha_i}, w(i-1)\lambda)$ relève du cas de rang relatif 1: on se place dans le Lévi standard $G_i \supset M_{i-1}$ tel que $\Delta_{M_{i-1}} = \{\alpha_i\}$. On peut donc prolonger méromorphiquement chacun des opérateurs du membre de droite de l'égalité (*) et donc prolonger $M(w,\lambda)$ par cette égalité. Le prolongement étant unique ne dépend pas de la décomposition choisie de w. Les assertions des énoncés IV.1.9,

IV.1.11 et IV.1.12 relatives à l'opérateur $M(w, \lambda)$ se déduisent de (*) et des mêmes assertions dans le cas de rang relatif 1.

Soient $w \in W(M)$ et $s \in W(wMw^{-1})$ une symétrie élémentaire. Si $\ell(sw) > \ell(w)$, on a $M(sw, \lambda) = M_w(s, w\lambda)M(w, \lambda)$ par construction. Sinon, on a $\ell(sw) < \ell(w)$, $w = s^{-1}sw$ et

$$M(w, \lambda) = M_{sw}(s^{-1}, sw\lambda)M(sw, \lambda)$$

par construction. En utilisant l'équation fonctionnelle pour l'opérateur $M_w(s, .)$, on obtient encore $M(sw, \lambda) = M_w(s, w\lambda)M(w, \lambda)$. Il est alors aisé d'obtenir par récurrence sur $\ell(w')$ l'équation fonctionnelle

$$M_w(w', w\lambda)M(w, \lambda) = M(w', w, \lambda)$$

pour tout $w' \in W(wMw^{-1})$.

IV.4.2. Les séries auxiliaires

On raisonne par récurrence sur l'entier $\dim X_M^{\mathbf{G}}$. Pour tout Lévi standard propre M' de G et tout $w \in W(M, M')$ (cf. II.1.7), on peut donc définir une application méromorphe $\lambda \longmapsto E_w^{M'}(w\lambda) \circ M(w, \lambda)$ sur $X_M^{\mathbf{G}}$ ($E_w^{M'}$ est relative au Lévi wMw^{-1} de M' et à la représentation $w\pi$). Soit U_0 l'ouvert dense de $X_M^{\mathbf{G}}$ où toutes ces fonctions sont holomorphes. On définit

$$E^T : U_0 \longrightarrow \mathrm{Hom}_{\mathbb{C}}(A(M.\pi)^{\mathfrak{F}}, L^{2,\mathfrak{F}}_{\xi,\mathrm{loc}})$$

par

$$E^T(\varphi, \lambda)(g) = \sum_{P'=M'U';P_0\subset P'\subsetneq G} (-1)^{rg(G)-rg(M')} \times \sum_{\gamma\in P'(k)\backslash G(k)}$$
$$\sum_{w\in W(M,M')} E_w^{M'}(M(w, \lambda)\varphi, w\lambda)(\gamma g)\hat{\tau}_{P'}(\log_{M'} m_{P'}(\gamma g) - T_{M'}).$$

Cette série est convergente d'après I.2.13.

Lemme.

(i) *L'application E^T se prolonge en une application méromorphe*

$$X_M^{\mathbf{G}} \longrightarrow \mathrm{Hom}_{\mathbb{C}}(A(M, \pi)^{\mathfrak{F}}, L^{2,\mathfrak{F}}_{\xi,\mathrm{loc}}).$$

(ii) *Pour tout sous-ensemble compact $C \subset U_0$, il existe $r > 0$ et pour tout $\varphi \in A(M, \pi)^{\mathfrak{F}}$, il existe $c > 0$, de sorte que pour tout $\lambda \in C$, tout $g \in \mathbf{G}$, on ait la majoration*

$$|E^T(\varphi, \lambda)(g)| \leq c\|g\|^r.$$

$\mathbb{P}$. Soit $\lambda \in X_M^{\mathbf{G}}$. Choisissons une fonction holomorphe d, définie au voisinage de λ, à valeurs complexes, non identiquement nulle telle que toutes les fonctions $d(\mu)M(w, \mu)$ et $d(\mu)E_w^{M'}(w\mu)$ soient holomorphes en λ. En calculant les composantes cuspidales des séries $E_w^{M'}(M(w,\mu)\varphi, w\mu)$ et en utilisant I.4.4(ii), on montre qu'il existe $r > 0$ et $c > 0$ tels que pour tout μ dans un voisinage de λ, tout $g \in \mathbf{G}$ et tout couple M', w, on ait

$$(*) \qquad |d(\mu)E_w^{M'}(M(w\mu)\varphi, w\mu)(g)| \leq c\|g\|^r.$$

Le lemme I.2.13 montre alors que la série définissant $d(\mu)E^T(\varphi,\mu)(g)$ est normalement convergente quand μ reste dans un voisinage de λ et g reste dans un compact. Chaque terme de la série est holomorphe en λ d'après IV.1.9(c) qui est connu pour les fonctions $E_w^{M'}$ d'après l'hypothèse de récurrence. Alors (i) se démontre comme en IV.1.7. Le (ii) résulte de (*) et du lemme I.2.13.

D'après II.1.7, on a l'égalité

$$(**) \qquad \wedge^T E(\lambda) = E(\lambda) + E^T(\lambda)$$

pour tout $\lambda \in \mathfrak{c}$.

IV.4.3. Prolongement des séries d'Eisenstein

Fixons $h \in \mathcal{H}^{\mathfrak{F}}$ vérifiant le lemme IV.2.2 pour un point de $X_M^{\mathbf{G}}$. Pour $\lambda \in U_0$, $\varphi \in A(M,\pi)^{\mathfrak{F}}$, posons

$$F^T(\varphi,\lambda) = \wedge^T \delta(h) E^T(\varphi,\lambda).$$

On montre comme en IV.3.3 que $F^T(\varphi,\lambda) \in L_\xi^{2,\mathfrak{F}}$. Cela définit une application

$$F^T : U_0 \longrightarrow \mathrm{Hom}_{\mathbb{C}}(A(M,\pi)^{\mathfrak{F}}, L_\xi^{2,\mathfrak{F}})$$

dont on montre comme en IV.3.3 qu'elle se prolonge en une application méromorphe

$$F^T : X_M^{\mathbf{G}} \longrightarrow \mathrm{Hom}_{\mathbb{C}}(A(M,\pi)^{\mathfrak{F}}, L_\xi^{2,\mathfrak{F}}).$$

Comme en IV.3.5, on a

Lemme. *Il existe une unique application méromorphe*

$$e^T : X_M^{\mathbf{G}} - V_h \longrightarrow \mathrm{Hom}_{\mathbb{C}}(A(M,\pi)^{\mathfrak{F}}, L_\xi^{2,\mathfrak{F}})$$

telle que pour tout $\lambda \in X_M^{\mathbf{G}} - V_h$, *on ait l'égalité*

$$(\wedge^T \circ \delta(h) \circ \wedge^T) \circ e^T(\lambda) - e^T(\lambda) \circ i(\lambda, h) = F^T(\lambda).$$

Il résulte aisément de IV.4.2(**) que

$$e^T(\lambda) = \wedge^T \circ E(\lambda)$$

pour $\lambda \in \mathfrak{c}$. On peut alors prolonger E en une application méromorphe

$$E : X_M^{\mathbf{G}} - V_h \longrightarrow \mathrm{Hom}_{\mathbb{C}}(A(M,\pi)^{\mathfrak{F}}, L_{\xi,\mathrm{loc}}^{2,\mathfrak{F}})$$

en posant $E(\lambda) = e^T(\lambda) - E^T(\lambda)$.

Comme dans le cas de rang relatif 1, on prolonge E à $X_M^{\mathbf{G}}$ tout entier en faisant varier h. L'unicité du prolongement, qui est utilisée ici, résulte du fait que $X_M^{\mathbf{G}} - V_h$ est connexe: c'est une variété complexe dont on enlève les zéros d'une fonction holomorphe.

IV.4.4. Fin de la démonstration

Notons U_h l'ouvert où les fonctions $e^T(.)$, $E_w^{M'}(w.)$ et $M(w,.)$ sont toutes holomorphes. Il est lui aussi connexe: localement, c'est encore une variété complexe dont on enlève les zéros d'une fonction holomorphe. Comme en rang relatif 1, on démontre les propriétés de $E(\lambda)$ requises à la proposition IV.1.9 pour $\lambda \in U_h$. On les généralise ensuite à tout λ en utilisant les lemmes I.4.4(3) et I.4.10.

Remarque. En rang relatif 1, on a montré que les singularités de E étaient identiques à celles de $M(w,.)$. Ici la situation est plus compliquée. Le lemme I.4.10 montre toutefois: soit d une fonction holomorphe sur $X_M^{\mathbf{G}}$, supposons que pour tout $w \in W(M)$, $dM(w,.)$ soit holomorphe en λ; alors dE l'est aussi. Cela suffit pour faire marcher les démonstrations.

La remarque ci-dessus montre que les assertions de la proposition IV.1.11 concernant E se déduisent de celles concernant les fonctions $M(w,.)$. Pour démontrer le (a) du théorème IV.1.10, on calcule les composantes cuspidales des deux membres de la formule et on utilise le (b) du théorème. Enfin le (a) de la proposition IV.1.12 se déduit du (b) par la même méthode qu'en rang relatif 1.

IV.4.5. Remarque

Soient $M \subset L$ deux Lévi standards, $\mathfrak{P}^L$ une orbite sous $X_M^{\mathbf{G}}$ de représentations cuspidales irréductibles, $\mathfrak{P} = \{\pi \otimes \lambda;\ \pi \in \mathfrak{P}^L,\ \lambda \in X_M^{\mathbf{G}}\} = \{\pi \otimes \lambda;\ \pi \in \mathfrak{P}^L,\ \lambda \in X_L^{\mathbf{G}}\}$, $w \in W_L(M)$ (l'analogue de $W(M)$ quand on remplace G par L). On a des opérateurs

$$M(w,\pi) : A\Big(U(\mathbb{A})M(k)\backslash\mathbf{G}\Big)_\pi \to A\Big({}^wU(\mathbb{A})wM(k)w^{-1}\backslash\mathbf{G}\Big)_{w\pi},$$

$(\pi \in \mathfrak{P})$,

$$M^L(w,\pi) : A((U \cap L)(\mathbb{A})M(k)\backslash\mathbf{L})_\pi \longrightarrow A(({}^wU \cap L)(\mathbb{A})wM(k)w^{-1}\backslash\mathbf{L})_{w\pi}, (\pi \in \mathfrak{P}^L).$$

Il est clair que $M(w,.)$ se déduit de $M^L(w,.)$ par induction. Soient $\pi \in \mathfrak{P}^L, \lambda \in X_L^{\mathbf{G}}$ et f une fonction holomorphe définie au voisinage de $\pi \otimes \lambda$ dans $\mathfrak{P}$. Alors la fonction $\pi' \longmapsto f(\pi')M(w,\pi')$ est holomorphe en $\pi' = \pi \otimes \lambda$ si et seulement si la fonction $\pi'' \longmapsto f(\pi'' \otimes \lambda)M^L(w,\pi'')$, définie au voisinage de π dans $\mathfrak{P}^L$, est holomorphe en π. En particulier, les hyperplans singuliers de $M(w,.)$ sont les composantes connexes des variétés $\{\pi \otimes \lambda;\ \pi \in H,\ \lambda \in X_L^{\mathbf{G}}\}$, où H est un hyperplan singulier de $M^L(w,.)$.

V

Construction du spectre discret par résidus

V.1. Généralités et théorème des résidus

Dans tout ce chapitre, on fixe ξ un caractère unitaire du centre de $\mathbf{G}$ et $\mathfrak{X}$ une classe d'équivalence de données cuspidales, formée de couples du type $(M, \mathfrak{P})$ où $\mathfrak{P}$ est formée de représentations cuspidales de $\mathbf{M}$ ayant pour restriction à $Z_{\mathbf{G}}$ le caractère ξ. On utilisera constamment les notations suivantes, pour $(\mathbf{M}, \mathfrak{P}) \in \mathfrak{X}$:

$W(M)$ est l'ensemble des éléments w de W de longueur minimale dans leur classe à droite modulo le groupe de Weyl de $\mathbf{M}$ tels que wMw^{-1} soit encore un Levi standard de $\mathbf{G}$.

$$\mathrm{Stab}(M, \mathfrak{P}) := \{w \in W(M) | wMw^{-1} = M, w\mathfrak{P} = \mathfrak{P}\}.$$

On remarque que $\mathrm{Stab}(M, \mathfrak{P})$ est un groupe.

V.1.1. Sous-espace affine dans une classe d'équivalence de représentations

On fixe $(M, \mathfrak{P}) \in \mathfrak{X}$. Pour $\pi \in \mathfrak{P}$, on a défini (cf. I.3.3, notations) $\mathrm{Re}\,\pi$ qui ici est un élément de $\mathrm{Re}X_M^{\mathbf{G}}$ et $\mathrm{Im}\,\pi$ qui ici est un élément de $\mathfrak{P}$. Soit $\mathfrak{S}$ un sous ensemble de $\mathfrak{P}$; on pose:

$$\mathfrak{S}^0 = \{\lambda \in X_M^{\mathbf{G}} | \mathfrak{S} \otimes \lambda = \mathfrak{S}\}.$$

c'est un sous-groupe de $X_M^{\mathbf{G}}$ opérant naturellement sur $\mathfrak{S}$ et contenant $\mathrm{Fix}_{X_M^{\mathbf{G}}} \mathfrak{P}$.

Définition: On dit que $\mathfrak{S}$ est un sous-espace affine de $\mathfrak{P}$ s'il existe V un sous-espace vectoriel de $\mathfrak{a}_M^{*G} (\simeq \mathrm{Re}\, X_M^{\mathbf{G}} \otimes_{\mathbb{R}} \mathbb{C})$ tel que $\mathfrak{S} = \pi \otimes \kappa(V)$

(cf. I.I.4(3) pour les notations), où π est n'importe quel élément de $\mathfrak{S}$. On dit que la partie vectorielle de $\mathfrak{S}$ est définie sur $\mathbb{R}$ si V est défini sur $\mathbb{R}$.

Soit $\mathfrak{S}$ un sous-espace affine de $\mathfrak{P}$ à partie vectorielle définie sur $\mathbb{R}$ et soit V comme dans la définition. On remarque que:

(1) $\operatorname{Re}\mathfrak{S} := \{\operatorname{Re}\pi | \pi \in \mathfrak{S}\}$ est un sous-espace affine de $\operatorname{Re} X_M^{\mathbf{G}}$ dont la partie vectorielle, $\operatorname{Re}\mathfrak{S}^0 := \{\operatorname{Re}\lambda | \lambda \in \mathfrak{S}^0\}$, coïncide avec Re V.

$$V = \operatorname{Re}\mathfrak{S}^0 \otimes_{\mathbb{R}} \mathbb{C} \text{ dans } \mathfrak{a}_M^{*G};\ \operatorname{Re}\mathfrak{S}^0 = \operatorname{Re} X_M^{\mathbf{G}} \cap \mathfrak{S}^0 \text{et}$$

(2) $$\mathfrak{S}^0 = \bigcup_{\nu \in \operatorname{Fix}_{X_M^{\mathbf{G}}} \mathfrak{P}} \kappa(V) + \nu.$$

Si ces conditions sont remplies, on note $\tilde{\mathfrak{S}}^0$ l'image de $\operatorname{Re}\mathfrak{S}^0 \otimes_{\mathbb{R}} \mathbb{C}$ dans $X_M^{\mathbf{G}}$ et on dit que $\tilde{\mathfrak{S}}^0$ est la partie vectorielle de $\mathfrak{S}$. En particulier $\mathfrak{S}$ est un espace homogène sous $\mathfrak{S}^0$ et sous $\tilde{\mathfrak{S}}^0$.

Si k est un corps de nombres, identifiant $\mathfrak{P}$ et $X_M^{\mathbf{G}}$ par le choix d'un élément de $\mathfrak{P}$ (cf. II.1.1), on retrouve la notion usuelle de sous-espace affine de l'espace vectoriel $X_M^{\mathbf{G}}$, dont la partie vectorielle est définie sur $\mathbb{R}$. En particulier $\mathfrak{P}$ lui-même est un espace affine au sens ci-dessus.

Si k est un corps de fonctions, $\mathfrak{P}$ est une union d'espaces affines au sens ci-dessus, parallèles, i.e. qui ont tous même partie vectorielle.

Généralement, on dit que deux sous-espaces affines de $\mathfrak{P}$ à partie vectorielle définie sur $\mathbb{R}$ sont parallèles s'ils ont même partie vectorielle.

On dit que $\mathfrak{S}$ est hyperplan affine à partie vectorielle définie sur $\mathbb{R}$ si les conditions ci-dessus sont remplies et si $\operatorname{Re}\mathfrak{S}^0$ est un hyperplan de $\operatorname{Re} X_M^{\mathbf{G}}$. On remarque que l'intersection de deux sous-espaces affines de $\mathfrak{P}$ à partie vectorielle définie sur $\mathbb{R}$ a toutes ses composantes irréductibles qui sont aussi des espaces affines de $\mathfrak{P}$ à partie vectorielle définie sur $\mathbb{R}$ (cette intersection est irréductible si k est un corps de nombres mais il n'en est pas toujours ainsi si k est un corps de fonctions).

Une classe importante

Soit $\alpha \in R(T_M, G)$. On reprend la notation α^* de I.I.11; en particulier si k est un corps de nombres α^* est la coracine associée à α. On pose

$$H_{\alpha^*} := \left\{ \begin{array}{rl} \lambda \in X_M^{\mathbf{G}} | < \lambda, \check{\alpha} > = 0, & \text{si } k \text{ est un corps de nombres,} \\ (\alpha^*)^\lambda = 1, & \text{si } k \text{ est un corps de fonctions.} \end{array} \right\}$$

Soit $\pi \in \mathfrak{P}$; alors $H_{\pi,\alpha^*} := \{\pi \otimes \lambda | \lambda \in H_{\alpha^*}\}$ est une union d'hyperplans affines de $\mathfrak{P}$ parallèles (il n'y en a qu'un si k est un corps de nombres) de partie vectorielle définie sur $\mathbb{R}$. Cette partie vectorielle est l'image de $\operatorname{Re} H_{\alpha^*} \otimes_{\mathbb{R}} \mathbb{C}$ dans $X_M^{\mathbf{G}}$.

Soit $w \in W(M)$ et soit $\phi \in P_{(wM,-w\overline{\mathfrak{P}})}$. On sait IV.1.11 que l'ensemble des éléments π de $\mathfrak{P}$ en lesquels $M(w^{-1}, -w\overline{\pi})\phi(-w\overline{\pi})$ est singulier, est une réunion localement finie d'espaces de la forme $\pi_0 \otimes H_{\alpha^*}$. On note $S^h_{(M,\mathfrak{P})}$ l'ensemble des hyperplans affines (au sens ci-dessus) de $\mathfrak{P}$ singuliers pour $M(w^{-1}, -w\overline{\pi})\phi(-w\overline{\pi})$ où w varie dans $W(M)$ et où ϕ varie dans $P_{(wM,-w\overline{\mathfrak{P}})}$, augmenté de l'ensemble des conjugués de tels hyperplans sous l'action de $\operatorname{Stab}(M, \mathfrak{P})$. On note $S_{(M,\mathfrak{P})}$ l'ensemble des espaces affines de $\mathfrak{P}$ à partie vectorielle définie sur $\mathbb{R}$ obtenus comme composantes irréductibles d'intersections d'éléments de $S^h_{(M,\mathfrak{P})}$. En considérant une intersection vide, on voit que $S_{(M,\mathfrak{P})}$ contient les composantes irréductibles de $\mathfrak{P}$. La famille $S_{(M,\mathfrak{P})}$ n'est plus localement finie, du moins a priori, on sera donc amené à fixer un ensemble fini de $\mathbf{K}$-types, noté en général $\mathfrak{F}$, et à définir $S^{\mathfrak{F}}_{(M,\mathfrak{P})}$ de façon analogue à $S_{(M,\mathfrak{P})}$ mais en ne faisant varier les fonctions ϕ (notations ci-dessus) que dans l'ensemble des éléments de $P_{(wM,-w\overline{\mathfrak{P}})}$ se transformant suivant un $\mathbf{K}$-type appartenant à $\mathfrak{F}$.

Une propriété importante des éléments de $S_{(M,\mathfrak{P})}$ est la suivante: soit $\mathfrak{S} \in S_{(M,\mathfrak{P})}$; on note

$$R_{\mathfrak{S}} := \{\alpha \in R(T_M, G) | < \lambda, \check{\alpha} > = 0, \forall \lambda \in \operatorname{Re} \mathfrak{S}^0\},$$

$$\text{alors : } \operatorname{Re} \mathfrak{S}^0 = \{\lambda \in \operatorname{Re} X_M^{\mathbf{G}} | < \lambda, \check{\alpha} > = 0, \forall \alpha \in R_{\mathfrak{S}}\}.$$

On pose:

$$S_{\mathfrak{X}} := \bigcup_{(M',\mathfrak{P}') \in \mathfrak{X}} S_{(M',\mathfrak{P}')}$$

et

$$S^{\mathfrak{F}}_{\mathfrak{X}} := \bigcup_{(M',\mathfrak{P}') \in \mathfrak{X}} S^{\mathfrak{F}}_{(M',\mathfrak{P}')}$$

Soit $\mathfrak{S} \in S_{\mathfrak{X}}$. Il existe $(M', \mathfrak{P}') \in \mathfrak{X}$ tel que $\mathfrak{S} \in S_{(M',\mathfrak{P}')}$; on dit que $(M', \mathfrak{P}')$ est la donnée cuspidale attachée à $\mathfrak{S}$. Pour $\mathfrak{S} \in \mathfrak{S}_{\mathfrak{X}}$ de donnée cuspidale $(M', \mathfrak{P}')$, on note $\operatorname{Norm} \mathfrak{S} := \{w \in \operatorname{Stab}(M', \mathfrak{P}') | w\mathfrak{S} = \mathfrak{S}\}$.

V.1.2. Fonctions méromorphes à singularités polynomiales sur $\mathfrak{S}_{\mathfrak{X}}$

On a muni (cf. II.1.1) $\mathfrak{P}$ d'une structure de variété analytique complexe; d'où la notion de fonctions holomorphes, méromorphes. On définit aussi la notion de polynômes. On commence par définir la notion de polynômes sur $X_M^{\mathbf{G}}/\operatorname{Fix}_{X_M^{\mathbf{G}}} \mathfrak{P}$: si k est un corps de nombres, on prend la notion usuelle. Supposons que k est un corps de fonctions; on note

$\mathrm{Fix}_{X_M^{\mathbf{G}}} \mathfrak{P}^{\perp}$ le sous-groupe de $\mathbf{M}$ formé des éléments, m, tels que $m^{\lambda} = 1$ pour tout $\lambda \in \mathrm{Fix}_{X_M^{\mathbf{G}}}$. Ce groupe contient $\mathbf{M}^1$ et $\mathrm{Fix}_{X_M^{\mathbf{G}}}/\mathbf{M}^1$ est un $\mathbb{Z}$-module libre de rang fini qui par $\log_M$ s'identifie au réseau de $\mathrm{Re}\, \mathfrak{a}_M$ orthogonal de $\mathrm{Fix}_{X_M^{\mathbf{G}}}$ c'est-à-dire au réseau $L_1^{\perp}$ où L_1 est le réseau de $\mathrm{Rat}(M) \otimes_{\mathbb{Z}} \mathbb{Q}$ tel que $(2i\pi/\log q)L_1$ soit l'image réciproque par κ de $\mathrm{Fix}_{X_M^{\mathbf{G}}}$. Alors l'algèbre des polynômes $X_M^{\mathbf{G}}/\mathrm{Fix}_{X_M^{\mathbf{G}}}\mathfrak{P}$ est l'algèbre de ce groupe. Revenons à k quelconque; on identifie $\mathfrak{P}$ à l'espace vectoriel $X_M^{\mathbf{G}}/\mathrm{Fix}_{X_M^{\mathbf{G}}}$ par choix d'un élément dans $\mathfrak{P}$ et on transporte la notion de polynôme, cela ne dépend pas du choix fait pour l'identification. On a évidement perdu la notion de polynôme homogène. Donnons quelques exemples qui nous servirons dans la suite:

Premier exemple: soit $\pi_0 \in \mathfrak{P}$ et soit $\alpha \in R(T_M, G)$ et α^* comme en I.I.11; on définit le polynôme P_{π_0,α^*} sur $\mathfrak{P}$ par:

$$\begin{aligned} P_{\pi_0,\alpha^*}(\pi_0 \otimes \lambda) &= <\lambda, \alpha^*> \quad \text{si } k \text{ est un corps de nombres,} \\ &= (\alpha^*)^{\lambda} - 1 \quad \text{si } k \text{ est un corps de fonctions.} \end{aligned}$$

Deuxième exemple: on suppose ici que k est un corps de fonctions et l'on va montrer comment, étant donnés $\mathfrak{S}$ et $\mathfrak{S}' \in S_{(M,\mathfrak{P})}$ des espaces parallèles mais distincts, on peut construire un polynôme sur $\mathfrak{P}$ nul sur $\mathfrak{S}$ et non nul sur $\mathfrak{S}'$. Pour cela, on reprend la notation L_1 introduite ci-dessus. On sait que $\mathrm{Re}\,\mathfrak{S}^0$ est défini sur $\mathbb{Q}$, i.e. engendré par son intersection avec $\mathrm{Rat}(M) \otimes_{\mathbb{Z}} \mathbb{Q}$, intersection notée $\mathfrak{s}$. On identifie $X_M^{\mathbf{G}}/\mathrm{Fix}_{X_M^{\mathbf{G}}}\mathfrak{P}$ et $\mathfrak{P}$ par choix d'un élément de $\mathfrak{P}$ et l'on fixe λ_0 dans l'image réciproque de $\mathfrak{S}$ dans $\mathfrak{a}_M^*$, λ_0' dans l'image réciproque de $\mathfrak{S}'$ dans $\mathfrak{a}_M^*$ et $H \in (\mathfrak{s} + L_1)^{\perp}$ qui sépare $(2i\pi/\log q)L_1 + \lambda_0$ et $(2i\pi/\log q)L_1 + \lambda_0'$. Alors la fonction sur $\mathfrak{a}_M^*$ définie par:

$$\lambda \longmapsto q^{<\lambda, H>} - q^{<\lambda_0, H>}$$

passe au quotient pour donner une fonction sur X_M puis, par restriction un polynôme sur $X_M^{\mathbf{G}}$ invariant par translation par $\mathrm{Fix}_{X_M^{\mathbf{G}}}\mathfrak{P}$; d'où un polynôme sur $\mathfrak{P}$ qui convient manifestement.

Troisième exemple: soit $\mathfrak{S}$ et $\mathfrak{S}'$ non parallèles que l'on va encore séparer par un polynôme nul sur $\mathfrak{S}$ et non constant sur $\mathfrak{S}'$; on peut procéder comme dans le deuxième exemple mais on peut aussi plus facilement fixer l une forme linéaire sur $\mathfrak{a}_M$, définie sur $\mathbb{Q}$, nulle sur $\mathrm{Re}\,\mathfrak{S}^0$ et non nulle sur $\mathrm{Re}(\mathfrak{S}')^0$ et fixer λ_0 dans l'image réciproque de $\mathfrak{S}$ dans $\mathfrak{a}_M^*$, après avoir identifié $X_M^{\mathbf{G}}/\mathrm{Fix}_{X_M^{\mathbf{G}}}\mathfrak{P}$ et $\mathfrak{P}$, comme dans le deuxième exemple. Alors pour N un entier convenable la fonction sur $\mathfrak{a}_M^*$:

$$\lambda \mapsto q^{2i\pi N<\lambda, H>} - q^{2i\pi N<\lambda_0, H>}$$

définit, comme ci-dessus, un polynôme sur $\mathfrak{P}$ qui convient.

Définition de "singularités polynomiales" sur $S_{\mathfrak{X}}$ ou sur $S_{\mathfrak{X}}^{\mathfrak{F}}$

Soit $\mathfrak{S} \in S_{(M,\mathfrak{P})}$; d'après les propriétés V.1.1 (1) et (2) satisfaites par $\mathfrak{S}$, on voit que $\mathfrak{S}$ est un fermé analytique complexe de $\mathfrak{P}$. On a donc aussi les notions de fonctions holomorphes et méromorphes. Soit $\pi \in \mathfrak{S} \mapsto A(\pi) \in \mathbb{C}$, une fonction méromorphe sur $\mathfrak{S}$. On dit que A est à singularités polynomiales sur $S_{\mathfrak{X}}$ si pour tout $\pi \in \mathfrak{S}$, il existe un polynôme P_π sur $\mathfrak{P}$ tel que $(P_\pi)_{|\mathfrak{S}}A$ est holomorphe en π et P_π est obtenu comme produit de puissances convenables des polynômes P_{π,α^*} ci-dessus, où α parcourt les éléments de $R(T_M, G)$ tels que la composante connexe de $\pi \otimes H_{\alpha^*}$ passant par π (notation de V.1.1) soit un élément de $S_{\mathfrak{X}}$ ne contenant pas $\mathfrak{S}$. En particulier l'ensemble des singularités de la fonction A est union d'hyperplans affines de $\mathfrak{S}$ qui sont des éléments de $S_{\mathfrak{X}}$. Si k est un corps de nombres, cette notion est très usuelle. On a une définition analogue en remplaçant $S_{\mathfrak{X}}$ par $S_{\mathfrak{X}}^{\mathfrak{F}}$ quand un ensemble fini de $\mathbf{K}$-types est fixé.

Nous utiliserons la propriété suivante: soit A une fonction méromorphe sur $\mathfrak{S}$ à singularités polynomiales sur $S_{\mathfrak{X}}$ et soit $\mathfrak{H}$, un hyperplan de $\mathfrak{S}$ singulier pour A; alors il existe $n \in \mathbb{N}$ et $\alpha \in R(T_M, G)$ tels que pour tout $\pi \in \mathfrak{H}$ la fonction $(P_{\pi,\alpha^*}^n)_{|\mathfrak{S}}A$ ait pour hyperplans singuliers passant par π, les hyperplans singuliers de A passant par π à l'exception de $\mathfrak{H}$.

V.1.3. Donnée de résidus

Pour tout élément $\mathfrak{S}$ de $S_{\mathfrak{X}}$, on note $d_{\mathfrak{S}}\pi$ la mesure sur $\mathfrak{S}$ obtenue grâce au produit scalaire sur $\operatorname{Re}\mathfrak{S}^0$ provenant de celui fixé sur $\operatorname{Re}X_M^{\mathbf{G}}$ en I.1.12. Cette mesure est une mesure de Lebesgue invariante sous $\operatorname{Norm}_W\mathfrak{S}$. Elle induit une mesure sur $\mathfrak{S}^0$ ainsi que sur $\operatorname{Im}\mathfrak{S}$ et $\operatorname{Im}\mathfrak{S}^0$; toutes ces mesures sont notées $d_{\mathfrak{S}}$ et ne nous intéresseront que les mesures sur $\operatorname{Re}\mathfrak{S}^0$, $\operatorname{Im}\mathfrak{S}^0$ et $\operatorname{Im}\mathfrak{S}$. Soient $\mathfrak{S}, \mathfrak{S}' \in S_{(M,\mathfrak{P})}$ et $w \in W$. On suppose que $w\mathfrak{S} = \mathfrak{S}'$, ce qui nécessite que w envoie la donnée cuspidale de $\mathfrak{S}$ sur celle de $\mathfrak{S}'$. Alors $wd_{\mathfrak{S}} = d_{\mathfrak{S}'}$.

Soient $(M, \mathfrak{P}) \in \mathfrak{X}$, $\mathfrak{S}, \mathfrak{S}' \in S_{(M,\mathfrak{P})}$. On suppose que $\mathfrak{S}$ est inclus dans $\mathfrak{S}'$. Une donnée de résidu pour $\mathfrak{S}$ dans $\mathfrak{S}'$ est une application de l'ensemble des fonctions méromorphes sur $\mathfrak{S}'$ à singularités polynomiales sur $S_{\mathfrak{X}}$ dans l'ensemble des fonctions méromorphes sur $\mathfrak{S}$ à singularités polynomiales sur $S_{\mathfrak{X}}$ obtenue comme combinaison linéaire finie à coefficients réels d'opérateurs du type suivant: soit $\mathfrak{D} := \{\mathfrak{S} =: \mathfrak{S}_0 \subset \mathfrak{S}_1 \cdots \subset \mathfrak{S}_d := \mathfrak{S}'\}$ un drapeau formé d'éléments de $S_{(M,\mathfrak{P})}$ tels que pour $i = 1, \dots, d$, on ait $\dim_{\mathbb{R}}(\operatorname{Re}\mathfrak{S}_i / \operatorname{Re}\mathfrak{S}_{i-1}) = 1$; pour $i = 1, \dots, d$ on fixe $\alpha_i \in R(T_M, G)$ tel que:

$$\operatorname{Re}\mathfrak{S}_{i-1}^0 = \{\lambda \in \operatorname{Re}\mathfrak{S}_i^0 | < \lambda, \check{\alpha}_i >= 0\}.$$

A $\mathfrak{D}$ et à la collection des α_i, on associe l'opérateur obtenu par composition des opérateurs Res_i pour i décroissant de d à 1, de l'ensemble des fonctions méromorphes sur $\mathfrak{S}_i$ à singularités polynomiales sur $S_{\mathfrak{X}}$ dans l'ensemble des fonctions méromorphes sur $\mathfrak{S}_{i-1}$ à singularités polynomiales sur $S_{\mathfrak{X}}$ défini par:

soit $A_i : \pi \in \mathfrak{S}_i \mapsto A_i(\pi) \in \mathbb{C}$ une fonction méromorphe sur $\mathfrak{S}_i$ à singularités polynomiales sur $S_{\mathfrak{X}}$ et soit $\pi_0 \in \mathfrak{S}_{i-1}$. On utilise les notations H_{π_0,α^*} et P_{π_0,α^*} de V.1.1 et V.1.2. On vérifie que:

$\mathfrak{S}_{i-1}$ est la composante irréductible de $\mathfrak{S}_i \cap H_{\pi_0,\alpha_i^*}$ passant par π_0 et grâce à V.1.2, on fixe un entier n tel que la fonction:

$$\pi \in \mathfrak{S}_i \mapsto P^n_{\pi_0,\alpha_i}(\pi)A_i(\pi)$$

ait, pour π fixé dans $\mathfrak{S}_{i-1}$, comme hyperplan singulier passant par π les hyperplans singuliers de A_i passant par π à l'exception de $\mathfrak{S}_{i-1}$. On fixe encore $\epsilon_i \in (\mathrm{Re}\,\mathfrak{S}^0_{i-1})^\perp \cap \mathrm{Re}\,\mathfrak{S}^0_i$ et une combinaison linéaire des polynômes $P^m_{\pi_0,\alpha_i^*}$, pour $m \in [1,n]$, notée Q_{n,α_i^*} telle que, pour $\pi \in \mathfrak{S}_i$, la fonction de la variable complexe z, $Q_{n,\alpha_i^*}(\pi \otimes z\epsilon_i)$ soit du type $z^n(1+O(z))$. On définit, alors, Res_iA_i en posant:

$$\pi \in \mathfrak{S}_{i-1} \mapsto (\mathrm{Res}_iA_i)(\pi) :=$$
$$\Big((n-1!)\Big)^{-1}(d^{n-1}(Q_{n,\alpha_i^*}A_i)(\pi \otimes z\epsilon_i)/(dz)^{n-1})_{z=0},$$

cette définition dépend à un scalaire près du choix de ϵ_i mais ne dépend pas du choix de n ni de Q_{n,α_i^*}. Vérifions que Res_iA_i est une fonction méromorphe sur $\mathfrak{S}_{i-1}$ à singularités polynomiales sur $S_{\mathfrak{X}}$: soit $\pi \in \mathfrak{S}_{i-1}$; il existe un polynôme P_π obtenu comme puissance convenable de $\prod P_{\pi,\beta^*}$ où le produit porte sur toutes les racines β de $R(T_M, G)$ vérifiant $\mathfrak{S}_i \cap H_{\pi,\beta^*}$ ne contient pas $\mathfrak{S}_{i-1}$, tel que $(P^n_{\pi,\alpha_i^*}P_\pi)_{|\mathfrak{S}_i}A_i$ soit holomorphe en π. On a alors:

$$P^n_{\pi|\mathfrak{S}_{i-1}}\mathrm{Res}_iA_i = P^n_{\pi|\mathfrak{S}_{i-1}}\mathrm{Res}_i(P^{-1}_{\pi|\mathfrak{S}_i}(P_{\pi|\mathfrak{S}_i}A_i)),$$

est holomorphe en π grâce aux règles de Leibnitz.

Convention: il sera très utile pour nous de poser par convention que, pour $\mathfrak{S} \in S_{\mathfrak{X}}$ une donnée de résidu pour $\mathfrak{S}$ dans $\mathfrak{S}$ est la muliplication par un nombre réel.

Soit $\mathfrak{S} \in S_{\mathfrak{X}}$ et soit $(M, \mathfrak{P})$ la donnée cuspidale attachée à $\mathfrak{S}$; on parlera de donnée de résidu pour $\mathfrak{S}$ dans $\mathfrak{P}$ alors que $\mathfrak{P} \notin S_{\mathfrak{X}}$ en général si k est un corps de fonctions et qu'il faudrait remplacer dans l'expression $\mathfrak{P}$ par la composante de $\mathfrak{P}$ contenant $\mathfrak{S}$.

V.1.4. Remarque sur les choix faits en V.1.3

Reprenons les notations de V.1.3. Pour définir les opérateurs Res_i on a utilisé des éléments ϵ_i de $\operatorname{Re}\mathfrak{S}_i^0 \cap (\operatorname{Re}\mathfrak{S}_{i-1}^0)^\perp$. Ne faisons pas cette hypothèse et autorisons tous les éléments ϵ_i de $\operatorname{Re}\mathfrak{S}_i^0 - \operatorname{Re}\mathfrak{S}_{i-1}^0$. On obtient un ensemble plus important d'opérateurs "données de résidus" pour $\mathfrak{S}$ dans $\mathfrak{S}'$ mais l'on peut vérifier que pour tout opérateur $\operatorname{Res}_{\mathfrak{S}}^{\mathfrak{S}'}$ au sens étendu ci-dessus, il existe un opérateur $\operatorname{Res}'^{\mathfrak{S}'}_{\mathfrak{S}}$ au sens de V.1.3 tel que pour toute fonction A méromorphe sur $\mathfrak{S}'$ à singularités polynomiales sur $S_{\mathfrak{X}}$, on ait:

$\operatorname{Res}_{\mathfrak{S}}^{\mathfrak{S}'} A - \operatorname{Res}'^{\mathfrak{S}'}_{\mathfrak{S}} A$ appartient au sous-espace vectoriel de l'ensemble des fonctions méromorphes sur $\mathfrak{S}$ obtenues comme dérivée d'une fonction méromorphe à singularités polynomiales sur $\mathfrak{S}_{\mathfrak{X}}$, dans une direction appartenant à $\operatorname{Re}\mathfrak{S}^0$.

Et le lecteur peut vérifier que dans toutes les formules ultérieures, on peut remplacer $\operatorname{Res}_{\mathfrak{S}}^{\mathfrak{S}'}$ par $\operatorname{Res}'^{\mathfrak{S}'}_{\mathfrak{S}}$ sans changer les résultats. Tout ceci pour dire que dans la pratique, il est un peu pénible de calculer $\operatorname{Re}\mathfrak{S}_i^0 \cap \operatorname{Re}\mathfrak{S}_{i-1}^{0\perp}$ et qu'il est donc préférable d'utiliser n'importe quel élément ϵ_i de $\operatorname{Re}\mathfrak{S}_i^0 - \operatorname{Re}\mathfrak{S}_{i-1}^0$.

V.1.5. Théorème des résidus

Dans ce paragraphe, on va rappeler le théorème des résidus sous la forme où nous l'utiliserons constamment.

(a) Préparatifs utiles uniquement pour le cas des corps de nombres

Ce théorème fait intervenir des intégrales sur des translatés d'ensemble $\operatorname{Im}\mathfrak{S}$ pour $\mathfrak{S} \in S_{\mathfrak{X}}$. Dans le cas des corps de fonctions, un tel ensemble est compact et il n'y a pas de problème de convergence sérieux, par contre si k est un corps de nombres, il n'en est plus de même. Pour éviter ces problèmes de convergence, on tronque de la façon suivante:

Reprenons la notation $A_M^{\mathbf{G}}$ de I.2.1. On suppose que k est un corps de nombres; comme $X_M^{\mathbf{G}}$ n'a pas de torsion, il existe un unique élément π_0 de $\mathfrak{P}$ dont la restriction à $A_M^{\mathbf{G}}$ est triviale. Cela permet d'identifier canoniquement et en particulier de façon $\operatorname{Stab}(M, \mathfrak{P})$-équivariante, $X_M^{\mathbf{G}}$ et $\mathfrak{P}$. L'identification est notée:

$$\lambda_\pi \in X_M^{\mathbf{G}} \leftrightarrow \pi \simeq \pi_0 \otimes \lambda_\pi \in \mathfrak{P}.$$

Cela permet aussi de transporter le produit scalaire de $X_M^{\mathbf{G}}$ à $\mathfrak{P}$. Ne faisons plus d'hypothèse sur k. Avec ces notations, on pose, pour tout $\mathfrak{S} \in S_{\mathfrak{X}}$ et pour tout $T \in \mathbb{R}_+^*$:

$$\mathfrak{S}_{\leq T} := \begin{cases} \mathfrak{S} & \text{si } k \text{ est un corps de fonctions,} \\ \{\pi \in \mathfrak{S} \mid \|\operatorname{Im}\lambda_\pi\|^2 \leq T + \|\operatorname{Re}\lambda_\pi\|^2\} & \text{si } k \text{ est un corps de nombres.} \end{cases}$$

Définition de $=_T$. Supposons que k soit un corps de nombres. Soient $\mathfrak{S}' \in S_{\mathfrak{X}}$ avec $\mathfrak{S}' \subset \mathfrak{S}$, éventuellement $\mathfrak{S}' = \mathfrak{S}, U$ un ensemble mesurable de $\mathfrak{S}'$ et $\mathrm{Res}^{\mathfrak{S}}_{\mathfrak{S}',U}$ une donnée de résidu pour $\mathfrak{S}'$ dans $\mathfrak{S}$. On considère $\int_U \mathrm{Res}^{\mathfrak{S}}_{\mathfrak{S}',U}$ comme une forme linéaire définie sur l'ensemble des fonctions méromorphes A sur $\mathfrak{S}$ à singularités polynomiales sur $S_{\mathfrak{X}}$ telles que $\mathrm{Res}^{\mathfrak{S}}_{\mathfrak{S}',U} A$ soit intégrable sur U; sa valeur en A est évidemment:

$$\int_U (\mathrm{Res}^{\mathfrak{S}}_{\mathfrak{S}',U} A)(\pi) d_{\mathfrak{S}'}\pi.$$

On regarde l'espace vectoriel V engendré par ces formes linéaires et le sous-espace vectoirel V' engendré par celles où l'on peut imposer à U:

d'être dans $\mathfrak{S}' - \mathfrak{S}'_{\leq T}$;
et d'être relativement compact si $\mathrm{Re}\, \mathfrak{S}'$ est inclus strictement dans $\mathrm{Re}\, X^{\mathbf{G}}_M$.

Soient $v, v' \in V$. On dira que $v(A) =_T v'(A)$ pour A une fonction méromorphe sur $\mathfrak{S}$ à singularités polynomiales sur $S_{\mathfrak{X}}$ dans le domaine de définition de v et dans celui de v' si $(v - v') \in V'$ peut s'écrire sous la forme $\sum \int_U \mathrm{Res}^{\mathfrak{S}}_{\mathfrak{S}',U}$ avec U des ensembles vérifiant les conditions ci-dessus et tels que $\mathrm{Res}^{\mathfrak{S}}_{\mathfrak{S}',U} A$ soit holomorphe en tout point de U et intégrable sur U.

(b) Définition d'un chemin général

On fixe un ensemble fini de $\mathbf{K}$-types, noté $\mathfrak{F}$, qui ne sert pour le moment qu'à travailler avec $S^{\mathfrak{F}}_{\mathfrak{X}}$ qui est une famille d'espaces affines localement finie, au lieu de $S_{\mathfrak{X}}$ qui n'a pas cette propriété, du moins a priori. On fixe $T \in \mathbb{R}^*_+$ qui ne sert que si k est un corps de nombres. On fixe aussi $\mathfrak{S} \in S^{\mathfrak{F}}_{\mathfrak{X}}$ et $\lambda_1, \lambda_2 \in \mathrm{Re}\, \mathfrak{S}$. On note E_T l'ensemble des hyperplans de $\mathfrak{S}$ appartenant à $S^{\mathfrak{F}}_{\mathfrak{X}}$ coupant $\mathfrak{S}_{\leq T}$ en au moins un point de partie réelle appartenant à l'intérieur du segment de $\mathrm{Re}\, \mathfrak{S}$ joignant λ_1 à λ_2. Soit Γ un chemin dans $\mathrm{Re}\, \mathfrak{S}$ joignant λ_1 à λ_2. On dit que Γ est $T - \mathfrak{F}$-général s'il vérifie les conditions suivantes (certaines sont un peu en contradiction avec la notion de général et la terminologie n'est donc pas très bonne):

(1) soient $\mathfrak{T}$ et $\mathfrak{T}' \in E_T$ tels que $\{\Gamma \cap \mathrm{Re}\, \mathfrak{T} \cap \mathrm{Re}\, \mathfrak{T}'\} \neq \emptyset$, alors $\mathrm{Re}\, \mathfrak{T} = \mathrm{Re}\, \mathfrak{T}'$ (en particulier $\mathfrak{T}$ et $\mathfrak{T}'$ sont parallèles cf. V.1.1)

(2) $\forall \mathfrak{T} \in E_T, |\{\Gamma \cap \mathrm{Re}\, \mathfrak{T}\}| = 1$ (a priori ce cardinal est ≥ 1) et $\forall \gamma \in \Gamma, \|\gamma\| \leq \sup(\|\lambda_1\|, \|\lambda_2\|)$,

(3) pour tout $\mathfrak{T}'$ hyperplan de $\mathfrak{S}$ appartenant à $S^{\mathfrak{F}}_{\mathfrak{X}}$, coupant $\mathfrak{S}_{\leq T}$ mais n'appartenant pas à E_T, on a: $\Gamma \cap \mathrm{Re}\, \mathfrak{T}' = \emptyset$.

Si k est un corps de fonctions, E_T ne dépend pas de T puisque $\mathfrak{S}_{\leq T} = \mathfrak{S}$ et la notion de $T - \mathfrak{F}$-général ne dépend pas non plus de T. Revenons à

k quelconque, évidemment si $T' > T$, un chemin $T' - \mathfrak{F}$-général est aussi $T - \mathfrak{F}$-général et $E_{T'}$ contient E_T la différence étant formée d'éléments ne coupant pas $\mathfrak{S}_{\leq T}$.

Pour $\mathfrak{T} \in E_T$ et pour $\Gamma, T - \mathfrak{F}$-général comme ci-dessus, on pose $y_{\mathfrak{T}} = \{\Gamma \cap \mathrm{Re}\,\mathfrak{T}\}$; c'est un point de $\mathrm{Re}\,\mathfrak{T}$

(c) Théorème des résidus: *Soient $\mathfrak{S} \in S_{\mathfrak{X}}^{\mathfrak{F}}, \lambda_1, \lambda_2 \in \mathrm{Re}\,\mathfrak{S}$; on fixe T un réel positif et $T' \in \mathbb{R}$ supérieur à $3T + 2\sup(\|\lambda_1\|, \|\lambda_2\|)^2$. Soit Γ un chemin $T' - \mathfrak{F}$-général comme en (b). Pour tout $\mathfrak{T} \in E_T$, il existe une donnée de résidu pour $\mathfrak{T}$ dans $\mathfrak{S}$, notée $\mathrm{Res}_{\mathfrak{T}}^{\mathfrak{S}}$, ne dépendant que de l'ensemble $\{y_{\mathfrak{T}}; \mathfrak{T} \in E_T\}$ et non de Γ ni de T', telle que l'on ait:*

soit $\pi \in \mathfrak{S} \mapsto A(\pi) \in \mathbb{C}$, une fonction méromorphe sur $\mathfrak{S}$ à singularités polynomiales sur $S_{\mathfrak{X}}^{\mathfrak{F}}$, holomorphe en tout point de $\mathfrak{S}_{\leq T'}$ de partie réelle λ_1 ou λ_2, alors $\pi \in \mathfrak{T} \mapsto \mathrm{Res}_{\mathfrak{T}}^{\mathfrak{S}} A(\pi) \in \mathbb{C}$ est holomorphe en tout point de $\mathfrak{T}_{\leq T'}$ de partie réelle $y_{\mathfrak{T}}$ et

$$\int_{\substack{\pi \in \mathfrak{S}_{\leq T} \\ \mathrm{Re}\,\pi = \lambda_1}} A(\pi) d_{\mathfrak{S}}\pi - \int_{\substack{\pi \in \mathfrak{S}_{\leq T} \\ \mathrm{Re}\,\pi = \lambda_2}} A(\pi) d_{\mathfrak{S}}\pi - \sum_{\mathfrak{T} \in E_T} \int_{\substack{\pi \in \mathfrak{T}_{\leq T} \\ \mathrm{Re}\,\pi = y_{\mathfrak{T}}}} \mathrm{Res}_{\mathfrak{T}}^{\mathfrak{S}} A(\pi) d_{\mathfrak{T}}\pi$$
$$=_T 0 \text{ si } k \text{ est un corps de nombres,}$$
$$= 0 \text{ si } k \text{ est un corps de fonctions.}$$

Remarquons que cette version est moins précise que celle démontrée par Langlands pour qui la conclusion est vraie pour toute fonction A comme ci-dessus holomorphe en tout point de $\mathfrak{S}_{\leq T}$ (et non $\mathfrak{S}_{\leq T'}$) de partie réelle λ_1 ou λ_2.

On se ramène au théorème des résidus usuel en dimension 1. Pour cela, on appelle ligne brisée joignant λ_1 à λ_2, un chemin formé de segments. Pour démontrer le théorème, on peut remplacer Γ par une ligne brisée passant par les points $y_{\mathfrak{T}}$ pour $\mathfrak{T} \in E_{\mathfrak{T}}$, vérifiant encore (1), (2) et (3) de (b), où l'on fait $T = T'$ ((1) résulte en fait de (2) et de la propriété (1) pour Γ) et supposer en plus qu'aucun des points $y_{\mathfrak{T}}$ pour $\mathfrak{T} \in E_{T'}$ n'est extrémité d'un des segments de la ligne brisée. Cette dernière hypothèse assure que toute fonction A comme dans l'énoncé est holomorphe en tout point de $\mathfrak{S}_{\leq T'}$ de partie réelle l'une des extrémités d'un des segments de la ligne brisée. Il sera utile pour la suite, de remarquer que:

(4) pour tout $\mathfrak{T} \in E_T$, le sens dans lequel un chemin général coupe $\mathrm{Re}\,\mathfrak{T}$ est indépendant du chemin (à cause de l'hypothese (2)).

On se ramène aisément à prouver le théorème dans le cas où Γ est un segment et où $\{y_{\mathfrak{T}}\}_{\mathfrak{T}\in E_{T'}}$ a au plus un élément, i.e. $E_{T'} = \emptyset$ ou tous les éléments de $E_{T'}$ ont même partie réelle et sont donc parallèles. Supposons d'abord que $E_{T'} \neq \emptyset$; on remplace encore Γ, par une ligne brisée vérifiant les mêmes hypothèses que précédemment mais telle que le segment de cette ligne brisée qui contient $y_{\mathfrak{T}}$ soit de la forme $y_{\mathfrak{T}} + x\epsilon$ avec $x \in [-x_0, +x_0]$ $x_0 \in \mathbb{R}_+$ et $\epsilon \in (\mathrm{Re}\,\mathfrak{T}^0)^{\perp} \cap \mathrm{Re}\,\mathfrak{S}^0$ (où $\mathfrak{T}$ est n'importe quel élément de $E_{T'}$). On a encore ramené la preuve au cas d'un segment avec soit $E_{T'} = \emptyset$ soit le segment est du type particulier ci-dessus. On traite d'abord ce dernier cas. Puisque $y_{\mathfrak{T}}$ et $\mathfrak{T}^0$ sont indépendants du choix de $\mathfrak{T}$ dans $E_{T'}$, on les note y_0 et $\mathfrak{Y}$ respectivement.

On sépare le cas des corps de nombres et de fonctions; supposons que k soit un corps de nombres. On identifie $X_M^{\mathbf{G}}$ et $\mathfrak{P}$, comme cela a été expliqué en (a) et l'on a:

$$\mathfrak{S}^0 = \mathfrak{Y} + \mathbb{C}\epsilon$$
$$\mathfrak{S} = \pi_{\mathfrak{S}} + \mathfrak{Y} + \mathbb{C}\epsilon,$$

où $\pi_{\mathfrak{S}}$ est un élément de $\mathfrak{S}$ vérifiant $\mathrm{Re}\,\pi_{\mathfrak{S}} = y_0$ et $\mathrm{Im}\,\pi_{\mathfrak{S}} \in (\mathfrak{S}^0)^{\perp} \cap \mathrm{Im}\,\mathfrak{S}$. Ainsi on a $\|\,\mathrm{Im}\,\pi_{\mathfrak{S}}\| \leq \|\,\mathrm{Im}\,\pi\|$ pour tout $\pi \in \mathfrak{S}$. Puisqu'il existe $\pi \in \mathfrak{S}_{\leq T}$ tel que $\mathrm{Re}\,\pi = y_0$, on a nécessairement:

$$\|\,\mathrm{Im}\,\pi_{\mathfrak{S}}\|^2 \leq T + \|y_0\|^2 = T + \|\,\mathrm{Re}\,\pi_{\mathfrak{S}}\|^2.$$

On pose $T_1 := T + \sup(\|\lambda_1\|, \|\lambda_2\|)^2$ et

$$(\mathrm{Im}\,\mathfrak{Y})_{\leq T_1} = \{y \in \mathrm{Im}\,\mathfrak{Y} |\ \|y\|^2 \leq T_1\}.$$

Soit $\pi \in \mathfrak{S}_{\leq T}$ tel que $\mathrm{Re}\,\pi \in \Gamma$; on écrit $\pi = \pi_{\mathfrak{S}} + y + z\varepsilon$ avec $y \in \mathfrak{Y}$ et l'on a:

- par définition de $\Gamma, \mathrm{Re}\, y = 0$ et $\mathrm{Re}\, z \in [-x_0, x_0]$,
- par l'hypothèse (2) pour $\Gamma, \|y_0 + \mathrm{Re}\, z\ \epsilon\| \leq \sup(\|\lambda_1\|, \|\lambda_2\|)$,
- par définition de $\mathfrak{S}_{\leq T}$ et les relations d'orthogonalité:

$$\begin{aligned}\|\,\mathrm{Im}\,\pi_{\mathfrak{S}}\|^2 + \|y\|^2 + \|\,\mathrm{Im}\, z\ \epsilon\|^2 &\leq T + \|y_0 + \mathrm{Re}\, z\ \epsilon\|^2,\\ &\leq T + \sup(\|\lambda_1\|, \|\lambda_2\|)^2.\end{aligned}$$

D'où $y \in (\mathrm{Im}\,\mathfrak{Y})_{\leq T_1}$ et $\|\,\mathrm{Im}\, z\ \epsilon\|^2 \leq T_1$. On obtient donc:

$$\{\pi \in \mathfrak{S}_{\leq T} |\, \mathrm{Re}\,\pi \in \Gamma\} \subset D :=$$
$$\{\pi_{\mathfrak{S}} + y + z\epsilon | y \in (\mathrm{Im}\,\mathfrak{Y})_{\leq T_1}, \|\,\mathrm{Im}\, z\ \epsilon\|^2 \leq T_1\} \subset \mathfrak{S}_{\leq T'},$$

par hypothèse sur T'. Les hypothèses faites sur Γ assurent que toute fonction A comme dans l'énoncé est holomorphe en un tel point sauf éventuellement si π appartient à l'un des éléments de $E_{T'}$ et est de partie réelle y_0. Dans ce cas la fonction devient holomorphe après multiplication par un polynôme invariant sous $\mathfrak{Y}$, noté Q. On définit pour toute fonction A comme dans l'énoncé, une fonction sur un voisinage de

$\{z \in \mathbb{C} |\, \mathrm{Re}\, z \in [x_0, x_0]$ et $\|\mathrm{Im}\, z\ \epsilon\|^2 \leq T_1\}$ par:

$$\tilde{A}(z) = \int_{(\mathrm{Im}\,\mathfrak{Y}) \leq T_1} A(\pi_{\mathfrak{S}} + y + z\varepsilon) d_{\mathfrak{Y}} y,$$

où $d_{\mathfrak{Y}} y$ est $d_{\mathfrak{X}} y$ pour $\mathfrak{X}$ n'importe quel élément de $E_{T'}$, cf. V.1.3. En remplaçant, dans cette définition A par QA, on voit que $\tilde{A}$ est méromorphe sur un voisinage de l'ensemble décrit ci-dessus. L'ensemble des pôles est inclus dans l'ensemble $\{z_{\mathfrak{X}})_{\mathfrak{X} \in E_{T'}}$ où pour $\mathfrak{X} \in E_{T'}, z_{\mathfrak{X}}$ est l'unique élément vérifiant $\pi_{\mathfrak{S}} + z_{\mathfrak{X}} \epsilon + \mathfrak{Y} = \mathfrak{X}$. On a, pour tout $\gamma \in \Gamma$:

$$\int_{\pi \in \mathfrak{S}_{\leq T}, \mathrm{Re}\, \pi = \gamma} A(\pi) d_{\mathfrak{S}} \pi =_T \int_{\pi \in D, \mathrm{Re}\, \pi = \gamma} A(\pi) d_{\mathfrak{S}} \pi$$

$$= \int_{z \in \mathbb{C}, \|\mathrm{Im}\, z\epsilon\|^2 \leq T_1, \mathrm{Re}\, z = x_\gamma} \tilde{A}(z) dz,$$

où dz est une mesure de Lebesgue qui se calcule en fonction de $d_{\mathfrak{S}}$ et de dy et où x_γ vérifie $\gamma = y_0 + x_\gamma \epsilon$. D'où:

(5)

$$\int_{\pi \in \mathfrak{S}_{\leq T}, \mathrm{Re}\, \pi = \lambda_1} A(\pi) d_{\mathfrak{S}} \pi - \int_{\pi \in \mathfrak{S}_{\leq T}, \mathrm{Re}\, \pi = \lambda_2} A(\pi) d_{\mathfrak{S}} \pi$$

$$=_T \int_{z \in \mathbb{C}, \|\mathrm{Im}\, z\|^2 \leq T_1, \mathrm{Re}\, z = x_0} \tilde{A}(z) dz - \int_{z \in \mathbb{C}, \|\mathrm{Im}\, z\|^2 \leq T_1, \mathrm{Re}\, z = -x_0} \tilde{A}(z) dz.$$

Mais on peut aussi remplacer T_1 par un nombre très légèrement supérieur, noté T_1', qui soit tel que l'ensemble

$$D_\pm := \{z |\, \mathrm{Im}\, z = \pm i (T_1')^{1/2} / \|\epsilon\| \text{ et } \mathrm{Re}\, z \in [-x_0, x_0]\}$$

ne contienne aucun des points $z_{\mathfrak{X}}$ où $\mathfrak{X}$ parcourt $E_{T'}$; cela assure que pour toute fonction A comme ci-dessus $\tilde{A}$ est holomorphe sur l'ensemble $D_\pm$. On fixe T_1' comme cela et l'on remarque alors, que les deux intégrales:

$$\int_{z \in \mathbb{C}, \mathrm{Im}\, z = \pm i T_1' / \|\epsilon\|^2, \mathrm{Re}\, z \in [-x_0, x_0]} \tilde{A}(z) dz =_T 0.$$

Par le théorème des résidus usuel, le membre de droite de (5) vaut donc la somme des résidus de la fonction $\tilde{A}$ aux points z qui en sont des pôles et qui vérifient $\|\mathrm{Im}\, z\|^2 < T_1' / \|\epsilon\|^2$. Un tel point est, d'après ce que l'on a vu, de la forme $z_{\mathfrak{X}}$ avec $\mathfrak{X} \in E_{T'}$ et on obtient donc:

$$(5) =_T \sum_{\mathfrak{X} \in E_{T'}} \mathrm{Res}_{z_{\mathfrak{X}}} \tilde{A}.$$

Or pour $\mathfrak{X} \in E_{T'}$, il existe une donnée de résidu pour $\mathfrak{X}$ dans $\mathfrak{S}$, indépendante de A, telle que pour toute fonction A comme ci-dessus, on ait:

$$\operatorname{Res}_{z_{\mathfrak{T}}} \tilde{A} = \int_{(\operatorname{Im}\mathfrak{Y})_{T_1}} \operatorname{Res}_{\mathfrak{T}}^{\mathfrak{S}} A(\pi_{\mathfrak{S}} + y + z_{\mathfrak{T}}\epsilon) d_{\mathfrak{Y}} y.$$

Pour tout $y \in \mathfrak{Y}$, on a $\pi_y := \pi_{\mathfrak{S}} + y + z_{\mathfrak{T}}\epsilon \in \mathfrak{T}$. Comme ci-dessus, on a:

$$\{\pi \in \mathfrak{T}_{\leq T} | \operatorname{Re}\pi = y_0\} \subset \{\pi_y | y \in (\operatorname{Im}\mathfrak{Y})_{\leq T}\},$$

d'où

$$\operatorname{Res}_{z_{\mathfrak{T}}} \tilde{A} =_T \int_{\pi \in \mathfrak{T}_{\leq T}, \operatorname{Re}\pi = y_0} \operatorname{Res}_{\mathfrak{T}}^{\mathfrak{S}} A(\pi) d_{\mathfrak{T}} \pi,$$

intégrale nulle si $\mathfrak{T} \in E_{T'} - E_T$. D'où le résultat cherché. L'indépendance des données de résidu vis-à-vis des chemins Γ résulte de (4).

Supposons maintenant que k soit un corps de fonctions. On fixe $\pi_{\mathfrak{S}} \in \mathfrak{S}$ et l'on a une application surjective:

$$\mathfrak{Y} \times \mathbb{C}\epsilon \to \mathfrak{S},$$
$$(y, z\epsilon) \mapsto \pi_{\mathfrak{S}} \otimes y \otimes z\epsilon.$$

On suppose que $\operatorname{Re}\pi_{\mathfrak{S}} = y_0$. Comme dans le cas d'un corps de nombres, on définit une fonction méromorphe sur un voisinage de $\{z \in \mathbb{C} | \operatorname{Re} z \in [x_0, x_0]\}$, en posant:

$$\tilde{A}(z) = \int_{y \in \operatorname{Im}\mathfrak{Y}} A(\pi_{\mathfrak{S}} \otimes y \otimes z\epsilon) d_{\mathfrak{Y}} y.$$

L'application (6) s'étudie facilement: soit $(y_1, z_1) \in \mathfrak{Y} \times \mathbb{C}$ et $(y_2, z_2) \in \mathfrak{Y} \times \mathbb{C}$ tel quel:

$$\pi_{\mathfrak{S}} \otimes y_1 \otimes z_1\epsilon = \pi_{\mathfrak{S}} \otimes y_2 \otimes z_2\epsilon.$$

Alors, on a:

$$\operatorname{Re} y_1 = \operatorname{Re} y_2, \operatorname{Re} z_1 = \operatorname{Re} z_2, \ (z_1^{-1} z_2)\epsilon \in y_2^{-1} y_1 \operatorname{Fix}_{X_M^{\mathbf{G}}} \mathfrak{P} \subset \mathfrak{Y}.$$

Ainsi $L := \{\omega \in \mathbb{R} | i\omega\epsilon \in \mathfrak{Y}\}$ est un réseau de $\mathbb{R}$ sous lequel $\tilde{A}$ est invariante. Pour $\gamma \in \Gamma$, on définit x_γ par $\gamma = y_0 + x_\gamma \epsilon$ et l'on a:

$$\int_{\pi \in \mathfrak{S}, \operatorname{Re}\pi = \gamma} A(\pi) d_{\mathfrak{S}} \pi = \int_{z \in \mathbb{C}/iL, \operatorname{Re} z = x_\gamma} \tilde{A}(z) dz.$$

On utilise le théorème des résidus périodique en dimension 1 et l'on conclut comme dans le cas des corps de nombres.

Le cas où $E_{T'}$ est vide, se traite de façon similaire mais plus simplement.

V.2. Décomposition du produit scalaire de deux pseudo-séries d'Eisenstein

V.2.1. Notations: On fixe $(M, \mathfrak{P}) \in \mathfrak{X}$ et $\mathfrak{F}$, un ensemble fini de $\mathbf{K}$-types; on note avec en exposant $\mathfrak{F}$, l'espace vectoriel engendré par les fonctions se transformant suivant l'un des **K**-types de $\mathfrak{F}$, par exemple $P_{\mathfrak{X}}^{\mathfrak{F}}, P_{(M,\mathfrak{P})}^{R,\mathfrak{F}}$ etc... . Soit $\mathfrak{S} \in S_{\mathfrak{X}}^{\mathfrak{F}}$; on définit l'origine de $\operatorname{Re}\mathfrak{S}$, notée $o(\mathfrak{S})$, en posant:

$$o(\mathfrak{S}) = \operatorname{Re}\mathfrak{S} \cap (\operatorname{Re}\mathfrak{S}^0)^{\perp},$$

où l'orthogonal est pris dans $\operatorname{Re} X_M^{\mathbf{G}}$. Soit $T \in \mathbb{R}_+^*$, qui ne sert que si k est un corps de nombres. Soit $z(\mathfrak{S}) \in \operatorname{Re}\mathfrak{S}$; on dit que $z(\mathfrak{S})$ est $T-\mathfrak{F}$-général mais voisin de $o(\mathfrak{S})$ si l'on a, pour tout élément $\mathfrak{S}'$ de $S_{\mathfrak{X}}^{\mathfrak{F}}$ inclus strictement dans $\mathfrak{S}$:

(1) $$z(\mathfrak{S}) \notin \{\operatorname{Re}\pi \text{ où } \pi \in \mathfrak{S}'_{\leq T}\},$$

(2) l'ensemble $\{\operatorname{Re}\pi \text{ où } \pi \in \mathfrak{S}'_{\leq T}\}$ ne coupe la boule de $\operatorname{Re}\mathfrak{S}$ de centre $o(\mathfrak{S})$ et de rayon $\|o(\mathfrak{S}) - z(\mathfrak{S})\|$ que si cet ensemble contient $o(\mathfrak{S})$.

Il est utile de faire les remarques suivantes:

(3) ayant fixé un voisinage relativement compact de $o(\mathfrak{S})$ il n'existe qu'un nombre fini d'éléments $\mathfrak{S}'$ de $S_{\mathfrak{X}}^{\mathfrak{F}}$ tel que $\mathfrak{S}'_{\leq T}$ contienne un élément de partie réelle dans ce voisinage. Cela montre que l'ensemble des points $T-\mathfrak{F}$-généraux mais voisins de $o(\mathfrak{S})$ contient un ouvert non vide et même dense dans un voisinage relativement compact de $o(\mathfrak{S})$.

(4) Soit $\pi \in \mathfrak{S} \mapsto A(\pi) \in \mathbb{C}$, une fonction méromorphe sur $\mathfrak{S}$ à singularités polynomiales sur $S_{\mathfrak{X}}^{\mathfrak{F}}$ et soit $z(\mathfrak{S})$ un point $T-\mathfrak{F}$-général mais voisin de $o(\mathfrak{S})$. Alors A est holomorphe en tout point de l'ensemble $\{\pi \in \mathfrak{S}_{\leq T} | \operatorname{Re}\pi = z(\mathfrak{S})\}$.

On a déjà défini $W(M)$ (cf. V.1 introduction). Pour $w \in W(M)$, on a $(wMw^{-1}, w\mathfrak{P}) \in \mathfrak{X}$ et pour $(M', \mathfrak{P}') \in \mathfrak{X}$, on pose:

$$W((M,\mathfrak{P}),(M',\mathfrak{P}')) := \{w \in W(M) | (wMw^{-1}, w\mathfrak{P}) = (M', \mathfrak{P}')\}.$$

D'où:

$$W(M) = \cup_{(M',\mathfrak{P}')\in\mathfrak{X}} W((M,\mathfrak{P}),(M',\mathfrak{P}')).$$

Soit $\phi' \in P_{\mathfrak{X}}^{\mathfrak{F}}$, i.e. $\phi' = (\phi'_{(M',\mathfrak{P}')})_{(M',\mathfrak{P}')\in\mathfrak{X}}$ où $\phi'_{(M',\mathfrak{P}')} \in P_{(M',\mathfrak{P}')}^{\mathfrak{F}}$ et soit $\phi \in P_{(M,\mathfrak{P})}^{\mathfrak{F}}$. On définit une fonction méromorphe sur $\mathfrak{P}$ à singularités polynomiales sur $S_{\mathfrak{X}}^{\mathfrak{F}}$, en posant pour $\pi \in \mathfrak{P}$:

$$A(\phi', \phi)(\pi) = < \sum_{w\in W(M)} M(w^{-1}, -w\overline{\pi})\phi'(-w\overline{\pi}), \phi(\pi) >,$$

où $\sum_{w\in W(M)} M(w^{-1}, -w\overline{\pi})\phi'(-w\overline{\pi})$ signifie:

$$\sum_{(M',\mathfrak{P}')\in\mathfrak{X}} \left(\sum_{w\in W((M,\mathfrak{P}),(M',\mathfrak{P}'))} M(w^{-1}, -w\overline{\pi})\phi'_{(M',\mathfrak{P}')}(-w\overline{\pi}) \right).$$

Soit $R \in \mathbb{R}$. Cette définition se généralise à $\phi' \in P_{\mathfrak{X}}^{R,\mathfrak{F}}$ et à $\phi \in P_{M,\mathfrak{P}}^{R,\mathfrak{F}}$;

dans ce cas $A(\phi', \phi)$ est définie méromorphiquement sur $\mathfrak{P}_R$. D'après II.2.1, il existe $\lambda_0 \in \operatorname{Re} X_M^{\mathbf{G}}$ (très positif) tel que:

$$< \theta_{\phi'}, \theta_\phi > = \int_{\pi \in \mathfrak{P}, \operatorname{Re} \pi = \lambda_0} A(\phi', \phi)(\pi) d\pi.$$

Dans la suite on fixe $R \in \mathbb{R}$ tel qu'il existe $\lambda_0 \in \operatorname{Re} X_M^{\mathbf{G}}$ de norme inférieure à R et vérifiant l'égalité ci-dessus.

V.2.2. Enoncé du théorème

On fixe, en plus de $(M, \mathfrak{P})$ et R, T un réel positif et T' supérieur à $3T + 2R^2$, qui ne servent que si k est un corps de nombres. Soit $\mathfrak{S} \in S_{(M,\mathfrak{P})}^{\mathfrak{F}}$; on pose:

$$\operatorname{Norm} \mathfrak{S} := \{w \in \operatorname{Stab}(M, \mathfrak{P}) | w\mathfrak{S} = \mathfrak{S}\}.$$

Pour tout $\mathfrak{S} \in S_{(M,\mathfrak{P})}^{\mathfrak{F}}$, on fixe $z(\mathfrak{S}) \in \operatorname{Re} \mathfrak{S}$ tel que pour tout $w \in \operatorname{Norm} \mathfrak{S}, wz(\mathfrak{S})$ soit $T' - \mathfrak{F}$-général mais voisin de $o(\mathfrak{S})$. Pour simplifier, on impose aussi $z(\mathfrak{S}) = z(\mathfrak{S}')$ si $\operatorname{Re} \mathfrak{S} = \operatorname{Re}(\mathfrak{S}')$.

Théorème: *Pour tout $\mathfrak{S} \in S_{(M,\mathfrak{P})}^{\mathfrak{F}}$, il existe une donnée de résidu pour $\mathfrak{S}$ dans $\mathfrak{P}$ nulle pour presque tout $\mathfrak{S}$ et en particulier si $\|o(\mathfrak{S})\| > R$, notée* $\operatorname{Res}_{\mathfrak{S}}$ *telle que l'on ait:*

$$\forall \phi' \in P_{\mathfrak{X}}^{\mathfrak{F}}, \forall \phi \in P_{(M,\mathfrak{P})}^{R,\mathfrak{F}}$$

$$< \theta_{\phi'}, \theta_\phi > =_T$$

$$\sum_{\mathfrak{S} \in S_{(M,\mathfrak{P})}^{\mathfrak{F}}} |\operatorname{Norm} \mathfrak{S}|^{-1} \int_{\pi \in \mathfrak{S}_{\leq T}, \operatorname{Re} \pi = z(\mathfrak{S})} \sum_{w \in \operatorname{Norm} \mathfrak{S}} \operatorname{Res}_{\mathfrak{S}} A(\phi', \phi)(w\pi) d_{\mathfrak{S}} \pi.$$

Remarques, notations: (2) les données de résidu de l'énoncé ci-dessus ne sont pas uniques, en outre elles dépendent du choix des points $z(\mathfrak{S})$. Supposons que ces points vérifient la condition suivante:

(*) $\quad \forall w \in \operatorname{Stab}(M, \mathfrak{P}), \forall \mathfrak{S} \in S_{(M,\mathfrak{P})}^{\mathfrak{F}}, wz(\mathfrak{S}) \in (\operatorname{Norm} w\mathfrak{S}) z(w\mathfrak{S})$.

Alors on verra plus tard (cf. V.3.12) que la valeur des opérateurs $\operatorname{Res}_{\mathfrak{S}}$ sur l'ensemble des fonctions de la forme $\pi \mapsto A(\phi', \phi)(\pi)$ pour $\phi' \in P_{\mathfrak{X}}^{\mathfrak{F}}, \phi \in P_{(M,\mathfrak{P})}^{\mathfrak{F}}$ est uniquement déterminée. Cela explique que sous l'hypothèse (*) nous adopterons la notation $\operatorname{Res}_{\mathfrak{S}}^G$. La formule (1) se réecrit sous cette hypothèse:

$$< \theta_{\phi'}, \theta_\phi > =_T \sum_{\mathfrak{C} \in S^{\mathfrak{F}}_{(M,\mathfrak{P})}/\mathrm{Stab}(M,\mathfrak{P})} |\,\mathrm{Norm}\,\mathfrak{S}_{\mathfrak{C}}|^{-1} \quad \times$$

$$\int_{\pi \in \mathfrak{S}_{\mathfrak{C}, \leq T}, \mathrm{Re}\,\pi = z(\mathfrak{S}_{\mathfrak{C}})} \sum_{w \in \mathrm{Stab}(M,\mathfrak{P})} \left(\mathrm{Res}^G_{w\mathfrak{S}_{\mathfrak{C}}} A(\phi', \phi)(\pi')\right)_{\pi' = w\pi} d_{\mathfrak{S}_{\mathfrak{C}}} \pi,$$

où $\mathfrak{S}_{\mathfrak{C}}$ est un élément fixé de $\mathfrak{C}$. La formule est évidemment indépendante de ce choix. Il faut, ici, signaler une ambiguité dans certaines notations ultérieures; la notation $(\mathrm{Res}^G_{w\mathfrak{S}_{\mathfrak{C}}} A(\phi', \phi))(w\pi)$ signifie

$$(\mathrm{Res}^G_{w\mathfrak{S}_{\mathfrak{C}}} A(\phi', \phi)(\pi'))_{\pi' = w\pi}.$$

V.2.3. Début de la preuve, première étape

Lemme: *Pour tout $\mathfrak{S} \in S^{\mathfrak{F}}_{(M,\mathfrak{P})}$, il existe une donnée de résidu, nulle pour presque tout $\mathfrak{S}$ et en particulier si $\|o(\mathfrak{S})\| > R$, notée* $\mathrm{Res}'_{\mathfrak{S}}$ *pour $\mathfrak{S}$ dans $\mathfrak{P}$, telle que l'on ait, pour tout $\phi' \in P^{\mathfrak{F}}_{\mathfrak{X}}$ et pour tout $\phi \in P^{R,\mathfrak{F}}_{(M,\mathfrak{P})}$:*

$$< \theta_{\phi'}, \theta_\phi > =_T \sum_{\mathfrak{S} \in S^{\mathfrak{F}}_{(M,\mathfrak{P})}} \int_{\pi \in \mathfrak{S}_{\leq T}, \mathrm{Re}\,\pi = z(\mathfrak{S})} (\mathrm{Res}'_{\mathfrak{S}} A(\phi', \phi))(\pi) d_{\mathfrak{S}} \pi.$$

Pour $d \in \{0, \dots, \dim_{\mathbb{R}} \mathrm{Re}\, X^{\mathbf{G}}_M\}$, on pose

$$S(d) := \{\mathfrak{S} \in S^{\mathfrak{F}}_{(M,\mathfrak{P})} |\, \dim_{\mathbb{R}} \mathfrak{S}^0 = d\}.$$

On construit les données de résidus $Re'_{\mathfrak{S}}$ pour les éléments de $S(d)$, par récurrence descendante en introduisant simultanément les objets auxiliaires pour tout $\mathfrak{T} \in S(d-1)$:

> un ensemble de points de $\mathrm{Re}\,\mathfrak{T}$, noté $P(\mathfrak{T})$, éventuellement vide, sans multiplicité;
> pour tout $y \in P(\mathfrak{T})$, une donnée de résidu pour $\mathfrak{T}$ dans $X^{\mathbf{G}}_M$, notée $\mathrm{Res}^y_{\mathfrak{T}}$,

satisfaisant à (2) et (3) ci-dessous:

$$\text{(2)} \qquad \begin{array}{l} \forall \mathfrak{T} \in S(d-1), \forall y \in P(\mathfrak{T}), \forall \mathfrak{S}' \subsetneq \mathfrak{T}, \mathfrak{S}' \in S^{\mathfrak{F}}_{(M,\mathfrak{P})}, \\ \qquad\qquad \{\pi \in \mathfrak{T}_{\leq T'} |\, \mathrm{Re}\,\pi = y\} \cap \mathfrak{S}' = \emptyset. \end{array}$$

En particulier, (2) implique que toute fonction méromorphe sur $\mathfrak{S}'$ à singularités polynomiales sur $S^{\mathfrak{F}}_{\mathfrak{X}}$ est holomorphe en tout point de $\mathfrak{S}'_{\leq T'}$

de partie réelle $y \in P(\mathfrak{S}')$.

$$
(3) \qquad \begin{aligned} &< \theta_{\phi'}, \theta_\phi >=_T \\ &\sum_{\mathfrak{S}\in S(d'),d'\geq d} \int_{\pi\in\mathfrak{S}_{\leq T}, \operatorname{Re}\pi = z(\mathfrak{S})} (\operatorname{Res}/_{\mathfrak{S}} A(\phi',\phi))(\pi) d_{\mathfrak{S}}\pi \quad + \\ &\sum_{\mathfrak{T}\in S(d-1)} \left(\sum_{y\in P(\mathfrak{T})} \int_{\pi\in\mathfrak{T}_{\leq T}, \operatorname{Re}\pi = y} (\operatorname{Res}^y_{\mathfrak{T}} A(\phi',\phi))(\pi) d_{\mathfrak{T}}\pi \right). \end{aligned}
$$

Prouvons cela, en commençant par le cas où $d = \dim_{\mathbb{R}} \operatorname{Re} X_M^{\mathbf{G}}$. Dans ce cas $S(d)$ contient les composantes irréductibles de $\mathfrak{P}$; on prend pour donnée de résidu l'identité (i.e. la multiplication par le nombre 1). Pour obtenir (3), on a à calculer, en tenant compte de V.2.1 (1):

$$
(4) \qquad \int_{\pi\in\mathfrak{P}, \operatorname{Re}\pi=\lambda_0} A(\phi',\phi)(\pi) d\pi \; - \int_{\pi\in\mathfrak{P}_{\leq T}, \operatorname{Re}\pi = z(\mathfrak{P})} A(\phi',\phi)(\pi) d\pi.
$$

Ici $z(\mathfrak{P})$ est le point $z(\mathfrak{S})$ pour $\mathfrak{S}$ une quelconque des composantes irréductibles de $\mathfrak{P}$.

$A =_T$ près, on peut remplacer le domaine d'intégration de la première intégrale par $\{\pi \in \mathfrak{P}_{\leq T} | \operatorname{Re}\pi = \lambda_0\}$. Ceci étant fait, on peut appliquer le théorème des résidus tel qu'en V.1.5 (c); on y a défini un ensemble $E_{T'}$, ici ce sont des hyperplans de $\mathfrak{P}$, pour $\mathfrak{T} \in E_{T'}$ un point $y_{\mathfrak{T}}$ qui vérifie (2) ci-dessus. On pose, alors, pour $\mathfrak{T} \in S(d-1) = S(\dim_{\mathbb{R}} \operatorname{Re} X_M^{\mathbf{G}} - 1)$:

$$
P(\mathfrak{T}) = \begin{cases} \emptyset & \text{si } \mathfrak{T} \notin E_T \\ \{y_{\mathfrak{T}}\} & \text{si } \mathfrak{T} \in E_T. \end{cases}
$$

La théorème des résidus fournit aussi une donnée de résidus, notée ici $\operatorname{Res}^y_{\mathfrak{T}}$ telle que (3) soit vraie. D'où l'assertion dans ce cas. On fixe d et on admet que l'on a fait toutes les constructions pour $d' > d$ et on va les faire pour d. Soit $\mathfrak{S} \in S(d)$; par hypothèse de récurrence, $P(\mathfrak{S})$ est défini ainsi que $\operatorname{Res}^y_{\mathfrak{S}}$ pour $y \in P(\mathfrak{S})$. On pose alors:

$$
\operatorname{Res}/_{\mathfrak{S}} = \sum_{y\in P(\mathfrak{S})} \operatorname{Res}^y_{\mathfrak{S}}.
$$

Tenant compte de (3) pour $d+1$, on a alors à calculer:

$$
\begin{aligned} \sum_{\mathfrak{S}\in S(d)} \sum_{y\in P(\mathfrak{S})} \Bigg(&\int_{\pi\in\mathfrak{S}_{\leq T}, \operatorname{Re}\pi = y} (\operatorname{Res}^y_{\mathfrak{S}} A(\phi',\phi))(\pi) d_{\mathfrak{S}}\pi - \\ &\int_{\pi\in\mathfrak{S}_{\leq T}, \operatorname{Re}\pi = z(\mathfrak{S})} (\operatorname{Res}^y_{\mathfrak{S}} A(\phi',\phi))(\pi) d_{\mathfrak{S}}\pi \Bigg). \end{aligned}
$$

Chaque différence se calcule à l'aide du théorème des résidus sous la forme donnée en V.1.5 (c) et les constructions se font comme ci-dessus (pour garder l'hypothèse $P(\mathfrak{T})$ sans multiplicité, il faut éventuellement regrouper des termes intervenant avec différents $\mathfrak{S} \in S(d)$ ou $y \in P(\mathfrak{S})$). Il est amusant de remarquer que le cas $d = 1$ est la fin de la construction, i.e. (3) pour $d = 1$ est (1) à condition de poser pour $\mathfrak{S} \in S(0)$, $\mathrm{Res}/_{\mathfrak{S}} = \mathrm{Res}^{y}_{\mathfrak{S}}$ si $P(\mathfrak{S}) \neq \emptyset$ et 0 sinon. Cela résulte immédiatement de ce que pour $\mathfrak{S} \in S(0), \mathfrak{S}$ est réduit à un élément et nécessairement $o(\mathfrak{S}) = z(\mathfrak{S})$; c'est le seul élément de $P(\mathfrak{S})$ si $P(\mathfrak{S}) \neq \emptyset$.

V.2.4. Deuxième étape

L'énoncé, ci-dessous, un peu plus général que nécessaire, reservira dans la suite: on fixe T, T' comme ci-dessus.

Lemme: *Soit $\mathfrak{S} \in S^{\mathfrak{F}}_{(M,\mathfrak{P})}$ et soient $z(\mathfrak{S})$ et $z'(\mathfrak{S})$ des points $T' - \mathfrak{F}$-généraux mais voisins de $o(\mathfrak{S})$. On note $E_{\mathfrak{S},T}$ l'ensemble des éléments de $S^{\mathfrak{F}}_{(M,\mathfrak{P})}$ qui sont des hyperplans de $\mathfrak{S}$ contenant au moins un point dans $\mathfrak{S}_{\leq T}$ de partie réelle $o(\mathfrak{S})$. Cet ensemble est fini. Alors pour tout $\mathfrak{T} \in E_{\mathfrak{S},T}$, on a $o(\mathfrak{T}) = o(\mathfrak{S})$ et il existe $y_{\mathfrak{T}} \in \mathrm{Re}\,\mathfrak{T}$ et une donnée de résidu, $\mathrm{Res}^{\mathfrak{S}}_{\mathfrak{T}}$ pour $\mathfrak{T}$ dans $\mathfrak{S}$ (dépendant de $z(\mathfrak{S})$ et $z'(\mathfrak{S})$), vérifiant pour toute fonction, A, méromorphe sur $\mathfrak{S}$ à singularités polynomiales sur $S^{\mathfrak{F}}_{\mathfrak{X}}$:*

(1) *$y_{\mathfrak{T}}$ est un point $T' - \mathfrak{F}$-général mais voisin de $o(\mathfrak{S})$*

(2)

$$\int_{\pi \in \mathfrak{S}_{\leq T}, \mathrm{Re}\,\pi = z(\mathfrak{S})} A(\pi) d_{\mathfrak{S}}\pi - \int_{\pi \in \mathfrak{S}_{\leq T}, \mathrm{Re}\,\pi = z'(\mathfrak{S})} A(\pi) d_{\mathfrak{S}}\pi =_T \sum_{\mathfrak{T} \in E_{\mathfrak{S},T}} \int_{\pi \in \mathfrak{T}_{\leq T}, \mathrm{Re}\,\pi = y_{\mathfrak{T}}} (\mathrm{Res}^{\mathfrak{S}}_{\mathfrak{T}} A)(\pi) d_{\mathfrak{T}}\pi.$$

On va obtenir ce lemme comme corollaire direct du théorème des résidus. On vérifie d'abord que l'ensemble E_T défini en V.1.5 (b), où l'on fait $\lambda_1 = z(\mathfrak{S}), \lambda_2 = z'(\mathfrak{S})$, est inclus dans $E_{\mathfrak{S},T}$:

soit $\mathfrak{T} \in E_T$. Par définition, il existe $\pi \in \mathfrak{T}_{\leq T}$ de partie réelle appartenant au segment joignant $z(\mathfrak{S})$ à $z'(\mathfrak{S})$. Or ce segment est inclus dans la boule de centre $o(\mathfrak{S})$ et de rayon r où

$$r = \sup(\|o(\mathfrak{S}) - z(\mathfrak{S})\|, \|o(\mathfrak{S}) - z'(\mathfrak{S})\|).$$

En utilisant l'hypothèse de généralité soit pour $z(\mathfrak{S})$ soit pour $z'(\mathfrak{S})$, on en conclut:

$$\{\pi \in \mathfrak{T}_{\leq T} | \operatorname{Re}\pi = o(\mathfrak{S})\} \neq \emptyset,$$

i.e. $\mathfrak{T} \in E_{\mathfrak{S},T}$.

Montrons que pour $\mathfrak{T} \in E_{\mathfrak{S},T}$, on a $o(\mathfrak{T}) = o(\mathfrak{S})$: on a $\operatorname{Re}\mathfrak{T}^0 \subset \operatorname{Re}\mathfrak{S}^0$ et $o(\mathfrak{S}) \in \operatorname{Re}\mathfrak{T}$. L'assertion résulte alors de:

$$\begin{aligned} o(\mathfrak{S}) &\in (\operatorname{Re}\mathfrak{T}) \cap ((\operatorname{Re}\mathfrak{S}) \cap (\operatorname{Re}\mathfrak{S}^0)^\perp) \\ &= (\operatorname{Re}\mathfrak{T}) \cap (\operatorname{Re}\mathfrak{S}^0)^\perp \\ &\subset (\operatorname{Re}\mathfrak{T}) \cap (\operatorname{Re}\mathfrak{T}^0)^\perp = \{o(\mathfrak{T})\}. \end{aligned}$$

Soit T' comme dans l'énoncé. On fixe un chemin $\Gamma, T' - \mathfrak{F}$-général, joignant $z(\mathfrak{S})$ à $z'(\mathfrak{S})$. On lui impose ce qui est loisible, d'être inclus dans la boule de $\operatorname{Re}\mathfrak{S}$ de centre $o(\mathfrak{S})$ et de rayon r. On définit $y_{\mathfrak{T}}$ pour $\mathfrak{T} \in E_{\mathfrak{T}}$ comme en V.1.5 (b), i.e. $\{y_{\mathfrak{T}}\} = \{\operatorname{Re}\mathfrak{T} \cap \Gamma\}$. Montrons que $y_{\mathfrak{T}}$ vérifie, alors, le (1) de l'énoncé:

soit $\mathfrak{S}' \in S^{\mathfrak{F}}_{(M,\mathfrak{P})}$ ne contenant par $\mathfrak{T}$ et inclus strictement dans $\mathfrak{S}$. On suppose que $y_{\mathfrak{T}}$ est la partie réelle d'un élément de $\mathfrak{S}'_{<T'}$. D'après la définition de $\mathfrak{S} \in S^{\mathfrak{F}}_{(M,\mathfrak{P})}$, on peut supposer que $\mathfrak{S}'$ est un hyperplan de $\mathfrak{S}$; la condition (3) de V.1.5 (b) satisfaite par Γ, assure que $\mathfrak{S}' \in E_{T'}$ et la condition (1) de V.1.5 (b) exclut cette hypothèse. D'où une contradiction et la première propriété requise pour avoir (1). Montrons la deuxième propriété:

la boule de centre $o(\mathfrak{S}) = o(\mathfrak{T})$ et de rayon $\|o(\mathfrak{S}) - y_{\mathfrak{T}}\|$ est incluse dans la boule de centre $o(\mathfrak{S})$ et de rayon r, par choix de Γ. La propriété cherchée résulte donc de la propriété analogue pour $z(\mathfrak{S})$ ou $z'(\mathfrak{S})$.

Pour $\mathfrak{T} \in E_{\mathfrak{S},T} - E_T$, on prend pour $y_{\mathfrak{T}}$ n'importe quel point satisfaisant (1) et l'on pose $\operatorname{Res}^{\mathfrak{S}}_{\mathfrak{T}} = 0$. Le lemme est maintenant un corollaire immédiat de V.1.5 (c).

V.2.5. Corollaire: *Soient T, T' comme précédemment et soit $\mathfrak{S} \in S^{\mathfrak{F}}_{(M,\mathfrak{P})}$; on pose ici:*

$$E_{\mathfrak{S},T} = \{\mathfrak{T} \in S^{\mathfrak{F}}_{(M,\mathfrak{P})} | \mathfrak{T} \subsetneq \mathfrak{S} \text{ et } \exists \pi \in \mathfrak{T}_{\leq T} \text{ avec } \operatorname{Re}\pi = o(\mathfrak{S})\}.$$

(i.e. contrairement à V.2.4, on n'impose pas à $E_{\mathfrak{S},T}$ d'être formé d'hyperplans de $\mathfrak{S}$). Pour $\mathfrak{T} \in E_{\mathfrak{S},T}$, on a $o(\mathfrak{T}) = o(\mathfrak{S})$. Soient $z(\mathfrak{S})$ et $z'(\mathfrak{S})$ des points de $\operatorname{Re}\mathfrak{S}, T' - \mathfrak{F}$-généraux mais voisins de $o(\mathfrak{S})$ et pour tout $\mathfrak{T} \in E_{\mathfrak{S},T}$, soit $z'(\mathfrak{T})$ un point $T' - \mathfrak{F}$-général mais voisin de $o(\mathfrak{T})$. Alors il existe, pour tout $\mathfrak{T} \in E_{\mathfrak{S},T}$, une donnée de résidu, $\operatorname{Res}^{\mathfrak{S}}_{\mathfrak{T}}$ pour $\mathfrak{T}$ dans $\mathfrak{S}$ telle que pour toute fonction méromorphe, A sur $\mathfrak{S}$ à singularités

polynomiales sur $S_{\mathfrak{X}}^{\mathfrak{F}}$, on ait:

$$\int_{\pi\in\mathfrak{S}_{\leq T}, \operatorname{Re}\pi = z(\mathfrak{S})} A(\pi) d_{\mathfrak{S}}\pi - \int_{\pi\in\mathfrak{S}_{\leq T}, \operatorname{Re}\pi = z'(\mathfrak{S})} A(\pi) d_{\mathfrak{S}}\pi$$

$$=_T \sum_{\mathfrak{T}\in E_{\mathfrak{S},T}} \int_{\pi\in\mathfrak{T}_{\leq T}, \operatorname{Re}\pi = z'(\mathfrak{T})} (\operatorname{Res}_{\mathfrak{T}}^{\mathfrak{S}} A)(\pi) d_{\mathfrak{T}}(\pi).$$

On applique de façon itérée le lemme précédent.

V.2.6. Corollaire: *Pour tout $\mathfrak{S} \in S_{(M,\mathfrak{P})}^{\mathfrak{F}}$ soit $z(\mathfrak{S})$ comme en V.2.2. On fixe $\mathfrak{S} \in S_{(M,\mathfrak{P})}^{\mathfrak{F}}$ et on définit $E_{\mathfrak{S},T}$ comme en V.2.5. Alors, il existe pour tout $\mathfrak{T} \in E_{\mathfrak{S},T}$, une donnée de résidu pour $\mathfrak{T}$ dans $\mathfrak{S}$, notée* $\operatorname{Res}_{\mathfrak{T}}^{\mathfrak{S}}$*, telle que pour toute fonction méromorphe, A, sur $\mathfrak{S}$, à singularités polynomiales sur $S_{\mathfrak{X}}^{\mathfrak{F}}$, on ait:*

$$\int_{\substack{\pi\in\mathfrak{S}_{\leq T} \\ \operatorname{Re}\pi = z(\mathfrak{S})}} A(\pi) d_{\mathfrak{S}}\pi - |\operatorname{Norm}\mathfrak{S}|^{-1} \int_{\substack{\pi\in\mathfrak{S}_{\leq T} \\ \operatorname{Re}\pi = z(\mathfrak{S})}} \sum_{w\in\operatorname{Norm}\mathfrak{S}} A(w\pi) d_{\mathfrak{S}}\pi$$

$$=_T \sum_{\mathfrak{T}\in E_{\mathfrak{S},T}} \int_{\substack{\pi\in\mathfrak{T}_{\leq T} \\ \operatorname{Re}\pi = z(\mathfrak{T})}} (\operatorname{Res}_{\mathfrak{T}}^{\mathfrak{S}} A)(\pi) d_{\mathfrak{T}}\pi.$$

Puisque l'on a supposé que $wz(\mathfrak{S})$ est $T' - \mathfrak{F}$-général pour tout $w \in \operatorname{Norm}\mathfrak{S}$, la fonction A est holomorphe en tout point $w\pi$ pour $\pi \in \mathfrak{S}_{\leq T}$ et $\operatorname{Re}\pi = z(\mathfrak{S})$. On peut donc dans la deuxième intégrale, échanger la somme et l'intégrale et faire des changements de variables. On a donc, en fait, à calculer:

$$|\operatorname{Norm}\mathfrak{S}|^{-1} \sum_{w\in\operatorname{Norm}\mathfrak{S}} \left(\int_{\substack{\pi\in\mathfrak{S}_{\leq T} \\ \operatorname{Re}\pi = z(\mathfrak{S})}} A(\pi) d_{\mathfrak{S}}\pi - \int_{\substack{\pi\in\mathfrak{S}_{\leq T} \\ \operatorname{Re}\pi = wz(\mathfrak{S})}} A(\pi) d_{\mathfrak{S}}\pi \right).$$

Cela se calcule grâce à V.2.5.

V.2.7. Fin de la preuve de V.2.2

En itérant V.2.6, on voit qu'avec les hypothèses et notations de V.2.6, en modifiant, évidemment $\mathrm{Res}_{\mathfrak{T}}^{\mathfrak{S}}$, pour $\mathfrak{T} \in E_{\mathfrak{S},T}$, on a:

$$(1) \quad \int_{\substack{\pi\in\mathfrak{S}_{\leq T}\\ \mathrm{Re}\,\pi=z(\mathfrak{S})}} A(\pi)d_{\mathfrak{S}}\pi - |\,\mathrm{Norm}\,\mathfrak{S}|^{-1} \int_{\substack{\pi\in\mathfrak{S}_{\leq T}\\ \mathrm{Re}\,\pi=z(\mathfrak{S})}} \sum_{w\in \mathrm{Norm}\,\mathfrak{S}} A(w\pi)d_{\mathfrak{S}}\pi =_T \sum_{\mathfrak{T}\in E_{\mathfrak{S},T}} |\,\mathrm{Norm}\,\mathfrak{T}|^{-1} \int_{\substack{\pi\in\mathfrak{T}_{\leq T}\\ \mathrm{Re}\,\pi=z(\mathfrak{T})}} \sum_{w\in \mathrm{Norm}\,\mathfrak{T}} (\mathrm{Res}_{\mathfrak{T}}^{\mathfrak{S}} A)(w\pi)d_{\mathfrak{T}}\pi.$$

D'après V.2.1 (1) avec les notations déjà introduites, on a:

$$< \theta_{\phi'}, \theta_\phi > =_T \sum_{\mathfrak{S}\in S^{\mathfrak{F}}_{(M,\mathfrak{P})}} \int_{\substack{\pi\in\mathfrak{S}_{\leq T}\\ \mathrm{Re}\,\pi=z(\mathfrak{S})}} (\mathrm{Res}'_{\mathfrak{S}} A(\phi',\phi))(\pi)d_{\mathfrak{S}}\pi$$

$$=_T \sum_{\mathfrak{S}\in S^{\mathfrak{F}}_{(M,\mathfrak{P})}} \left(|\,\mathrm{Norm}\,\mathfrak{S}|^{-1} \int_{\substack{\pi\in\mathfrak{S}_{\leq T}\\ \mathrm{Re}\,\pi=z(\mathfrak{S})}} \sum_{w\in \mathrm{Norm}\,\mathfrak{S}} (\mathrm{Res}'_{\mathfrak{S}} A(\phi',\phi))(w\pi)d_{\mathfrak{S}}\pi \right.$$

$$\left. + \sum_{\mathfrak{T}\in E_{\mathfrak{T},T}} |\,\mathrm{Norm}\,\mathfrak{T}|^{-1} \int_{\substack{\pi\in\mathfrak{T}_{\leq T}\\ \mathrm{Re}\,\pi=z(\mathfrak{T})}} \sum_{w\in \mathrm{Norm}\,\mathfrak{T}} (\mathrm{Res}_{\mathfrak{T}}^{\mathfrak{S}} \mathrm{Res}'_{\mathfrak{S}} A(\phi',\phi))(w\pi)d_{\mathfrak{T}}\pi) \right).$$

Pour tout $\mathfrak{S} \in S^{\mathfrak{F}}_{(M,\mathfrak{P})}$, on pose:

$$\mathrm{Res}_{\mathfrak{S}} = \mathrm{Res}'_{\mathfrak{S}} + \sum_{\mathfrak{S}'|\mathfrak{S}\in E_{\mathfrak{S}',T}} \mathrm{Res}_{\mathfrak{S}}^{\mathfrak{S}'} \mathrm{Res}'_{\mathfrak{S}'},$$

et l'on obtient exactement V.2.2.

V.2.8. Remarque sur le cas des corps de nombres

Dans ce paragraphe, supposons que k soit un corps de nombres; V.2.2 n'est pas satisfaisant, on voudrait une vraie égalité. On identifie $X_M^{\mathbf{G}}$ et $\mathfrak{P}$ comme en V.1.5 (a). Cela permet de définir la fonction sur $\mathfrak{P}$, notée f_0, par $f_0(\pi) = (\lambda_\pi, \lambda_\pi)$ et avec les notations de III.1.4, on pose $\Delta = \Delta(f_0)$. L'idée de Langlands est d'utiliser la résolvante de cet opérateur. En reprenant la notation p_T de III.1.6 remarque, on pose $q_T := 1 - p_{-T}$. C'est une projection dans $L^2(G(k)\backslash\mathbf{G})_\xi$. On a, mais la démonstration ne sera complétée qu'à la fin de ce chapitre (en V.3.11):

Théorème: *(hypothèses et notations de V.2.2 et V.2.1)*

$$< \theta_{\phi'}, q_T\theta_\phi > = \sum_{\mathfrak{S}\in S^{\mathfrak{F}}_{(M,\mathfrak{P})}} |\,\mathrm{Norm}\,\mathfrak{S}|^{-1} \int_{\substack{\pi\in\mathfrak{S}_{\leq T}\\ \mathrm{Re}\,\pi=z(\mathfrak{S})}} \left(\sum_{w\in \mathrm{Norm}\,\mathfrak{S}} (\mathrm{Res}_{\mathfrak{S}}^{G} A(\phi',\phi))(w\pi) \right) d_{\mathfrak{S}}\pi.$$

En particulier les fonctions intégrées sont holomorphes en tout point de l'ensemble d'intégration.

A ce stade, on ne peut pas démontrer cela mais on va expliquer ici ce qu'il manque pour obtenir cette formule. Cela justifiera certaines démonstrations ultérieures.

V.2.9. Lemme. *Soient* $T, T' > 3T + 2R^2$ *et soient* $\phi' \in P_{\mathfrak{X}}^{\mathfrak{F}}$ *et* $\phi \in P_{(M,\mathfrak{P})}^{R,\mathfrak{F}}$*; on suppose que pour tout* $\mathfrak{S} \in S_{(M,\mathfrak{P})}^{\mathfrak{F}}$*:*

$\sum_{w \in \mathrm{Stab}(M,\mathfrak{P})} (\mathrm{Res}_{w.\mathfrak{S}}^G A(\phi', \phi))(w\pi)$ *est holomorphe en tout point de* $\{\pi \in \mathfrak{S}_{\leq T'} | \operatorname{Re} \pi = o(\mathfrak{S})\}$, *pour tout* $f \in H^R$ *(*H^R *est la notation* $H_{\mathfrak{X},\mathbb{C}}^R$ *de III.1.1):*

$$\mathrm{Res}_{\mathfrak{S}}^G A(\phi', f\phi) = f_{|\mathfrak{S}} \mathrm{Res}_{\mathfrak{S}}^G A(\phi', \phi),$$

–T *est un point de continuité pour l'opérateur* Δ.

Alors

$$< \theta_{\phi'}, q_T \theta_\phi > =$$

$$\sum_{\mathfrak{S} \in S_{(M,\mathfrak{P})}^{\mathfrak{F}}} |\operatorname{Norm} \mathfrak{S}|^{-1} \int_{\substack{\pi \in \mathfrak{S}_{\leq T} \\ \operatorname{Re} \pi = o(\mathfrak{S})}} \sum_{w \in \operatorname{Norm} \mathfrak{S}} (\mathrm{Res}_{\mathfrak{S}}^G A(\phi', \phi))(w\pi) d_{\mathfrak{S}} \pi.$$

On introduit une variable complexe, z, auxiliaire. Pour $\phi \in P_{(M,\mathfrak{P})}^{\mathfrak{F}}$ et pour $z \in \mathbb{C}$, on pose;

$$\phi_z(\pi) = (z - (\lambda_\pi, \lambda_\pi))^{-1} \phi(\pi);$$

c'est un élément de $P_{(M,\mathfrak{P})}^{R,\mathfrak{F}}$ pour $R \in \mathbb{R}_+^*$ dès que $\operatorname{Re} z > R$. On a $(z - \Delta) = \Delta(z - f_0)$ et (cf. III.1.2):

$$(z - \Delta)\theta_{\phi_z} = \theta_\phi. \tag{1}$$

Pour tout z de partie réelle supérieure à R, d'après la première hypothèse du lemme et grâce au théorème des résidus, on a, pour tout $\mathfrak{S} \in S_{(M,\mathfrak{P})}^{\mathfrak{F}}$:

$$\int_{\substack{\pi \in \mathfrak{S}_{\leq T} \\ \operatorname{Re} \pi = z(\mathfrak{S})}} \sum_{w \in \operatorname{Norm} \mathfrak{S}} (\mathrm{Res}_{\mathfrak{S}}^G A(\phi', \phi_z))(w\pi) d_{\mathfrak{S}} \pi =_T$$

$$\int_{\substack{\pi \in \mathfrak{S}_{\leq T} \\ \operatorname{Re} \pi = o(\mathfrak{S})}} \sum_{w \in \operatorname{Norm} \mathfrak{S}} (\mathrm{Res}_{\mathfrak{S}}^G A(\phi', \phi_z))(w\pi) d_{\mathfrak{S}} \pi,$$

d'où:

$$< \theta_{\phi'}, \theta_{\phi_z} > =_T$$

$$\sum_{\mathfrak{S} \in S_{(M,\mathfrak{P})}^{\mathfrak{F}}} |\operatorname{Norm} \mathfrak{S}|^{-1} \int_{\substack{\pi \in \mathfrak{S}_{\leq T} \\ \operatorname{Re} \pi = o(\mathfrak{S})}} \sum_{w \in \operatorname{Norm} \mathfrak{S}} (\mathrm{Res}_{\mathfrak{S}}^G A(\phi', \phi_z))(w\pi) d_{\mathfrak{S}} \pi.$$

Montrons, que pour tout $\phi' \in P_{\mathfrak{X}}^{\mathfrak{F}}$*, la fonction de* z *définie, a priori seulement si* $\operatorname{Re} z > R$*:*

(2)

$$<\theta_{\phi'}, \theta_{\phi_z}> - \sum_{\mathfrak{S} \in S^{\mathfrak{F}}_{(M,\mathfrak{P})}} |\operatorname{Norm} \mathfrak{S}|^{-1} \int_{\substack{\pi \in \mathfrak{S}_{\leq T} \\ \operatorname{Re} \pi = o(\mathfrak{S})}} \sum_{w \in \operatorname{Norm} \mathfrak{S}} (\operatorname{Res}^G_{\mathfrak{S}} A(\phi', \phi_z))(w\pi) d_{\mathfrak{S}} \pi$$

est holomorphe sur l'ouvert $\{z \in \mathbb{C} | \operatorname{Re} z > -T\}$.

En effet d'après V.2.2 et la définition de $=_T$ (cf. V.1.5(a)), pour z de partie réelle $> R$, il existe une famille finie de triplets $(\mathfrak{S}, U, \operatorname{Res}_{\mathfrak{S},U})$ où $\mathfrak{S} \in S^{\mathfrak{F}}_{(M,\mathfrak{P})}$, U est un sous-ensemble mesurable de $\mathfrak{S} - \mathfrak{S}_{\leq T}$ et $\operatorname{Res}_{\mathfrak{S},U}$ est une donnée de résidu pour $\mathfrak{S}$ dans $\mathfrak{P}$ tels que (2) soit la somme des termes:

$$I_U(\phi', \phi_z) := \int_{\pi \in U} (\operatorname{Res}_{\mathfrak{S},U} A(\phi', \phi_z))(\pi) d_{\mathfrak{S}} \pi,$$

et $\operatorname{Res}_{\mathfrak{S},U} A(\phi', \phi_z)$ est holomorphe en tout point de U et intégrable sur U. Il est facile de voir, que l'on peut choisir cette famille indépendamment de z.

En outre U est relativement compact si $\operatorname{Re} \mathfrak{S}$ est strictement inclus dans $\operatorname{Re} X_M^G$.

Supposons d'abord que $\operatorname{Re} \mathfrak{S}$ est strictement inclus dans $\operatorname{Re} X_M^G$: d'après la définition des données de résidu, on a un développement de

$$\operatorname{Res}_{\mathfrak{S},U} A(\phi', \phi_z)$$

comme combinaison linéaire finie de termes de la forme

$$(z - (\lambda_\pi, \lambda_\pi))^{-m} A_m(\pi),$$

où $A_m(\pi)$ est une fonction indépendante de z; on vérifie, par interpolation (en utilisant des éléments z de partie réelle $> R$), que chaque fonction $A_m(\pi)$ est holomorphe en tout point de U. Or si $\operatorname{Re} z > -T$ les fonctions $(z - (\lambda_\pi, \lambda_\pi))$ ne s'annulent en aucun point de la fermeture de U et l'assertion est claire.

Supposons maintenant que $\mathfrak{S}$ soit une composante irréductible de $\mathfrak{P}$. Ici $\operatorname{Res}_{\mathfrak{S},U}$ est la multiplication par un scalaire; $z \mapsto A(\phi', \phi_z)(\pi)$ est holomorphe en z pour $\pi \in U$, en tout point où $z \mapsto \phi_z(\pi)$ est holomorphe. Cela se produit si $z - (\lambda_\pi, \lambda_\pi)$ ne s'annule pas, i.e. dès que $\operatorname{Re} z \geq -T$ pour tout $\pi \in U$. Les intégrales $I_U(\phi', \phi_z)$ dépendent donc holomorphiquement de z dès que $\operatorname{Re} z > -T$. D'où le résultat annoncé.

On applique III.1.6 (viii) pour calculer $< \theta_{\phi'}, q_T \theta_\phi >$ qui vaut (en utilisant (1)):

$$\lim_{\epsilon\to 0}(-1/\pi \mathrm{i}) \int_{\Gamma(-T,R',\epsilon)} <\theta_{\phi'},\theta_{\phi_z}>,$$

où $\Gamma(-T,R',\epsilon)$ est décrit in loc. cit. . Puisque $-T$ est un point de continuité pour $\Delta := \Delta(f_0)$, on peut encore remplacer q_T par $q_{T-\eta}$ et $\Gamma(-T,R',\epsilon)$ par $\Gamma(-T+\eta,R',\epsilon)$ et faire tendre η vers zéro. En utilisant l'holomorphie de (2) et le théorème des résidus usuel, on obtient:

$$<\theta_{\phi'},q_{T-\eta}\theta_{\phi_z}> = \lim_{\epsilon\to 0}(-1/\pi \mathrm{i}) \int_{\Gamma(-T+\eta,R',\epsilon)} \sum_{\mathfrak{S}\in S^{\mathfrak{F}}_{(M,\mathfrak{P})}} |\operatorname{Norm}\mathfrak{S}|^{-1} \times$$

$$\int_{\substack{\pi\in\mathfrak{S}_{\leq T}\\ \operatorname{Re}\pi=o(\mathfrak{S})}} \sum_{w\in\operatorname{Norm}\mathfrak{S}} (\operatorname{Res}^G_{\mathfrak{S}} A(\phi',\phi_z))(w\pi)d_{\mathfrak{S}}\pi.$$

En utilisant la deuxième hypothèse du lemme, on peut remplacer, ci dessus, $\operatorname{Res}^G_{\mathfrak{S}} A(\phi',\phi_z)$ par $1/(f_0(\lambda_\pi)-z)\operatorname{Res}^G_{\mathfrak{S}} A(\phi',\phi)$. La fonction de z égale à $1/(f_0(\lambda_\pi)-z)$ est holomorphe sur les ensembles d'intégration pour tout ϵ car sur ces ensembles $f_0(\lambda_\pi)$ est de la forme une constante, notée C, plus une fonction de π à valeurs réelles. On peut donc échanger les deux intégrales et le calcul se fait aisément: on trouve 0 si C n'est pas réelle et l'assertion du lemme sinon. Trouver 0, étant absurde, on démontre simultanément que $o(\mathfrak{S})\otimes\pi_0$ est un élément de $\mathfrak{S}$ (ce que l'on retrouvera par une méthode très voisine, mais qui s'applique aussi au cas des corps de fonctions) et le lemme.

V.2.10. Lemme: *Soient* $\mathfrak{S}\in S^{\mathfrak{F}}_{(M,\mathfrak{P})}, \phi\in P^{R,\mathfrak{F}}_{(M,\mathfrak{P})}, \phi'\in P^{\mathfrak{F}}_{\mathfrak{X}}$. *Alors, pour toute fonction* $f\in H^R$, *on a:*

$$\operatorname{Res}^G_{\mathfrak{S}} A(\phi',f\phi) = f_{|\mathfrak{S}}\operatorname{Res}^G_{\mathfrak{S}} A(\phi',\phi),$$

si et seulement si pour toute fonction $f\in H^R$, *nulle sur* $\mathfrak{S}$, *on a:*

$$\operatorname{Res}^G_{\mathfrak{S}} A(\phi',f\phi) = 0, \text{ sur } \{\pi\in\mathfrak{S}| \|\pi\|<R\}.$$

Le sens direct est clair. Montrons la réciproque.

Soit m un entier; pour $m'<m$, on note $D^+_{m'}$ l'ensemble des éléments de l'algèbre symétrique de $\operatorname{Re}(\mathfrak{S}^0)^\perp\otimes_{\mathbb{R}}\mathbb{C}$ homogènes de degré m' et on pose $D^+_{\leq m} := \bigoplus_{0<m'\leq m} D^+_{m'}$ (on a exclu $m'=0$). On identifie $D^+_{\leq m}$ à un espace vectoriel d'opérateurs sur l'ensemble des fonctions polynomiales sur $\mathfrak{P}$, en identifiant $\operatorname{Re}(\mathfrak{S}^0)^\perp\otimes_{\mathbb{R}}\mathbb{C}$ et les dérivations transverses à $\mathfrak{S}$.

On revient à la définition des opérateurs donnée de résidu, cf. V.1.3. On voit qu'il existe des polynômes $P_1,\ldots,P_Q$, sur $\mathfrak{P}$ que l'on peut choisir indépendamment de ϕ' et ϕ tels que:

$\forall\phi' \in P_{\mathfrak{X}}^{\mathfrak{F}}, \phi \in P_{(M,\mathfrak{P})}^{R,\mathfrak{F}}$ $\mathrm{Res}_{\mathfrak{S}}^{G} A(\phi',\phi)$ est la restriction à $\mathfrak{S}$ d'une combinaison linéaire de dérivées successives dans des directions de $\mathrm{Re}\, X_M^G$ appartenant à $(\mathrm{Re}\,\mathfrak{S}^0)^\perp$ (indépendantes de ϕ' et ϕ), des fonctions $P_i A(\phi',\phi)$.

Cela montre, avec les règles de Leibnitz que si m est suffisamment grand, il existe des opérateurs $\delta_1,\dots,\delta_Q \in D_{\leq m}^{+}$ tels que pour tout $f \in H^R$, pour tout $\phi' \in P_{\mathfrak{X}}^{\mathfrak{F}}$ et pour tout $\phi \in P_{(M,\mathfrak{P})}^{\mathfrak{F}}$ on ait:

$$(1) \qquad \mathrm{Res}_{\mathfrak{S}}^{G} A(\phi', f\phi) = f_{|\mathfrak{S}} \mathrm{Res}_{\mathfrak{S}}^{G} A(\phi',\phi) + \sum_{1\leq i\leq Q} (\delta_i(f))_{|\mathfrak{S}} r_i(\phi',\phi),$$

où les $r_i(\phi',\phi)$ sont des fonctions méromorphes sur $\mathfrak{S}$ à singularités polynomiales sur $S_{\mathfrak{X}}^{\mathfrak{F}}$. On peut évidemment supposer que les éléments $\delta_1,\dots,\delta_Q$ forment une base de $D_{\leq m}^{+}$.

On suppose qu'il existe $\phi' \in P_{\mathfrak{X}}^{\mathfrak{F}}, \phi \in P_{(M,\mathfrak{P})}^{\mathfrak{F}}$ et $f \in H^R$ tels que:

$$(2) \qquad \mathrm{Res}_{\mathfrak{S}}^{G} A(\phi', f\phi) - f_{|\mathfrak{S}} \mathrm{Res}_{\mathfrak{S}}^{G} A(\phi',\phi) \not\equiv 0,$$

et l'on va montrer que l'on peut imposer à f d'être nul sur $\mathfrak{S}$.

On fixe ϕ',ϕ et f vérifiant (2). Avec les notations de (1), cela veut dire qu'il existe i compris entre 1 et Q au sens large, tel que $r_i(\phi',\phi) \not\equiv 0$ et on va montrer l'assertion suivante:

V.2.11. Sous-lemme: *Il existe un polynôme P sur $\mathfrak{P}$ invariant sous* $\mathrm{Stab}(M,\mathfrak{P})$ *tel que:*

(i) $P_{|\mathfrak{S}} \not\equiv 0, \quad \delta P_{|\mathfrak{S}} \equiv 0, \forall \delta \in D_{\leq m}^{+}$.

(ii) L'application de restriction de H^R dans l'ensemble des fonctions holomorphes sur $\{\pi \in \mathfrak{S} \mid \mathrm{Re}\,\pi \leq R\}$ invariantes sous $\mathrm{Norm}\,\mathfrak{S}$, *a son image qui contient l'ensemble des fonctions de la forme $P_{|\mathfrak{S}} g_1$ où g_1 parcourt l'ensemble des fonctions polynomiales sur $\mathfrak{S}$ invariantes par* $\mathrm{Norm}\,\mathfrak{S}$.

(iii) Pour tout $f \in H^R$, il existe $h \in H^R$ dans le noyau de l'application de restriction à $\mathfrak{S}$ tel que:

$$P_{|\mathfrak{S}} \delta f = \delta h, \quad \forall \delta \in D_{\leq m}^{+}.$$

On fixe $\pi_0 \in \mathfrak{P}$: si k est un corps de nombres, π_0 est fixé par la propriété d'être triviale sur A_M^G c'est l'élément qui donne l'identification de $\mathfrak{P}$ avec X_M^G utilisée; si k est un corps de fonctions, on prend pour π_0 n'importe quel élément de $\mathrm{Im}\,\mathfrak{S} := \{\mathrm{Im}\,\pi; \pi \in \mathfrak{S}\}$, d'où une application surjective de $X_M^{\mathbf{G}}$ sur $\mathfrak{P}$ qui se factorise en une bijection de $X_M^G/\mathrm{Fix}_{X_M^{\mathbf{G}}}\mathfrak{P}$.

Dans le cas des corps de nombres, on note $\tilde{\mathfrak{S}}$ l'image réciproque de $\mathfrak{S}$ dans $X_M^{\mathbf{G}}$ et $H := \mathrm{Stab}(M,\mathfrak{P})$. Dans le cas des corps de fonctions, on note $\tilde{\mathfrak{S}}$ la composante connexe de l'image réciproque de $\mathfrak{S}$ dans $X_M^{\mathbf{G}}$ qui contient $o(\mathfrak{S})$; on note H le sous-groupe des automorphismes affines de $X_M^{\mathbf{G}}$ normalisant $\mathrm{Fix}_{X_M^{\mathbf{G}}}\mathfrak{P}$ et dont les images, après passage au quotient par $\mathrm{Fix}_{X_M^{\mathbf{G}}}\mathfrak{P}$ s'identifient à l'action d'un des éléments de $\mathrm{Stab}(M,\mathfrak{P})$ i.e. on a une suite exacte:

$$(1) \qquad 1 \to \mathrm{Fix}_{X_M^{\mathbf{G}}}\mathfrak{P} \to H \to \mathrm{Stab}(M,\mathfrak{P}) \to 1,$$

où $\mathrm{Fix}_{X_M^{\mathbf{G}}}\mathfrak{P}$ s'identifie à un sous-groupe de H formé par des translations. On pose:

$$(2) \qquad K := \mathrm{Stab}_H\tilde{\mathfrak{S}}.$$

On remarque que $H.\tilde{\mathfrak{S}}$ est l'image réciproque de $\mathrm{Stab}(M,\mathfrak{P})\mathfrak{S}$ dans $X_M^{\mathbf{G}}$ et que $\mathrm{Re}\,\tilde{\mathfrak{S}} = \mathrm{Re}\,\mathfrak{S}$.

On commence par construire un polynôme P', sur $X_M^{\mathbf{G}}$, invariant par K tel que:

$$(3) \qquad P'_{|\tilde{\mathfrak{S}}} \not\equiv 0 \text{ mais } (\delta P')_{|\tilde{\mathfrak{S}}} \equiv 0, \forall \delta \in D^+_{\leq m}.$$

$$(4) \qquad \forall h \in H - K, \quad P'_{|h\tilde{\mathfrak{S}}} \equiv 0 \text{ à un grand ordre.}$$

Fixons $h \in H - K$ et construisons P_h vérifiant (3) et nul à un grand ordre sur $h\tilde{\mathfrak{S}}$.

Premier cas: $h\tilde{\mathfrak{S}}$ et $\tilde{\mathfrak{S}}$ sont parallèles. Soit $\lambda_0 \in \tilde{\mathfrak{S}}$ et soit ℓ un polynôme sur $X_M^{\mathbf{G}}$ invariant par translation par $\mathrm{Re}\,\mathfrak{S}^0$ et prenant des valeurs différentes sur $h\tilde{\mathfrak{S}}$ et $\tilde{\mathfrak{S}}$ i.e. sur λ_0 et $h\lambda_0$ (pour le cas des corps de fonctions, la construction est analogue à celle de V.1.2, deuxième exemple). On fixe N un entier grand; les polynômes en la variable $X, (X-\ell(\lambda_0))^N$ et $(X-\ell(h\lambda_0))^N$ sont premiers entre eux; d'après le théorème de Bezout, il existe des polynômes $p(X)$ et $q(X)$, tels que:

$$p(X)(X-\ell(\lambda_0))^N + q(X)(X-\ell(h\lambda_0))^N = 1.$$

On pose:

$$P_h = (\ell-\ell(h\lambda_0))^N(q\circ\ell) = 1-(p\circ\ell)(\ell-\ell(\lambda_0))^N,$$

et P_h convient si N est suffisamment grand.

Deuxième cas: $h\tilde{\mathfrak{S}}$ et $\tilde{\mathfrak{S}}$ ne sont pas parallèles; on fixe une forme linéaire ℓ, $\mathbb{Q}$-rationnelle sur $\mathrm{Re}\,X_M^{\mathbf{G}}$ (cf. I.1.4 et V.1.2) nulle sur la partie vectorielle de $\mathrm{Re}\,h\tilde{\mathfrak{S}}$ et non constante sur celle de $\mathrm{Re}\,\tilde{\mathfrak{S}}$ (rappelons que ces parties vectorielles sont définies sur $\mathbb{Q}$). On écrit $\ell = \ell_1 - \ell_2$ où ℓ_1 et ℓ_2 sont des formes linéaires $\mathbb{Q}$-rationnelles, ℓ_1 est invariante par translation sous $\mathrm{Re}\,\mathfrak{S}^0$ et ℓ_2 est annulée par tout $\delta \in D_1^+$. Si k est un corps de nombres, on prolonge ℓ_1 et ℓ_2 en des polynômes sur $X_M^{\mathbf{G}}$ i.e. sur $\mathfrak{P}$, que l'on note p_1 et p_2 respectivement, tandis que si k est un corps de fonctions, à partir de ℓ_1 et ℓ_2 on construit des polynômes p_1 et p_2 sur $X_M^{\mathbf{G}}$ en suivant une procédure analogue à V.1.2, troisième exemple. On a encore que p_1 est constant sur $\tilde{\mathfrak{S}}$, que $p_1 - p_2$ est constant sur $h\tilde{\mathfrak{S}}$ et que p_2 est annulé par tout $\delta \in D_1^+$. Quitte à ajouter une constante à p_1 et une autre à p_2, on peut supposer que p_1 est nul sur $\tilde{\mathfrak{S}}$ et que $p_1 - p_2$ est nul sur $h\tilde{\mathfrak{S}}$. On pose alors:

$$P_h := (p_1^N - p_2^N)^N,$$

où N est entier grand et ce polynôme convient.

On pose ensuite:

$$P'' := \prod_{h \in H-K} P_h.$$

Ce polynôme vérifie (3) et (4) sauf l'invariance sous K. On pose:

$$P' := \prod_{k \in K} k\; P''.$$

En tenant compte de ce que les éléments de K agissent naturellement dans $D_{\leq m}^+$, il est clair que P' vérifie (3) et (4).

Soit g une fonction sur $X_M^{\mathbf{G}}$ invariante sous K; on pose:

$$\tilde{g} := \sum_{h^\bullet \in H/K} h^\bullet(P'g)$$

et cette fonction vérifie:

(5) $\tilde{g}$ est invariante sous H,

(6) $\tilde{g}_{|\tilde{\mathfrak{S}}} = P'_{|\tilde{\mathfrak{S}}} g_{|\tilde{\mathfrak{S}}}$

(7) $(\delta\tilde{g})_{|\tilde{\mathfrak{S}}} = P'_{\tilde{\mathfrak{S}}}(\delta g)_{|\tilde{\mathfrak{S}}}, \forall \delta \in D_{\leq m}^+$.

En particulier, $\tilde{g}$ est invariante sous $\mathrm{Fix}_{X_M^{\mathbf{G}}} \mathfrak{P}$ et définit naturellement une fonction sur $\mathfrak{P}$. On note P la fonction sur $\mathfrak{P}$ qui se déduit naturellement de $\tilde{1}$ où 1 est la fonction constante égale à 1. Il est clair que P vérifie le (i) du sous-lemme. Soit g_1 une fonction polynomiale sur $\mathfrak{S}$ invariante sous $\mathrm{Norm}\,\mathfrak{S}$; alors il existe un polynôme, g sur $X_M^{\mathbf{G}}$ invariant sous K, tel que l'on ait:

$$g(\lambda) = g_1(\pi_0 \otimes \lambda), \forall \lambda \in \tilde{\mathfrak{S}}.$$

On construit $\tilde{g}$ comme ci-dessus, vue comme un polynôme sur $\mathfrak{P}$. Grâce à (6), le (ii) du sous-lemme est vérifié. Soit maintenant g_1 une restriction à $\mathfrak{S}$ d'une fonction holomorphe sur $\{\pi \in \mathfrak{P} |\ \|\mathrm{Re}\,\pi\| \leq R\}$ encore notée g_1, on va montrer ci-dessous qu'il existe une fonction g' holomorphe sur $\{\lambda \in X_M^{\mathbf{G}} |\ \|\mathrm{Re}\,\lambda\| < R\}$ telle que l'on ait:

$$g'(\lambda) = 0, \forall \lambda \in \tilde{\mathfrak{S}},$$
$$(\delta g')(\lambda) = (\delta g_1)(\pi_0 \otimes \lambda), \forall \lambda \in \tilde{\mathfrak{S}}, \forall \delta \in D_{\leq m}^+.$$

En outre si g_1 est invariante sous $\mathrm{Norm}\,\mathfrak{S}$, remplaçant g' par

$$|K|^{-1} \sum_{k \in K} k.g',$$

on peut imposer à g' d'être invariante sous K. Le (iii) du sous-lemme résulte alors de la construction de $\tilde{g}'$ qui répond à ses conditions. Il reste à montrer l'existence de g'.

On note $\alpha_1, \ldots, \alpha_R$ un ensemble maximal de racines linéairement indépendantes tel que les applications $\lambda \mapsto < \lambda, \check{\alpha}_i >$ soient nulles sur la partie vectorielle de Re $\tilde{\mathfrak{S}}$. On reprend la notation α_i^* de I.1.11. On fixe $\lambda_0 \in \tilde{\mathfrak{S}}$ et pour $i = 1, \ldots, R$, on pose:

$$\ell_i(\lambda) := ((\alpha_i^*)^\lambda - (\alpha_i^*)^{\lambda_0})(\alpha_i^*)^{-\lambda_0}, \quad \text{si } k \text{ est un corps de fonctions,}$$
$$:= < \lambda, \alpha_i^* > - < \lambda_0, \alpha_i^* >, \quad \text{si } k \text{ est un corps de nombres.}$$

Evidemment $\ell_i(\lambda) = 0, \forall \lambda \in \tilde{\mathfrak{S}}$. On note $\omega_1, \ldots, \omega_R$ la base de $(\mathrm{Re}\, \mathfrak{S}^0)^\perp$ duale de $(\alpha_1^*, \ldots, \alpha_R^*)$ i.e. pour $1 \leq i, j \leq R$ on a:

$$< \omega_i, \alpha_j^* >= \delta_{i,j}.$$

Et l'on note aussi J l'ensemble des R-uples d'entiers $(j_1, \ldots, j_R)$ tels que $0 < j_1 + \cdots + j_R \leq m$. Pour $(j) \in J$, on note $\omega^{(j)} := \omega_1^{j_1} \cdots \omega_R^{j_R}$ c'est un élément de $D_{\leq m}^+, \ell^{(j)}(\lambda) = (\ell_1)(\lambda))^{j_1} \cdots (\ell_R(\lambda))^{j_R}$ c'est un polynôme sur $X_M^{\mathbf{G}}$, $(j)! = j_1! \cdots j_R!$. On a, pour tout i et j compris entre 1 et R au sens large:

$$(\omega_i \ell_j)_{|\tilde{\mathfrak{S}}} = 1, \text{ si } i = j,$$
$$= 0, \text{ si } i \neq j.$$

D'où, pour tout $(i), (j)$ éléments de J:

$$(\omega^{(i)} \ell^{(j)} / (j)!)_{|\tilde{\mathfrak{S}}} = 1, \text{ si } (i) = (j),$$
$$= 0, \text{ si } (i) \neq (j).$$

Revenons à g_1 et notons g_1' la fonction sur $X_M^{\mathbf{G}}$ vérifiant $g_1'(\lambda) = g_1(\pi_0 \otimes \lambda)$. Soit $\{a_{(j)}\} \in \mathbb{C}^{|J|}$; on pose

$$g'(\{a_{(j)}\}, \lambda) = \sum_{(j) \in J} a_{(j)} (j)!^{-1} \ell^{(j)}(\lambda) (\omega^{(j)} g_1')(\lambda).$$

Soit $(i) \in J$; on note $<$ l'ordre partiel sur l'ensemble des R-uples d'entiers qui se déduit de l'ordre naturel de $\mathbb{N}$ et on calcule:

$$\omega^{(i)} g'(\{a_{(j)}\}, \lambda) = \omega^{(i)} g_1'(\lambda) \sum_{\substack{(j) \in J \\ (j) \leq (i)}} \binom{(i)}{(j)} a_{(j)},$$

où $\binom{(i)}{(j)}$ sont des nombres venant des règles de Leibnitz. Il est alors clair que l'on peut fixer correctement les nombres $a_{(j)}$ de telle sorte que $\sum_{\substack{(j) \in J \\ (j) \leq (i)}} \binom{(i)}{(j)} a_{(j)} = 1$ pour tout (i). Cela termine la preuve du sous-lemme.

La preuve du lemme est maintenant une conséquence immédiate de l'assertion (iii) du sous-lemme: en effet, on revient à f et l'on fixe f' un élément de H^R tel que $f'_{|\mathfrak{S}} = 0$ et $(\delta f')_{|\mathfrak{S}} = (\delta f)_{|\mathfrak{S}} P_{|\mathfrak{S}}, \forall \delta \in D^+_{\leq m}$, où P est un polynôme sur $\mathfrak{P}$ ayant les propriétés du sous-lemme. D'après (1) et (2), on a:

$$\mathrm{Res}^G_{\mathfrak{S}} A(\phi', f'\phi) = \sum_{1 \leq i \leq Q} ((\delta_i(f))P)_{|\mathfrak{S}} r_i(\phi', \phi) \not\equiv 0,$$

alors que $f'_{|\mathfrak{S}} \equiv 0$. C'est l'assertion cherchée qui termine la preuve du lemme.

V.3. Décomposition suivant le spectre des opérateurs $\Delta(f)$

On fixe toujours une classe d'équivalence de données cuspidales, $\mathfrak{X}$. Dans la plus grande partie de ce chapitre, on fixe aussi un ensemble fini de $\mathbf{K}$-types, noté $\mathfrak{F}$. On note $L^2(G(k)\backslash\mathbf{G})_{\mathfrak{X},\mathfrak{F}}$ le sous-espace vectoriel de $L^2(G(k)\backslash\mathbf{G})_{\mathfrak{X}}$ engendré par les fonctions se transformant sous $\mathbf{K}$ suivant l'un des $\mathbf{K}$-types inclus dans $\mathfrak{F}$ et l'on fixe $T \in \mathbb{R}^*_+$; on définit q_T comme en V.2.8 et l'on commence par décomposer $q_T L^2(G(k)\backslash\mathbf{G})_{\mathfrak{X},\mathfrak{F}}$. Pour faire cela on démontre un certain nombre de résultats sur certains résidus de séries d'Eisenstein, cf. par exemple les résultats concernant $A^{\mathfrak{F}}_{\mathfrak{C},\pi}$ (notation de V.3.2) qui seront complétés au chapitre VI (cf. VI.1.2 et VI.2.4) qui semblent plutôt plus importants que la décomposition spectrale proprement dite donnée en V.3.14.

V.3.1. Hypothèses et notations pour cette partie

On fixe $\mathfrak{F}$ comme on vient de l'expliquer, R comme en V.2.1 et on fixe ici T' un réel positif (grand) qui ne sert que si k est un corps de nombres et T'' un réel supérieur à $3T + 2R^2$ (les notations ne sont pas exactement les mêmes qu'en V.2.2). Rappelons que l'on a fixé une classe d'équivalence de données cuspidales, $\mathfrak{X}$. Soient $\phi', \phi \in P^{\mathfrak{F}}_{\mathfrak{X}}$; on définit une fonction méromorphe sur $\cup_{(M,\mathfrak{P})\in\mathfrak{X}}\mathfrak{P}$, notée $A(\phi', \phi)$ en posant:

$$(1) \qquad A(\phi', \phi)(\pi) := \sum_{w \in W(M_\pi)} < M(w^{-1}, -w\overline{\pi})\phi'(-w\overline{\pi}), \phi(\pi) >,$$

où M_π est le Levi standard dont π est une représentation cuspidale et où $W(M_\pi)$ est défini en V.2.1. Cette expression veut dire que si $\phi = (\phi_{(M',\mathfrak{P}')})_{(M',\mathfrak{P}')\in\mathfrak{X}}$ avec $\phi_{(M',\mathfrak{P}')} \in P^{\mathfrak{F}}_{(M',\mathfrak{P}')}$, on a:

$$A(\phi', \phi) := \sum_{(M',\mathfrak{P}')\in\mathfrak{X}} A(\phi', \phi_{(M',\mathfrak{P}')})$$

où $A(\phi', \phi_{(M',\mathfrak{P}')})$ a été définie en V.2.1. Comme en V.2.1, cette fonction $A(\phi', \phi)$ est à singularités polynomiales sur $S^{\mathfrak{F}}_{\mathfrak{X}}$.

Pour tout $(M, \mathfrak{P}) \in \mathfrak{X}$ et pour tout $\mathfrak{S} \in S^{\mathfrak{F}}_{(M,\mathfrak{P})}$, on fixe $z(\mathfrak{S})$ un point

$T'' - \mathfrak{F}$-général mais voisin de $o(\mathfrak{S})$ et une donnée de résidu pour $\mathfrak{S}$ dans $\mathfrak{P}$, notée $\mathrm{Res}_{\mathfrak{S}}^G$ satisfiant à:

(*)
$$\forall (M, \mathfrak{P}) \in \mathfrak{X}, \forall \mathfrak{S} \in S_{\mathfrak{X}}^{\mathfrak{F}}, \forall w \in W(M),\ w(z(\mathfrak{S})) \in (\mathrm{Norm}\ w\mathfrak{S}).z(w\mathfrak{S}),$$

(**)
$$\forall \phi', \phi \in P_{\mathfrak{X}}^{\mathfrak{F}},\ < \theta_{\phi'}, \theta_{\phi} > =_{T'}$$
$$\sum_{\mathfrak{S} \in S_{(M,\mathfrak{P})}^{\mathfrak{F}}} |\,\mathrm{Norm}\,\mathfrak{S}|^{-1} \int_{\substack{\pi \in \mathfrak{S}_{\leq T} \\ \mathrm{Re}\,\pi = z(\mathfrak{S})}} \sum_{w \in \mathrm{Norm}\,\mathfrak{S}} (\mathrm{Res}_{\mathfrak{S}}^G A(\phi', \phi))(w\pi) d_{\mathfrak{S}}\pi.$$

c'est la généralisation évidente de V.2.2, au changement de notations près. On suppose ce qui est loisible que $\mathrm{Res}_{\mathfrak{S}}^G = 0$ si $\{\pi \in \mathfrak{S}_{\leq T} |\, \mathrm{Re}\,\pi = z(\mathfrak{S})\} = \emptyset$ ou si $\|\,\mathrm{Re}\,o(\mathfrak{S})\| > R$. Cette formule est aussi vraie quand on remplace $P_{\mathfrak{X}}^{\mathfrak{F}}$ par $P_{\mathfrak{X}}^{R,\mathfrak{F}}$. Grâce à (*), on peut réecrire cette formule en regroupant les éléments de $S_{\mathfrak{X}}^{\mathfrak{F}}$ qui sont conjugués par un élément de W, de la façon suivante:

Soient $\mathfrak{S}, \mathfrak{S}' \in S_{\mathfrak{X}}^{\mathfrak{F}}$; on note $(M, \mathfrak{P})$ et $(M', \mathfrak{P}')$ les données cuspidales attachées à $\mathfrak{S}$ et $\mathfrak{S}'$. On dit que $\mathfrak{S}$ et $\mathfrak{S}'$ sont équivalents, s'il existe $w \in W((M, \mathfrak{P}), (M', \mathfrak{P}'))$ tel que $w\mathfrak{S} = \mathfrak{S}'$. On note $[S_{\mathfrak{X}}^{\mathfrak{F}}]$ l'ensemble de ces classes d'équivalence. Pour tout $\mathfrak{C} \in [S_{\mathfrak{X}}^{\mathfrak{F}}]$, on fixe $\mathfrak{S}_{\mathfrak{C}} \in \mathfrak{C}$ et pour simplifier l'écriture, on suppose que tous ces éléments $\mathfrak{S}_{\mathfrak{C}}$ ont mêmes données cuspidales, $(M, \mathfrak{P})$ (c'est évidemment possible). Alors (**) se réécrit grâce à (*):

$$\forall \phi', \phi \in P_{\mathfrak{X}}^{R,\mathfrak{F}},\ < \theta_{\phi'}, \theta_{\phi} > =_T \sum_{\mathfrak{C} \in [S_{\mathfrak{X}}^{\mathfrak{F}}]} |\,\mathrm{Norm}\,\mathfrak{S}_{\mathfrak{C}}|^{-1} \times$$

(2)
$$\int_{\substack{\pi \in \mathfrak{S}_{\mathfrak{C}, \leq T} \\ \mathrm{Re}\,\pi = z(\mathfrak{S}_{\mathfrak{C}})}} \sum_{w \in W(M)} ((\mathrm{Res}_{w\mathfrak{S}_{\mathfrak{C}}}^G A)(\phi', \phi))(w\pi) d_{\mathfrak{S}}\pi.$$

Vu l'importance qu'auront pour nous les fonctions qui se trouvent sous le signe d'intégration, on va leur donner un nom: pour tout $\mathfrak{C} \in [S_{\mathfrak{X}}^{\mathfrak{F}}]$, pour tout $\phi', \phi \in P_{\mathfrak{X}}^{R,\mathfrak{F}}$, on définit la fonction méromorphe sur $\mathfrak{P}$:

$$r_{\mathfrak{C}}(\phi', \phi)(\pi) := |\,\mathrm{Norm}\,\mathfrak{S}_{\mathfrak{C}}|^{-1} \sum_{w \in W(M)} ((\mathrm{Res}_{w\mathfrak{S}_{\mathfrak{C}}}^G A)(\phi', \phi))(w\pi)$$

La fonction $r_{\mathfrak{C}}(\phi', \phi)$ est à singularités polynomiales sur $S_{\mathfrak{X}}^{\mathfrak{F}}$. Quand cette fonction est holomorphe en tout point de $\{\pi \in \mathfrak{S}_{\mathfrak{C}, \leq T} |\, \mathrm{Re}\,\pi = o(\mathfrak{S}_{\mathfrak{C}})\}$, on pose:

$$m_{\mathfrak{C},T}(\phi', \phi) = \int_{\substack{\pi \in \mathfrak{S}_{\mathfrak{C}, \leq T} \\ \mathrm{Re}\,\pi = o(\mathfrak{S}_{\mathfrak{C}})}} r_{\mathfrak{C}}(\phi', \phi)(\pi) d_{\mathfrak{S}_{\mathfrak{C}}}\pi.$$

V.3.2. Enoncé

Pour simplifier, on impose à T' de vérifier:

$$T' \text{ est très grand par rapport à } R$$

Le but de ce paragraphe est d'associer à toute classe d'équivalence $\mathfrak{C}$ de $[S_{\mathfrak{X}}^{\mathfrak{F}}]$ et à tout réel positif T vérifiant:

(*) $\quad T < T'/(4)^{\dim_{\mathbb{R}}(\operatorname{Re} X_M^{\mathbf{G}}/\operatorname{Re}\mathfrak{S}_{\mathfrak{C}}^0)+1}$ et $T > R$,

(**) $-T$ est un point de continuité pour l'opérateur Δ (cf. V.2.8), une projection, notée $\operatorname{proj}_{\mathfrak{C},T}^{\mathfrak{F}}$, sur un sous-espace fermé de

$$L^2(G(k)\backslash\mathbf{G})_{\mathfrak{X},\mathfrak{F}}$$

vérifiant:

(0) si $\forall \mathfrak{S} \in \mathfrak{C}, \{\pi \in \mathfrak{S}_{\leq T} | \operatorname{Re}\pi = o(\mathfrak{S})\} = \emptyset$, alors $\operatorname{proj}_{\mathfrak{C},T}^{\mathfrak{F}} = 0$;

(1) $\operatorname{proj}_{\mathfrak{C},T}^{\mathfrak{F}}$ est orthogonale à $\operatorname{proj}_{\mathfrak{C}',T}^{\mathfrak{F}}, \forall \mathfrak{C} \neq \mathfrak{C}' \in [S_{\mathfrak{X}}^{\mathfrak{F}}]$, pour tout T tel que $\operatorname{proj}_{\mathfrak{C},T}^{\mathfrak{F}}$ et $\operatorname{proj}_{\mathfrak{C}',T}^{\mathfrak{F}}$ sont définies;

(2) $\forall \phi \in P_{\mathfrak{X}}^{\mathfrak{F}}, T < T'/(4^{\dim \operatorname{Re} X_M^{\mathbf{G}}+1}), \quad q_T\theta_\phi = \sum_{\mathfrak{C}\in[S_{\mathfrak{X}}^{\mathfrak{F}}]} \operatorname{proj}_{\mathfrak{C},T}^{\mathfrak{F}}\theta_\phi$,

(3) $\forall \mathfrak{C} \in [S_{\mathfrak{X}}^{\mathfrak{F}}], \forall \phi', \phi \in P_{\mathfrak{X}}^{\mathfrak{F}}$:
(i) la fonction $r_{\mathfrak{C}}(\phi', \phi)$ est holomorphe en tout point de l'ensemble $\{\pi \in \mathfrak{S}_{\mathfrak{C},\leq T} | \operatorname{Re}\pi = o(\mathfrak{S}_{\mathfrak{C}})\}$,
(ii) $< \theta_{\phi'}, \operatorname{proj}_{\mathfrak{C},T}^{\mathfrak{F}}\theta_\phi > = m_{\mathfrak{C},T}(\phi', \phi)$.

On décrira en V.3.3. de façon ad hoc ces projections mais on montrera qu'elles ont la définition simple suivante (qui les caractérise):

soit $\mathfrak{C} \in [S_{\mathfrak{X}}^{\mathfrak{F}}]$ et T comme ci-dessus. Pour $\phi \in P_{\mathfrak{X}}^{R,\mathfrak{F}}$, on définit presque partout:

$$\pi \in \mathfrak{S}_{\mathfrak{C}} \mapsto e_{\mathfrak{C}}(\phi, \pi) := |\operatorname{Norm}\mathfrak{S}_{\mathfrak{C}}|^{-1} \sum_{w\in W(M)} \operatorname{Res}_{w\mathfrak{S}_{\mathfrak{C}}}^{\mathbf{G}} E(\phi, w\pi)$$

où $E(\phi, \pi)$ est la série d'Eisenstein, fonction dépendant méromorphiquement de π, à singularités polynomiales sur $S_{\mathfrak{X}}^{\mathfrak{F}}$ et à valeurs dans l'ensemble des formes automorphes sur $G(k)\backslash\mathbf{G}$; évidemment le résidu se calcule après évaluation en les éléments de $\mathbf{G}$ et il s'agit de

$$(\operatorname{Res}_{w\mathfrak{S}_{\mathfrak{C}}}^{G} E(\phi', \pi'))_{\pi'=w\pi}.$$

Avec ces notations, on montrera que l'on a:

(4) (i) $e_{\mathfrak{C}}(\phi, \pi)$ est holomorphe en tout point de $\{\pi \in \mathfrak{S}_{\mathfrak{C},\leq T} | \operatorname{Re}\pi = o(\mathfrak{S}_{\mathfrak{C}})\}$;
(ii) $\operatorname{proj}_{\mathfrak{C},T}^{\mathfrak{F}}\theta_\phi = \int_{\pi\in\mathfrak{S}_{\mathfrak{C},\leq T}, \operatorname{Re}\pi=o(\mathfrak{S}_{\mathfrak{C}})} e_{\mathfrak{C}}(\phi, \pi) d_{\mathfrak{S}_{\mathfrak{C}}}\pi.$

On pose $L_{\mathfrak{C},T}^{2\mathfrak{F}} := \operatorname{proj}_{\mathfrak{C},T}^{\mathfrak{F}} L^2(G(k)\backslash\mathbf{G})_{\mathfrak{X},\mathfrak{F}}$. On montrera au passage une première décomposition spectrale de $L_{\mathfrak{C},T}^{2\mathfrak{F}}$: on note pour tout

$$\pi \in \{\pi \in \mathfrak{S}_{\mathfrak{C},\leq T} | \operatorname{Re}\pi = o(\mathfrak{S}_{\mathfrak{C}})\},$$

$A^{\mathfrak{F}}_{\mathfrak{C},\pi}$ l'espace des formes automorphes sur $G(k)\backslash\mathbf{G}$ engendré par les éléments $e_{\mathfrak{C}}(\phi,\pi)$ définis ci-dessus; $A^{\mathfrak{F}}_{\mathfrak{C},\pi}$ est naturellement égal à $A^{\mathfrak{F}}_{\mathfrak{C},w\pi}$ pour tout $w \in \operatorname{Norm}\mathfrak{S}$. On vérifiera que l'on a:

(5) (i) Pour tout $\pi \in \mathfrak{S}_{\leq T}$ de partie réelle $o(\mathfrak{S})$, $A^{\mathfrak{F}}_{\mathfrak{C},\pi}$ est muni d'un produit scalaire défini positif vérifiant:

$$\forall \phi', \phi \in P^{R,\mathfrak{F}}_{\mathfrak{X}}, < e_{\mathfrak{C}}(\phi',\pi), e_{\mathfrak{C}}(\phi,\pi) >= r_{\mathfrak{C}}(\phi',\phi)(\pi).$$

Ce produit n'est l'intégration sur $G(k)\backslash\mathbf{G}$ que si $A^{\mathfrak{F}}_{\mathfrak{C},\pi}$ est formé de formes automorphes de carré intégrable, ce qui est équivalent à dire que $\mathfrak{C}$ est formé de points (cf. V.1.6).

(ii) l'application $\pi \in \{\mathfrak{S}_{\mathfrak{C},\leq T} | \operatorname{Re}\pi = o(\mathfrak{S}_{\mathfrak{C}})\} \mapsto A^{\mathfrak{F}}_{\mathfrak{C},\pi}$ est un champ hilbertien et $L^{2\mathfrak{F}}_{\mathfrak{C},T}$ s'identifie à l'espace de Hilbert formé des fonctions mesurables F sur $\{\mathfrak{S}_{\mathfrak{C},\leq T} | \operatorname{Re}\pi = o(\mathfrak{S}_{\mathfrak{C}})\}$ telles que: $F(\pi) \in A^{\mathfrak{F}}_{\mathfrak{C},\pi}$ presque partout, avec $F(w\pi) = F(\pi)$, $\forall w \in \operatorname{Norm}\mathfrak{S}_{\mathfrak{C}}$;

$$\int_{\pi\in\mathfrak{S}_{\mathfrak{C},\leq T},\ \operatorname{Re}\pi=0(\mathfrak{S}_{\mathfrak{C}})} \|F(\pi)\|^2 d_{\mathfrak{S}_{\mathfrak{C}}}\pi \ < \ +\infty;$$

où $\| \ \|^2$ est le carré de la norme dans $A^{\mathfrak{F}}_{\mathfrak{C},\pi}$ définie en (i).

V.3.3. Définition de la famille de projections

On veut d'abord remplacer $S^{\mathfrak{F}}_{\mathfrak{C}}$ par un ensemble fini. Rappelons, cf. V.2.2, que si $\operatorname{Res}^{G}_{\mathfrak{S}}$ est non nul on a les deux propriétés suivantes: $\|o(\mathfrak{S})\| < R$ et $\{\pi \in \mathfrak{S}_{\leq T'} | \operatorname{Re}\pi = o(\mathfrak{S})\} \neq \emptyset$ d'où l'espace $\mathfrak{S}$ rencontre le compact

$\{\pi; \|\operatorname{Re}\pi\| < R$ et si k est un corps de nombres $\|\operatorname{Im}\lambda_\pi\|^2 < T' + R^2\}$.

On note $[S'_{\mathfrak{X}}]$ l'ensemble des classes d'équivalence dont les éléments vérifient les deux propriétés rappelées ci-dessus; il n'y en a qu'un nombre fini puisque $S^{\mathfrak{F}}_{\mathfrak{X}}$ est une famille localement finie. Remarquons:

(1) soient $\mathfrak{S}, \mathfrak{S}' \in S^{\mathfrak{F}}_{\mathfrak{X}}$; on suppose que la classe d'équivalence de $\mathfrak{S}$ est dans $[S'_{\mathfrak{X}}]$, que $\mathfrak{S}' \subset \mathfrak{S}$ et que $\mathfrak{S}' \cap \{\pi \in \mathfrak{S}_{\leq T'} | \operatorname{Re}\pi = o(\mathfrak{S})\} \neq \emptyset$, alors $o(\mathfrak{S}) = o(\mathfrak{S}')$ et la classe d'équivalence de $\mathfrak{S}'$ est dans $[S'_{\mathfrak{X}}]$.

On munit l'ensemble $[S'_{\mathfrak{X}}]$ d'un ordre total auquel on impose uniquement la condition suivante:

$$\forall\ \mathfrak{C}, \mathfrak{C}' \in [S'_{\mathfrak{X}}], \dim_{\mathbb{R}} \operatorname{Re}\mathfrak{S}^0_{\mathfrak{C}} < \dim_{\mathbb{R}} \operatorname{Re}\mathfrak{S}^0_{\mathfrak{C}'} \Rightarrow \mathfrak{C} < \mathfrak{C}'.$$

Si k est un corps de nombres, l'élément maximal de $[S'_{\mathfrak{X}}]$ est $\mathfrak{X}$ lui-même; si k est un corps de fonctions, l'élément maximal, pour l'ordre total fixé, est la classe d'équivalence d'une composante irréductible de $\mathfrak{P}$ (il y en a, en général, plusieurs possibles). Soit $\mathfrak{C} \in [S'_{\mathfrak{X}}]$; on pose:

$$P^{\mathfrak{F}}_{\mathfrak{C},T'} := \{\phi \in P^{\mathfrak{F}}_{\mathfrak{X}} | \phi \text{ est nulle à un grand ordre sur tout } \mathfrak{S}' \in \mathfrak{C}' \text{ avec } \mathfrak{C}' < \mathfrak{C}\}.$$

$$P^{R,\mathfrak{F}}_{\mathfrak{C},T'} := \{\phi \in P^{R,\mathfrak{F}}_{\mathfrak{X}} | \phi \text{ est nulle à un grand ordre sur tout } \mathfrak{S}' \in \mathfrak{C}' \text{ avec } \mathfrak{C}' < \mathfrak{C}\}.$$

(2) En particulier, soit $\mathfrak{S} \in \mathfrak{C}$ et soit $\mathfrak{S}' \in S^{\mathfrak{F}}_{\mathfrak{X}}$; si $\mathfrak{S}$ et $\mathfrak{S}'$ vérifient les hypothèses de (1) avec $\mathfrak{S} \neq \mathfrak{S}'$, tout $\phi \in P^{R,\mathfrak{F}}_{\mathfrak{C},T'}$ est nulle à un grand ordre sur $\mathfrak{S}'$.

On note $\tilde{L}^{2\mathfrak{F}}_{\geq\mathfrak{C},T'}$ le sous-espace fermé de $L^2(G(k)\backslash\mathbf{G})_{\mathfrak{X},\mathfrak{F}}$ engendré par l'ensemble des éléments θ_ϕ avec $\phi \in P^{R,\mathfrak{F}}_{\mathfrak{C},T'}$. Soit $T \leq T'$; on pose encore:

$L^{2\mathfrak{F}}_{\geq\mathfrak{C},T} = q_T \tilde{L}^{2\mathfrak{F}}_{\geq\mathfrak{C},T'}$, (si k est un corps de fonctions il n'y a pas de T' ni de T et les deux espaces, avec et sans tilda, coïncident, ils sont notés $L^{2\mathfrak{F}}_{\geq\mathfrak{C}}$, dans ce qui suit))

$L^{2\mathfrak{F}}_{>\mathfrak{C},T} = \bigcup_{\mathfrak{C}'>\mathfrak{C}} L^{2\mathfrak{F}}_{\geq\mathfrak{C}',T}$, c'est un sous-espace de $L^{2\mathfrak{F}}_{\geq\mathfrak{C},T}$ car pour $\mathfrak{C}' > \mathfrak{C}$, $P^{R,\mathfrak{F}}_{\mathfrak{C}',T'}$ contient $P^{R,\mathfrak{F}}_{\mathfrak{C},T'}$;

$L^{2\mathfrak{F}}_{\mathfrak{C},T} = (L^{2\mathfrak{F}}_{>\mathfrak{C},T})^\perp \cap L^{2\mathfrak{F}}_{\geq\mathfrak{C},T}$;

$\mathrm{proj}^{\mathfrak{F}}_{\mathfrak{C},T}$ la projection orthogonale de $L^2(G(k)\backslash\mathbf{G})_{\mathfrak{X},\mathfrak{F}}$ sur $L^{2\mathfrak{F}}_{\mathfrak{C},T}$.

On aura besoin de savoir que

$$L^{2\mathfrak{F}}_{\geq\mathfrak{C},T} \subset \tilde{L}^{2\mathfrak{F}}_{\geq\mathfrak{C},T}. \tag{3}$$

En effet, d'après [S] th. 7.15 (équivalence de (1) et (2)), pour démontrer que $\tilde{L}^{2\mathfrak{F}}_{\geq\mathfrak{C},T}$ est stable par q_T, il suffit de démontrer que $\tilde{L}^{2\mathfrak{F}}_{\geq\mathfrak{C},T}$ "réduit" l'operateur Δ, au sens de Stone def 4.5. D'après Stone th. 4.27, il suffit encore de démontrer qu'il existe z n'appartenant pas au spectre de Δ tel que $\tilde{L}^{2\mathfrak{F}}_{\geq\mathfrak{C},T}$ soit stable par la résolvante $(\Delta - z)^{-1}$. Or choisissons z réel supérieur à R^2. La résolvante $(\Delta - z)^{-1}$ existe et l'on a par définition de Δ:

$$(\Delta - z)^{-1}\theta_\phi = \theta_{\phi'},$$

où $\phi'(\pi) = (z - (\lambda_\pi, \lambda_\pi))^{-1}\phi(\pi)$ pour tout $\phi \in P^{R,\mathfrak{F}}_{\mathfrak{X}}$. L'application $\phi \mapsto \phi'$ conserve $P^{R,\mathfrak{F}}_{\mathfrak{C},T}$, donc $(\Delta - z)^{-1}$ conserve l'espace engendré par les θ_ϕ pour $\phi \in P^{R,\mathfrak{F}}_{\mathfrak{C},T}$. Comme $(\Delta - z)^{-1}$ est continu, il conserve aussi la clôture de cet espace, i.e. $\tilde{L}^{2\mathfrak{F}}_{\geq\mathfrak{C},T}$. D'où l'assertion.

Par construction, pour $\mathfrak{C}', \mathfrak{C} \in [S'_{\mathfrak{X}}]$, les projections $\mathrm{proj}^{\mathfrak{F}}_{\mathfrak{C}',T}$ et $\mathrm{proj}^{\mathfrak{F}}_{\mathfrak{C},T}$ sont orthogonales; on pose $\mathrm{proj}^{\mathfrak{F}}_{\mathfrak{C},T} = 0$ si $\mathfrak{C} \in [S^{\mathfrak{F}}_{\mathfrak{X}}] - [S'_{\mathfrak{X}}]$ et l'on a immédiatement V.3.2(0) et (1).

V.3.4. Schéma et début de la preuve

La preuve des assertions de V.3.2 se fait par récurrence descendante sur les éléments de $[S'_{\mathfrak{X}}]$ muni de l'ordre total fixé en V.3.3. Fixons $\mathfrak{C} \in [S'_{\mathfrak{X}}]$; on suppose que V.3.2 (3) et (4) sont prouvés pour toute classe $\mathfrak{C}' > \mathfrak{C}$. On montre alors que V.3.2 (3) et (4) sont vraies pour tout élément ϕ de $P_{\mathfrak{C},T'}^{R,\mathfrak{F}}$ (c'est l'objet des paragraphes qui suivent jusqu'en V.3.7), puis on prouve V.3.2(5) (cf. V.3.9 et 11) pour $\mathfrak{C}$ et par un passage à la limite, utilisant V.3.2 (5) (ii), V.3.2 (3) et (4) pour tout élément de $P_{\mathfrak{X}}^{R,\mathfrak{F}}$. Au passage, en fait pour obtenir V.3.2 (3) pour $\phi \in P_{\mathfrak{C},T'}^{R,\mathfrak{F}}$, on prouve que si $\phi \in P_{\mathfrak{C},T'}^{R,\mathfrak{F}}$, les hypothèses du lemme V.2.9 sont réalisées (la preuve de cela est ci-dessous pour la première hypothèse et en V.3.5 pour la deuxième hypothèse); quand on est arrivé à l'élément minimal de $[S'_{\mathfrak{X}}]$, V.3.2 (2) devient conséquence de V.2.9. Cela achèvera la preuve.

La côté désagréable de cette preuve, dans le cas des corps de nombres, vient de ce que l'on démontre des résultats pour des réels T qui une fois T' fixé dépendent de la classe d'équivalence, notée $\mathfrak{C}$ ci-dessus. Comme on le verra, cela provient de la forme du théorème des résidus que nous avons démontré; Langlands qui en démontre une forme plus précise (il peut faire $T = T'$), n'a pas ces ennuis.

A partir de maintenant, on fixe $\mathfrak{C}$ comme ci-dessus et T vérifiant V.3.2 (*) et (**). On va ici montrer ce qu'entraine l'hypothèse de récurrence et prouver V.3.2 (3) pour $\phi \in P_{\mathfrak{C},T'}^{R,\mathfrak{F}}$. On fixe aussi T_1 très légèrement inférieur à $T'/4^{\dim_{\mathbb{R}} \mathrm{Re}\, X_M^{\mathbf{G}} / \mathrm{Re}\, \mathfrak{S}_{\mathfrak{C}}^0}$ de sorte que T_1 soit suffisamment grand par rapport à T pour que V.2.2 (où l'on fait $T' = T_1$) s'applique.

Soit $\mathfrak{C}' > \mathfrak{C}$ et soient $\phi' \in P_{\mathfrak{X}}^{\mathfrak{F}}, \phi \in P_{\mathfrak{C},T'}^{R,\mathfrak{F}}$. On veut d'abord vérifier que $r_{\mathfrak{C}'}(\phi', \phi)(\pi)$ est holomorphe en tout point de $\mathfrak{S}'_{\mathfrak{C},\leq T_1}$ dont la partie réelle appartient au segment $[o(\mathfrak{S}_{\mathfrak{C}'}), z(\mathfrak{S}_{\mathfrak{C}'})]$. Grâce à la definition de la généralité du points $z(\mathfrak{S}_{\mathfrak{C}'})$ on sait que si la fonction $r_{\mathfrak{C}'}(\phi', \phi)(\pi)$ a des singularités en un tel point, ce point appartient à un hyperplan de $\mathfrak{S}_{\mathfrak{C}'}$ singulier pour cette fonction et coupant l'ensemble $\{\pi \in \mathfrak{S}_{\mathfrak{C}',\leq T_1} \,|\, \mathrm{Re}\,\pi = o(\mathfrak{S}_{\mathfrak{C}'})\}$. Or, si k est un corps de fonctions V.3.2 (3) (i) exclut l'existence de tels hyperplans singuliers en toute généralité; par contre si k est un corps de nombres l'existence d'un tel hyperplan n'est exclu par V.3.2 (3)(i) que si $\dim_{\mathbb{R}} \mathrm{Re}\, \mathfrak{S}_{\mathfrak{C}'}^0 > \dim_{\mathbb{R}} \mathrm{Re}\, \mathfrak{S}_{\mathbb{C}}^0$ (à cause de l'inégalité vérifiée par T_1). Mais comme $\phi \in P_{\mathfrak{C},T'}^{R,\mathfrak{F}}$, les propriétés de nullité de ϕ sur les plans éventuellement singuliers, assurent l'holomorphie de $r_{\mathfrak{C}}(\phi', \phi)$ en tout point de $\mathfrak{S}_{\mathfrak{C}',T'}$ si $\mathfrak{C}' \geq \mathfrak{C}$ et $\dim_{\mathbb{R}} \mathrm{Re}\, \mathfrak{S}_{\mathfrak{C}'}^0 = \dim_{\mathbb{R}} \mathrm{Re}_{\mathfrak{C}}^0$; ce raisonnement s'applique aussi au cas des corps de fonctions pour le cas où $\mathfrak{C}' = \mathfrak{C}$ dont nous avons aussi besoin. Utilisant le théorème des résidus (cf. V.1.5 dont les hypothèses sont vérifiés, ici T_1 remplace le T' de V.1.5, R remplace $\sup(\|\lambda_1\|, \|\lambda_2\|)$ et on utilise le fait que T' est très grand par rapport à R) on voit que l'on a:

$$\forall \phi' \in P_{\mathfrak{X}}^{R,\mathfrak{F}}, \phi \in P_{\mathfrak{C},T'}^{R,\mathfrak{F}}\ m_{\mathfrak{C}',T}(\phi',\phi) =_T \int_{\substack{\pi \in \mathfrak{S}_{\mathfrak{C}',\leq T} \\ \operatorname{Re}\pi = z(\mathfrak{S}_{\mathfrak{C}'})}} r_{\mathfrak{C}'}(\phi',\phi)(\pi) d_{\mathfrak{S}_{\mathfrak{C}'}}\pi.$$

Ainsi pour $\phi \in P_{\mathfrak{C},T'}^{R,\mathfrak{F}}$, il résulte de V.3.1 (2) que l'on a:

$$(1) \qquad \forall \phi' \in P_{\mathfrak{X}}^{R,\mathfrak{F}},\ < \theta_{\phi'}, \theta_\phi > =_T \sum_{\mathfrak{C}' \geq \mathfrak{C}} m_{\mathfrak{C}',T}(\phi',\phi).$$

Supposons que k soit un corps de fonctions. En tenant compte de l'hypothèse de récurrence pour V.3.2 (3) (ii), on a (T disparait):

$$(2)_f \qquad < \theta_{\phi'}, \sum_{\mathfrak{C}' > \mathfrak{C}} \operatorname{proj}_{\mathfrak{C}'}^{\mathfrak{F}} \theta_\phi > = \sum_{\mathfrak{C}' > \mathfrak{C}} m_{\mathfrak{C}'}(\phi',\phi).$$

Tenant compte de la définition de $\operatorname{proj}_{\mathfrak{C}}^{\mathfrak{F}}$ on en déduit:

$$(3)_f \qquad \forall \phi \in P_{\mathfrak{C}}^{R,\mathfrak{F}}, \forall \phi' \in P_{\mathfrak{X}}^{R,\mathfrak{F}},\ < \theta_{\phi'}, \operatorname{proj}_{\mathfrak{C}}^{\mathfrak{F}} \theta_\phi > = m_{\mathfrak{C}}(\phi',\phi),$$

c'est-à-dire V.3.2 (3).

Supposons maintenant que k est un corps de nombres. L'hypothèse de récurrence sur V.3.2 (3), donne, pour tout $\phi', \phi \in P_{\mathfrak{X}}^{\mathfrak{F}}$:

$$(2)_n \qquad < \theta_{\phi'}, \sum_{\mathfrak{C}' > \mathfrak{C}} \operatorname{proj}_{\mathfrak{C}',T}^{\mathfrak{F}} \theta_\phi >= \sum_{\mathfrak{C}' > \mathfrak{C}} m_{\mathfrak{C}',T}(\phi',\phi).$$

D'où, avec (1), pour tout $\phi' \in P_{\mathfrak{X}}^{R,\mathfrak{F}}$ et pour tout $\phi \in P_{\mathfrak{C},T'}^{R,\mathfrak{F}}$:

$$< \theta_{\phi'}, (1 - \sum_{\mathfrak{C}' > \mathfrak{C}} \operatorname{proj}_{\mathfrak{C}',T}^{\mathfrak{F}}) \theta_\phi > =_T m_{\mathfrak{C},T}(\phi',\phi).$$

On note $\widetilde{proj}_{\mathfrak{C},T}^{\mathfrak{F}}$ la projection orthogonale sur $\tilde{L}_{\geq \mathfrak{C},T'}^{2\mathfrak{F}} \cap (L_{>\mathfrak{C},T}^{2\mathfrak{F}})^\perp$; on a (cf. V.3.3 (3)):

$$\operatorname{proj}_{\mathfrak{C},T}^{\mathfrak{F}} = q_T \circ \widetilde{proj}_{\mathfrak{C},T}^{\mathfrak{F}}$$

et pour tout $\phi \in P_{\mathfrak{C},T'}^{R,\mathfrak{F}}$;

$$(*) \qquad \widetilde{proj}_{\mathfrak{C},T}^{\mathfrak{F}}(\theta_\phi) = (1 - \sum_{\mathfrak{C}' > \mathfrak{C}} \operatorname{proj}_{\mathfrak{C}',T}^{\mathfrak{F}})(\theta_\phi).$$

D'où, pour tout $\phi \in P_{\mathfrak{C},T'}^{R,\mathfrak{F}}$ et pour tout $\phi' \in P_{\mathfrak{X}}^{R,\mathfrak{F}}$:

$$(**) \qquad < \theta_{\phi'}, \widetilde{proj}_{\mathfrak{C},T}^{\mathfrak{F}} \theta_\phi > =_T m_{\mathfrak{C},T}(\phi',\phi).$$

D'après V.3.2 (3), si ϕ', ϕ vérifient les hypothèses de V.2.9, on a:

$$< \theta_{\phi'}, q_T \theta_\phi > = \sum_{\mathfrak{C}' \geq \mathfrak{C}} m_{\mathfrak{C}',T}(\phi',\phi).$$

On tire de (*):

$$\operatorname{proj}_{\mathfrak{C},T}^{\mathfrak{F}} \theta_\phi = (q_T - \sum_{\mathfrak{C}' > \mathfrak{C}} \operatorname{proj}_{\mathfrak{C}',T}^{\mathfrak{F}}) \theta_\phi,$$

d'où:

$(3)_n$ $$< \theta_{\phi'}, \mathrm{proj}^{\mathfrak{F}}_{\mathfrak{C},T}\theta_\phi > = m_{\mathfrak{C},T}(\phi', \phi).$$

Ainsi V.3.2 (3) va résulter de V.3.5, ci-dessous, puisqu'on l'on vient de voir que la première hypothèse de V.2.9 est réalisée.

V.3.5. Lemme: *Soit* $\mathfrak{C} \in [S^{\mathfrak{F}}_{\mathfrak{X}}]$*; on suppose que les assertions de V.3.2 (3) et (4) sont vraies pour tout* $\mathfrak{C}' > \mathfrak{C}$*. Soient* $\phi', \phi \in P^{R,\mathfrak{F}}_{\mathfrak{X}}$ *et soit* $\mathfrak{S} \in \mathfrak{C}$*. Alors pour toute fonction* $f \in H^R$ *(notations de V.2.9), on a l'égalité de fonctions méromorphes sur* $\{\pi \in \mathfrak{S} |\ \|\mathrm{Re}\,\pi\| < R\}$*:*

$$\mathrm{Res}^G_{\mathfrak{S}} A(\phi', f\phi) = f_{|\mathfrak{S}} \mathrm{Res}^G_{\mathfrak{S}}(\phi', \phi).$$

On commence par une remarque générale et technique:

V.3.6. Remarque: Soit $(M, \mathfrak{P}) \in \mathfrak{X}$ et soit $\mathfrak{S} \in S^{\mathfrak{F}}_{(M,\mathfrak{P})}$. Soit aussi une famille de fonctions méromorphes sur $\{\pi \in \mathfrak{S} |\ \|\mathrm{Re}\,\pi\| < R\}$, dépendant de $\phi \in P^{R,\mathfrak{F}}_{\mathfrak{X}}$, notée $\pi \mapsto B(\phi)(\pi)$. On suppose que, pour π dans un ouvert dense de $\{\pi \in \mathfrak{S} |\|\mathrm{Re}\,\pi\| < R\}$ (ouvert indépendant de ϕ), toutes les fonctions $B(\phi)$ sont holomorphes en π et la fonction $\phi \mapsto B(\phi)(\pi)$ se calcule grâce aux dérivées de ϕ en π d'ordre $\leq a$ (où $a \in \mathbb{N}$) (cf. ci-dessous). Alors:

(i) $B(\phi) \equiv 0$ *pour tout* ϕ *si et seulement si cela est vrai pour tout* ϕ *élément de* $P^{R,\mathfrak{F}}_{\mathfrak{C},T'}$*, nul à un grand ordre sur tous les éléments de* $\mathfrak{C} - \{\mathfrak{S}\}$*, ainsi que sur* $\cup_{(M',\mathfrak{P}')\in\mathfrak{X}-\{(M,\mathfrak{P})\}}\mathfrak{P}'$.

(ii) On fixe ϕ *et l'on suppose que* $B(\phi) \not\equiv 0$*. Alors, quitte à multiplier* ϕ *par un polynôme sur* $\mathfrak{P}$*, on peut imposer que:*

(a) $B(\phi)$ *est holomorphe en tout point de* $\{\pi \in \mathfrak{S}_{\leq T} |\|\mathrm{Re}\,\pi\| < R\}$*;*

(b) $B(g\phi) = g_{|\mathfrak{S}} B(\phi)$ *pour toute fonction à croissance polynomiale,* g*, sur* $\{\pi \in \mathfrak{P} |\|\mathrm{Re}\,\pi\| < R\}$*;*

(c) $\int_{\substack{\pi \in \mathfrak{S}_{\leq T} \\ \mathrm{Re}\,\pi = o(\mathfrak{S})}} B(\phi)(\pi) d_{\mathfrak{S}}\pi \neq 0.$

Pour la notion de dérivées de ϕ il faut adopter le deuxième point de vue de II.1.2, i.e. fixer $\rho \in \mathfrak{P}$ et considérer des fonctions sur X^G_M à valeurs dans l'espace fixe $A(U(\mathbb{A})M(k)\backslash\mathbf{G})_\rho$ qui vérifient V.1.2 (3) et (4). On peut alors dériver ϕ sans difficultés et l'on dit que la fonction de $B(\phi)(\pi)$ se calcule grâce aux dérivées de ϕ d'ordre inférieur au égal à a, si $B(\phi)(\pi)$ est la valeur en π d'une combinaison linéaire de dérivées de ϕ d'ordre $\leq a$ à coefficients des fonctions de π, indépendantes de ϕ. L'exemple type pour nous, sont les fonctions $\mathrm{Res}A(\phi', \phi)$ pour ϕ' fixé et Res une donnée de résidu.

(i) On fixe π_0 général dans $\mathfrak{S}$; soit $\phi' \in P_{\mathfrak{X}}^{R,\mathfrak{F}}$. Alors il existe $\phi \in P_{\mathfrak{C},T'}^{R,\mathfrak{F}}$ ayant les propriétés de nullité de l'énoncé de la remarque telle que $\phi - \phi'$ soit nulle en π_0 ainsi que toutes les dérivées d'ordre inférieur ou égal à a. On a donc $B(\phi)(\pi_0) = B(\phi')(\pi_0)$ et (i) est clair.

On reprend la notation $D^+_{\leq m}$ de V.2.10 et comme en V.2.10, on voit qu'il existe un entier m et, pour $\delta_1, \ldots, \delta_Q$ une base de $D^+_{\leq m}$, des fonctions méromorphes r_i sur $\{\pi \in \mathfrak{S} |\ \|\operatorname{Re}\pi\| < R\}$ telles que l'on ait, pour toute fonction à croissance polynomiale g sur $\{\pi \in \mathfrak{P} |\ \|\operatorname{Re}\pi\| < R\}$:

$$B(g\phi) = g_{|\mathfrak{S}} B(\phi) + \sum_{1 \leq i \leq Q} (\delta_i g)_{|\mathfrak{S}} r_i.$$

On note a le plus petit entier tel que si $r_i \not\equiv 0$ alors $\delta_i \in D^+_{\leq a}$ (éventuellement $a = 0$, si pour tout $i, r_i \equiv 0$). On fixe un polynôme h sur $\mathfrak{P}$ tel que h est nul à un très grand ordre sur les hyperplans de $\mathfrak{S}_{\leq T}$ singuliers pour $B(\phi)$ et si $a > 0, h_{|\mathfrak{S}} = 0$, pour tout $\delta \in D^+_{<a}, \delta h_{|\mathfrak{S}} = 0$ et il existe un seul indice $i \in \{1, \ldots, Q\}$ tel que $r_i \neq 0$ et $(\delta_i h)_{|\mathfrak{S}} \not\equiv 0$; on note i_0 cet indice. On a:

$$B(hg\phi) = (hg)_{|\mathfrak{S}} B(\phi) + \sum_{1 \leq i \leq Q} (h\delta_i g)_{|\mathfrak{S}} r_i + (g\delta_{i_0} h)_{|\mathfrak{S}} r_{i_0} = g_{|\mathfrak{S}} (\delta_{i_0} h)_{|\mathfrak{S}} r_{i_0}$$

et cela vaut encore:

$$g_{|\mathfrak{S}} B(h\phi),$$

car:

$$B(h\phi) = (\delta_{i_0} h)_{|\mathfrak{S}} r_{i_0}.$$

Ainsi (a) et (b) sont satisfaits en remplaçant ϕ par $h\phi$, ce que nous faisons dans la suite. D'autre part, on a encore, par choix de i_0, $B(h\phi) \not\equiv 0$. En outre (a) et (b) restent vrais si l'on multiple ϕ par une fonction h' holomorphe à croissance polynomiale sur $\{\pi \in \mathfrak{P} | \operatorname{Re}\pi < R\}$. Pour obtenir (c), on raisonne par l'absurde en supposant, que pour tout h' comme ci-dessus, on a:

$$\int_{\substack{\pi \in \mathfrak{S}_{\leq T} \\ \operatorname{Re}\pi = o(\mathfrak{S})}} B(h'\phi)(\pi) d_{\mathfrak{S}}\pi = 0.$$

On note r la fonction $B(\phi)$. Elle est holomorphe en tout point de $\mathfrak{S}_{\leq T}$ de partie réelle $o(\mathfrak{S})$ et non identiquement nulle. Alors $B(h'\varphi) = h'_{|\mathfrak{S}} r$. L'hypothèse se réécrit donc, pour tout h' comme ci-dessus:

$$\int_{\substack{\pi \in \mathfrak{S}_{\leq T} \\ \operatorname{Re}\pi = o(\mathfrak{S})}} h'_{|\mathfrak{S}}(\pi) r(\pi) d_{\mathfrak{S}}\pi = 0.$$

L'ensemble d'intégration est compact et toute fonction continue sur cet ensemble est limite uniforme de restriction de fonctions h' comme ci-dessus. On a donc:

$$\int_{\substack{\pi\in\mathfrak{S}_{\leq T}\\ \mathrm{Re}\,\pi=o(\mathfrak{S})}} g(\pi)r(\pi)d_{\mathfrak{S}}\pi = 0,$$

pour toute fonction g définie et continue sur l'ensemble d'intégration. Soit π_0 un point de partie réelle $o(\mathfrak{S})$ où $r(\pi_0)\neq 0$ et prenant g concentrée au voisinage de π_0, on obtient la contradiction:

$$\int_{\substack{\pi\in\mathfrak{S}_{\leq T}\\ \mathrm{Re}\,\pi=o(\mathfrak{S})}} g(\pi)r(\pi)d_{\mathfrak{S}}\pi \neq 0.$$

Revenons à la preuve du lemme. On suppose, comme cela est loisible, que $(M,\mathfrak{P})$ est la donnée cuspidale de $\mathfrak{S}$ et que ϕ a les propriétés de nullité de la remarque (i). Tenant compte de V.2.11, il suffit de prouver que l'on a:

(1) $$\mathrm{Res}_{\mathfrak{S}}^{G}A(\phi',f\phi)=0, \forall f\in H^R \text{ tel que } f_{|\mathfrak{S}}\equiv 0.$$

Pour exploiter V.3.4 (**), il faut écrire précisément $m_{\mathfrak{C},T}(\phi',f\phi)$ en tenant compte des hypothèses de nullité faites sur ϕ. On a:

$$\begin{aligned} r_{\mathfrak{C}}(\phi',f\phi)(\pi) &= |\,\mathrm{Norm}\,\mathfrak{S}|^{-1}\sum_{w\in\mathrm{Stab}(M,\mathfrak{P})}\mathrm{Res}_{w\mathfrak{S}}^{G}\\ &< \sum_{\tau\in W(M)} < M(\tau^{-1},-\tau w\overline{\pi})\phi'(-\tau w\overline{\pi}),(f\phi)(w\pi) >\\ &= |\,\mathrm{Norm}\,\mathfrak{S}|^{-1}\sum_{w\in\mathrm{Norm}\,\mathfrak{S}}(\mathrm{Res}_{\mathfrak{S}}^{G}A(\phi',f\phi))(w\pi).\end{aligned}$$

d'où

$$\begin{aligned} &m_{\mathfrak{C},T}(\phi',\phi) =\\ &|\,\mathrm{Norm}\,\mathfrak{S}|^{-1}\int_{\substack{\pi\in\mathfrak{S}_{\leq T}\\ \mathrm{Re}\,\pi=o(\mathfrak{S})}}\sum_{w\in\mathrm{Norm}\,\mathfrak{S}}(\mathrm{Res}_{\mathfrak{S}}^{G}A(\phi',f\phi))(w\pi)d_{\mathfrak{S}}\pi.\end{aligned}$$

Chaque terme de la somme est holomorphe en tout point de l'ensemble d'intégration, à cause des propriétés de nullité de ϕ, sur les éléments $\mathfrak{S}'$ de $S_{\mathfrak{X}}^{\mathfrak{F}}$ inclus dans $\mathfrak{S}$ et coupant l'ensemble d'intégration. On peut donc sortir la somme de l'intégrale et faire des changements de variable pour faire disparaitre les éléments w de $\mathrm{Norm}\,\mathfrak{S}$. On obtient:

$$m_{\mathfrak{C},T}(\phi',f\phi)=\int_{\substack{\pi\in\mathfrak{S}_{\leq T}\\ \mathrm{Re}\,\pi=0(\mathfrak{S})}}(\mathrm{Res}_{\mathfrak{S}}^{G}A(\phi',f\phi))(\pi)d_{\mathfrak{S}}\pi.$$

Si f est nul à un grand ordre sur $\mathfrak{S}$, (1) est clair. On reprend la notation $D_{\leq m}^{+}$ de V.2.11. On note a le plus grand entier, s'il existe, tel qu'il exite $f\in H^R$ nul sur $\mathfrak{S}$, $\phi'\in P_{\mathfrak{X}}^{R,\mathfrak{F}}$, $\phi\in P_{\mathfrak{C},T}^{R,\mathfrak{F}}$, avec les propriétés de nullité imposées ci-dessus, tels que:

– $\forall \delta \in D^+_{<a}, \delta\, f_{|\mathfrak{S}} = 0$,

– $\mathrm{Res}^G_{\mathfrak{S}} A(\phi', f\phi) \not\equiv 0$.

Si a n'existe pas le lemme est vrai; supposons donc que a existe et fixons ϕ', ϕ, f satisfaisant les conditions ci-dessus. On a:

$$\theta_{f\phi} = D(f)\theta_\phi,$$

avec les notations de III.1.4, et par construction, pour tout $f' \in H$, $D(f')$ commute à $\mathrm{proj}^{\mathfrak{F}}_{\mathfrak{C},T}$. On va d'abord supposer que k est un corps de fonctions, ce qui simplifie tout en montrant le schéma de la preuve.

Tenant compte de V.3.4 $(3)_f$, on ici:

$$(2) \qquad < \theta_{\phi'}, \mathrm{proj}^{\mathfrak{F}}_{\mathfrak{C}}\, \theta_{f\phi} > = \int_{\substack{\pi \in \mathfrak{S} \\ \mathrm{Re}\,\pi = o(\mathfrak{S})}} (\mathrm{Res}^G_{\mathfrak{S}} A(\phi', f\phi))(\pi) d_{\mathfrak{S}}\pi.$$

Il résulte de V.3.6 (ii) que quitte à modifier ϕ, sans perdre les hypothèses sur le triplet (f, ϕ', ϕ), le membre de droite ci-dessus est non nul, i.e.:

$$< \theta_{\phi'}, \mathrm{proj}^{\mathfrak{F}}_{\mathfrak{C}}\, \theta_{f\phi} > \neq 0.$$

En particulier $\mathrm{proj}^{\mathfrak{F}}_{\mathfrak{C}}\, \theta_{f\phi} \neq 0$. La positivité du produit scalaire de

$$L^2(G(k)\backslash \mathbf{G})_{\mathfrak{X},\mathfrak{F}}$$

assure alors que l'on a:

$$< \mathrm{proj}^{\mathfrak{F}}_{\mathfrak{C}}\, \theta_{f\phi}, \mathrm{proj}^{\mathfrak{F}}_{\mathfrak{C}}\, \theta_{f\phi} > \neq 0.$$

Or, on a vu que $\mathrm{proj}^{\mathfrak{F}}_{\mathfrak{C}}\, \theta_{f\phi} = D(f)\, \mathrm{proj}^{\mathfrak{F}}_{\mathfrak{C}}\, \theta_\phi$; d'où:

$$0 \neq < \mathrm{proj}^{\mathfrak{F}}_{\mathfrak{C}}\, \theta_\phi, D(f^* f)\, \mathrm{proj}^{\mathfrak{F}}_{\mathfrak{C}}\, \theta_\phi > = < \theta_\phi, \mathrm{proj}^{\mathfrak{F}}_{\mathfrak{C}}\, \theta_{f^* f\phi} > .$$

En particulier $\mathrm{Res}^G_{\mathfrak{S}} A(\phi, f^* f\phi) \neq 0$. Si l'on montre que $f^*_{|\mathfrak{S}} = 0$, on aura:

$$\delta(f^*)_{|\mathfrak{S}} = 0, \ \forall \delta \in D^+_{\leq a},$$

ce qui est la contradiction cherchée. Remarquons que l'on a $f^*_{|\mathfrak{S}} = 0$ si $-\overline{\mathfrak{S}} \in \mathrm{Stab}(M, \mathfrak{P}).\mathfrak{S}$ i.e. $-\overline{\mathfrak{S}} \in \mathfrak{C}$. Montrons cela:

V.3.6. (b) Remarque. (k quelconque). Soit $\mathfrak{S} \in \mathfrak{C}$ tel que $\mathrm{Res}^G_{\mathfrak{S}}$ n'annule pas toutes les fonctions $A(\phi', \phi)$. Alors $-\overline{\mathfrak{S}} \in \mathfrak{C}$; (par conjugaison la même propriété est alors vraie pour tout $\mathfrak{S}' \in \mathfrak{C}$)

On ne fait ici la preuve que sous l'hypothèse k corps de fonctions. Par hypothèse, il existe $\phi' \in P^{R,\mathfrak{F}}_{\mathfrak{X}}$ et $\phi \in P^{R,\mathfrak{F}}_{(M,\mathfrak{P})}$ tels que $\mathrm{Res}^G_{\mathfrak{S}} A(\phi', \phi) \neq 0$. D'après la remarque V.3.6, tout en gardant la non nullité, on peut imposer à φ les conditions de nullité déjà imposées ci-dessus et en plus d'être nulle à un grand ordre sur tout élément $-\overline{\mathfrak{S}}'$ avec $\mathfrak{S}' \in \mathfrak{C} \cap S^{\mathfrak{F}}_{(M,\mathfrak{P})}$ et $-\overline{\mathfrak{S}}' \notin \mathfrak{C} \cap S^{\mathfrak{F}}_{(M,\mathfrak{P})}$. Le calcul fait en (2) ci-dessus donne:

$$< \theta_{\phi'}, \mathrm{proj}^{\mathfrak{F}}_{\mathfrak{C}}\, \theta_\phi >= \int_{\substack{\pi \in \mathfrak{S} \\ \mathrm{Re}\,\pi = o(\mathfrak{S})}} (\mathrm{Res}^G_{\mathfrak{S}}(\phi', \phi))(\pi) d_{\mathfrak{S}}\pi.$$

Utilisant V.3.6 (ii), quitte à modifier ϕ sans perdre les hypothèses de nullité, on peut imposer en plus au membre de droite d'être non nul. D'où $\mathrm{proj}_{\mathfrak{C}}^{\mathfrak{F}}\theta_\phi \neq 0$. On calcule sa norme L^2 qui vaut aussi $< \theta_\phi, \mathrm{proj}_{\mathfrak{C}}^{\mathfrak{F}}\theta_\phi >$. D'où:

$$0 \neq < \theta_\phi, \mathrm{proj}_{\mathfrak{C}}^{\mathfrak{F}}\theta_\phi > = \int_{\substack{\pi\in\mathfrak{S} \\ \mathrm{Re}\,\pi = o(\mathfrak{S})}} \mathrm{Res}_{\mathfrak{S}}^G A(\phi,\phi)(\pi) d_{\mathfrak{S}}\pi$$

et

$$\mathrm{Res}_{\mathfrak{S}}^G A(\phi,\phi) \not\equiv 0.$$

Or on a:

$$\mathrm{Res}_{\mathfrak{S}}^G A(\phi,\phi) = \sum_{w\in W(M)} < M(w^{-1}, -w\overline{\pi})\phi(-w\overline{\pi}), \phi(\pi) > .$$

Les propriétés de nullité de ϕ assurent que l'on peut limiter la somme aux éléments w de $\mathrm{Stab}(M,\mathfrak{P})$ tels que $-w\overline{\mathfrak{S}} \in \mathfrak{C}$. Cet ensemble est donc non vide, ce qui termine la preuve de la remarque et de V.3.5 dans le cas des corps de fonctions.

Supposons maintenant que k est un corps de nombres. Grâce à V.3.6 (ii), quitte à modifier ϕ sans perdre les propriétés de nullité imposées, on peut supposer que l'on a:

$$\text{(3)} \qquad \mathrm{Res}_{\mathfrak{S}}^G A(\phi', f\phi) \not\equiv 0,$$

pour toute fonction holomorphe g à croissance polynomiale sur $\{\pi \in \mathfrak{P} | \, \|\mathrm{Re}\,\pi\| < R\}$:

$$\text{(4)} \qquad \begin{aligned} &\mathrm{Res}_{\mathfrak{S}}^G A(\phi', gf\phi) \\ &\quad = g_{|\mathfrak{S}} \;\; \mathrm{Res}_{\mathfrak{S}}^G A(\phi', f\phi), \quad \text{(égalité de fonctions méromorphes)} \end{aligned}$$

$$\text{(5)} \qquad \int_{\substack{\pi\in\mathfrak{S}_{\leq T} \\ \mathrm{Re}\,\pi = o(\mathfrak{S})}} \mathrm{Res}_{\mathfrak{S}}^G A(\phi', f\phi)(\pi) d_{\mathfrak{S}}\pi \neq 0.$$

A fortiori, (4) entraine que les hypothèses de V.2.9 sont satisfaites pour ϕ' et $f\phi$, on a donc V.3.5 $(3)_n$ i.e.

$$< \theta_{\phi'}, \mathrm{proj}_{\mathfrak{C},T}^{\mathfrak{F}}\theta_{f\phi} > = m_{\mathfrak{C},T}(\phi', f\phi).$$

Par le calcul fait ci-dessus:

$$< \theta_{\phi'}, \mathrm{proj}_{\mathfrak{C},T}^{\mathfrak{F}}\theta_{f\phi} > = \int_{\substack{\pi\in\mathfrak{S}_{\leq T} \\ \mathrm{Re}\,\pi = o(\mathfrak{S})}} \mathrm{Res}_{\mathfrak{S}}^G A(\phi', f\phi)(\pi) d_{\mathfrak{S}}\pi.$$

Par (5) ceci est non nul; d'où:

$$\mathrm{proj}_{\mathfrak{C},T}^{\mathfrak{F}}\theta_{f\phi} \neq 0.$$

On conclut comme dans le cas des corps de fonctions; en particulier il faut prouver la remarque V.3.6 (b) mais tenant compte de ce qui précède les modifications à apporter à la démonstration donnée pour les corps de fonctions sont évidentes (il faut ajouter la propriété (4) avec $f \equiv 1$ aux conditions imposées à ϕ).

V.3.7. Preuve des assertions de V.3.2 (4), pour tout $\phi \in P_{\mathfrak{C},T'}^{R,\mathfrak{F}}$

On a déjà vu V.3.2 (1), (3) en montrant au passage (cf. V.3.5) que

$$q_T\theta_\phi = \sum_{\mathfrak{C}'\geq\mathfrak{C}} \mathrm{proj}_{\mathfrak{C}',T}^{\mathfrak{F}}\theta_\phi, \ \forall\phi \in P_{\mathfrak{C},T'}^{R,\mathfrak{F}}.$$

Prouvons V.3.2 (4); V.3.2 (4) (i) est clair d'après les propriétés de nullité de ϕ à un grand ordre sur les éléments de $S_{\mathfrak{X}}^{\mathfrak{F}}$ inclus dans $\mathfrak{S}$ et coupant $\{\pi \in \mathfrak{S}_{\leq T} | \operatorname{Re}\pi = o(\mathfrak{S})\}$ (cet ensemble contient tous les hyperplans singuliers des résidus le long de $\mathfrak{S}$ des séries d'Eisenstein). Soit $\mathfrak{X}'$ une classe d'équivalence (éventuellement différente de $\mathfrak{X}$) de donnée cuspidale relative au caractère central ξ. On va calculer directement, pour tout $\phi' \in P_{\mathfrak{X}'}^{\mathfrak{F}}$ et tout $\phi \in P_{\mathfrak{C},T'}^{R,\mathfrak{F}}$:

$$< \theta_{\phi'}, \int_{\substack{\pi\in\mathfrak{S}_{\leq T}\\ \operatorname{Re}\pi=o(\mathfrak{S})}} e_{\mathfrak{C}}(\phi,\pi)d_{\mathfrak{S}}\pi >,$$

en ayant remarqué que d'après I.4.4 (b), la fonction

$$\int_{\substack{\pi\in\mathfrak{S}_{\leq T}\\ \operatorname{Re}\pi=o(\mathfrak{S})}} e_{\mathfrak{C}}(\phi,\pi)d_{\mathfrak{S}}\pi$$

sur $G(k)\backslash\mathbf{G}$, est à croissance lente.

Cela vaut:

$$\int_{\substack{\pi\in\mathfrak{S}_{\leq T}\\ \operatorname{Re}\pi=o(\mathfrak{S})}} < \theta_{\phi'},\ e_{\mathfrak{C}}(\phi,\pi) > d_{\mathfrak{S}}\pi.$$

On va calculer $< \theta_{\phi'}, e_{\mathfrak{C}}(\phi,\pi) >$, en fixant π dans $\mathfrak{S}_{\leq T}$ de partie réelle $o(\mathfrak{S})$. On fixe aussi $(M',\mathfrak{P}') \in \mathfrak{X}'$ et il suffit de faire le calcul en supposant que $\phi' \in P_{(M',\mathfrak{P}')}^{\mathfrak{F}}$. L'échange des résidus et de l'intégration donne directement:

$$< \theta_{\phi'}, e_{\mathfrak{C}}(\phi,\pi) > = \sum_{w\in W(M)} \mathrm{Res}_{w\mathfrak{S}_{\mathfrak{C}}}^{\mathbf{G}} < \theta_{\phi'}, E(\phi, w\pi) > .$$

Un calcul facile utilisant le calcul des termes constants des séries d'Eisenstein fait en II.1.7, donne:

$$\forall w \in W(M),\ < \theta_{\phi'}, E(\phi, w\pi) > = A(\phi',\phi)(w\pi).$$

D'où:

$$(1) \qquad < \theta_{\phi'}, e_{\mathfrak{C}}(\phi,\pi) > \begin{cases} = 0 & \text{si } \mathfrak{X}' \neq \mathfrak{X} \\ r_{\mathfrak{C}}(\phi',\phi)(\pi), & \text{si } \mathfrak{X}' = \mathfrak{X}. \end{cases}$$

On en déduit:

$$< \theta_{\phi'}, \int_{\substack{\pi\in\mathfrak{S}_{\leq T}\\ \operatorname{Re}\pi=o(\mathfrak{S})}} e_{\mathfrak{C}}(\phi,\pi) > = \begin{cases} 0 & \text{si } \mathfrak{X}' \neq \mathfrak{X} \\ m_{\mathfrak{C},T}(\phi',\phi)(\pi), & \text{si } \mathfrak{X}' = \mathfrak{X}. \end{cases}$$

Tenant compte de V.3.2 (3), déjà prouvé et le fait que $\theta_{\phi'}$ est othogonal à $L^2(G(k)\backslash \mathbf{G})_{\mathfrak{X},\mathfrak{F}}$ si $\mathfrak{X}' \neq \mathfrak{X}$, on a:

$$\forall \phi' \in P^{\mathfrak{F}}_{\mathfrak{X}'}, \forall \phi \in P^{R,\mathfrak{F}}_{\mathfrak{C},T'},$$

$$< \theta_{\phi'}, \int_{\substack{\pi\in\mathfrak{S}_{\leq T}\\ \operatorname{Re}\pi=o(\mathfrak{S})}} e_{\mathfrak{C}}(\phi,\pi)d_{\mathfrak{S}}\pi > = < \theta_{\phi'}, \operatorname{proj}^{\mathfrak{F}}_{\mathfrak{C},T}\theta_\phi > .$$

Ainsi la fonction:

$$\operatorname{proj}^{\mathfrak{F}}_{\mathfrak{C},T}\theta_\phi - \int_{\substack{\pi\in\mathfrak{S}_{\leq T}\\ \operatorname{Re}\pi=o(\mathfrak{S})}} e_{\mathfrak{C}}(\phi,\pi)d_{\mathfrak{S}}\pi,$$

est orthogonale à toute les pseudo-séries d'Eisenstein; elle est donc nulle d'après II.1.12, remarque.

V.3.8. Lemme. *(Généralisant la remarque de V.3.6(b).) On fixe* $\mathfrak{C} \in [S^{\mathfrak{F}}_{\mathfrak{X}}]$; *on suppose que les assertions de V.3.2 (3) et (4) sont vraies pour tout* $\mathfrak{C}' > \mathfrak{C}$ *et qu'il existe* $\phi' \in P^{R,\mathfrak{F}}_{\mathfrak{X}}$ *et* $\phi \in P^{R,\mathfrak{F}}_{(M,\mathfrak{P})}$ *tels que* $\operatorname{Res}^G_{\mathfrak{S}} A(\phi',\phi) \not\equiv 0$. *Soit* $\mathfrak{S} \in \mathfrak{C}$ *de donnée cupidale* $(M,\mathfrak{S})$. *Il existe* $w_{\mathfrak{S}} \in \operatorname{Stab}(M,\mathfrak{P})$ *tel que:*

$$\forall \pi \in \mathfrak{S} | \operatorname{Re}\pi = o(\mathfrak{S}), \quad w_{\mathfrak{S}}\pi = -\overline{\pi}.$$

En d'autres termes $w_{\mathfrak{S}} o(\mathfrak{S}) = -o(\mathfrak{S})$ *et la restriction de* $w_{\mathfrak{S}}$ *à* $\operatorname{Im}\mathfrak{S}$ *et à* $\operatorname{Re}\mathfrak{S}^0$ *est l'identité.*

On fixe ϕ', ϕ comme dans l'énoncé et grâce à V.3.5 (a), on suppose en plus que $\phi \in P^{R,\mathfrak{F}}_{\mathfrak{C},T'}$, a les mêmes propriétés de nullité que dans la remarque V.3.6 et vérifie:

$$\int_{\substack{\pi\in\mathfrak{S}_{\leq T}\\ \operatorname{Re}\pi=o(\mathfrak{S})}} \operatorname{Res}^G_{\mathfrak{S}} A(\phi',\phi)(\pi)d_{\mathfrak{S}}\pi \neq 0.$$

Or cette intégrale vaut $m_{\mathfrak{C},T}(\phi',\phi)$ (cf. les calculs de V.3.6 (2)) d'où, avec V.3.2(3) déjà prouvé:

$$< \theta_{\phi'}, \operatorname{proj}^{\mathfrak{F}}_{\mathfrak{C},T}\theta_\phi > \neq 0.$$

En particulier:

$$\begin{aligned} 0 \neq \|\operatorname{proj}^{\mathfrak{F}}_{\mathfrak{C},T}\theta_\phi\|^2 &= < \theta_\phi, \operatorname{proj}^{\mathfrak{F}}_{\mathfrak{C},T}\theta_\phi > \\ &= \int_{\substack{\pi\in\mathfrak{S}_{\leq T}\\ \operatorname{Re}\pi=o(\mathfrak{S})}} \operatorname{Res}^G_{\mathfrak{S}} A(\phi,\phi)(\pi)d_{\mathfrak{S}}\pi, \end{aligned}$$

avec

$$\operatorname{Res}^G_{\mathfrak{S}} A(\phi,\phi)(\pi) = \sum_{\substack{\tau\in W(M)\\ \tau\overline{\mathfrak{S}}=-\mathfrak{S}}} \operatorname{Res}^G_{\mathfrak{S}} < M(\tau^{-1},-\tau\overline{\pi})\phi(-\tau\overline{\pi}), \phi(\pi) > .$$

En V.3.5, on a démontré l'égalité:

$$\forall h \in H^R, \operatorname{Res}^G_{\mathfrak{S}} A(\phi', h\phi) = h_{|\mathfrak{S}}\operatorname{Res}^G_{\mathfrak{S}} A(\phi',\phi).$$

On montre de façon analogue que

$$\forall h \in H^R, \mathrm{Res}^G_{\mathfrak{S}} A(h\phi', \phi) = h^*_{|\mathfrak{S}} \mathrm{Res}^G_{\mathfrak{S}} A(\phi', \phi).$$

On en déduit que pour toutes $h, h' \in H^R$; on a, comme fonctions méromorphes sur $\mathfrak{S}$:

$$\mathrm{Res}^G_{\mathfrak{S}} A(h'\phi, h\phi) = (h'^* h)_{|\mathfrak{S}} \mathrm{Res}^G_{\mathfrak{S}} A(\phi', \phi).$$

Ainsi la forme hermitienne sur l'ensemble des polynômes sur $\mathfrak{P}$ invariants par $\mathrm{Stab}(M, \mathfrak{P})$ définie par

$$b(h', h) = \int_{\substack{\pi \in \mathfrak{S}_{\leq T} \\ \mathrm{Re}\, \pi = o(\mathfrak{S})}} (h'^* h)(\pi) \mathrm{Res}^G_{\mathfrak{S}}(\phi, \phi)(\pi) d_{\mathfrak{S}} \pi,$$

est non nulle semi-définie positive car $b(h, h) = \|\mathrm{proj}^{\mathfrak{F}}_{\mathfrak{C},T} \theta_{hf\phi}\|^2$. Par un argument d'approximation déjà utilisé, cette forme hermitienne s'étend en une forme hermitienne semi-définie positive sur l'ensemble des fonctions continues sur $\mathfrak{P}$ invariantes sous $\mathrm{Stab}(M, \mathfrak{P})$. D'après l'expression de $b(h', h)$, pour tout ouvert dense U de $\{\pi \in \mathfrak{S}_{\leq T}; \mathrm{Re}\, \pi = o(\mathfrak{S})\}$, on peut trouver h à support dans U et h' tels que $b(h', h) \neq 0$. C'est ce qui permet de choisir un point général π_0 de $\mathfrak{S}_{\leq T}$ de partie réelle $o(\mathfrak{S})$ et une fonction continue, h, invariante sous $\mathrm{Stab}(M, \mathfrak{P})$, concentrée sur un petit voisinage de tout point de l'orbite $\mathrm{Stab}(M, \mathfrak{P})$. π_0 tel que $b(h, h) \neq 0$. La non nullité montre qu'il existe $\sigma \in \mathrm{Stab}(M, \mathfrak{S})$ tel que

$$-\sigma\overline{\pi}_0 \in \mathrm{Stab}(M, \mathfrak{P})\sigma\pi_0.$$

D'où:

$$-\overline{\pi}_0 \in \mathrm{Stab}(M, \mathfrak{P})\pi_0.$$

La généralité de π_0 démontre le lemme.

V.3.9. Preuve de V.3.2 (5)(i) pour π général

Plus précisément, on fixe $\mathfrak{C}$ comme en V.3.4. On note ici $\mathfrak{S}_{\mathfrak{C}}$ par $\mathfrak{S}$.

(a) On a défini $r_{\mathfrak{C}}(\phi', \phi)$ pour $\phi', \phi \in P^{R,\mathfrak{F}}_{\mathfrak{X}}$ comme fonction méromorphe sur $\mathfrak{S}$; cela revenait à utiliser $\mathfrak{S}$ comme point de base pour $\mathfrak{C}$. Mais, en changeant de point de base, on peut évidemment définir de façon analogue $r_{\mathfrak{C}}(\phi', \phi)$ sur tout élément $\mathfrak{S}'$ de $\mathfrak{C}$; limitons nous aux éléments de $\mathfrak{C}$ ayant $(M, \mathfrak{P})$ comme donnée cuspidale. On vérifie alors aisément qu'ainsi $r_{\mathfrak{C}}(\phi', \phi)$ devient une fonction méromorphe, $\mathrm{Stab}(M, \mathfrak{P})$-invariante, sur la sous-variété de $\mathfrak{P}$ égale à $\cup_{w^\bullet \in \mathrm{Stab}(M,\mathfrak{P})/\,\mathrm{Norm}\,\mathfrak{S}} w^\bullet\mathfrak{S}$. Tenant compte de V.3.5 (b), on sait que $-\overline{\mathfrak{S}}$ est conjugué à $\mathfrak{S}$ par un élément de $\mathrm{Stab}(M, \mathfrak{S})$, ainsi $r_{\mathfrak{C}}(\phi', \phi)$ est définie, en particulier, sur $\mathfrak{S} \cup -\overline{\mathfrak{S}}$ (comme fonction méromorphe).

Montrons que l'on a:

(1) $$\forall \phi', \phi \in P_{\mathfrak{X}}^{R,\mathfrak{F}}, \quad r_{\mathfrak{C}}(\phi', \phi)(\pi) = \overline{r_{\mathfrak{C}}(\phi, \phi')(-\overline{\pi})},$$

égalité de fonctions méromorphes sur $\mathfrak{S}$.

Tenant compte de la remarque V.3.6, il suffit de prouver (1) en supposant que ϕ' et $\phi \in P_{\mathfrak{C},T'}^{R,\mathfrak{F}}$ et il suffit de la prouver en tout point de $\mathfrak{S}$ de partie réelle $o(\mathfrak{S})$. Pour un tel point, $-\overline{\pi}$ est conjugué de π par un élément de $\mathrm{Stab}(M, \mathfrak{P})$ et par invariance de $r_{\mathfrak{C}}(\phi, \phi')$ sous ce groupe, il suffit encore de montrer que l'on a:

$$r_{\mathfrak{C}}(\phi', \phi)(\pi) = \overline{r_{\mathfrak{C}}(\phi, \phi')(\pi)},$$

en tout point général de $\mathfrak{S}$ de partie réelle $o(\mathfrak{S})$. Sous les hypothèses faites sur ϕ et ϕ', grâce à V.3.2(3) prouvé en V.3.4, on a:

$$\begin{aligned} < \mathrm{proj}_{\mathfrak{C},T}^{\mathfrak{F}} \theta_{\phi'}, \mathrm{proj}_{\mathfrak{C},T}^{\mathfrak{F}} \theta_{\phi} > &= < \theta_{\phi'}, \mathrm{proj}_{\mathfrak{C},T}^{\mathfrak{F}} \theta_{\phi} >= m_{\mathfrak{C},T}(\phi', \phi) \\ &= \int_{\substack{\pi \in \mathfrak{S}_{\leq T} \\ \mathrm{Re}\, \pi = o(\mathfrak{S})}} r_{\mathfrak{C}}(\phi', \phi)(\pi) d_{\mathfrak{S}} \pi; \end{aligned}$$

$$\begin{aligned} < \mathrm{proj}_{\mathfrak{C},T}^{\mathfrak{F}} \theta_{\phi}, \mathrm{proj}_{\mathfrak{C},T}^{\mathfrak{F}} \theta_{\phi'} > &= < \theta_{\phi}, \mathrm{proj}_{\mathfrak{C},T}^{\mathfrak{F}} \theta_{\phi'} > = m_{\mathfrak{C},T}(\phi, \phi') \\ &= \int_{\substack{\pi \in \mathfrak{S}_{\leq T} \\ \mathrm{Re}\, \pi = o(\mathfrak{S})}} r_{\mathfrak{C}}(\phi, \phi')(\pi) d_{\mathfrak{S}} \pi. \end{aligned}$$

D'où

$$m_{\mathfrak{C},T}(\phi', \phi) = \overline{m_{\mathfrak{C},T}(\phi, \phi')}$$

et

$$\int_{\substack{\pi \in \mathfrak{S}_{\leq T} \\ \mathrm{Re}\, \pi = o(\mathfrak{S})}} (r_{\mathfrak{C}}(\phi', \phi)(\pi) - \overline{r_{\mathfrak{C}}(\phi, \phi')(\pi)}) d_{\mathfrak{S}} \pi = 0.$$

Soit $h \in H$. D'après V.3.5, on a:

$$r_{\mathfrak{C}}(\phi', h\phi) = h_{|\mathfrak{S}} r_{\mathfrak{C}}(\phi', \phi),$$

$$r_{\mathfrak{C}}(h\phi, \phi') = r_{\mathfrak{C}}(\phi, h^* \phi') = h^*_{|\mathfrak{S}} r_{\mathfrak{C}}(\phi, \phi'),$$

en tenant compte de ce que l'on a par définition, $h^*(\pi) = \overline{h(-\overline{\pi})}$. En utilisant V.3.8, on voit que h^* coïncide avec $\overline{h}$ sur $\{\pi \in \mathfrak{S} |\, \mathrm{Re}\, \pi = o(\mathfrak{S})\}$, donc, sur cet ensemble:

(2) $$r_{\mathfrak{C}}(\phi', h\phi) - \overline{r_{\mathfrak{C}}(h\phi, \phi')} = h(r_{\mathfrak{C}}(\phi', \phi) - \overline{r_{\mathfrak{C}}(\phi, \phi')}).$$

On fixe P_0 répondant aux conditions du lemme V.2.11 et l'on sait, d'après ce lemme, que pour tout polynôme g sur $\mathfrak{P}$ invariant sous $\mathrm{Norm}\, \mathfrak{S}$, il existe h comme ci-dessus tel que

$$(gP_0)_{|\mathfrak{S}} = h_{|\mathfrak{S}}.$$

Ainsi on a, pour tout polynôme g sur $\mathfrak{P}$ invariant sous Norm $\mathfrak{S}$:

$$\forall \phi', \phi \in P^{R,\mathfrak{F}}_{\mathfrak{C},T'}, \quad \int_{\substack{\pi\in\mathfrak{S}_{\leq T}\\ \mathrm{Re}\,\pi=o(\mathfrak{S})}} g(\pi)P_0(\pi)(r_{\mathfrak{C}}(\phi',\phi)(\pi)-\overline{r_{\mathfrak{C}}(\phi,\phi')(\pi)})d_{\mathfrak{S}}\pi = 0.$$

Puisque $P_0(r_{\mathfrak{C}}(\phi',\phi)-\overline{r_{\mathfrak{C}}(\phi',\phi)})$ est une fonction continue sur l'ensemble d'intégration invariante sous Norm $\mathfrak{S}$, l'égalité ci-dessus est encore vraie pour tout polynôme g sur $\mathfrak{P}$ (on utilise l'opérateur de projection sur les invariants). Par approximation, cela reste encore vrai pour toute fonction continue, g sur l'ensemble d'intégration. D'où la nullité de la fonction $(P_0)_{|\mathfrak{S}}(r_{\mathfrak{C}}(\phi',\phi) - \overline{r_{\mathfrak{C}}(\phi,\phi')})$ sur l'ensemble d'intégration. Comme P_0 n'est pas nulle sur cet ensemble cela entraine que l'on a:

$$(3) \qquad r_{\mathfrak{C}}(\phi',\phi)(\pi) = \overline{r_{\mathfrak{C}}(\phi,\phi')(\pi)},$$

pour tout π appartenant à $\mathfrak{S}_{\leq T}$ de partie réelle $o(\mathfrak{S})$ et donc le résultat cherché.

(b) Preuve de la semi-positivité de $(\phi',\phi) \mapsto r_{\mathfrak{C}}(\phi',\phi)$

Soit $\phi \in P^{R,\mathfrak{F}}_{\mathfrak{X}}$; on va montrer que l'on a en tout point π_0 de $\mathfrak{S}_{\leq T}$ de partie réelle $o(\mathfrak{S})$ où cela est défini: $r_{\mathfrak{C}}(\phi,\phi)(\pi_o) \geq 0$.

Comme dans V.3.6, on se ramène au cas où $\phi \in P^{\mathfrak{F}}_{\mathfrak{C},T'}$. Dans ce cas $r_{\mathfrak{C}}(\phi,\phi)$ est holomorphe en particulier, en tout point de $\mathfrak{S}_{\leq T}$ de partie réelle $o(\mathfrak{S})$. Pour tout $\phi \in P^{R,\mathfrak{F}}_{\mathfrak{C},T'}$, et tout $h \in H^R$, on a donc, comme ci-dessus:

$$\begin{aligned} 0 \leq \|\mathrm{proj}^{\mathfrak{F}}_{\mathfrak{C},T}\theta_{h\phi}\|^2 &= < \theta_{h\phi}, \mathrm{proj}^{\mathfrak{F}}_{\mathfrak{C},T}\theta_{h\phi} > \\ &= \int_{\substack{\pi\in\mathfrak{S}_{\leq T}\\ \mathrm{Re}\,\pi=o(\mathfrak{S})}} r_{\mathfrak{C}}(h\phi,h\phi)(\pi)d_{\mathfrak{S}}\pi \\ &= \int_{\substack{\pi\in\mathfrak{S}_{\leq T}\\ \mathrm{Re}\,\pi=o(\mathfrak{S})}} (h^*h)(\pi)r_{\mathfrak{C}}(\phi,\phi)(\pi)d_{\mathfrak{C}}\pi. \end{aligned}$$

Comme dans la preuve de V.3.2.9 (a) (2), ci-dessus, on peut remplacer h^* par $\overline{h}$, d'où:

$$0 \leq \int_{\substack{\pi\in\mathfrak{S}_{\leq T}\\ \mathrm{Re}\,\pi=o(\mathfrak{S})}} (\overline{h}h)(\pi)r_{\mathfrak{C}}(\phi,\phi)(\pi)d_{\mathfrak{S}}\pi.$$

On reprend la notation P_0 introduite ci-dessus et par l'argument d'approximation déjà utilisé, on trouve que l'on a, pour toute fonction g sur

$$\{\pi \in \mathfrak{S}_{\leq T} | \, \mathrm{Re}\,\pi = o(\mathfrak{S})\},$$

continue et invariante par *Norm* $\mathfrak{S}$:

$$0 \leq \int_{\substack{\pi\in\mathfrak{S}_{\leq T}\\ \mathrm{Re}\,\pi=o(\mathfrak{S})}} (\overline{g}g)(\pi)(\overline{P}_0P_0)(\pi)r_{\mathfrak{C}}(\phi,\phi)(\pi)d_{\mathfrak{S}}\pi.$$

D'où

$$(\overline{P}_0 P_0)(\pi) r_{\mathfrak{C}}(\phi,\phi)(\pi) \geq 0, \quad \forall \pi \in \mathfrak{S}_{\leq T} \text{ de partie réelle } o(\mathfrak{S}),$$

ce qui entraine le résultat cherché.

(c) Preuve de V.3.2 (5) (i)

Comme nous n'avons pas encore démontré V.3.2 (4)(i), l'espace des formes automorphes $A^{\mathfrak{F}}_{\mathfrak{C},\pi}$ n'est pas encore défini pour tout $\pi \in \mathfrak{S}_{\leq T}$ de partie réelle $o(\mathfrak{S})$; on va donc seulement prouver que $A^{\mathfrak{F}}_{\mathfrak{C},\pi}$ est muni d'un produit hermitien positif aux points π_0 où $e_{\mathfrak{C}}(\phi,\pi)$ est holomorphe pour tout $\phi \in P^{R,\mathfrak{F}}_{\mathfrak{X}}$. Il est facile de voir que l'ensemble de ces points contient le complémentaire d'une union finie d'hyperplans de $\{\pi \in \mathfrak{S}_{\leq T} | \operatorname{Re} \pi = o(\mathfrak{S})\}$. Il contient en particulier:

$$\overset{\circ}{\mathfrak{S}}_{\leq T} := \{\pi \in \mathfrak{S}_{\leq T} | \operatorname{Re}\pi = o(\mathfrak{S})\} - \bigcup_{\substack{\mathfrak{S}' \subsetneq \mathfrak{S} \\ \mathfrak{S}' \in S^{\mathfrak{F}}_{\mathfrak{X}}}} \mathfrak{S}'.$$

Soit $\mathfrak{X}'$ une classe d'équivalence de données cupidales et soient $\phi' \in P^{\mathfrak{F}}_{\mathfrak{X}'}, \phi \in P^{R,\mathfrak{F}}_{\mathfrak{X}}$; montrons que l'on a:

$$< \theta_{\phi'}, e_{\mathfrak{C}}(h\phi,\pi) > = \begin{cases} 0 & \text{si } \mathfrak{X}' \neq \mathfrak{X}, \\ r_{\mathfrak{C}}(\phi',\phi)(\pi), & \text{si } \mathfrak{X}' = \mathfrak{X}, \end{cases}$$

égalité de fonctions méromorphes sur $\mathfrak{S}$.

Comme en V.3.6, il suffit de prouver cette égalité pour $\phi \in P^{R,\mathfrak{F}}_{\mathfrak{C},T'}$; le calcul a alors été fait en V.3.7.

Ainsi (cf. II.1.12, remarque), soit $\phi \in P^{R,\mathfrak{F}}_{\mathfrak{X}}$ et soit π_0 un point où $e_{\mathfrak{C}}(\phi,\pi)$ est holomorphe, alors on a l'équivalence:

$$e_{\mathfrak{C}}(\phi,\pi_0) = 0 \Leftrightarrow r_{\mathfrak{C}}(\phi',\phi)(\pi_0) = 0, \forall \phi' \in P^{R,\mathfrak{F}}_{\mathfrak{X}}.$$

Supposons en plus que $\pi_0 \in \mathfrak{S}_{\leq T}$ est de partie réelle $o(\mathfrak{S})$; tenant compte de (3) ci-dessus, on a aussi:

$$e_{\mathfrak{C}}(\phi,\pi_0) = 0 \Leftrightarrow r_{\mathfrak{C}}(\phi,\phi')(\pi_0) = 0, \forall \phi' \in P^{\mathfrak{F}}_{\mathfrak{X}}.$$

On impose encore à π_0 de ne pas être un point singulier pour l'une des fonctions $e_{\mathfrak{C}}(\phi,\pi)$ quand ϕ décrit $P^{R,\mathfrak{F}}_{\mathfrak{X}}$; alors $A^{\mathfrak{F}}_{\mathfrak{C},\pi_0}$ est défini et d'après ce qui précède cet espace est muni d'une forme sesquilinéaire, dont le noyau est trivial, en posant,

$$\forall \phi', \phi \in P^{R,\mathfrak{F}}_{\mathfrak{X}}, \quad < e_{\mathfrak{C}}(\phi',\pi_0), e_{\mathfrak{C}}(\phi,\pi_0) > := r_{\mathfrak{C}}(\phi',\phi)(\pi_0).$$

Elle est hermitienne définie positive d'après (a) (3) et (b). Cela achève la preuve.

V.3.10. Remarque. Soit $h \in H^R$ et soit $\phi \in P^{\mathfrak{F}}_{\mathfrak{X}}$, on a:

$$e_{\mathfrak{C}}(h\phi,\pi) = D(h)e_{\mathfrak{C}}(\phi,\pi) = h(\pi)e_{\mathfrak{C}}(\phi,\pi),$$

égalité de fonctions méromorphes sur $\mathfrak{S}$.

Pour prouver cela, on peut comme d'habitude supposer que $\phi \in P^{R,\mathfrak{F}}_{\mathfrak{C},T'}$. On a pour toute classe d'équivalence, $\mathfrak{X}'$ de données cuspidales et pour tout $\phi' \in P^{\mathfrak{F}}_{\mathfrak{X}'}$

$$< \theta_{\phi'}, e_{\mathfrak{C}}(h\phi, \pi) > = \begin{cases} 0 & \text{si } \mathfrak{X}' \neq \mathfrak{X}, \\ r_{\mathfrak{C}}(\phi', h\phi)(\pi), & \text{si } \mathfrak{X}' = \mathfrak{X}. \end{cases}$$

Grâce à V.3.5, on sait que:

$$r_{\mathfrak{C}}(\phi', h\phi)(\pi) = h(\pi) r_{\mathfrak{C}}(\phi', \phi)(\pi).$$

D'où, pour tout ϕ' comme ci-dessus:

$$< \theta_{\phi'}, e_{\mathfrak{C}}(h\phi, \pi) - h(\pi) e_{\mathfrak{C}}(\phi, \pi) > = 0$$

et (cf. II.1.12):

$$e_{\mathfrak{C}}(h\phi, \pi) = h(\pi) e_{\mathfrak{C}}(\phi, \pi).$$

On a aussi:

$$< \theta_{h^*\phi'}, e_{\mathfrak{C}}(h\phi, \pi) >= \begin{cases} 0 & \text{si } \mathfrak{X}' \neq \mathfrak{X}, \\ r_{\mathfrak{C}}(h^*\phi', \phi)(\pi), & \text{si } \mathfrak{X}' = \mathfrak{X}. \end{cases}$$

Supposons que $\mathfrak{X}' = \mathfrak{X}$, alors

$$\begin{aligned} < D(h^*)\theta_{\phi'}, e_{\mathfrak{C}}(\phi, \pi) > &= r_{\mathfrak{C}}(h^*\phi', \phi)(\pi) = \overline{r_{\mathfrak{C}}(\phi, h^*\phi')(-\overline{\pi})} \\ &= h(\pi)\overline{r_{\mathfrak{C}}(\phi, \phi')(-\overline{\pi})} = h(\pi) r_{\mathfrak{C}}(\phi', \phi)(\pi) = < \theta_{\phi'}, e_{\mathfrak{C}}(h\phi, \pi) > . \end{aligned}$$

D'où:

$$< \theta_{\phi'}, D(h) e_{\mathfrak{C}}(\phi, \pi) > = < D(h^*)\theta_{\phi'}, e_{\mathfrak{C}}(\phi, \pi) > = < \theta_{\phi'}, e_{\mathfrak{C}}(h\phi, \pi) >$$

et, comme plus haut, l'égalité:

$$D(h) e_{\mathfrak{C}}(\phi, \pi) = e_{\mathfrak{C}}(h\phi, \pi).$$

V.3.11. Décomposition spectrale de $L^{2\mathfrak{F}}_{\mathfrak{C},T}$

On adopte la notation $\mathring{\mathfrak{S}}_{\leq T}$ de V.3.9 et l'on va démontrer V.3.2 (5)(ii) en remplaçant

$$\{\pi \in \mathfrak{S}_{\leq T} | \operatorname{Re} \pi = o(\mathfrak{S})\} \text{ par } \{\pi \in \mathring{\mathfrak{S}}_{\leq T} | \operatorname{Re} \pi = o(\mathfrak{S})\},$$

ce qui est loisible. Pour tout π dans cet ensemble, $A^{\mathfrak{F}}_{\mathfrak{C},\pi}$ est bien défini et est muni d'une structure d'espace hilbertien grâce à V.3.9.

On démontre d'abord que l'application

$$\pi \in \{\pi \in \mathring{\mathfrak{S}}_{\leq T} | \operatorname{Re} \pi = o(\mathfrak{S})\} \mapsto A^{\mathfrak{F}}_{\mathfrak{C},\pi}$$

est un champ hilbertien.

On fixe $\rho \in \mathfrak{P}$ une représentation cuspidale unitaire; utilisant le deuxième point de vue de II.1.2, on réalise $P^{R,\mathfrak{F}}_{\mathfrak{X}}$ comme espace de fonctions à valeurs dans:

$$\bigoplus_{w \in W(M)} \left(A(U^w(\mathbb{A}) w M w^{-1}(k) \backslash \mathbf{G})\right)_{w\rho},$$

où U^w est le radical unipotent du parabolique standard de Levi wMw^{-1}.

On voit alors qu'il existe un entier N indépendant de $\pi \in \overset{\circ}{\mathfrak{S}}_{\leq T}$ et une application $\mathbf{K}$ équivariante surjective:

$$\mathfrak{M} := \bigoplus_{w \in W(M)} \left(A(U^w(\mathbb{A}) w M w^{-1}(k) \backslash \mathbf{G})_{w\rho}\right)^N \xrightarrow{p} A^{\mathfrak{F}}_{\mathfrak{C},\pi}.$$

En d'autres termes $\mathfrak{M}$ s'identifie à $P^{R,\mathfrak{F}}_{\mathfrak{X}} / \{\phi \in P^{R,\mathfrak{F}}_{\mathfrak{X}};\ \phi$ s'annule en π à un certain ordre$\}$.

D'autre part l'application $\phi', \phi \mapsto r_{\mathfrak{C}}(\phi', \phi)(\pi)$ se réalise naturellement comme une forme sesquilinéaire semi-définie positive sur l'espace $\mathfrak{M}$ dont le noyau est exactement le noyau de p. On fixe un $\mathbf{K}$-type et on restreint p à l'espace de ce $\mathbf{K}$-type; tous les espaces deviennent de dimension finie, et $r_{\mathfrak{C}}(\ ,\ )(\pi)$ induit une forme sesquilinéaire sur le sous-espace de $\mathfrak{M}$ correspondant au $\mathbf{K}$-type fixé, dont le noyau se réalise comme solutions d'un système linéaire à coefficients analytiques, et varie donc analytiquement sur un ouvert U de $\overset{\circ}{\mathfrak{S}}_{\leq T}$. Ainsi, sur cet ouvert, l'application $\pi \in U \mapsto A^{\mathfrak{F}}_{\mathfrak{C},\pi}$ est localement triviale et la locale trivialisation respecte le produit scalaire. D'où l'assertion.

On note $\mathrm{Hilb}^{\mathfrak{F}}_{\mathfrak{C},T}$ l'ensemble des fonctions, F, mesurables sur $\overset{\circ}{\mathfrak{S}}_{\leq T}$ telles que

(i) $F(\pi) \in A^{\mathfrak{F}}_{\mathfrak{C},\pi}$, pour presque tout π,

(ii) $F(\pi) = F(w\pi), \forall w \in \mathrm{Norm}\,\mathfrak{S}$, presque partout,

(iii)

$$\int_{\substack{\pi \in \overset{\circ}{\mathfrak{S}}_{\leq T} \\ \mathrm{Re}\,\pi = o(\mathfrak{S})}} < F(\pi), F(\pi) >_{A^{\mathfrak{F}}_{\mathfrak{C},\pi}} \quad d_{\mathfrak{S}}\pi < +\infty.$$

Cet ensemble est naturellement un espace de Hilbert, dont la norme est donnée par (iii). Pour $\phi \in P^{R,\mathfrak{F}}_{\mathfrak{X}}$, on définit la fonction sur $\overset{\circ}{\mathfrak{S}}_{\leq T}$, notée F_ϕ par:

$$F_\phi(\pi) = e_{\mathfrak{C}}(\phi, \pi).$$

Elle vérifie (i) et (ii) et l'on a:

$$< F_\phi(\pi), F_\phi(\pi) >_{A^{\mathfrak{F}}_{\mathfrak{C},\pi}} = r_{\mathfrak{C}}(\phi, \phi)(\pi).$$

Supposons en plus que $\phi \in P^{R,\mathfrak{F}}_{\mathfrak{C},T'}$, alors $r_{\mathfrak{C}}(\phi, \phi)(\pi)$ est définie, continue pour tout $\pi \in \mathfrak{S}_{\leq T}$ de partie réelle $o(\mathfrak{S})$; elle est donc intégrable sur $\{\pi \in \overset{\circ}{\mathfrak{S}}_{\leq T} | \mathrm{Re}\,\pi = o(\mathfrak{S})\}$. Ainsi F_ϕ vérifie aussi (iii) dans ce cas, i.e.

$$F_\phi \in \mathrm{Hilb}^{\mathfrak{F}}_{\mathfrak{C},T}, \quad \forall \phi \in P^{R,\mathfrak{F}}_{\mathfrak{C},T'}.$$

On pose:

$$\mathrm{Hilb}^{0\mathfrak{F}}_{\mathfrak{C},T} := \{F_\phi, \phi \in P^{R,\mathfrak{F}}_{\mathfrak{C},T'}\}.$$

Proposition. *Il existe une unique isométrie, notée j de* $\mathrm{Hilb}^{\mathfrak{F}}_{\mathfrak{C},T}$ *sur* $L^{2\mathfrak{F}}_{\mathfrak{C},T}$ *telle que l'on ait:*

$$(*) \qquad \forall \phi \in P^{R,\mathfrak{F}}_{\mathfrak{C},T'},\ j\ F_\phi = \mathrm{proj}^{\mathfrak{F}}_{\mathfrak{C},T}\theta_\phi.$$

En particulier $\mathrm{Hilb}^{0\mathfrak{F}}_{\mathfrak{C},T}$ *est dense dans* $\mathrm{Hilb}^{\mathfrak{F}}_{\mathfrak{C},T}$.

On montre d'abord:

$$(1) \qquad \overline{\mathrm{Hilb}^{0\mathfrak{F}}_{\mathfrak{C},T}} = \mathrm{Hilb}^{\mathfrak{F}}_{\mathfrak{C},T}.$$

On note $<,>$ le produit scalaire dans $\mathrm{Hilb}^{\mathfrak{F}}_{\mathfrak{C},T}$. Soit $F \in \mathrm{Hilb}^{\mathfrak{F}}_{\mathfrak{C},T}$, il faut démontrer que si F est orthogonale à $\mathrm{Hilb}^{0\mathfrak{F}}_{\mathfrak{C},T}$ alors F est nulle. Supposons donc que F soit orthogonale à $\mathrm{Hilb}^{0\mathfrak{F}}_{\mathfrak{C},T}$. Cela se traduit de la façon suivante:

$$\forall \phi \in P^{R,\mathfrak{F}}_{\mathfrak{C},T'},\quad 0 = \int_{\substack{\pi \in \overset{\circ}{\mathfrak{S}}_{\leq T} \\ \mathrm{Re}\,\pi = o(\mathfrak{S})}} < F(\pi), e_{\mathfrak{C}}(\phi,\pi) > \ d_{\mathfrak{S}}\pi.$$

D'où en particulier pour tout $g \in H^R$:

$$0 = \int_{\substack{\pi \in \overset{\circ}{\mathfrak{S}}_{\leq T} \\ \mathrm{Re}\,\pi = o(\mathfrak{S})}} g(\pi)\ < F(\pi), e_{\mathfrak{C}}(\phi,\pi) > \ d_{\mathfrak{S}}\pi.$$

On fixe P_0 satisfaisant aux conditions du sous-lemme de V.2.11 et tenant compte de V.3.9 et de l'argument d'approximation utilisé en V.3.9 (a) et lignes suivant (2), on voit que pour toute fonction continue, g sur $\{\pi \in \mathfrak{S}_{\leq T} |\ \mathrm{Re}\,\pi = o(\mathfrak{S})\}$, on a:

$$0 = \int_{\substack{\pi \in \overset{\circ}{\mathfrak{S}}_{\leq T} \\ \mathrm{Re}\,\pi = o(\mathfrak{S})}} P_0(\pi) g(\pi) < F(\pi), e_{\mathfrak{C}}(\phi,\pi) > \ d_{\mathfrak{S}}\pi,$$

d'où:

$$< F(\pi), e_{\mathfrak{C}}(\phi,\pi) > = 0,$$

presque partout sur l'ensemble d'intégration, i.e. $F = 0$ dans $\mathrm{Hilb}^{\mathfrak{F}}_{\mathfrak{C},T}$ et (1).

On a évidemment:

$$(2) \qquad \forall \phi', \phi \in P^{R,\mathfrak{F}}_{\mathfrak{C},T'}, F_{\phi'} = F_\phi \Leftrightarrow e_{\mathfrak{C}}(\phi,\pi) = e_{\mathfrak{C}}(\phi',\pi).$$

Ainsi, (2) montre qu'il existe une unique application linéaire de $\mathrm{Hilb}^{0\mathfrak{F}}_{\mathfrak{C},T}$ dans $L^{2\mathfrak{F}}_{\mathfrak{C},T}$, notée j^0, caractérisée par:

$$(3) \qquad j^0(F_\phi) = \mathrm{proj}^{\mathfrak{F}}_{\mathfrak{C},T}\theta_\phi,\quad \forall \phi \in P^{R,\mathfrak{F}}_{\mathfrak{C},T'}.$$

Montrons que j^0 est une isométrie.

Soient $\phi', \phi \in P^{R,\mathfrak{F}}_{\mathfrak{C},T'}$. On a

$$< F_{\phi'}, F_{\phi} > = \int_{\substack{\pi \in \overset{\circ}{\mathfrak{S}}_{\leq T} \\ \mathrm{Re}\, \pi = o(\mathfrak{S})}} < e_{\mathfrak{C}}(\phi', \pi), e_{\mathfrak{C}}(\phi, \pi) > \, d_{\mathfrak{S}}\pi$$

$$= \int_{\substack{\pi \in \overset{\circ}{\mathfrak{S}}_{\leq T} \\ \mathrm{Re}\, \pi = o(\mathfrak{S})}} r_{\mathfrak{C}}(\phi', \phi)(\pi) d_{\mathfrak{S}}\pi$$

$$= m_{\mathfrak{C},T}(\phi', \phi) = < \theta_{\phi'}, \mathrm{proj}^{\mathfrak{F}}_{\mathfrak{C},T}\, \theta_{\phi} >,$$

d'après V.3.2 (3) déjà prouvé. Cela est encore égal à

$$< \mathrm{proj}^{\mathfrak{F}}_{\mathfrak{C},T}\theta_{\phi'}, \mathrm{proj}^{\mathfrak{F}}_{\mathfrak{C},T}\theta_{\phi} > = < j^0 F_{\phi'}, j^0 F_{\phi} > .$$

D'où le résultat.

Ainsi j^0 se prolonge uniquement en une isométrie de $\mathrm{Hilb}^{\mathfrak{F}}_{\mathfrak{C},T}$, notée j. L'image de j contient la fermeture de l'image de j^0 dans $L^{2\mathfrak{F}}_{\mathfrak{C},T}$, ce qui est $L^{2\mathfrak{F}}_{\mathfrak{C},T}$ tout entier (par définition). D'où la proposition.

V.3.12. Preuve de V.3.2

On fixe $\mathfrak{C}$ comme en V.3.4 en supposant que V.3.2 est vrai pour tout $\mathfrak{C}' > \mathfrak{C}$. Résumons ce que nous allons démontrer dans un lemme; on reprend la notation $\overset{\circ}{\mathfrak{S}}_{\leq T}$ de V.3.9.

Lemme. *Soit $\phi \in P^{R,\mathfrak{F}}_{\mathfrak{X}}$; pour tout $\pi \in \overset{\circ}{\mathfrak{S}}_{\leq T}$ de partie réelle $o(\mathfrak{S})$, on a défini $F_{\phi}(\pi) = e_{\mathfrak{C}}(\phi, \pi) \in A_{\mathfrak{C},\pi}$.*

(i) L'application $\pi \in \overset{\circ}{\mathfrak{S}}_{\leq T} \mapsto e_{\mathfrak{C}}(\phi, \pi)$ se prolonge holomorphiquement à tout élément π de $\mathfrak{S}_{\leq T}$ de partie réelle dans un petit voisinage de $o(\mathfrak{S})$ si et seulement si:

$$\int_{\substack{\pi \in \overset{\circ}{\mathfrak{S}}_{\leq T} \\ \mathrm{Re}\, \pi = o(\mathfrak{S})}} e_{\mathfrak{C}}(\phi, \pi) d_{\mathfrak{S}}\pi,$$

existe comme fonction sur $G(k)\backslash\mathbf{G}$. Elle vaut alors:

$$\int_{\substack{\pi \in \mathfrak{S}_{\leq T} \\ \mathrm{Re}\, \pi = o(\mathfrak{S})}} e_{\mathfrak{C}}(\phi, \pi) d_{\mathfrak{S}}\pi.$$

(ii) Soit $\phi' \in P^{R,\mathfrak{F}}_{\mathfrak{X}}$; l'application $\pi \in \overset{\circ}{\mathfrak{S}}_{\leq T} \mapsto r_{\mathfrak{C}}(\phi', \phi)(\pi)$, se prolonge holomorphiquement à tout élément π de $\mathfrak{S}_{\leq T}$ de partie réelle dans un petit voisinage de $o(\mathfrak{S})$ si et seulement si

$$\int_{\substack{\pi \in \overset{\circ}{\mathfrak{S}}_{\leq T} \\ \mathrm{Re}\, \pi = o(\mathfrak{S})}} r_{\mathfrak{C}}(\phi', \phi)(\pi) d_{\mathfrak{S}}\pi$$

existe. Cette intégrale vaut alors:

$$\int_{\substack{\pi\in\mathfrak{S}_{\leq T}\\ \mathrm{Re}\,\pi=o(\mathfrak{S})}} r_{\mathfrak{C}}(\phi',\phi)(\pi)d_{\mathfrak{S}}\pi.$$

(iii) On a $F_\phi \in \mathrm{Hilb}^{\mathfrak{F}}_{\mathfrak{C},T}$, $\mathrm{proj}^{\mathfrak{F}}_{\mathfrak{C},T}\theta_\phi = jF_\phi$ *et les conditions de (i) et (ii) sont satisfaites; d'où V.3.2 (3)(i) et V.3.2 (4)(i). On a aussi V.3.2 (3) (ii), V.3.2 (4) (ii) et V.3.2 (5) (i).*

(iv) V.2.8 ainsi que V.3.2 (2) sont vrais

Cela complètera la preuve de V.3.2.

(i) et (ii) ont la même preuve; on sait, a priori, que si l'une des fonctions considérées a des singularités sur $\{\pi \in \mathfrak{S}_{\leq T} | \mathrm{Re}\,\pi = o(\mathfrak{S})\}$, il existe un hyperplan de $\mathfrak{S}$ coupant cet ensemble tel que la fonction soit singulière en tout point général de l'intersection. Si cela se produit la fonction n'est pas intégrable sur $\overset{\circ}{\mathfrak{S}}_{\leq T}$. Par contre si la fonction n'a pas de singularités, elle est évidemment intégrable sur l'ensemble compact $\{\pi \in \mathfrak{S}_{\leq T} | \mathrm{Re}\,\pi = o(\mathfrak{S})\}$ et sur tout ouvert dense de cet ensemble. D'où (i) et (ii).

(iii) Soit $\phi \in P^{R,\mathfrak{F}}_{\mathfrak{X}}$, comme dans l'énoncé. Soit $\phi' \in P^{R,\mathfrak{F}}_{\mathfrak{C},T'}$; on a:

$$\begin{aligned} m_{\mathfrak{C},T}(\phi,\phi') &= <\theta_\phi, \mathrm{proj}^{\mathfrak{F}}_{\mathfrak{C},T}\theta_{\phi'}> \\ &= <\mathrm{proj}^{\mathfrak{F}}_{\mathfrak{C},T}\theta_\phi, \mathrm{proj}^{\mathfrak{F}}_{\mathfrak{C},T}\theta_{\phi'}> \\ &\leq \|\mathrm{proj}^{\mathfrak{F}}_{\mathfrak{C},T}\theta_\phi\|\ \|\mathrm{proj}^{\mathfrak{F}}_{\mathfrak{C},T}\theta_{\phi'}\|. \end{aligned}$$

On reprend les notations $\mathrm{Hilb}^{\mathfrak{F}}_{\mathfrak{C},T}$ et $\mathrm{Hilb}^{0\mathfrak{F}}_{\mathfrak{C},T}$ de V.3.10. En tenant compte de V.3.10 (*), on sait que, pour $\phi' \in P^{\mathfrak{F}}_{\mathfrak{C},T'}$, $\mathrm{proj}^{\mathfrak{F}}_{\mathfrak{C},T}\theta_{\phi'} = j(F_{\phi'})$. Ce qui précède prouve que l'application linéaire:

$$F_{\phi'} \in \mathrm{Hilb}^{0\mathfrak{F}}_{\mathfrak{C},T} \mapsto m_{\mathfrak{C},T}(\phi,\phi')$$

est continue. Ainsi elle se prolonge en une application continue sur $\mathrm{Hilb}^{\mathfrak{F}}_{\mathfrak{C},T}$ et il existe $F^\phi \in \mathrm{Hilb}^{\mathfrak{F}}_{\mathfrak{C},T}$ tel que cette application coïncide avec:

$$F \in \mathrm{Hilb}^{\mathfrak{F}}_{\mathfrak{C},T} \mapsto <F^\phi, F>.$$

En particulier, on a:

$$\forall \phi' \in P^{R,\mathfrak{F}}_{\mathfrak{C},T'},\quad m_{\mathfrak{C},T}(\phi,\phi') = <F^\phi, F_{\phi'}>.$$

D'où:

$$\int_{\substack{\pi\in\overset{\circ}{\mathfrak{S}}_{\leq T}\\ \mathrm{Re}\,\pi=o(\mathfrak{S})}} (r_{\mathfrak{C}}(\phi,\phi')(\pi) - <F^\phi(\pi), F_{\phi'}(\pi)>)d_{\mathfrak{S}}\pi = 0.$$

Or pour $\pi \in \overset{\circ}{\mathfrak{S}}_{\leq T}$ de partie réelle $o(\mathfrak{S})$, on a:

$$r_{\mathfrak{C}}(\phi,\phi')(\pi) = <e_{\mathfrak{C}}(\phi,\pi), e_{\mathfrak{C}}(\phi',\pi)>_{A^{\mathfrak{F}}_{\mathfrak{C},\pi}},$$

$$<F^\phi(\pi), F_{\phi'}(\pi)> = <F^\phi(\pi), e_{\mathfrak{C}}(\phi',\pi)>_{A^{\mathfrak{F}}_{\mathfrak{C},\pi}},$$

i.e.
$$\int_{\substack{\pi\in\overset{\circ}{\mathfrak{S}}_{\leq T}\\ \mathrm{Re}\,\pi=o(\mathfrak{S})}} < e_{\mathfrak{C}}(\phi,\pi)-F^{\phi}(\pi), e_{\mathfrak{C}}(\phi',\pi) >_{A_{\mathfrak{C},\pi}} \; d_{\mathfrak{S}}\pi = 0, \;\; \forall \phi' \in P^{R,\mathfrak{F}}_{\mathfrak{C},T'}.$$
Comme dans la preuve de V.3.10 (1), cela entraine, presque partout:
$$< e_{\mathfrak{C}}(\phi,\pi)-F^{\phi}(\pi), e_{\mathfrak{C}}(\phi',\pi) >_{A^{\mathfrak{F}}_{\mathfrak{C},\pi}} = 0, \;\; \forall \phi' \in P^{R,\mathfrak{F}}_{\mathfrak{C},T'}.$$
Or $\{e_{\mathfrak{C}}(\phi',\pi), \phi' \in P^{R,\mathfrak{F}}_{\mathfrak{C},T'}\} = A_{\mathfrak{C},\pi}$ quand $\pi \in j_{\leq T}$; on en déduit:
$$e_{\mathfrak{C}}(\phi,\pi) = F^{\phi}(\pi),$$
presque partout, i.e.

(1) $$F_{\phi} = F^{\phi} \in \mathrm{Hilb}^{\mathfrak{F}}_{\mathfrak{C},T}.$$

En outre, on a, pour tout $\phi \in P^{R,\mathfrak{F}}_{\mathfrak{X}}$ et pour tout $\phi' \in P^{R,\mathfrak{F}}_{\mathfrak{C},T'}$, (en utilisant le fait que j est une isométrie, pour la troisième égalité):
$$\begin{aligned} < \theta_{\phi}, \mathrm{proj}^{\mathfrak{F}}_{\mathfrak{C},T}\theta_{\phi'} > &= m_{\mathfrak{C},T}(\phi,\phi') = < F_{\phi}, F_{\phi'} > \\ &= < jF_{\phi}, jF_{\phi'} > = < jF_{\phi}, \mathrm{proj}^{\mathfrak{F}}_{\mathfrak{C},T}\theta_{\phi'} > . \end{aligned}$$
D'où encore:
$$< \mathrm{proj}^{\mathfrak{F}}_{\mathfrak{C},T}\theta_{\phi} - jF_{\phi}, \mathrm{proj}^{\mathfrak{F}}_{\mathfrak{C},T}\theta_{\phi'} > = 0, \;\; \forall \phi' \in P^{R,\mathfrak{F}}_{\mathfrak{C},T'}.$$
Par définition de $L^{2\mathfrak{F}}_{\mathfrak{C},T}$, l'ensemble des éléments $\mathrm{proj}^{\mathfrak{F}}_{\mathfrak{C},T}\theta_{\phi'}$ quand ϕ' parcourt $P^{\mathfrak{F}}_{\mathfrak{C},T}$ est dense dans $L^{2\mathfrak{F}}_{\mathfrak{C},T}$, cela entraine que l'élément $\mathrm{proj}^{\mathfrak{F}}_{\mathfrak{C},T}\theta_{\phi} - jF_{\phi}$ de $L^{2\mathfrak{F}}_{\mathfrak{C},T}$ est nul, i.e.:

(2) $$\mathrm{proj}^{\mathfrak{F}}_{\mathfrak{C},T}\theta_{\phi} = jF_{\phi}.$$

Soit maintenant $\phi' \in P^{R,\mathfrak{F}}_{\mathfrak{X}}$ quelconque; utilisant encore le fait que j est une isométrie, il résulte de (2) que l'on a:
$$\begin{aligned} < \mathrm{proj}^{\mathfrak{F}}_{\mathfrak{C},T}\theta_{\phi'}, \mathrm{proj}^{\mathfrak{F}}_{\mathfrak{C},T}\theta_{\phi} > &= < jF_{\phi'}, jF_{\phi} > \\ &= \int_{\substack{\pi\in\overset{\circ}{\mathfrak{S}}_{\leq T}\\ \mathrm{Re}\,\pi=o(\mathfrak{S})}} r_{\mathfrak{C}}(\phi',\phi)(\pi) d_{\mathfrak{S}}\pi. \end{aligned}$$
Ainsi les conditions équivalentes de (ii) sont satisfaites et l'on a:
$$\forall \phi', \phi \in P^{R,\mathfrak{F}}_{\mathfrak{X}}, \;\; < \theta_{\phi'}, \mathrm{proj}^{\mathfrak{F}}_{\mathfrak{C},T}\theta_{\phi} > = m_{\mathfrak{C},T}(\phi',\phi),$$
c'est-à-dire V.3.2 (3).

Prouvons que les conditions équivalentes de (i) sont satisfaites: on raisonne par l'absurde et l'on suppose qu'il existe un hyperplan $\mathfrak{S}'$ de $\mathfrak{S}$ avec $\mathfrak{S}' \in S^{\mathfrak{F}}_{\mathfrak{X}}$, coupant $\{\pi \in \mathfrak{S}_{\leq T} | \mathrm{Re}\,\pi = o(\mathfrak{S})\}$, singulier pour $\pi \mapsto e_{\mathfrak{C}}(\phi,\pi)$. Ainsi il existe une donnée de résidu pour $\mathfrak{S}'$ dans $\mathfrak{S}$, notée $\mathrm{Res}^{\mathfrak{S}}_{\mathfrak{S}'}$ telle que:
$$\mathrm{Res}^{\mathfrak{S}}_{\mathfrak{S}'} e_{\mathfrak{C}}(\phi,\pi) \not\equiv 0.$$
Soit π_0 un point de $\mathfrak{S}'$ où $\mathrm{Res}^{\mathfrak{S}}_{\mathfrak{S}'}\, e_{\mathfrak{C}}(\phi,\pi)$ est défini et non nul. La valeur

en π_0 est alors une fonction à croissance lente sur $G(k)\backslash\mathbf{G}$. Elle vérifie, par un calcul direct déjà fait (cf. V.3.7):

$$< \theta_{\phi'}, \mathrm{Res}_{\mathfrak{S}'}^{\mathfrak{S}} e_{\mathfrak{C}}(\phi, \pi_0) > = \mathrm{Res}_{\mathfrak{S}'}^{\mathfrak{S}} r_{\mathfrak{C}}(\phi', \phi)(\pi_0).$$

Ceci est nul, puisque l'on vient de voir que $r_{\mathfrak{C}}(\phi', \phi)$ est holomorphe en tout point de $\mathfrak{S}_{\leq T}$ de partie réelle $o(\mathfrak{S})$. Comme en V.3.7, on voit que cela entraine la nullité de $\mathrm{Res}_{\mathfrak{S}'}^{\mathfrak{S}} e_{\mathfrak{C}}(\phi, \pi_0)$, ce qui est la contradiction cherchée. D'où V.3.2 (4) (i) et V.3.2 (5) (i), d'après V.3.9 (c).

Comme en V.3.7, on prouve ensuite que l'on a:

$$\mathrm{proj}_{\mathfrak{C},T}^{\mathfrak{F}} \theta_\phi = \int_{\substack{\pi \in \mathfrak{S}_{\leq T} \\ \mathrm{Re}\, \pi = o(\mathfrak{S})}} e_{\mathfrak{C}}(\phi, \pi) d_{\mathfrak{S}} \pi.$$

D'où V.3.2 (4) (ii).

(iv) D'après (iii) et ce qui a été dit au début de V.3.4, les énoncés V.3.2 (sauf V.3.2 (2)) sont maintenant démontrés pour tout $\mathfrak{S}$. Alors V.3.5 montre que les hypothèses du lemme V.2.9 sont satisfaites pour tout $\phi \in P_{\mathfrak{X}}^{R,\mathfrak{F}}$ et pour tout $T < T'/4^{\dim_{\mathbb{R}} \mathrm{Re} X_M^{\mathbf{G}} + 1}$, on a donc, pour T comme ci-dessus et pour tout $\phi', \phi \in P_{\mathfrak{X}}^{R,\mathfrak{F}}$:

$$< \theta_{\phi'}, q_T \theta_\phi > = \sum_{\mathfrak{C} \in [S_{\mathfrak{X}}^{\mathfrak{F}}]} m_{\mathfrak{C},T}(\phi', \phi).$$

Mais on vient aussi de démontrer que le membre de droite vaut:

$$\sum_{\mathfrak{C} \in [S_{\mathfrak{X}}^{\mathfrak{F}}]} < \theta_{\phi'}, \mathrm{proj}_{\mathfrak{C},T}^{\mathfrak{F}} \theta_\phi > .$$

d'où:

$$q_T = \sum_{\mathfrak{C} \in [S_{\mathfrak{X}}^{\mathfrak{F}}]} \mathrm{proj}_{\mathfrak{C},T}^{\mathfrak{F}}.$$

V.3.13. Décomposition de $q_T L^2(G(k)\backslash\mathbf{G})_{\mathfrak{X},\mathfrak{F}}$

Théorème. *(i) On fixe $T \in \mathbb{R}_+^*$ et on reprend les notations générales de V.3.1. Pour tout $\mathfrak{S} \in S_{\mathfrak{X}}^{\mathfrak{F}}$, il existe une donnée de résidu, notée* $\mathrm{Res}_{\mathfrak{S}}^G$ *dont la valeur sur les fonctions de la forme $A(\phi', \phi)$ où $\phi', \phi \in P_{\mathfrak{X}}^{R,\mathfrak{F}}$ est uniquement déterminée dès que $\mathfrak{S}_{\leq T}$ contient un élément de partie réelle $o(\mathfrak{S})$ et qui est nulle pour presque tout $\mathfrak{S} \in S_{\mathfrak{X}}^{\mathfrak{F}}$ (nulle en particulier pour $\mathfrak{S} \in S_{\mathfrak{X}}^{\mathfrak{F}}$ si $\|o(\mathfrak{S})\| > R$) telles que l'on ait:*

$$\pi \in \mathfrak{S}_{\mathfrak{C}} \quad \mapsto \quad \sum_{w \in W(M)} (\mathrm{Res}_{w\mathfrak{S}_{\mathfrak{C}}}^G A(\phi', \phi))(w\pi)$$

est holomorphe en tout point de $\mathfrak{S}_{\mathfrak{C},\leq T}$ *de partie réelle* $o(\mathfrak{S})$ *et*

$$< \theta_{\phi'}, q_T\theta_\phi > \; = \sum_{\mathfrak{C}\in[S_{\mathfrak{X}}^{\mathfrak{F}}]} |\operatorname{Norm}\mathfrak{S}_{\mathfrak{C}}|^{-1} \times$$

$$\int_{\substack{\pi\in\mathfrak{S}_{\mathfrak{C},\leq T}\\ \operatorname{Re}\pi=o(\mathfrak{S}_{\mathfrak{C}})}} \sum_{w\in W(M)} (\operatorname{Res}^G_{w\mathfrak{S}_{\mathfrak{C}}} A(\phi',\phi))(w\pi) d_{\mathfrak{S}_{\mathfrak{C}}}\pi.$$

En particulier la famille des projections $\operatorname{proj}^{\mathfrak{F}}_{\mathfrak{C},T}$ *de V.3.3 est uniquement déterminée par la propriété V.3.2 (4) (ii). On note* $\operatorname{Sing}^{G,\mathfrak{F}}_T$ *l'ensemble des éléments* $\mathfrak{S}$ *de* $S^{\mathfrak{F}}_{\mathfrak{X}}$ *tels que* $\{\pi \in \mathfrak{S}_{\leq T} | \operatorname{Re}\pi = o(\mathfrak{S})\} \neq \emptyset$ *et il existe* $\phi', \phi \in P^{R,\mathfrak{F}}_{\mathfrak{X}}$ *vérifiant* $\operatorname{Res}^G_{\mathfrak{S}} A(\phi',\phi) \neq 0$.

(ii) Soient $T_1 > T$ *des éléments de* $\mathbb{R}^*_+$. *Alors* $\operatorname{Sing}^{G,\mathfrak{F}}_T$ *est inclus dans* $\operatorname{Sing}^{G,\mathfrak{F}}_{T_1}$ *et est constitué des éléments* $\mathfrak{S}$ *de* $\operatorname{Sing}^{G,\mathfrak{F}}_{T_1}$ *pour lesquels* $\{\pi \in \mathfrak{S}_{\leq T} | \operatorname{Re}\pi = o(\mathfrak{S})\}$ *est non vide. On pose* $\operatorname{Sing}^{G,\mathfrak{F}} := \bigcup_{T\in\mathbb{R}^*_+} \operatorname{Sing}^{G,\mathfrak{F}}_T$.

Soit $\mathfrak{S} \in \operatorname{Sing}^{G,\mathfrak{F}}$ *et soient* $\phi', \phi \in P^{R,\mathfrak{F}}_{\mathfrak{X}}$; *alors* $\operatorname{Res}^G_{\mathfrak{S}} A(\phi',\phi)$ *est indépendant du choix de* $T \in \mathbb{R}^*_+$ *tel que* $\mathfrak{S} \in \operatorname{Sing}^{G,\mathfrak{F}}_T$. *En particulier* $\mathfrak{S} \in \operatorname{Sing}^{G,\mathfrak{F}}$ *si et seulement si* $\mathfrak{S} \in \operatorname{Sing}^{G,\mathfrak{F}}_{T_{\mathfrak{S}}}$ *où* $T_{\mathfrak{S}}$ *est le plus petit élément de* $\mathbb{R}^*_+$ *tel que* $\{\pi \in \mathfrak{S}_{\leq T_{\mathfrak{S}}} | \operatorname{Re}\pi = o(\mathfrak{S})\}$ *est non vide.*

(iii) Le spectre discret de $L^2(G(k)\backslash\mathbf{G})_{\mathfrak{X},\mathfrak{F}}$ *est la fermeture de l'espace vectoriel engendré par les fonctions sur* $G(k)\backslash\mathbf{G}$ *du type:*

$$\sum_{w\in W(M)} \operatorname{Res}^G_{w\mathfrak{S}} E(\phi, w\pi)$$

ou ce qui revient au même

$$\operatorname{Res}^G_{\mathfrak{S}} E(\phi,\pi)$$

où $\mathfrak{S} \in \operatorname{Sing}^{G,\mathfrak{F}}$ *(de données cuspidales* $(M,\mathfrak{P})$ *variant dans* $\mathfrak{X}$*) est réduit à un point et* π *est ce point. Chacune des fonctions ci-dessus est vecteur propre pour l'action du centre de l'algèbre enveloppante, aux places archimédiennes, et pour l'action du centre de Bernstein, aux places finies.*

Remarques

(i) Soit, pour $\mathfrak{S} \in S^{\mathfrak{F}}_{\mathfrak{X}}$, une donnée de résidu, notée $\operatorname{Res}_{\mathfrak{S}}$ et supposons que pour tout $\phi \in P^{R,\mathfrak{F}}_{\mathfrak{X}}$, on ait:

$$\operatorname{Res}_{\mathfrak{S}} E(\phi,\pi) = \operatorname{Res}^G_{\mathfrak{S}} E(\phi,\pi),$$

égalité de fonctions dépendant méromorphiquement de $\pi \in \mathfrak{S}$, alors:

$$(\operatorname{Res}_{\mathfrak{S}} A(\phi',\phi))(\pi) = (\operatorname{Res}^G_{\mathfrak{S}} A(\phi',\phi))(\pi), \forall \phi', \phi \in P^{R,\mathfrak{F}}_{\mathfrak{X}}.$$

(ii) La valeur des opérateurs $\operatorname{Res}^G_{\mathfrak{S}}$ sur les fonctions $A(\phi',\phi)$ où $\phi', \phi \in$

$P_{\mathfrak{X}}^{R,\mathfrak{F}}$ pour tout $\mathfrak{S}$ est déjà uniquement déterminée par la propriété que ces opérateurs vérifient:

$$\forall T \in \mathbb{R}_+^*, \quad \forall \phi', \phi \in P_{\mathfrak{X}}^{R,\mathfrak{F}}, \; < \theta_{\phi'}, \theta_\phi > =_T$$
$$\sum_{\mathfrak{S} \in S_{\mathfrak{X}}^{\mathfrak{F}}} |\operatorname{Norm} \mathfrak{S}|^{-1} \int_{\substack{\pi \in \mathfrak{S}_{\leq T} \\ \operatorname{Re} \pi = z(\mathfrak{S})}} \sum_{w \in \operatorname{Norm} \mathfrak{S}} (\operatorname{Res}_{\mathfrak{S}}^G A(\phi', \phi))(w\pi) d_{\mathfrak{S}} \pi,$$

où $\{z(\mathfrak{S})\}_{\mathfrak{S} \in \mathfrak{C}}$ est une famille de points vérifiant V.3.1 (*).

La partie (i) de cette remarque est un corollaire immédiat de la partie (i) du théorème en tenant compte du fait que:

$$\operatorname{Res}_{\mathfrak{S}} E(\phi, \pi) = \operatorname{Res}_{\mathfrak{S}}^G E(\phi, \pi) \Leftrightarrow \forall \mathfrak{X}', \forall \phi' \in P_{\mathfrak{X}'}^{\mathfrak{F}},$$
$$< \theta_{\phi'}, \operatorname{Res}_{\mathfrak{S}} E(\phi, \pi) > = < \theta_{\phi'}, \operatorname{Res}_{\mathfrak{S}}^G E(\phi, \pi) >,$$

où $\mathfrak{X}'$ parcourt l'ensemble des classes d'équivalence de données cuspidales, et du calcul direct:

$$< \theta_{\phi'}, \operatorname{Res}_{\mathfrak{S}} E(\phi, \pi) > = \begin{cases} 0 & \text{si } \mathfrak{X}' \neq \mathfrak{X}, \\ (\operatorname{Res}_{\mathfrak{S}} A(\phi', \phi))(\pi), & \text{si } \mathfrak{X}' = \mathfrak{X}, \end{cases}$$

cf. V.3.7 lignes précédant (1). La partie (ii) de la remarque résulte immédiatement de V.3.2 et de la partie (i) du théorème.

Prouvons le théorème.

(i) L'existence résulte de V.2.8 et V.3.2; il faut donc prouver l'unicité. Supposons que l'on ait, pour $i = 1, 2$ et pour tout $\mathfrak{S} \in S_{\mathfrak{X}}^{\mathfrak{F}}$ une donnée de résidu, dépendant de i, notée $\operatorname{Res}_{\mathfrak{S}_i}^G$, dont l'ensemble satisfait aux hypothèses de (i). On fixe un sous-ensemble fini de $[S_{\mathfrak{X}}^{\mathfrak{F}}]$ tel que tout élément de $\operatorname{Sing}_{1,T}^{G,\mathfrak{F}} \cup \operatorname{Sing}_{2,T}^{G,\mathfrak{F}}$ appartienne à l'un des éléments de cet ensemble; on ordonne totalement cet ensemble (cf. V.3.3) en supposant que pour $\mathfrak{C}, \mathfrak{C}'$ dans cet ensemble, on a $\mathfrak{C} < \mathfrak{C}'$ si $\dim_{\mathbb{R}} \operatorname{Re} \mathfrak{S}_{\mathfrak{C}}^0 < \dim_{\mathbb{R}} \operatorname{Re} \mathfrak{S}_{\mathfrak{C}'}^0$. Supposons qu'il existe $\mathfrak{C} \in [S_{\mathfrak{X}}^{\mathfrak{F}}], \mathfrak{S} \in \mathfrak{C}$ tel que $\{\pi \in \mathfrak{S}_{\leq T} | \operatorname{Re} \pi = o(\mathfrak{S})\} \neq \emptyset$ et $\phi', \phi \in P_{\mathfrak{X}}^{R,\mathfrak{F}}$ tels que:

$$(1) \qquad \operatorname{Res}_{\mathfrak{S},1}^G A(\phi', \phi) \not\equiv \operatorname{Res}_{\mathfrak{S},2}^G A(\phi', \phi).$$

Alors $\mathfrak{C}$ est nécessairement dans l'ensemble ci-dessus et on le fixe maximal pour l'ordre choisi. Pour tout $\mathfrak{C}' \geq \mathfrak{C}$ on fixe un élément $\mathfrak{S}_{\mathfrak{C}'}$ en supposant que $\mathfrak{S} = \mathfrak{S}_{\mathfrak{C}}$. On reprend les notations de V.3.2 (4), $e_{\mathfrak{C}}(\phi, \pi)$, noté ici $e_{\mathfrak{C}}^i(\phi, \pi)$ pour $i = 1, 2$ pour différencier les deux données; on fixe aussi T' très grand par rapport à T et l'on reprend la notation $P_{\mathfrak{C},T'}^{R,\mathfrak{F}}$ de V.3.3. L'hypothèse et V.3.6 (ii) assurent qu'il existe $\phi' \in P_{\mathfrak{X}}^{R,\mathfrak{F}}$ et $\phi \in P_{\mathfrak{C},T'}^{\mathfrak{F}}$ nul à un grand ordre sur tout élément de $\mathfrak{C}$ différent de $\mathfrak{S} = \mathfrak{S}_{\mathfrak{C}}$ tels que (1) soit encore satisfait. Fixons ϕ' et ϕ avec ces propriétés de nullité et notons, pour $i = 1, 2$ et pour tout $\mathfrak{C}' \geq \mathfrak{C}$:

$$E^i_{\mathfrak{C}'}(\phi) = \int_{\substack{\pi \in \mathfrak{S}_{\mathfrak{C}' \leq T} \\ \mathrm{Re}\, \pi = o(\mathfrak{S}'_{\mathfrak{C}})}} e^i_{\mathfrak{C}'}(\phi, \pi) d_{\mathfrak{S}_{\mathfrak{C}'}} \pi.$$

Pour $i = 1, 2$, le calcul direct du produit scalaire de $\sum_{\mathfrak{C}' \geq \mathfrak{C}} E^i_{\mathfrak{C}'}(\phi)$ contre toutes les pseudo-séries d'Eisenstein, prouve avec V.3.2 (2) que l'on a:

$$q_T \theta_\phi = \sum_{\mathfrak{C}' \geq \mathfrak{C}} E^i_{\mathfrak{C}'}(\phi).$$

En utilisant la maximalité de $\mathfrak{C}$, on obtient:

(2) $$E^1_{\mathfrak{C}}(\phi) = E^2_{\mathfrak{C}}(\phi).$$

On calcule le produit scalaire de cette fonction à croissance lente contre $\theta_{\phi'}$ en utilisant les propriétés de nullité de ϕ et l'on trouve:

$$< \theta_{\phi'}, E^i_{\mathfrak{C}}(\phi) > =$$

$$|\operatorname{Norm} \mathfrak{S}|^{-1} \times \int_{\substack{\pi \in \mathfrak{S}_{\leq T} \\ \mathrm{Re}\, \pi = o(\mathfrak{S})}} \sum_{w \in \operatorname{Norm} \mathfrak{S}} (\mathrm{Res}^G_{\mathfrak{S},i} A(\phi', \phi))(w\pi) d_{\mathfrak{S}} \pi$$

$$= \int_{\substack{\pi \in \mathfrak{S}_{\leq T} \\ \mathrm{Re}\, \pi = o(\mathfrak{S})}} (\mathrm{Res}^G_{\mathfrak{S},i} A(\phi', \phi))(\pi) d_{\mathfrak{S}} \pi.$$

(pour la deuxième égalité, on utilise le fait que chaque terme de la somme est holomorphe sur l'ensemble d'intégration, puisque $\phi \in P^{R,\mathfrak{F}}_{\mathfrak{C},T'}$).

Ainsi (2) se traduit par:

$$\int_{\substack{\pi \in \mathfrak{S}_{\leq T} \\ \mathrm{Re}\, \pi = o(\mathfrak{S})}} \left((\mathrm{Res}^G_{\mathfrak{S},1} - \mathrm{Res}^G_{\mathfrak{S},2}) A(\phi', \phi) \right) (\pi) d_{\mathfrak{S}} \pi = 0,$$

alors que (1) donne, pour ϕ', ϕ bien choisies:

$$(\mathrm{Res}^G_{\mathfrak{S},1} - \mathrm{Res}^G_{\mathfrak{S},2})(A(\phi', \phi)) \not\equiv 0.$$

C'est une contradiction d'après le lemme V.3.6. Maintenant (i) est clair.

(ii) On fixe T et T_1 comme dans l'énoncé; on écrit ici $\mathrm{Res}^G_{\mathfrak{S},T}$ et $\mathrm{Res}^G_{\mathfrak{S},T_1}$ pour différencier ces données de résidus. On fixe aussi T' très grand par rapport à T et T_1 et des données de résidus, notées ici $\mathrm{Res}^G_{\mathfrak{S},T'}$ tels que l'on ait, pour tout $\phi', \phi \in P^{R,\mathfrak{F}}_{\mathfrak{X}}$:

$$< \theta_{\phi'}, \theta_\phi > =_{T'} \sum_{\mathfrak{C} \in [S^{\mathfrak{F}}_{\mathfrak{X}}]} |\operatorname{Norm} \mathfrak{S}_{\mathfrak{C}}|^{-1} \times$$

$$\int_{\substack{\pi \in \mathfrak{S}_{\mathfrak{C}, \leq T'} \\ \mathrm{Re}\, \pi = z(\mathfrak{S}_{\mathfrak{C}})}} \sum_{w \in W(M)} (\mathrm{Res}^G_{w\mathfrak{S}_{\mathfrak{C}},T'} A(\phi', \phi))(w\pi) d_{\mathfrak{S}_{\mathfrak{C}}} \pi.$$

Il résulte de V.3.2 que:

$$< \theta_{\phi'}, q_T\theta_\phi > = \sum_{\mathfrak{C}\in[S_{\mathfrak{X}}^{\mathfrak{F}}]} |\operatorname{Norm}\mathfrak{S}_{\mathfrak{C}}|^{-1} \times$$

$$\int_{\substack{\pi\in\mathfrak{S}_{\mathfrak{C},\leq T}\\ \operatorname{Re}\pi=o(\mathfrak{S}_{\mathfrak{C}})}} \sum_{w\in W(M)} (\operatorname{Res}^G_{w\mathfrak{S}_{\mathfrak{C}},T'} A(\phi',\phi))(w\pi) d_{\mathfrak{S}_{\mathfrak{C}}}\pi$$

$$< \theta_{\phi'}, q_{T_1}\theta_\phi > = \sum_{\mathfrak{C}\in[S_{\mathfrak{X}}^{\mathfrak{F}}]} |\operatorname{Norm}\mathfrak{S}_{\mathfrak{C}}|^{-1} \times$$

$$\int_{\substack{\pi\in\mathfrak{S}_{\mathfrak{C},\leq T_1}\\ \operatorname{Re}\pi=o(\mathfrak{S}_{\mathfrak{C}})}} \sum_{w\in W(M)} (\operatorname{Res}^G_{w\mathfrak{S}_{\mathfrak{C}},T'} A(\phi',\phi))(w\pi) d_{\mathfrak{S}_{\mathfrak{C}}}\pi.$$

On suppose que $\mathfrak{S}$ est tel que $\{\pi \in \mathfrak{S}_{\leq T}; \operatorname{Re}\pi = o(\mathfrak{S})\} \neq \emptyset$. L'unicité prouvée en (i) indique que l'on a les égalités de fonctions méromorphes suivantes:

$$\forall\phi',\phi \in P_{\mathfrak{X}}^{R,\mathfrak{F}}, \forall\mathfrak{S}\in S_{\mathfrak{X}}^{\mathfrak{F}},\ \operatorname{Res}^G_{\mathfrak{S},T} A(\phi',\phi) = \operatorname{Res}^G_{\mathfrak{S},T'} A(\phi',\phi)$$
$$= \operatorname{Res}^G_{\mathfrak{S},T_1} A(\phi',\phi).$$

D'où (ii).

(iii) L'assertion concernant l'action du centre de Bernstein ou de l'algèbre enveloppante est claire et entraine la première partie de (iii).

Corollaire: *On suppose que k est un corps de nombres.*

(i) *Les assertions de V.2.2 sont vraies pour tout T; en particulier $e_{\mathfrak{C}}(\phi,\pi)$ est holomorphe en tout point de $o(\mathfrak{S}) + \operatorname{Im}\mathfrak{S}$.*

(ii) *Soit $\mathfrak{C} \in [S_{\mathfrak{X}}^{\mathfrak{F}}]$ et soient $T < T_1$ des réels positifs. Alors, $L^{2\mathfrak{F}}_{\mathfrak{C},T}$ est inclus dans $L^{2\mathfrak{F}}_{\mathfrak{C},T_1}$ et l'on note $L^2(G(k)\backslash\mathbf{G})_{\mathfrak{C},\mathfrak{F}}$ la fermeture de l'espace $\bigcup_{T\in\mathbb{R}_+^*} L^{2\mathfrak{F}}_{\mathfrak{C},T}$. C'est un espace de Hilbert qui admet une décomposition spectrale en tous points analogue à V.3.2 (5) où l'on remplace simplement $\mathfrak{S}_{\mathfrak{C},T}$ par $\mathfrak{S}_{\mathfrak{C}}$.*

(iii)

$$L^2(G(k)\backslash\mathbf{G})_{\mathfrak{X},\mathfrak{F}} = \hat{\oplus}_{\mathfrak{C}\in[S_{\mathfrak{X}}^{\mathfrak{F}}]}\ L^2(G(k)\backslash\mathbf{G})_{\mathfrak{C},\mathfrak{F}},$$

la somme étant orthogonale.

Le (i) du corollaire est conséquence immédiate de l'assertion (ii) du théorème.

Avec les notations de (ii). L'inclusion de $L^{2\mathfrak{F}}_{\mathfrak{C},T_1}$ résulte de V.3.11 et la fin de (ii) résulte de V.3.2 (5) par un passage à la limite immédiat.

Pour l'assertion (iii), on remarque que:

$$L^2(G(k)\backslash\mathbf{G})_{\mathfrak{X},\mathfrak{F}} = \lim_{T\to\infty} q_T \; L^2(G(k)\backslash\mathbf{G})_{\mathfrak{X},\mathfrak{F}}$$

et (iii) résulte donc de (ii) et de V.3.2 (2).

Remarque. Soit k un corps de fonctions et soit $\mu \in X_G^{\mathbf{G}}$. Alors:

$$\mathfrak{S} \in \mathrm{Sing}^{G,\mathfrak{F}} \Leftrightarrow \mathfrak{S}\otimes\mu \in \mathrm{Sing}^{G,\mathfrak{F}},$$

$\forall \phi', \phi \in P_{\mathfrak{X}}^{R,\mathfrak{F}}$,

$$(\mathrm{Res}_{\mathfrak{S}}^G A(\phi',\phi))(\pi) = \left(\mathrm{Res}_{\mathfrak{S}\otimes\mu}^G A(\phi',\phi)(\pi'\otimes\mu^{-1})\right)_{\pi'=\pi\otimes\mu}$$

$$\mathrm{Res}_{\mathfrak{S}}^G E(\phi,\pi) = \left(\mathrm{Res}_{\mathfrak{S}\otimes\mu}^G E(\phi,\pi'\otimes\mu^{-1})\right)_{\pi'=\pi\otimes\mu}.$$

Soit μ comme dans l'énoncé et soit $\phi \in P_{\mathfrak{X}}^{R,\mathfrak{F}}$. La fonction $\pi \mapsto \mu\phi(\pi\otimes\mu^{-1})$ est encore un élément de $P_{\mathfrak{X}}^{R,\mathfrak{F}}$, noté $\tilde{T}_\mu\phi$ et l'on a l'égalité des séries d'Eisenstein:

$$E(\tilde{T}_\mu\phi,\pi) = \mu E(\phi,\pi\otimes\mu^{-1}),$$

où dans le deuxième membre, μ est vu comme une fonction sur $G(k)\backslash\mathbf{G}$. On déduit de II.1.11, l'égalité des pseudo-séries d'Eisenstein:

$$\theta_{\tilde{T}_\mu\phi} = \mu\theta_\phi.$$

Pour tout $\phi', \phi \in P_{\mathfrak{X}}^{R,\mathfrak{F}}$, on a:

$$< \theta_{\phi'}, \theta_\phi > = < \theta_{\tilde{T}_\mu\phi'}, \theta_{\tilde{T}_\mu\phi} >$$

d'où,

$$\begin{aligned}
&< \theta_{\phi'}, \theta_\phi > \\
&= \sum_{\mathfrak{C}\in[S_{\mathfrak{X}}^{\mathfrak{F}}]} |\,\mathrm{Norm}\,\mathfrak{S}_{\mathfrak{C}}|^{-1} \times \\
&\quad \int_{\substack{\pi\in\mathfrak{S}_{\mathfrak{C}}\\ \mathrm{Re}\,\pi=o(\mathfrak{S}_{\mathfrak{C}})}} \sum_{w\in W(M)} (\mathrm{Res}_{w\mathfrak{S}_{\mathfrak{C}}}^G A(\phi',\phi))(w\pi)d_{\mathfrak{S}_{\mathfrak{C}}}\pi \\
&= \sum_{\mathfrak{C}\in[S_{\mathfrak{X}}^{\mathfrak{F}}]} |\,\mathrm{Norm}\,\mathfrak{S}_{\mathfrak{C}}|^{-1} \times \\
&\quad \int_{\substack{\pi\in\mathfrak{S}_{\mathfrak{C}}\\ \mathrm{Re}\,\pi=o(\mathfrak{S}_{\mathfrak{C}})}} \sum_{w\in W(M)} (\mathrm{Res}_{w\mathfrak{S}_{\mathfrak{C}}}^G A(\tilde{T}_\mu\phi',\tilde{T}_\mu\phi))(w\pi)d_{\mathfrak{S}_{\mathfrak{C}}}\pi.
\end{aligned}$$

On vérifie directement sur les définitions que l'on a pour tout $\mathfrak{S} \in S_{\mathfrak{X}}^{\mathfrak{F}}$, pour toute donnée de résidu pour $\mathfrak{S}$, notée $\mathrm{Res}_{\mathfrak{S}}$ et pour tout $\phi', \phi \in P_{\mathfrak{X}}^{R,\mathfrak{F}}$:

$$(\mathrm{Res}_{\mathfrak{S}} A(\tilde{T}_\mu\phi',\tilde{T}_\mu\phi))(\pi) = \mathrm{Res}_{\mathfrak{S}} A(\phi',\phi)(\pi\otimes\mu^{-1}).$$

Par un changement de variable, on obtient pour tout $\mathfrak{C} \in [S_{\mathfrak{X}}^{\mathfrak{F}}]$:

$$\int_{\substack{\pi \in \mathfrak{S}_{\mathfrak{C}} \\ \mathrm{Re}\, \pi = o(\mathfrak{S}_{\mathfrak{C}})}} \sum_{w \in W(M)} (\mathrm{Res}^G_{w\mathfrak{S}_{\mathfrak{C}}} A(\tilde{T}_\mu \phi', \tilde{T}_\mu \phi))(w\pi) d_{\mathfrak{S}_{\mathfrak{C}}} \pi =$$

$$\int_{\substack{\pi \in \mathfrak{S}_{\mathfrak{C}} \otimes \mu^{-1} \\ \mathrm{Re}\, \pi = o(\mathfrak{S}_{\mathfrak{C}} \otimes \mu^{-1})}} \sum_{w \in W(M)} \left(\mathrm{Res}^G_{w\mathfrak{S}_{\mathfrak{C}}} A(\phi', \phi)(\pi' \otimes \mu^{-1})\right)_{\pi' = w\pi \otimes \mu} d_{\mathfrak{S}_{\mathfrak{C}} \otimes \mu^{-1}} \pi,$$

en notant que $w\mu = \mu$. L'unicité de V.3.12 (i), donne, pour tout $\mathfrak{S} \in S_{\mathfrak{X}}^{\mathfrak{F}}$, l'égalité de fonctions méromorphes sur $\mathfrak{S} \otimes \mu^{-1}$:

$$\forall \phi', \phi \in P_{\mathfrak{X}}^{R,\mathfrak{F}}, \quad (\mathrm{Res}^G_{\mathfrak{S}} A(\phi', \phi)(\pi' \otimes \mu^{-1}))_{\pi' = \pi \otimes \mu}$$
$$= (\mathrm{Res}^G_{\mathfrak{S} \otimes \mu^{-1}} A(\phi', \phi))(\pi)$$

ce qui donne la deuxième formule de la remarque et donc la première assertion, par définition de $\mathrm{Sing}^{G,\mathfrak{F}}$. La troisième formule se déduit de la deuxième de la façon usuelle en calculant le produit scalaire contre toute pseudo-série d'Eisenstein.

V.3.14. Décomposition de $L^2(G(k)\backslash \mathbf{G})_{\mathfrak{X}}$

Soient $\mathfrak{F}$ et $\mathfrak{F}'$ des ensembles finis de $\mathbf{K}$-types; on suppose que $\mathfrak{F} \subset \mathfrak{F}'$. On a de façon évidente un certain nombre d'inclusions:

$$S_{\mathfrak{X}}^{\mathfrak{F}} \subset S_{\mathfrak{X}}^{\mathfrak{F}'},$$
$$[S_{\mathfrak{X}}^{\mathfrak{F}}] \subset [S_{\mathfrak{X}}^{\mathfrak{F}'}],$$
$$P_{\mathfrak{X}}^{\mathfrak{F}} \subset P_{\mathfrak{X}}^{\mathfrak{F}'},$$
$$P_{\mathfrak{X}}^{R,\mathfrak{F}} \subset P_{\mathfrak{X}}^{R,\mathfrak{F}'}.$$

Soit $\phi \in P_{\mathfrak{X}}^{R,\mathfrak{F}}$; on a défini $e_{\mathfrak{C}}(\phi)$ sans indiquer dans la notation $\mathfrak{F}$; cela est justifié par le (i) de V.3.12, i.e. $e_{\mathfrak{C}}(\phi)$ ne dépend pas du fait de considérer ϕ comme élément de $P_{\mathfrak{X}}^{R,\mathfrak{F}}$ ou $P_{\mathfrak{X}}^{R,\mathfrak{F}'}$. De même, on a $\mathrm{proj}^{\mathfrak{F}} \theta_\phi = \mathrm{proj}^{\mathfrak{F}'} \theta_\phi$ ce qui permet de supprimer l'exposant dans la notation. Ainsi, on obtient les inclusions:

$$A^{\mathfrak{F}}_{\mathfrak{C},\pi} \subset A^{\mathfrak{F}'}_{\mathfrak{C},\pi},$$

pour tout $\pi \in \mathfrak{S}_{\mathfrak{C}}$ de partie réelle $o(\mathfrak{S})$ et

$$L^{2\mathfrak{F}}_{\mathfrak{C}} \subset L^{2\mathfrak{F}'}_{\mathfrak{C}}.$$

Il est alors naturel de poser:

$$\mathrm{Sing}^G := \bigcup_{\mathfrak{F}} \mathrm{Sing}^{G\mathfrak{F}}.$$

Et l'on définit $\mathrm{Res}^G_{\mathfrak{S}}$ sur l'ensemble des fonctions $\pi \in \mathfrak{S} \mapsto A(\phi', \phi)(\pi)$ et $\pi \in \mathfrak{S} \mapsto E(\phi, \pi)$ pour $\phi', \phi \in P_{\mathfrak{X}}^R$ de façon à ce que V.3.12 (i) soit vérifié pour tout choix de $\mathfrak{F}$. Pour $\mathfrak{C} \in [S_{\mathfrak{X}}]$, $\mathfrak{S} \in \mathfrak{C}$, on pose, pour tout $\pi \in \mathfrak{S}$ de partie réelle $o(\mathfrak{S})$:

$$A_{\mathfrak{C},\pi} := \bigcup_{\mathfrak{F},\mathfrak{C}\in[S_{\mathfrak{X}}^{\mathfrak{F}}]} A_{\mathfrak{C},\pi}^{\mathfrak{F}},$$

$$L^2(G(k)\backslash\mathbf{G}) := \bigcup_{\mathfrak{F},\mathfrak{C}\in[S_{\mathfrak{X}}^{\mathfrak{F}}]} L_{\mathfrak{C}}^{2\mathfrak{F}},$$

l'union est complétée pour avoir un espace de Hilbert. On vérifie aisément que $r_{\mathfrak{C}}(\ ,\ )(\pi)$ munit $A_{\mathfrak{C},\pi}$ d'une structure d'espace préhilbertien et l'on note $\overline{A}_{\mathfrak{C},\pi}$ le complété. Pour tout $w \in Norm\ \mathfrak{S}$, l'espace $\overline{A}_{\mathfrak{C},\pi}$ s'identifie à $\overline{A}_{\mathfrak{C},w\pi}$. On obtient immédiatement:

Corollaire

(i) *Soit $\mathfrak{C} \in [S_{\mathfrak{X}}]$; on fixe $\mathfrak{S} \in \mathfrak{C}$. Alors l'application $\pi \in o(\mathfrak{S}) + \operatorname{Im}\mathfrak{S} \mapsto \overline{A}_{\mathfrak{C},\pi}$ est un champ hilbertien et $L^2(G(k)\backslash\mathbf{G})_{\mathfrak{C}}$ est isomorphe à l'espace de Hilbert suivant, noté* $\mathrm{Hilb}_{\mathfrak{C}}$*:*

$$\left\{\begin{array}{l} F \text{ fonctions mesurables sur } o(\mathfrak{S}) + \operatorname{Im}\mathfrak{S} \text{ telles que:} \\ \text{pour presque tout } \pi \in o(\mathfrak{S}) + \operatorname{Im}\mathfrak{S}, \\ F(\pi) \in \overline{A}_{\mathfrak{C},\pi} \text{ et } F(w\pi) = F(\pi)\ \forall w \in \operatorname{Norm}\mathfrak{S}, \\ \displaystyle\int_{\pi\in o(\mathfrak{S})+\operatorname{Im}\mathfrak{S}} \|F(\pi)\|^2 \quad < +\infty, \text{ où la norme est celle de } \overline{A}_{\mathfrak{C},\pi}. \end{array}\right\}$$

Cet isomorphisme, noté $j_{\mathfrak{C}}$, est caractérisé par les égalités, pour tout $\phi \in P_{\mathfrak{X}}$:

$$\operatorname{proj}_{L^2(G(k)\backslash\mathbf{G})_{\mathfrak{C}}} \theta_\phi = j_{\mathfrak{C}} F_\phi,$$

où F_ϕ est défini comme en V.3.11.
En outre $L^2(G(k)\backslash\mathbf{G})_{\mathfrak{C}}$ et $\overline{A}_{\mathfrak{C},\pi}$ sont naturellement munis d'une action de $\mathbf{G}$; d'où une action de $\mathbf{G}$ sur $\mathrm{Hilb}_{\mathfrak{C}}$ *et l'isomorphisme ci-dessus est $\mathbf{G}$-équivariant.*

(ii) *$L^2(G(k)\backslash\mathbf{G})_{\mathfrak{X}}$ est le complété de la somme orthogonale:*

$$\bigoplus_{\mathfrak{C}\in[S_{\mathfrak{X}}]} L^2(G(k)\backslash\mathbf{G})_{\mathfrak{C}}.$$

V.3.15. Formule d'adjonction pour les résidus d'opérateurs d'entrelacement

On fixe encore $\mathfrak{X}$ et $\mathfrak{S} \in S_{\mathfrak{X}}^{\mathfrak{F}}$; on note $(M, \mathfrak{P})$ la donnée cuspidale qui est attaché à $\mathfrak{S}$. On fixe $T \in \mathbb{R}_+^*$ grand de telle sorte que $\{\pi \in \mathfrak{S}_{\leq T} | \operatorname{Re}\pi = o(\mathfrak{S})\} \neq \emptyset$. On pose:

$$\operatorname{Fix}\mathfrak{S} := \{w \in W(M) | w((M, \mathfrak{P})) = (M, \mathfrak{P}) \text{ et } \forall \pi \in \mathfrak{S}, w\pi = \pi\}.$$

On fixe aussi pour tout $\mathfrak{S}' \in S_{\mathfrak{X}}^{\mathfrak{F}}$ une donnée de résidu de telle sorte que V.3.12 (i) soit satisfait; alors, on a symboliquement, mais de façon ambigüe (précisée ci-dessous):

$$\forall w \in W(M),\ (\mathrm{Res}_{\mathfrak{S}}^{G} \sum_{\sigma \in \mathrm{Fix}\, \mathfrak{S}} M(w\sigma, \pi))^{*}$$
$$= (\mathrm{Res}_{-w\overline{\mathfrak{S}}}^{G} (\sum_{\sigma \in \mathrm{Fix}\, \mathfrak{S}} M((w\sigma)^{-1}, \pi'))_{\pi' = -w\overline{\pi}},$$

ce qui a le sens suivant:

Proposition. *Pour tout $\phi', \phi \in P_{\mathfrak{X}}^{R,\mathfrak{F}}$ et pour tout $w \in W(M)$:*

$$\mathrm{Res}_{\mathfrak{S}}^{G} < \sum_{\sigma \in \mathrm{Fix}\, \mathfrak{S}} \phi'(-w\sigma\overline{\pi}), M(w\sigma, \pi)\phi(\pi) > =$$
$$\left(\mathrm{Res}_{-w\overline{\mathfrak{S}}}^{G} < \sum_{\sigma \in \mathrm{Fix}\, \mathfrak{S}} M((w\sigma)^{-1}, \pi')\phi'(\pi'), \phi(-(w\sigma)^{-1}\overline{\pi}') > \right)_{\pi' = -w\overline{\pi}},$$

égalité de fonctions méromorphes sur $\mathfrak{S}$. En particulier le premier terme est nul si $-w\overline{\mathfrak{S}} \notin \mathrm{Sing}^{G,\mathfrak{F}}$.

On note $\mathfrak{C}$ l'élément de $[S_{\mathfrak{X}}^{\mathfrak{F}}]$ contenant $\mathfrak{S}$. Il suffit de prouver l'égalité en un point général de $\mathfrak{S}_{\leq T}$ (où $T \in \mathbb{R}_{+}^{*}$ est fixé grand) de partie réelle $o(\mathfrak{S})$. On fixe encore $T' \in \mathbb{R}_{+}^{*}$ grand par rapport à T et l'on reprend la notation $P_{\mathfrak{C},T'}^{R,\mathfrak{F}}$ de V.3.3. Il suffit de prouver la proposition sous les hypothèses supplémentaires (cf. V.3.6):

$\phi \in P_{\mathfrak{C},T'}^{R,\mathfrak{F}}$ et ϕ est nulle à un grand ordre sur tout élément de $\mathfrak{C}$ différent de $\mathfrak{S}$,
$\phi' \in P_{\mathfrak{C},T'}^{R,\mathfrak{F}}$ (ici on utilise le fait que $-w\overline{\mathfrak{S}} \in \mathfrak{C}$, cf. V.3.5 (b)) et ϕ' est nulle à un grand ordre sur tous les éléments de $\mathfrak{C}$ différents de $-w\overline{\mathfrak{S}}$.

Sous ces hypothèses de nullité, on a:

$$r_{\mathfrak{C}}(\phi', \phi)(\pi) = |\,\mathrm{Norm}\, \mathfrak{S}|^{-1} \sum_{\tau \in \mathrm{Norm}\, \mathfrak{S}} \left(\mathrm{Res}_{\mathfrak{S}}^{G} A(\phi', \phi)(\pi') \right)_{\pi' = \tau\pi}$$

et pour tout $\pi \in \mathfrak{S}$, en utilisant la formule du produit pour la deuxième égalité:

$$(\mathrm{Res}_{\mathfrak{S}}^{G} A(\phi', \phi))(\pi)$$
$$= \sum_{\substack{\sigma \in \mathrm{Stab}(M,\mathfrak{P}) \\ \sigma\mathfrak{S} = w\mathfrak{S}}} \mathrm{Res}_{\mathfrak{S}}^{G} < M(\sigma^{-1}, -\sigma\overline{\pi})\phi'(-\sigma\overline{\pi}), \phi(\pi) >$$
$$= \sum_{\sigma \in \mathrm{Norm}\, \mathfrak{S}} \mathrm{Res}_{\mathfrak{S}}^{G} < M(\sigma^{-1}, -\sigma\overline{\pi}) M(w^{-1}, -w\sigma\overline{\pi})\phi'(-w\sigma\overline{\pi}), \phi(\pi) > .$$

D'où,

$$|\operatorname{Norm}\mathfrak{S}|\, r_{\mathfrak{C}}(\phi',\phi)(\pi) =$$

$$(1) \qquad \sum_{\tau,\sigma\in \operatorname{Norm}\mathfrak{S}} (\operatorname{Res}^G_{\mathfrak{S}} < M(\sigma^{-1},-\sigma\overline{\pi'})$$

$$M(w^{-1},-w\sigma\overline{\pi'})\phi'(-w\sigma\overline{\pi'}),\phi(\pi')>)_{\pi'=\tau\pi}.$$

On a vu (cf. V.3.9 (a)) que l'on a, pour tout $\pi \in \mathfrak{S}$:

$$(2) \qquad r_{\mathfrak{C}}(\phi,\phi')(\pi) = \overline{r_{\mathfrak{C}}(\phi,\phi')(-\overline{\pi})}.$$

Pour exprimer $r_{\mathfrak{C}}(\phi,\phi')(-\overline{\pi})$, on prend $-w\overline{\mathfrak{S}}$ comme point de base de $\mathfrak{C}$ et par un calcul similaire au précédent, on trouve:

$$|\operatorname{Norm}\mathfrak{S}|\;\; r_{\mathfrak{C}}(\phi,\phi')(-\overline{\pi}) \;\;=$$

$$(3) \qquad \sum_{\sigma,\tau\in \operatorname{Norm}\mathfrak{S}} (\operatorname{Res}^G_{-w\overline{\mathfrak{S}}} < M(w,-w^{-1}\overline{\pi'})M(\sigma^{-1},\sigma w^{-1}(-\overline{\pi'}))$$

$$\phi(\sigma w^{-1}(-\overline{\pi'})),\phi'(\pi')>)_{\pi'=-w\tau\overline{\pi}}.$$

On veut démontrer la proposition en un point π_0 général, on peut donc encore supposer que ϕ est nulle à un grand ordre en tout point de $(\operatorname{Norm}\mathfrak{S})\pi_0$ différent de π_0 et qu'il en est de même de ϕ' en tout point de $-w(\operatorname{Norm}\mathfrak{S})\overline{\pi}_0$ différent de $-w\overline{\pi}_0$. Avec cette hypothèse en (1) et (3), au point π_0, les sommes ne portent plus que sur le fixateur de $\mathfrak{S}$ et en (1) et (3), on peut remplacer pour tout $\tau \in \operatorname{Fix}\mathfrak{S}$, $\tau\pi_0$ par π_0. En mettant ensemble (1), (2) et (3), on trouve:

$$\sum_{\sigma\in\operatorname{Fix}\mathfrak{S}} \operatorname{Res}^G_{\mathfrak{S}} < M(\sigma^{-1},-\sigma\overline{\pi}_0)M(w^{-1},-w\sigma\overline{\pi}_0)\phi'(-w\sigma\overline{\pi}_0),\phi(\pi_0)>$$

$$= \sum_{\sigma\in Fix\ \mathfrak{S}} \overline{\operatorname{Res}^G_{-w\overline{\mathfrak{S}}}}$$

$$\overline{< M(w,-w^{-1}\overline{\pi'})M(\sigma,-(w\sigma)^{-1}\overline{\pi'})\phi(-(w\sigma)^{-1}\overline{\pi'}),\phi'(\pi')>_{\pi'=-w\overline{\pi}_0}}.$$

On obtient la formule annoncée en utilisant les propriétés d'adjonction (cf. II.1.8) des opérateurs d'entrelacement, en utilisant le fait que les données de résidu sont à coefficients réels par hypothèse (cf. V.1.3).

V.3.16. Exposants cuspidaux des résidus des séries d'Eisenstein

Corollaire. *Soient* $\phi \in P^{R,\mathfrak{F}}_{\mathfrak{X}}$, $\mathfrak{S} \in S^{\mathfrak{F}}_{\mathfrak{X}}$ *et* $\pi_0 \in \mathfrak{S}$. *On adopte la notation* $\operatorname{Res}^G_{\mathfrak{S}}$ *de V.3.12, on note* $(M,\mathfrak{P})$ *la donnée cuspidale attachée à* $\mathfrak{S}$. *On suppose que* $\operatorname{Res}^G_{\mathfrak{S}}\ E(\phi,\pi)$ *n'est pas identiquement* 0 *et est holomorphe en* π_0. *Alors l'ensemble des composantes cuspidales de* $\operatorname{Res}^G_{\mathfrak{S}}\ E(\phi,\pi)$ *est dans l'ensemble:*

$$\{w\pi_0 | w \in W(M), -w\overline{\mathfrak{S}} \in \operatorname{Sing}^{G,\mathfrak{F}}\}.$$

D'après II.1.12, il faut calculer $< \theta_{\phi'}, \operatorname{Res}^G_{\mathfrak{S}}\ E(\phi,\pi_0) >$ pour toute pseudo-série d'Eisenstein. Ce calcul se fait comme en V.3.7 (3): cela vaut 0 sauf si $\phi' \notin P_{\mathfrak{X}}^{\mathfrak{F}}$ et si $\phi' \in P_{\mathfrak{X}}^{\mathfrak{F}}$ cela vaut:

$$(\mathrm{Res}_{\mathfrak{S}}^{G} A(\phi', \phi))(\pi_0)$$
$$= \sum_{w \in W(M)} \mathrm{Res}_{\mathfrak{S}}^{G} < M(w^{-1}, -w\overline{\pi}_0)\phi'(-w\overline{\pi}_0), \phi(\pi_0) >$$
$$= \sum_{\tilde{w} \in W(M)/Fix\ \mathfrak{S}} \left(\sum_{\sigma \in Fix\ \mathfrak{S}} \mathrm{Res}_{\mathfrak{S}}^{G} < M((\tilde{w}\sigma)^{-1}, -\tilde{w}\sigma\overline{\pi}_0)) \phi'(-\tilde{w}\sigma\overline{\pi}_0), \phi(\pi_0) > \right).$$

D'après V.3.15, pour w fixé, le terme entre parenthèses est identiquement nul sur $\mathfrak{S}$, donc en π_0, si $-w\overline{\mathfrak{S}} \notin \mathrm{Sing}^{G,\mathfrak{F}}$. D'où V.3.16 résulte de II.1.12, remarque.

V.3.17. Généralisation: décomposition de $L^2(U_L(\mathbb{A})L(k)\backslash \mathbf{G})_{\xi_L}$

Soit L un sous-groupe de Levi standard de G. On note U_L le radical unipotent du sous-groupe parabolique standard, Q, de Levi L. On fixe aussi ξ_L un caractère unitaire du centre de $\mathbf{L}$. On note

$$L^2(U_L(\mathbb{A})L(k)\backslash \mathbf{G})_{\xi_L}$$

l'ensemble des fonctions sur $U_L(\mathbb{A})L(k)\backslash \mathbf{G}$ qui se transforment à gauche sous $Z_{\mathbf{L}}$ par le caractère $\xi_L.^{\rho_L}$ et qui sont de carré intégrable modulo $Z_{\mathbf{L}}$, i.e.:

$$\left\{ \begin{array}{l} f \in L^2(U_L(\mathbb{A})L(k)\backslash \mathbf{G})_{\xi_L} \Leftrightarrow \\ \quad f(zg) = \xi_L(z) z^{\rho_L} f(g), \forall z \in Z_{\mathbf{L}}, \forall g \in \mathbf{G}, \\ \quad \displaystyle\int_{U_L(\mathbb{A})L(k)Z_{\mathbf{L}}\backslash \mathbf{G}} f(g)\overline{f(g)}dg < \infty \end{array} \right\}$$

On peut généraliser les résultats de ce chapitre pour obtenir la décomposition spectrale de cet espace de fonctions. On commence par généraliser la notion de classe d'équivalence de données cuspidales, de fonctions de Paley-Wiener et de pseudo-séries d'Eisenstein qui leur sont associées. Une donnée cuspidale pour L relativement à ξ_L est un couple $(M, \mathfrak{P}_L)$ où M est un Levi standard de L et $\mathfrak{P}_L$ une orbite sous X_M^L de représentations cuspidales de M dont la restriction du caractère central à Z_L est ξ_L. On définit l'ensemble des fonctions de Paley-Wiener sur $X_M^{\mathbf{L}}$, noté $P(X_M^{\mathbf{L}})$, comme étant l'ensemble des transformées de Fourier des fonctions lisses à support compact sur $\mathbf{M}/\mathbf{M}^1 Z_{\mathbf{L}}$. On note U le radical unipotent du sous-groupe parabolique standard de Levi M. Les fonctions de Paley-Wiener, $P_{(M,\mathfrak{P}_L)}$ sont des fonctions, f, sur $\mathfrak{P}_L$ à valeurs dans les fonctions sur $\mathbf{G}$ vérifiant:

$$\forall \pi \in \mathfrak{P}_L \quad f(\pi) \in A(U(\mathbb{A})M(k)\backslash \mathbf{G})_\pi$$

et π_0 étant fixé dans $\mathfrak{P}_L$ la fonction f' sur $\mathbf{G} \times X_M^{\mathbf{L}}$ définie par:

$$f'(g,\lambda) = m_P(g)^{-\lambda} f(\pi_0 \otimes \lambda)(g)$$

est un élément de $A(U(\mathbb{A})M(k)\backslash \mathbf{G})_{\pi_0} \otimes P(X_M^{\mathbf{L}})$. On note $\mathfrak{P}$ l'orbite de $\mathfrak{P}_L$ sous $X_M^{\mathbf{G}}$ et il est facile de vérifier que $P_{M,\mathfrak{P}_L}$ est l'ensemble des restrictions à $X_M^{\mathbf{L}}$ des éléments de $P_{M,\mathfrak{P}}$ définis en II.1.2. Pour R un réel positif grand, on définit de même $P_{M,\mathfrak{P}_L}^R$. Pour $\phi \in P_{M,\mathfrak{P}_L}^R$, on définit la pseudo-série d'Eisenstein:

$$\theta_\phi(g) = \sum_{\gamma \in P(k)\cap L(k)\backslash L(k)} \epsilon F(\phi)(\gamma g), \forall g \in \mathbf{G},$$

où $\epsilon F(\phi)$ est défini comme en II.1.3; la démonstration de II.1.10 s'applique mots pour mots pour montrer que la série ci-dessus converge absolument et uniformément sur tout compact de $\mathbf{G}$ et définit un élément de $L^2(U_L(\mathbb{A})L(k)\backslash \mathbf{G})_{\xi_L}$. Si l'on suppose que $\phi \in P_{M,\mathfrak{P}_L}$, on vérifie de même que θ_ϕ est à décroissance rapide dans le domaine de Siegel S^Q de I.2.1 (Q est le sous-groupe parabolique standard de G de Levi L).

On note $\mathfrak{X}_L$ la classe d'équivalence de $(M,\mathfrak{P}_L)$ i.e. l'ensemble des couples $(wMw^{-1}, w\mathfrak{P}_L)$ où $\in W_L(M)$. On définit $L^2(U(\mathbb{A})L(k)\backslash \mathbf{G})_{\mathfrak{X}_L}$ comme la fermeture dans $L^2(U_L(\mathbb{A})L(k)\backslash \mathbf{G})_{\xi_L}$ de l'espace vectoriel formé des éléments θ_ϕ où $(M',\mathfrak{P}'_L)$ parcourt $\mathfrak{X}_L$. On obtient comme en II.2.4 la première décomposition de $L^2(U_L(\mathbb{A})L(k)\backslash \mathbf{G})_{\xi_L}$:

Théorème

(i) *Soient $(M,\mathfrak{P}_L)$ et $(M',\mathfrak{P}'_L)$ des données cuspidales et soient $\phi \in P_{M,\mathfrak{P}_L}^R$ et $\phi' \in P_{M',\mathfrak{P}'_L}$. On fixe aussi λ_0 un élément de $X_M^{\mathbf{L}}$ très positif et on suppose que R est très grand par rapport à λ_0. Alors:*

$$<\theta_{\phi'},\theta_\phi> = \begin{cases} 0 & \text{si } (M,\mathfrak{P}_L) \not\sim (M',\mathfrak{P}'_L) \\ \int\limits_{\pi\in\mathfrak{P}_L, \operatorname{Re}\pi=\lambda_0} A^L(\phi',\phi)(\pi)d\pi, & \text{sinon} \end{cases}$$

où, $W_L((M,\mathfrak{P}_L),(M',\mathfrak{P}'_L))$ notant l'ensemble des éléments de $W_L(M)$ transportant $(M,\mathfrak{P}_L)$ en $(M',\mathfrak{P}'_L)$:

$$A^L(\phi',\phi) := \sum_{w\in W_L((M,\mathfrak{P}_L),(M',\mathfrak{P}'_L))} < M(w^{-1},-w\overline{\pi})\phi'(-w\overline{\pi}),\phi(\pi) > .$$

(ii) $L^2(U_L(\mathbb{A})L(k)\backslash \mathbf{G})_{\xi_L} = \hat{\oplus} L^2(U_L(\mathbb{A})L(k)\backslash \mathbf{G})_{\mathfrak{X}_L}$, *où $\mathfrak{X}_L$ parcourt l'ensemble des classes d'équivalence de données cuspidales.*

On fixe $\mathfrak{X}_L$. On peut décomposer plus finement $L^2(U_L(\mathbb{A})L(k)\backslash \mathbf{G})_{\mathfrak{X}_L}$.

On fixe $(M, \mathfrak{P}_L) \in \mathfrak{X}_L$ et on montre qu'il existe un ensemble de sous-espaces affines de $\cup_{w \in W_L(M)} w\mathfrak{P}_L$, à partie vectorielle définie sur $\mathbb{R}$, munis de données de résidu, notées $\mathrm{Res}^L_{\mathfrak{S}_L}$ vérifiant le théorème ci-dessous. On dit que deux espaces affines $\mathfrak{S}_L$ et $\mathfrak{S}'_L$ sont conjugués s'ils le sont par un élément de W_L. Soit

$$\phi = \oplus(\phi_{M',\mathfrak{P}'_L}) \in \oplus_{(M',\mathfrak{P}'_L)\in \mathfrak{X}_L} P^R_{M',\mathfrak{P}'_L};$$

on définit

$$\theta_\phi := \sum_{(M',\mathfrak{P}'_L)\in\mathfrak{X}_L} \theta_{\phi_{M',\mathfrak{P}'_L}}$$

la somme étant dans $L^2(U_L(\mathbb{A})L(k)\backslash \mathbf{G})_{\mathfrak{X}_L}$.

Théorème. *Soient $\phi, \phi' \in \oplus_{(M',\mathfrak{P}'_L)\in\mathfrak{X}_L} P^R_{M',\mathfrak{P}'_L}$. Si k est un corps de nombres, on définit λ_π comme la restriction du caractère central de π à $A^{\mathbf{L}}_M$ et l'on a:*

$$< \theta_{\phi'}, \theta_\phi > =$$

$$\lim_{T\to\infty} \sum_{\mathfrak{C}_L} \int_{\pi\in\mathfrak{S}_{\mathfrak{C}_L}, \mathrm{Re}\,\pi = o(\mathfrak{S}_{\mathfrak{C}_L}), (\lambda_\pi,\lambda_\pi)<T} m_{\mathfrak{C}_L}(\phi',\phi)(\pi)d\pi,$$

où

$$m_{\mathfrak{C}_L}(\phi',\phi)(\pi) = |\mathrm{Norm}_{W_L(M)}\mathfrak{S}_{\mathfrak{C}_L}|^{-1} \sum_{w\in W_L(M)} (\mathrm{Res}^L_{w\mathfrak{S}_{\mathfrak{C}_L}} A^L(\phi',\phi))(w\pi)$$

où $\mathfrak{C}_L$ parcourt les classes de conjugaison des sous-espaces affines évoqués ci-dessus et où $\mathfrak{S}_{\mathfrak{C}_L}$ est un élément fixé de $\mathfrak{C}_L$ inclus dans $\mathfrak{P}_L$. La limite est prise au sens L^2 et pour ϕ', ϕ et T fixés presque tous les termes de la somme sont nuls. Si k est un corps de fonctions, on a plus simplement:

$$< \theta_{\phi'}, \theta_\phi > = \sum_{\mathfrak{C}_L} \int_{\pi\in\mathfrak{S}_{\mathfrak{C}_L}, \mathrm{Re}\,\pi = o(\mathfrak{S}_{\mathfrak{C}_L})} m_{\mathfrak{C}_L}(\phi',\phi)(\pi)d\pi,$$

avec les notations précédentes.

On note Sing^L l'ensemble des espaces affines pour lesquels il existe ϕ et ϕ' comme ci-dessus tels que $\mathrm{Res}^L_{\mathfrak{S}_L} A^L(\phi',\phi) \not\equiv 0$. On déduit en particulier de ce théorème que les formes automorphes incluses dans

$$L^2(U_L(\mathbb{A})L(k)\backslash \mathbf{G})_{\xi_L}$$

sont les résidus des séries d'Eisenstein pour L combinaisons linéaires des éléments:

$$\mathrm{Res}^L_{\mathfrak{S}_L} E^L(\phi,\pi),$$

où E^L est la série d'Eisenstein pour L, où $\mathfrak{S}_L$ est un élément de Sing^L réduit à un point, où π est ce point et où $\phi \in P_{M,\mathfrak{P}_L}$ si $(M,\mathfrak{P}_L)$ est la donnée cuspidale de $\mathfrak{S}_L$. Le produit scalaire de deux tels éléments $\mathrm{Res}^L_{\mathfrak{S}'_L}(E^L(\phi', \pi'))$ et $\mathrm{Res}^L_{\mathfrak{S}_L}(E^L(\phi, \pi))$ est nul si $\mathfrak{S}_L$ et $\mathfrak{S}'_L$ ne sont pas dans la même classe de conjugaison et dans le cas contraire vaut:

$$\sum \mathrm{Res}_{\mathfrak{S}_L}(M(w^{-1}, -w\overline{\pi})\phi'(-w\overline{\pi}), \phi(\pi)),$$

où la somme porte sur les éléments w tels que $-w\mathfrak{S}_L = \overline{\mathfrak{S}'_L}$; on remarque ici le fait que tout élément $\mathfrak{S}_L$ de Sing^L est conjugué de $-\overline{\mathfrak{S}_L}$ (cf. V.3.6 (b)).

VI

Décomposition spectrale à l'aide du spectre discret des Levi

En II, on a donné une décomposition orthogonale $L^2(G(k)\backslash\mathbf{G})_\xi = \hat{\oplus}_{\mathfrak{X}} L^2(G(k)\backslash\mathbf{G})_{\mathfrak{X}}$, où $\mathfrak{X}$ parcourt l'ensemble des classes d'équivalence de données cuspidales $(M, \mathfrak{P})$ où M est un Levi standard de G et où $\mathfrak{P}$ est une orbite sous $X_M^{\mathbf{G}}$ dans l'ensemble des répresentations automorphes cuspidales de l'image réciproque $\mathbf{M}$ de $M(\mathbb{A})$ dans $\mathbf{G}$, dont le caractère central restreint au centre de $\mathbf{G}$ est le caractère ξ. En IV, pour $\mathfrak{X}$ fixé, on a décomposé plus finement $L^2(G(k)\backslash\mathbf{G})_{\mathfrak{X}}$ à l'aide des résidus des séries d'Eisenstein. En notant $[S_{\mathfrak{X}}]$ les classes de conjugaison d'espaces singuliers pour les séries d'Eisenstein (cf. V.1.2 et V.3.1, pour une définition précise), on a obtenu

$$L^2(G(k)\backslash\mathbf{G})_{\mathfrak{X}} = \hat{\oplus}_{\mathfrak{C}\in[S_{\mathfrak{X}}]} L^2(G(k)\backslash\mathbf{G})_{\mathfrak{C}}.$$

On a donné une décomposition spectrale de chacun de ces espaces $L^2(G(k)\backslash\mathbf{G})_{\mathfrak{C}}$ assez technique (qui est plutôt un outil de démonstration). Dans ce chapitre à chaque classe $\mathfrak{C}$ on va associer un paramètre discret, i.e. une classe d'association de couples (L, δ) où L est un Levi standard de G et où δ est une représentation du spectre discret de l'image réciproque $\mathbf{L}$ de $L(\mathbb{A})$ dans $\mathbf{G}$. (En général δ est de longueur infinie mais δ se calcule explicitement à l'aide de résidus de série d'Eisenstein pour $\mathbf{L}$; en particulier δ se transforme suivant un caractère sous le centre l'algèbre enveloppante (aux places infinies) et sous le centre de Bernstein aux places finies; δ est admissible et vraisemblablement, toutes les sous-représentations de δ sont dans un même paquet d'Arthur, si k est un corps de nombres.) Ensuite on montre que $L^2(G(k)\backslash\mathbf{G})_{\mathfrak{C}}$ est intégrale hilbertienne sur l'axe imaginaire de $X_L^{\mathbf{G}}$ des séries d'Eisenstein construites à partir des formes automorphes de $\mathbf{L}$ appartenant à l'espace de δ, où (L, δ) est comme ci-dessus.

Dans tout ce chapitre, on fixe $\mathfrak{X}$ et on adopte les notations

$$L^2(G(k)\backslash\mathbf{G})_{\mathfrak{X}}, P_{\mathfrak{X}}, S_{\mathfrak{X}}, [S_{\mathfrak{X}}]$$

de V. Pour tout $\mathfrak{S} \in S_{\mathfrak{X}}$, on fixe $\mathrm{Res}_{\mathfrak{S}}^G$ une donnée de résidu pour $\mathfrak{S}$ satisfaisant V.3.13(a). En outre pour tout $(M, \mathfrak{P}) \in \mathfrak{X}$ et pour tout L Levi standard contenant M on fixe un caractère unitaire du centre de $\mathbf{L}$, noté ξ_L prolongeant ξ, trivial sur $A_L^{\mathbf{G}}$ (cf. I.2.1) et tel que:

$$\mathfrak{P}_L := \{\pi \in \mathfrak{P} \text{ ayant } \xi_L \text{ pour restriction à } Z_L\} \neq \emptyset.$$

On remarque que $\mathfrak{P}_L$ est une classe de représentations cuspidales de $\mathbf{M}$, relativement à $\mathbf{L}$, i.e. une orbite sous $X_M^{\mathbf{L}}$ incluse dans $\mathfrak{P}$. Il y a toujours existence de ξ_L et donc de $\mathfrak{P}_L$ mais si k est un corps de fonctions, il n'y a pas unicité en général. Par contre, si k est un corps de nombres, il y a unicité et l'on a donc la relation de compatibilité suivante: pour tout $w \in W(M)$ tel que wLw^{-1} est encore un Levi standard:

$$w.\mathfrak{P}_L = (w.\mathfrak{P})_{wLw^{-1}}.$$

VI.1. Paramètre discret

VI.1.1. Levi standard associé à un élément de $S_{\mathfrak{X}}$

Soit $\mathfrak{S}$ un élément de $S_{\mathfrak{X}}$. On note $(M, \mathfrak{P})$ la donnée cuspidale attachée à $\mathfrak{S}$. Rappelons (cf. V.1.1 (3)) qu'il existe un ensemble d'eléments de $R(T_M, G)$ noté momentanément $R_{\mathfrak{S}}$, tel que $\mathrm{Re}\,\mathfrak{S}^0$ soit défini par les équations $< \lambda, \check{\alpha} >= 0$ pour $\alpha \in R_{\mathfrak{S}}$. On note $M_{\mathfrak{S}}$ le plus petit Levi standard de $\mathbf{G}$ contenant $\mathbf{M}$ tel que $R_{\mathfrak{S}} \subset R(T_M, M_{\mathfrak{S}})$. On a une description plus intrinsèque de $M_{\mathfrak{S}}$:

$M_{\mathfrak{S}}$ est le plus petit sous-groupe de Levi standard de G, contenant M tel que $\mathfrak{S}$ soit stable par translation sous les éléments de $\mathrm{Re}\,X_{M_{\mathfrak{S}}}^{\mathbf{G}}$.

On a, pour tout Levi standard, L, contenant $M_{\mathfrak{S}}$:

$$\mathrm{Re}\,\mathfrak{S}^0 = (\mathrm{Re}\,\mathfrak{S}^0) \cap \mathrm{Re}\,X_M^{\mathbf{L}} + \mathrm{Re}\,X_L^{\mathbf{G}}.$$

VI.1.2. Singularités des résidus de séries d'Eisenstein

Proposition: *Soient $\mathfrak{S}, (M, \mathfrak{P}), M_{\mathfrak{S}}$ comme en VI.1.1. Soit $\mathfrak{T}$ un hyperplan de $\mathfrak{S}$ qui soit singulier pour l'une des applications $\mathrm{Res}_{\mathfrak{S}}^G E(\phi, \pi)$ où $\phi \in P_{(M,\mathfrak{P})}$, ($\mathfrak{T}$ appartient à $S_{\mathfrak{X}}$). On suppose que $\mathfrak{T}$ coupe l'ensemble*

$\{\pi \in \mathfrak{S} | \operatorname{Re} \pi = o(\mathfrak{S})\}$, *alors* $\mathfrak{T}$ *est singulier pour au moins l'une des fonctions:*

$$\pi \in \mathfrak{S} \mapsto \operatorname{Res}_{\mathfrak{S}}^{G} < M(\tau^{-1}, -\tau\overline{\pi})\phi'(-\tau\overline{\pi}), \phi(\pi) >$$

où $\tau \in W$ *vérifie* $\tau\pi = -\overline{\pi}$ *pour tout* $\pi \in \mathfrak{S}$ *de partie réelle* $o(\mathfrak{S})$. *En particulier* τ *est un élément du groupe de Weyl de* $M_{\mathfrak{S}}$ *et, en définissant* $M_{\mathfrak{T}}$ *en suivant VI.1.1., on a:*

$$M_{\mathfrak{S}} = M_{\mathfrak{T}}.$$

Remarque: $\mathfrak{T}$ *est un hyperplan singulier pour l'un des opérateurs* $\pi \mapsto \operatorname{Res}_{\mathfrak{S}}^{G} E(\phi, \pi)$ *si et seulement si il est singulier pour l'une des fonctions* $\pi \mapsto \operatorname{Res}_{\mathfrak{S}}^{G} A(\phi', \phi)(\pi)$, *où* $\phi' \in P_{\mathfrak{X}}$ *et* $\phi \in P_{(M,\mathfrak{P})}$.

(cette remarque résulte immédiatement du calcul:

$$< \theta_{\phi'}, \operatorname{Res}_{\mathfrak{S}}^{G} E(\phi, \pi) > = \operatorname{Res}_{\mathfrak{S}}^{G} A(\phi', \phi)(\pi),$$

fait en V.3.7 lignes précédant (1).)

On démontre d'abord la première assertion. On fixe un ensemble fini de K-types de sorte que l'une des applications $\operatorname{Res}_{\mathfrak{S}}^{G} E(\phi, \pi)$ avec $\phi \in P_{(M,\mathfrak{P})}^{\mathfrak{F}}$, admette $\mathfrak{T}$ comme hyperplan singulier. On note $\mathfrak{C}$ l'élément de $[S_{\mathfrak{X}}]$ contenant $\mathfrak{S}$ et on fixe π_0 un point général de $\{\pi \in \mathfrak{T} | \operatorname{Re} \pi = o(\mathfrak{S})\}$, général au sens suivant:

$$w\pi_0 = \pi_0 \Rightarrow w\pi = \pi \text{ pour tout } \pi \in \mathfrak{T},$$

tout hyperplan de $\mathfrak{S}$ appartenant à $S_{\mathfrak{X}}^{\mathfrak{F}}$ et contenant π_0 coïncide avec $\mathfrak{T}$.

On fixe v un élément de $\operatorname{Re} \mathfrak{S}^0$ n'appartenant pas à $\operatorname{Re} \mathfrak{T}^0$. On fixe aussi U un voisinage ouvert de 0 dans $\operatorname{Im} \mathfrak{S}^0 / \operatorname{Fix}_{X_M^{\mathbf{G}}} \mathfrak{P}$ et l'on suppose que $U \cap (\operatorname{Im} \mathfrak{T}^0) / \operatorname{Fix}_{X_M^{\mathbf{G}}} \mathfrak{P}$ est un voisinage relativement compact de 0 dans $\operatorname{Im} \mathfrak{T}^0 / \operatorname{Fix}_{X_M^{\mathbf{G}}} \mathfrak{P}$. Pour tout $n \in \mathbb{N}$, on pose:

$$U_n := \bigcup_{y \in [1/2n, 1/n]} (U \cap (\operatorname{Im} \mathfrak{T}^0) / \operatorname{Fix}_{X_M^{\mathbf{G}}} \mathfrak{P}) + i\, yv.$$

On remarque que pour n grand $\pi_0 = U_n$ ne coupe pas $\mathfrak{T}$ mais on suppose, pour n grand, que $\pi_0 + U_n$ est inclus dans $\pi_0 + U$ (cela dit que U contient un petit parallélépipède). Fixons n_0 tel que cette propriété se produise pour $n > n_0$. Montrons que si U est suffisamment petit et n suffisamment grand, on a:

(1) $$\forall \mathfrak{S}' \in \mathfrak{C} - \{\mathfrak{S}\}, \mathfrak{S}' \cap (\pi_0 + U_n) = \emptyset,$$

(2) $$\forall w \in \operatorname{Norm} \mathfrak{S} - \operatorname{Fix} \mathfrak{S}, w(\pi_0 + U_n) \cap (\pi_0 + U_n) = \emptyset.$$

(1) est très facile à obtenir: on peut remplacer cette condition par la condition plus forte:

(1)' $$\forall \mathfrak{T}' \in S_{\mathfrak{X}}^{\mathfrak{F}}, \mathfrak{T}' \subsetneq \mathfrak{S}, \quad \mathfrak{T}' \cap (\pi_0 + U_n) = \emptyset.$$

Or, quitte à prendre U suffisamment petit, la deuxième propriété de π_0 assure que pour $\mathfrak{T}'$ comme ci-dessus:

$$\mathfrak{T}' \cap (\pi_0 + U) \neq \emptyset \Rightarrow \mathfrak{T}' \subset \mathfrak{T}.$$

Si n est suffisamment grand pour que $\pi_0 + U_n$ soit inclus dans $\pi_0 + U$, la propriété $(1)'$ est réalisée. Supposons ceci réalisé et supposons en plus que U est suffisamment petit pour que $w(\pi_0 + U) \cap (\pi_0 + U) \neq \emptyset$ pour $w \in \operatorname{Norm} \mathfrak{S}$ seulement si $w\pi_0 = \pi_0$, i.e. d'après la généralité de π_0, seulement si $w \in \operatorname{Fix} \mathfrak{T}$. Soit $\pi' \in w(\pi_0 + U_n) \cap (\pi_0 + U_n)$; on écrit $\pi' = \pi_1 + i\,yv$ avec $\pi_1 \in \pi_0 + (U \cap \operatorname{Im} \mathfrak{T}^0 / \operatorname{Fix}_{X_M^{\mathfrak{G}}} \mathfrak{P})$ et $y \in [1/2n, 1/n]$. D'où:

$$w\pi' = \pi_1 + i\,y\,w(v).$$

Puisque w normalise $\mathfrak{S}$ et donc $\operatorname{Re} \mathfrak{S}^0$, il existe $v_1 \in \operatorname{Re} \mathfrak{T}^0$ et $\alpha \in \mathbb{R}$ tel que $w(v) = \alpha v + v_1$. Comme w fixe les éléments de $\mathfrak{T}$ et donc ceux de $\operatorname{Re} \mathfrak{T}^0$, on a pour tout $k \in \mathbb{N}$:

$$\begin{aligned} w^k v &= \alpha^k v + \big((1-\alpha^k)/(1-\alpha)\big)v_1, && \text{si } \alpha \neq 1, \\ &= v + k v_1, && \text{si } \alpha = 1. \end{aligned}$$

Comme w est d'ordre fini, on a nécessairement, soit $\alpha = -1$ soit $\alpha = 1$ et $v_1 = 0$. La deuxième hypothèse dit que w fixe $\mathfrak{S}$ et la première est exclue car $\pi_1 + i\,yv_1 - i\,yv \notin \pi_0 + U_n$ dès que n est grand. D'où (2).

On aura besoin du sous-lemme suivant:

Sous lemme: *Soit $\mathfrak{S} \in \mathfrak{C}$. On pose:*

$$\mathring{\mathfrak{S}} = \{\pi \in \mathfrak{S} | \operatorname{Re} \pi = o(\mathfrak{S})\} - \bigcup_{\mathfrak{S}' \subsetneq \mathfrak{S}, \mathfrak{S}' \in S_{\mathfrak{X}}^{\mathfrak{F}}} \mathfrak{S}'.$$

Soit $\pi_1 \in \mathring{\mathfrak{S}}$ et $\phi \in P_{(M,\mathfrak{P})}^{\mathfrak{F}}$; alors $\operatorname{Res}_{\mathfrak{S}}^G E(\phi, \pi)$ est holomorphe en $\pi = \pi_1$ et $\operatorname{Res}_{\mathfrak{S}}^G E(\phi, \pi_1) \in A_{\mathfrak{C},\pi_1}$ (notations de V.3.2). En outre le carré de la norme de $\operatorname{Res}_{\mathfrak{S}}^G E(\phi, \pi_1)$ dans $A_{\mathfrak{C},\pi_1}$ est:

$$\text{(3)} \qquad \begin{aligned} &|\operatorname{Norm} \mathfrak{S}| / |\{\tau \in \operatorname{Norm} \mathfrak{S} | \tau\pi_1 = \pi_1\}| \\ &\qquad \operatorname{Res}_{\mathfrak{S}}^G < \sum M(\tau^{-1}, -\tau\overline{\pi}_1)\phi(-\tau\overline{\pi}_1), \phi(\pi_1) >, \end{aligned}$$

où la somme porte sur l'ensemble $\{\tau | \tau\mathfrak{S} = -\overline{\mathfrak{S}}$ et $\tau\pi_1 = -\overline{\pi}_1\}$. En particulier si $\pi_1 \in \pi_0 + U_n$ la somme ne porte que sur $\{\tau | \tau\mathfrak{S} = -\overline{\mathfrak{S}}$ et $\tau\pi = -\overline{\pi}, \forall \pi \in \mathfrak{S}$, de partie réelle $o(\mathfrak{S})\}$. Soit $\phi' \in P_{\mathfrak{X}}$, alors on a, dans $A_{\mathfrak{C},\pi_1}$ avec les notations de V.3.2 (4),:

$$\text{(4)} \qquad \begin{aligned} &< e_{\mathfrak{C}}(\phi', \pi_1), \operatorname{Res}_{\mathfrak{S}}^G E(\phi, \pi_1) > \\ &\qquad = |\{\tau \in \operatorname{Norm} \mathfrak{S} | \tau\pi_1 = \pi_1\}|^{-1} \ \operatorname{Res}_{\mathfrak{S}}^G A(\phi', \phi)(\pi_1). \end{aligned}$$

L'holomorphie de $\operatorname{Res}_{\mathfrak{S}}^{G} E(\phi, \pi)$ en π_1 résulte de ce que, a priori, les singularités de cette application sont sur des hyperplans de $\mathfrak{S}$ appartenant à $S_{\mathfrak{X}}$ or aucun de ces hyperplans ne contient π_1. Soit $\phi' \in P_{(M,\mathfrak{P})}^{\mathfrak{F}}$ un élément nul à un grand ordre en tout point de $\{\{\operatorname{Stab}(M, \mathfrak{P}).\pi_1\} - \{\pi_1\}\}$ et tel que $\phi - \phi'$ soit nul à un grand ordre en π_1. On remarque que $\left(\operatorname{Res}_{w\mathfrak{S}}^{G} A(\phi', \phi')(\pi)\right)_{\pi'=w\pi_1}$ et $\left(\operatorname{Res}_{w\mathfrak{S}}^{G} E(\phi', \pi')\right)_{\pi'=w\pi_1}$ sont nuls si $w\pi_1 \neq \pi_1$. On pose

$$y := |\{w \in \operatorname{Stab}(M, \mathfrak{P}), w\pi_1 = \pi_1\}|,$$

et l'on a:

$$\operatorname{Res}_{\mathfrak{S}}^{G} E(\phi, \pi_1) = y^{-1} \sum_{w \in \operatorname{Stab}(M,\mathfrak{P})} (\operatorname{Res}_{w\mathfrak{S}}^{G} E)(\phi', w\pi_1) = |\operatorname{Norm} \mathfrak{S}| y^{-1} e_{\mathfrak{C}}(\phi', \pi_1),$$

avec les notations de V.3.2.(4)(i). C'est donc un élément de $A_{\mathfrak{C},\pi_1}$. D'autre part dans $A_{\mathfrak{C},\pi_1}$ on a:

$$\begin{aligned} \|\operatorname{Res}_{\mathfrak{S}}^{G} E(\phi, \pi_1)\|^2 &= |\operatorname{Norm} \mathfrak{S}|^2 y^{-2} \|e_{\mathfrak{C}}(\phi', \pi_1)\|^2 \\ &= |\operatorname{Norm} \mathfrak{S}| y^{-2} \sum_{\substack{w \in \operatorname{Stab}(M,\mathfrak{P}) \\ w\pi_1 = \pi_1}} (\operatorname{Res}_{w\mathfrak{S}}^{G} A(\phi', \phi'))(w\pi_1) \\ &= |\operatorname{Norm} \mathfrak{S}| y^{-1} (\operatorname{Res}_{\mathfrak{S}}^{G} A(\phi', \phi'))(\pi_1); \end{aligned}$$

et le résultat annoncé s'obtient en développant $(\operatorname{Res}_{\mathfrak{S}}^{G} A(\phi', \phi'))$. Si $\pi_1 \in \pi_0 + U_n$, on obtient les propriétés annoncées grâce à (1) et (2). On prouve (4) de façon analogue.

Soit $\tilde{\ell}$ une forme linéaire sur $\operatorname{Re} X_M$, non triviale, définie sur $\mathbb{Q}$, invariante par translation sous $(\operatorname{Re} \mathfrak{S}^0)^{\perp}$ (i.e. nulle sur $\operatorname{Re} \mathfrak{S}^{0\perp}$) et nulle sur $\operatorname{Re} \mathfrak{T}^0$; $\tilde{\ell}$ se prolonge en une forme linéaire sur $\mathfrak{a}_M^*$ (cf. I.1.4). On définit la fonction ℓ sur $\mathfrak{P}$ par:

Si k est un corps de nombres: on identifie $\mathfrak{P}$ et $X_M^{\mathbf{G}}$ en fixant ρ_0 l'élément de $\mathfrak{P}$ trivial sur A_M^G et identifiant $\pi \in \mathfrak{P}$ à $\lambda_\pi \in X_M^{\mathbf{G}}$ si $\pi \simeq \lambda_\pi \otimes \rho_0$. On pose alors:

$$\ell(\pi) := \tilde{\ell}(\lambda_\pi - \lambda_{\pi_0}) e^{(\lambda_\pi, \lambda_\pi)}.$$

Si k est un corps de fonctions: on procède comme en V.1.2 troisième exemple. Il existe un entier N tel que l'application $\mu \in \mathfrak{a}_M^* \mapsto q^{N\tilde{\ell}(\mu)}$ passe au quotient par le noyau de l'application composée

$$\mathfrak{a}_M^* \xrightarrow{\kappa} X_M^{\mathbf{G}} \xrightarrow{\kappa} X_M^{\mathbf{G}} / \operatorname{Fix}_{X_M^{\mathbf{G}}} \mathfrak{P}$$

et définit donc naturellement une fonction sur $X_M^{\mathbf{G}} / \operatorname{Fix}_{X_M^{\mathbf{G}}} \mathfrak{P}$. On pose:

$$\ell(\pi) = (q^{N\tilde{\ell}(\lambda_\pi)} - 1)$$

où λ_π est n'importe quel élément de $X_M^{\mathbf{G}}$ satisfaisant $\pi \simeq \lambda_\pi \otimes \pi_0$.

On remarque que l'on a:

(5) $$\ell(\pi) = 0, \forall \pi \in \mathfrak{T},$$

(6) $$\forall \epsilon \in \mathrm{Re}\,\mathfrak{S}^0 - \mathrm{Re}\,\mathfrak{T}^0, (d\ell(\pi_0 + t\epsilon)/dt)_{t=0} \neq 0,$$

(7)
$\forall \epsilon \in (\mathrm{Re}\,\mathfrak{S}^0)^\perp, \pi \in \mathfrak{S} \mapsto (d(\ell(\pi + t\epsilon)/dt)_{t=0},$ est identiquement nulle.

Soient $\phi', \phi \in P_{\mathfrak{X}}$; a priori $\mathfrak{T}$ est le seul hyperplan singulier possible pour la fonction $\mathrm{Res}_{\mathfrak{S}}^{\mathbf{G}} A(\phi', \phi)(\pi)$ passant par π_0 et il est effectivement singulier, par hypothèse, pour ϕ' et ϕ convenablement choisies. Il résulte de ceci et de (5) et (6) qu'il existe un entier $r \geq 1$ tel que pour $\phi', \phi \in P_{\mathfrak{X}}$, la fonction $\mathrm{Res}_{\mathfrak{S}}^{G} A(\phi', \ell^r \phi)$ est holomorphe en un point général de $\mathfrak{T}$ et a sa restriction à $\mathfrak{T}$ qui est non nulle pour ϕ' et ϕ généraux dans $P_{\mathfrak{X}}$. Quitte à changer π_0, on peut supposer qu'il existe $\phi'_0, \phi_0 \in P_{\mathfrak{X}}$ tels que l'on ait:

$$\mathrm{Res}_{\mathfrak{S}}^{G} A(\phi'_0, \ell^r \phi_0)(\pi_0) \neq 0.$$

Ici on fixe T grand et T' très grand par rapport à T. On reprend les notations de V.3.11. Grâce au sous-lemme, pour $n \in \mathbb{N}$ grand, on définit un élément F_n de $\mathrm{Hilb}_{\mathfrak{C},T}^{\mathfrak{F}}$, où $\mathfrak{F}$ est un ensemble convenable de $\mathbf{K}$-types, en posant:

$$\begin{aligned} F_n(\pi) &= 0 && \text{si } \pi \notin \cup_{w \in \mathrm{Norm}\,\mathfrak{S}} w(\pi_0 + U_n), \\ &= (\mathrm{Res}_{\mathfrak{S}}^{G} E)(n\ell^r \phi_0, w^{-1}\pi) && \text{si } \pi \in w(\pi_0 + U_n) \text{ où } w \in \mathrm{Norm}\,\mathfrak{S}. \end{aligned}$$

On a défini $F_{\phi'_0}$ en V.3.11. On va montrer que l'on a:

(8) $$\lim_{n \to \infty} < F_{\phi'_0}, F_n > \quad \text{existe et est non nulle.}$$

On a:

$$< F_{\phi'_0}, F_n > = |\,\mathrm{Norm}\,\mathfrak{S}| \int_{\pi \in \pi_0 + U_n} < e_{\mathfrak{C}}(\phi'_0, \pi), \mathrm{Res}_{\mathfrak{S}}^{G} E(n\ell^r \phi_0, \pi) > d_{\mathfrak{S}}\pi.$$

et avec (4) qui s'applique en tout point de $\pi_0 + U_n$ grâce à (1), cela vaut encore:

$$|\,\mathrm{Norm}\,\mathfrak{S}|/|\,\mathrm{Fix}\,\mathfrak{S}| \int_{\pi \in \pi_0 + U_n} \mathrm{Res}_{\mathfrak{S}}^{G} A(\phi'_0, n\ell^r \phi_0)(\pi) d_{\mathfrak{S}}\pi.$$

Quitte à rétrécir U, grâce au choix de r, la fonction à intégrer est holomorphe au voisinage de tout point de $\pi_0 + (U \cap \mathrm{Im}\,\mathfrak{T}^0)$ et l'on a, pour une mesure convenable sur $\pi_0 + (U \cap \operatorname{Im} \mathfrak{T}^0)$:

$$\lim_{n\to\infty} < F_{\phi'_0}, F_n >$$
$$= |\operatorname{Norm} \mathfrak{S}|/|\operatorname{Fix} \mathfrak{S}| (\lim_{n\to\infty} n(1/n - 1/2n))$$
$$\int_{\pi\in\pi_0+(U\cap\operatorname{Im}\mathfrak{T}^0)} \operatorname{Res}_{\mathfrak{S}}^G A(\phi'_0, \ell^r\phi_0)(\pi) d\,\pi$$
$$= |\operatorname{Norm} \mathfrak{S}|/2|\operatorname{Fix} \mathfrak{S}| \int_{\pi\in\pi_0+(U\cap\operatorname{Im}\mathfrak{T}^0)} \operatorname{Res}_{\mathfrak{S}}^G A(\phi'_0, \ell^r\phi_0)(\pi) d\,\pi.$$

Puisque la fonction que l'on intègre est non nulle en π_0 et continue en ce point, à condition éventuellement de rétrécir encore U, on peut supposer que l'intégrale est non nulle. D'où le résultat annoncé en (8).

On va maintenant supposer que $\mathfrak{T}$ n'est hyperplan singulier pour aucun des opérateurs $\operatorname{Res}_{\mathfrak{S}}^G M(\tau^{-1}, -\tau\overline{\pi})$ où τ vérifie $\tau\pi = -\overline{\pi}$ pour tout $\pi \in o(\mathfrak{S}) + \operatorname{Im} \mathfrak{S}$ et montrer que l'on a:

$$\lim_{n\to\infty} \|F_n\| \text{ existe mais vaut } 0.$$

Cela donnera, avec (8), la contradiction cherchée, puisque l'on a l'inégalité générale:

$$| < F_{\phi'_0}, F_n > | \leq \|F_{\phi'_0}\| \, \|F_n\|.$$

On calcule $\|F_n\|^2$ en utilisant (3):

$$\|F_n\|^2 = |\operatorname{Norm} \mathfrak{S}|/|\operatorname{Fix} \mathfrak{S}| \times$$
$$\int_{\pi\in\pi_0+U_n} \sum_\tau \operatorname{Res}_{\mathfrak{S}}^G < M(\tau^{-1}, -\tau\overline{\pi})(n\ell^r\phi_0)(-\tau\overline{\pi}), (n\ell^r\phi_0)(\pi) > d_{\mathfrak{S}}\pi,$$

où τ décrit le même ensemble que ci-dessus. Grâce à (7), on a, pour tout $\pi \in \pi_0 + U_n$:

$$\operatorname{Res}_{\mathfrak{S}}^{\mathbf{G}} < M(\tau^{-1}, -\tau\overline{\pi})(\ell^r\phi_0)(-\tau\overline{\pi}), \ell^r\phi_0(\pi) >$$
$$= |\ell(\pi)|^{2r} \operatorname{Res}_{\mathfrak{S}}^{\mathbf{G}} < M(\tau^{-1}, -\tau\overline{\pi})\phi_0(-\tau\overline{\pi}), \phi_0(\pi) > .$$

L'hypothèse sur $\mathfrak{T}$ assure que $\operatorname{Res}_{\mathfrak{S}}^G < M(\tau^{-1}, -\tau\overline{\pi})\phi_0(-\tau\overline{\pi}), \phi_0(\pi) >$ est holomorphe en π_0 et sur tout $\pi_0 + U$ si U est suffisamment petit. Pour tout $\pi \in \pi_0 + (U \cap \operatorname{Im} \mathfrak{T}^0) + i\,y\,v$, $\ell(\pi)$ n'est que fonction de y, on note donc $\ell(y)$. D'où:

$$\lim_{n\to\infty} \|F_n\| =$$
$$|\operatorname{Norm} \mathfrak{S}|/|\operatorname{Fix} \mathfrak{S}| \lim_{n\to\infty} \left(n^2 \int_{1/2n}^{1/n} \ell(y)^{2r} d\,y \right) \times$$
$$\int_{\pi\in\pi_0+(U\cap\operatorname{Im}\mathfrak{T}^0)} \sum_\tau \operatorname{Res}_{\mathfrak{S}}^{\mathbf{G}} < M(\tau^{-1}, -\tau\overline{\pi})\phi_0(-\tau\overline{\pi}), \phi_0(\pi) > d_{\mathfrak{S}}\pi,$$

où parcourt l'ensemble décrit ci-dessus. Il reste à montrer que la limite:

$$\lim_{n\to\infty}(n^2 \int_{1/2n}^{1/n} |\ell(y)|^{2r})dy$$

est nulle.

Si k est un corps de nombres, on a: $\ell(y) = i\, y\tilde{\ell}(v)$, et le résultat est clair puisque $r \geq 1$.

Si k est un corps de fonctions, on a $\ell(y) = (q^{i\,N\,y\tilde{\ell}(v)} - 1)$ d'où $|\ell(y)| \leq c\,y$ pour c une constante bien choisie et le résultat est encore clair. Cela donne la première assertion de la proposition.

Prouvons la deuxième: puisque $\mathfrak{T} \subset \mathfrak{S}$, on a: $M_{\mathfrak{S}} \subset M_{\mathfrak{T}}$. Fixons τ tel que $\mathfrak{T}$ est un hyperplan singulier pour l'opérateur $M(\tau^{-1}, -\tau\overline{\pi})$ où τ vérifie $\tau\pi = -\overline{\pi}$, pour tout $\pi \in o(\mathfrak{S}) + \operatorname{Im}\mathfrak{S}$. Il est clair que cette dernière propriété entraine que τ est l'identité sur $\operatorname{Im}\mathfrak{S}^0$ et donc sur $\mathfrak{S}^0$. D'où $\tau M_{\mathfrak{S}} = M_{\mathfrak{S}}$ et τ agit trivialement sur $X^{\mathbf{G}}_{M_{\mathfrak{S}}}$. Cela entraine que τ est un élément du groupe de Weyl de $M_{\mathfrak{S}}$. En particulier les hyperplans singuliers de $M(\tau^{-1}, -\tau\overline{\pi})$ sont stables par translation sous $X^{\mathbf{G}}_{M_{\mathfrak{S}}}$ et ceux de $\operatorname{Res}^{G}_{\mathfrak{S}} M(\tau^{-1}, -\tau\overline{\pi})$ le sont par translation sous $X^{\mathbf{G}}_{M_{\mathfrak{S}}} \cap \mathfrak{S}^0$. Si $M_{\mathfrak{T}}$ contenait strictement $M_{\mathfrak{S}}$, $\mathfrak{T}^0$ ne contiendrait pas $\operatorname{Re}\mathfrak{S}^0$ et l'on aurait:

$$\mathfrak{S} = \mathfrak{T} + (X^{\mathbf{G}}_{M_{\mathfrak{S}}} \cap \mathfrak{S}^0).$$

Ainsi $\mathfrak{S}$ serait singulier pour $\operatorname{Res}^{G}_{\mathfrak{S}} M(\tau^{-1}, -\tau\overline{\pi})$ ce qui est absurde. D'où la proposition.

VI.1.3. Corollaire: *Soient $\mathfrak{C} \in [S_{\mathfrak{X}}]$; $\mathfrak{S} \in \mathfrak{C}$ et soit L un Levi standard contenant $M_{\mathfrak{S}}$ (i.e. $\mathfrak{S}$ est stable par translation sous $X^{\mathbf{G}}_{L}$). On note W_L le groupe de Weyl de L. Alors, pour tout $\phi \in P_{(M,\mathfrak{P})}$, l'application:*

$$\sum_{\sigma\in W_L \cap \operatorname{Stab}(M,\mathfrak{P})} (\operatorname{Res}^{\mathbf{G}}_{\sigma\mathfrak{S}} E)(\phi,\ \sigma\pi)$$

est holomorphe en tout point de $o(\mathfrak{S}) + \operatorname{Im}\mathfrak{S}$. Il en est de même de la fonction:

$$\sum_{\sigma\in W_L \cap \operatorname{Stab}(M,\mathfrak{S})} (\operatorname{Res}^{\mathbf{G}}_{\sigma\mathfrak{S}} A(\phi',\phi))(\sigma\pi),$$

pour tout $\phi' \in P_{\mathfrak{X}}$.

On sait, a priori, que les singularités de cet opérateur sont sur des hyperplans de $\mathfrak{S}$ appartenant à $S_{\mathfrak{X}}$. Fixons $\phi \in P_{\mathfrak{X}}$ et soit $\mathfrak{T}$ un hyperplan de $\mathfrak{S}$ appartenant à $S_{\mathfrak{X}}$. On suppose que $\mathfrak{T}$ rencontre $o(\mathfrak{S})+\operatorname{Im}\mathfrak{S}$ et que $\mathfrak{T}$ est effectivement un hyperplan singulier. Soit π_0 un point général de $\mathfrak{T} \cap (o(\mathfrak{S}) + \operatorname{Im}\mathfrak{S})$; on impose à π_0 de n'appartenir à aucun autre hyperplan de $\mathfrak{S}$ appartenant à $S_{\mathfrak{X}}$. Cette hypothèse entraine que pour tout $\sigma \in \mathrm{Stab}(M, \mathfrak{P})$, $\mathfrak{T}$ est le seul hyperplan singulier possible passant par π_0 pour l'opérateur $(\mathrm{Res}^{\mathbf{G}}_{\sigma\mathfrak{S}} E)(\phi, \sigma\pi)$. On reprend la notation $\ell(\pi)$ de la démonstration de VI.1.2 et on choisit $r \in \mathbb{N}_{>0}$ tel que:

$$(1) \qquad \pi \in \mathfrak{S} \mapsto \ell(\pi)^r \sum_{\sigma \in \mathrm{Stab}(M,\mathfrak{S}) \cap W_L} (\mathrm{Res}^{\mathbf{G}}_{\sigma\mathfrak{S}} E)(\phi, \sigma\pi)$$

soit holomorphe en π_0 et non nulle. D'après V.3.2.(4)(i), la fonction:

$$(2) \qquad \ell(\pi)^r \sum_{\substack{\sigma \in \mathrm{Stab}(M,\mathfrak{P}) \\ \sigma \notin (\mathrm{Stab}(M,\mathfrak{P}) \cap W_L)}} (\mathrm{Res}^{\mathbf{G}}_{\sigma\mathfrak{S}} E)(\phi, \sigma\pi)$$

est elle aussi définie en π_0 et y prend la valeur opposée de (1); en particulier est non nulle. Soit $\tilde{\phi} \in P_{\mathfrak{X}}$ telle que $\tilde{\phi} - \phi$ soit nulle à un très grand ordre en tout point de $\{(\mathrm{Stab}(M, \mathfrak{P}) \cap W_L)\pi_0\}$ et $\tilde{\phi}$ est nulle à tres grand ordre en tout point de

$$\{\mathrm{Stab}(M, \mathfrak{P})\pi_0\} - \{(\mathrm{Stab}(M, \mathfrak{P}) \cap W_L)\pi_0\}.$$

La généralité de π_0 permet d'assurer que l'on a, pour $\sigma \in \mathrm{Stab}(M, \mathfrak{P})$, $\sigma\pi_0 = \pi_0$ seulement si la restriction de σ à $\mathfrak{T}^0$ est l'identité. Comme $\mathfrak{T}^0$ contient $\mathrm{Re}\, X^{\mathbf{G}}_L$ cette propriété entraine que σ est un élément de W_L. Ainsi:

$$\begin{aligned}\{(\mathrm{Stab}(M, \mathfrak{P}) &- (\mathrm{Stab}(M, \mathfrak{P}) \cap W_L))\pi_0\} \\ &= \{\mathrm{Stab}(M, \mathfrak{P})\pi_0\} - \{(\mathrm{Stab}(M, \mathfrak{P}) \cap W_L)\pi_0\}.\end{aligned}$$

Dans (2), on peut donc remplacer ϕ par $\tilde{\phi}$ sans changer la valeur de la fonction en π_0. Les hypothèses de nullités sur $\tilde{\phi}$, assurent alors que (2) est nulle, ce qui est une contradiction.

On obtient la deuxième assertion de la proposition en calculant le produit scalaire de $\theta_{\phi'}$ contre la fonction $(\mathrm{Res}^{\mathbf{G}}_{\sigma\mathfrak{S}} E)(\phi, \sigma\pi)$ (cf. V.3.7, lignes précédant (1)).

VI.1.4. Réduction au Levi

VI.1.4.(a) Préliminaires. Soit $\mathfrak{X}$ comme précédemment et $(M, \mathfrak{P}) \in \mathfrak{X}$. On fixe L un sous-groupe de Levi standard de G contenant M et on a défini $\mathfrak{P}_L$ au début de VI; $(M, \mathfrak{P}_L)$ est une donnée cuspidale au sens de II.1.1 pour le groupe algébrique L et son revêtement $\mathbf{L}$. On définit $S_{(M,\mathfrak{P}_L)}$ de façon analogue à $S_{(M,\mathfrak{P})}$ (cf. V.1.1). On note $\mathfrak{X}_L$ la classe d'équivalence de $(M, \mathfrak{P}_L)$ et on définit alors $[S_{\mathfrak{X}_L}]$. On a:

$$(1) \qquad \mathfrak{P} = \mathfrak{P}_L + X^{\mathbf{G}}_L.$$

Lemme: *soit $\mathfrak{S}_L \in S_{(M,\mathfrak{P}_L)}$. On fait agir $\mathfrak{a}^{G*}_M$ (cf. I.1.4 (a)) par translation sur $X^{\mathbf{G}}_M$ via κ et l'on a:*

(i) $\mathfrak{S} := \mathfrak{S}_L + (\mathrm{Re}\, X_L^{\mathbf{G}} \otimes_{\mathbb{R}} \mathbb{C})$ *est un élément de* $S_{(M,\mathfrak{P})}$ *tel que* $\mathrm{Re}\,\mathfrak{S} = \mathrm{Re}\,\mathfrak{S}_L + \mathrm{Re}\, X_L^{\mathbf{G}}$ *et* $o(\mathfrak{S}) = o(\mathfrak{S}_L)$.

(ii) $\mathfrak{S}_L$ *est une composante irréductible de* $\mathfrak{S} \cap \mathfrak{P}_L$. *Si* k *est un corps de nombres, on a même l'égalité* $\mathfrak{S}_L = \mathfrak{S} \cap \mathfrak{P}_L$*; si* k *est un corps de fonctions deux composantes irréductibles de* $\mathfrak{S} \cap \mathfrak{P}_L$ *se déduisent l'une de l'autre par translation par un élément de* $X_L^{\mathbf{L}}$.

(iii) $M_{\mathfrak{S}} \subset L$ *et* $M_{\mathfrak{S}} = M_{\mathfrak{S}_L}$ *(où* $M_{\mathfrak{S}_L}$ *est défini de façon analogue à* $M_{\mathfrak{S}}$*).*

(i) Pour vérifier que $\mathfrak{S} \in S_{(M,\mathfrak{P})}$, il suffit, d'après les définitions, de le faire quand $\mathfrak{S}_L$ est un hyperplan singulier de $\mathfrak{P}_L$ pour l'un des opérateurs d'entrelacement $M(w^{-1}, w\pi)$, pour le groupe L, où $w \in W_L(M)$ (l'analogue de $W(M)$ dans le groupe de Weyl de L) et $\pi \in \mathfrak{P}_L$. Dans ce cas $\mathfrak{S}$ est un hyperplan singulier de $\mathfrak{P}$ pour l' opérateur $M(w^{-1}, w\pi)$ considéré pour le groupe G (cf. IV.4.5). Le reste de (i) est évident en tenant compte de ce que l'orthogonal de $\mathrm{Re}\, X_L^{\mathbf{G}}$ dans $\mathrm{Re}\, X_M^{\mathbf{G}}$ est $\mathrm{Re}\, X_M^{\mathbf{L}}$.

(ii) On remarque que $\mathfrak{S} \cap \mathfrak{P}_L$ est union d'espaces affines de $\mathfrak{P}_L$ à partie vectorielle définie sur $\mathbb{R}$ (cf. V.1.1) et est irréductible si k est un corps de nombres. Comme $\mathfrak{S}_L$ est inclus dans $\mathfrak{S} \cap \mathfrak{P}_L$, pour prouver la première assertion de (ii), il suffit de montrer que $\mathrm{Re}(\mathfrak{S} \cap \mathfrak{P}_L)$ est égal à $\mathrm{Re}\,\mathfrak{S}_L$. On fixe $\pi_L \in \mathfrak{S}_L$ et l'on a:

$$\pi \in \mathfrak{S} \Leftrightarrow \exists \lambda \in \mathfrak{S}^0 \text{ tel que } \pi \simeq \pi_L \otimes \lambda.$$

D'où

$$\mathrm{Re}\,\mathfrak{S} \cap \mathrm{Re}\, X_M^{\mathbf{L}} = \mathrm{Re}(\mathfrak{S} \cap \mathfrak{P}_L).$$

Or on la décomposition:

$$\mathrm{Re}\, X_M^{\mathbf{G}} = \mathrm{Re}\, X_M^{\mathbf{L}} \oplus \mathrm{Re}\, X_L^{\mathbf{G}}.$$

D'où $\mathrm{Re}\,\mathfrak{S} \cap \mathrm{Re}\, X_M^{\mathbf{L}} = \mathrm{Re}\,\mathfrak{S}_L$ et l'assertion cherchée. Il reste à étudier la non connexité de $\mathfrak{S} \cap \mathfrak{P}_L$ dans le cas où k est un corps de fonctions: on veut montrer que $\mathfrak{S} + X_L^{\mathbf{L}}$ contient cette intersection. Or on a la suite exacte:

$$0 \to X_L^{\mathbf{L}} \to X_M^{\mathbf{L}} \to X_M^{\mathbf{G}} / X_L^{\mathbf{G}} \to 0.$$

Elle montre que prendre l'intersection avec $X_M^{\mathbf{L}}$ induit une bijection entre les sous-espaces de $X_M^{\mathbf{G}}$ stables sous $X_L^{\mathbf{G}}$ et ceux de $X_M^{\mathbf{L}}$ stables sous $X_L^{\mathbf{L}}$; l'application réciproque s'obtient en saturant par $X_L^{\mathbf{G}}$. Or $(\mathfrak{S}_L^0 + X_L^{\mathbf{L}}) + X_L^{\mathbf{G}}$ a pour partie éelle $\mathrm{Re}\,\mathfrak{S}^0$ et contient donc $\mathfrak{S}^0 + X_L^{\mathbf{G}}$, ce qui force l'égalité. D'où:

$$(\mathfrak{S}^0 + X_L^{\mathbf{G}}) \cap X_M^{\mathbf{L}} = (\mathfrak{S}_L^0 + X_L^{\mathbf{L}})$$

et

(1) $$(\mathfrak{S} + X_L^{\mathbf{G}}) \cap \mathfrak{P}_L = (\mathfrak{S}_L + X_L^{\mathbf{L}}).$$

C'est-à-dire (ii)
(iii) L'inclusion de $M_{\mathfrak{S}}$ dans L résulte des définitions et l'égalité $M_{\mathfrak{S}} = M_{\mathfrak{S}_L}$ du calcul des parties réelles fait en (i).

Corollaire: *Soit* $\mathfrak{S}_L \in S_{(M,\mathfrak{P}_L)}$ *et* $\mathrm{Res}_{\mathfrak{S}_L,L}$ *une donnée de résidu pour* $\mathfrak{S}_L$ *dans* $\mathfrak{P}_L$*; alors* $\mathrm{Res}_{\mathfrak{S}_L,L}$ *définit naturellement une donnée de résidu pour* $\mathfrak{S}$ *dans* $\mathfrak{P}$.

Cela résulte de (i) ci-dessus et des définitions.

VI.1.4.(b) Enoncé

On fixe pour tout $\mathfrak{S}_L \in [S_{\mathfrak{X}_L}]$ une donnée de résidu, notée $\mathrm{Res}^L_{\mathfrak{S}_L}$ satisfaisant à V.3.13(a) pour L. On remarque (cf. VI.1.4(a)(i) ci-dessus) que pour tout réel positif T:

(2) $$\{\pi \in \mathfrak{S}_{L,\leq T} | \operatorname{Re}\pi = o(\mathfrak{S})\} \neq \emptyset \text{ si et seulement si } \{\pi \in \mathfrak{S}_{\leq T} | \operatorname{Re}\pi = o(\mathfrak{S})\} \neq \emptyset.$$

Proposition: *Pour tout* $\mathfrak{S}_L \in [S_{\mathfrak{X}_L}]$*, l'opérateur* $\mathrm{Res}^G_{\mathfrak{S}} - \mathrm{Res}^L_{\mathfrak{S}_L}$ *annule toutes les fonctions du type* $A(\phi', \phi)$ *pour* $\phi', \phi \in P_{\mathfrak{X}}$.

On note $(M, \mathfrak{P}_L)$ la donnée cuspidale de $\mathfrak{S}_L$ i.e. $\mathfrak{S}_L \in S_{(M,\mathfrak{P}_L)}$ et $\mathfrak{S} \in S_{(M,\mathfrak{P})}$. On est alors amené à étudier les produits scalaires: $< \theta_{\phi'}, \theta_\phi >$ pour $\phi' \in P_{\mathfrak{X}}$ et $\phi \in P_{(M,\mathfrak{P})}$. On fixe $\lambda_0 \in \operatorname{Re} X^{\mathbf{G}}_M$ très positif et vérifiant la propriété supplémentaire suivante:

on décompose: $\lambda_0 = \lambda_0^L + \mu_0$ avec $\lambda_0^L \in \operatorname{Re} X^{\mathbf{L}}_M$ et $\mu_0 \in \operatorname{Re} X^{\mathbf{G}}_L$; alors, pour toute racine α dans $R^+(T_M, G) - R^+(T_M, L)$, on a:

(3) $$< \mu_0, \check{\alpha} > \gg < \lambda_0^L, \check{\alpha} > .$$

Pour $\phi' \in P_{\mathfrak{X}}, \phi \in P_{(M,\mathfrak{P})}$, on définit une fonction méromorphe sur $\mathfrak{P}$, en posant:

$$W_L(M) := W_L \cap W(M),$$

$$A_L(\phi', \phi)(\pi) := \sum_{\sigma \in W_L(M)} < M(\sigma^{-1}, -\sigma\overline{\pi})\phi'(-\sigma\overline{\pi}), \phi(\pi) > .$$

On géneralise cette définition au cas où ϕ' est seulement une fonction méromorphe sur $\cup_{\sigma \in W_L(M)} \sigma\mathfrak{P}$. Soit $\tau^L \in W$ minimal dans sa classe à droite modulo W_L; pour $\phi' \in P_{\mathfrak{X}}$, on définit une fonction, ϕ'_{τ^L}, méromorphe sur $\cup_{\sigma \in W_L(M)} \sigma\mathfrak{P}$, en posant pour tout $(M', \mathfrak{P}')$ conjugué de $(M, \mathfrak{P})$ par un élément de $W_L(M)$ et pour tout $\pi \in \mathfrak{P}'$:

$$\phi'_{\tau^L}(\pi) = \begin{cases} 0, & \text{si } \tau^L \notin W(M') \\ M((\tau^L)^{-1}, \tau^L\pi)\phi'(\tau^L\pi), & \text{sinon} \end{cases}$$

On va montrer que l'on a:

(4) $$A(\phi', \phi) = \sum_{\tau^L,\ \text{minimal dans } \tau^L W_L} A_L(\phi'_{\tau^L}, \phi).$$

Soit $\tau \in W(M)$. On décompose τ sous la forme:

$$\tau = \tau^L \tau_L$$

où $\tau_L \in W_L$ et τ^L est l'élément de longeur minimale dans sa classe à droite modulo W_L. On sait (cf. I.1.9) que:

$$(5) \qquad \tau_L \in W_L(M) \ \text{ et } \ \tau^L \in W(\tau_L(M)).$$

On calcule, pour tout $\pi \in \mathfrak{P}$:

$$\begin{aligned}
&A(\phi', \phi)(\pi) \\
&= \sum_{\tau \in W(M)} < M(\tau^{-1}, -\tau\overline{\pi})\phi'(-\tau\overline{\pi}), \phi(\pi) > \\
&= \sum_{\tau \in W(M)} < M(\tau_L^{-1}, -\tau_L\overline{\pi}) M((\tau^L)^{-1}, -\tau^L\tau_L\overline{\pi})\phi'(-\tau^L\tau_L\overline{\pi}), \phi(\pi) > \\
&= \sum_{\tau \in W(M)} < M(\tau_L^{-1}, -\tau_L\overline{\pi})\phi'_{\tau^L}(-\tau_L\overline{\pi}), \phi(\pi) > \\
&= \sum_{\tau_L \in W(M)} \left(\sum_{\substack{\tau^L \in W(\tau_L(M)) \\ \text{minimal dans } \tau^L W_L}} < M(\tau_L^{-1}, -\tau_L\overline{\pi})\phi'_{\tau^L}(-\tau_L\overline{\pi}), \phi(\pi) > \right)
\end{aligned}$$

et en ajoutant des termes nuls, cela vaut encore:

$$\sum_{\tau_L \in W_L(M)} \ \sum_{\tau^L \text{ minimal dans } \tau^L W_L} < M(\tau_L^{-1}, -\tau_L\overline{\pi})\phi'_{\tau^L}(-\tau_L\overline{\pi}), \phi(\pi) > .$$

On obtient (4).

Soit $\tau^L \in W$ minimal dans sa classe à droite modulo W_L. En II.2.2, on a prouvé, que pour tout $\phi' \in P_{\mathfrak{X}}$ la restriction de la fonction ϕ'_{τ^L} à l'ensemble $\mu + \cup_{(M', \mathfrak{P}'_L) \in \mathfrak{X}_L} \mathfrak{P}'_L$ où μ est un élément de $X_L^{\mathbf{G}}$ de partie réelle μ_0 (cf. ci-dessus), est un élément de $P^R_{\mathfrak{X}_L}$ pour R convenable. D'autre part la restriction de ϕ à $\mu + \mathfrak{P}_L$ est un élément de $P_{(M, \mathfrak{P}_L)}$ pour tout $\mu \in X_L^{\mathbf{G}}$. Fixons $\mu \in X_L^{\mathbf{G}}$ de partie rélle μ_0; pour tout T_0 réel positif grand, on peut généraliser V.3 (où l'on remplace G par L) au cas où le caractère central fixé, noté ξ in loc. cit., n'est pas unitaire comme ici où il vaut $\mu + \xi_L$ (on multiplie par la fonction $\mu \circ m_P$, où P est le sous-groupe parabolique standard de Levi L). On obtient (on rappelle que $\phi \in P_{(M,\mathfrak{P})}$):

$$\int_{\substack{\pi\in\mu+\mathfrak{P}_L \\ \operatorname{Re}\pi=\lambda_0^L+\mu_0}} A_L(\phi'_{\tau^L},\phi)(\pi)d\pi =_{T_0} \sum_{\mathfrak{C}_L\in[S_{\mathfrak{X}_L}]} |\operatorname{Norm}_{W_L(M)}\mathfrak{S}_{\mathfrak{C}_L,L}|^{-1}$$

$$\int_{\substack{\pi\in\mu+(\mathfrak{S}_{\mathfrak{C}_L},L)_{\leq T_0} \\ \operatorname{Re}\pi=o(\mathfrak{S}_{\mathfrak{C}_L},L)+\mu_0}} \sum_{w\in\operatorname{Stab}_{W_L}(M,\mathfrak{P}_L)} \operatorname{Res}^L_{w(\mathfrak{S}_{\mathfrak{C}_L},L)} A_L(\phi'_{\tau^L},\phi)(w\pi)d_{(\mathfrak{S}_{\mathfrak{C}_L},L)}\pi,$$

où $\mathfrak{S}_{(\mathfrak{C}_L,L)}$ est un élément fixé de $\mathfrak{C}_L \cap S_{(M,\mathfrak{P}_L)}$. On somme sur τ^L en utilisant (4), ce qui permet de remplacer A_L par A et ϕ'_{τ^L} par ϕ'. Puis on intègre sur $\operatorname{Im} X_L^{\mathbf{G}}/X_L^{\mathbf{L}}$. On sépare le cas des corps de nombres de celui des corps de fonctions. On suppose d'abord que k est un corps de nombres en posant $T := T_0 - \|\mu_0\|^2$. On obtient:

$$\int_{\substack{\pi\in\mathfrak{P}_{\leq T} \\ \operatorname{Re}\pi=\lambda_0}} A(\phi',\phi)(\pi)d\pi =_T \sum_{\mathfrak{C}_L\in[S_{\mathfrak{X}_L}]} |\operatorname{Norm}_{W_L(M)}\mathfrak{S}_{\mathfrak{C}_L,L}|^{-1}$$

$$\int_{\substack{\pi\in\mathfrak{S}_{\mathfrak{C}_L},\leq T \\ \operatorname{Re}\pi=o(\mathfrak{S}_{\mathfrak{C}_L})+\mu_0}} \left(\sum_{w\in\operatorname{Stab}_{W_L}(M,\mathfrak{P}_L)} (\operatorname{Res}^L_{w\mathfrak{S}_{\mathfrak{C}_L},L} A(\phi',\phi))(w\pi)\right) d_{\mathfrak{S}_{\mathfrak{C}_L}}\pi,$$

où $\mathfrak{S}_{\mathfrak{C}_L} := \mathfrak{S}_{\mathfrak{C}_L,L} + \operatorname{Re}\mathfrak{S}_L^{\mathbf{G}} \otimes_{\mathbb{R}} \mathbb{C}$.

Rappelons que (cf. VI.1.4) (a) (ii)) que $\mathfrak{S}_{\mathfrak{C}_L,L}$ vaut $\mathfrak{S}_{\mathfrak{C}_L} \cap \mathfrak{P}_L$. On n'introduit donc pas de confusion en écrivant $\operatorname{Res}^L_{w\mathfrak{S}_{\mathfrak{C}_L}}$ au lieu de $\operatorname{Res}^L_{w\mathfrak{S}_{\mathfrak{C}_L},L}$; c'est une donnée de résidu pour $w\mathfrak{S}_{\mathfrak{C}_L}$. D'autre part:

$$|\operatorname{Norm}_{W_L(M)}\mathfrak{S}_{\mathfrak{C}_L,L}|^{-1} = |\operatorname{Norm}_{W_L(M)}\mathfrak{S}_{\mathfrak{C}_L}|^{-1}.$$

On note $[S']$ l'ensemble des classes de conjugaison sous

$$\operatorname{Stab}_{W_L(M)}(M,\mathfrak{P}_L)$$

parmi les éléments de $S_{(M,\mathfrak{P})}$ stables sous $\operatorname{Re} X_L^{\mathbf{G}}$ (ici puisque k est un corps de nombres, cela veut dire stable par $X_L^{\mathbf{G}}$). Pour tout $\mathfrak{S}'$ appartenant à l'un des éléments de $[S']$, on pose $\operatorname{Res}^L_{\mathfrak{S}'} = 0$ si $(\mathfrak{S}'\cap\mathfrak{P}_L) \notin \operatorname{Sing}^L$. Pour tout élément $\mathfrak{C}'$ de $[S']$, on fixe $\mathfrak{S}_{\mathfrak{C}'} \in \mathfrak{C}'$ et l'égalité ci-dessus se réecrit encore:

$(6)_n$

$$\int_{\substack{\pi\in\mathfrak{P}_{\leq T}\\ \mathrm{Re}\,\pi=\lambda_0}} A(\phi',\phi)(\pi)d\pi =_T \sum_{\mathfrak{C}'\in[S']} |\operatorname{Norm}_{W_L(M)}\mathfrak{S}_{\mathfrak{C}'}|^{-1}$$

$$\int_{\substack{\pi\in\mathfrak{S}_{\mathfrak{C}',\leq T}\\ \mathrm{Re}\,\pi=o(\mathfrak{S}_{\mathfrak{C}'})+\mu_0}} \left(\sum_{w\in\mathrm{Stab}_{W_L(M)}(M,\mathfrak{P}_L)} (\mathrm{Res}^L_{w\mathfrak{S}_{\mathfrak{C}'}}A(\phi',\phi))(w\pi)\right) d_{\mathfrak{S}_{\mathfrak{C}'}}\pi.$$

Supposons maintenant que k est un corps de fonctions. Pour pouvoir intégrer sur Im $X_L^{\mathbf{G}}/X_L^{\mathbf{L}}$ il faut commencer par regrouper les éléments de $[S_{\mathfrak{X}_L}]$ sous l'action par translation de $X_L^{\mathbf{L}}$; pour $\mathfrak{C}_L\in[S_{\mathfrak{X}_L}]$ et pour $\nu\in X_L^{\mathbf{L}}$, on définit un autre élément de $[S_{\mathfrak{X}_L}]$, noté $\mathfrak{C}_L\otimes\nu$ en posant:

$$\mathfrak{C}_L\otimes\nu := \{\mathfrak{S}_L\otimes\nu,\quad \text{où } \mathfrak{S}_L\in\mathfrak{C}_L\}.$$

Il résulte de la remarque V.3.13 (c), appliquée à L au lieu de G:

$$\mathfrak{C}_L\in\mathrm{Sing}^L \Leftrightarrow \mathfrak{C}_L\otimes\nu\in\mathrm{Sing}^L.$$

Evidemment, on peut avoir $\mathfrak{C}_L\otimes\nu=\mathfrak{C}_L$; on note V le sous-groupe de $X_L^{\mathbf{L}}$ vérifiant cette égalité et V' le sous-groupe de V formé des éléments ν tels que

$$\mathfrak{S}_{\mathfrak{C}_L,L}\otimes\nu=\mathfrak{S}_{\mathfrak{C}_L,L}.$$

On pose $\mathfrak{S}_{\tilde{\mathfrak{C}}_L,L} := \mathfrak{S}_{\mathfrak{C}_L,L}+X_L^{\mathbf{L}}$ et on remarque que:

$$|V/V'| = |\operatorname{Norm}_{W_L(M)}\mathfrak{S}_{\tilde{\mathfrak{C}}_L,L}|/|\operatorname{Norm}_{W_L(M)}\mathfrak{S}_{\mathfrak{C}_L,L}|.$$

En utilisant encore V.3.13 (c), on voit que la fonction:

$$\sum_{w\in\mathrm{Stab}_{W_L(M)}(M,\mathfrak{P}_L)} (\mathrm{Res}^L_{w(\mathfrak{S}_{\mathfrak{C}_L},L)}A(\phi',\phi))(w\pi)d_{(\mathfrak{S}_{\mathfrak{C}_L},L)}\pi$$

est invariante par V. On a donc:

$$|\operatorname{Norm}_{W_L(M)}\mathfrak{S}_{\mathfrak{C}_L,L}|^{-1}\times$$

$$\int_{\substack{\pi\in\mu+(\mathfrak{S}_{\mathfrak{C}_L},L)\\ \mathrm{Re}\,\pi=o(\mathfrak{S}_{\mathfrak{C}_L},L)+\mu_0}} \sum_{w\in\mathrm{Stab}_{W_L(M)}(M,\mathfrak{P}_L)} \mathrm{Res}^L_{w(\mathfrak{S}_{\mathfrak{C}_L},L)}A(\phi',\phi)(w\pi)d_{(\mathfrak{S}_{\mathfrak{C}_L},L)}\pi$$

$$= |\operatorname{Norm}_{W_L(M)}\mathfrak{S}_{\tilde{\mathfrak{C}}_L,L}|^{-1}\times$$

$$\int_{\substack{\pi\in\mu+(\mathfrak{S}_{\mathfrak{C}_L},L)+V\\ \mathrm{Re}\,\pi=o(\mathfrak{S}_{\mathfrak{C}_L},L)+\mu_0}} \sum_{w\in\mathrm{Stab}_{W_L(M)}(M,\mathfrak{P}_L)} \mathrm{Res}^L_{w(\mathfrak{S}_{\mathfrak{C}_L},L)}A(\phi',\phi)(w\pi)d_{(\mathfrak{S}_{\mathfrak{C}_L},L)}\pi.$$

On note $\tilde{\mathfrak{C}}_L$ l'union des classes d'équivalence qui se déduisent de $\mathfrak{C}_L$ par une translation par un élément de $X_L^{\mathbf{L}}$; le groupe V introduit ci-dessus est le même pour tout élément de $\tilde{\mathfrak{C}}_L$ et la construction qui vient d'être faite pour $\mathfrak{S}_{\mathfrak{C}_L,L}$ peut être faite pour tout élément $\mathfrak{S}_{\mathfrak{C}'_L}$, inclus dans $\mathfrak{S}_{\tilde{\mathfrak{C}}_L,L}$ représentant l'une des ces classes. Les données de résidus intervenant et l'origine de la partie réelle ne dépendent pas de la classe choisie et sommer sur la contribution de tous ces éléments revient à remplacer le domaine d'intégration de l'intégrale ci-dessus en le domaine $\mu + \mathfrak{S}_{\tilde{\mathfrak{C}}_L,L}$ c'est-à-dire que la contribution des classes de conjugaison incluses dans $\tilde{\mathfrak{C}}_L$ est, avec des notations évidentes:

$$|\operatorname{Norm}_{W_L(M)} \mathfrak{S}_{\tilde{\mathfrak{C}}_L,L}|^{-1}\times \int_{\substack{\pi\in\mu+\mathfrak{S}_{\tilde{\mathfrak{C}}_L,L}\\ \operatorname{Re}\pi=o(\mathfrak{S}_{\tilde{\mathfrak{C}}_L,L})+\mu_0}} \sum_{w\in\operatorname{Stab}_{W_L(M)}(M,\mathfrak{P}_L)} (\operatorname{Res}^L_{w(\mathfrak{S}_{\tilde{\mathfrak{C}}_L,L})} A(\phi',\phi))(w\pi)d_{\mathfrak{S}_{\tilde{\mathfrak{C}}_L,L}}\pi.$$

On peut maintenant intégrer sur Im $X_L^{\mathbf{G}}/X_L^{\mathbf{L}}$ en posant $\tilde{\mathfrak{S}}_{\tilde{\mathfrak{C}}_L} := \mathfrak{S}_{\tilde{\mathfrak{C}}_L,L}+ X_L^{\mathbf{G}}$. On obtient:

$$|\operatorname{Norm}_{W_L(M)} \mathfrak{S}_{\tilde{\mathfrak{C}}_L,L}|^{-1}\times \int_{\substack{\pi\in\tilde{\mathfrak{S}}_{\tilde{\mathfrak{C}}_L}\\ \operatorname{Re}\pi=o(\mathfrak{S}_{\tilde{\mathfrak{C}}_L})+\mu_0}} \sum_{w\in\operatorname{Stab}_{W_L(M)}(M,\mathfrak{P}_L)} (\operatorname{Res}^L_{w(\mathfrak{S}_{\tilde{\mathfrak{C}}_L,L})} A(\phi',\phi))(w\pi)d_{\tilde{\mathfrak{S}}_{\tilde{\mathfrak{C}}_L,L}}\pi.$$

Il faut ensuite redécouper suivant les composantes connexes de $\tilde{\mathfrak{S}}_{\tilde{\mathfrak{C}}_L}$ et regrouper celles qui sont conjuguées par un élément de

$$\operatorname{Stab}_{W_L(M)}(M,\mathfrak{P}_L).$$

D'après VI.1.4 (a), si $\mathfrak{S}_{\tilde{\mathfrak{C}}_L}$ est l'une de ces composantes connexes, elle vérifie:

$$\mathfrak{S}_{\tilde{\mathfrak{C}}_L} + X_L^{\mathbf{L}} = \tilde{\mathfrak{S}}_{\tilde{\mathfrak{C}}_L}.$$

Et la procédure est donc exactement l'inverse de celle qui vient d'être expliquée. On trouve que l'expression ci-dessus vaut:

$$\sum_{\mathfrak{C}} \int_{\substack{\pi\in\mathfrak{S}_{\mathfrak{C}'}\\ \operatorname{Re}\pi=o(\mathfrak{S}_{\mathfrak{C}'})+\mu_0}} |\operatorname{Norm}_{W_L(M)} \mathfrak{S}_{\mathfrak{C}'}|^{-1} \times \sum_{w\in\operatorname{Stab}_{W_L(M)}(M,\mathfrak{P}_L)} (\operatorname{Res}^L_{w\mathfrak{S}_{\mathfrak{C}'}} A(\phi',\phi))(w\pi)d_{\mathfrak{S}_{\mathfrak{C}'}}\pi,$$

où $\mathfrak{C}'$ parcourt l'ensemble des classes de conjugaison sous $\operatorname{Stab}_{W_L(M)}(M,\mathfrak{P}_L)$ des composantes de $\tilde{\mathfrak{S}}_{\tilde{\mathfrak{C}}_L}$. Finalement, on obtient l'analogue exacte de $(6)_n$:

$(6)_f$

$$\int_{\substack{\pi\in\mathfrak{P}\\ \mathrm{Re}\,\pi=\lambda_0}} A(\phi',\phi)(\pi)d\pi = \sum_{\mathfrak{C}'\in[S']} |\operatorname{Norm}_{W_L(M)}\mathfrak{S}_{\mathfrak{C}'}|^{-1}\times$$

$$\int_{\substack{\pi\in\mathfrak{S}_{\mathfrak{C}'}\\ \mathrm{Re}\,\pi=o(\mathfrak{S}_{\mathfrak{C}'})+\mu_0}} \left(\sum_{w\in\mathrm{Stab}_{W_L(M)}(M,\mathfrak{P}_L)} (\mathrm{Res}^L_{w\mathfrak{S}_{\mathfrak{C}'}} A(\phi',\phi))(w\pi)\right) d_{\mathfrak{S}_{\mathfrak{C}'}}\pi.$$

Revenons à k quelconque. On remarque pour la suite que:

$$\mathrm{Stab}_{W_L(M)}(M,\mathfrak{P}_L) = \mathrm{Stab}_{W_L(M)}(M,\mathfrak{P}).$$

Dans ce qui suit, on impose à ϕ d'être nulle à un très grand ordre sur les éléments de $S_{(M,\mathfrak{P})}$ qui ne sont pas stables par translation sous $\mathrm{Re}\,X_L^{\mathbf{G}}$. Soit $\mathfrak{S}_L \in S_{(M,\mathfrak{P}_L)}$, on définit $\mathfrak{S}$ comme ci-dessus, en saturant par $\mathrm{Re}\,X_L^{\mathbf{G}}$ et soit $\mathfrak{S}' \in S_{(M,\mathfrak{P})}$ tel que $\mathrm{Re}\,\mathfrak{S}'$ coupe proprement le segment de $\mathrm{Re}\,\mathfrak{S}$ joignant $o(\mathfrak{S})+\mu_0$ à $o(\mathfrak{S})$. Alors $\mathfrak{S}'$ n'est pas stable par $\mathrm{Re}\,X_L^{\mathbf{G}}$ car $\mu_0 \in \mathrm{Re}\,X_L^{\mathbf{G}}$ et tous les points du segment sont de la forme $o(\mathfrak{S})+t\mu_0$ avec $t\in\mathbb{R}$. On fixe comme en V.3.1 pour tout $\mathfrak{S}\in S_{(M,\mathfrak{P})}$ un point général mais voisin de $o(\mathfrak{S})$, noté $z(\mathfrak{S})$. Une application immédiate du théorème des résidus donne, à partir de $(6)_n$ et $(6)_f$:

$$<\theta_{\phi'},\theta_\phi>=_T \sum_{\mathfrak{C}'\in[S']} |\operatorname{Norm}_{W_L(M)}\mathfrak{S}_{\mathfrak{C}'}|^{-1}\times$$

(7)
$$\int_{\substack{\pi\in\mathfrak{S}_{\mathfrak{C}',\le T}\\ \mathrm{Re}\,\pi=z(\mathfrak{S}_{\mathfrak{C}'})}} \sum_{w\in\mathrm{Stab}_{W_L(M)}(M,\mathfrak{P})} (\mathrm{Res}^L_{w\mathfrak{S}_{\mathfrak{C}'}} A(\phi',\phi))(w\pi)d_{\mathfrak{S}_{\mathfrak{C}'}}\pi.$$

On a aussi:

$$<\theta_{\phi'},\theta_\phi>=_T \sum_{\mathfrak{C}\in[S_{(M,\mathfrak{P})}]} |\operatorname{Norm}\mathfrak{S}_{\mathfrak{C}}|^{-1}\times$$

(8)
$$\int_{\substack{\pi\in\mathfrak{S}_{\mathfrak{C},\le T}\\ \mathrm{Re}\,\pi=o(\mathfrak{S}_{\mathfrak{C}})}} \sum_{w\in\mathrm{Stab}(M,\mathfrak{P})} (\mathrm{Res}^G_{w\mathfrak{S}_{\mathfrak{C}}} A(\phi',\phi))(w\pi)d_{\mathfrak{S}_{\mathfrak{C}}}\pi.$$

Etant donné les propriétés de nullité de ϕ, on peut remplacer la somme sur $\mathrm{Stab}(M,\mathfrak{P})$ par la somme sur

$$W'_{\mathfrak{C}} := \{w\in\mathrm{Stab}(M,\mathfrak{P})|w\mathfrak{S}_{\mathfrak{C}} \text{ soit stable par } \mathrm{Re}\,X_L^{\mathbf{G}}\}.$$

Soit $w\in W'_{\mathfrak{C}}$; on a vu en VI.1.3 que la fonction:

$$\sum_{\sigma\in\mathrm{Stab}_{W_L(M)}(M,\mathfrak{P})} (\mathrm{Res}^G_{\sigma w\mathfrak{S}_{\mathfrak{C}}} A(\phi',\phi))(\sigma w\pi)$$

est holomorphe sur $\{\pi\in\mathfrak{S}_{\mathfrak{C}}|\,\mathrm{Re}\,\pi=o(\mathfrak{S}_{\mathfrak{C}})\}$. Par un changement de variable évident pour $w \in W'_{\mathfrak{C}}$:

$$\int_{\substack{\pi \in \mathfrak{S}_{\mathfrak{C}}, \leq T \\ \mathrm{Re}\, \pi = o(\mathfrak{S}_{\mathfrak{C}})}} \sum_{\sigma \in \mathrm{Stab}_{W_L(M)}(M, \mathfrak{P})} (\mathrm{Res}^L_{\sigma w \mathfrak{S}_{\mathfrak{C}_L}, L} A(\phi', \phi))(\sigma w \pi) d_{\mathfrak{S}} \pi$$

ne dépend que de la classe à droite de w modulo $\mathrm{Norm}\, \mathfrak{S}_{\mathfrak{C}}$. Pour écrire (8) en ne faisant intervenir que des classes de conjugaison sous l'action de W_L, on identifie

$$\mathrm{Stab}_{W_L(M)}((M, \mathfrak{P})) \backslash W'_{\mathfrak{C}} / \mathrm{Norm}\, \mathfrak{S}_{\mathfrak{C}}$$

à l'ensemble des classes de conjugaison de $\mathrm{Stab}_{W_L(M)}((M, \mathfrak{P}))$ dans l'ensemble des éléments de $\mathfrak{C}$ stables par translation sous Re $X_L^{\mathbf{G}}$ et on obtient pour $\mathfrak{C}$ fixé comme ci-dessus:

$$\sum_{\mathfrak{C}'} x_{\mathfrak{C}'} \int_{\substack{\pi \in \mathfrak{S}_{\mathfrak{C}'}, \leq T \\ \mathrm{Re}\, \pi = o(\mathfrak{S}_{\mathfrak{C}'})}} \sum_{w \in \mathrm{Stab}_{W_L(M)}(M, \mathfrak{P})} (\mathrm{Res}^{\mathbf{G}}_{w \mathfrak{S}_{\mathfrak{C}'}} A(\phi', \phi))(w\pi) d_{\mathfrak{S}_{\mathfrak{C}'}} \pi,$$

où $\mathfrak{C}'$ parcourt un ensemble de représentants des classes de conjugaison décrites ci-dessus et où, en fixant $w^\bullet$ tel que $w^\bullet \mathfrak{C} = \mathfrak{C}'$

$$x_{\mathfrak{C}'}^{-1} := |\, \mathrm{Norm}\, \mathfrak{S}_{\mathfrak{C}} \cap w^{\bullet -1} \mathrm{Stab}_{W_L(M)}(M, \mathfrak{P}) w^\bullet | = |\, \mathrm{Norm}_{W_L(M)}\, \mathfrak{S}_{\mathfrak{C}'}|.$$

Ainsi (8) se réecrit:

$$< \theta_{\phi'}, \theta_\phi > =_T \sum_{\mathfrak{C}' \in [S']} |\, \mathrm{Norm}_{W_L(M)}\, \mathfrak{S}_{\mathfrak{C}'}|^{-1} \times$$

(9) $$\int_{\substack{\pi \in \mathfrak{S}_{\mathfrak{C}'}, \leq T \\ \mathrm{Re}\, \pi = o(\mathfrak{S}_{\mathfrak{C}'})}} \sum_{w \in \mathrm{Stab}_{W_L(M)}(M, \mathfrak{P})} (\mathrm{Res}^{\mathbf{G}}_{w \mathfrak{S}_{\mathfrak{C}'}} A(\phi', \phi))(w\pi) d_{\mathfrak{S}_{\mathfrak{C}'}} \pi,$$

avec les notations déjà fixées. A $=_T$ près, on peut remplacer $o(\mathfrak{S}_{\mathfrak{C}'})$ par $z(\mathfrak{S}_{\mathfrak{C}'})$. L'égalité $=_T$ de (7) et (9) va donner la proposition: on met un ordre total sur l'ensemble des éléments de $[S']$ vérifiant les mêmes propriétés que celui utilisé en V.3.3. Soit $\mathfrak{C}'$ un élément maximal pour cet ordre, s'il existe, tel qu'il existe $\mathfrak{S} \in \mathfrak{C}', \phi', \phi \in P_{\mathfrak{X}}$ comme ci-dessus vérifiant:

$$(\mathrm{Res}^L_{\mathfrak{S}_L} - \mathrm{Res}^G_{\mathfrak{S}}) A(\phi', \phi) \not\equiv 0.$$

Comme en V.3.6, on voit que l'on peut garder la propriété de non nullité tout en imposant à ϕ d'être nulle à un grand ordre sur tous les éléments $\mathfrak{C}''$ de $[S']$ vérifiant $\mathfrak{C}'' < \mathfrak{C}'$. Ces propriétés de nullité de ϕ et la maximalité de $\mathfrak{C}'$ entrainent:

(10) $$\int_{\substack{\pi \in \mathfrak{S}_{\leq T} \\ \mathrm{Re}\, \pi = z(\mathfrak{S})}} (\mathrm{Res}^L_{\mathfrak{S}} - \mathrm{Res}^{\mathbf{G}}_{\mathfrak{S}}) A(\phi', \phi)(\pi) d_{\mathfrak{S}} \pi =_T 0$$

alors que:

(11) $$(\mathrm{Res}^L_{\mathfrak{S}} - \mathrm{Res}^{\mathbf{G}}_{\mathfrak{S}})A(\phi', \phi) \not\equiv 0.$$

Si k est un corps de fonctions, la contradiction résulte du lemme technique V.3.6.

Si k est un corps de nombres, on utilise encore V.3.6. pour imposer à ϕ les propriétés suivantes:

pour toute f fonction sur $\mathfrak{P}$ à croissance polynomiale:

(12) $$(\mathrm{Res}^L_{\mathfrak{S}} - \mathrm{Res}^{\mathbf{G}}_{\mathfrak{S}})A(\phi', f\phi) = f_{|\mathfrak{S}}(\mathrm{Res}^L_{\mathfrak{S}} - \mathrm{Res}^{\mathbf{G}}_{\mathfrak{S}})A(\phi', \phi),$$

(13)
$(\mathrm{Res}^L_{\mathfrak{S}} - \mathrm{Res}^{\mathbf{G}}_{\mathfrak{S}})A(\phi', \phi)$ est holomorphe sur $\{\pi \in \mathfrak{S}_{\leq T} | \operatorname{Re}\pi = o(\mathfrak{S})\}$,

(14) $$\int_{\substack{\pi\in\mathfrak{S}_{\leq T}\\ \operatorname{Re}\pi = o(\mathfrak{S})}} (\mathrm{Res}^L_{\mathfrak{S}} - \mathrm{Res}^{\mathbf{G}}_{\mathfrak{S}})A(\phi', \phi)(\pi) d_{\mathfrak{S}}\pi \neq 0.$$

(13) et (10) entrainent (cf. le théorème des résidus):

$$\int_{\substack{\pi\in\mathfrak{S}_{\leq T}\\ \operatorname{Re}\pi = o(\mathfrak{S})}} (\mathrm{Res}^L_{\mathfrak{S}} - \mathrm{Res}^{\mathbf{G}}_{\mathfrak{S}})A(\phi', \phi)(\pi) d_{\mathfrak{S}}\pi =_T 0$$

et (12) entraine que c'est une vraie égalité (cf. la preuve de V.2.9). D'où une contradiction avec (14).

VI.1.5. Equation fonctionnelle pour les résidus de séries d'Eisenstein

On fixe, comme ci-dessus $(M, \mathfrak{P})$ une donnée cuspidale; soient $w \in W(M)$ et $\mathfrak{S}$ un élément de $S_{(M,\mathfrak{P})}$. Alors w transporte une donnée de résidu, $\mathrm{Res}_{\mathfrak{S}}$, pour $\mathfrak{S}$ dans $\mathfrak{P}$ en une donnée de résidu, notée $w\mathrm{Res}_{\mathfrak{S}}$ pour $w\mathfrak{S}$ dans $w\mathfrak{P}$ et l'on a:

Proposition: *Soient $w, \mathfrak{S}$ comme ci-dessus et supposons que $\mathfrak{S} \in \mathrm{Sing}^G$ et que $w \in W(M_{\mathfrak{S}})$. Alors:*

(i) $\forall \phi' \in P_{\mathfrak{X}}, \phi \in P_{w(M,\mathfrak{P})}$, $(w\mathrm{Res}^G_{\mathfrak{S}})A(\phi', \phi) \equiv \mathrm{Res}^G_{w\mathfrak{S}}A(\phi', \phi)$.

Ce qui s'exprime encore par:

$$\forall \phi \in P_{w(M,\mathfrak{P})}, \quad (w\mathrm{Res}^G_{\mathfrak{S}})E(\phi, \pi) \equiv \mathrm{Res}^G_{w\mathfrak{S}}E(\phi, \pi),$$

égalité de fonctions méromorphes sur $w\mathfrak{S}$.

(ii)

$$\forall \phi \in P_{(M,\mathfrak{P})} \ \mathrm{Res}^G_{\mathfrak{S}}E(\phi, \pi) \equiv \left(\mathrm{Res}^G_{w\mathfrak{S}}E(M(w, w^{-1}\pi')\phi, \pi')\right)_{\pi'=w\pi}$$

On pose $L := M_{\mathfrak{S}}$ et $L' = wM_{\mathfrak{S}}w^{-1}$; ce sont des Levi standards de G qui peuvent être égaux. On fixe ξ_L comme dans l'introduction de VI et on pose $\xi_{L'} = w\xi_L$ qui dans le cas des corps de fonctions peut être différent de ξ_L même si $L' = L$ et $w\mathfrak{P} = \mathfrak{P}$. On a alors défini $\mathfrak{P}_L, \mathfrak{X}_L$ et $(w\mathfrak{P})_{L'}, \mathfrak{X}_{L'}$, qui vérifient $(w\mathfrak{P})_{L'} = w\mathfrak{P}_L$. Il est clair que w transporte la décomposition du produit scalaire des pseudo-séries d'Eisenstein pour L associées à $\mathfrak{X}_L$ en la décomposition du produit scalaire des pseudo-séries d'Eisenstein pour L' et $\xi_{L'}$. Cela montre que dans V.3.13 (a), pour L', on peut prendre pour $\mathrm{Res}^{L'}_{w\mathfrak{S}_L}$ la donnée de résidu $w\mathrm{Res}^{L}_{\mathfrak{S}_L}$. En tenant compte de VI.1.4 (b), cela donne immédiatement (i).

(ii) L'équation fonctionnelle pour les séries d'Eisenstein (cf. IV.1.10) donne:

$$E(\phi, \pi) = E(M(w, \pi)\phi, w\pi),$$

égalité dépendant méromorphiquement de $\pi \in \mathfrak{P}$. D'où:

$$\left(\mathrm{Res}^G_{w\mathfrak{S}} E(M(w, w^{-1}\pi')\phi, \pi')\right)_{\pi' = w\pi} = (w^{-1}\mathrm{Res}^G_{w\mathfrak{S}})(E(\phi, \pi)).$$

D'après (i), cela vaut encore $\mathrm{Res}^G_{\mathfrak{S}} E(\phi, \pi)$, i.e. (ii).

VI.1.6. Propriété de positivité de l'origine des éléments de Sing^G

On fixe $(M, \mathfrak{P}) \in \mathfrak{X}$.

VI.1.6.(a) Un lemme sur les systèmes de racines

Lemme: *Soit M un sous-groupe de Levi standard de G et soit V un sous-espace vectoriel de* $\mathrm{Re}\, X^{\mathbf{G}}_M$ *défini par des équations du type* $< \lambda, \check{\alpha} > = 0$ *où* $\alpha \in R(T_M, G)$. *Alors:*

(i) $V^\perp$ *est engendré comme $\mathbb{R}$-espace vectoriel par les éléments de* $V^\perp \cap R^+(T_M, G)$.

(ii) $V^\perp \cap R(T_M, G)$ *est la projection sur* $\mathrm{Re}\, X^{\mathbf{G}}_M$ *d'un sous-système de racines de* $R(T_0, G)$.

(iii) *Soit* $\lambda \in V^\perp$. *On suppose que* $< \lambda, \check{\alpha} >> 0$, *pour tout élément* α *de* $V^\perp \cap R^+(T_M, G)$, *alors* λ *appartient à l'intérieur du cône de* $V^\perp$ *engendré par les éléments de* $V^\perp \cap R^+(T_M, G)$.

Soit $\alpha \in R(T_M, G)$ tel que $< \lambda, \check{\alpha} >= 0$ pour tout $\lambda \in V$; alors, par définition du produit scalaire sur Re $X^{\mathbf{G}}_M$, l'élément α est dans $V^\perp$. Ainsi, d'après la forme de V, on sait que la codimension de V est la dimension de l'espace vectoriel engendré par $V^\perp \cap R^+(T_M, G)$. Or cette codimension est aussi la dimension de l'orthogonal de V; cela donne (i).

(ii) Tenant compte de l'inclusion de $\mathrm{Re}\, X^{\mathbf{G}}_M$ dans $\mathrm{Re}\, X^{\mathbf{G}}_{M_0}$, on considère V comme un sous-espace de $\mathrm{Re}\, X^{\mathbf{G}}_{M_0}$. Il y est défini par les équations

$<\lambda, \breve{\alpha}> = 0$ où maintenant α est soit un élément de $R(T_0, M)$, soit se projette sur un élément de $V^\perp \cap R(T_M, G)$. L'orthogonal de V pris dans Re $X^{\mathbf{G}}_{M_0}$ contient $\mathrm{Re}\, X^{\mathbf{M}}_{M_0}$ et se projette modulo Re $X^{\mathbf{G}}_{M_0}$ sur l'orthogonal de V pris dans $\mathrm{Re}\, X^{\mathbf{G}}_{M}$. Pour prouver (ii), on peut donc supposer que $M = M_0$, ce que nous allons faire, et montrer que $\Phi := V^\perp \cap R(T_0, G)$ est un système de racines. D'après ([S]$n^0 1, 3$), il y a 3 conditions à vérifier:

> Φ est fini, ne contenant pas 0; $\forall \alpha, \beta \in \Phi, <\alpha, \breve{\beta}> \in \mathbf{Z}$ et s_α la symétrie associée à α laisse stable Φ.

Ces propriétés sont à peu près immédiates, pour la dernière on remarque que l'on a: $s_\alpha(\beta) \in R(T_0, G)$ et $s_\alpha(\beta) = \beta - <\beta, \breve{\alpha}> \alpha$ appartient, comme β et α à $V^\perp$.

(iii) Pour prouver (iii), on commence par remplacer λ par $\lambda + \epsilon$ où $\epsilon \in \mathrm{Re}\, X^{\mathbf{M}}_{M_9}$ est dans le cône positif et proche de 0 en supposant que $M = M_0$. Dans la preuve de (ii) on a vu que $V^\perp \cap R(T_0, G)$ est un système de racines, (iii) devient dans ce cas, une propriété classique des systèmes de racines (conséquence à peu près directe du lemme géométrique de Langlands (cf. [L] lemme 2.4).) On obtient (iii) en projetant sur $\mathrm{Re}\, X^{\mathbf{G}}_{M}$.

VI.1.6. (b) Lemme: *On fixe un ensemble fini de* $\mathbf{K}$*-types,* $\mathfrak{F}$*, et des réels* T *et* T' *grands avec* $T' \gg T$*. Il existe un sous-ensemble de* $S^{\mathfrak{F}}_{(M,\mathfrak{P})}$*, noté* S'*, dont les éléments* $\mathfrak{S}$ *sont munis d'une donnée de résidu, notée* $\mathrm{Res}^1_{\mathfrak{S}}$ *et d'un point* $z'(\mathfrak{S})$ *appartenant à* $\mathrm{Re}\,\mathfrak{S}$ *vérifiant:*

(i) $\forall \mathfrak{S} \in S', o(\mathfrak{S})$ *appartient à l'intérieur du cône positif engendré par les éléments de* $(\mathrm{Re}\,\mathfrak{S}^0)^\perp \cap R^+(T_M, G) =:^+ (\mathrm{Re}\,\mathfrak{S}^0)^\perp$.

(ii) $z'(\mathfrak{S})$ *est très voisin de* $o(\mathfrak{S})$ *mais* T'*-général (cf. V.1.5) et vérifie aussi (i)*

(iii) $\forall \phi' \in P^{\mathfrak{F}}_{\mathfrak{X}}, \forall \phi \in P^{\mathfrak{F}}_{(M,\mathfrak{P})}$

$$<\theta_{\phi'}, \theta_\phi> =_T \sum_{\mathfrak{S} \in S'} \int_{\pi \in \mathfrak{S}_{\leq T} \mid \mathrm{Re}\,\pi = z'(\mathfrak{S})} \mathrm{Res}^1_{\mathfrak{S}} A(\phi', \phi)(\pi) d_{\mathfrak{S}}\pi.$$

On adopte la notation $^+(\mathrm{Re}\,\mathfrak{S}^0)^\perp$ pour tout élément $\mathfrak{S}$ de $S_{(M,\mathfrak{P})}$. On procède comme dans la preuve de la première étape de V.2.3, en vérifiant pas-à-pas que l'on peut se contenter de parcourir des chemins très particuliers. On reprend la preuve de loc.cit. mais sans fixer à l'avance le point $z(\mathfrak{S})$; son rôle est joué par $z'(\mathfrak{S})$ qui est lui aussi construit dans la récurrence descendante. Plus précisément dans la description de la construction par récurrence, on ajoute à V.2.3 (2) et (3) les propriétés suivantes (les notations sont celles de loc.cit):

(*) Tout $y \in P(\mathfrak{T})$ (tel que $\mathrm{Res}^y_{\mathfrak{T}} \not\equiv 0$ sur l'ensemble des fonctions

$A(\phi', \phi))$ appartient à l'intérieur de l'enveloppe convexe engendrée par la fermeture de ${}^+(\mathrm{Re}\,\mathfrak{T}^0)^\perp$ et par $R^+(T_M, G)$;

(**) Pour $\mathfrak{T} \in S(d-1)$ (tel qu'il existe $y \in P(\mathfrak{T})$ avec $\mathrm{Res}^y_{\mathfrak{T}} \not\equiv 0$ comme en $(*)$) $o(\mathfrak{T}) \in {}^+(\mathrm{Re}\,\mathfrak{T}^0)^\perp$.

On fixe alors $z'(\mathfrak{T})$, T'-général, très voisin de $o(\mathfrak{T})$ vérifiant aussi (*). Montrons ce qu'il faut ajouter à la preuve de V.2.3 pour obtenir ces propriétés supplémentaires:
on commence par montrer que (*) entraine (**): on fixe $y \in P(\mathfrak{T})$ satisfaisant (*). Alors il existe Y dans la fermeture de ${}^+(\mathrm{Re}\ \mathfrak{T}^0)^\perp$ et Y' appartenant à la chambre de Weyl positive tels que l'on ait:

$$y = Y + Y'.$$

Puisque $\mathrm{Re}\,\mathfrak{T}$ est un espace affine contenant y et $o(\mathfrak{T})$, il existe $\mu \in \mathrm{Re}\,\mathfrak{T}^0$ tel que:

$$o(\mathfrak{T}) = y + \mu.$$

Puisque Y se trouve dans la fermeture de ${}^+(\mathrm{Re}\,\mathfrak{T}^0)^\perp$, il suffit de prouver que $Y' + \mu$ se trouve dans ${}^+(\mathrm{Re}\,\mathfrak{T}^0)^\perp$. D'après VI.1.6(a) (iii) appliqué à $V = \mathrm{Re}\,\mathfrak{T}^0$ et $\lambda = Y' + \mu$, il suffit de montrer que $< Y' + \mu, \breve{\alpha} >> 0$ pour tout $\alpha \in (\mathrm{Re}\ \mathfrak{T}^0)^\perp \cap R^+(T_M, G)$. Or cela vaut $< Y', \breve{\alpha} >$ et la propriété de Y' donne le résultat. D'où (**).

Revenons à la récurrence; pour démarrer, il faut définir $z'(\mathfrak{P})$ si k est un corps de nombres et, si k est un corps de fonctions, le point z' pour une composante irréductible de $\mathfrak{P}$ (toutes ces composantes ont même partie réelle et on prend le même point). On impose simplement à ce point d'être T'-général, très voisin de 0 et à l'intérieur de la chambre de Weyl positive (pour $R^+(T_M, G)$). Le point de départ λ_0 est aussi à l'intérieur de ce cône et pour appliquer le théorème des résidus (V.1.5), on fixe un chemin à l'intérieur de ce cône, ce qui est loisible. Ainsi les éléments $y(\mathfrak{T})$ qui interviennent vérifient évidemment (*). Passons à d quelconque: on doit considérer $\mathfrak{S} \in S(d)$ avec l'hypothèse de récurrence indiquant que tout $y \in P(\mathfrak{S})$ ainsi que $z'(\mathfrak{S})$ qui a été construit, vérifient (*) pour $\mathfrak{S}$. On applique le théorème des résidus sur un chemin de $\mathrm{Re}\,\mathfrak{S}$ joignant l'un des points de $P(\mathfrak{S})$ à $z'(\mathfrak{S})$ auquel on impose d'être très voisin du segment joignant ces points, en particulier tout point intérieur à ce chemin vérifie (*) pour $\mathfrak{S}$; la seule chose à remarquer est que pour tout $\mathfrak{T}$ hyperplan de $\mathfrak{S}$ appartenant à $S_{\mathfrak{X}}$, $(*)$ pour $\mathfrak{S}$ entraine (*) pour $\mathfrak{T}$: pour cela il suffit de s'assurer que la fermeture de ${}^+(\mathrm{Re}\,\mathfrak{T}^0)^\perp$ contient celle de ${}^+(\mathrm{Re}\,\mathfrak{S}^0)^\perp$; cela résulte immédiatement de l'inclusion: $\mathrm{Re}\,\mathfrak{T}^0 \subset \mathrm{Re}\,\mathfrak{S}^0$ et des définitions. Cela termine la preuve.

VI.1.6. (c) Proposition. *Soit $\mathfrak{S} \in S_{(M,\mathfrak{P})}$ tel que l'opérateur $\mathrm{Res}_{\mathfrak{S}}^G$ ne soit pas identiquement nul sur les fonctions $A(\phi', \phi)$ (i.e. $\mathfrak{S} \in \mathrm{Sing}^G$); alors $o(\mathfrak{S})$ est dans l'intérieur du cône positif engendré par les éléments de $R^+(T_M, M_{\mathfrak{S}})$.*

On fixe pour tout $\mathfrak{S} \in S_{(M,\mathfrak{P})}$, un point $z(\mathfrak{S})$, l'ensemble de ces points vérifiant V.2.2(*). Remarquons que les points $z'(\mathfrak{S})$ contruits au paragraphe précédent ne conviennent malheureusement pas en général. Par récurrence descendante pour d allant de $\dim \mathrm{Re}\, X_M^{\mathbf{G}}$ à -1, on va démontrer qu'il existe un sous-ensemble de $\bigcup_{d' \leq d} S(d')$, noté S'_d et pour tout $\mathfrak{S} \in S'_d$ une donnée de résidu $\mathrm{Res}_{\mathfrak{S},d}$ et un point $z'(\mathfrak{S})$ de $\mathrm{Re}\,\mathfrak{S}$ vérifiant:

$$< \theta_{\phi'},\theta_\phi > =_T \sum_{\mathfrak{S} \in \mathrm{Sing}^G \cap (\bigcup_{d' > d} S(d'))} |\,\mathrm{Norm}\,\mathfrak{S}|^{-1} \times$$

(1)
$$\int_{\pi \in \mathfrak{S}_{\leq T}, \mathrm{Re}\,\pi = z(\mathfrak{S})} \sum_{w \in \mathrm{Norm}\ \mathfrak{S}} (\mathrm{Res}_{\mathfrak{S}}^G A(\phi', \phi))(w\pi) d_{\mathfrak{S}}\pi$$

$$+ \sum_{\mathfrak{S} \in S'_d} \int_{\pi \in \mathfrak{S}_{\leq T}, \mathrm{Re}\,\pi = z'(\mathfrak{S})} \mathrm{Res}_{\mathfrak{S},d} A(\phi', \phi)(\pi) d_{\mathfrak{S}}\pi.$$

(2) pour tout $\mathfrak{S} \in (\mathrm{Sing}^G \cap \bigcup_{d' > d} S(d')) \cup S'_d$, $o(\mathfrak{S})$ vérifie la condition de l'énoncé et $z'(\mathfrak{S})$ est T'-général mais très voisin de $o(\mathfrak{S})$.

On remarque d'abord que pour $\mathfrak{S} \in S_{(M,\mathfrak{P})}$, en définissant ${}^+(\mathrm{Re}\,\mathfrak{S}^0)^\perp$ comme en (b), on a:

(3) ${}^+(\mathrm{Re}\,\mathfrak{S}^0)^\perp$ est inclus dans l'intérieur du cône positif engendré par les éléments de $R^+(T_M, M_{\mathfrak{S}})$.

Tout élément de $R^+(T_M, G) \cap (\mathrm{Re}\,\mathfrak{S}^0)^\perp$ est un élément de $R^+(T_M, M_{\mathfrak{S}})$; il suffit donc de vérifier que tout élément de $R^+(T_M, M_{\mathfrak{S}})$, projection d'une racine simple réduite de $R^+(T_0, M_{\mathfrak{S}})$, intervient dans la décomposition d'au moins un élément de $R^+(T_M, G) \cap (\mathrm{Re}\,\mathfrak{S}^0)^\perp$; or c'est la définition de $M_{\mathfrak{S}}$.

On fixe S', $\mathrm{Res}_{\mathfrak{S}}^1$ et $z'(\mathfrak{S})$ ayant les propriétés de (b). En posant pour $d = \dim \mathrm{Re}\, X_M^{\mathbf{G}}$, $S'_d = S'$, $\mathrm{Res}_{\mathfrak{S},d} = \mathrm{Res}_{\mathfrak{S}}^1$, il résulte de (b) et de (3) que (1) et (2) sont satisfaites pour cette valeur de d. Quand on a prouvé l'assertion pour d on la démontre pour $d-1$: on vérifie d'abord que pour tout $\mathfrak{S} \in S(d)$, on peut prendre $\mathrm{Res}_{\mathfrak{S}}^G = \mathrm{Res}_{\mathfrak{S},d}$ si $\mathfrak{S} \in S(d) \cap S'_d$ et $\mathrm{Res}_{\mathfrak{S}}^G = 0$ si $\mathfrak{S} \in S(d) - S'_d$. Cela est une application immédiate de V.2.4 puis de V.2.5. Fixons maintenant $\mathfrak{S} \in S(d) \cap S'_d$, il faut dans un premier temps, remplacer $z'(\mathfrak{S})$ par $z(\mathfrak{S})$ et dans un deuxième temps remplacer la fonction $\pi \mapsto \mathrm{Res}^G_{\mathfrak{S}} A(\phi', \phi)(\pi)$ (qui vaut, rappelons le, $\mathrm{Res}_{\mathfrak{S},d} A(\phi', \phi)$) par $\pi \mapsto |\mathrm{Norm}\ \mathfrak{S}|^{-1} \sum_{w \in \mathrm{Norm}\ \mathfrak{S}} (\mathrm{Res}^G_{\mathfrak{S}} A(\phi', \phi))(w\pi)$ et montrer que (1) et (2) restent vrais. Or ces opérations se font en utilisant V.2.5 et V.2.6, où n'interviennent effectivement que des éléments $\mathfrak{T}$ de $S_{(M,\mathfrak{P})}$ de la forme $\mathfrak{T} = \bigcap_{\mathfrak{H} \in J} \mathfrak{H}$ où J est un ensemble d'hyperplans de $\mathfrak{S}$, inclus dans $S_{(M,\mathfrak{P})}$, coupant $\{\pi \in \mathfrak{S}_{\leq T} | \mathrm{Re}\, \pi = o(\mathfrak{S})\}$ et singuliers pour au moins l'une des fonctions $\pi \in \mathfrak{S} \mapsto \mathrm{Res}^G_{\mathfrak{S}} A(\phi', \phi)(\pi)$. Pour tout $\mathfrak{H} \in J$, on a $M_{\mathfrak{S}} = M_{\mathfrak{H}}$ d'après VI.1.2. Puisque $\mathfrak{T} = \cap_{\mathfrak{H} \in J} \mathfrak{H}$, $\mathfrak{T}$ est comme tout $\mathfrak{H} \in J$, stable par translation sous $\mathrm{Re}\, X^G_{M_{\mathfrak{S}}}$, d'où $M_{\mathfrak{T}}$ contient $M_{\mathfrak{S}}$. Comme $\mathfrak{T} \subset \mathfrak{S}$, on a l'inclusion opposée, i.e. $M_{\mathfrak{T}} = M_{\mathfrak{S}}$. En outre $o(\mathfrak{T}) = o(\mathfrak{S})$ et (1) et (2) restent vraies pour $d-1$ ce qui termine la preuve.

VI.1.6. (d) Corollaire: *Soit* $\mathfrak{C}$ *un élément de* $[S_{\mathfrak{X}}]$ *coupant* Sing^G. *On utilise la notation* $L^2_{\mathfrak{C}}$ *de V.3.14. Soit* $L^2_{\mathfrak{C}}$ *est inclus dans le spectre discret, soit il existe* $\mathfrak{S} \in \mathfrak{C} \cap \mathrm{Sing}^G$ *tel que* $M_{\mathfrak{S}} \subsetneq G$. *Dans le premier cas tout élément de* $\mathfrak{C}$ *est réduit à un point qui vérifie les conditions de positivité de la proposition III.3.1.*

Supposons que pour tout $\mathfrak{S} \in \mathfrak{C}$, on ait $M_{\mathfrak{S}} = G$. On fixe $\mathfrak{S} \in \mathfrak{C} \cap \mathrm{Sing}^G$ et on note $(M, \mathfrak{P})$ les données cuspidales attachées à $\mathfrak{S}$. On fixe $\phi \in P_{(M,\mathfrak{P})}, \pi_0$ un point général de $\{\pi \in \mathfrak{S} | \mathrm{Re}\, \pi = o(\mathfrak{S})\}$ tel que $\mathrm{Res}^G_{\mathfrak{S}} E(\phi, \pi)$ soit holomorphe et non nul en π_0. On va montrer que $\mathrm{Res}^G_{\mathfrak{S}} E(\phi, \pi_0)$ est une forme automorphe sur $G(k)\backslash \mathbf{G}$ de carré intégrable modulo le centre. Pour cela, on calcule le support cuspidal (cf. III.3). D'après V.3.16, il est inclus dans l'ensemble des éléments de la forme $w\pi_0$ où $w \in W(M)$ vérifie: $-w\overline{\mathfrak{S}} \in \mathrm{Sing}^G \cap \mathfrak{C}$. D'où, pour un tel w:

$$\mathrm{Re}\, w\ \pi_0 = -o(-w\overline{\mathfrak{S}}).$$

Par hypothèse $M_{-w\overline{\mathfrak{S}}} = G$ et d'après VI.1.6 (c), puisque $-w\overline{\mathfrak{S}} \in \mathrm{Sing}^G$, le point $-o(-w\mathfrak{S})$ vérifie la condition de négativité voulue en I.4.11. D'après III.3.1, la partie imaginaire des exposants cuspidaux se trouve dans un ensemble fini ce qui entraine que $\mathrm{Im}\, \mathfrak{S}$ est un ensemble fini. Il en est donc de même de $\mathfrak{S}^0$ et par connexité, $\mathfrak{S}$ est réduit à un point. D'où le lemme.

Remarque. *Les deux cas du lemme sont exclusifs l'un de l'autre.*

En effet, il résulte de V.3.13 (a) (iii) que $L^2_{\mathfrak{C}}$ est dans le spectre discret si et seulement si les éléments de $\mathfrak{C}$ sont réduits à un point. Il suffit donc de vérifier que si $\mathfrak{S} \in S_{\mathfrak{X}}$ est réduit à un point $M_{\mathfrak{S}} = G$; cela résulte trivialement de ce que pout tout Levi standard L propre de G, la dimension de $\mathrm{Re}\, X^{\mathbf{G}}_L$ est strictement positive.

VI.1.7. Classe d'association de Levi standard attachée à un élément de $[S_{\mathfrak{X}}]$

Proposition: *Soit $\mathfrak{C} \in [S_{\mathfrak{X}}]$ coupant* Sing^G*; alors il existe une unique classe d'association de Levi standard de G, notée $L(\mathfrak{C})$, telle que pour tout $L \in L(\mathfrak{C})$ il existe $\mathfrak{S} \in \mathfrak{C} \cap \mathrm{Sing}^G$ vérifiant:*

$$\mathrm{Re}\, \mathfrak{S}^0 = \mathrm{Re}\, X_L^{\mathbf{G}}$$

La preuve se fait par récurrence sur le rang semi-simple de G: d'après VI.1.6 (d), si pour tout élément $\mathfrak{S}$ de $\mathfrak{C}$, on a aussi Re $\mathfrak{S}^0 = 0$, pour tout $\mathfrak{S} \in \mathfrak{C}$ et tout élément de $\mathfrak{C}$ est donc réduit à un point. La proposition est alors trivialement vraie. Supposons donc qu'il n'en est pas ainsi. Il existe, alors, $\mathfrak{S} \in \mathfrak{C} \cap \mathrm{Sing}^G$ tel que $M_{\mathfrak{S}} \neq G$. On fixe $\mathfrak{S}$ avec cette propriété et l'on note $(M, \mathfrak{P})$ la donnée cuspidale de $\mathfrak{S}$. On pose $L' := M_{\mathfrak{S}}$. On définit $\mathfrak{P}_{L'}$ après choix d'un caractère $\xi_{L'}$ comme dans l'introduction de VI. On fixe une composante irréductible $\mathfrak{S}_{L'}$ de $\mathfrak{S} \cap \mathfrak{P}_{L'}$ et l'on note $\mathfrak{C}_{L'}$ la classe d'équivalence engendrée par $\mathfrak{S}_{L'}$. On sait (cf. VI.1.4 (b)) que $\mathfrak{C}_{L'}$ coupe $\mathrm{Sing}^{L'}$. On applique l'hypothèse de récurrence dans L': elle entraine l'existence d'un Levi standard, L de L', tel que l'on ait:

$$\exists \mathfrak{S}'_{L'} \in \mathrm{Sing}^{L'} \cap \mathfrak{C}_{L'} \text{ tel que } \mathrm{Re}\, \mathfrak{S}'^0_{L'} = \mathrm{Re}\, X_L^{\mathbf{L}'}$$

On note w un élément du groupe de Weyl de L' vérifiant:

$$w \mathfrak{S}_{L'} = \mathfrak{S}'_L.$$

On a: $w\mathfrak{S} \in \mathfrak{C}$ et $w \,\mathrm{Re}\, \mathfrak{S}^0 = w \,\mathrm{Re}\, \mathfrak{S}^0_{L'} + \mathrm{Re}\, X_{L'}^{\mathbf{G}} = \mathrm{Re}\, X_L^{\mathbf{G}}$. En outre, d'après VI.1.4, puisque $\mathfrak{S}'_{L'}$ est un élément de $\mathrm{Sing}^{L'}$, on a $w\mathfrak{S} \in \mathrm{Sing}^G$. Vérifions que la classe d'association de L répond aux conditions de la proposition; il reste à voir, pour cela, que quelque soit L'' un Levi standard de G associé à L, il existe $\mathfrak{S}'' \in \mathfrak{C} \cap \mathrm{Sing}^G$ tel que $\mathrm{Re}\, \mathfrak{S}''^0 = \mathrm{Re}\, X_{L''}^{\mathbf{G}}$. Fixons L'' et τ un élément de W tel que:

$$\tau L = L''$$

et τ est de longueur minimale dans sa classe à droite modulo le groupe de Weyl de L et dans sa classe à gauche modulo celui de L''; en particulier $\tau \in W(L)$. Soit $\mathfrak{T} \in \mathfrak{C} \cap \mathrm{Sing}^G$ tel que $M_{\mathfrak{T}} \subset L$; alors $\tau \in W(M_{\mathfrak{T}})$ et d'après VI.1.5, $\tau\mathfrak{T} \in \mathrm{Sing}^G$. Le même argument s'appliquant à τ^{-1}, en échangeant les rôles de L et L'', on voit que τ transporte $\{\mathfrak{T} \in \mathfrak{C} \cap \mathrm{Sing}^G | M_{\mathfrak{T}} \subset L\}$ sur $\{\mathfrak{T} \in \mathfrak{C} \cap \mathrm{Sing}^G | M_{\mathfrak{T}} \subset L''\}$. Ainsi, on a $\tau w \mathfrak{S} \in \mathfrak{C} \cap \mathrm{Sing}^G$, et évidemment $\mathrm{Re}\, \tau w \mathfrak{S}^0 = \tau \,\mathrm{Re}\, X_L^{\mathbf{G}} = X_{L''}^{\mathbf{G}}$. D'où l'assertion. L'unicité de la classe d'association est claire.

VI.1.8. "Réalité" de l'origine des éléments de Sing^G

Corollaire: *Supposons que k est un corps de nombres. Soit* $\mathfrak{S} \in \mathrm{Sing}^G$*; on note* $(M, \mathfrak{P})$ *la donnée cuspidale de* $\mathfrak{S}$ *et* π_0 *l'élément de* $\mathfrak{P}$ *trivial sur* $A_M^{\mathbf{G}}$*. Alors* $\mathfrak{S}$ *contient l'élément* $o(\mathfrak{S}) \otimes \pi_0$*. Fixons un ensemble fini,* $\mathfrak{F}$ *de* $\mathbf{K}$*-types et sans hypothèses sur k, l'ensemble des éléments de* $\mathrm{Sing}^{G\mathfrak{F}}$ *qui ont même donnée cuspidale est fini.*

Si k est un corps de fonctions, la finitude de $\mathrm{Sing}^{G\mathfrak{F}}$ résulte de la locale finitude de $S_{\mathfrak{X}}^{\mathfrak{F}}$ et du fait qu'il existe $R \in \mathbb{R}_+^*$ tel que tout élément de Sing^G coupe le compact:

$$\bigcup_{w \in W(M)} w\{\pi \in \mathfrak{P} |\ \|\mathrm{Re}\,\pi\| \leq R\}.$$

Supposons que k est un corps de nombres. Soient $\mathfrak{S}, (M, \mathfrak{P}), \pi_0$ comme dans l'énoncé. On note $\mathfrak{C}$ la classe de conjugaison de $\mathfrak{S}$. Montrons que $\mathfrak{S}$ contient l'élément $o(\mathfrak{S}) \otimes \pi_0$. Quitte à conjuguer, on peut encore supposer, en utilisant VI.1.7, que:

(1) $$\mathrm{Re}\,\mathfrak{S}^0 = \mathrm{Re}\,X_{M_{\mathfrak{S}}}^{\mathbf{G}}, \quad \text{i.e. } M_{\mathfrak{S}} \in L(\mathfrak{C}).$$

Supposons d'abord que $L(\mathfrak{C}) = \{G\}$ c'est-à-dire que tout élément de $\mathfrak{C}$ est réduit à un point. Soit $\mathfrak{S} \in \mathfrak{C}$ et notons $\pi_{\mathfrak{S}}$ l'élément de $\mathfrak{S}$; il faut montrer que $\pi_{\mathfrak{S}} = o(\mathfrak{S}) \otimes \pi_0$. Mais cette assertion est équivalente à démontrer que la restriction du caractère central de $\pi_{\mathfrak{S}}$ à $A_M^{\mathbf{G}}$ est à valeurs positives réelles. Ceci résulte d'une part de VI.1.6 (d) qui montre que $L_{\mathfrak{C}}^2$ est la fermeture de l'espace vectoriel formé des formes automorphes $\mathrm{Res}_{\mathfrak{S}}^G E(\phi, \pi)$ et que celles-ci sont de carré intégrable modulo le centre; d'autre part de V.3.17 qui montre que ces formes automorphes ont leur support cuspidal formé de représentations $w\pi_{\mathfrak{S}}$ avec $w \in W(M)$ et finalement de III.3.1 qui montre que pour un tel w, la restriction du caractère central de $w\pi_{\mathfrak{S}}$ à $A_{wMw^{-1}}^{\mathbf{G}}$ est à valeurs positives réelles.

Supposons maintenant que $L(\mathfrak{C}) \neq \{G\}$ i.e. $M_{\mathfrak{S}} \neq G$, alors on pose $M_{\mathfrak{S}} = L$. On utilise la notation ξ_L de l'introduction de VI et l'on pose:

$$\mathfrak{S}_L = \mathfrak{S} \cap \mathfrak{P}_L.$$

On sait que $\mathfrak{S}_L \in \mathrm{Sing}^L$, cf. VI.1.4 (b) et évidemment, grâce à (1) que $\mathfrak{S}_L$ est réduit à un point. On applique VI.1.6(d) dans L à la classe d'équivalence de $\mathfrak{S}_L$; il faut d'abord remarquer que $\pi_0 \in \mathfrak{P}_L$ puisque ξ_L est trivial sur $A_L^{\mathbf{G}}$. Grâce à cela $\mathfrak{S}_L$ qui est réduit à un point, coïncide avec $\pi_0 \otimes o(\mathfrak{S}_L)$. Or (cf. VI.1.4 (a)) $o(\mathfrak{S}_L) = o(\mathfrak{S})$. D'où le résultat annoncé:

$$o(\mathfrak{S}) \otimes \pi_0 \in \mathfrak{S}.$$

De plus, puisque $\mathfrak{S} \in \mathrm{Sing}^G$, on a $\|o(\mathfrak{S})\| < R$ où R est comme ci-dessus et la finitude de l'ensemble des éléments de $\mathrm{Sing}^{G\mathfrak{F}}$ ayant même donnée cuspidale résulte, comme dans le cas des corps de fonctions, de la locale finitude de $S_{\mathfrak{X}}^{\mathfrak{F}}$.

VI.1.9. Paramètre discret

Définition: On fixe une classe d'équivalence de données cuspidales, $\mathfrak{X}$. Un paramètre discret, pour $\mathfrak{X}$ est un couple (L, δ) où L est un Levi standard de G et où δ est une sous-représentation (en général de longueur infinie) du spectre discret de $\mathbf{L}$ ayant un caractère central, ξ_L, prolongeant ξ trivial sur $A_L^{\mathbf{G}}$, et tel que δ soit de la forme:

$$\delta = L^2(L(k)\backslash\mathbf{L})_{\mathfrak{C}_L} \subset L^2(L(k)\backslash\mathbf{L})_{\mathfrak{X}_L}$$

où $\mathfrak{X}_L$ est une classe d'équivalence de données cuspidales (relativement à L) "incluse" dans $\mathfrak{X}$ et où $\mathfrak{C}_L$ est un élément de $[S_{\mathfrak{X}_L}]$ formé de points. On dit que $\mathfrak{C}_L$ est la classe singulière attachée à δ; on remarque que $\mathfrak{C}_L$ est uniquement déterminé par δ et l'on remplacera parfois (L, δ) par $(L, \mathfrak{C}_L)$. On définit la classe d'association de (L, δ), notée $[(L, \delta)]$, comme l'ensemble des couples $(wLw^{-1}, w\delta)$ où w parcourt $W(L)$.

Soit (L, δ) un paramètre discret et soit $\mathfrak{C} \in [S_{\mathfrak{X}}]$; on dit que (L, δ) est un paramètre discret pour $\mathfrak{C}$ si $\mathfrak{C}_L$ étant la classe singulière attachée à δ, on a:

> pour tout élément $\mathfrak{S}_L$ de $\mathfrak{C}_L$, $\mathfrak{C}$ contient une composante connexe de $\mathfrak{S}_L + X_L^{\mathbf{G}}$. Si k est un corps de nombres, cela revient à dire que $\mathfrak{S}_L + X_L^{\mathbf{G}}$ est un élément de $\mathfrak{C}$ et $\mathfrak{C}$ est uniquement déterminé par $\mathfrak{C}_L$. Si k est un corps de fonctions la situation est plus compliquée, en particulier $\mathfrak{C}$ n'est plus déterminé par $\mathfrak{C}_L$ et on notera $\tilde{\mathfrak{C}}$ l'ensemble des classes de conjugaison admettant un même paramètre discret que $\mathfrak{C}$. La proposition ci-dessous clarifie cette situation.

Proposition: *Tout élément $\mathfrak{C}$ de $[S_{\mathfrak{X}}]$ coupant* Sing^G *admet un paramètre discret et tout élément de la classe d'association d'un paramètre discret pour $\mathfrak{C}$ en est encore un. Si k est un corps de nombres, $\mathfrak{C}$ admet un paramètre discret unique à association près. Supposons que k soit un corps de fonctions et soit $(L, \mathfrak{C}_L)$ un paramètre discret pour $\mathfrak{C}$; fixons $\mathfrak{S}_L \in \mathfrak{C}_L$. Tout paramètre discret pour $\mathfrak{C}$ appartient à la classe d'association de $(L, \mathfrak{C}'_L)$ où $\mathfrak{C}'_L$ est la classe de conjugaison d'un élément $\mathfrak{S}'_L$ de la forme $\mathfrak{S}_L + \nu$ où ν est un élément de $X_L^{\mathbf{G}}$ trivial sur $A_L^{\mathbf{G}}$. Il n'y en a qu'un nombre fini. Tout élément de $\tilde{\mathfrak{C}}$ (cf. ci-dessus pour la définition) est la classe de conjugaison d'une des composantes connexes de $\mathfrak{S}_L + X_L^{\mathbf{G}}$.*

L'existence d'un paramètre discret (sous les hypothèses de l'énoncé) résulte de VI.1.7. Le fait que tout élément de la classe d'association d'un paramètre discret est encore un paramètre discret, résulte de VI.1.4 (c). Prouvons les assertions relatives à l'unicité de la classe d'association des paramètres discrets. Soient $(L, \mathfrak{C}_L)$ et $(L', \mathfrak{C}_{L'})$ des paramètres discrets pour $\mathfrak{C}$. On note $\mathfrak{X}_L$ et $\mathfrak{X}'_{L'}$ les classes d'équivalence de données cuspidales relatives. Comme dans la preuve de VI.1.6, on montre que L et L' sont conjugués, on peut donc les supposer égaux. On vérifie aussi que l'on peut trouver $\mathfrak{S}_L$ et $\mathfrak{S}'_L$ des éléments de $\mathfrak{C}_L$ et $\mathfrak{C}'_L$ respectivement ayant des données cuspidales $(M, \mathfrak{P}_L)$ et $(M, \mathfrak{P}'_L)$, (i.e. le Levi M est commun aux deux données) telles que $\mathfrak{P}_L + X_L^{\mathbf{G}} = \mathfrak{P}'_L + X_L^{\mathbf{G}}$. On note ξ_L et $\xi_{L'}$ les caractères de $Z_{\mathbf{L}}$ déterminés par $\mathfrak{S}_L$ et $\mathfrak{S}'_L$ respectivement; par hypothèse, ils sont triviaux sur $A_L^{\mathbf{G}}$. Supposons d'abord que k soit un corps de nombres. Ici ξ_L et ξ'_L coïncident et $\mathfrak{P}_L$ et $\mathfrak{P}'_L$ donc aussi. On définit:

$$\mathfrak{S} := \mathfrak{S}_L + X_L^{\mathbf{G}},$$

$$\mathfrak{S}' := \mathfrak{S}'_L + X_L^{\mathbf{G}}.$$

Ce sont des éléments de $\mathfrak{C}$ qui vérifient (cf. VI.1.4(a) (ii)):

$$\mathfrak{S}_L = \mathfrak{S} \cap \mathfrak{P}_L,$$

$$\mathfrak{S}'_L = \mathfrak{S}' \cap \mathfrak{P}_L.$$

Soit $w \in \mathrm{Stab}_{W(M)}(M, \mathfrak{P})$ conjuguant $\mathfrak{S}$ et $\mathfrak{S}'$. Il résulte de ce qui précède que w normalise L, d'où aussi ξ_L et $\mathfrak{P}_L$. Ainsi w envoie $\mathfrak{S}_L$ sur $\mathfrak{S}'_L$. C'est l'unicité annoncée. Supposons maintenant que k soit un corps de fonctions. Dans ce cas, on définit $\mathfrak{S}$ et $\mathfrak{S}'$ comme étant des éléments de $\mathfrak{C}$ qui sont une composante connexe de $\mathfrak{S}_L + X_L^{\mathbf{G}}$ et $\mathfrak{S}'_L + X_L^{\mathbf{G}}$ respectivement. Soit encore w comme ci-dessus conjuguant $\mathfrak{S}$ et $\mathfrak{S}'$. En conjuguant par w, on se ramène au cas où ξ_L et ξ'_L (définis comme ci-dessus) coïncident. $\mathfrak{P}_L$ est alors bien défini et il ne reste plus qu'à appliquer VI.1.4(a)(ii) pour savoir que $\mathfrak{S}_L$ diffère de $\mathfrak{S}'_L$ par une translation par un élément de $X_L^{\mathbf{L}}$. La description de $\tilde{\mathfrak{C}}$ s'en déduit.

VI.2. Décomposition spectrale

VI.2.1. Enoncé le plus général (cf. [A3])

Ne faisons pas, au début, d'hypothèses sur k. Soit L un Levi standard de G; on note $L^2(L(k)\backslash\mathbf{L})_{d,\xi}$ la partie du spectre discret de L (modulo le centre), dont le caractère central est trivial sur $A_L^{\mathbf{G}}$ et a pour restriction au centre de $\mathbf{G}$ le caractère ξ. On note $A(L(k)\backslash\mathbf{L})_{d,\xi}$ l'intersection de cet espace avec l'espace des formes automorphes pour L. En notant U_L le radical unipotent du parabolique standard de Levi L, on définit:

$$A(U_L(\mathbb{A})L(k)\backslash \mathbf{G})_{d,\xi} := \\ \{f \in A(U_L(\mathbb{A})L(k)\backslash \mathbf{G}) | \forall k \in \mathbf{K},\ f_k \in A(L(k)\backslash \mathbf{L})_{d,\xi}\}$$

cf. I.2.13 pour la notation f_k. On note $P^R_{L,d}$ l'espace des fonctions holomorphes sur $\{\mu \in X_L^{\mathbf{G}} | \| \operatorname{Re}\mu\| < R\}$ à valeurs dans $A(U_L(\mathbb{A})L(k))\backslash \mathbf{G})_{d,\xi}$ vérifiant la condition de croissance de II.1.4. On a:

Théorème. *Soit L un Levi standard de G.*

(i) *Soit $\phi \in P^R_{L,d}$ et soit $\mu \in X_L^{\mathbf{G}}$, la série d'Eisenstein $E(\phi,\mu)$ (ou plus précisément $E_L^G(\phi,\mu)$) définie par une série convergente pour $\operatorname{Re}\mu$ très positif (cf. II.1.5) se prolonge en un opérateur méromorphe en μ holomorphe sur $\operatorname{Im} X_L^{\mathbf{G}}$. Il en est de même de l'opérateur d'entrelacement $M(t^{-1}, t\mu)$ pour $t \in W$ de longeur minimale dans sa classe à droite modulo W_L tel que tLt^{-1} soit encore un Levi standard. On a l'équation fonctionelle:*

$$E_L^G(\phi,\mu) = E^G_{tLt^{-1}}(M(t,\mu)\phi, t\mu).$$

(ii)

$$\lim_{T\to\infty} \int_{\substack{\mu\in \operatorname{Im}\ X_L^{\mathbf{G}} \\ \|\mu\|\le T}} E(\phi,\mu)d\mu$$

existe au sens L^2 i.e. définit un élément de $L^2(G(k)\backslash \mathbf{G})_\xi$.
On note alors $L^2(G(k)\backslash \mathbf{G})_{L,\xi}$ le sous-espace fermé de $L^2(G(k)\backslash \mathbf{G})$ engendré par ces éléments. Soit L' un autre Levi standard de G; on suppose que L et L' sont conjugués, alors:

$$L^2(G(k)\backslash \mathbf{G})_{L,\xi} = L^2(G(k)\backslash \mathbf{G})_{L',\xi}.$$

On note cet espace $L^2(G(k)\backslash \mathbf{G})_{[L],\xi}$ où $[L]$ est la classe d'association de L.

(iii) *On a la décomposition orthogonale:*

$$L^2(G(k)\backslash \mathbf{G})_\xi = \oplus_{[L]} L^2(G(k)\backslash \mathbf{G})_{[L],\xi}$$

où $[L]$ parcourt l'ensemble des classes d'associations de Levi standards de G.

(iv) *Supposons que k est un corps de nombres. On note W^L l'ensemble des éléments de W de longueur minimale modulo W_L et $\operatorname{Stab}_{W^L} L = \{w \in W^L | wLw^{-1} = L\}$. Alors $L^2(G(k)\backslash \mathbf{G})_{d,\xi}$ est*

isométrique à l'espace de Hilbert suivant:

$$\left\{\begin{array}{l} F \text{ fonction mesurable sur } \operatorname{Im} X_L^{\mathbf{G}} \text{ à valeurs dans} \\ \operatorname{ind}_{\mathbf{K}\cap\mathbf{L}}^{\mathbf{K}} L^2(L(k)\backslash\mathbf{L})_{d,\xi} \text{ telle que :} \\ (1) \quad M(t^{-1}, t\mu)F(t\mu) = F(\mu), \\ \qquad \text{presque partout, pour tout } t \in \operatorname{Stab}_{W^L} L \\ (2) \quad \lim_{T\to\infty} \int_{\substack{\mu\in\operatorname{Im} X_L^{\mathbf{G}} \\ \|\mu\|\leq T}} |\operatorname{Stab}_{W^L} L|^{-1} \|F(\mu)\|^2 d\mu < +\infty, \end{array}\right\}$$

où la norme est celle de $\operatorname{ind}_{\mathbf{K}\cap\mathbf{L}}^{\mathbf{K}} L^2(L(k)\backslash\mathbf{L})_{d,\xi}$. *La norme de cet espace de Hilbert est donnée par (2).*

VI.2.2. Enoncé plus technique mais plus précis

Soient $\mathfrak{X}$ une classe d'équivalence de données cuspidales et soit $\mathfrak{C}$ une classe d'équivalence dans $S_{\mathfrak{X}}$ coupant Sing^G à laquelle on a associé, en V.3.12, corollaire, le sous-espace $L^2(G(k)\backslash\mathbf{G})_\xi$. Soit (L,δ) un paramètre dicret pour $\mathfrak{C}$. On note $\mathfrak{C}_L$ la classe singulière attachée à δ et on rappelle que δ détermine $\mathfrak{C}_L$. On définit de façon naturelle:

$$\operatorname{Stab}_{W^L}(L,\delta) := \{w \in W(L) \text{ tel que } wLw^{-1} = L \text{ et } w\mathfrak{C}_L = \mathfrak{C}_L\}.$$

D'après ce qui précède $w\mathfrak{C}_L = \mathfrak{C}_L$ est équivalent à $w\delta = \delta$. Dans le cas des corps de fonctions, on a déjà défini $\tilde{\mathfrak{C}}$ (cf. VI.1.9) et on a encore besoin de définir:

$$\operatorname{Stab}'_{W^L}(L,\delta) := \{w \in W(L) \text{ tel que } wLw^{-1} = L \text{ et } (L, w\mathfrak{C}_L) \text{ est un paramètre discret pour } \mathfrak{C}\}.$$

Remarquons ici, qu'en notant π_L un élément de $\mathfrak{C}_L$, on a:

$$(1) \qquad \operatorname{Stab}_{W^L}(L,\delta) = \{t \in \operatorname{Stab}_{W^L} L \text{ tel que } \exists\, w_L \in W_L(M), \text{ avec } t\pi_L = w_L\pi_L\}.$$

L'inclusion du membre de gauche dans celui de droite résulte des définitions. Montrons l'inclusion en sens inverse: soit $t \in \operatorname{Stab}_{W^L}(L)$ et soit $w_L \in W_L(M)$ tels que l'on ait: $t\pi_L = w_L\pi_L$. On a, en particulier:

$$tMt^{-1} = w_L M w_L^{-1}.$$

Pour tout $w' \in W_L(M)$, on a donc $tw't^{-1}w_L M(tw't^{-1}w_L)^{-1} = tw'M(tw')^{-1}$. Or $w'Mw'^{-1}$ est un Levi standard de L et $tw'M(tw')^{-1}$ en est donc un aussi. En d'autres termes, puisque $tw't^{-1}w_L \in W_L$, on a:

$$tw't^{-1}w_L \in W_L(M).$$

D'où

$$tw'\pi_L = (tw't^{-1})w_L\pi_L \in \mathfrak{C}_L$$

i.e. $t\mathfrak{C}_L = \mathfrak{C}_L$.

On montre de même que:

$$\text{(2)} \quad \begin{aligned} \mathrm{Stab}'_{W^L}(L,\delta) = \{t \in \mathrm{Stab}_{W^L} L \text{ tel que } \exists w_L \in W_L(M), \\ \text{avec } t\pi_L + X_L^{\mathbf{G}} = w_L\pi_L + X_L^{\mathbf{G}}\}. \end{aligned}$$

Soit $t \in \mathrm{Stab}'_{W^L}(L,\delta)$; alors t agit sur $X_L^{\mathbf{G}}/Fix_{X_L^{\mathbf{L}}}\delta$ de la façon tordue suivante: soit $\mu \in X_L^{\mathbf{G}}/\,\mathrm{Fix}_{X_L^{\mathbf{L}}}\,\delta$; $t.\mu = t\mu + \nu$ où ν est l'élément de $X_L^{\mathbf{G}}/\,\mathrm{Fix}_{X_L^{\mathbf{L}}}\,\delta$ défini par $t\delta = w_L\delta \otimes \nu$ (notations ci-dessus).

Théorème *Soit $\mathfrak{X}, (L,\delta)$ comme ci-dessus.*

(i) On suppose que k est un corps de nombres. $L^2(G(k)\backslash\mathbf{G})_{\mathfrak{C}}$ est isomorphe à l'espace de Hilbert, $H_{\mathfrak{C}}$ suivant:

$$\left\{\begin{array}{l} F \text{ fonction mesurable sur } \mathrm{Im}\ X_L^{\mathbf{G}} \text{ à valeurs dans} \\ \mathrm{ind}_{\mathbf{K}\cap\mathbf{L}}^{\mathbf{K}}\,\delta \text{ telle que :} \\ \forall t \in \mathrm{Stab}_{W^L}(L,\delta),\ \ M(t^{-1},t\mu)F(t\mu) = F(\mu) \\ \lim\limits_{T\to\infty} \displaystyle\int_{\substack{\mu\in\mathrm{Im}\ X_L^{\mathbf{G}} \\ \|\mu\|\le T}} |\,\mathrm{Stab}_{W^L}(L,\delta)|^{-1}\|F(\mu)\|^2 d\mu < +\infty. \end{array}\right\}$$

Pour la définition de $M(t^{-1},t\mu)$, on renvoie à VI.2.1 (i).

(ii) On suppose encore que k est un corps de nombres. Soit ϕ une fonction sur $X_L^{\mathbf{G}}$ à valeurs dans $A(U_L(\mathbb{A})L(k)\backslash\mathbf{G})_\delta$, holomorphe au voisinage de tout point de $\mathrm{Im}\,X_L^{\mathbf{G}}$ et à décroissance rapide sur cet ensemble. Alors:

$$\mathrm{e}(\phi) := \lim_{T\to\infty} \int_{\mu\in\mathrm{Im}\,X_L^{\mathbf{G}},\ \|\mu\|\le T} E(\phi,\mu)d\mu$$

existe au sens L^2 et définit un élément de $L^2(G(k)\backslash\mathbf{G})_{\mathfrak{C}}$. L'espace $L^2(G(k)\backslash\mathbf{G})_{\mathfrak{C}}$ est la fermeture de l'espace vectoriel engendré par l'ensemble de ces fonctions.

On suppose que k est un corps de fonctions. On pose:

$$L^2(G(k)\backslash\mathbf{G})_{\tilde{\mathfrak{C}}} := \oplus_{\mathfrak{C}\in\tilde{\mathfrak{C}}} L^2(G(k)\backslash\mathbf{G})_{\mathfrak{C}}.$$

On a alors, les analogues exactes de (i) et (ii) ci-dessus, i.e.

(iii) $L^2(G(k)\backslash\mathbf{G})_{\tilde{\mathfrak{C}}}$ est isomorphe à l'espace de Hilbert, $H_{\tilde{\mathfrak{C}}}$ suivant:

$$\left\{\begin{array}{l} F \text{ fonction mesurable sur } \mathrm{Im}\,X_L^{\mathbf{G}}/Fix_{X_L^{\mathbf{L}}}\delta \text{ à valeurs dans} \\ \mathrm{ind}_{\mathbf{K}\cap\mathbf{L}}^{\mathbf{K}}\,\delta \text{ telle que :} \\ \forall t \in \mathrm{Stab}'_{W^L}(L,\delta),\ \ M(t^{-1},t.\mu)F(t.\mu) = F(\mu) \\ \displaystyle\int_{\mu\in\mathrm{Im}\ X_L^{\mathbf{G}}/\,\mathrm{Fix}_{X_L^{\mathbf{L}}}\,\delta} |\,\mathrm{Stab}'_{W^L}(L,\delta)|^{-1}\|F(\mu)\|^2 d\mu < +\infty. \end{array}\right\}$$

(iv) Soit ϕ une fonction sur $X_L^{\mathbf{G}}$ à valeurs dans $A(U_L(\mathbb{A})L(k)\backslash\mathbf{G})_\delta$,

invariante par $\mathrm{Fix}_{X_L^{\mathbf{L}}}\,\delta$ *(cf. I.1.2), holomorphe au voisinage de tout point de* $\mathrm{Im}\ X_L^{\mathbf{G}}$. *Alors:*

$$e(\phi) := \int_{\mu \in \mathrm{Im}\ X_L^{\mathbf{G}} / \mathrm{Fix}_{X_L^{\mathbf{L}}}\delta} E(\phi, \mu) d\mu$$

définit un élément de $L^2(G(k)\backslash\mathbf{G})_{\tilde{\mathfrak{C}}}$. *L'espace* $L^2(G(k)\backslash\mathbf{G})_{\tilde{\mathfrak{C}}}$ *est la fermeture de l'espace vectoriel engendré par l'ensemble de ces fonctions.*

VI.2.3. Preuve de VI.2.1 (i). On fixe $\mathfrak{X}$ et (L, δ) un paramètre discret pour $\mathfrak{X}$; on note $\mathfrak{C}_L$ la classe singulière attachée à δ (cf. VI.1.9). On fixe $\mathfrak{S}_L \in \mathfrak{C}_L$ et on note $(M, \mathfrak{P})$ ses données cuspidales; comme $\mathfrak{S}_L$ est formé d'une unique représentation, on note π_L cette représentation. On note aussi

$$A(L(k)\backslash\mathbf{L})_{\mathfrak{C}_L}$$

l'espace des formes automorphes pour $\mathbf{L}$ incluses dans $L^2(L(k)\backslash\mathbf{L})_{\mathfrak{C}_L}$ et l'on définit:

$$A(U_L(\mathbb{A})L(k)\backslash\mathbf{G})_{\mathfrak{C}_L} := \{f \in A(U_L(\mathbb{A})L(k)\backslash\mathbf{G}) | \forall k \in \mathbf{K},\ f_k \in A(L(k)\backslash\mathbf{L})_{\mathfrak{C}_L}\}$$

Pour tout $\mu \in X_L^{\mathbf{G}}$, on note

$$A(U_L(\mathbb{A})L(k)\backslash\mathbf{G})_{\mathfrak{C}_{L,\mu}}$$

le translaté de

$$A(U_L(\mathbb{A})L(k)\backslash\mathbf{G})_{\mathfrak{C}_L}$$

par la fonction $\mu\ o\ m_{P_L}$ où P_L est le parabolique standard de Levi L. En utilisant V.3.17, on voit, en posant pour tout $\mu \in X_L^{\mathbf{G}}$, $\pi_\mu := \pi_L \otimes \mu$ que $A(U_L(\mathbb{A})L(k)\backslash\mathbf{G})_{\mathfrak{C}_{L,\mu}}$ est engendré par les éléments

(1) $$\sum_{w \in W_L(M)} \mathrm{Res}^L_{w\pi_L} E^L(\phi, w\pi_\mu),$$

ou ce qui revient au même $\mathrm{Res}^L_{w\pi_L} E^L(\phi, w\pi_\mu)$, où E^L est la série d'Eisenstein pour L et où ϕ parcourt

$$\bigcup_{w \in W_L(M)} P_{w(M,\mathfrak{P})}.$$

On définit $P^R_{(L,\delta)}$ de façon analogue à $P^R_{d,\xi}$ et soit $f \in P^R_{(L,\delta)}$; les propriétés de finitude de f sous l'action de $\mathbf{K}$ et (1) assurent qu'il existe $\phi \in P^R_{\mathfrak{X}}$ tel que:

(2) $$f(\mu) = \sum_{w \in W_L(M)} \mathrm{Res}^L_{w\pi_L} E^L(\phi, w\pi_\mu).$$

Pour $\mathrm{Re}\,\mu$ très positif, on a défini en II.1.5, la série d'Eisenstein de $\mathbf{L}$ à $\mathbf{G}$ (que l'on note, ici, $E^G_L(\mu)$) par une série convergente. Soient $\phi \in P^R_{\mathfrak{X}}$

(R grand) et $w \in W_L(M)$; on pose $\mathfrak{S} := \mathfrak{S}_L + \operatorname{Re} X_L^{\mathbf{G}} \otimes_{\mathbb{R}} \mathbb{C}$ et vérifions que l'on a pour $\operatorname{Re}\mu$ très positif:

(3) $$\operatorname{Res}^G_{w\mathfrak{S}} E(\phi, w\pi_\mu) = E^G_L(\mu)(\operatorname{Res}^L_{w\pi_L} E^L(\phi, w\pi_\mu)).$$

On sait que $\operatorname{Res}^G_{w\mathfrak{S}} E(\phi, w\pi_\mu) = \operatorname{Res}^L_{w\pi_L} E(\phi, w\pi_\mu)$ (cf. VI.1.4 (c)) et il faut donc prouver que l'on a:

$$E^G_L(\mu)\operatorname{Res}^L_{w\pi_L} E^L(\phi, w\pi_\mu) = \operatorname{Res}^L_{w\pi_L}(E^G_L(\mu)E^L(\phi, w\pi_\mu)).$$

Cette égalité est vraie pour $\operatorname{Re}\mu \gg 0$ en utilisant la définition de $E^G_L(\mu)$ comme série absolument et uniformément convergente sur tout compact de $\mathbf{G}$. Le membre de gauche de (3) admet un prolongement méromorphe, il en est donc de même de celui de droite et (3) devient une égalité de fonctions méromorphes.

On obtient comme corollaire de (3), le prolongement méromorphe de la série d'Eisenstein $E^G_L(f, \mu)$. L'holomorphie sur l'axe unitaire résulte de VI.1.3. On montre de façon analogue le prolongement des opérateurs d'entrelacements. L'holomorphie des opérateurs d'entrelacements sur l'axe unitaire, résulte de ce que ces opérateurs y sont unitaires (et définis sur un ouvert dense).

On va maintenant établir l'équation fonctionelle: soit $t \in W(L)$. On a à prouver la formule suivante:

(4) $$E^G_{tLt^{-1}}(t\mu)(M(t,\mu)f(\mu)) = E^G_L(\mu)f(\mu).$$

On vérifie d'abord que l'on a, pour t comme ci-dessus:

(5) $$\begin{aligned}&\forall w \in W_L(M),\ \forall \phi \in P_{\mathfrak{X}},\\ &M(t,\mu)\left(\operatorname{Res}^L_{w\pi_L} E^L(\phi, \pi')\right)_{\pi' = w\pi_\mu} = \\ &\left(\operatorname{Res}^{tLt^{-1}}_{tw\pi_L} E^{tLt^{-1}}(M(t,\mu)\phi, \pi')\right)_{\pi' = tw\pi_\mu}.\end{aligned}$$

On fixe ν, ν' très positifs dans $\operatorname{Re} X^{\mathbf{L}}_{wMw^{-1}}$ et $\operatorname{Re} X^{\mathbf{G}}_L$ respectivement et l'on obtient facilement l'égalité:

$$M(t, \mu + \nu')E^L(\phi, w\pi_{\mu+\nu'} + \nu) = E^{tLt^{-1}}(M(t, \mu + \nu')\phi, tw\pi_{\mu+\nu'} + t\nu),$$

en écrivant les définitions (c'est un échange entre somme et intégrale). On peut maintenant faire $\nu' = 0$ et appliquer l'opérateur $\operatorname{Res}^L_{w\pi_L}$ en $\pi' = w\pi_\mu$; sur le membre de droite, cela revient à appliquer l'opérateur $t\operatorname{Res}^L_{w\pi_L}$ au point $tw\pi_\mu$ ou encore, d'après VI.1.6 (c), l'opérateur $\operatorname{Res}^{tLt^{-1}}_{tw\pi_L}$ au même point. D'où:

$$\operatorname{Res}^L_{w\pi_L} M(t,\mu)E^L(\phi, w\pi_\mu) = \operatorname{Res}^{tLt^{-1}}_{tw\pi_L} E^{tLt^{-1}}(M(t,\mu)\phi, tw\pi_\mu).$$

Il reste à vérifier, pour prouver (5), que l'on a:

$$\operatorname{Res}^L_{w\pi_L} M(t,\mu) = M(t,\mu)\operatorname{Res}^L_{w\pi_L}.$$

Cela se prouve par prolongement méromorphe en translatant μ par un élément de $X_L^{\mathbf{G}}$ du cône très positif et en échangeant alors dérivée et intégrale (on utilise le fait que $w \in W_L$). On applique $E_{tLt^{-1}}^{\mathbf{G}}(t\mu)$ aux deux membres de (5); le membre de droite devient (cf. (3))

$$\mathrm{Res}_{tw\pi_L}^{tLt^{-1}} E(M(t,\mu)\phi, tw\pi_\mu).$$

En utilisant VI.1.4 (c), puis l'équation fonctionnelle, VI.1.5, on obtient:

$$\begin{aligned}\mathrm{Res}_{tw\pi_L}^{tLt^{-1}} E(M(t,\mu)\phi, tw\pi_\mu) &= \mathrm{Res}_{tw\mathfrak{S}}^{G} E(M(t,\mu)\phi, tw\pi_\mu) \\ &= \mathrm{Res}_{w\mathfrak{S}}^{G} E(\phi, w\pi_\mu).\end{aligned}$$

D'où:

$$E_{tLt^{-1}}^{G}(t\mu) M(t,\mu) \mathrm{Res}_{w\pi_L}^{L} E^L(\phi, w\pi_\mu) = \mathrm{Res}_{w\mathfrak{S}}^{G} E(\phi, w\pi_\mu).$$

En sommant sur w, on obtient (4).

On va maintenant établir le lemme clé (c'est le lemme 7.4 de Langlands).

VI.2.4. Description de $A_{\mathfrak{C},\pi}$ (pour π général) (notations de V.3.14).

Lemme. *Soit $\mathfrak{C} \in S_{\mathfrak{X}}$ et soit L un Levi standard appartenant à $L(\mathfrak{C})$. On fixe $\mathfrak{S} \in \mathfrak{C}$ tel que $M_{\mathfrak{S}} = L$ et π_L un élément de $\mathfrak{S}$ dont la restriction du caractère central à $A_L^{\mathbf{G}}$ est trivial; il en existe. On remarque que $\pi_L \in \mathrm{Sing}^L$ et on note $\mathfrak{C}_L$ la classe singulière qu'il définit. Soit μ un point général (cf. ci-dessous pour la notation de général) de $\mathrm{Re}\, X_L^{\mathbf{G}} \otimes_{\mathbb{R}} \mathbb{C} \cap \mathrm{Im}\, X_L^{\mathbf{G}}$. On pose $\pi_\mu = \pi_L \otimes \mu$; c'est un élement de $\mathfrak{S}$.*

(i) $\forall \phi \in P_{\mathfrak{X}}$, on pose:

$$e^L(\phi, \pi_\mu) := |\,\mathrm{Norm}_{W_L(M)}\, \pi_L|^{-1} \sum_{w \in W_L(M)} \mathrm{Res}_{w\pi_L}^{L} E^L(\phi, w\pi_\mu).$$

C'est un élément de $A(U_L(\mathbb{A})L(k)\backslash\mathbf{G})_{\mathfrak{C}_L,\mu}$ (avec les notations de VI.2.3) et l'ensemble de ces éléments engendre $A(U_L(\mathbb{A})L(k)\backslash\mathbf{G})_{\mathfrak{C}_L,\pi_\mu}$. On a:

$$E_L^G(\mu) e^L(\phi, \pi_\mu) \in A_{\mathfrak{C},\pi_\mu}.$$

(ii) $E_L^G(\mu)$ est, à une constante près, une isométrie de

$$A(U_L(\mathbb{A})L(k)\backslash\mathbf{G})_{\mathfrak{C}_L,\mu}$$

sur $A_{\mathfrak{C},\pi_\mu}$ en particulier est bijective.

On suppose que $L \neq G$ et on dit que μ est un point général si aucun conjugué π_μ n'est dans le support cuspidal d'une forme automorphe de carré intégrable (cf. III.4.1) et si π_μ n'appartiennent à aucun hyperplan de $\mathfrak{S}$ inclus dans $S_{\mathfrak{X}}$ (pour être correct, il faudrait fixer un ensemble fini de $\mathbf{K}$-types, $\mathfrak{F}$ et mettre partout $\mathfrak{F}$ en exposant). En particulier, $\mathfrak{S}$ est le seul élément de $\mathfrak{C}$ contenant π_μ.

La première partie de (i) résulte de VI.2.3 (1). On a vu en VI.2.3 (3),

(1) $$E_L^R(\mu)\mathrm{Res}^L_{w\pi_L}E^L(\phi,w\pi_\mu)=\mathrm{Res}^G_{w\mathfrak{S}}E(\phi,w\pi_\mu).$$

Alors (i) résulte du sous-lemme de VI.1.2, où l'on a vu, que

$$\mathrm{Res}^G_{w\mathfrak{S}}E(\phi,w\pi_\mu)\in A_{\mathfrak{C},\pi_\mu}.$$

Prouvons (ii). Remarquons d'abord que V.3.17 montre que

$$A(U_L(\mathbb{A})L(k)\backslash\mathbf{G})_{\mathfrak{C}_L,\mu}$$

est engendré par les fonctions: $\mathrm{Res}^L_{w\pi_L}E^L(\phi,w\pi_\mu)$ où ϕ parcourt $P_{\mathfrak{X}}$ et où w parcourt $W_L(M)$.

Ainsi pour démontrer la surjectivité de $E_L^G(\mu)$, il suffira de démontrer que:

(2) $A_{\mathfrak{C},\pi_\mu}$ est l'espace vectoriel engendré par l'ensemble des fonctions $\mathrm{Res}^G_{w\mathfrak{S}}E(\phi,w\pi_\mu)$ où $\phi\in P_{\mathfrak{X}}$ et $w\in W_L(M)$.

Mais auparavant, prouvons l'injectivité de $E_L^G(\mu)$ en montrant qu'il conserve le produit scalaire à un scalaire près. Pour tout $\phi,\phi'\in P_{\mathfrak{X}}$, il faut calculer le produit scalaire dans $A(U_L(\mathbb{A})L(k)\backslash\mathbf{G})_{\mathfrak{C}_L,\mu}$:

$$<e^L(\phi',\pi_\mu),e^L(\phi,\pi_\mu)>$$

Par la définition et grâce à V.3.2(5)(i), appliqué à $\mathbf{L}$ au lieu de $\mathbf{G}$:

$$<e^L(\phi',\pi_\mu),e^L(\phi,\pi_\mu)>=\sum_{w\in W_L(M)}|\mathrm{Norm}_{W_L(M)}\,\pi_L|^{-1}(\mathrm{Res}^L_{w\pi_L}A^L(\phi',\phi))(w\pi_\mu)$$

où

$$A^L(\phi',\phi)(w\pi_\mu):=\sum_{\sigma\in W_L(wMw^{-1})}<M(\sigma^{-1},-\sigma w\overline{\pi}_\mu)\phi'(-\sigma w\overline{\pi}_\mu),\phi(w\pi_\mu)>.$$

Un calcul en tout point analogue à celui de VI.1.2 (4), montre que:

(3) $$\begin{aligned}&\forall\phi,\phi'\in P_{\mathfrak{X}},\ \forall\sigma,w\in W(M),\\&<\mathrm{Res}^G_{\sigma\mathfrak{S}}E(\phi',\sigma\pi_\mu),\mathrm{Res}^G_{w\mathfrak{S}}E(\phi,w\pi_\mu)>_{A_{\mathfrak{C},\pi_\mu}}\\&=y\mathrm{Res}^G_{w\mathfrak{S}}\sum_\tau<M(\tau^{-1},-\tau w\overline{\pi}_\mu)\phi'(-\tau w\overline{\pi}_\mu),\phi(w\pi_\mu)>,\end{aligned}$$

où $y:=|\mathrm{Norm}\ \mathfrak{S}||\mathrm{Fix}\ \mathfrak{S}|^{-1}$ et où la somme sur τ ne porte que sur les éléments de l'ensemble

$$\{\tau\in W(wM)|-\tau w\overline{\mathfrak{S}}=\sigma\mathfrak{S},\ \tau w_{|\mathrm{Re}\ \mathfrak{S}^0}=\sigma_{|\mathrm{Re}\,\mathfrak{S}^0}\}.$$

Il faut décrire plus précisément cet ensemble quand σ,w sont des éléments de $W_L(M)$. Sous cette hypothèse, les restrictions de w et σ à $\mathrm{Re}\,\mathfrak{S}^0$ coïncident avec l'identité et $\mathrm{Re}\,\mathfrak{S}^0=\mathrm{Re}\,X_L^{\mathbf{G}}$. D'où $\tau L\tau^{-1}=L$ et $\tau_{|\mathrm{Re}\,\mathfrak{S}^0}$ est alors aussi l'identité; cela entraine que $\tau\in W_L$. Utilisant encore $\mathrm{Res}^G_{w\mathfrak{S}}$ "="$\mathrm{Res}^L_{w\pi_L}$ (cf. VI.1.4 pour le sens de cette égalité), on obtient pour tout $\phi', \phi \in P_{\mathfrak{X}}$ et pour tout $w \in W_L(M)$:

$$< \sum_{\sigma \in W_L(M)} \mathrm{Res}^G_{\sigma\mathfrak{S}} E(\phi', \sigma\pi_\mu), \mathrm{Res}^G_{w\mathfrak{S}} E(\phi, w\pi_\mu) >$$

$$= |\,\mathrm{Norm}_{W_L} \mathfrak{S}| y \times$$

$$\mathrm{Res}^L_{w\pi_L} < \sum_{\tau | \tau w \in W_L(M)} M(\tau^{-1}, -\tau w\overline{\pi}_\mu)\phi'(-\tau w\overline{\pi}_\mu), \phi(w\pi_\mu) >$$

$$= y(\mathrm{Res}^L_{w\pi_L} A^L(\phi', \phi))(w\pi_\mu).$$

Or $\mathrm{Fix}\,\mathfrak{S} = \mathrm{Norm}_{W_L(M)}\,\pi_L$. Ainsi $E^G_L(\mu)$ est une isométrie au facteur près $(\mathrm{Norm}\,\mathfrak{S}/\,\mathrm{Norm}_{W_L(M)}\,\pi_L)^{1/2}$.

Il reste à prouver (2). Soit $w \in W(M)$. On montre d'abord que

$$\mathrm{Res}^G_{w\mathfrak{S}} E(\phi, w\pi_\mu)$$

appartient à l'espace vectoriel engendré par les éléments $\mathrm{Res}^G_{\tau\mathfrak{S}} E(\phi, \tau\pi_\mu)$ tels que $M_{\tau\mathfrak{S}}$ est un Levi conjugué de L. On prouve cette assertion par récurrence sur le rang semi-simple de G

Première étape.

Fixons $w \in W(M)$ et $\phi \in P_{\mathfrak{X}}$ et montrons que $\mathrm{Res}^G_{w\mathfrak{S}} E(\phi, w\pi_\mu)$ est dans le sous-espace vectoriel de $A_{\mathfrak{C},\pi_\mu}$ engendré par les éléments $\mathrm{Res}^G_{\sigma\mathfrak{S}} E(\phi', \sigma\pi_\mu)$ où $\phi' \in P_{\mathfrak{X}}$ et σ est un élément de $W(M)$ tel que $M_{\sigma\mathfrak{S}} \neq G$. En utilisant la finitude de $\dim A^{\mathfrak{J}}_{\mathfrak{C},\pi_\mu}$, qui résulte des théorèmes de finitude des formes automorphes, il suffit de démontrer que l'orthogonal de ce sous-espace est nul, c'est-à-dire de démontrer que si $\phi \in P_{\mathfrak{X}}$ vérifie:

$$< \mathrm{Res}^G_{\sigma\mathfrak{S}} E(\phi', \sigma\pi_\mu), \sum_{w \in W(M)} \mathrm{Res}^G_{w\mathfrak{S}} E(\phi, w\pi_\mu) > = 0,$$

pour tout $\phi' \in P_{\mathfrak{X}}$ et pour tout $\sigma \in W(M)$ tel que $M_{\sigma\mathfrak{S}} \neq G$ alors $\sum_{w \in W(M)} \mathrm{Res}^G_{w\mathfrak{S}} E(\phi, w\pi_\mu) = 0$. Soit ϕ vérifiant cette hypothèse. Grâce à VI.1.2 (4), l'hypothèse se réecrit:

$$\mathrm{Res}^G_{\sigma\mathfrak{S}} A(\phi, \phi')(\sigma\pi_\mu) = 0,$$

pour tout σ comme ci-dessus.

D'après V.3.16, le support cuspidal de $\sum_{w \in W(M)} \mathrm{Res}^G_{w\mathfrak{S}} E(\phi, w\pi_\mu)$ est dans l'ensemble $\{\sigma\pi_\mu | -\sigma\overline{\mathfrak{S}} \in \mathrm{Sing}^G\}$. Utilisant l'hypothèse d'orthogonalité et le calcul précis fait en V.3.16, on voit que cet ensemble est inclus dans l'ensemble $\{\sigma\pi_\mu$ où $M_{\sigma\mathfrak{S}} = G\}$. On a évidemment $M_{\sigma\mathfrak{S}} = M_{-\sigma\overline{\mathfrak{S}}}$ et l'on conclut comme à la fin de VI.1.6 (d) que

$$\sum_{w \in W(M)} \mathrm{Res}^G_{w\mathfrak{S}} E(\phi, w\pi_\mu)$$

est de carré intégrable; ceci est en contradiction avec le choix de π_μ.

Deuxième étape.

Fixons $w \in W(M)$ et $\phi \in P_{\mathfrak{X}}$; on suppose que $M_{w\mathfrak{S}} \neq G$. Montrons que la forme automorphe $\mathrm{Res}^G_{w\mathfrak{S}} E(\phi, w\pi_\mu)$ appartient à l'espace vectoriel engendré par les formes automorphes $\mathrm{Res}^G_{\sigma\mathfrak{S}} E(\phi', \sigma\pi_\mu)$ où $\phi' \in P_{\mathfrak{X}}$ et $\sigma \in W(M)$ vérifie $M_{\sigma\mathfrak{S}} \in L(\mathfrak{C})$;

On pose $L' = M_{w\mathfrak{S}}$; c'est un Levi standard propre de G. On note $\xi_{L'}$ le caractère de $Z_{L'}$ défini par $w\pi_L$; cela permet de définir, comme dans l'intoduction de VI, le sous-ensemble $(w\mathfrak{P})_{L'}$ de $w\mathfrak{P}$. Et l'on note $(w\mathfrak{S})_{L'}$ la composante irréductible de $w\mathfrak{S} \cap \mathfrak{P}_{L'}$ contenant $w\pi_L$. On définit de façon analogue à $E^G_L(\mu)$ une série d'Eisenstein de $\mathbf{L}'$ à $\mathbf{G}$, notée, simplement, $E^G_{L'}$, vérifiant l'analogue de (1):

$$(4) \qquad E^G_{L'}(\mathrm{Res}^{L'}_{w\mathfrak{S}_{L'}} E^{L'}(\phi, w\pi_\mu)) = \mathrm{Res}^G_{w\mathfrak{S}} E(\phi, w\pi_\mu)$$

pour tout $\phi \in P_{\mathfrak{X}}$. (Ici $E^{L'}$ est la série d'Eisenstein pour $\mathbf{L}'$.) D'après VI.1.4:

$$\mathrm{Res}^G_{w\mathfrak{S}} E^{L'}(\phi, w\pi_\mu) = \mathrm{Res}^{L'}_{(w\mathfrak{S})_{L'}} E^{L'}(\phi, w\pi_\mu).$$

On note $\mathfrak{X}_{L'}$ la classe d'équivalence de données cuspidales pour L' contenant $(wMw^{-1}, (w\mathfrak{P})_{L'})$ et $\mathfrak{C}_{L'}$ la classe d'équivalence de $(w\mathfrak{S})_{L'}$. Par définition $L(\mathfrak{C})$ contient $L(\mathfrak{C}_{L'})$ et l'hypothèse de récurrence assure qu'il existe des éléments $\sigma_1, \ldots, \sigma_R \in W_{L'}(wMw^{-1})$ et $\phi_1, \ldots, \phi_R \in P_{\mathfrak{X}}$ tels que:

(5) $\mathrm{Res}^{L'}_{(w\mathfrak{S})_{L'}} E^{L'}(\phi, w\pi_\mu)$ appartient à l'espace vectoriel engendré par les éléments $\mathrm{Res}^{L'}_{\sigma_i(w\mathfrak{S})_{L'}} E^{L'}(\phi_i, \sigma_i w\pi_\mu), i \in [1, R]$.

$$(6) \qquad M_i := M_{\sigma_i(w\mathfrak{S})_{L'}} \in L(\mathfrak{C}_{L'}),\ i \in [1, R].$$

Or:

$$\sigma_i(w\mathfrak{S})_{L'} + \mathrm{Re}\, X^{\mathbf{G}}_{L'} \otimes_{\mathbb{R}} \mathbb{C} = \sigma_i((w\mathfrak{S})_{L'} + \mathrm{Re}\, X^{\mathbf{G}}_{L'} \otimes_{\mathbb{R}} \mathbb{C}) = \sigma_i w\mathfrak{S},$$

d'après VI.1.4.:

$$\mathrm{Res}^{L'}_{\sigma_i(w\mathfrak{S})_{L'}} E^{L'}(\phi_i, \sigma_i w\pi_\mu) = \mathrm{Res}^G_{\sigma_i w\mathfrak{S}} E^{L'}(\phi_i, \sigma_i w\pi_\mu)$$

et avec (6)

$$\mathrm{Re}\, \sigma_i w\mathfrak{S}^0 = \mathrm{Re}\, X^{\mathbf{G}}_{M_i}.$$

On utilise (4) en y remplaçant w par $\sigma_i w$ et on applique $E^G_{L'}$, à (5); cela donne l'assertion cherchée.

Pour finir la preuve de (2), il reste à prouver l'assertion suivante:

soit $w \in W(M)$ tel que $\mathrm{Re}\, w\mathfrak{S}^0 = \mathrm{Re}\, X^{\mathbf{G}}_{M_{w\mathfrak{S}}}$ i.e. $M_{w\mathfrak{S}} \in L(\mathfrak{C})$ et soit $\phi \in P_{\mathfrak{X}}$; alors il existe $\phi \in P_{\mathfrak{X}}$, $w_L \in W_L(M)$ tel que:

$$(8) \qquad \mathrm{Res}^G_{w\mathfrak{S}} E(\phi, w\pi_\mu) = \mathrm{Res}^G_{w_L\mathfrak{S}} E(\phi', w_L\pi_\mu).$$

On a $wLw^{-1} = M_{w\mathfrak{S}}$. On décompose w sous la forme $w^L w_L$ où $w_L \in W_L$ et w^L est l'élément de longueur minimale dans sa classe à droite modulo W_L. D'après I.1.9 $w_L \in W_L(M)$ et $w^L \in W(w_L M w_L^{-1})$. D'après VI.1.5:

$$\mathrm{Res}^G_{w\mathfrak{S}} E(\phi, w\pi_\mu) = \mathrm{Res}^G_{w_L\mathfrak{S}} E\Big(M((w^L)^{-1}, w\pi_\mu)\phi, w_L\pi_\mu\Big)$$

On fixe $\phi' \in P_{\mathfrak{X}}$ telle que ϕ' et $M((w^L)^{-1}, w\pi_\mu)\phi$ coïncident à un grand ordre en tout point de l'orbite de π_μ et l'on a encore:

$$\mathrm{Res}^G_{w_L\mathfrak{S}} E(M((w^L)^{-1}, w\pi_\mu)\phi, w_L\pi_\mu) = \mathrm{Res}^G_{w_L\mathfrak{S}} E(\phi', w_L\pi_\mu).$$

(C'est une égalité au point $w_L\pi_\mu$ et uniquement en ce point.) Cela termine la preuve de (2).

VI.2.5. Fin de la preuve de la décomposition spectrale, donnée en VI.2.2

On suppose d'abord que k est un corps de nombres, le cas des corps de fonctions est reporté en VI.2.7. On fixe un ensemble fini de **K**-types, $\mathfrak{F}$ et on fixe aussi $T \in \mathbb{R}^*_+$; on définit $H^{\mathfrak{F}}_{\mathfrak{C},T}$ de façon analogue à $H_{\mathfrak{C}}$ mais en remplaçant Im $X^{\mathbf{G}}_L$ par:

$$\{\mu \in \mathrm{Im}\, X^{\mathbf{G}}_L |\ \|\mu\|^2 < T + \|o(\mathfrak{S}\|^2\}$$

et en se limitant aux combinaisons linéaires d'éléments se transformant sous K, suivant l'un des éléments de $\mathfrak{F}$. On prouve VI.2.2. On reprend la notation $\mathrm{Hilb}^{\mathfrak{F}}_{\mathfrak{C},T}$ de V.3.11. On construit une isométrie j de $H^{\mathfrak{F}}_{\mathfrak{C},T}$ sur $\mathrm{Hilb}^{\mathfrak{F}}_{\mathfrak{C},T}$:

$$\text{á } F \in H^{\mathfrak{F}}_{\mathfrak{C},T}, \text{ on associe } j(F) := E^G_L oF, \text{ i.e. :}$$
$$j(F)(\pi_\mu) = E^G_L(\mu)F(\mu).$$

On remarque que l'application $\mu \in \mathrm{Im}\, X^{\mathbf{G}}_L \mapsto \pi_\mu \in \mathfrak{S}$ induit un isomorphisme entre:

$$\{\mu \in \mathrm{Im}\, X^{\mathbf{G}}_L |\ \|\mu\|^2 < T + \|o(\mathfrak{S}\|^2\} \text{ et } \mathfrak{S}_{\leq T}.$$

Tenant compte de VI.2.4, la seule chose à vérifier est donc la compatibilité de j aux propriétés d'invariance; plus précisément, il faut montrer l'équivalence suivante:

$$(1)\qquad \begin{aligned} &F(t\mu) = M(t,\mu)F(\mu), \forall t \in \mathrm{Stab}_{W^L}(L,\delta) \\ &\Leftrightarrow (jF)(\sigma\pi_\mu) = (jF)(\pi_\mu), \forall \sigma \in \mathrm{Norm}\ \mathfrak{S}. \end{aligned}$$

Il faut d'abord établir le rapport entre Norm $\mathfrak{S}$ et $\mathrm{Stab}_{W^L}(L,\delta)$; montrons:

(2) $\quad \forall t \in \mathrm{Stab}_{W^L}(L,\delta), \exists w_L \in W_L(M),$ tel que $tw_L \in \mathrm{Norm}\,\mathfrak{S}$,

(3) $\quad \forall \sigma \in \operatorname{Norm} \mathfrak{S}, \exists t \in \operatorname{Stab}_{W^L}(L, \delta)$ tel que $t^{-1}\sigma \in W_L(M)$.

Prouvons (2). Soit $t \in \operatorname{Stab}_{W^L}(L,\delta)$ et soit $w_L \in W_L(M)$ tels que $t\pi_L = w_L\pi_L$. Alors $t(t^{-1}w^{-1}t) = w_L^{-1}t$ stabilise π_L et normalise $\operatorname{Re} X_L^{\mathbf{G}}$, i.e. est un élément de Norm $\mathfrak{S}$. Il est facile de voir que $t^{-1}w_L^{-1}t \in W_L(M)$ d'où (2). Prouvons (3): soit $\sigma \in$ Norm $\mathfrak{S}$; on écrit $\sigma = tw_L$ avec t de longeur minimale dans σW_L et $w_L \in W_L$. On a déjà vu que $w_L \in W_L(M)$. On a aussi $\sigma L \sigma^{-1} = L$ car σ normalise $\operatorname{Re} X_L^{\mathbf{G}}$ d'où $tLt^{-1} = L$ et $t \in \operatorname{Stab}_{W^L} L$. On a aussi $\sigma\pi_L = \pi_L$ car k est un corps de nombres d'où d'après VI.2.1 (1), $t^{-1} \in \operatorname{Stab}_{W^L}(L,\delta)$ et comme $\operatorname{Stab}_{W^L}(L,\delta)$ est un groupe, on a $t \in \operatorname{Stab}_{W^L}(L,\delta)$ et (3).

Tenant compte de (2) et (3), pour prouver (1), il suffit de démontrer que l'on a:

Soient $t \in \operatorname{Stab}_{W^L}(L,\delta), \sigma \in$ Norm $\mathfrak{S}$ et $w_L \in W_L(M)$. On suppose que $\sigma = tw_L$, alors pour toute fonction measurable F sur $i \operatorname{Re} X_L^{\mathbf{G}}$:

(4) $\;M(t,\mu)F(\mu) = F(t\mu) \Leftrightarrow (jF)(\sigma\pi_\mu) = (jF)(\pi_\mu)$, presque partout.

Pour prouver cela, on a besoin de la formule démontrée en VI.2.3 (4) (ici $tLt^{-1} = L$), pour F comme ci-dessus:

(5) $$E_L^G(t\mu)(M(t,\mu)F(\mu)) = E_L^G(\mu)F(\mu).$$

En utilisant le fait que E_L^G est injective, au moins génériquement (cf. VI.2.4(ii)), on voit que (4) est équivalent à:

$$E_L^G(\mu)F(\mu) = E_L^G(t\mu)F(t\mu) \Leftrightarrow (jF)(\sigma\pi_\mu) = (jF)(\pi_\mu).$$

Mais le deuxième membre se réecrit: $E_L^G(\sigma\mu)F(\sigma\mu) = E_L^G(\mu)F(\mu)$. L'équivalence résulte alors trivialement de ce que $w_L\mu = \mu$ pour tout $\mu \in X_L^{\mathbf{G}}$.

Cela termine la preuve de VI.2.2(i).

Prouvons maintenant VI.2.2.(ii). Soit ϕ comme dans l'énoncé que l'on suppose en plus combinaison linéaire d'éléments se transformant sous K suivant l'un des K-types inclus dans $\mathfrak{F}$; comme en VI.2.2 (1) et (2), on voit qu'il existe:

$$\phi' \in \cup_{w \in W_L(M)} P_{w(M,\mathfrak{P})}^{\mathfrak{F}}$$

tel que

$$\phi(\mu) = \sum_{w \in W_L(M)} \operatorname{Res}_{w\mathfrak{S}_L}^L E^L(\phi', w\pi_\mu).$$

On vérifie d'abord que la fonction:

$$F_\phi : \mu \mapsto E(\phi, \mu)$$

définit un élément de $\mathrm{Hilb}_{\mathfrak{C}}^{\mathfrak{F}}$. On a

$$E(\phi,\mu) = \sum_{w\in W_L(M)} \mathrm{Res}^G_{w\mathfrak{S}} E(\phi', w\pi_\mu)$$

d'après VI.1.2, cette fonction dépend holomorphiquement de μ. Pour tout T, elle définit donc un élément de $\mathrm{Hilb}_{\mathfrak{C},T}^{\mathfrak{F}}$; on passe à la limite en utilisant les propriétés de décroissance de ϕ. On montre que $e(\phi) = j(F_\phi)$ en calculant le produit scalaire contre toute pseudo-série d'Eisenstein comme on l'a fait en V.3.7. Pour prouver que l'espace vectoriel engendré par les $e(\phi)$ est dense, on procède en montrant que son orthogonal est nul. On se ramène comme en V.3.11 (début de la preuve) à

prouver que pour presque tout μ l'espace $A^{\mathfrak{F}}_{\mathfrak{C},\pi_\mu}$ coïncide avec l'image de $E_L^G(\mu)$ ce qui est VI.2.3(ii). Cela termine la preuve.

VI.2.6. Preuve de VI.2.1

(i) a été vu en VI.2.2; la première partie de (ii) aussi et la deuxième partie résulte de l'équation fonctionnelle.

(iii) En tenant compte de VI.2.2(ii), on a:

$$L^2(G(k)\backslash\mathbf{G})_{[L],\xi} = \oplus_{\mathfrak{X}} \oplus_{\mathfrak{C}} L^2(G(k)\backslash\mathbf{G})_{\mathfrak{C}}$$

où $\mathfrak{X}$ parcourt l'ensemble des classes d'équivalence de données cuspidales et où $\mathfrak{C}$ parcourt l'ensemble des éléments de $[S_{\mathfrak{X}}]$ tel que $L(\mathfrak{C}) = [L]$. D'où (iii).

(iv) résulte de la reformulation suivante de VI.2.2.(i):

soit $\mathfrak{C} \in [S_{\mathfrak{X}}]$ et soit (L,δ) un paramètre discret pour $\mathfrak{C}$. On pose:

$$L^2(L(k)\backslash\mathbf{L})_{\mathfrak{C}} = \oplus_{\delta'} L^2(L(k)\backslash\mathbf{L})_{\delta'}$$

où δ' parcourt l'ensemble des sous-représentations du spectre discret de $\mathbf{L}$ telles que (L,δ') soit un paramètre discret pour $\mathfrak{C}$, i.e. δ' parcourt l'ensemble $w\delta$ où $w \in W^L$ vérifie $wLw^{-1} = L$. Alors l'espace de Hilbert décrit en VI.2.2.(i) est isomorphe à l'espace de Hilbert suivant:

$$\left\{\begin{array}{l} F' \textit{ fonction mesurable sur } \operatorname{Im} X_L^{\mathbf{G}} \textit{ à valeurs dans} \\ \operatorname{ind}_{\mathbf{K}\cap\mathbf{L}}^{\mathbf{K}} L^2(L(k)\backslash\mathbf{L})_{\mathfrak{C}} \textit{ telle que}: \\ M(t^{-1},t\mu)F'(t\mu) = F'(\mu),\ \forall t \in \mathrm{Stab}_{W^L} L \\ \lim_{T\to\infty} \int_{\mu\in\operatorname{Im} X_L^{\mathbf{G}}\ \|\mu\|\le T} \|F'(\mu)\|^2 < +\infty. \end{array}\right\}$$

En effet à F comme en VI.2.1 (10), on associe F', défini par:

(1) $$F'(\mu) := \sum_{t\in\mathrm{Stab}_{W^L} L} M(t^{-1},t\mu)F(t\mu)$$

et à F' comme ci-dessus, on associe F défini par:

$$F(\mu) := \mathrm{proj}_{\mathrm{ind}_{L\cap\mathbf{K}}^{\mathbf{K}} L^2(L(k)\backslash\mathbf{L})_\delta} F'(\mu).$$

On note proj_δ cette projection. Or,

$$M(t^{-1}, t\mu)F(t\mu) \in \mathrm{ind}_{L\cap\mathbf{K}}^{\mathbf{K}} L^2(L(k)\backslash\mathbf{L})_{t\delta}$$

presque partout, d'où, presque partout

$$\mathrm{proj}_\delta M(t^{-1}, t\mu)F(t\mu) = \begin{cases} 0 & \text{si } t\delta \neq \delta, \\ F(\mu), & \text{sinon.} \end{cases}$$

Ainsi si F et F' sont liés par (1), $\mathrm{proj}_\delta F'(\mu) = F(\mu)$ à un scalaire près (non nul) pour tout μ et t comme ci-dessus. Cela entraine $F' = 0$. (iv) est maintenant clair.

VI.2.7. Le cas des corps de fonctions

On suppose que k est un corps de fonctions; dans l'énoncé de VI.2.2, on a défini $L^2(G(k)\backslash\mathbf{G})_{\tilde{\mathfrak{C}}}$. On pose:

$$\tilde{\mathfrak{S}} := \mathfrak{S} \otimes X_L^{\mathbf{G}} = \pi_L \otimes X_L^{\mathbf{G}}.$$

On remarque que les éléments de $\tilde{\mathfrak{C}}$ sont exactement les classes de conjugaison des composantes connexes de $\tilde{\mathfrak{S}}$. Par une méthode analogue à celle de VI.2.6, on vérifie que la décomposition spectrale de

$$L^2(G(k)\backslash\mathbf{G})_{\mathfrak{C}},$$

donnée en V.3.11, se généralise et une décomposition spectrale de $L^2(G(k)\backslash\mathbf{G})_{\tilde{\mathfrak{C}}}$ en remplaçant simplement $\mathfrak{S}$ par $\tilde{\mathfrak{S}}$ et donc Norm $\mathfrak{S}$ par Norm $\tilde{\mathfrak{S}}$ (on remarque que $o(\mathfrak{S}) = o(\mathfrak{S}')$ pour toute composante connexe $\mathfrak{S}'$ de $\tilde{\mathfrak{S}}$). On peut alors reprendre mot pour mot les démonstrations de VI.2.5 et VI.2.6 en remplaçant simplement $\mathrm{Stab}_{W^L}(L,\delta)$ par $\mathrm{Stab}'_{W^L}(L,\delta)$ (cf. VI.1.9 pour la définition) et Norm $\mathfrak{S}$ par Norm $\tilde{\mathfrak{S}}$; on a l'analogue exacte de VI.2.5 (2),...,(5) et la suite est sans changements.

APPENDICE I

Relèvement des sous-groupes unipotents dans une extension centrale

Cet appendice nous a été entièrement communiqué par Deligne, qui s'est inspiré de [S].

On rappelle la situation: G est un groupe algébrique réductif (connexe, mais cela ne joue pas ici) défini sur le corps global k. On note $\mathbf{G}$ une extension centrale de $G(\mathbb{A})$ par un groupe fini, $\mathbf{N}$. On a donc la suite exacte:

$$1 \to \mathbf{N} \to \mathbf{G} \overset{\mathrm{pr}}{\to} G(\mathbb{A}) \to 1.$$

On a supposé qu'il existe une section de $G(k)$ dans $\mathbf{G}$. On remarque que $G(\mathbb{A})$ agit par conjugaison dans $\mathbf{G}$ par la formule:

$$g \in G(\mathbb{A}), \mathbf{g} \in \mathbf{G} \mapsto \tilde{g}\mathbf{g}\tilde{g}^{-1},$$

où $\tilde{g}$ est n'importe quel élément de $\mathrm{pr}^{-1}(g)$. Le but de cet appendice est de prouver:

Proposition. *Soit P un sous-groupe parabolique de G défini sur k et soit k' une sous-k-algèbre de $\mathbb{A}$. On note U le radical unipotent de P. Il existe un unique homomorphisme, $s_{k'}$, $P(k)$-équivariant de $U(k')$ dans $\mathbf{G}$ qui soit une section de* pr*. Cet homomorphisme est $P(k')$-équivariant et sa restriction à $U(k)$ est la restriction à $U(k)$ du relèvement fixé de $G(k)$ dans $\mathbf{G}$. En outre si $k' = \mathbb{A}$, $s_{\mathbb{A}}$ est continu.*

Remarquons tout de suite que la proposition est facile en caractéristique 0 et que l'on a même un résultat plus précis:

Proposition. *On suppose que k est de caractéristique 0 et soit k' une k-algèbre incluse dans $\mathbb{A}$. Soit U un sous-groupe unipotent de G. Il existe* *un unique homomorphisme, $s_{k'}$ de $U(k')$ dans* **G** *qui soit une section de* pr. *En outre si $k' = \mathbb{A}$, $s_{\mathbb{A}}$ est continu.*

On note N l'ordre de **N**. L'application $u \in U(k') \mapsto u^N$ est un isomorphisme; soit $u \in U(k')$ et notons u' l'élément de $U(k')$ tel que $u'^N = u$. On fixe aussi un relèvement $\tilde{u}'$ de u' dans **G**. On a nécessairement:

$$s_{k'}(u) = \tilde{u}'^N.$$

Et le membre de droite est indépendant du relèvement choisi. Cela permet de définir uniquement $s_{k'}$; il est clair que $s_{k'}$ est l'inverse de la restriction de pr au sous-ensemble $\tilde{U}$ de **G** formé des éléments du type $\tilde{u}^N$ où $\text{pr}(u) \in U(k')$. Mais il faut encore démontrer que $s_{k'}$ est un homomorphisme de groupes et est continu si $k' = \mathbb{A}$, c'est-à-dire que $\tilde{U}$ est un sous-groupe de **G**, ouvert dans $\text{pr}^{-1}(U(\mathbb{A}))$, si $k' = \mathbb{A}$. C'est clair si U est abélien et dans le cas général, cela se fait par récurrence en utilisant une filtration de U par des sous-groupes distingués, le quotient de deux termes successifs de cette filtration étant commutatif.

Revenons à la proposition de départ. Soit L un sous-groupe de Levi de P, défini sur k, dont on note T le tore central déployé maximal. On va montrer:

Proposition. (bis): *Il existe un unique homomorphisme, $s_{k'}$, $T(k)$-équivariant de $U(k')$ dans* **G** *qui relève* pr . *En outre si $k' = \mathbb{A}$, $s_{\mathbb{A}}$ est continu.*

Admettons cela pour le moment. L'unicité de $s_{k'}$ assure que $s_{k'}$ est $L(k')$-équivariant et comme cet homomorphisme respecte la structure de groupe, il est aussi $U(k')$-équivariant. L'unicité de s_k assure que s_k coïncide d'une part avec la restriction de $s_{k'}$ à $U(k)$ et d'autre part avec la restriction à $U(k)$ de la section fixée de $G(k)$ dans **G**. D'où la proposition.

On prouve la proposition bis. Elle s'appuie sur le lemme suivant:

Lemme. *Soient X, Y des k-espaces vectoriels et soit μ_i, μ_j des caractères rationnels de T définis sur k; on suppose qu'il n'existe pas $(a, b) \in \mathbb{N}^2 - \{(0,0)\}$ tels que $\mu_i^a = \mu_j^{-b}$. Le sous-$k \otimes_{\mathbb{Z}} k$-module de $X \otimes_{\mathbb{Z}} Y$ engendré par l'ensemble des éléments:*

$$\mu_i(t)x \otimes \mu_j(t)y - x \otimes y, \ t \in T(k), \ x \in X, \ y \in Y,$$

coïncide avec $X \otimes_{\mathbb{Z}} Y$.

On se ramène immédiatement au cas où $X \simeq k \simeq Y$ et donc à démontrer que l'idéal de l'anneau $k \otimes_{\mathbb{Z}} k$ engendré par les éléments $\mu_i(t) \otimes \mu_j(t) - 1$, où t parcourt $T(k)$ n'est pas propre. On peut encore remplacer k par un sous-corps bien choisi de k. Ce lemme est clair si k

est un corps de caractéristique 0, puisque, dans ce cas $\mathbb{Q}\otimes_{\mathbb{Z}}\mathbb{Q} \simeq \mathbb{Q}$ est un corps. On suppose donc que k contient $\mathbb{F}_p(T)$ et même que $k = \mathbb{F}_p(T)$. Si μ_i et μ_j sont des caractères linéairement indépendants de T, le lemme est aussi clair. On peut donc supposer qu'il existe $a, b \in \mathbb{N}$, non tous deux nuls tels que le sous-groupe de $k^* \times k^*$ image de $T(k)$ par (μ_i, μ_j) soit l'ensemble des éléments (λ^a, λ^b) où λ parcourt k^*. Ainsi l'idéal considéré est l'idéal, I, de $k \otimes_{\mathbb{Z}} k$ engendré par l'ensemble des éléments $\lambda^a \otimes \lambda^b - 1$ où λ parcourt k^*. On remarque que $k \otimes_{\mathbb{Z}} k \simeq \mathbb{F}_p(T) \otimes_{\mathbb{F}_p} \mathbb{F}_p(T)$ est isomorphe à l'algèbre (sur $\mathbb{F}_p$) des polynômes en 2 variables U, V, localisée en l'ensemble des éléments produit d'un élément de $\mathbb{F}_p[U] - \{0\}$ par un élément de $\mathbb{F}_p[V] - \{0\}$. On fixe $\overline{\mathbb{F}}_p$ une clôture algébrique de $\mathbb{F}_p$ et K une extension algébriquement close, non triviale, de $\overline{\mathbb{F}}_p$. On note I_K l'idéal de la K-algèbre $K[U]_{\{\mathbb{F}_p[U]-0\}} \otimes_K K[V]_{\{\mathbb{F}_p[V]-0\}}$ obtenu par extension du corps de base de $\mathbb{F}_p$ à K. Evidemment I est propre si et seulement si I_K l'est et I_K est engendré par l'ensemble des éléments $g(U)^a g(V)^b$ où $g(T)$ parcourt $\mathbb{F}_p[T]$. Or pour chaque idéal propre de $K[U]_{\{\mathbb{F}_p[U]-0\}} \otimes_K K[V]_{\{\mathbb{F}_p[V]-0\}}$, il existe au moins un point, u, v, de $K \times K$, avec u et v transcendants sur $\mathbb{F}_p$ en lequel tous les éléments de l'idéal s'annule. Fixons donc u, v transcendants sur $\mathbb{F}_p$ et montrons qu'il existe au moins un polynôme $g(T)$ à coefficients dans $\mathbb{F}_p$ tel que $g(u)^a g(v)^b - 1$ ne soit pas nul ce qui donnera une contradiction. On note m le plus petit commun multiple de a et b et on écrit $aa' = m$ et $bb' = m$. On pose $x = u^a$. On considère d'abord $g = T$; si la conclusion cherchée n'est pas immédiate avec ce polynôme, on a:

$$x = v^{-b}.$$

On considère ensuite les polynômes g du type $f(T^m)$. Et, puisque x est transcendant sur $\mathbb{F}_p$, l'égalité:

$$f(x^{a'})^a f(x^{-b'})^b = 1,$$

pour tout polynôme $f(T)$ a été exclue. D'où le lemme.

Revenons à l'existence et l'unicité de $s_{k'}$. Soient $g, g' \in G(k')$; on note $c(g, g')$ l'élément de $\mathbf{G}$ qui vaut $\tilde{g}\tilde{g}'\tilde{g}^{-1}\tilde{g}'^{-1}$, où $\tilde{g}$ (resp. $\tilde{g}'$) est un élément quelconque de $\mathrm{pr}^{-1}(g)$ (resp. $\mathrm{pr}^{-1}(g')$). On fixe une filtration de U par des sous-groupes normaux, stables sous T:

$$U = U_0 \supset \cdots \supset U_i \supset \cdots \supset U_d = \{1\}.$$

On suppose (comme cela est loisible) que pour tout $i \in [1, d]$, il existe un sous-groupe unipotent, T-équivariant de U_i, noté V_i, tel que l'application naturelle de V_{i-1} dans U_{i-1}/U_i soit un isomorphisme et tel que l'action de T sur V_i soit donné par un caractère, μ_i (cela sous-entend que l'on a identifié, de façon T-équivariante, V_i à un espace vectoriel). On suppose évidemment que tout est défini sur k. D'après la structure de U, on sait que μ_i est non trivial pour tout i et qu'il n'existe pas i,j tels que $\mu_i = \mu_j^{-1}$. Soit $i \in [0,d]$, on note $\tilde{U}_i$ le groupe engendré par l'ensemble des éléments $c(t,u)$ où t parcourt $T(k)$ et u parcourt $U_i(k')$. On va démontrer par récurrence décroissante sur $i \in [0,d]$ que la restriction de pr à $\tilde{U}_i$ est un isomorphisme sur $U_i(k')$, dont on note s_i l'inverse. Comme $\tilde{U}_i$ est clairement stable par conjugaison sous $T(k)$ et comme pr est $T(k)$ équivariante, s_i sera aussi $T(k)$-équivariante. Le morphisme s_0 répond aux conditions imposées à $s_{k'}$, dans l'énoncé; d'où l'existence. L'unicité résulte de ce que si $s_{k'}$ a les propriétés annoncées, $s_{k'}(U(k'))$ contient nécessairement $\tilde{U}_0$ et d'après ce qui précède, doit coïncider avec $\tilde{U}_0$. Prouvons les propriétés annoncées de $\tilde{U}_i$, pour i fixé dans $[0,d]$. Ces propriétés sont claires si $i = d$; on les suppose donc prouvées jusqu'à $i+1$ et on les prouve pour i. On fixe $t_i \in T(k)$ tel que $\mu_i(t_i) - 1 \neq 0$ et on note $\tilde{V}_i$ l'ensemble des éléments $c(t_i,u)$ où u parcourt V_i. Il est clair que $\tilde{V}_i$ est $T(k)$-invariant. On va démontrer:

(1) $\tilde{V}_i$ est un groupe,
(2) $\tilde{V}_i$ normalise $\tilde{U}_{i+1}$,
(3) $\operatorname{pr} \tilde{V}_i = V_i$,
(4) $\tilde{V}_i \cap \mathbf{N} = 1$.

Ainsi, grâce à (1) et (2), le sous-ensemble de $\mathbf{G}$ formé des produits $\tilde{v}\tilde{u}$ où $\tilde{v}$ parcourt $\tilde{V}_i$ et où $\tilde{u}$ parcourt $\tilde{U}_{i+1}$, est un sous-groupe de $\mathbf{G}$. Grâce à (3), il contient $\tilde{U}_i$ et coïncide donc avec $\tilde{U}_i$. On tire facilement de (3) et (4) les propriétés cherchées de $\tilde{U}_i$. Prouvons donc (1),...,(4). Les assertions (3) et (4) résultent immédiatement des propriétés de t_i. On remarque que pour prouver (1), il suffit de prouver que $\tilde{V}_i$ est formé d'éléments qui commutent entre eux: en effet, soient $u, v \in V_i$; on fixe à l'aide de (3), $\tilde{v} \in \tilde{V}_i$ un représentant de v et $\tilde{u} \in \mathbf{G}$ un représentant de u tel que $\tilde{u}^{-1} \in \tilde{V}_i$. On utilisant le fait que $\tilde{u}^{-1}$ commute à $c(t_i,v)$:

$$c(t_i,u)c(t_i,v) = (t_i\tilde{u}t_i^{-1})c(t_i,v)\tilde{u}^{-1} = t_i\tilde{u}t_i^{-1}t_i\tilde{v}t_i^{-1}\tilde{v}^{-1}\tilde{u}^{-1} = c(t_i,uv).$$

Un argument analogue prouve que $c(t_i,u)^{-1} \in \tilde{V}_i$ pour tout $u \in V_i$. On va prouver par récurrence descendante sur $j \in [i,d]$ que:

$$\forall u \in V_i, \forall v \in V_j, \quad c(u,v) \in \tilde{U}_{j+1}.$$

Cela prouvera donc (1) mais aussi (2). On note $\bar{c}$ l'application qui se déduit du commutateur c de $V_i \times V_j$ dans $\tilde{U}_{j+1}\mathbf{N}/\tilde{U}_{j+1} \simeq \mathbf{N}$. On vérifie que $\bar{c}$ est biadditif et définit donc un morphisme de $V_i \otimes_{\mathbb{Z}} V_j$ dans $\mathbf{N}$. Ce morphisme est $T(k)$-équivariant; sa trivialité résulte du lemme. Cela termine la preuve de l'existence et de l'unicité de $s_{k'}$. Il reste à prouver la continuité de $s_{\mathbb{A}}$ et pour cela il est équivalent de prouver que $s_{\mathbb{A}}(U(\mathbb{A}))$ est ouvert dans $\operatorname{pr}^{-1}(U(\mathbb{A}))$ ou encore qu'il existe un voisinage, X, de l'élément neutre dans $V_i(\mathbb{A})$, au dessus duquel le revêtement $\mathrm{pr}^{-1}(U_i(\mathbb{A})) \to U(\mathbb{A})$ se trivialise tel que $s_{\mathbb{A}}(X)$ soit inclus dans le feuillet de $\mathrm{pr}^{-1}(X)$ qui contient l'élément neutre, $1_{\mathbf{G}}$, de $\mathbf{G}$; on note $\tilde{X}$ ce feuillet. Quitte à restreindre X, on suppose que pour tout $i \in [0, d]$, $X \cap V_i(\mathbb{A})$ est un voisinage de l'élément neutre dans $V_i(\mathbb{A})$ et que la multiplication induise un isomorphisme:

$$X \cap V_1(\mathbb{A}) \times \cdots \times X \cap V_i(\mathbb{A}) \times \cdots \times X \cap V_d(\mathbb{A}) \to X.$$

Quitte à restreindre encore X, on suppose qu'aucun produit de d éléments de $\tilde{X}$ n'appartient à

$$\cup_{n \in \mathbf{N} - \{1_{\mathbf{G}}\}} \tilde{X} n.$$

Il suffit donc de montrer pour tout $i \in [0, d]$, que $s_{\mathbb{A}}(X \cap V_i(\mathbb{A}))$, est inclus dans $\tilde{X}$. Pour $i \in [0, d]$, on reprend la notation t_i introduite ci-dessus et quitte à restreindre encore X, on suppose qu'il existe un voisinage, X', de l'élément neutre dans $U(\mathbb{A})$ tel que pour tout $i \in [0, d]$ et pour tout $v \in V_i(\mathbb{A}) \cap X$ il existe $v' \in X' \cap V_i(\mathbb{A})$ tel que $v = t_i v' t_i^{-1} v'^{-1}$. Quitte à restreindre encore, on suppose aussi que, pour tout $i \in [0, d]$, l'ouvert $t_i \,\mathrm{pr}^{-1}(X') t_i^{-1} \,\mathrm{pr}^{-1}(X'^{-1})$ de $\mathrm{pr}^{-1}(U(\mathbb{A}))$ ne coupe pas $\cup_{n \in \mathbf{N} - \{1_{\mathbf{G}}\}} \tilde{X} n$. Soit $i \in [0, d]$; les hypothèses faites entrainent:

$$s_{\mathbb{A}}(X \cap V_i(\mathbb{A})) \subset t_i \,\mathrm{pr}^{-1}(X') t_i^{-1} \,\mathrm{pr}^{-1}(X'^{-1}) \cap \mathrm{pr}^{-1}(X) \subset \tilde{X}.$$

Cela termine la preuve.

La preuve ci-dessus s'applique bien évidemment aussi aux cas des extensions centrales finies de $G(F)$ pour F un corps local et même plus généralement, F un corps de caractéristique 0 ou non algébrique sur le corps premier.

APPENDICE II

Formes automorphes et séries d'Eisenstein sur un corps de fonctions

1. Dérivées de séries d'Eisenstein

1.1. Quelques rappels

Quand M est un sous-groupe de Lévi standard de G, on note sans plus d'explications P le sous-groupe parabolique standard de Lévi M et U le radical unipotent de P.

Soient M un sous-groupe de Lévi standard de G et $\pi \in \Pi_0(\mathbf{M})$ une (classe de) représentation automorphe cuspidale irréductible de $\mathbf{M}$. On a noté $A_0(M(k)\backslash\mathbf{M})_\pi$ le sous-espace isotypique de type π de $A_0(M(k)\backslash\mathbf{M})$ et $A_0(U(\mathbb{A})M(k)\backslash\mathbf{G})_\pi$ l'espace des $\varphi \in A_0(U(\mathbb{A})M(k)\backslash\mathbf{G})$ telles que pour tout $k \in \mathbf{K}$, $\varphi_k \in A_0(M(k)\backslash\mathbf{M})_\pi$. Rappelons que $\varphi_k : M(k)\backslash\mathbf{M} \to \mathbb{C}$ est définie par

$$\varphi_k(m) = m^{-\rho_P}\varphi(mk)$$

pour tout $m \in \mathbf{M}$.

L'orbite de π sous X_M est $\{\pi \otimes \lambda; \lambda \in X_M\}$. Cette orbite est une variété analytique complexe car elle est localement isomorphe à X_M.

Pour $\psi \in A_0(U(\mathbb{A})M(k)\backslash\mathbf{G})_\pi$ et $\lambda \in X_M$, on définit

$$\lambda \circ \psi \in A_0(U(\mathbb{A})M(k)\backslash\mathbf{G})_{\pi\otimes\lambda}$$

par

$$(\lambda \circ \psi)(g) = m_P(g)^\lambda \psi(g).$$

On note $-\pi$ la contragrédiente de π; il existe un produit bilinéaire naturel sur

$$A_0(U(\mathbb{A})M(k)\backslash\mathbf{G})_\pi \times A_0(U(\mathbb{A})M(k)\backslash\mathbf{G})_{-\pi}$$

noté (,). Insistons sur le fait que nous utilisons dans cet appendice un produit bilinéaire et non pas sesquilinéaire.

1.2. Soient M un sous-groupe de Lévi standard, π une représentation cuspidale irréductible de $\mathbf{M}$, $\mathfrak{P}$ son orbite, $\mathfrak{F}$ un ensemble fini de $\mathbf{K}$-types, i.e. de classes d'isomorphie de représentations irréductibles de $\mathbf{K}$. Notons $P^{\mathfrak{F}}_{\text{hol},\pi}$ l'espace des fonctions ϕ telles que

(i) il existe un voisinage V_ϕ de π dans $\mathfrak{P}$ tel que ϕ soit définie sur V; pour $\pi' \in V_\phi$, on a

$$\phi(\pi') \in A_0(U(\mathbb{A})M(k)\backslash\mathbf{G})_{\pi'};$$

(ii) ϕ est lisse et $\mathbf{K}$-finie, le groupe agissant de façon évidente sur les fonctions vérifiant (i); l'espace $\mathbf{K}$-invariant engendré par ϕ se décompose en sous-espaces irréductibles dont les classes d'isomorphie appartiennent à $\mathfrak{F}$;

(iii) pour tout $\psi \in A_0(U(\mathbb{A})M(k)\backslash\mathbf{G})_{-\pi}$, la fonction

$$\{\lambda \in X_M; \pi\otimes\lambda \in V_\phi\} \longrightarrow \mathbb{C}$$

$$\lambda| \longmapsto (\phi(\pi\otimes\lambda), (-\lambda)\circ\psi)$$

est holomorphe.

On considère ces fonctions comme des germes, c'est-à-dire qu'on identifie ϕ et ϕ' si elles coïncident dans un voisinage de π.

Pour $\phi \in P^{\mathfrak{F}}_{\text{hol},\pi}$ et $\pi' \in V_\phi$, on peut définir une série d'Eisenstein $E(\phi(\pi'),\pi')$qui est une forme automorphe sur $G(k)\backslash\mathbf{G}$. Plus exactement la fonction $\pi' \mapsto E(\phi(\pi'),\pi')$ est méromorphe dans V. On sait que l'on peut trouver une fonction d holomorphe et non identiquement nulle au voisinage de π telle que pour toute $\phi \in P^{\mathfrak{F}}_{\text{hol},\pi}$ et tout $g \in \mathbf{G}$, la fonction

$$\pi' \longmapsto d(\pi')E(\phi(\pi'),\pi')(g)$$

soit holomorphe au voisinage de π. Notons $I^{\mathfrak{F}}_{\text{hol},\pi}$ l'ensemble des germes de fonctions d vérifiant cette condition. C'est un idéal de l'anneau local ϑ_π des germes de fonctions holomorphes au point π.

1.3. Soit toujours M un sous-groupe de Lévi standard. Rappelons que Re X_M est un espace vectoriel réel en vertu de l'isomorphisme Re $X_M \simeq$ Re $\mathfrak{a}^*_M$. L'espace $\text{Sym}(\text{Re } X_M)\bigotimes_{\mathbb{R}}\mathbb{C}$ s'interprète comme un espace de dérivations sur X_M: à $\mu \in$ Re X_M, on associe la dérivation ∂_μ définie par

$$\partial_\mu f(\lambda) = \frac{d}{dt} f(\lambda + t\mu)|_{t=0}$$

pour toute fonction f sur X_M. De même, si $\mathfrak{P}$ est l'orbite d'une représentation π de $\mathbf{M}$, Sym(Re X_M) $\otimes \mathbb{C}$ s'interprète comme un espace de dérivations sur $\mathfrak{P}$. On note Der(X_M), resp. Der($\mathfrak{P}$), les espaces de dérivations ainsi définis. Il s'agit de dérivations holomorphes c'est-à-dire qui préservent l'espace des fonctions holomorphes.

1.4. Soient alors M un sous-groupe de Lévi standard, π une représentation cuspidale irréductible de $\mathbf{M}$, $\mathfrak{P}$ son orbite, $\mathfrak{F}$ un ensemble fini de $\mathbf{K}$-types, $\phi \in P^{\mathfrak{F}}_{\mathrm{hol},\pi}$, $d \in I^{\mathfrak{F}}_{\mathrm{hol},\pi}$, $D \in$Der($\mathfrak{P}$). On définit la forme automorphe sur $G(k)\backslash\mathbf{G}$:

$$D[d(\pi')E(\phi(\pi'),\pi')]_{\pi'=\pi},$$

cf. IV.1.9. On appelle dérivée de séries d'Eisenstein un élément de l'espace de formes automorphes engendré par ces fonctions, quand on fait varier les données $M, \pi, \mathfrak{F}, \phi, d, D$.

Conjecture. *Toute forme automorphe est une dérivée de séries d'Eisenstein.* *

Le but de cet appendice est de démontrer cette conjecture quand k est un corps de fonctions.

1.5. On suppose désormais que k est un corps de fonctions. On peut alors algébriser les constructions précédentes. Soient M un sous-groupe de Lévi standard, π une représentation cuspidale irréductible de $\mathbf{M}$, $\mathfrak{F}$ son orbite. Les ensembles X_M et $\mathfrak{F}$ sont munis de structures de variétés algébriques: un polynôme sur X_M est une combinaison linéaire de fonctions de la forme $\lambda \mapsto m^\lambda$ où m est un élément fixé quelconque de $\mathbf{M}$; un polynôme sur $\mathfrak{P}$ est une fonction Q telle que la fonction sur $X_M : \lambda \mapsto Q(\pi \otimes \lambda)$ soit un polynôme. On note $\mathbb{C}[X_M]$, resp. $\mathbb{C}[\mathfrak{P}]$, l'espace des polynômes sur X_M, resp. $\mathfrak{P}$. On note $\mathbb{C}[\mathfrak{P}]_\pi$ le localisé de $\mathbb{C}[\mathfrak{P}]$ en π.

Remarque. Comme $X_M \simeq \mathbb{C}^n/(2\pi i/\log q)L \simeq \mathbb{C}^{*^n}$, pour un certain entier n et un certain réseau L de $\mathbb{Q}^n$, l'anneau $\mathbb{C}[X_M]$ est isomorphe à un anneau $\mathbb{C}[T_1, T_1^{-1}, \ldots, T_n, T_n^{-1}]$. Idem pour $\mathbb{C}[\mathfrak{P}]$.

Soit $\mathfrak{F}$ un ensemble fini de $\mathbf{K}$-types, notons $P^{\mathfrak{F}}_{(M,\mathfrak{P})}$ l'espace des fonctions ϕ telles que

(i) ϕ est définie sur $\mathfrak{P}$ et pour tout $\pi' \in \mathfrak{P}$,

$$\phi(\pi') \in A_0(U(\mathbb{A})M(k)\backslash\mathbf{G})_{\pi'};$$

* La conjecture vient d'être démontrée par Franke dans son article: Harmonic Analysis in weighted L^2-spaces.

(ii) idem qu'en 1.2.;

(iii) pour tout $\psi \in A_0(U(\mathbb{A})M(k)\backslash\mathbf{G})_{-\pi}$, la fonction

$$X_M \longrightarrow \mathbb{C}$$
$$\lambda \longmapsto (\phi(\pi \otimes \lambda), (-\lambda) \circ \psi)$$

est un polynôme.

Posons

$$P_\pi^{\mathfrak{F}} = P_{(M,\mathfrak{P})}^{\mathfrak{F}} \otimes_{\mathbb{C}[\mathfrak{P}]} \mathbb{C}[\mathfrak{P}]_\pi.$$

On sait que pour toute $\phi \in P_\pi^{\mathfrak{F}}$ et tout $g \in \mathbf{G}$, la fonction $\pi' \mapsto E(\phi(\pi'), \pi')(g)$ est une fonction rationelle sur $\mathfrak{P}$ (cf. IV.1.12). Plus précisément, il existe $d \in \mathbb{C}[\mathfrak{P}]_\pi$ tel que pour toute $\phi \in P_\pi^{\mathfrak{F}}$ et tout $g \in \mathbf{G}$, la fonction

$$\pi' \longmapsto d(\pi')E(\phi(\pi'), \pi')(g)$$

appartienne à $\mathbb{C}[\mathfrak{P}]_\pi$, c'est-à-dire n'ait pas de singularité en π. Notons $I_\pi^{\mathfrak{F}}$ l'idéal des d vérifiant cette condition. Pour $\phi \in P_\pi^{\mathfrak{F}}$, $d \in I_\pi^{\mathfrak{F}}$, $D \in \mathrm{Der}(\mathfrak{P})$, on définit comme en 1.2 la forme automorphe

$$D[d(\pi')E(\phi(\pi'), \pi')]_{\pi'=\pi}.$$

En fait ces formes automorphes engendrent le même espace qu'en 1.2. Cela résulte aisément du fait que l'inclusion naturelle $\mathbb{C}[\mathfrak{P}]_\pi \to \vartheta_\pi$ devient un isomorphisme après complétion.

2. Relations entre les termes constants des formes automorphes

2.1. Soit φ une forme automorphe sur $G(k)\backslash\mathbf{G}$. Pour tout sous-groupe parabolique standard $P = MU$ de G, on a défini le terme constant φ_P de φ le long de P, sa composante cuspidale $\varphi_P^{\mathrm{cusp}}$ et le support cuspidal $\Pi_0(\mathbf{M}, \varphi)$ (cf. I.3.5). Fixons un ensemble (fini) de données cuspidales

$$D(M, \varphi) \subset \mathbb{C}[\mathrm{Re}\ \mathfrak{a}_M] \times \Pi_0(\mathbf{M}) \times A_0(U(\mathbb{A})M(k)\backslash\mathbf{G})$$

de sorte que

(i) si $(Q, \pi, \psi) \in D(M, \varphi)$, alors $\psi \in A_0(U(\mathbb{A})M(k)\backslash\mathbf{G})_\pi$;

(ii) pour tout $g \in \mathbf{G}$, on a l'égalité

$$\varphi_P^{\mathrm{cusp}}(g) = \sum_{(Q,\pi,\psi)\in D(M,\varphi)} Q(\log_M m_P(g))\psi(g);$$

(iii) $\Pi_0(\mathbf{M}, \varphi)$ est l'ensemble des π intervenant dans un triplet $(Q, \pi, \psi) \in D(M, \varphi)$.

On fixe un ensemble fini $\mathfrak{F}$ de $\mathbf{K}$-types, stable par passage à la contragrédiente, tel que pour tout Lévi standard M, tout $(Q, \pi, \psi) \in$

$D(M,\varphi)$, la représentation de **K** dans l'espace **K**-invariant engendré par φ se décompose en composantes irréductibles dont les classes appar -tiennent à $\mathfrak{F}$.

Notons Y l'ensemble des couples $(M,\mathfrak{P})$, où M est un Lévi standard et $\mathfrak{P}$ l'orbite sous X_M d'une représentation cuspidale irréducible de **M**. Posons

$$P^{\mathfrak{F}} = \bigoplus_{(M,\mathfrak{P})\in Y} P^{\mathfrak{F}}_{(M,\mathfrak{P})}.$$

Pour $\phi = (\phi_{M,\mathfrak{P}})_{(M,\mathfrak{P})\in Y}$, M un Lévi standard et $\pi \in \Pi_0(\mathbf{M})$, on pose $\phi(\pi) = \phi_{M,\mathfrak{P}}(\pi)$, où $\mathfrak{P}$ est l'orbite de π.

Pour $(M,\mathfrak{P}) \in Y$, on a défini une fonction $\theta_{\phi_{M,\mathfrak{P}}}$ sur $G(k)\backslash\mathbf{G}$, appelée pseudo-série d'Eisenstein, par

$$\theta_{\phi_{M,\mathfrak{P}}}(g) = \int_{\pi\in\mathfrak{P},\mathrm{Re}\ \pi=\lambda_0} E(\phi_{M,\mathfrak{P}}(\pi),\pi)(g)\ d\pi,$$

λ_0 étant un point fixé "assez positif" dans Re X_M. Pour $\phi = (\phi_{M,\mathfrak{P}}) \in P^{\mathfrak{F}}$, on pose

$$\theta_\phi = \sum_{(M,\mathfrak{P})\in Y} \theta_{\phi_{M,\mathfrak{P}}}.$$

Le corps k étant un corps de fonctions, θ_ϕ est à support compact sur $G(k)\backslash\mathbf{G}$.

On a l'isomorphisme $\mathbb{C}[\mathrm{Re}\ \mathfrak{a}_M] \simeq \mathrm{Sym}(\mathrm{Re}\ X_M)\otimes_{\mathbb{R}}\mathbb{C}$. A un élément Q de $\mathbb{C}[\mathrm{Re}\ \mathfrak{a}_M]$, on peut donc associer une dérivation ∂_Q sur X_M, cf. 1.3.

Rappelons que l'on a muni **G**, **M**, X_M etc... de mesures de Haar. Elles sont invariantes par conjugaison, i.e. si M et M' sont deux sous-groupes de Lévi standards, si $g \in G(k)$ conjugue M en M', les mesures sur $\mathbf{M}'$, $X_{M'}$ etc... sont les images des mesures sur **M**, X_M etc... par la conjugaison définie par g.

2.2. Lemme. *Pour tout $(M,\mathfrak{P}) \in Y$, il existe une constante $c_{M,\mathfrak{P}} > 0$, ne dépendant que des mesures de Haar, telle que $c_{M,\mathfrak{P}} = c_{M',\mathfrak{P}'}$ si $(M,\mathfrak{P})$ et $(M',\mathfrak{P}')$ sont conjugués, de sorte que pour tout $\phi \in P^{\mathfrak{F}}$, on ait l'égalité*

$$\int_{G(k)\backslash\mathbf{G}} \varphi(g)\theta_\phi(g)dg = \sum_M \sum_{(Q,\pi,\psi)\in D(M,\varphi)} c_{M,\mathfrak{P}}\partial_Q(\lambda\circ\psi, \phi(-(\pi\otimes\lambda))|_{\lambda=0}$$

(le $\mathfrak{P}$ qui intervient est l'orbite de π).

On fixe des constantes comme ci-dessus et on définit $I(\varphi,\phi)$ comme étant le membre de droite de l'égalité ci-dessus.

$\mathbb{P}$. Posons $\phi = (\phi_{M,\mathfrak{P}})_{(M,\mathfrak{P})\in Y}$ notons $J(\varphi,\phi)$ l'intégrale du membre de gauche. On a

$$J(\varphi,\phi) = \sum_{(M,\mathfrak{P})\in Y} \int_{G(k)\backslash \mathbf{G}} \varphi(g)\theta_{\phi_{M,\mathfrak{P}}}(g)\, dg$$
$$= \sum_{(M,\mathfrak{P})\in Y} \int_{U(\mathbb{A})M(k)\backslash \mathbf{G}} \varphi_P(g)\varepsilon F\, \phi_{M,\mathfrak{P}}(g)\, dg,$$

où par définition

$$\varepsilon F\phi_{M,\mathfrak{P}}(g) = \int_{\pi\in\mathfrak{P},\mathrm{Re}\ \pi=\lambda_0} \phi_{M,\mathfrak{P}}(\pi)(g)\, d\pi.$$

D'où

$$J(\varphi,\phi)$$
$$= \sum_{(M,\mathfrak{P})\in Y} \int_{U(\mathbb{A})M(k)\backslash \mathbf{G}} \varphi_P^{\mathrm{cusp}}(g)\varepsilon F\, \phi_{M,\mathfrak{P}}(g)\, dg,$$
$$= \sum_{(M,\mathfrak{P})\in Y} \sum_{(Q,\pi,\psi)\in D(M,\varphi)} \int_{U(\mathbb{A})M(k)\backslash \mathbf{G}} Q(\log_M m_P(g))\psi(g)\varepsilon F\, \phi_{M,\mathfrak{P}}(g)\, dg.$$

Pour $(M,\mathfrak{P})\in Y$, $(Q,\pi,\psi)\in D(M,\varphi)$ et $\lambda\in X_M$, posons

$$j(\psi,\phi_{M,\mathfrak{P}},\lambda) = \int_{U(\mathbb{A})M(k)\backslash \mathbf{G}} (\lambda\circ\psi)(g)\varepsilon F\, \phi_{M,\mathfrak{P}}(g)\, dg.$$

En vertu des égalités

$$(\lambda\circ\psi)(g) = m_p(g)^\lambda \psi(g),$$
$$Q(\log_M m_P(g)) = \partial_Q(m_P(g)^\lambda)|_{\lambda=0},$$

on obtient

$$(1)\qquad J(\varphi,\phi) = \sum_{(M,\mathfrak{P})\in Y} \sum_{(Q,\pi,\psi)\in D(M,\varphi)} \partial_Q j(\psi,\phi_{M,\mathfrak{P}},\lambda)|_{\lambda=0}.$$

Il reste à calculer $j(\psi,\phi_{M,\mathfrak{P}},\lambda)$ pour ψ et $\phi_{M,\mathfrak{P}}$ fixés. Posons $Z^1_{\mathbf{M}} = Z_{\mathbf{M}}\cap \mathbf{M}^1$. On a

$$j(\psi,\phi_{M,\mathfrak{P}},\lambda)$$
$$= \int_{Z_{\mathbf{M}}U(\mathbb{A})M(k)\backslash \mathbf{G}} \int_{Z^1_{\mathbf{M}}\backslash Z_{\mathbf{M}}} \int_{(Z_M(k)\cap Z_{\mathbf{M}})\backslash Z^1_{\mathbf{M}}} (\lambda\circ\psi)(g)\ z^\lambda \chi_\pi(zz_1)$$
$$\int_{\pi'\in\mathfrak{P},\mathrm{Re}\ \pi'=\lambda_0} \chi_{\pi'}(zz_1)\phi_{M,\mathfrak{P}}(\pi')(g)\, d\pi'\, dz_1\, dz\, dg.$$

L'intégrale en $z_1\in (Z_M(k)\cap Z_{\mathbf{M}})\backslash Z^1_{\mathbf{M}}$ est nulle sauf si $(\chi_\pi+\chi_{\pi'})|_{Z^1_{\mathbf{M}}} = 1$ pour $\pi'\in\mathfrak{P}$ (remarquons que $\chi_{\pi'|Z^1_{\mathbf{M}}}$ ne dépend pas du choix de $\pi'\in\mathfrak{P}$). Supposons cette condition satisfaite. Alors la double intégrale sur $z\in Z^1_{\mathbf{M}}\backslash Z_{\mathbf{M}}$ et $\pi'\in\mathfrak{P}$ se simplifie par inversion de Fourier-Mellin. On obtient

$$j(\psi, \phi_{M,\mathfrak{P}}, \lambda) = c \int_{Z_{\mathbf{M}} U(\mathbb{A}) M(k)\backslash \mathbf{G}} (\lambda \circ \psi)(g) \sum_{\pi' \in \mathfrak{P}; \chi_{\pi'} = -\chi_\pi - \lambda} \phi_{M,\mathfrak{P}}(\pi')(g)\, dg$$

où $c > 0$ ne dépend que des mesures de Haar sur $Z_{\mathbf{M}}$ et $\mathfrak{P}$. L'intégrale restante se calcule aisément, on obtient finalement

$$j(\psi, \phi_{M,\mathfrak{P}}, \lambda) = \begin{cases} 0, & \text{si } -\pi \notin \mathfrak{P}, \\ c(\lambda \circ \psi, \phi_{M,\mathfrak{P}}(-(\pi \otimes \lambda))), & \text{si } -\pi \in \mathfrak{P} \end{cases}$$

En reportant cette valeur dans l'expression (1), on aboutit à l'égalité cherchée. Par construction, $c_{M,\mathfrak{P}}$ ne dépend que des mesures de Haar. Comme celles-ci sont invariantes par conjugaison, on a $c_{M,\mathfrak{P}} = c_{M',\mathfrak{P}'}$ si $(M, \mathfrak{P})$ et $(M', \mathfrak{P}')$ sont conjugués. □

2.3. Pour un Lévi M et une représentation cuspidale irréductible π de $\mathbf{M}$, notons $A_0(U(\mathbb{A})M(k)\backslash \mathbf{G})_\pi^{\mathfrak{F}}$ le sous-espace des éléments de $A_0(U(\mathbb{A})M(k)\backslash \mathbf{G})_\pi$ tels que le sous-espace $\mathbf{K}$-invariant qu'ils engendrent se décompose en sous-espaces irréductibles dont les classes d'isomorphie appartiennent à $\mathfrak{F}$.

Soient M et M' deux sous-groupes de Lévi standards. Rappelons que l'on note $W(M, M')$ l'ensemble des éléments w du groupe de Weyl W de G tels que $wMw^{-1} = M'$ et w soit minimal dans sa classe à droite modulo le groupe de Weyl de M. Soient w un élément de $W(M, M')$ et π une représentation cuspidale irréductible de $\mathbf{M}$. On sait définir un opérateur d'entrelacement

$$M(w, \pi) : A_0(U(\mathbb{A})M(k)\backslash \mathbf{G})_\pi^{\mathfrak{F}} \longrightarrow A_0(U'(\mathbb{A})M'(k)\backslash \mathbf{G})_{w\pi}^{\mathfrak{F}}.$$

Le corps de base étant un corps de fonctions, cet opérateur est une fonction rationnelle. Plus précisément soit $\mathfrak{P}$ l'orbite de π; il existe un polynôme d sur $\mathfrak{P}$ non identiquement nul tel que

(i) pour tous $\psi \in A_0(U(A)M(k)\backslash \mathbf{G})_\pi^{\mathfrak{F}}$, $\psi' \in A_0(U'(\mathbb{A})M'(k)\backslash \mathbf{G})_{-w\pi}$, la fonction sur X_M:

$$\lambda \longmapsto d(\pi \otimes \lambda)(M(w, \pi \otimes \lambda)(\lambda \circ \psi), (-w\lambda) \circ \psi')$$

soit un polynôme; cf. proposition IV.1.12.

Pour tout $(M, \mathfrak{P}) \in Y$, fixons un polynôme $d_{M,\mathfrak{P}}$ sur $\mathfrak{P}$, non identiquement nul, vérifiant (i) pour tout M', tout $w \in W(M, M')$ et tout $\pi \in \mathfrak{P}$ (ou pour un π fixé dans $\mathfrak{P}$, c'est pareil) et vérifiant de plus

(ii) pour tout M', $w \in W(M, M')$, $\pi \in \mathfrak{P}$, $d_{M',w\mathfrak{P}}(w\pi) = d_{M,\mathfrak{P}}(\pi)$;

(iii) pour tout $\pi \in \mathfrak{P}$, $d_{M,-\mathfrak{P}}(-\pi) = d_{M,\mathfrak{P}}(\pi)$, où $-\mathfrak{P}$ est l'orbite de $-\pi$.

Dans la situation précédente, on pose alors

$$N(w,\pi) = d_{M,\mathfrak{P}}(\pi)M(w,\pi)$$

où $\mathfrak{P}$ est l'orbite de π.

Lemme. *Soit $\phi \in P^{\mathfrak{F}}$. Supposons que pour tout M et toute $\pi \in \Pi_0(\mathbf{M})$, on ait l'égalité*

$$\sum_{M'} \sum_{w \in W(M,M')} N(w^{-1}, w\pi)\phi(w\pi) = 0$$

dans $A_0(M(k)U(\mathbb{A})\backslash\mathbf{G})_\pi$. Alors $\theta_\phi = 0$.

$\mathbb{P}$. Evidemment l'hypothèse de l'énoncé équivaut à la même hypothèse où l'on remplace $N(w^{-1}, w\pi)$ par $M(w^{-1}, w\pi)$. Mais alors le lemme résulte simplement de la formule du produit scalaire qui dans notre situation s'écrit

$$\int_{G(k)\backslash\mathbf{G}} \theta_\phi(g)\overline{\theta_\phi}(g)\,dg = \sum_{(M,\mathfrak{P})\in Y} c'_{M,\mathfrak{P}} \int_{\pi\in\mathfrak{P},\ \mathrm{Re}\ \pi=\lambda_{\mathfrak{P}}} \sum_{M'} \sum_{w\in W(M,M')}$$

$$(M(w^{-1}, -w\pi)\phi(-w\pi), \overline{\phi}(\overline{\pi}))\,d\pi$$

où $c'_{M,\mathfrak{P}}$ est une constante > 0 ne dépendant que des mesures de Haar. □

Corollaire. *Sous les mêmes hypothèses, $I(\varphi, \phi) = 0$.*

Cela résulte immédiatement du lemme précédent et du lemme 2.2.

2.4. Soit M un sous-groupe de Lévi standard. Notons S_M l'anneau local $\mathbb{C}[X_M]_0$ et $\hat{S}$ son complété. Ce dernier est un anneau de séries formelles. En particulier c'est un anneau filtré: pour un entier N, on peut définir le sous-espace $\hat{S}_M^{\geq N}$ des éléments nuls à l'ordre au moins N. Soit $\pi \in \Pi_0(\mathbf{M})$ et $\mathfrak{P}$ son orbite. On pose

$$S_{M,\pi} = A_0(M(k)U(\mathbb{A})\backslash\mathbf{G})_\pi^{\mathfrak{F}} \otimes_{\mathbb{C}} S_M,$$
$$\hat{S}_{M,\pi} = A_0(M(k)U(\mathbb{A})\backslash\mathbf{G})_\pi^{\mathfrak{F}} \otimes_{\mathbb{C}} \hat{S}_M,$$
$$\hat{S}_{M,\pi}^{\geq N} = A_0(M(k)U(\mathbb{A})\backslash\mathbf{G})_\pi^{\mathfrak{F}} \otimes_{\mathbb{C}} \hat{S}_M^{\geq N}.$$

En particulier si $\phi = (\phi_{M,\mathfrak{P}})_{(M,\mathfrak{P})\in Y} \in P^{\mathfrak{F}}$, la fonction sur X_M:

$$\lambda \longmapsto \lambda \circ \phi_{M,\mathfrak{P}}(\pi \otimes (-\lambda))$$

s'identifie à un élément noté $s_{M,\pi}\phi$ de $S_{M,\pi}$ ou de $\hat{S}_{M,\pi}$.

Soient M' un autre sous-groupe de Lévi et $w \in W(M,M')$. Alors w définit naturellement des applications $S_{M'} \to S_M$, $\hat{S}_{M'} \to \hat{S}_M$. De même on définit un opérateur

$$sN(w,\pi) : S_{M,\pi} \to S_{M',w\pi}.$$

par

$$(sN(w,\pi)(\psi\otimes f))(\lambda)=\lambda\circ N(w,\pi\otimes(-w^{-1}\lambda))(-w^{-1}\lambda\circ\psi)f(w^{-1}\lambda)$$

pour $\psi\in A_0(M(k)U(\mathbb{A})\backslash\mathbf{G})^{\mathfrak{F}}_{\pi}$, $f\in S_M$, $\lambda\in X_{M'}$. Cet opérateur se prolonge en un opérateur encore noté $sN(w,\pi):\hat{S}_{M,\pi}\to\hat{S}_{M',w\pi}$.

Le point clé de notre démonstration est la proposition suivante.

Proposition. *Soit Z un ensemble fini de couples (M,π), où M est un Lévi standard et $\pi\in\Pi_0(\mathbf{M})$; pour tout $(M,\pi)\in Z$, soit $\hat{\phi}_{M,\pi}\in\hat{S}_{M,\pi}$; soit enfin N un entier. Supposons que Z est stable par conjugaison (i.e. si $(M,\pi)\in Z$, si $w\in W(M,M')$, alors $(M',w\pi)\in Z$), et que pour tout $(M,\pi)\in Z$, on ait l'égalité*

$$\sum_{M'}\sum_{w\in W(M,M')}sN(w^{-1},w\pi)\hat{\phi}_{M',w\pi}=0$$

dans $\hat{S}_{M,\pi}$. Alors il existe $\phi\in P^{\mathfrak{F}}$ tel que

(i) *pour tout M, toute $\pi\in\Pi_0(\mathbf{M})$, on ait l'égalité*

$$\sum_{M'}\sum_{w\in W(M,M')}N(w^{-1},w\pi)\phi(w\pi)=0$$

dans $A_0(M(k)U(\mathbb{A})\backslash\mathbf{G})^{\mathfrak{F}}_{\pi}$;

(ii) *pour tout $(M,\pi)\in Z$, on ait la congruence*

$$s_{M,\pi}\phi-\hat{\phi}_{M,\pi}\in\hat{S}^{\geq N}_{M,\pi}.$$

On renvoie au paragraphe 3 la démonstration, purement algébrique, de cette proposition.

2.5. Fixons pour ensemble Z l'ensemble des couples (M,π) tels qu'il existe un couple (M',π') conjugué à (M,π), avec $\pi'\in\Pi_0(\mathbf{M}',\varphi)$. Fixons un entier N strictement supérieur au degré de tout polynôme Q intervenant dans une donnée cuspidale de φ. La formule qui définit $I(\varphi,\phi)$ pour $\phi\in P^{\mathfrak{F}}$ ne fait intervenir que les développements à l'ordre $<N$ de ϕ aux points $-\pi$, pour π intervenant dans un couple $(M,\pi)\in Z$. Posons

$$\hat{S}_Z=\otimes_{(M,\pi)\in Z}\hat{S}_{M,-\pi},\quad \hat{S}^{\geq N}_Z=\otimes_{(M,\pi)\in Z}\hat{S}^{\geq N}_{M,-\pi}$$

et définissons une application

$$s:P^{\mathfrak{F}}\longrightarrow\hat{S}_Z$$
$$\phi\longmapsto s\phi=(s_{M,-\pi}\phi)_{(M,\pi)\in Z}.$$

On voit alors qu'il existe une forme linéaire $\hat{I}(\varphi,.)$ sur $\hat{S}_Z$, nulle sur $\hat{S}^{\geq N}_Z$, telle que $\hat{I}(\varphi,s\phi)=I(\varphi,\phi)$ pour tout $\phi\in P^{\mathfrak{F}}$.

Lemme. *Soit $\hat{\phi}=(\hat{\phi}_{M,-\pi})_{(M,\pi)\in Z}$ un élément de $\hat{S}_Z$. Supposons que* *pour tout* $(M,\pi) \in Z$, *on ait*

$$\sum_{M'} \sum_{w \in W(M,M')} sN(w^{-1}, -w\pi)\hat{\phi}_{M',-w\pi} = 0$$

dans $\hat{S}_{M,-\pi}$. *Alors* $\hat{I}(\varphi, \hat{\phi}) = 0$.

$\mathbb{P}$. On applique la proposition 2.4 à l'ensemble $Z' = \{(M,-\pi); (M,\pi) \in Z\}$, à notre entier N et à nos données $\hat{\phi}_{M,-\pi}$. On en déduit l'existence d'un élément ϕ de $P^{\mathfrak{F}}$ vérifiant les conditions (i) et (ii) de la proposition. D'après (i) et le corollaire 2.3, on a $I(\varphi, \phi) = 0$. D'après (ii) et le fait que $\hat{I}(\varphi, .)$ annule $\hat{S}_Z^{\geq N}$, on a

$$\hat{I}(\varphi, \hat{\phi}) = \hat{I}(\varphi, s\phi) = I(\varphi, \phi).$$

D'où la conclusion. □

2.6. L'algèbre $\mathrm{Der}(X_M)$ agit sur $\mathbb{C}[X_M]$. Son action se prolonge à $\mathbb{C}[X_M]_0$ puis par continuité à $\hat{S}_M$. D'autre part on peut évaluer en 0 un élément de $\hat{S}_M$ (cela revient à considérer l'application $\hat{S}_M \to \hat{S}_M / \hat{S}_M^{\geq 1} \simeq \mathbb{C}$). Pour $D \in \mathrm{Der}(X_M)$ et $f \in \hat{S}_M$, on note $D(f)|_0$ la valeur de $D(f)$ en 0. Cette construction définit un plongement $\mathrm{Der}(X_M) \hookrightarrow \hat{S}_M^*$ (où $\hat{S}_M^*$ est le dual de $\hat{S}_M$ au sens des espaces vectoriels complexes). Soit $\pi \in \Pi_0(\mathbf{M})$. Alors $A_0(M(k)U(\mathbb{A})\backslash\mathbf{G})_\pi^{\mathfrak{F}}$ est le dual de $A_0(M(k)U(\mathbb{A})\backslash\mathbf{G})_{-\pi}^{\mathfrak{F}}$. On obtient un plongement

$$A_0(M(k)U(\mathbb{A})\backslash\mathbf{G})_\pi^{\mathfrak{F}} \otimes \mathrm{Der}(X_M) \hookrightarrow (\hat{S}_{M,-\pi})^*.$$

On adopte la notation suivante: pour $\psi \in A_0(M(k)U(\mathbb{A})\backslash\mathbf{G})_\pi^{\mathfrak{F}}$, $D \in \mathrm{Der}(X_M)$ et $\phi_{M,-\pi} \in \hat{S}_{M,-\pi}$, la valeur de $\psi \otimes D$ appliqué à $\phi_{M,-\pi}$ est notée

$$D(\psi, \phi_{M,-\pi})|_0.$$

Lemme. *Pour tout* $(M,\pi) \in Z$, *il existe un ensemble fini*

$$\Delta(M,\pi) \subset A_0(M(k)U(\mathbb{A})\backslash\mathbf{G})_\pi^{\mathfrak{F}} \times \mathrm{Der}(X_M)$$

tel que pour tout $\hat{\phi} = (\hat{\phi}_{M,-\pi})_{(M,\pi)\in Z} \in \hat{S}_Z$, *on ait l'égalité*

$$\hat{I}(\varphi, \hat{\phi}) = \sum_{(M,\pi)\in Z} \sum_{(\psi,D)\in\Delta(M,\pi)} D(\psi, \sum_{M'} \sum_{w\in W(M,M')} sN(w^{-1}, -w\pi)\hat{\phi}_{M'-w\pi})|_0.$$

$\mathbb{P}$. Notons R le sous-espace des $\hat{\phi} = (\hat{\phi}_{M,-\pi})_{(M,\pi)\in Z} \in \hat{S}_Z$ tels que pour tout $(M,\pi) \in Z$, on ait

$$\sum_{M'} \sum_{w\in W(M,M')} sN(w^{-1}, -w\pi)\hat{\phi}_{M,-w\pi} = 0.$$

Définissons une application

$$j : \bigoplus_{(M,\pi)\in Z} (A_0(M(k)U(\mathbb{A})\backslash \mathbf{G})^{\mathfrak{F}}_\pi \otimes_{\mathbb{C}} \mathrm{Der}(X_M)) \longrightarrow \hat{S}^*_Z$$

de la façon suivante: pour

$$x = \left(\sum_{(\psi,D)\in\Delta(M,\pi)} \psi \otimes D \right)_{(M,\pi)\in Z}$$

dans l'ensemble de départ (les $\Delta(M,\pi)$ étant des ensembles finis), et

$$\hat{\phi} = (\hat{\phi}_{M,-\pi})_{(M,\pi)\in Z} \in \hat{S}_Z,$$

on pose

$$(j(x),\hat{\phi}) = \sum_{(M,\pi)\in Z} \quad \sum_{(\psi,D)\in\Delta(M,\pi)}$$
$$D(\psi, \sum_{M'} \sum_{w\in W(M,M')} sN(w^{-1},-w\pi)\hat{\phi}_{M,-w\pi})|_0.$$

On note V l'image de j.

Remarquons que si $f \in \hat{S}_M$ vérifie $D(f)|_0 = 0$ pour tout $D \in \mathrm{Der}(X_M)$, alors $f = 0$. On en déduit que R est exactement le sous-espace des éléments annulés par V.

Pour tout entier n, notons V^n le sous-espace des éléments de V qui annulent $\hat{S}_Z^{\geq n}$, et R^n le sous-espace des éléments de $\hat{S}_Z$ qui sont annulés par V^n. Il est clair que l'on a l'inclusion

$$\hat{S}_Z^{\geq N} + R \subset R^n.$$

Montrons que l'on a en fait l'égalité

$$\hat{S}_Z^{\geq N} + R = R^n. \tag{1}$$

Pour cela, montrons d'abord que l'on a

$$\text{pour tous } n' \geq n,\ \hat{S}_Z^{\geq N} + R^{n'} = R^n. \tag{2}$$

Soient donc n, $n' \in \mathbb{N}$ avec $n' \geq n$. Posons $\tilde{S}_Z = \hat{S}_Z/\hat{S}_Z^{\geq n'}$, notons $\tilde{S}_Z^{\geq n}$, $\tilde{R}^{n'}$ et $\tilde{R}^n$ les images de $\hat{S}_Z^{\geq n}$, $R^{n'}$ et R^n dans $\tilde{S}_Z$. Comme ces derniers espaces sont invariants par $\hat{S}_Z^{\geq n'}$, l'égalité (2) est équivalente à

$$\tilde{S}_Z^{\geq n} + \tilde{R}^{n'} = \tilde{R}^n. \tag{3}$$

Les éléments de $V^{n'}$, resp. V^n, annulant $\hat{S}_Z^{\geq n'}$, ils définissent naturellement des éléments du dual $\tilde{S}^*_Z$. Notons $\tilde{V}^{n'}$, resp. $\tilde{V}^n$, les sous-espaces formés de ces éléments. Les propriétés suivantes résultent des définitions:

(i) $\tilde{R}^{n'}$, resp. $\tilde{R}^n$, est le sous-espace des éléments de $\tilde{S}_Z$ annulés par $\tilde{V}^{n'}$, resp. $\tilde{V}^n$;

(ii) $\tilde{V}^n$ est le sous-espace des éléments de $\tilde{V}^{n'}$ qui annulent $\tilde{S}_Z^{\geq n}$.

L'égalité (3) résulte aisément de ces propriétés et du théorème de bidualité affirmant que si E est un espace vectoriel de dimension finie, $E' \subset E$ un sous-espace et $E'^{\perp}$ son annulateur dans E^*, alors $E' = (E'^{\perp})^{\perp}$ (notons pour appliquer ce théorème que $\tilde{S}_Z$ est de dimension finie).

Cela démontre donc (3) et (2). Soit alors $\hat{\phi} \in R^n$. Grâce à (2), on peut construire par récurrence une suite $(\hat{\phi}_{n'})_{n' \geq n}$ de sorte que

$$\text{(4)} \qquad \begin{cases} \text{(i) } \hat{\phi}_{n'} \in R^{n'}; \\ \text{(ii) } \hat{\phi}_{n'+1} - \hat{\phi}_{n'} \in \hat{S}_Z^{\geq n'}; \\ \text{(iii) } \hat{\phi}_n = \phi. \end{cases}$$

Rappelons que pout tout M, $\hat{S}_M$ est muni d'une topologie pour laquelle il est complet. L'espace $\hat{S}_Z$ est donc muni lui-aussi d'une topologie pour laquelle il est complet. La condition (4)(ii) ci-dessus implique que $(\hat{\phi}_{n'})_{n' \geq n}$ est une suite de Cauchy. Elle converge donc vers une limite notée $\hat{\phi}_\infty$, pour laquelle on a

$$\text{(5)} \qquad \hat{\phi}_\infty - \hat{\phi}_{n'} \in \hat{S}_Z^{\geq n'} \text{ pour tout } n' \geq n.$$

Jointe à (4)(i), cette relation implique que $\hat{\phi}_\infty$ est annulée par $V^{n'}$ pour tout $n' \geq n$. Or par construction

$$V = \bigcup_{n' \in \mathbb{N}} V^{n'} = \bigcup_{n' \geq n} V^{n'}.$$

Donc $\hat{\phi}_\infty$ est annulée par V, ce qui implique $\hat{\phi}_\infty \in R$ comme on l'a déjà remarqué. La relation (5) pour $n' = n$ montre que $\hat{\phi}_n \in \hat{S}_Z^{\geq n} + R$. D'où l'inclusion $R^n \subset \hat{S}_Z^{\geq n} + R$, et l'égalité (1).

En introduisant comme ci-dessus un espace $\tilde{S}_Z$ égal cette fois à $\hat{S}_Z / \hat{S}_Z^{\geq n}$ et en utilisant le théorème de bidualité dans l'espace $\tilde{S}_Z$, il résulte de (1) que V^n est exactement le sous-espace des éléments de $\hat{S}_Z^*$ qui annulent $\hat{S}_Z^{\geq n} + R$. Il résulte de sa construction que la forme linéaire $\hat{I}(\varphi, .)$ annule $\hat{S}_Z^{\geq N}$. Elle annule R d'après le lemme 2.5. Donc elle appartient à V^N, a fortiori à V. La définition de V implique alors l'énoncé du lemme. □

2.7. Fixons pour tout $(M, \pi) \in Z$ un ensemble fini $\Delta(M, \pi)$ tel que les conditions du lemme précédent soient vérifiées. Fixons un entier N' strictement supérieur à l'ordre des dérivations qui interviennent dans la formule de ce lemme. Si $(M, \pi) \in Z$, $(\psi, D) \in \Delta(M, \pi)$ et $f \in \hat{S}_M^{\geq N'}$, on a donc $D(f)|_o = 0$. Pour les mêmes données, on peut trouver $\phi_\psi \in P^{\mathfrak{F}}_{(M,\mathfrak{P})}$, où $\mathfrak{P}$ est l'orbite de π, de sorte que

$$s^+ \phi_\psi - \psi \in \hat{S}_{M,\pi}^{\geq N'}$$

où l'on note $s^+\phi_\psi$ l'élement de $\hat{S}_{M,\pi}$ qui se déduit de la fonction

$$\lambda \longmapsto (-\lambda) \circ \phi_\psi(\pi \otimes \lambda).$$

On fixe un tel élément ϕ_ψ. Remarquons que la fonction $d_{M,\mathfrak{P}}$ que l'on a fixée en 2.3 appartient à $I_\pi^{\mathfrak{F}}$ (cf. 1.5): si $\phi \in P_\pi^{\mathfrak{F}}$, la fonction

$$\pi'| \longmapsto d_{M,\mathfrak{P}}(\pi')E(\phi(\pi'), \pi')$$

n'a pas de singularité en π car ses termes constants (qui se calculent grâce aux opérateurs $M(w, \pi')$, cf. ci-dessous) n'en ont pas. On peut alors considérer la dérivée de série d'Eisenstein

$$E_{M,\pi,\psi,D} := D[d_{M,\mathfrak{P}}(\pi')E(\phi_\psi(\pi'), \pi')]_{\pi'=\pi}.$$

Lemme. *On a l'égalité*

$$\varphi = \sum_{(M,\pi)\in Z} c_{M,\mathfrak{P}}^{-1} \sum_{(\psi,D)\in\Delta(M,\pi)} E_{M,\pi,\psi,D}$$

(le $\mathfrak{P}$ qui intervient est l'orbite de π).

$\mathbb{P}$. Notons E le membre de droite de l'égalité de l'énoncé. Il suffit (cf. proposition I.3.4) de démontrer que pour tout parabolique standard $P = MU$ de G, on a l'égalité $\varphi_P^{\text{cusp}} = E_P^{\text{cusp}}$. Une expression pour φ_P^{cusp} est donnée par hypothèse (cf. 2.1). Le calcul des termes constants des séries d'Eisenstein conduit à l'égalité

$$E_P^{\text{cusp}} = \sum_{(M',\pi')\in Z} c_{M',\mathfrak{P}'}^{-1} \sum_{(\psi',D')\in\Delta(M',\pi')} D'[d_{M',\mathfrak{P}'}(\pi'') \sum_{w\in W(M',M)} M(w,\pi'')\phi_{\psi'}(\pi'')]_{\pi''=\pi'}.$$

Il est clair que E_P^{cusp} a son support cuspidal inclus dans $\{\pi; (M,\pi) \in Z\}$. Il en est de même de φ_P^{cusp} par définition de Z. On peut donc fixer $\pi \in \Pi_0(\mathbf{M})$ tel que $(M,\pi) \in Z$, définir de façon évidente les composantes $\varphi_{P,\pi}^{\text{cusp}}$ et $E_{P,\pi}^{\text{cusp}}$ de φ_P^{cusp} et E_P^{cusp} supportées par π, et il faut montrer que $\varphi_{P,\pi}^{\text{cusp}} = E_{P,\pi}^{\text{cusp}}$. Fixons $g \in \mathbf{G}$. On a

$$\varphi_{P,\pi}^{\text{cusp}}(g) = \sum Q(\log_M m_P(g))\psi(g),$$

somme sur les couples (Q, ψ) tels que $(Q, \pi, \psi) \in D(M, \varphi)$;

$$E_{P,\pi}^{\text{cusp}}(g) = \sum_{M'} \sum_{w\in W(M',M)} \sum_{(\psi',D')\in\Delta(M',w^{-1}\pi)} c_{M',w^{-1}\mathfrak{P}}^{-1} D'[d_{M',w^{-1}\mathfrak{P}}(\pi') (M(w,\pi')\phi_{\psi'}(\pi'))(g)]_{\pi'=w^{-1}\pi}, \tag{1}$$

où $\mathfrak{P}$ est l'orbite de π.

Comme $\psi \mapsto \psi(g)$ est une forme linéaire sur $A_0(M(k)U(\mathbb{A})\backslash\mathbf{G})_\pi^{\mathfrak{F}}$, et que le dual de cet espace est $A_0(M(k)U(\mathbb{A})\backslash\mathbf{G})_{-\pi}^{\mathfrak{F}}$, il existe $\psi_g \in A_0(M(k)U(\mathbb{A})\backslash\mathbf{G})_{-\pi}^{\mathfrak{F}}$ tel que

$$\psi(g) = (\psi, \psi_g)$$

pour tout $\psi \in A_0(M(k)U(\mathbb{A})\backslash\mathbf{G})_\pi^{\mathfrak{F}}$. Fixons un tel élément ψ_g. Définissons un élément $\hat{\phi} = (\hat{\phi}_{M',-\pi'})_{(M',\pi')\in Z} \in \hat{S}_Z$ par

$$\hat{\phi}_{M',-\pi'} = 0, \text{ si } (M',\pi') \neq (M,\pi);$$
$$\hat{\phi}_{M,-\pi} = \psi_g \otimes m_p(g)^\bullet,$$

où l'on désigne par $m_p(g)^\bullet$ l'image naturelle dans $\hat{S}_M$ du polynôme sur X_M: $\lambda \mapsto m_P(g)^\lambda$. Il résulte alors des définitions que

$$\hat{I}(\varphi,\hat{\phi}) = \sum c_{M,\mathfrak{P}}\, \partial_Q(\lambda\circ\psi, m_p(g)^\lambda(-\lambda)\circ\psi_g)|_{\lambda=0},$$

somme sur les couples (Q,ψ) tel que $(Q,\pi,\psi) \in D(M,\varphi)$,

$$= c_{M,\mathfrak{P}} \sum \partial_Q(m_P(g)^\lambda)|_{\lambda=0}(\psi,\psi_g),$$
$$(2) \qquad = c_{M,\mathfrak{P}} \sum Q(\log_M m_P(g))\psi(g),$$
$$= c_{M,\mathfrak{P}}\varphi_{P,\pi}^{\text{cusp}}(g).$$

Utilisons le lemme 2.6. On obtient alors une autre expression pour $\hat{I}(\varphi,\hat{\phi})$:

$$(3) \qquad \hat{I}(\varphi,\hat{\phi}) = \sum_{M'} \sum_{w\in W(M',M)} \sum_{(\psi',D')\in\Delta(M',w^{-1}\pi)} D'(\psi', sN(w^{-1},-\pi)\hat{\phi}_{M,-\pi})|_0.$$

Notons x le terme que l'on somme. On peut y remplacer ψ' par $s\phi_{\psi'}$. Alors

$$x = D'[d_{M,-\mathfrak{P}}(-(\pi\otimes w\lambda'))\ m_P(g)^{w\lambda'}((-\lambda')\circ\phi_{\psi'}(w^{-1}\pi\otimes\lambda'),$$
$$\lambda'\circ M(w^{-1},-(\pi\otimes w\lambda'))((-w\lambda')\circ\psi_g))]_{\lambda'=0}.$$

Utilisons les relations (ii) et (iii) de 2.3 et la formule d'adjonction pour les opérateurs d'entrelacement. On obtient

$$x = D'[d_{M',w^{-1}\mathfrak{P}}(w^{-1}\pi\otimes\lambda')m_P(g)^{w\lambda'}((-w\lambda')\circ$$
$$M(w,w^{-1}\pi\otimes\lambda')\phi_{\psi'}(w^{-1}\pi\otimes\lambda'),\psi_g)]_{\lambda'=0},$$
$$= D'[d_{M',w^{-1}\mathfrak{P}}(w^{-1}\pi\otimes\lambda')m_P(g)^{w\lambda'}((-w\lambda')\circ$$
$$M(w,w^{-1}\pi\otimes\lambda')\phi_{\psi'}(w^{-1}\pi\otimes\lambda'))(g)]_{\lambda'=0},$$
$$= D'[d_{M',w^{-1}\mathfrak{P}}(w^{-1}\pi\otimes\lambda')(M(w,w^{-1}\pi\otimes\lambda')$$
$$\phi_{\psi'}(w^{-1}\pi\otimes\lambda'))(g)]_{\lambda'=0};$$

ou encore

$$x = D'[d_{M',w^{-1}\mathfrak{P}}(\pi'')(M(w,\pi'')\phi_{\psi'}(\pi''))(g)]_{\pi''=w^{-1}\pi}.$$

Ce calcul, les relations (1) et (3), et le fait que les constantes $c_{M',\mathfrak{P}'}$ sont invariantes par conjugaison conduisent à l'égalité

$$\hat{I}(\varphi, \hat{\phi}) = c_{M,\mathfrak{P}} E^{\text{cusp}}_{P,\pi}(g).$$

En comparant avec (2), on obtient l'égalité

$$\varphi^{\text{cusp}}_{P,\pi}(g) = E^{\text{cusp}}_{P,\pi}(g)$$

que l'on voulait démontrer. Cela achève la démonstration. □

2.8. Théorème. *Toute forme automorphe sur* $G(k)\backslash\mathbf{G}$ *est une dérivée de séries d'Eisenstein* (cf. 1.4).

Comme la forme automorphe fixée en 2.1 était quelconque, le théorème est un corollaire du lemme 2.7.

2.9. Remarques.

(1) Il est clair que les constructions du paragraphe 1, le théorème et sa démonstration admettent des variantes quand on fixe un caractère ξ de $Z_{\mathbf{G}}$ et qu'on se limite aux formes automorphes et aux séries d'Eisenstein se transformant sous $Z_{\mathbf{G}}$ selon ξ. Il faut bien sûr en 1.3 se limiter alors aux dérivations qui proviennent de $\text{Sym}(\text{Re}\, X_M^{\mathbf{G}}) \otimes_{\mathbb{R}} \mathbb{C}$, où $X_M^{\mathbf{G}}$ est le sous-groupe des éléments de X_M triviaux sur $Z_{\mathbf{G}}$.

(2) Il résulte du théorème que les séries d'Eisenstein construites à partir de formes automorphes (non cuspidales) admettent un prolongement méromorphe et des équations fonctionnelles. Ce résultat a été obtenu récemment par Bernstein (le résultat de Bernstein est aussi valable si k est un corps de nombres).

3. Démonstration de la proposition 2.4

3.1. Décomposons l'ensemble Z de la proposition 2.4 en somme disjointe d'ensembles Z^i stables par conjugaison, de sorte que cette décomposition soit maximale. Les données étant celles de la proposition, supposons que l'on ait construit pour tout i un élément ϕ^i vérifiant (i) et (ii) pour tout couple $(M, \pi) \in Z^i$. On peut trouver, pour tout couple $(M, \mathfrak{P})$, une fonction $f^i_{M,\mathfrak{P}} \in \mathbb{C}[\mathfrak{P}]$ telle que

(i) $f^i_{M,\mathfrak{P}}$ s'annule à l'ordre au moins N en tout point π tel que $(M, \pi) \in Z - Z^i$;

(ii) $f^i_{M,\mathfrak{P}} - 1$ s'annule à l'ordre au moins N en tout point π tel que $(M, \pi) \in Z^i$;

(iii) pour $(M, \mathfrak{P})$, $(M', \mathfrak{P}') \in Y$, $w \in W(M, M')$ tel que $w\mathfrak{P} = \mathfrak{P}'$, et pour $\pi \in \mathfrak{P}$, on a

$$f^i_{M,\mathfrak{P}}(\pi) = f^i_{M',\mathfrak{P}'}(w\pi).$$

Alors l'élément $\phi \in P^{\mathfrak{F}}$ défini par

$$\phi_{M,\mathfrak{P}} = \sum_i f^i_{M,\mathfrak{P}} \phi^i_{M,\mathfrak{P}}$$

vérifie encore la relation (i) de 2.4 et maintenant (ii) pour tout couple $(M, \pi) \in Z$. Cela démontre la proposition pour Z.

Ce raisonnement nous ramène au cas où $Z = Z^i$. On suppose donc désormais que Z vérifie la condition:

(1) si (M, π), $(M', \pi') \in Z$, il existe $w \in W(M, M')$ tel que $M' = wMw^{-1}$, $\pi' = w\pi$.

Fixons alors $(M, \pi) \in Z$, posons $W(M) = \bigcup_{M'} W(M, M')$. Pour $w \in W(M)$, définissons

$$A_w = A_0(M'(k)U'(\mathbb{A})\backslash \mathbf{G})^{\mathfrak{F}}_{w\pi} \bigotimes_{\mathbb{C}} \mathbb{C}[X_M],$$

où $M' = wMw^{-1}$. Pour $w, w' \in W(M)$, on définit

$$N_{w,w'} : A_{w'} \longrightarrow A_w$$

par

$$N_{w,w'}(\psi \otimes f)(\lambda) = (w\lambda) \circ N(ww'^{-1}, w'\pi \otimes (-w'\lambda))((-w'\lambda) \circ \psi) f(\lambda)$$

pour $\psi \in A_0(M'(k)U'(\mathbb{A})\backslash \mathbf{G})^{\mathfrak{F}}_{w'\pi}$, $f \in \mathbb{C}[X_M]$, $\lambda \in X_M$. Posons

$$A_Z = \bigoplus_{w \in W(M)} A_w.$$

C'est un $\mathbb{C}[X_M]$-module libre de type fini. La matrice $(N_{w,w'})_{w,w' \in W(M)}$ définit un endomorphisme $C[X_M]$-linéaire de A_Z, noté N_Z. Notons R son noyau.

Posons $\hat{A}_Z = A_Z \bigotimes_{\mathbb{C}[X_M]} \hat{S}_M$. L'application N_Z se prolonge par continuité en un endomorphisme $\hat{S}_M$-linéaire de $\hat{A}_Z$. Notons $\hat{R}$ son noyau. Le point crucial est que $\hat{S}_M$ est plat sur $C[X_M]$ ([B2] chapitre III.3.4, th.3). Donc

$$\hat{R} = R \bigotimes_{\mathbb{C}[X_M]} \hat{S}_M. \tag{2}$$

3.2. Un élément w de $W(M, M')$ définit naturellement une application encore notée $w : \mathbb{C}[X_M] \to \mathbb{C}[X_{M'}]$, qui se prolonge par continuité en une application $w : \hat{S}_M \to \hat{S}_{M'}$. Par tensorisation avec l'identité de

$A_0(M'(k)U'(\mathbb{A})\backslash\mathbf{G})^{\mathfrak{F}}_{w\pi}$, on en déduit des applications

$$w : A_w \longrightarrow A_0(M'(k)U'(\mathbb{A})\backslash\mathbf{G})^{\mathfrak{F}}_{w\pi} \bigotimes_{\mathbb{C}} \mathbb{C}[X_{M'}],$$

$$w : \hat{A}_w \longrightarrow \hat{S}_{M,\pi}.$$

Dans la situation de la proposition 2.4, définissons un élément

$$\hat{\phi} = (\hat{\phi}_w)_{w\in W(M)} \in \hat{A}_Z$$

par

$$\hat{\phi}_w = w^{-1}\hat{\phi}_{wMw^{-1},w\pi}.$$

Lemme. *L'élément $\hat{\phi}$ appartient à $\hat{R}$.*

$\mathbb{P}$. Soit $w \in W(M)$. On doit montrer que

(1)
$$\sum_{w'\in W(M)} N_{w,w'}\hat{\phi}_{w'} = 0$$

Posons $M'' = wMw^{-1}$, $\pi'' = w\pi$. On a $W(M) = \{w''w;\ w'' \in W(M'')\}$ et (1) est équivalent à

(2)
$$\sum_{w''\in W(M'')} N_{w,w''w}\hat{\phi}_{w''w} = 0.$$

Fixons $w'' \in W(M'')$, posons $M' = w''M''w''^{-1}$, $\pi' = w''\pi''$. Soit $(\phi^n_{M',\pi'})_{n\in\mathbb{N}}$ une suite d'éléments de $S_{M',\pi'}$ ayant $\hat{\phi}_{M',\pi'}$ pour limite. Il résulte des définitions que $N_{w,w''w}\hat{\phi}_{w''w}$ est la limite dans $\hat{A}_w$ de la suite formée des images naturelles dans $\hat{A}_w$ des éléments $\psi^n \in A_w$ définis par

$$\psi^n(\lambda) = (w\lambda) \circ N(w''^{-1}w''\pi'' \otimes (-w''w\lambda))((-w''w\lambda) \circ \phi^n_{M',\pi'}(w''w\lambda))$$

pour $\lambda \in X_M$. D'autre part $sN(w''^{-1}, w''\pi'')\hat{\phi}_{M',\pi'}$ est la limite dans $\hat{S}_{M'',\pi''}$ de la suite formée des images naturelles dans $\hat{S}_{M'',\pi''}$ des éléments $\psi''^n \in S_{M'',\pi''}$ définis par

$$\psi''^n(\lambda'') = \lambda'' \circ N(w''^{-1}, w''\pi'' \otimes (-w''\lambda''))((-w''\lambda'') \circ \phi^n_{M',\pi'}(w''\lambda''))$$

pour $\lambda'' \in X_{M''}$. On déduit de ces formules l'égalité

$$N_{w,w''w}\hat{\phi}_{w''w} = w^{-1}[sN(w''^{-1}, -w''\pi'')\hat{\phi}_{M',w''\pi''}].$$

Mais alors (2) est équivalent à

$$w^{-1}\left[\sum_{w''\in W(M'')} sN(w''^{-1}, -w''\pi'')\hat{\phi}_{M',w''\pi''}\right] = 0$$

qui résulte de l'hypothèse de la proposition 2.4 appliquée au couple (M'', π'').

3.3. D'après le lemme précédent et la relation (2) de 3.1, on peut trouver $\phi = (\phi_w)_{w\in W(M)} \in R$ tel que $\phi - \hat{\phi} \in \hat{A}_M^{\geq N}$, où l'on pose bien sûr

$$\hat{A}_Z^{\geq N} = A_Z \bigotimes_{\mathbb{C}[X_M]} \hat{S}_M^{\geq N}.$$

Choisissons un tel ϕ. Choisissons de plus un élément $Q \in \mathbb{C}[X_M]$ tel que (1)

$$\begin{cases} \text{(i) } Q-1 \text{ s'annule à l'ordre au moins } N \text{ en } \lambda = 0; \\ \text{(ii) soit } (w,\lambda) \in W(M,M) \times X_M \text{ tel que } w(\pi\otimes\lambda) = \pi \text{ et } \lambda \neq 0; \\ \quad \text{alors } Q \text{ s'annule à l'ordre au moins } N \text{ en } \lambda. \end{cases}$$

Pour un Lévi standard M' et une orbite $\mathfrak{P}'$ de représentations cuspidales irréductibles de $\mathbf{M}'$, définissons $\phi_{M',\mathfrak{P}'}$ par

$$\phi_{M',\mathfrak{P}'}(\pi') = c^{-1} \sum_{w\in W(M,M')} \sum_{\lambda\in X_M; w(\pi\otimes\lambda)=\pi'} (w\lambda)\circ\phi_w(-\lambda)Q(-\lambda)$$

pour $\pi' \in \mathfrak{P}'$, où

$$c = |\{w \in W(M,M);\ w\pi = \pi\}|.$$

On a $\phi_{M',\mathfrak{P}'} = 0$ pour presque tout couple $(M',\mathfrak{P}')$, on peut donc définir $\phi \in P^{\mathfrak{F}}$ par $\phi = (\phi_{M',\mathfrak{P}'})_{(M',\mathfrak{P}')\in Y}$. Nous allons montrer que cet élément vérifie les conditions de la proposition 2.4.

(i) Soient M'' un Lévi standard, $\pi'' \in \Pi_0(\mathbf{M}'')$. Il est clair que la relation (i) de 2.4 pour le couple (M'',π'') est vraie s'il n'existe pas d'éléments $w \in W(M,M'')$ et $\lambda \in X_M$ tels que $w(\pi\otimes\lambda) = \pi''$. Supposons donc qu'il existe de tels éléments, notons $\mathcal{W}$ l'ensemble de ces couples (w,λ). Pour $(w,\lambda) \in \mathcal{W}$, évaluons

$$x_{w,\lambda} := \left(\sum_{w'\in W(M)} N_{w,w'}\phi_{w'}Q\right)(-\lambda).$$

On a

$$x_{w,\lambda} = (-w\lambda) \circ \sum_{w'\in W(M)} N(ww'^{-1}, w'(\pi\otimes\lambda))(w'\lambda\circ\phi_{w'}(-\lambda))Q(-\lambda).$$

Posons $w' = w''w$, avec $w'' \in W(M'')$. On obtient

$$x_{w,\lambda} = (-w\lambda) \circ \sum_{w''\in W(M'')} N(w''^{-1}, w''\pi'')(w''w\lambda\circ\phi_{w''w}(-\lambda))Q(-\lambda).$$

Alors

$$\sum_{(w,\lambda)\in\mathcal{W}} w\lambda \circ x_{w,\lambda} =$$

$$\sum_{w''\in W(M'')} N(w''^{-1}, w''\pi'')\left[\sum_{(w,\lambda)\in\mathcal{W}} w''w\lambda \circ \phi_{w''w}(-\lambda)\ Q(-\lambda)\right].$$

Quand w'' est fixé et (w, λ) décrit $\mathcal{W}$, le couple $(w''w, \lambda)$ décrit l'ensemble des $(w', \lambda') \in W(M, w''M''w''^{-1}) \times X_M$ tels que $w'(\pi \otimes \lambda) = w''\pi''$. Le terme entre crochets vaut donc $c\phi(w''\pi'')$ et l'on obtient

$$\sum_{(w,\lambda)\in\mathcal{W}} w\lambda \circ x_{w,\lambda} = c \sum_{w''\in W(M'')} N(w''^{-1}, w''\pi'')\phi(w''\pi'').$$

Il reste à se rappeler que ϕ (donc aussi ϕQ) appartient à R donc $x_{w,\lambda} = 0$ pour tout $(w, \lambda) \in \mathcal{W}$. Le membre de droite de l'égalité ci-dessus est donc nul, ce qui n'est autre que l'assertion (i) de 2.4 pour le couple (M'', π'').

(ii) Soit $(M', \pi') \in Z$. Notons maintenant $\mathcal{W}$ l'ensemble des couples $(w, \lambda) \in W(M, M') \times X_M$ tels que $w(\pi \otimes \lambda) = \pi'$, et pour $\lambda' \in X_{M'}$, $\mathcal{W}(\lambda')$ l'ensemble des (w, λ) tels que $w(\pi \otimes \lambda) = \pi' \otimes (-\lambda')$. On a l'égalité

$$\mathcal{W}(\lambda') = \{(w, \lambda - w^{-1}\lambda');\ (w, \lambda) \in \mathcal{W}\}.$$

Par définition, on a l'égalité

$$\begin{aligned} s_{M',\pi'}\phi(\lambda') &= \lambda' \circ \phi_{M',\mathfrak{P}'}(\pi' \otimes (-\lambda)) \\ &= c^{-1} \sum_{(w,\lambda)\in\mathcal{W}(\lambda')} (\lambda' + w\lambda) \circ \phi_w(-\lambda)\ Q(-\lambda) \\ &= c^{-1} \sum_{(w,\lambda)\in\mathcal{W}} w\lambda \circ \phi_w(-\lambda + w^{-1}\lambda')\ Q(-\lambda + w^{-1}\lambda'). \end{aligned}$$

Mais soit $(w, \lambda) \in \mathcal{W}$. Comme $(M', \pi') \in Z$, π' est conjugué de π. Donc $\pi \otimes \lambda$ est conjugué de π. D'après les propriétés (1) de l'élément Q, la fonction $\lambda' \mapsto Q(-\lambda + w^{-1}\lambda')$ appartient donc à $\mathbb{C}[X_{M'}] \cap \hat{S}^{\geq N}_{M'}$ si $\lambda \neq 0$, et est congrue à 1 modulo $\mathbb{C}[X_{M'}] \cap \hat{S}^{\geq N}_{M'}$, si $\lambda = 0$. Notons que

$$\{(w, \lambda) \in \mathcal{W};\ \lambda = 0\} \simeq \{w \in W(M, M');\ w\pi = \pi'\}.$$

Posons

$$\phi'(\lambda') = c^{-1} \sum_{w\in W(M,M');w\pi=\pi'} \phi_w(w^{-1}\lambda').$$

On obtient

$$s_{M',\pi'}\phi - \phi' \in \hat{S}^{\geq N}_{M',\pi'}. \tag{2}$$

Mais par définition

$$\phi' = c^{-1} \sum_{w\in W(M,M');w\pi=\pi'} w\phi_w.$$

Comme $\phi - \hat{\phi} \in \hat{A}^{\geq N}_{Z}$, on a $w\phi_w - w\hat{\phi}_w \in \hat{S}^{\geq N}_{wMw^{-1},w\pi}$ pour tout $w \in W(M)$. D'autre part

$$w\hat{\phi}_w = \hat{\phi}_{wMw^{-1},w\pi}.$$

On obtient

$$\phi' - c^{-1}|\{w \in W(M, M'); w\pi = \pi'\}|\hat{\phi}_{M',\pi'} \in \hat{S}^{\geq N}_{M',\pi'}. \tag{3}$$

En remarquant que $c = |\{w \in W(M, M'); w\pi = \pi'\}|$, (2) et (3) impliquent la relation (ii) de la proposition 2.4 pour le couple (M', π'). Cela achève la démonstration de cette proposition.

APPENDICE III

A propos du spectre discret de G_2

1. Soient k un corps de nombres et G le groupe simple déployé sur k de type G_2. Il n'y en a qu'un: il est à la fois simplement connexe et adjoint. Posons $\mathbf{G} = G(\mathbb{A})$. Notons $\{M_0, 1\}$ la classe d'équivalence du couple formé du tore déployé M_0 et de la représentation triviale de $\mathbf{M}_0$. Notons $L^2_{\{M_0,1\},\mathrm{disc}}$ la somme directe des sous-espaces irréductibles de $L^2_{\{M_0,1\}}$. Langlands a déterminé le sous-espace des vecteurs invariants par $\mathbf{K}$ de $L^2_{\{M_0,1\},\mathrm{disc}}$. Il est de dimension 2. Outre les constantes, il contient un élément dont les exposants cuspidaux sont des racines courtes. On s'intéresse ici à ce qui se passe quand on supprime l'hypothèse d'invariance par $\mathbf{K}$. Une étude complète, montre que $L^2_{\{M_0,1\},\mathrm{disc}}$ se décompose en deux sous-espaces. L'un est de dimension 1, il est réduit aux constantes. Les éléments $\mathbf{K}$-finis de l'autre ont tous pour exposants cuspidaux des racines courtes. On se propose de déterminer la représentation du groupe $\mathbf{G}$ dans ce dernier espace. Une étude complète nécessiterait une étude locale aux places archimédiennes que nous n'avons pas faite. Précisément nous allons étudier l'espace V formé des éléments $\mathbf{K}$-finis de $L^2_{\{M_0,1\},\mathrm{disc}}$ dont les exposants cuspidaux sont des racines courtes et qui sont invariants par $\mathbf{K}_\infty$. Le groupe $\mathbf{G}_f$ opère dans V. Notons Σ l'ensemble des places finies de k.

Proposition. *Pour toute place $v \in \Sigma$, il existe deux représentations irréductibles V_v et V'_v de $G(k_v)$, distinctes, de sorte que les propriétés* *ci-dessous soient vérifiées. La représentation V_v possède un vecteur non nul invariant par $\mathbf{K}_v$. Pour tout sous-ensemble fini $F \subset \Sigma$, posons*

$$V^F = (\bigotimes_{v \in F} V'_v) \otimes (\bigotimes_{v \in \Sigma - F} V_v).$$

Posons $\mathfrak{F} = \{F;\ F \subset \Sigma,\ F$ *fini*, $\mathrm{card}(F) \neq 1\}$. *Alors on a l'isomorphisme*

$$V \simeq \bigoplus_{F \in \mathfrak{F}} V^F.$$

Remarques

(a) La condition $\mathrm{card}(F) \neq 1$ est hautement surprenante (invraisemblable ?). On peut se demander si pour $\mathrm{card}(F) = 1$, la représentation V^F n'apparaitrait pas dans un sous-espace de l'espace des formes automorphes cuspidales sur $\mathbf{G}$.

(b) On pourrait étudier le cas d'un corps de fonctions. L'étude pour les éléments dont les exposants cuspidaux sont des racines courtes serait inchangée. Mais il apparaitrait en plus des éléments d'exposants cuspidaux non réels: $-\beta_2 + (i\pi/\log\ q)\beta_4$, $-\beta_4 + (i\pi/\log\ q)\beta_6$, $-\beta_4 + (i\pi/\log\ q)\beta_2$, $-\beta_4 \pm (2i\pi/3\log\ q)\beta_3$ où q est le nombre d'éléments du corps des constantes de k. Il serait évidemment intéressant d'étudier aussi ces éléments.

2. Rappelons quelques faits concernant $\mathfrak{a}^*_{M_0}$. L'ensemble des racines > 0 a 6 éléments que l'on note $\beta_1, \ldots, \beta_6$ conformément à la figure ci-dessous.

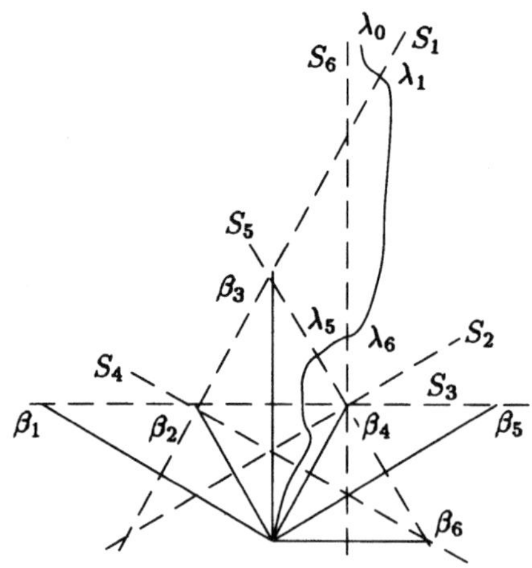

Les racines simples sont β_1 qui est longue et β_6 qui est courte. Les produits $< \check{\beta}_i, \beta_j >$ sont donnés par le tableau suivant

	β_1	β_2	β_3	β_4	β_5	β_6
$\check{\beta}_1$	2	1	1	0	-1	-1
$\check{\beta}_2$	3	2	3	1	0	-1
$\check{\beta}_3$	1	1	2	1	1	0
$\check{\beta}_4$	0	1	3	2	3	1
$\check{\beta}_5$	-1	0	1	1	2	1
$\check{\beta}_6$	-3	-1	0	1	3	2

On introduit des coordonnées dans $\mathfrak{a}^*_{M_0}$ en notant $\lambda = x\beta_3 + y\beta_4$ un élément général, où $x, y \in \mathbb{C}$.

Le groupe de Weyl W a 12 éléments. Il contient les symétries ρ_i, $i = 1, \ldots, 6$ associées aux racines β_i et les rotations $\sigma(\theta)$ d'angle $\theta \in (\pi/3)\mathbb{Z}/2\pi\mathbb{Z}$. Les symétries simples sont ρ_1 et ρ_6 et on a le tableau suivant.

$w \in W$	décomposition	$\{\beta > 0; w\beta < 0\}$	$w\lambda$
1			x, y
ρ_1	ρ_1	β_1	$-x, 3x + y$
ρ_2	$\rho_1\rho_6\rho_1$	$\beta_1, \beta_2, \beta_3$	$-2x - y,$ $3x + 2y$
ρ_3	$\rho_1\rho_6\rho_1\rho_6\rho_1$	$\beta_1, \beta_2, \beta_3, \beta_4, \beta_5$	$-x - y, y$
ρ_4	$\rho_6\rho_1\rho_6\rho_1\rho_6$	$\beta_2, \beta_3, \beta_4, \beta_5, \beta_6$	$x,$ $-3x - y$
ρ_5	$\rho_6\rho_1\rho_6$	$\beta_4, \beta_5, \beta_6$	$2x + y,$ $-3x - 2y$
ρ_6	ρ_6	β_6	$x + y,$ $-y$
$\sigma(\pi/3)$	$\rho_6\rho_1$	β_1, β_2	$2x + y,$ $-3x - y$
$\sigma(2\pi/3)$	$\rho_6\rho_1\rho_6\rho_1$	$\beta_1, \beta_2 . \beta_3, \beta_4$	$x + y,$ $-3x - 2y$
$\sigma(\pi)$	$\rho_6\rho_1\rho_6\rho_1\rho_6\rho_1$ $= \rho_1\rho_6\rho_1\rho_6\rho_1\rho_6$	$\beta_1, \beta_2, \beta_3, \beta_4, \beta_5, \beta_6$	$-x, -y$
$\sigma(4\pi/3)$	$\rho_1\rho_6\rho_1\rho_6$	$\beta_3, \beta_4, \beta_5, \beta_6$	$-2x - y,$ $3x + y$
$\sigma(5\pi/3)$	$\rho_1\rho_6$	β_5, β_6	$-x - y,$ $3x + 2y$

On identifie X_{M_0} à $\mathfrak{a}^*_{M_0}$, on définit la représentation induite $I(\lambda) = \mathrm{Ind}_{\mathbf{P}_0}^{\mathbf{G}} \lambda$ de $\mathbf{G}$. De même si v est une place de k, on définit une représentation $I_v(\lambda)$ de $G(k_v)$. Pour $w \in W$, on a un opérateur d'entrelacement

$$M(w, \lambda) : \; I(\lambda) \longrightarrow I(w\lambda).$$

Si w est une symétrie simple, il se réduit immédiatement à un opérateur relatif à SL_2, qui est bien connu. Définissons une fonction r méromorphe sur $\mathbb{C}$ par

$$r(z) = \zeta(z)(\varepsilon(z)\zeta(z+1))^{-1}$$

où ζ est la fonction zêta du corps k et ε son facteur ε. Pour $j \in \{1,6\}$, on peut écrire

$$M(\rho_j,\lambda) = r(<\check{\beta}_j,\lambda>)N(\rho_j,\lambda)$$

où $N(\rho_j,\lambda)$ est un opérateur normalisé. Ce dernier se décompose en produit sur toutes les places v de k d'operateurs

$$N_v(\rho_j,\lambda):\ I_v(\lambda) \longrightarrow I_v(\rho_j\lambda)$$

normalisés de sorte qu'ils agissent par l'identité sur les vecteurs invariants par $\mathbf{K}_v$. Identifions les espaces des représentations induites à des espaces de fonctions sur $\mathbf{K}$ ou $\mathbf{K}_v$, indépendants de λ. Les opérateurs $N(\rho_j,\lambda)$ ou $N_v(\rho_j,\lambda)$ ne dépendent que de $<\check{\beta}_j,\lambda>$, i.e. pour $z \in \mathbb{C}$, il existe des opérateurs $N_j(z)$ ou $N_{j,v}(z)$ de sorte que

$$N(\rho_j,\lambda) = N_j(<\check{\beta}_j,\lambda>),\quad N_v(\rho_j,\lambda) = N_{j,v}(<\check{\beta}_j,\lambda>).$$

Les propriétés d'holomorphie des fonctions introduites ci-dessus sont bien connues. ζ a deux pôles simples en 0 et 1, est holomorphe partout ailleurs, ses zéros sont dans la bande $0 < \mathrm{Re}\ z < 1$. On a l'équation fonctionnelle $\epsilon(z)\zeta(1-z) = \zeta(z)$. On en déduit que r a un pôle en $z=1$, un zéro en $z=-1$ et on a $r(0)=-1$. Les autres pôles de r sont dans la bande $-1 < \mathrm{Re}\ z < 0$. Nous aurons besoin des développements

$$r(z) = c(z-1)^{-1} + 0(1)$$

au voisinage de $z=1$ et

$$r(z) = -1 + c'z + 0(z^2)$$

au voisinage de $z=0$. Si v est une place finie de k, notons q_v le nombre d'éléments du corps résiduel de k_v. Pour $j \in \{1,6\}$, $N_{j,v}(z)$ a des pôles simples aux points $z \in -1 + (2i\pi/\log\ q_v)\mathbb{Z}$ et est holomorphe partout ailleurs. On ne se préoccupe pas de l'holomorphie de $N_v(\rho_j,\lambda)$ pour v archimédienne puisque l'on va se limiter aux éléments invariants par $\mathbf{K}_\infty$ sur lesquels cet opérateur agit par l'identité.

Soient $w \in W$ et $w = \rho^1 \dots \rho^n$, avec $\rho^i \in \{\rho_1,\rho_6\}$, une décomposition réduite. Notons $\beta^i \in \{\beta_1,\beta_6\}$ la racine associée à ρ^i. On a l'égalité

$$M(w,\lambda) = M(\rho^1,\rho^2\dots\rho^n\lambda)M(\rho^2,\rho^3\dots\rho^n\lambda)\dots M(\rho^n,\lambda).$$

Posons

$$r(w,\lambda) = \prod_{i=1}^{n} r(<\check{\beta}^i,\rho^{i+1}\dots\rho^n\lambda>),$$

$$N(w,\lambda) = N(\rho^1,\rho^2\dots\rho^n\lambda)\dots N(\rho^n,\lambda).$$

On a l'égalité

$$M(w,\lambda) = r(w,\lambda)N(w,\lambda).$$

Remarquons que l'on peut écrire

(1) $$r(w,\lambda) = \prod_{\beta>0, w\beta<0} r(<\check{\beta},\lambda>)$$

et qu'il existe une fonction $j : \{\beta;\ \beta > 0, w\beta < 0\} \to \{1,6\}$ telle que

(2) $$N(w,\lambda) = \prod_{\beta>0, w\beta<0} N_{j(\beta)}(<\check{\beta},\lambda>)$$

le produit étant pris dans un certain ordre. Notons les égalités

$$r(w^{-1}, -w\lambda) = r(w,\lambda), \quad r(w,\overline{\lambda}) = \overline{r(w,\lambda)}.$$

3. L'espace V est obtenu par la méthode générale dont nous rappelons le schéma. Rappelons d'abord la définition des fonctions résidus. Soient ν un élément non nul de $\mathrm{Re}\,\mathfrak{a}_{M_0}$ et $c \in \mathbb{R}$. L'équation $< \nu, \lambda >= c$, où λ est une variable dans $X_{M_0} \simeq \mathfrak{a}^*_{M_0}$, définit un hyperplan affine S de X_{M_0}. Notons S° l'hyperplan vectoriel défini par $< \nu, \lambda >= 0$, $\mathrm{Im}\, S^\circ = S^\circ \cap \mathrm{Im}\, X_{M_0}$, $\mathrm{Re}\, S = S \cap \mathrm{Re}\, X_{M_0}$. L'origine $o(S)$ de S est l'unique vecteur de S qui soit orthogonal à $S^\circ \cap \mathrm{Re}\, X_{M_0}$. Fixons un autre élément ν' de $\mathrm{Re}\,\mathfrak{a}_{M_0}$ non colinéaire à ν. Alors $\{\nu, \nu'\}$ est un système de coordonnées sur X_{M_0}. Soit une fonction méromorphe $f : X_{M_0} \to \mathbb{C}$. On définit une fonction méromorphe $\mathrm{Res}_S\, f : S \to \mathbb{C}$. Au voisinage d'un point général $\lambda_0 \in S$, on considère f comme une fonction des variables $< \nu, \lambda >$, $< \nu', \lambda >$ et $\mathrm{Res}_S\, f(\lambda_0)$ est le résidu usuel par rapport à la variable $< \nu, \lambda >$. Cela dépend des choix de ν et ν', mais les formules finales de notre calcul n'en dépendent pas. On déduit de ν une mesure $d_S\lambda$ sur Re S: on choisit ν' comme ci-dessus tel que $d\lambda = d(< \nu, \lambda >)d(< \nu', \lambda >)$, on note ν'_S la restriction de ν' à $\mathrm{Re}\, S$ et pour $\lambda \in \mathrm{Re}\, S$, on pose $d_S\lambda = d(< \nu'_S, \lambda >)$. De cette mesure se déduit une mesure sur tout ensemble de la forme $\lambda_0 + \mathrm{Im}\, S^\circ$. Posons $P = P^{\mathbf{K}_\infty}_{\{M_0,1\}}$; i.e. P est l'espace des fonctions φ définies sur X_{M_0} qui à $\lambda \in X_{M_0}$ associent un élément $\varphi(\lambda) \in I(\lambda)$ invariant par $\mathbf{K}_\infty$, qui sont holomorphes et de Paley-Wiener. Soient $\varphi, \varphi' \in P$, $\lambda \in X_{M_0}$, posons

(3) $$A(\varphi', \varphi; \lambda) = \sum_{w\in W} (M(w^{-1}, -w\overline{\lambda})\varphi'(-w\overline{\lambda}), \varphi(\lambda))$$

le produit étant la forme sesquilinéaire naturelle sur $I(-\overline{\lambda}) \times I(\lambda)$. Sur toute variété de la forme $\lambda_0 + \mathrm{Im}\, X_{M_0}$, notons $d\lambda$ la mesure déduite de la forme différentielle $dxdy$. Pour un élément $\lambda_0 \in \mathrm{Re}\, X_{M_0}$ assez > 0, les mesures étant convenablement normalisées, on a l'égalité

$$(\theta_{\varphi'}, \theta_\varphi) = (2\pi)^{-2} \int_{\lambda_0 + \mathrm{Im} X_{M_0}} A(\varphi', \varphi; \lambda)\, d\lambda.$$

On décale le domaine d'intégration le long d'un chemin dans $\operatorname{Re} X_{M_0}$ joignant λ_0 à 0. On le choisit conformément à la figure (I). En utilisant les propriétés décrites au §2, on voit que les hyperplans singuliers traversés sont les S_j, $j = 1, \ldots, 6$ définis par les équations $< \check{\beta}_j, \lambda >= 1$. On note λ_j l'intersection du chemin avec S_j et $o(S_j)$ l'origine de S_j. La contribution de S_j est

$$(2\pi)^{-1} \int_{\lambda_j + \operatorname{Im} S_j^\circ} \operatorname{Res}_{S_j} A(\varphi', \varphi; \lambda)\, d_{S_j}\lambda.$$

On recommence en décalant le domaine d'intégration le long du segment qui joint λ_j à $o(S_j)$ dans $\operatorname{Re} S_j$. Il apparait des singularités qui forment le spectre discret. On vérifie, en utilisant les propriétés du §2, que les fonctions à intégrer sont holomorphes aux extrémités des segments qui apparaissent. De toute façon, en considérant la figure, ces extrémités ne pourraient pas créer de fonctions ayant pour exposants cuspidaux des racines courtes. La figure montre que le processus ci-dessus crée trois contributions à l'espace V:

$$\operatorname{Res}_{\beta_2} \operatorname{Res}_{S_1} A(\varphi', \varphi; \lambda)$$

$$\operatorname{Res}_{\beta_4} \operatorname{Res}_{S_6} A(\varphi', \varphi; \lambda)$$

$$\operatorname{Res}_{\beta_4} \operatorname{Res}_{S_5} A(\varphi', \varphi; \lambda).$$

4. Commençons par calculer $\operatorname{Res}_{\beta_2} \operatorname{Res}_{S_1} A(\varphi', \varphi; \lambda)$. La droite S_1 est définie par l'équation $x = 1$. Le point β_2 a pour coordonnées $(1, -1)$. Au point λ_1, la coordonnée y est très > 0. Le terme cherché s'obtient donc en calculant le résidu de $A(\varphi', \varphi; \lambda)$ relativement à la variable $x - 1$ puis le résidu du terme obtenu relativement à la variable $y + 1$. Le résidu relatif à $x - 1$ se calcule aisément: dans les formules (1) et (2), seul le terme $r(< \check{\beta}_1, \lambda >)$ crée une singularité. Dans la formule (3), les termes correspondants aux w tels que $w\beta_1 > 0$ n'ont donc pas de pôle, ceux pour lesquels $w\beta_1 < 0$ ont un pôle simple. Pour $w \in W$, posons

$$M^1(w^{-1}, -w\lambda) = \left[\prod_{\beta > 0, w\beta < 0, \beta \neq \beta_1} r(< \check{\beta}, \lambda >) \right] N(w^{-1}, -w\lambda).$$

On obtient

$$\operatorname{Res}_{S_1} A(\varphi', \varphi; \lambda) = c \sum_{w; w\beta_1 < 0} (M^1(w^{-1}, -w\overline{\lambda})\varphi'(-w\overline{\lambda}), \varphi(\lambda))$$

Pour $\lambda = \beta_3 + y\beta_4 \in S_1$, on calcule

$$< \check{\beta}_2, \lambda > = 3 + y, \quad < \check{\beta}_3, \lambda >= 2 + y, \quad < \check{\beta}_4, \lambda >= 3 + 2y,$$

$$< \check{\beta}_5, \lambda > = 1 + y, < \check{\beta}_6, \lambda >= y.$$

Les singularités de $M^1(w^{-1}, -w\lambda)$ en $y = -1$ proviennent des termes $r(<\check{\beta}_3, \lambda>)$, $r(<\check{\beta}_4, \lambda>)$, $N_i(<\check{\beta}_6, \lambda>)$. Montrons que ces dernières singularités n'existent pas. Elles n'interviennent que pour w tel que $w\beta_1 < 0$, $w\beta_6 < 0$, i.e. pour $w = \sigma(\pi) = \rho_5\rho_2$, d'où $N(\sigma(\pi), \lambda) = N(\rho_5, \rho_2\lambda)N(\rho_2, \lambda)$. La singularité est dans le premier facteur. Considérons l'opérateur local $N_v(\rho_5, \rho_2\lambda)$ pour une place v finie, en un point $\lambda = x\beta_3 + y\beta_4$. On a

$$N_v(\rho_5, \rho_2\lambda) = N_{6,v}(y)N_{1,v}(x+y)N_{6,v}(3x+2y).$$

L'opérateur $(y+1)N_v(\rho_5, \rho_2\lambda)$ est holomorphe au voisinage de β_2. Sur la droite $x + y = 0$, on a $N_{1,v}(x+y) = \text{id}$, $N_{6,v}(3x+2y) = N_{6,v}(-y) = N_{6,v}(y)^{-1}$, d'où $(y+1)N_v(\rho_5, \rho_2\lambda) = (y+1)\text{id}$. Il existe donc un opérateur $P(x,y)$ holomorphe au voisinage de β_2 de sorte que

$$N_v(\rho_5, \rho_2\lambda) = \text{ id } + \frac{x+y}{y+1}P(x,y).$$

Quand on se restreint à S_1, on obtient

$$N_v(\rho_5, \rho_2\lambda) = \text{ id } + P(1,y)$$

qui est donc holomorphe en β_2. Nous noterons E_v l'opérateur ainsi défini pour $\lambda = \beta_2$ et E le produit des E_v.

Les singularités proviennent donc des fonctions r, interviennent pour $w = \rho_2$ ou $\sigma(\pi)$ pour lesquels le pôle est simple (remarquer que $r(<\check{\beta}_6, \lambda>)$ crée un zéro en β_2) et pour $w = \rho_3$ ou $\sigma(2\pi/3)$ pour lesquels le pôle est double.

La contribution de ρ_2 au résidu en β_2 se calcule immédiatement, c'est

$$c^2 r(2)\ (N(\rho_2, \beta_2)\varphi'(\beta_2), \varphi(\beta_2)) \tag{4}$$

Pour calculer celle de $\sigma(\pi)$, on remarque que $r(y)r(1+y)r(3+2y)$ vaut $1/2$ en $y = -1$. On obtient

$$(1/2)c^2 r(2)\ (EN(\rho_2, \beta_2)\varphi'(\beta_2), \varphi(\beta_2)). \tag{5}$$

Regroupons les contributions de ρ_3 et $\sigma(2\pi/3)$ à $\text{Res}_{S_1} A(\varphi', \varphi; \lambda)$. Comme $\rho_3^{-1} = \sigma(4\pi/3)\rho_1$, on obtient

$$cr(3+y)r(2+y)r(3+2y)\ (N(\sigma(4\pi/3), -\sigma(2\pi/3)\overline{\lambda})$$
$$[\varphi'(-\sigma(2\pi/3)\overline{\lambda}) + r(\overline{y}+1)N_1(\overline{y}+1)\varphi'(-\rho_3\overline{\lambda})],\ \varphi(\lambda)).$$

Comme $\rho_3\beta_2 = \sigma(2\pi/3)\beta_2 = -\beta_4$ et $r(0)N_1(0) = -\text{id}$, le terme entre crochets est nul en $y = -1$. Notons $p\varphi'(\beta_4)(y+1) + 0((y+1)^2)$ son développement à l'ordre 1. Le résidu de l'expression ci-dessus est alors

$$(1/2)c^3 r(2)\ (N(\sigma(4\pi/3), \beta_4)p\varphi'(\beta_4), \varphi(\beta_2))$$

ce que l'on peut écrire

$$(1/2)c^3 r(2)\ (N(\rho_2, \beta_2)N(\rho_6, \beta_4)p\varphi'(\beta_4), \varphi(\beta_2)). \tag{6}$$

On explicite aisément

$$p\varphi'(\beta_4) = D_1\varphi'(\beta_4) + c'\varphi'(\beta_4) - N_1'(0)\varphi'(\beta_4),$$

où N_1' est la dérivée de N_1 et

$$D_1\varphi'(\lambda) = \frac{d}{dt}\varphi'(\lambda - t\beta_1)|_{t=0}, \text{ i.e. } D_1\varphi' = (-2\frac{\partial}{\partial x} + 3\frac{\partial}{\partial y})\varphi'.$$

Le terme $\mathrm{Res}_{\beta_2}\,\mathrm{Res}_{S_1} A(\varphi', \varphi; \lambda)$ est la somme des expressions (4), (5) et (6).

5.

On a intérêt à regrouper les deux résidus en β_4 pour les calculer. Les coordonnées de β_4 sont (0,1). Les opérateurs $N(w^{-1}, -w\lambda)$ sont holomorphes en β_4. Les singularités proviennent des termes $r(<\check{\beta}_j, \lambda>)$ pour $j = 2,3,5,6$. On en déduit que si l'on pose

$$Q(\lambda) = \prod_{j=2,3,5,6} (<\check{\beta}_j, \lambda> -1) = (3x+y-1)(2x+y-1)(x+y-1)(y-1)$$

$$F(\lambda) = Q(\lambda)A(\varphi', \varphi; \lambda),$$

la fonction F est holomorphe au point β_4. Pour toute fonction f holomorphe au point β_4, introduisons son développement en série

$$f(\lambda) = \sum_{m,n\in\mathbb{N}} a_{mn}(f)x^m(y-1)^n.$$

Le terme $\mathrm{Res}_{\beta_4}\,\mathrm{Res}_{S_6} A(\varphi', \varphi; \lambda)$ est obtenu en calculant le résidu de $A(\varphi', \varphi; \lambda)$ par rapport à la variable $y - 1$, puis celui du terme obtenu par rapport à x. On calcule facilement

$$\mathrm{Res}_{\beta_4}\,\mathrm{Res}_{S_6} A(\varphi', \varphi; \lambda) = \frac{1}{6}a_{20}(F).$$

Le terme $\mathrm{Res}_{\beta_4}\,\mathrm{Res}_{S_5} A(\varphi', \varphi; \lambda)$ est obtenu en calculant le résidu de $A(\varphi', \varphi; \lambda)$ par rapport à la variable $x + y - 1$, puis celui du terme obtenu par rapport à la variable x restreinte à S_5. On calcule

$$\mathrm{Res}_{S_5} A(\varphi', \varphi; \lambda) = \frac{-1}{2}x^{-3}\sum_{m,n\in\mathbb{N}} a_{mn}(F)(-1)^n x^{m+n},$$

$$\mathrm{Res}_{\beta_4}\,\mathrm{Res}_{S_5} A(\varphi', \varphi; \lambda) = -\frac{1}{2}a_{20}(F) + \frac{1}{2}a_{11}(F) - \frac{1}{2}a_{02}(F).$$

La somme des résidus en β_4 est donc égale à $\ell(F)$, où pour toute fonction f holomorphe en β_4, on pose

$$\ell(f) = -\frac{1}{3}a_{20}(f) + \frac{1}{2}a_{11}(f) - \frac{1}{2}a_{02}(f).$$

Un calcul simple montre que pour toute f, $\ell(f\circ\rho_1) = \ell(f)$. Pour $w \in W$, posons

$$F[w](\lambda) = Q(\lambda)(M(w^{-1}, -w\overline{\lambda})\varphi'(-w\overline{\lambda}), \varphi(\lambda)).$$

Posons $W' = \{w \in W;\ w\beta_1 > 0\}$ et pour $w \in W$, $H[w] = F[w] + F[w\rho_1] \circ \rho_1$. On a les égalités

$$\begin{aligned}\ell(F) &= \sum_{w\in W} \ell(F[w]) = \sum_{w\in W'} (\ell(F[w]) + \ell(F[w\rho_1]))\\ &= \sum_{w\in W'} (\ell(F[w]) + \ell(F[w\rho_1] \circ \rho_1))\\ &= \sum_{w\in W'} \ell(H[w]).\end{aligned}$$

En remarquant que $Q \circ \rho_1 = Q$, on calcule

$$\begin{aligned}H[w](\lambda) = Q(\lambda)[&(M(w^{-1}, -w\overline{\lambda})\varphi'(-w\overline{\lambda}), \varphi(\lambda))\\ &+ (M(\rho_1 w^{-1}, -w\overline{\lambda})\varphi'(-w\overline{\lambda}), \varphi(\rho_1\lambda))].\end{aligned}$$

En utilisant la relation d'adjonction pour $M(\rho_1, \overline{\lambda})$, on obtient

$$H[w](\lambda) = Q(\lambda)(M(w^{-1}, -w\overline{\lambda})\varphi'(-w\overline{\lambda}), \tilde{\varphi}(\lambda)),$$

où $\tilde{\varphi}(\lambda) = \varphi(\lambda) + M(\rho_1, \rho_1\lambda)\varphi(\rho_1\lambda)$. Comme $\rho_1\beta_4 = \beta_4$ et $M(\rho_1, \beta_4) = -\mathrm{id}$, on a $\tilde{\varphi}(\beta_4) = 0$. On calcule facilement le développement de $\tilde{\varphi}$ à l'ordre 1:

(7) $\tilde{\varphi}(\lambda) = (-D_1\varphi(\beta_4) - c'\varphi(\beta_4) + N_1'(0)\varphi(\beta_4))x + \ldots = -p\varphi(\beta_4)x + \ldots$

Si w n'inverse pas au moins trois éléments de l'ensemble $\{\beta_i;\ i = 2, 3, 5, 6\}$, l'opérateur $Q(\lambda)M(w^{-1}, -w\lambda)$ s'annule à l'ordre au moins 2 en β_4 donc $H[w]$ s'y annule à l'ordre au moins 3 et $\ell(H[w]) = 0$. Il n'y a que deux éléments $w \in W'$ qui inversent au moins 3 éléments, à savoir $\sigma(4\pi/3)$ et ρ_4.

L'élément $w = \sigma(4\pi/3)$ n'inverse pas β_2, donc

$$Q(\lambda)M(\sigma(4\pi/3)^{-1}, -\sigma(4\pi/3)\lambda)$$

est divisible par $3x+y-1$. On calcule plus précisément le terme dominant

$$\begin{aligned}&Q(\lambda)M(\sigma(4\pi/3)^{-1}, -\sigma(4\pi/3)\lambda)\varphi'(-\sigma(4\pi/3)\lambda)\\ &= c^3r(2)(3x + y - 1)N(\sigma(2\pi/3), \beta_2)\varphi'(\beta_2) + \ldots\end{aligned}$$

Grâce à (7), on obtient

$$\ell(H[\sigma(4\pi/3)]) = \frac{1}{2}c^3r(2)(N(\sigma(2\pi/3), \beta_2)\varphi'(\beta_2), p\varphi(\beta_4))$$

ce que l'on peut écrire, en utilisant la relation $\sigma(2\pi/3) = \rho_6\rho_2$ et la propriété d'adjonction:

$$\ell(H[\sigma(4\pi/3)]) = \frac{1}{2}c^3r(2)(N(\rho_2, \beta_2)\varphi'(\beta_2), N(\rho_6, \beta_4)p\varphi(\beta_4)). \tag{8}$$

Pour $w = \rho_4$, on se rappelle que par construction, $H[w] = H[w\rho_1] \circ \rho_1$, donc $\ell(H[w]) = \frac{1}{2}\ell(H[w] + H[w\rho_1])$. D'autre part $\rho_4\varphi_1 = \sigma(\pi) = \rho_1\rho_4$,

d'où

$$\begin{aligned} H[\rho_4](\lambda) + H[\rho_4\varphi_1](\lambda) &= Q(\lambda)[(M(\rho_4, -\rho_4\overline{\lambda})\varphi'(-\rho_4\overline{\lambda}), \tilde{\varphi}(\lambda)) + \\ &\qquad (M(\rho_4\rho_1, -\rho_1\rho_4\overline{\lambda})\varphi'(-\rho_1\rho_4\overline{\lambda}), \tilde{\varphi}(\lambda))] \\ &= Q(\lambda)(M(\rho_4, -\rho_4\overline{\lambda})\tilde{\varphi}'(-\rho_4\overline{\lambda}), \tilde{\varphi}(\lambda)). \end{aligned}$$

On déduit de (7) le développement

$$\tilde{\varphi}'(-\rho_4\lambda) = p\varphi'(\beta_4)x + \dots$$

d'où

$$H[\rho_4](\lambda) + H[\rho_4\rho_1](\lambda) = -c^4 r(2)(N(\rho_4, \beta_4)p\varphi'(\beta_4), p\varphi(\beta_4))x^2 + \dots$$

et

$$\ell(H[\rho_4]) = \frac{1}{6}c^4 r(2)(N(\rho_4, \beta_4)p\varphi'(\beta_4), p\varphi(\beta_4))$$

ce que l'on peut aussi écrire, en utilisant la propriété d'adjonction

$$(9) \quad \ell(H[\rho_4]) = \frac{1}{6}c^4 r(2)(N(\rho_2, \beta_2)N(\rho_6, \beta_4)p\varphi'(\beta_4), N(\rho_6, \beta_4)p\varphi(\beta_4)).$$

La somme des résidus en β_4 est la somme de (8) et (9).

6. Notons $I(\beta_2)_f$, resp. $I(\beta_4)_f$ le sous-espace des vecteurs invariants par $\mathbf{K}_\infty$ dans $I(\beta_2)$, resp. $I(\beta_4)$. L'application

$$\begin{aligned} \mathrm{P} &\longrightarrow I(\beta_2)_f \\ \varphi &\longmapsto \varphi(\beta_2) \end{aligned}$$

est un entrelacement surjectif entre représentations de $\mathbf{G}$. L'application

$$\begin{aligned} \mathrm{P} &\longrightarrow I(\beta_4)_f \\ \varphi &\longmapsto p\varphi(\beta_4) \end{aligned}$$

est aussi un entrelacement surjectif: pour φ de la forme

$$\varphi(\lambda) = -(1/2)\psi(\lambda)x$$

on a $p\varphi(\beta_4) = \psi(\beta_4)$, d'où la surjectivité; par définition l'application est limite d'opérateurs d'entrelacement donc c'est un entrelacement. L'opérateur $N(\rho_6, \beta_4) : I(\beta_4)_f \to I(\beta_2)_f$ est un entrelacement mais n'est pas surjectif. Notons J son image. Définissons une forme hermitienne sur $I(\beta_2)_f \oplus J$ par la formule suivante, où $f, f' \in I(\beta_2)_f$, $g, g' \in J$:

$$\begin{aligned} (f' \oplus g', f \oplus g) = (N(\rho_2, \beta_2)f', f) &+ (1/2)(EN(\rho_2, \beta_2)f', f) \\ &+ (1/2)(N(\rho_2, \beta_2)g', f) + (1/2)(N(\rho_2, \beta_2)f', g) \\ &+ (1/6)(N(\rho_2, \beta_2)g', g). \end{aligned}$$

Notons Ker le noyau de cette forme hermitienne. Fixons une racine $r(2)^{1/2}$. Les formules des paragraphes 4 et 5 montrent que l'application

$$\varphi \longmapsto (f = cr(2)^{1/2}\varphi(\beta_2),\ g = c^2 r(2)^{1/2}N(\rho_6, \beta_4)p\varphi(\beta_4))$$

réalise par passage au quotient un isomorphisme entre l'espace hermitien V et l'espace hermitien $(I(\beta_2)_f \oplus J)/\mathrm{Ker}$.

7. Fixons une place finie v, notons q le nombre d'éléments du corps résiduel de k_v. Nous voulons étudier les représentations $I_v(\lambda)$ et leurs opérateurs d'entrelacement. Rappelons que la catégorie des représentations dont tous les sous-quotients irréductibles sont aussi sous-quotients d'une représentation $I_v(\lambda)$ pour un λ convenable, est équivalente à la catégorie des représentations de l'algèbre de Hecke H que nous allons maintenant décrire en utilisant [Ro], §1 et 2 (Rogawski lui-même utilise des résultats de Bernstein). H est l'algèbre sur $\mathbb{C}$ engendrée par 4 générateurs T_1, T_6, X_1, X_6, soumis aux relations

$$(T_i + 1)(T_i - q) = 0 \text{ pour } i \in \{1, 6\};$$

$$(T_1T_6)^3 = (T_6T_1)^3;$$

$$X_iX_j = X_jX_i, \ T_iX_j = X_jT_i, \ \text{pour } i, j \in \{1, 6\}, \ i \neq j;$$

$$X_1T_1 = T_1X_6X_1^{-1} + (q-1)X_1,$$

$$X_6T_6 = T_6X_1^3X_6^{-1} + (q-1)X_6.$$

On note $\mathfrak{X}$ la sous-algèbre commutative engendrée par X_1 et X_6, H_0 la sous-algèbre de dimension finie engendrée par T_1 et T_6. Pour $w \in W$, on définit $T(w) \in H_0$: si $w = \rho_1\rho_6\ldots$ (resp. $\rho_6\rho_1\ldots$) est une décomposition réduite, on pose $T(w) = T_1T_6\ldots$ (resp. $T_6T_1\ldots$). L'ensemble $\{T(w);\ w \in W\}$ est une base de H_0. On pose $\underline{1} = T(1)$. C'est l'élément unité de H_0.

Pour $\lambda \in \mathfrak{a}^*_{M_0}$, on définit un H-module $H(\lambda)$: comme espace vectoriel $H(\lambda) = H_0$; l'algèbre H_0 y agit par multiplication à gauche; pour définir l'action de $\mathfrak{X}$, il suffit de définir $X_i\underline{1}$, pour $i = 1, 6$; on pose

$$X_1\underline{1} = q^{2x+1}\underline{1}, \ X_6\underline{1} = q^{3x+2y}\underline{1}$$

(si $\check{\varpi}_1, \check{\varpi}_6$ sont les copoids fondamentaux, la formule est $X_i\underline{1} = q^{<\check{\varpi}_i,\lambda>}\underline{1}$). Le module $H(\lambda)$ correspond à l'induite $I_v(\lambda)$ par l'équivalence de catégories. Pour $i \in \{1, 6\}$ et $z \in \mathbb{C}$, définissons l'élément de H_0

$$n_i(z) = (1-q^z)(1-q^{z+1})^{-1}T_i + (1-q)(1-q^{z+1})^{-1}\underline{1}.$$

Pour $w \in W$ et $\lambda \in \mathfrak{a}^*_{M_0}$, définissons $n(w, \lambda) \in H_0$ de la façon suivante: soit $w = \rho^1 \ldots \rho^m$ une décomposition réduite, avec $\rho^j \in \{\rho_1, \rho_6\}$; pour $j = 1, \ldots, m$, posons $\beta^j = \beta_1$ ou β_6 et $n^j = n_1$ ou n_6 selon que $\rho^j = \rho_1$

ou ρ_6; alors

$$n(w,\lambda) =$$
$$n^m(<\check{\beta}^m,\lambda>)n^{m-1}(<\check{\beta}^{m-1},\rho^m\lambda>)\ldots n^1(<\check{\beta}^1,\rho^2\ldots\rho^m\lambda>).$$

Alors l'opérateur $N_v(w,\lambda):\ I_v(\lambda)\to I_v(w\lambda)$ se traduit par la multiplication à droite par $n(w,\lambda)$ qui envoie $H(\lambda)\simeq H_0$ dans $H(w\lambda)\simeq H_0$.

Pour λ général, les vecteurs propres pour l'action de $\mathfrak{X}$ forment une base de $H(\lambda)$. En effet $n(w^{-1},w\lambda)$ vu comme élément de $H(\lambda)$ est l'image de $\underline{1}\in H(w\lambda)$ par l'opérateur d'entrelacement ci-dessus. Il est donc propre de valeur propre $w\lambda$ et $\{n(w^{-1},w\lambda);\ w\in W\}$ est une base de vecteurs propres.

Base de $H(\lambda)$, pour $\lambda = x\beta_3 + y\beta_4$, λ général	valeur propre
$\underline{1}$	λ
$n_1(-x)$	$\rho_1\lambda$
$n_6(-3x-y)n_1(-x)$	$\sigma(\pi/3)\lambda$
$n_1(-2x-y)n_6(-3x-y)n_1(-x)$	$\rho_2\lambda$
$n_6(-3x-2y)n_1(-2x-y)\times$ $n_6(-3x-y)n_1(-x)$	$\sigma(2\pi/3)\lambda$
$n_1(-x-y)n_6(-3x-2y)\times$ $n_1(-2x-y)n_6(-3x-y)n_1(-x)$	$\rho_3\lambda$
$n_6(-y)n_1(-x-y)n_6(-3x-2y)\times$ $n_1(-2x-y)n_6(-3x-y)n_1(-x)$	$\sigma(\pi)\lambda$
$n_6(-y)$	$\rho_6\lambda$
$n_1(-x-y)n_6(-y)$	$\sigma(5\pi/3)\lambda$
$n_6(-3x-2y)n_1(-x-y)n_6(-y)$	$\rho_5\lambda$
$n_1(-2x-y)n_6(-3x-2y)\times$ $n_1(-x-y)n_6(-y)$	$\sigma(4\pi/3)\lambda$
$n_6(-3x-y)n_1(-2x-y)\times$ $n_6(-3x-2y)n_1(-x-y)n_6(-y)$	$\rho_4\lambda$

Quand λ n'est pas régulier ou quand les termes $n(w^{-1},-w\lambda)$ ont des singularités, la construction ne s'applique pas. Dans le tableau ci-dessous on écrit une base de $H(\beta_2)$ obtenue comme limite d'une base de $H(\lambda)$ pour λ régulier. Pour $i\in\{1,6\}$, on pose $\nu_i=(1-q^{-1})T_i+1-q$. On note $n(\rho_5,$ "$\rho_5\beta_2$"$)$, resp. $n(\rho_5,$ "$-\beta_2$"$)$, la valeur en $\lambda=\beta_2$ de la fonction $n(\rho_5,\rho_5\lambda)$ resp. $n(\rho_5,-\lambda)$, restreinte à S_1. Un raisonnement analogue à celui du §4 montre que ces valeurs sont bien définies bien que les fonctions sur $\mathfrak{a}^*_{M_0}$ tout entier ne soient pas holomorphes en β_2. Le fait que les vecteurs décrits forment une base de $H(\beta_2)$ résulte de ce que la matrice qui les exprime dans la base $\{T(w);\ w\in W\}$ est triangulaire.

Base de $H(\beta_2)$	valeur propre
$\underline{1}$	β_2
ν_1	β_6
$n_6(-2)\nu_1$	$-\beta_6$
$\nu_1 n_6(-2)\nu_1$	$-\beta_2$
$\nu_6\nu_1 n_6(-2)\nu_1$	$-\beta_4$
$T_1\nu_6\nu_1 n_6(-2)\nu_1$	non propre
$n(\rho_5, \text{"}-\beta_2\text{"})\nu_1 n_6(-2)\nu_1$	$-\beta_2$
$n_6(1)$	β_4
$T_1 n_6(1)$	non propre
$n(\rho_5, \text{"}\rho_5\beta_2\text{"})$	β_2
$\nu_1 n(\rho_5, \text{"}\rho_5\beta_2\text{"})$	β_6
$n_6(-2)\nu_1 n(\rho_5, \text{"}\rho_5\beta_2\text{"})$	$-\beta_6$

Tableau II

8. L'image de l'application $N_v(\rho_2, \beta_2) : I_v(\beta_2) \to I_v(-\beta_2)$ correspond à l'image $\mathrm{Im}(N)$ de l'application $N : H(\beta_2) \to H(-\beta_2)$ qui est la multiplication à droite par $n(\rho_2, \beta_2)$. On a $n(\rho_2, \beta_2) = n_1(1)n_6(2)n_1(1)$. Remarquons que $\nu_1 n_1(1) = 0$. Donc N annule les vecteurs de (II) qui se terminent par ν_1. D'autre part $n(\rho_5\text{"}\rho_5\beta_2\text{"})n(\rho_2, \beta_2)$ est la valeur en β_2 de la restriction à S_1 de $n(\rho_5\rho_2, \rho_5\lambda)$. Or $\rho_5\rho_2 = \rho_2\rho_5 = \sigma(\pi)$, d'où

$$n(\rho_5\rho_2, \rho_5\lambda) = n(\rho_2, \rho_5\lambda)n(\rho_5, -\lambda),$$

et

$$\begin{aligned} n(\rho_5, \text{"}\rho_5\beta_2\text{"})n(\rho_2, \beta_2) &= n(\rho_2, \beta_2)n(\rho_5, \text{"}-\beta_2\text{"}), \\ &= n_1(1)n_6(2)n_1(1)n(\rho_5, \text{"}-\beta_2'\text{"}). \end{aligned}$$

L'image par N des deux derniers vecteurs de (II) est le terme ci-dessus multiplié à gauche par ν_1, resp. $n_6(-2)\nu_1$. Puisque $\nu_1 n_1(1) = 0$, elle est donc nulle. Finalement $\mathrm{Im}(N)$ est engendrée par les vecteurs suivants de $H(-\beta_2)$:

$$e_1 = n(\rho_2, \beta_2),\ e_2 = n_6(1)n(\rho_2, \beta_2),$$

$$e_3 = T_1 n_6(1)n(\rho_2, \beta_2),\ e_4 = n(\rho_5, \text{"}\rho_5\beta_2\text{"})n(\rho_2, \beta_2).$$

On vérifie qu'ils sont linéairement indépendants.

Notons $n(\rho_5, \text{"}\rho_2\beta_2\text{"})$, resp. $n(\rho_5, \text{"}\beta_2\text{"})$, la valeur en $\lambda = \beta_2$ de la fonction $n(\rho_5, \rho_2\lambda)$, resp. $n(\rho_5, \lambda)$, restreinte à S_1. L'endomorphisme E_v de $I_v(-\beta_2)$ se traduit par l'endomorphisme de $H(-\beta_2)$ encore noté E_v qui est la multiplication à droite par $n(\rho_5, \text{"}\rho_2\beta_2\text{"})$. Le terme

$n(\rho_2,\beta_2)n(\rho_5,\text{“}\rho_2\beta_2\text{”})$ est la valeur en β_2 de la restriction à S_1 de $n(\rho_2\rho_5,\lambda)$. On a

$$n(\rho_2\rho_5,\lambda) = n(\rho_5\rho_2,\lambda) = n(\rho_5,\lambda)n(\rho_2,\rho_5\lambda),$$

d'où

$$n(\rho_2,\beta_2)n(\rho_5,\text{“}\rho_2\beta_2\text{”}) = n(\rho_5,\text{“}\beta_2\text{”})n(\rho_2,\beta_2). \tag{10}$$

On voit comme au §4 qu'il existe un terme $p(\lambda) \in H(\lambda)$ dépendant holomorphiquement de λ au voisinage de β_2 de sorte que

$$n(\rho_5,\lambda) = \underline{1} + \frac{x+y}{y+1}p(\lambda).$$

On a alors

$$n(\rho_5,\rho_5\lambda) = \underline{1} + \frac{x+y}{3x+2y-1}p(\rho_5\lambda),$$

d'où

$$\begin{aligned} &n(\rho_5,\text{“}\beta_2\text{”}) = \underline{1} + p(\beta_2),\ n(\rho_5,\text{“}\rho_5\beta_2\text{”}) = \underline{1} + \frac{1}{2}p(\beta_2), \\ &n(\rho_5,\text{“}\beta_2\text{”}) = 2n(\rho_5,\text{“}\rho_5\beta_2\text{”}) - \underline{1}, \end{aligned} \tag{11}$$

et

$$n(\rho_2,\beta_2)n(\rho_5,\text{“}\rho_2\beta_2\text{”}) = 2n(\rho_5,\text{“}\rho_5\beta_2\text{”})n(\rho_2,\beta_2) - n(\rho_2,\beta_2). \tag{12}$$

Autrement dit $E_v(e_1) = 2e_4 - e_1$.

Considérons $n_6(1)n(\rho_5,\text{“}\rho_5\beta_2\text{”})n(\rho_2,\beta_2)$. C'est la valeur en β_2 de la restriction à S_1 de $n(\rho_6,\rho_1\rho_6\lambda)n\ (\rho_5,\rho_5\lambda)n(\rho_2,\lambda)$, i.e. de $n(\rho_3,\rho_1\rho_6\lambda)$. Ce dernier terme est holomorphe en β_2, sa valeur est

$$n_1(0)n_6(1)n(\rho_2,\beta_2)$$

ou encore $n_6(1)n(\rho_2,\beta_2)$ puisque $n_1(0) = \underline{1}$. Grâce à (12), on obtient

$$n_6(1)n(\rho_2,\beta_2)n(\rho_5,\text{“}\rho_2\beta_2\text{”}) = n_6(1)n(\rho_2,\beta_2), \tag{13}$$

i.e. $E_v(e_2) = e_2$. Par multiplication à gauche par T_1, on a aussi $E_v(e_3) = e_3$.

Considérons $n(\rho_5,\text{“}\rho_5\beta_2\text{”})^2$. D'après (11), c'est

$$\frac{1}{2}n(\rho_5,\text{“}\beta_2\text{”})n(\rho_5,\text{“}\rho_5\beta_2\text{”}) + \frac{1}{2}n(\rho_5,''\rho_5\beta_2'').$$

Or $n(\rho_5,\text{“}\beta_2\text{”})n(\rho_5,\text{“}\rho_5\beta_2\text{”})$ est la valeur en β_2 de la restriction à S_1 de $n(\rho_5,\lambda)\ n(\rho_5,\rho_5\lambda)$, i.e. de $\underline{1}$. D'où

$$n(\rho_5,\text{“}\rho_5\beta_2\text{”})^2 = \underline{1}/2 + \frac{1}{2}n(\rho_5,\text{“}\rho_5\beta_2\text{”}).$$

Grâce à (12), on obtient

$$n(\rho_5,\text{“}\rho_5\beta_2\text{”}n(\rho_2,\beta_2)n(\rho_5,\text{“}\rho_2\beta_2\text{”}) = n(\rho_2,\beta_2),$$

i.e. $E_v(e_4) = e_1$. Posons $f_1 = 2e_4 + e_1,\ f_2 = e_2,\ f_3 = e_3,\ f_4 = e_4 - e_1$. On voit que ces éléments forment une base de $\mathrm{Im}(N)$ et sont vecteurs propres de E_v. Les valeurs propres associées sont 1 pour f_1, f_2, f_3 et -2 pour f_4.

Notons que la relation (13) peut s'écrire

$$(14) \qquad E_v N_v(\rho_2, \beta_2) N_v(\rho_6, \beta_4) = N_v(\rho_2, \beta_2) N_v(\rho_6, \beta_4).$$

Par adjonction, (13) devient

$$n(\rho_5, \text{“}\beta_2\text{”}) n(\rho_2, \beta_2) n_6(1) = n(\rho_2, \beta_2) n_6(1),$$

d'où, d'après (10):

$$n(\rho_2, \beta_2) n(\rho_5, \text{“}\rho_2\beta_2\text{”}) n_6(1) = n(\rho_2, \beta_2) n_6(1).$$

Cela peut s'écrire

$$(15) \qquad N_v(\rho_6, -\beta_2) E_v N_v(\rho_2, \beta_2) = N_v(\rho_6, -\beta_2) N_v(\rho_2, \beta_2).$$

Notons $\mathrm{Im}(N)^\circ$ le sous-espace de $H(-\beta_2)$ engendré par f_1, f_2, f_3 et $\mathrm{Im}(N)' = \mathbb{C} f_4$. Ce sont des sous-$H$-modules de $H(-\beta_2)$. On calcule assez facilement les actions des générateurs de H dans ces espaces. On obtient

$$T_6 f_4 = -f_4, \; T_1 f_4 = X_1 f_4 = X_6 f_4 = q f_4;$$

dans la base f_1, f_2, f_3 de $\mathrm{Im}(N)^\circ$:

$$T_1 = \begin{bmatrix} q & 0 & 0 \\ 0 & 0 & q \\ 0 & 1 & q-1 \end{bmatrix} \qquad T_6 = \begin{bmatrix} -1 & 0 & -q \\ 3(q+1) & q & 3q \\ 0 & 0 & q \end{bmatrix}$$

$$X_1 = \begin{bmatrix} q & 0 & 0 \\ 0 & q & q(q-1) \\ 0 & 0 & q \end{bmatrix} \qquad X_6 = \begin{bmatrix} q & 0 & 0 \\ 0 & q^2 & 0 \\ 0 & 0 & q^2 \end{bmatrix}$$

On voit que $\mathrm{Im}(N)^\circ$ est irréductible et possède un vecteur sur lequel T_1 et T_6 agissent par multiplication par q, à savoir

$$-q f_1 + (q+1)(f_2 + f_3).$$

On note V_v, resp. V_v', le sous-espace de $I_v(-\beta_2)$ qui correspond à $\mathrm{Im}(N)^\circ$, resp. $\mathrm{Im}(N)'$. Ils sont irréductibles et V_v possède un vecteur invariant par $\mathbf{K}_v$. L'opérateur E_v agit par l'identité sur V_v, par multiplication par -2 sur V_v'.

9. En se rappelant la définition de J (cf. §6) et en utilisant les formules (14) et (15), on peut écrire la forme hermitienne sur $I(\beta_2)_f \oplus J$ sous la forme

$$(f' \oplus g', f \oplus g) = ((1 + E/2) N(\rho_2, \beta_2)(f' + g'/3), f + g/3).$$

Alors $(I(\beta_2)_f \oplus J)/\mathrm{Ker}$ s'identifie à l'image de $I(\beta_2)_f$ par l'opérateur $(1 + E/2)\ N(\rho_2, \beta_2)$. D'après les résultats du §8, $N(\rho_2, \beta_2) I(\beta_2)_f$ est isomorphe comme $\mathbf{G}_f$-module au produit tensoriel restreint

$$\bigotimes_{v \in \Sigma} (V_v \oplus V_v'),$$

ou encore, avec les notations du §1, à $\oplus V^F$ sommé sur les sous-ensembles finis F de Σ. L'opérateur $1 + E/2$ agit sur un sous-espace V^F par multiplication par $1 + (-2)^{\mathrm{card}(F)} 2^{-1}$. Ce terme est nul si et seulement si $\mathrm{card}(F) = 1$. On en déduit

$$(I(\beta_2)_f \oplus J)/\mathrm{Ker} \simeq \bigoplus_{F \in \mathfrak{F}} V^F,$$

d'où la proposition d'après le résultat du §6.

APPENDICE IV

Groupes non connexes

On va indiquer brièvement les modifications que l'on doit apporter à la théorie quand le groupe G n'est plus supposé connexe.

1. Définitions

Soient toujours k un corps global et G un groupe défini sur k. On suppose G linéaire, i.e. on se donne un plongement $i'_G \hookrightarrow GL_n$, défini sur k, d'image fermée. Notons G^0 la composante neutre de G. On suppose G^0 réductif. On définit $i_G : G \hookrightarrow GL_{2n}$ comme en I.1.1. Il existe encore un ensemble fini S de places de k, contenant les places archimédiennes, tel que l'image de i_G soit définie et lisse sur $\mathfrak{o}^S$.

Lemme. *Pour presque toute place $v \notin S$, on a l'égalité $G(k_v) = G^0(k_v)G(\mathfrak{o}_v)$.*

$\mathbb{P}$. Rappelons (cf. [Bor] §1.3) que toute composante connexe de G est définie sur une extension séparable de k. Notons k_s une clôture séparable de k, $\mathfrak{c}$ l'ensemble fini des composantes connexes de G. Le groupe $\mathrm{Gal}(k_s/k)$ agit dans $\mathfrak{c}$. Pour $C \in \mathfrak{c}$, notons k_C le corps de définition de C, i.e. $\mathrm{Gal}(k_s/k_C)$ est le fixateur de C dans $\mathrm{Gal}(k_s/k)$. Quitte à accroitre S, on peut supposer que toute composante C est définie sur $\mathfrak{o}_C^S$, où $\mathfrak{o}_C^S$ est l'anneau des S-entiers de k_C. Pour toute valuation v de k, fixons un prolongement $\overline{v}$ de v à k_s. Si k' est une extension séparable de k, notons encore $\overline{v}$ la restriction de $\overline{v}$ à k'. Notons enfin

$\mathfrak{c}(\overline{v})$ le sous-ensemble des $C \in \mathfrak{c}$ tels que $k_{C,\overline{v}} = k_v$. Pour $v \notin S$, on a les isomorphismes

$$G(k_v) \simeq \bigcup_{C \in \mathfrak{c}(\overline{v})} C(k_{C,\overline{v}}),$$

$$G(\mathfrak{o}_v) \simeq \bigcup_{C \in \mathfrak{c}(\overline{v})} C(\mathfrak{o}_{C,\overline{v}}).$$

Il nous suffit alors de démontrer l'assertion suivante: soit $C \in \mathfrak{c}$, notons S_C l'ensemble des places de k_C dont la restriction à k appartient à S; alors pour presque toute place v de k_C, $v \notin S_C$, l'ensemble $C(\mathfrak{o}_{C,v})$ est non vide. Fixons donc C. Quitte à accroitre S_C, on peut supposer qu'il existe un groupe $G^0_{\mathfrak{o}}$, une variété $C_{\mathfrak{o}}$ et une action de $G^0_{\mathfrak{o}}$ sur $C_{\mathfrak{o}}$, le tout défini sur $\mathfrak{o}_C^{S_C}$, de sorte que le groupe G^0, vu comme groupe sur k_C, la variété C et l'action de G^0 sur C proviennent des objets précédents par extension des scalaires de $\mathfrak{o}_C^{S_C}$ à k_C. Pour toute place finie v de k_C, notons f_v le corps résiduel de $\mathfrak{o}_{C,v}$. Quitte à accroitre S_C, on peut supposer que pour $v \notin S_C$, les variétés résiduelles $G^0_{\mathfrak{o}} \times_{\mathfrak{o}_{C,v}} f_v$, $C_{\mathfrak{o}} \times_{\mathfrak{o}_{C,v}} f_v$ sont connexes. Alors pour $v \notin S_C$, $C_{\mathfrak{o}} \times_{\mathfrak{o}_{C,v}} f_v$ est un espace principal homogène sous un groupe connexe. Un tel espace a un point sur f_v. Donc $C_{\mathfrak{o}} \times_{\mathfrak{o}_{C,v}} f_v(f_v) \neq \emptyset$. Par un lemme hensélien, $C_{\mathfrak{o}}(\mathfrak{o}_{C,v})$ est lui aussi non vide. Or $C_{\mathfrak{o}}(\mathfrak{o}_{C,v}) = C(\mathfrak{o}_{C,v})$. Cela achève la démonstration. □

2. Sous-groupes de Lévi

Fixons un sous-groupe parabolique $P^0_{\min}$ de G^0, défini sur k, minimal (c'est le P_0 du chapitre I) et un sous-groupe de Lévi $M^0_{\min}$ de $P^0_{\min}$, défini sur k. Soient $P^0 = M^0U$ un sous-groupe parabolique standard de G^0 (défini sur k), T_{M^0} le plus grand tore déployé du centre de M^0. Notons M le centralisateur de T_{M^0} dans G. C'est un sous-groupe défini sur k. On a $M \cap G^0 = M^0$ et M normalise M^0 et U. On pose $P = MU$. Par définition, on appellera sous-groupe parabolique, resp. de Lévi, standard de G un groupe P, resp. M, ainsi construit.

Remarques

(a) En général, G n'apparait pas comme l'un de ses sous-groupes paraboliques standards.

(b) Avec une notation évidente, si $M^0_1 \subset M^0_2$, alors $M_1 \subset M_2$.

Soient M^0 et M comme ci-dessus, k' une extension de k, $m \in M(k')$ et $\chi \in \mathrm{Rat}(M^0)$. Montrons que l'on a:

(1) $$\text{pour tout } m^0 \in M^0(k'),\ \chi(m^{-1}m^0m) = \chi(m^0).$$

$\mathbb{P}$. Soit $\overline{k}$ une clôture algébrique de k. Comme $M(k') \subset M(\overline{k})M^0(k'\overline{k})$, on peut supposer $k' = \overline{k}$. Notons $\mathrm{Rat}_{\overline{k}}M^0$ le groupe des caractères algébriques de M^0 définis sur $\overline{k}$. Le groupe, noté Γ, des automorphismes de $\overline{k}/k$, opère dans $\mathrm{Rat}_{\overline{k}}M^0$. On sait que tout caractère algébrique de M^0 est défini sur une extension séparable de k. Donc $\mathrm{Rat}(M^0) = (\mathrm{Rat}_{\overline{k}}M^0)^\Gamma$ (le sous-groupe des invariants par Γ). D'autre part $M(\overline{k})$ opère dans $\mathrm{Rat}_{\overline{k}}M^0$. L'action se factorise par le quotient fini $\mathfrak{m} = M(\overline{k})/M^0(\overline{k})$. On doit montrer que

$$(2) \qquad (\mathrm{Rat}_{\overline{k}}M^0)^\Gamma \subset (\mathrm{Rat}_{\overline{k}}M^0)^{\mathfrak{m}}.$$

Décomposons $V = (\mathrm{Rat}_{\overline{k}}M^0) \bigotimes_{\mathbb{Z}} \mathbb{C}$ en somme de sous-espaces $\mathfrak{m}$-isotypiques

$$V = \oplus V_\tau,$$

où τ parcourt l'ensemble des représentations irréductibles de $\mathfrak{m}$. Pour $\gamma \in \Gamma$, on a $\gamma V_\tau = V_{\gamma\tau}$, où $(\gamma\tau)(m) = \tau(\gamma^{-1}m)$. En particulier V_1 et $\bigoplus_{\tau\neq 1} V_\tau$ sont stables par Γ. D'où $V^\Gamma = V_1^\Gamma \oplus (\bigoplus_{\tau\neq 1} V_\tau)^\Gamma$. Considérons la restriction

$$r : V \longrightarrow (\mathrm{Rat}_{\overline{k}}T_{M^0}) \bigotimes_{\mathbb{Z}} \mathbb{C}.$$

Elle est $\mathfrak{m} \times \Gamma$-équivariante pour les actions naturelles de $\mathfrak{m}$ et Γ. Or ces actions sont triviales sur l'espace d'arrivée. Donc $\oplus_{\tau\neq 1} V_\tau \subset \mathrm{Ker}(r)$. Or on sait que r induit un isomorphisme de V^Γ sur $(\mathrm{Rat}_{\overline{k}}T_{M^0}) \bigotimes_{\mathbb{Z}} \mathbb{C}$. D'où $(\bigoplus_{\tau\neq 1} V_\tau)^\Gamma = \{0\}$ puis $V^\Gamma = V_1^\Gamma \subset V^{\mathfrak{m}}$. En coupant par le réseau $\mathrm{Rat}_{\overline{k}}M^0$, on obtient (2). □

Soit $\chi \in \mathrm{Rat}(M^0)$. On sait définir un caractère $|\chi| : M^0(\mathbb{A}) \to \mathbb{R}_+^\times$. Montrons que:

(3) il existe un unique caractère, encore noté $|\chi| : M(\mathbb{A}) \to \mathbb{R}_+$ qui prolonge le caractère $|\chi|$ de $M^0(\mathbb{A})$.

$\mathbb{P}$. Il suffit de démontrer, pour toute place v, l'assertion analogue obtenue en remplaçant $\mathbb{A}$ par k_v. Fixons une section (ensembliste) $s : M(k_v)/M^0(k_v) \to M(k_v)$. Pour $m_1, m_2 \in M(k_v)/M^0(k_v)$, posons $c(m_1, m_2) = |\chi|(s(m_1)s(m_2)s(m_1m_2)^{-1})$. On voit grâce à (1) que c est un 2-cocyle à valeurs dans $\mathbb{R}_+^\times$, muni de l'action triviale de $M(k_v)/M^0(k_v)$. Or $H^2(M(k_v)/M^0(k_v), \mathbb{R}_+^\times) = 0$ car $M(k_v)/M^0(k_v)$ est fini et $\mathbb{R}_+^\times$ est uniquement divisible. Il existe donc une application $c' : M(k_v) \to \mathbb{R}_+^\times$ telle que $c(m_1, m_2) = c'(m_1)c'(m_2)c'(m_1m_2)^{-1}$ pour tous $m_1, m_2 \in M(k_v)/M^0(k_v)$. Soit alors $m \in M(k_v)$. On peut écrire, de façon unique, $m = s(m_1)m^0$, avec $m_1 \in M(k_v)/M^0(k_v)$, $m^0 \in$

$M^0(k_v)$. Posons $|\chi|(m) = c'(m_1)|\chi|(m^0)$. Cela définit une application $|\chi| : M(k_v) \to \mathbb{R}_+^\times$ dont on vérifie qu'elle résout notre problème. L'unicité est facile. □

On peut alors définir comme en I.1.4 des groupes M^1, X_M, l'espace $\mathfrak{a}_M$, d'ailleurs égal à $\mathfrak{a}_{M^0}$, etc... On a une injection

$$M^{0,1}\backslash M^0(\mathbb{A}) \longrightarrow M^1\backslash M(\mathbb{A})$$

de conoyau fini et une surjection

$$X_{M^0} \longleftarrow X_M$$

de noyau fini. Si k est un corps de nombres, il s'agit de bijections.

3. Groupe de Weyl

Notons $T_{\min}$ le plus grand sous-tore déployé du centre de $M^0_{\min}$. Notons $\mathrm{Norm}_{G(k)}T_{\min}$ son normalisateur dans $G(k)$. On pose

$$W = \mathrm{Norm}_{G(k)}T_{\min}/M^0_{\min}(k).$$

On appelle W le groupe de Weyl de G. Il contient le groupe de Weyl W^0 de G^0 comme sous-groupe distingué. Notons $\mathrm{Norm}_{G(k)}(T_{\min}, P^0_{\min})$ le sous-groupe des éléments de $G(k)$ qui normalisent à la fois $T_{\min}$ et $P^0_{\min}$. Posons

$$B = \mathrm{Norm}_{G(k)}(T_{\min}, P^0_{\min})/M^0_{\min}(k).$$

C'est un sous-groupe de W et on a la décomposition en produit semi-direct

(1) $$W \simeq W^0 \lessdot B.$$

En effet aucun élément de W^0 ne normalise $P^0_{\min}$ sauf l'identité, d'où $B \cap W^0 = \{1\}$. Pour montrer que $W = W^0B$, il suffit de montrer que

$$G(k) = G^0(k)\mathrm{Norm}_{G(k)}(T_{\min}, P^0_{\min}).$$

Or si $g \in G(k)$, $\mathrm{ad}(g)T_{\min} \subset \mathrm{ad}(g)P^0_{\min}$ sont un tore déployé défini sur k maximal, resp. un sous-groupe parabolique défini sur k minimal. Une telle paire est conjuguée dans $G^0(k)$ à $(T_{\min}, P^0_{\min})$. I.e. il existe $g^0 \in G^0(k)$ tel que $g^0g \in \mathrm{Norm}_{G(k)}(T_{\min}, P^0_{\min})$ ce qui démontre notre assertion.

Le groupe W normalise $T_{\min}$ donc aussi $M^0_{\min}$ et son Lévi associé $M_{\min}$ de G. Il agit sur $\mathrm{Rat}(M^0_{\min})$, $\mathfrak{a}_{M^0}$ etc... Cette action n'est en général pas fidèle: son noyau est précisément le groupe de Weyl $W_{M_{\min}}$ du Lévi $M_{\min}$.

Soit M^0 un Lévi standard de G^0 et M son Lévi associé. On pose

$$W_M = W \cap (M(k)/M^0_{\min}(k)).$$

C'est l'analogue de W pour M. Posons encore

$$W_M^0 = W^0 \cap (M^0(k)/M^0_{\min}(k)), \ B_M = B \cap (M(k)/M^0_{\min}(k)).$$

On a la décomposition

$$W_M \simeq W_M^0 \lessdot B_M.$$

En effet c'est l'analogue de (1) pour le groupe M, à condition de montrer que B_M est bien l'analogue de B, i.e. que l'on a l'égalité

$$\mathrm{Norm}_{G(k)}(T_{\min}, P^0_{\min})\ M(k) = \mathrm{Norm}_{M(k)}(T_{\min}, P^0_{\min}M^0).$$

Mais si U est le radical unipotent du sous-groupe parabolique standard de G^0 de Lévi M^0, on a déjà remarqué que M normalisait U. Comme $P^0_{\min} = (P^0_{\min} \cap M^0)U$, c'est la même chose pour un élément de $M(k)$ de normaliser $P^0_{\min}$ ou $P^0_{\min} \cap M^0$.

Soient $P = MU$ et $P' = M'U'$ deux sous-groupes paraboliques standards de G. Posons $P^0 = P \cap G^0$, $P'^0 = P' \cap G^0$. Grâce aux propriétés ci-dessus, la décomposition de Bruhat bien connue pour $G^0(k)$ se généralise en les décompositions en unions disjointes

$$G(k) = \bigcup_{w \in W^0_{M'} \backslash W / W^0_M} P'^0(k)\dot{w}P^0(k) = \bigcup_{w \in W_{M'} \backslash W / W_M} P'(k)\dot{w}P(k),$$

où $\dot{w}$ est un représentant de w.

4. Sous-groupe compact

Soient v une place de k et K_v un sous-groupe de $G(k_v)$. Considérons les conditions

(i) K_v est un sous-groupe compact maximal de $G(k_v)$;

(ii) on a l'égalité $G(k_v) = P^0_{\min}(k_v)K_v$.

Si v est archimédienne, il existe K_v vérifiant ces conditions. Fixons-en un. Le lemme 1 et les propriétés analogues pour le groupe G^0 montrent qu'il existe un ensemble fini S_0 de places finies de k tel que si v est une place finie et $v \notin S_0$, le groupe $K_v = G(\mathfrak{o}_v)$ vérifie ces conditions. Fixons un tel S_0. Pour une place finie $v \notin S_0$, posons $K_v = G(\mathfrak{o}_v)$.

Pour $v \in S_0$, il n'est pas toujours possible de trouver K_v vérifiant les conditions (i) et (ii). On fixe alors un sous-groupe compact maximal K_v de $G^0(k_v)$ vérifiant l'analogue de (ii) pour le groupe G^0. On choisit un ensemble (fini) D_v de représentants de l'ensemble de doubles classes

$$P^0_{\min}(k_v)\backslash G(k_v)/K_v.$$

On pose $K = \prod_v K_v$, $D = \prod_v D_v$, où $D_v = \{1\}$ si $v \notin S_0$. On a la décomposition en union disjointe

$$G(A) = \bigcup_{d \in D} P^0_{\min}(\mathbb{A})dK.$$

Soit $P = MU$ un sous-groupe parabolique standard de G. On doit fixer un sous-groupe compact de $M(\mathbb{A})$ analogue du sous-groupe K de $G(\mathbb{A})$. Pour toute place v, on choisit pour sous-groupe compact maximal de $M(k_v)$ (resp. $M^0(k_v)$ si $v \in S_0$) un tel sous-groupe contenant l'image de $P(k_v) \cap K_v$ par l'application $P(k_v) \to P(k_v)/U(k_v) \simeq M(k_v)$.

5. Revêtements, centres

Soit $\mathbf{G}$ un groupe topologique qui est un revêtement fini et central de $G(\mathbb{A})$. On suppose que $G(k)$ se relève dans $\mathbf{G}$. On note $\mathbf{K}$ l'image réciproque de K dans $\mathbf{G}$ et on fixe un sous-ensemble, noté encore D, de $\mathbf{G}$, qui se projette bijectivement sur le sous-ensemble D de $G(\mathbb{A})$ fixé au §4.

Soit $P = MU$ un sous-groupe parabolique standard de G. On note $\mathbf{M}$ et $\mathbf{M}^1$ les images réciproques de $M(\mathbb{A})$ et M^1 dans $\mathbf{G}$. On définit comme dans le cas connexe l'application

$$\log_M : \mathbf{M}^1 \backslash \mathbf{M} \longrightarrow \mathrm{Re}\ \mathfrak{a}_M.$$

Un problème se pose pour le centre. Le groupe algébrique Z_G est bien défini mais $Z_G(\mathbb{A})$ n'est pas en général le centre de $G(\mathbb{A})$. Il en est toutefois ainsi si $G(k)$ coupe toute composante connexe de G. On notera $Z_{\mathbf{G}}$ l'intersection du centre de $\mathbf{G}$ avec l'image réciproque de $Z_G(\mathbb{A})$.

De même que d'un Lévi M se déduit un groupe M^1, du groupe Z_G se déduit un groupe Z_G^1. Posons $Z_{\mathbf{G}}^1 = Z_{\mathbf{G}} \cap pr^{-1}(Z_G^1)$. Alors le lemme I.1.5 reste vrai.

$\mathbb{P}$. On montre comme en I.1.5 que les sous-groupes $Z_G(k)Z_{\mathbf{G}}^1$ et $G(k)Z_{\mathbf{G}}^1$ sont fermés dans $\mathbf{G}$ et que le quotient $Z_G(k) \cap Z_{\mathbf{G}} \backslash Z_{\mathbf{G}}^1$ est compact. Posons $Z'_G = Z_G \cap G^0$, $Z'_{\mathbf{G}} = Z_{\mathbf{G}} \cap pr^{-1}(Z'_G(\mathbb{A}))$. Comme $Z'_G(k)$ est d'indice fini dans $Z_G(k)$, le quotient $Z'_G(k) \cap Z_{\mathbf{G}} \backslash Z_{\mathbf{G}}^1$ est lui aussi compact. A fortiori $Z'_{\mathbf{G}} \cap Z_{\mathbf{G}}^1 \backslash Z_{\mathbf{G}}^1$. Il est clair que $Z'_{\mathbf{G}} Z_{\mathbf{G}}^1$ est d'indice fini dans $Z_{\mathbf{G}}$. Donc $Z'_{\mathbf{G}} \backslash Z_{\mathbf{G}}$ est compact. La fin de la démonstration de I.1.5 montre que $Z'_G(k)Z'_{\mathbf{G}}$ et $G^0(k)Z'_{\mathbf{G}}$ sont des sous-groupes fermés de $\mathbf{G}$. Comme le produit d'un fermé et d'un compact est fermé, $Z'_G(k)Z_{\mathbf{G}}$ et $G^0(k)Z_{\mathbf{G}}$ sont aussi fermés, donc aussi $Z_G(k)Z_{\mathbf{G}}$ et $G(k)Z_{\mathbf{G}}$. □

Notons comme au §2 $\overline{k}$ une clôture algébrique de k, Γ le groupe des automorphismes de $\overline{k}/k$ et $\mathfrak{m} = G(\overline{k})/G^0(\overline{k})$. Le groupe $(\mathrm{Rat}_{\overline{k}} G^0)^{\mathfrak{m}}$ est invariant par Γ. Considérons l'espace $\mathrm{Re}\ \mathfrak{a}_G^* = ((\mathrm{Rat}_{\overline{k}} G^0)^{\mathfrak{m}})^{\Gamma} \bigotimes_{\mathbb{Z}} \mathbb{R}$. Comme $((\mathrm{Rat}_{\overline{k}} G^0)^{\mathfrak{m}})^{\Gamma} \subset \mathrm{Rat}(G^0)$, on a $\mathrm{Re}\,\mathfrak{a}_G^* \subset \mathrm{Re}\,\mathfrak{a}_{G^0}^*$. D'un élément $x \in \mathrm{Re}\,\mathfrak{a}_G^*$, on déduit un caractère de $\mathbf{G}^0$ à valeurs dans $\mathbb{R}_+^\times$. Comme

x est invariant par $\mathfrak{m}$, on montre comme au §2 que ce caractère s'étend en un caractère de $\mathbf{G}$ à valeurs dans $\mathbb{R}_+^\times$, noté ξ_x. Il est trivial sur $G(k)$ car il l'est sur $G^0(k)$ et $G^0(k)$ est d'indice fini dans $G(k)$. Posons Re $X_G = \{\xi_x;\ x \in \text{Re } \mathfrak{a}_G^*\}$. On a la propriété suivante:

(*) l'application de restriction de $\mathbf{G}$ à $Z_{\mathbf{G}}$ définit un isomorphisme entre Re X_G et le groupe des caractères de $Z_{\mathbf{G}}$, triviaux sur $Z_G(k) \cap Z_{\mathbf{G}}$, à valeurs dans $\mathbb{R}_+^\times$.

$\mathbb{P}$. Grâce au lemme I.1.5, on voit que ce dernier groupe s'identifie, via la projection pr: $\mathbf{G} \to G(\mathbb{A})$, au groupe des caractères de $Z_G^1 \backslash Z_G(\mathbb{A})$, à valeurs dans $\mathbb{R}_+^\times$. Lui-même s'identifie à $\text{Rat}(Z_G^0) \otimes_{\mathbb{Z}} \mathbb{R}$. Or on a l'égalité

$$\text{Rat}(Z_G^0) = (\text{Rat}_{\bar{k}} Z_G^0)^\Gamma,$$

et des applications

$$(\text{Rat}_{\bar{k}} Z_{G^0}^0) \longrightarrow \text{Rat}_{\bar{k}} Z_G^0,$$

$$\text{Rat}_{\bar{k}} G^0 \longrightarrow \text{Rat}_{\bar{k}} Z_{G^0}^0$$

injectives et de conoyau fini. On en déduit l'isomorphisme

$$\text{Re } \mathfrak{a}_G^* \simeq \text{Rat}(Z_G^0) \bigotimes_{\mathbb{Z}} \mathbb{R},$$

ce qui achève la démonstration. □

On note Re $\mathfrak{a}_G$ le sous-espace de Re $\mathfrak{a}_{M_{\min}}$ engendré par l'image de l'application

$$Z_{\mathbf{G}} \longrightarrow \mathbf{M}_{\min}^1 \backslash \mathbf{M}_{\min} \overset{\log_{M_{\min}}}{\longrightarrow} \text{Re } \mathfrak{a}_{M_{\min}}.$$

Notons qu'en général, il est différent de Re $\mathfrak{a}_{G^0}$. On note Re $\mathfrak{a}_{M_{\min}}^G$ l'annulateur dans Re $\mathfrak{a}_{M_{\min}}$ de Re $\mathfrak{a}_G^*$ ($\subset$ Re $\mathfrak{a}_{G^0}^* \subset$ Re $\mathfrak{a}_{M_{\min}}^*$). Ces espaces sont invariants par W et on a la décomposition

$$\text{Re } \mathfrak{a}_{M_{\min}} = \text{Re } \mathfrak{a}_G \oplus \text{Re } \mathfrak{a}_{M_{\min}}^G.$$

On munit Re $\mathfrak{a}_{M_{\min}}$ d'un produit scalaire invariant par W et pour lequel la décomposition ci-dessus est orthogonale.

6. Formes automorphes

Soit M un sous-groupe de Lévi standard de G et $M^0 = M \cap G^0$. On a défini en I.2.1 un sous-groupe $A_{\mathbf{M}^0}$ de $Z_{\mathbf{M}^0}$. On pose $A_{\mathbf{M}} = A_{\mathbf{M}^0} \cap Z_{\mathbf{M}}$. Comme $\text{pr}(A_{\mathbf{M}^0}) \subset T_{M^0}(\mathbb{A})$ et que M commute à T_{M^0}, on voit aisément que $A_{\mathbf{M}}$ est d'indice fini dans $A_{\mathbf{M}^0}$. Il y a égalité si k est un corps de nombres. On définit $A_{\mathbf{M}}^G$ comme en I.2.1.

On définit comme dans le cas connexe la notion de fonction à croissance modérée sur $\mathbf{G}$. En fait une fonction $f : \mathbf{G} \to \mathbb{C}$ est à croissance modérée si et seulement si il existe une fonction $f^0 : \mathbf{G}^0 \to \mathbb{R}_+$, à croissance modérée telle que pour tous $g \in \mathbf{G}^0$, $k \in D\mathbf{K}$, $|f(gk)| \leq f^0(g)$. Si k est un corps de nombres, notons $\mathfrak{z}^0$ le centre de l'algèbre enveloppante de l'algèbre de Lie de $\mathbf{G}_\infty$ et $\mathfrak{z}$ la sous-algèbre des éléments invariants par $\mathbf{G}_\infty$. Si k est un corps de fonctions, on note $\mathfrak{z}^0$ le centre de Bernstein de $\mathbf{G}^0_{v_0}$ et $\mathfrak{z}$ la sous-algèbre des éléments invariants par $\mathbf{G}_{v_0}$. Dans les deux cas, $\mathfrak{z}^0$ est un $\mathfrak{z}$-module de type fini. Soit $\phi : G(k)\backslash\mathbf{G} \to \mathbb{C}$ une fonction. On dit que ϕ est automorphe si elle vérifie les conditions (i) à (iv) de I.2.17. Il revient au même de demander que ϕ soit lisse, $\mathbf{K}$-finie et que pour tout $k \in D\mathbf{K}$, la fonction $\phi^0_k : G^0(k)\backslash\mathbf{G}^0 \to \mathbb{C}$ définie par

$$\phi^0_k : g \longmapsto \phi(gk)$$

soit automorphe.

Soit $P = MU$ un sous-groupe parabolique standard de G. Pour toute fonction ϕ sur $U(k)\backslash\mathbf{G}$, mesurable et localement L^1, on définit comme dans le cas connexe son terme constant ϕ_P qui est une fonction sur $U(\mathbb{A})\backslash\mathbf{G}$ mesurable et localement L^1. Soit alors ϕ une forme automorphe sur $G(k)\backslash\mathbf{G}$. On dit que ϕ est cuspidale si pour tout sous-groupe parabolique standard $P \subsetneq G$, on a $\phi_P = 0$. Cette définition masque une astuce. Supposons que G vérifie la condition

(*) G commute à T_{G^0} (= le plus grand tore déployé dans le centre de G^0).

Alors ϕ est cuspidale si et seulement si pour tout $k \in D\mathbf{K}$, la fonction ϕ^0_k est cuspidale. Supposons au contraire que G ne vérifie pas la condition (*). Notons G' le commutant de T_{G^0}. Selon nos définitions, $G' \subsetneq G$ est un sous-groupe parabolique standard de G. Comme $\phi_{G'} = \phi$, la seule forme cuspidale sur $G(k)\backslash\mathbf{G}$ est alors la fonction nulle.

On adopte les mêmes notations $A(G(k)\backslash\mathbf{G})$ etc... que dans le cas connexe. Soit $P = MU$ un sous-groupe parabolique standard de G. On définit de même les notions de forme automorphe et de forme automorphe cuspidale sur $U(\mathbb{A})M(k)\backslash\mathbf{G}$. Remarquons que par définition M est un groupe vérifiant la condition (*).

Supposons que G vérifie la condition (*). Alors le quotient $Z_\mathbf{G}(Z_{G^0}(k) \cap Z_{\mathbf{G}^0})\backslash Z_{\mathbf{G}^0}$ est compact. Les propriétés suivantes résultent alors des propriétés analogues pour le groupe G^0:

- $Z_\mathbf{G}G(k)\backslash\mathbf{G}$ est de mesure finie;
- soit ξ un caractère unitaire de $Z_\mathbf{G}$; alors tout élément de $A_0(G(k)\backslash\mathbf{G})_\xi$ est de carré intégrable modulo $Z_\mathbf{G}$;
- sous la même hypothèse, $A_0(G(k)\backslash\mathbf{G})_\xi$ est dense dans $L^2_0(G(k)\backslash\mathbf{G})_\xi$;

– soit ξ un caractère de $Z_{\mathbf{G}}$; il existe une application

$$A(G(k)\backslash\mathbf{G})_\xi \longrightarrow A_0(G(k)\backslash\mathbf{G})_\xi$$
$$\phi \longmapsto \phi^{\text{cusp}}$$

analogue à celle de I.2.18.

Supposons toujours que G vérifie la condition (*). Soient $I \subset \mathfrak{z}$ un idéal de codimension finie et σ une représentation irréductible de $\mathbf{K}$. Notons $A_0(G(k)\backslash\mathbf{G})(I,\sigma)$ le sous-espace des éléments de $A_0(G(k)\backslash\mathbf{G})$ annulés par I et qui se transforment par $\mathbf{K}$ selon σ. Alors $A_0(G(k)\backslash\mathbf{G})(I,\sigma)$ est de dimension finie.

$\mathbb{P}$. L'idéal $I\mathfrak{z}^0$ de $\mathfrak{z}^0$ est de codimension finie. Posons $\mathbf{K}^0 = \mathbf{K}\cap\mathbf{G}^0$. Notons Σ l'ensemble des représentations irréductibles σ' de $\mathbf{K}^0$ telles que, pour un $d \in D$, si l'on note σ'_d et σ_d les représentations de $\mathbf{K}\cap d^{-1}\mathbf{K}^0 d$ définies par

$$\sigma'_d(k) = \sigma'(dkd^{-1}),\ \sigma_d(k) = \sigma(k),$$

on ait

$$\mathrm{Hom}_{\mathbf{K}\cap d^{-1}\mathbf{K}^0 d}(\sigma'_d,\sigma_d) \neq \{0\}.$$

L'ensemble Σ est fini. Il est clair que si $\phi \in A_0(G(k)\backslash\mathbf{G})(I,\sigma)$ et $k \in D\mathbf{K}$, la fonction ϕ^0_k appartient à

$$V = \bigoplus_{\sigma'\in\Sigma} A_0(G^0(k)\backslash\mathbf{G}^0)(I\mathfrak{z}^0,\sigma').$$

Fixons un ensemble fini $S \supset S_0$ de places de k sorte que l'on puisse relever K_v en un sous-groupe $\tilde{K}_v$ pour tout $v \notin S$ et assez grand pour que σ soit triviale sur $\tilde{K}_v$ pour tout $v \notin S$. Le quotient

$$\mathbf{K}^0\backslash\mathbf{K}^0 D\mathbf{K}/\prod_{v\notin S}\tilde{K}_v$$

est fini. Fixons un ensmble $\{k_i;\ i=1,\dots,n\} \subset D\mathbf{K}$ de représentants du quotient. L'application $\phi \mapsto (\phi^0_{k_1},\dots,\phi^0_{k_n})$ est injective sur $A_0(G(k)\backslash\mathbf{G})(I,\sigma)$. Donc cet espace s'envoie injectivement dans V^n qui est de dimension finie. □

7. Composantes cuspidales

Les définitions et énoncés de I.3.4 et I.3.5 restent valables. Les démonstrations sont identiques si G vérifie la condition (*) du §5. Sinon on introduit le commutant G' de T_{G^0}. Ce commutant vérifie (*) et des énoncés pour G' résultent immédiatement les propriétés pour G.

8. Séries d'Eisenstein

Soient $P = MU$ un sous-groupe parabolique standard de G, $\pi \in$

$\Pi_0(\mathbf{M})$ une représentation automorphe cuspidale irréductible de $\mathbf{M}$. On définit $\operatorname{Re}\pi \in \operatorname{Re} X_M \simeq \operatorname{Re}\mathfrak{a}_M^*$ et l'espace $A_0(U(\mathbb{A})M(k)\backslash\mathbf{G})_\pi$ comme dans le cas connexe.

Supposons d'abord $< \operatorname{Re}\pi, \check{\alpha} > \; > \; < \rho_P, \check{\alpha} >$ pour tout $\alpha \in \Delta(T_{M^0}, G)$. Soit $\phi \in A_0(U(\mathbb{A})M(k)\backslash\mathbf{G})_\pi$. Définissons une fonction sur $\mathbf{G}$ par

$$E(\phi,\pi)(g) = \sum_{\gamma\in P(k)\backslash G(k)} \phi(\gamma g).$$

Cette série converge et définit une forme automorphe.

$\mathbb{P}$. Ecrivons $g = g^0 k$, avec $g^0 \in \mathbf{G}^0$, $k \in D\mathbf{K}$ et identifions l'ensemble B du §4 à un système de représentants dans $\operatorname{Norm}_{G(k)}(T_{\min}, P^0_{\min})$. On peut écrire

$$E(\phi,\pi)(g) = [P(k) : P^0(k)]^{-1} \sum_{\gamma\in P^0(k)\backslash G(k)} \phi(\gamma g^0 k)$$

$$(1) \qquad E(\phi,\pi)(g) = [P(k) : P^0(k)]^{-1} \sum_{b\in B} \sum_{\gamma\in P^0(k) \ G^0(k)} \phi(\gamma b^{-1} g^0 k).$$

Fixons $b \in B$. Le groupe bPb^{-1} est un sous-groupe parabolique standard de G. Notons-le ${}^bP =^b M^b U$ et notons $b\pi$ la représentation de ${}^b\mathbf{M}$ déduite de π par conjugaison. La fonction ${}^b\phi$ définie par ${}^b\phi(g) = \phi(bg)$ appartient à $A_0({}^bU(\mathbb{A})^bM(k)\backslash\mathbf{G})_{b\pi}$. Comme $b \in \operatorname{Norm}_{G(k)}(T_{\min}, P^0_{\min})$, b envoie $\Delta(T_{M^0}, G)$ sur $\Delta(T_{{}^bM^0}, G)$, on a donc encore $<\operatorname{Re}\, b\pi, \check{\alpha} > \; >$ $< \rho_{{}^bP}, \check{\alpha} >$ pour tout $\alpha \in \Delta(T_{{}^bM^0}, G)$. Comme on l'a vu au §6, il existe un ensemble fini de représentations cuspidales irréductibles de ${}^b\mathbf{M}^0$, notées $\pi'_1, \ldots, \pi'_t$, telles que la fonction $({}^b\phi)^0_k$ appartienne à

$$\bigoplus_{i=1}^{t} A_0({}^bU(\mathbb{A})^bM^0(k)\backslash\mathbf{G}^0)_{\pi_i}.$$

On a de plus Re π_i = Re $b\pi$ pour tout i car Re π_i, resp. Re $b\pi$, est déterminé par sa restriction à $A_{{}^b\mathbf{M}^0}$, resp. $A_{{}^b\mathbf{M}}$, ces restrictions sont égales sur $A_{{}^b\mathbf{M}}$ et ce dernier est d'indice fini dans $A_{{}^b\mathbf{M}^0}$. La série définissant $E(({}^b\phi)^0_k, g^0)$ est donc convergente. Or d'après (1), on a l'égalité

$$E(\phi,\pi)(g) = [P(k) : P^0(k)]^{-1} \sum_{b\in B} \sum_{\gamma\in {}^bP^0(k)\backslash G^0(k)} \phi(b^{-1}\gamma g^0 k)$$

$$(2) \qquad = [P(k) : P^0(k)]^{-1} \sum_{b\in B} E(({}^b\phi)^0_k, g^0).$$

D'où le résultat. □

Il résulte de l'égalité (2) ci-dessus que les propriétés de prolongement analytique démontrées au chapitre IV dans le cas connexe sont encore valables dans notre situation.

Soit $P' = M'U'$ un sous-groupe parabolique standard de G. Pour tout $w \in W$ tel que $wMw^{-1} = M'$, on définit comme dans le cas connexe la représentation $w\pi$ de $\mathbf{M}'$ et l'opérateur d'entrelacement $M(w,\pi)$: $A_0(U(\mathbb{A})M(k)\backslash\mathbf{G})_\pi \to A_0(U'(\mathbb{A})M'(k)\backslash\mathbf{G})_{w\pi}$. Notons $W_1(M,M') = \{w \in W;\ wMw^{-1} = M'\}$, $B_1(M,M') = W_1(M,M') \cap B$. Dans le cas connexe, on a fixé un système de représentants $W(M,M')$ de $W_1(M,M')/W_M$: c'était l'ensemble des éléments w de longueur minimale dans leur classe wW_M. Ici il ne semble pas y avoir de système de représentants naturel de $B_1(M,M')/B_M$. Plutôt que de fixer un système de représentants arbitraire, on conservera $B_1(M,M')$ tout entier, ce qui conduira à diviser toutes les formules par $|B_M| = [M(k) : M^0(k)] = [P(k) : P^0(k)]$. On posera donc:

$$W(M,M') = \bigcup_{M''} B_1(M'',M')W^0(M^0,M''^0)$$
$$= \bigcup_{M''} W^0(M''^0,M'^0)B_1(M,M'')$$

union sur tous les Lévi standards M'' de G. Cet ensemble représente le quotient

$$W_1(M,M')/W^0_{M^0}.$$

On a alors l'égalité

$$E(\phi,\pi)_{P'} = |B_M|^{-1} \sum_{w\in W(M,M')} M(w,\pi)\phi.$$

Cela résulte de l'égalité (2) et de la proposition II.1.7.

9. Fonctions m_P et trivialisation des fibrés

Soit M un sous-groupe de Levi standard de G; on note U le radical unipotent du parabolique standard de Levi M. Soit aussi $\mathfrak{P}$ une orbite sous $X_M^{\mathbf{G}}$ de représentations cupidales (automorphes suffirait ici) irréductibles de M. A diverses reprises, dans le cas connexe, on a utilisé la fonction m_P défine en I.1.4. L'introduction de cette fonction a deux types d'objet. D'une part obtenir des majorations (cf. II.1.5, II.2.5) et d'autre part trivialiser le fibré sur $\mathfrak{P}$ dont la fibre en $\pi \in \mathfrak{P}$ est l'espace $A(U(\mathbb{A})M(k)\backslash\mathbf{G})_\pi$. Les sections de ce fibré sont donc des fonctions ϕ sur $\mathfrak{P}$ à valeurs dans les fonctions sur $\mathbf{G}$ qui vérifient:

$$\phi(\pi) \in A(U(\mathbb{A})M(k)\backslash\mathbf{G})_\pi,\ \forall\pi \in \mathfrak{P}. \tag{1}$$

On généralise donc la définition de m_P sans supposer que $\mathbf{G}= U(\mathbb{A})\mathbf{MK}$, en demandant uniquement à m_P d'être une application de $\mathbf{G}$ dans $\mathbf{M}/\mathbf{M}^1$ vérifiant:

(2) $\forall g \in \mathbf{G},\ \forall u \in U(\mathbb{A}),\ \forall m \in \mathbf{M},\ \forall k \in \mathbf{K},\quad m_P(umgk) = \overline{m}m_P(g),$

où $\overline{m}$ est l'image de m dans $\mathbf{M}/\mathbf{M}^1$. Il est facile de construire toutes les applications ayant la propriété (2). En effet, fixons D_P un ensemble de représentants dans $\mathbf{G}$ des doubles classes $U(\mathbb{A})\mathbf{M}\backslash\mathbf{G}/\mathbf{K}$. Alors l'ensemble des applications de $\mathbf{G}$ dans $\mathbf{M}/\mathbf{M}^1$ ayant la propriété (2) est en bijection avec l'ensemble des applications de D_P dans $\mathbf{M}/\mathbf{M}^1$. Montrons rapidement cela. Soit f une application de D_P dans $\mathbf{M}/\mathbf{M}^1$. Alors f est la restriction à D_P d'une application m_P de $\mathbf{G}$ dans $\mathbf{M}/\mathbf{M}^1$ vérifiant (2), si et seulement si, pour tout $d \in D_P$ et pour tout $g \in U(\mathbb{A})\mathbf{M}d\mathbf{K}$:

(a) $(\mathbf{M}^1\backslash(U(\mathbb{A})\mathbf{M}^1 g\mathbf{K}d^{-1}) \cap \mathbf{M})$ est réduit à un point, $\overline{m}_g$,

(b) $m_P(g) = \overline{m}_g m_P(d)$.

Il est clair que la condition (b) définit m_P. Il n'y a donc qu'à prouver (a) qui est indépendant de f. Prouvons cela. Ecrivons $g = umdk$ avec $u \in U(\mathbb{A}),\ m \in \mathbf{M},\ k \in \mathbf{K}$. Alors:

$$\begin{aligned}(U(\mathbb{A})\mathbf{M}^1 g\mathbf{K}d^{-1}) \cap \mathbf{M} &= \mathbf{M}^1(U(\mathbb{A})g\mathbf{K}d^{-1} \cap \mathbf{M}) \\ &= \mathbf{M}^1 m(U(\mathbb{A})d\mathbf{K}d^{-1} \cap \mathbf{M}).\end{aligned}$$

Il faut donc démontrer que tout élément λ de X_P, à valeurs dans $\mathbb{R}_{>0}$, étendu en un caractère de $U(\mathbb{A})\mathbf{M}$ trivial sur $U(\mathbb{A})$, est trivial sur $d\mathbf{K}d^{-1} \cap U(\mathbb{A})\mathbf{M}$. Or $d\mathbf{K}d^{-1} \cap U(\mathbb{A})\mathbf{M}$ est un sous-groupe compact de $U(\mathbb{A})\mathbf{M}$, son image par λ en est donc un de $\mathbb{R}_{>0}$, c'est-à-dire est réduite à 1. Cela termine la preuve.

On déduit de cette description la propriété suivante: soient m_P et m'_P des applications de $\mathbf{G}$ dans $\mathbf{M}/\mathbf{M}^1$ vérifiant (2). Alors, il existe $r \in \mathbb{N}$ et un ensemble fini d'éléments, $(\overline{m}_i)_{i\in[1,r]}$, de $\mathbf{M}/\mathbf{M}^1$ tel que:

$$\forall g \in \mathbf{G},\ \exists i \in [1,r],\ \text{tel que } m_P(g) = m'_P(g)\overline{m}_i.$$

On en déduit aussi:

Corollaire. *Soient $M \subset M'$ des sous-groupes de Levi standards. Soit m_P (resp. $m_{P'}$) une application de $\mathbf{G}$ dans $\mathbf{M}/\mathbf{M}^1$ (resp. $\mathbf{M}'/\mathbf{M}'^1$) vérifiant (2) (resp. l'analogue de (2) pour M'). Alors, il existe $r \in \mathbb{N}$ et un ensemble fini, $(\overline{m}'_i)_{i\in[1,r]}$, d'éléments de $\mathbf{M}'/\mathbf{M}'^1$ tels qu'en notant* proj *l'application naturelle de $\mathbf{M}/\mathbf{M}^1$ dans $\mathbf{M}'/\mathbf{M}'^1$, on ait:*

$$\forall g \in \mathbf{G}, \exists i \in [1,r],\ \text{tel que } \operatorname{proj} m_P(g) = m_{P'}(g)\overline{m}'_i.$$

Revenons à la trivialisation du fibré sur $\mathfrak{P}$ de fibre en π, l'espace

$A(U(\mathbb{A})M(k)\backslash\mathbf{G})_\pi$. Fixons $\pi_0 \in \mathfrak{P}$. Dans le cas des corps des fonctions, on remarque que $\mathrm{Fix}_{X_M^{\mathbf{G}}}\mathfrak{P}$ opère sur $A(U(\mathbb{A})M(k)\backslash\mathbf{G}))_{\pi_0}$, dès que l'on a fixé une application m_P de $\mathbf{G}$ dans $\mathbf{M}/\mathbf{M}^1$ vérifiant (2), par:

$$\forall\mu \in \mathrm{Fix}_{X_M^{\mathbf{G}}}\mathfrak{P}, \forall\phi \in A(U(\mathbb{A})M(k)\backslash\mathbf{G})_{\pi_0} \quad \mu.\phi = (m_P)^\mu\phi.$$

Ainsi le choix de m_P permet de construire un fibré sur $X_M^{\mathbf{G}}/\,\mathrm{Fix}_{X_M^{\mathbf{G}}}\mathfrak{P}$ de fibre $A(U(\mathbb{A})M(k)\backslash\mathbf{G})_{\pi_0}$ que l'on note:

$$(3) \qquad X_M^{\mathbf{G}} \times_{m_P}^{\mathrm{Fix}_{X_M^{\mathbf{G}}}\mathfrak{P}} A(U(\mathbb{A})M(k)\backslash\mathbf{G})_{\pi_0}.$$

Dans le cas des corps de nombres, (3) est le fibré trivial sur $X_M^{\mathbf{G}}$ de fibre $A(U(\mathbb{A})M(k)\backslash\mathbf{G})_{\pi_0}$. Grâce au choix de m_P, on construit une application de l'ensemble des sections ϕ du fibré sur $\mathfrak{P}$ décrit ci-dessus dans l'ensemble des sections $\tilde{\phi}$ du fibré (3), par:

$$\forall\lambda \in X_M^{\mathbf{G}},\ \forall g \in \mathbf{G},\quad \tilde{\phi}(\lambda)(g) = m_P(g)^{-\lambda}\phi(\pi\otimes\lambda)(g).$$

Lemme. (b) *(notations ci-dessus, en particulier π_0 et m_P). L'application $\phi \mapsto \tilde{\phi}$ définit un isomorphisme entre les sections des deux fibrés considérés. Si ϕ est* **K***-finie, alors ϕ est de rang fini au sens suivant:*

il existe $r \in \mathbb{N}$ un ensemble fini $(\phi_i)_{i\in[1,r]}$ de fonctions sur $X_M^{\mathbf{G}}$ et un ensemble fini $(f_i)_{i\in[1,r]}$ d'éléments de $A(U(\mathbb{A})M(k)\backslash\mathbf{G})_{\pi_0}$ tel que:

$$(4) \qquad \tilde{\phi} = \sum_{i=1}^{r} \phi_i \otimes f_i.$$

La démonstration est la même que dans le cas connexe (cf. II.1.2).

Calculons le changement de trivialisation quand m_P est remplacé par une autre application m'_P vérifiant aussi (2). On construit alors une application $\phi \mapsto \tilde{\phi}'$ analogue à $\phi \mapsto \tilde{\phi}$.

Lemme. (c)*: (notations ci-dessus) Il existe un ensemble fini J d'éléments de* $\mathbf{M}/\mathbf{M}^1$ *tel que pour tout ϕ,* **K***-finie, il existe une écriture $\tilde{\phi} = \sum_{i=1}^r \phi_i\otimes f_i$ satisfaisant (4) pour laquelle $\tilde{\phi}' = \sum_{i=1}^r \phi'_i\otimes f_i$ avec ϕ'_i (pour $i \in [1,r]$) de la forme:*

$$\phi'_i(\lambda) = \phi_i(\lambda)\overline{m}^\lambda,\ \forall\lambda \in X_M^{\mathbf{G}},$$

où $\overline{m}$ est un élément de J indépendant de λ.

On reprend la notation D_P, déjà introduite. Il suffit de prouver le lemme pour l'ensemble des sections ϕ pour lesquelles il existe $d \in D_P$ tel que, pour tout $\pi \in \mathfrak{P}$, la fonction $\phi(\pi)$ soit à support dans $U(\mathbb{A})\mathbf{M}d\mathbf{K}$. Soit ϕ de ce type et $d \in D_P$ comme ci-dessus. On vérifie aisément que l'on peut écrire $\tilde{\phi}$ sous la forme $\sum_{i=1}^r \phi_i \otimes f_i$ vérifiant (4) avec les f_i à support dans $U(\mathbb{A})\mathbf{M}d\mathbf{K}$. Les définitions montrent alors que:

$$\tilde{\phi}'(\lambda) = \sum_{i=1}^{r} \phi_i(\lambda) m_P(d)^{\lambda} m'_P(d)^{-\lambda} f_i,$$

i.e.

$$\tilde{\phi}' = \sum_{i=1}^{r} \phi'_i \otimes f_i,$$

avec $\phi'_i(\lambda) = \phi_i(\lambda) m_P(d)^{-\lambda} m'_P(d)^{-\lambda}$, pour tout $\lambda \in X_M^{\mathbf{G}}$. Cela termine la preuve.

10. Fonctions de Paley-Wiener, $P_{(M,\mathfrak{P})}$ et $P^R_{(M,\mathfrak{P})}$

Soit $(M, \mathfrak{P})$ une donnée cuspidale, i.e. M est un Levi standard de G et $\mathfrak{P}$ est une orbite sous $X_M^{\mathbf{G}}$ de représentations cuspidales de $\mathbf{M}$. Comme en II.1.2, on note $P(X_M^{\mathbf{G}})$ l'ensemble des fonctions de Paley-Wiener; comme en II.1.4, pour R un réel positif grand, on définit $P^R(X_M^{\mathbf{G}})$.

Définition: on note $P_{(M,\mathfrak{P})}$ (resp, $P^R_{(M,\mathfrak{P})}$) l'ensemble des sections, f, $\mathbf{K}$-finies du fibré sur $\mathfrak{P}$ de fibre en π, l'espace $A(U(\mathbb{A})M(k)\backslash\mathbf{G})_\pi$ telles que dans la trivialisation du lemme 9 (b), la section $\tilde{f}$ appartient à $P(X_M^{\mathbf{G}}) \otimes A(U(\mathbb{A})M(k)\backslash\mathbf{G})_{\pi_0}$ (resp. $P^R(X_M^{\mathbf{G}}) \otimes A(U(\mathbb{A})M(k)\backslash\mathbf{G})_{\pi_0}$).

Remarquons qu'il résulte de 9(c) que ces définitions sont indépendantes de la trivialisation choisie, c'est-à-dire du choix de m_P. Il est aussi facile de vérifier que ces définitions sont indépendantes du choix de $\pi_0 \in \mathfrak{P}$. On définit comme en II.1.13, une transformation de Fourier notée F, et l'évaluation ϵ en l'élément neutre de $\mathbf{M}$. Pour $\phi \in P_{(M,\mathfrak{P})}$ ou $P^R_{(M,\mathfrak{P})}$, on s'intéresse à $\epsilon F(\phi)$. Soit $\lambda_0 \in X_M$ un élément de Re $\mathfrak{P}$; on a:

(1) $$\epsilon F(\phi) = \int_{\substack{\pi\in\mathfrak{P} \\ \mathrm{Re}\ \pi=\lambda_0}} \phi(\pi) d\pi.$$

Fixons m_P et π_0 comme en 9 et écrivons $\tilde{\phi} = \sum_{i=1}^r \phi_i \otimes f_i \in P(X_M^{\mathbf{G}}) \otimes A(U(\mathbb{A})M(k)\backslash\mathbf{G})_{\pi_0}$. Comme en II.1.3, on vérifie que l'on a:

(2) $$\forall g \in \mathbf{G},\ (\epsilon F(\phi))(g) = \sum_{i=1}^{r} (F\phi_i)(m_P(g)) f_i(g)$$

où F, dans le membre de droite est la transformation de Fourier sur Im $X_M^{\mathbf{G}}$. On tire de cela que si $\phi \in P_{(M,\mathfrak{P})}$, il existe un ensemble compact ω de $U(\mathbb{A})\mathbf{M}^1 Z_{\mathbf{G}}\backslash\mathbf{G}$ tel que $\epsilon F(\phi)(g) = 0$ si l'image de g dans $U(\mathbb{A})\mathbf{M}^1 Z_{\mathbf{G}}\backslash\mathbf{G}$ n'est pas incluse dans ω.

11. Pseudo-séries d'Eisenstein

Soit $(M, \mathfrak{P})$ une donnée cuspidale comme en 10. On note ξ la restriction à $Z_{\mathbf{G}}$ du caractère central des éléments de $\mathfrak{P}$. Soit R un réel positif grand et soit $\phi \in P^R_{(M,\mathfrak{P})}$. On définit comme dans le cas connexe, la pseudo-série d'Eisenstein (les notations ϵ, F sont celles de 10):

$$\theta_\phi(g) = \sum_{\gamma \in U(k)M(k)\backslash G(k)} (\epsilon F(\phi))(\gamma g), \forall g \in \mathbf{G}. \quad (1)$$

La démonstration du cas connexe s'applique mot pour mot pour prouver:

Proposition

(a): (i) *La série (1) converge absolument et uniformément sur tout compact de* $\mathbf{G}$. *Elle définit une fonction* $\mathbf{K}$*-finie sur* $G(k)\backslash\mathbf{G}$ *qui se transforme sous* $Z_{\mathbf{G}}$ *par le caractère* ξ.
(ii) *On suppose que* ξ *est unitaire, alors* θ_ϕ *est de carré intégrable modulo* $Z_{\mathbf{G}}$.

On a aussi:

Proposition

(b): *Soit* $\phi \in P_{(M,\mathfrak{P})}$ *et soit* f *une fonction sur* $\mathbf{G}(k)\backslash\mathbf{G}$ *à croissance lente et* $\mathbf{K}$*-finie se transformant par* $\overline{\xi}^{-1}$ *sous* $Z_{\mathbf{G}}$. *Alors* $|\theta_\phi \overline{f}|$ *est intégrable sur* $G(k)Z_{\mathbf{G}}\backslash\mathbf{G}$.

Pour éviter les valeurs absolues, on peut dès le départ supposer que $f = |f|$ et $\phi = |\phi|$, i.e. $\phi(\pi)(g) = |\phi(\pi)(g)|$, pour tout $\pi \in \mathfrak{P}$, et pour tout $g \in \mathbf{G}$. On note f_U le terme constant de f le long de U; c'est une fonction sur $\mathbf{G}$ à croissance lente, $\mathbf{K}$-finie. Et l'on a:

$$\int_{G(k)Z_{\mathbf{G}}\backslash\mathbf{G}} \theta_\phi(g)\overline{f}(g)dg < +\infty \Leftrightarrow$$

$$\int_{U(\mathbb{A})M(k)Z_{\mathbf{G}}\backslash\mathbf{G}} (\epsilon F(\phi))(g)\overline{f}_U(g)dg < +\infty.$$

Or l'intégrale de droite converge d'après 10 (2) et ce qui suit 10 (2).

12. Termes constants des pseudo-séries d'Eisenstein et produit scalaire

Le lemme II.2.2 est valable sous les hypothèses de cet appendice à la seule différence que dans (iv) il faut diviser le membre de droite par le cardinal de l'ensemble:

$$B_M := \{w \in W_M; w(\alpha) > 0, \forall\alpha \text{ racine positive de } M\}.$$

Réécrivons (iv) dans le cas le plus simple qui est aussi le plus important.

Soit $(M,\mathfrak{P})$ une donnée cuspidale et soit P' un sous-groupe parabolique standard de Levi M'. Soit $\phi \in P^R_{(M,\mathfrak{P})}$.

Proposition

(i) $(\theta_\phi)_{P'} = 0$ *si* M *n'est pas conjugué à un sous-groupe de Levi de* M'.

(ii) on suppose que M' *est conjugué de* M, *alors:*

$$(\theta_\phi)_{P'} = |B_M|^{-1} \sum_{w\in W(M,M')} \int_{\substack{\pi\in\mathfrak{P}\\ \mathrm{Re}\ \pi=\lambda_0}} M(w,\pi)\phi(\pi)d\pi,$$

où λ_0 *est un élément de Re* $\mathfrak{P}$ $(\subset$ *Re* $X_M)$ *très "positif".*

On note ξ la restriction à $Z_{\mathbf{G}}$ du caractère central des éléments de $\mathfrak{P}$ et on suppose que ξ est unitaire; on a alors $\mathfrak{P} = -\overline{\mathfrak{P}}$. On note $\mathfrak{X}$ la classe d'équivalence de $(M,\mathfrak{P})$, c'est-à-dire $\{(wMw^{-1}, w\mathfrak{P})\}$ où w parcourt $W(M)$. Pour $(M,\mathfrak{P}),(M',\mathfrak{P}') \in \mathfrak{X}$, on note $W((M,\mathfrak{P}),(M',\mathfrak{P}'))$ le sous-ensemble de $W(M)$ qui conjugue $(M,\mathfrak{P})$ et $(M',\mathfrak{P})$. On a alors:

Proposition. *Soient* $(M,\mathfrak{P})$ *et* $(M',\mathfrak{P}')$ *des données cuspidales ayant le caractère unitaire* ξ *pour restriction à* $Z_{\mathbf{G}}$. *Soit* R *un réel positif grand et soient* $\phi' \in P^R_{(M',\mathfrak{P}')}, \phi \in P^R_{(M,\mathfrak{P})}$. *On a:*

$$< \theta_{\phi'}, \theta_\phi >= |B_M|^{-1} \int_{\substack{\pi\in\mathfrak{P}\\ \mathrm{Re}\ \pi=\lambda_0}} A(\phi',\phi)(\pi)d\pi,$$

où

$$A(\phi',\phi)(\pi) = \sum_{w\in W((M,\mathfrak{P}),(M',\mathfrak{P}'))} < M(w^{-1}, -w\overline{\pi})\phi'(-w\overline{\pi}), \phi(\pi) >,$$

où B_M *est défini ci-dessus et où* λ_0 *est un élément de* Re $\mathfrak{P}$ *"très positif".*

Pour toute classe d'équivalence de donnée cuspidale $\mathfrak{X}$, ayant le caractère unitaire ξ pour restriction à $Z_{\mathbf{G}}$, on note $L^2(G(k)\backslash\mathbf{G})_{\mathfrak{X}}$ le sous-espace fermé de $L^2(G(k)\backslash\mathbf{G})_\xi$ engendré par les pseudo-séries d'Eisenstein θ_ϕ avec $\phi \in P_{(M,\mathfrak{P})}$, où $(M,\mathfrak{P})$ parcourt $\mathfrak{X}$. On a comme dans le cas connexe:

Théorème. $L^2(G(k)\backslash\mathbf{G})_\xi = \hat{\oplus} L^2(G(k)\backslash\mathbf{G})_{\mathfrak{X}}$, *où* $\mathfrak{X}$ *parcourt l'ensemble des classes d'équivalence de données cuspidales relatives au caractère central unitaire* ξ.

13. Opérateurs $\Delta(f)$

On définit des algèbres $H^R_{\mathfrak{X}}, H^R_\xi$ etc... comme dans le cas connexe.

Les définitions et résultats de III.1 restent valables. La proposition III.2 également:

en effet, si G est un de ses sous-groupes de Levi, la démonstration est la même que dans le cas connexe. Sinon notons G' le sous-groupe de Lévi de G associé au Lévi G° de G°; c'en est le plus grand sous-groupe de Lévi. La proposition est donc vraie pour $\mathbf{G}'$. Soit $\phi \in A(G(k)\backslash\mathbf{G})_\xi$. Fixons $h \in \mathbf{G}$ et notons $\phi_h : G(k)\backslash\mathbf{G}' \to \mathbb{C}$ la fonction définie par $\phi_h(g) = \phi(gh)$. Choisissons un ensemble fini

$$D_h \subset \mathbb{C}[\mathrm{Re}\ \mathfrak{a}_{G'}^{\mathbf{G}}] \times \mathrm{Hom}(Z_{\mathbf{G}'}, \mathbb{C}^*) \times A(G(k)\backslash\mathbf{G})$$

tel que:

(i) pour tout $(Q, \eta, \psi) \in D_h, \psi \in A(G'(k)\backslash\mathbf{G}')_\eta$;

(ii) pour tout $g \in \mathbf{G}', \phi_h(g) = \sum_{(Q,\eta,\psi)\in D_h} Q(\log_{G'}^{\mathbf{G}} g)\psi(g)$.

Soient $f \in H_\xi^R$, $\eta \in \mathrm{Hom}(Z_{\mathbf{G}'}, \mathbb{C}^*)$ tel que $\|\mathrm{Re}\ \eta\|^2 + R'^2 < R^2$ et $Q \in \mathbb{C}[\mathrm{Re}\ \mathfrak{a}_{G'}^{\mathbf{G}}]$. On définit $f_{Q,\eta} \in H_\eta^{G',R'}$ (l'analogue de H_ξ^R pour G') de la façon suivante: soit $(M, \mathfrak{P}')$ un couple formé d'un Lévi standard et d'une orbite sous $X_M^{\mathbf{G}'}$ de représentations cuspidales de $\mathbf{M}$ dont le caractère central admet η pour restriction à $Z_{\mathbf{G}'}$; pour $\pi \in \mathfrak{P}'$ et $\phi \in A_0(M(k)\backslash\mathbf{M})_\pi$, on pose:

$$f_{Q,\eta}(\pi)\phi = \partial_Q(\lambda \mapsto (-\lambda)\ \circ\ f(\pi \otimes \lambda \circ \psi))_{|\lambda=0},$$

où la variable λ appartient à $X_{G'}^{\mathbf{G}}$.

Pour tout $Q \in \mathbb{C}[\mathrm{Re}\ \mathfrak{a}_{G'}^{\mathbf{G}}]$, fixons un ensemble fini $\Delta(Q) \subset \mathbb{C}[\mathrm{Re}\ \mathfrak{a}_{G'}^{\mathbf{G}}]^2$ de sorte que pour toutes fonctions A, B sur $X_{G'}^{\mathbf{G}}$, on ait la formule

$$\partial_Q(AB) = \sum_{(Q',Q'')\in\Delta(Q)} \partial_{Q'}(A)\partial_{Q''}(B).$$

On pose alors, pour $g \in \mathbf{G}'$,

$$\phi'_h(g) = \sum_{(Q,\eta,\psi)\in D_h} \ \sum_{(Q',Q'')\in\Delta(Q)} Q'(\log_{G'}^{\mathbf{G}} g)(\Delta(f_{Q'',\eta})\psi)(g).$$

Il est assez facile de vérifier que:

(i) ce terme ne dépend pas des choix de D_h et $\Delta(Q)$;

(ii) si $gh = g'h'$, $\phi'_h(g) = \phi'_{h'}(g')$.

Cela permet de définir une fonction $\Delta(f)\phi$ par $\Delta(f)\phi(gh) = \phi'_h(g)$. Alors:

(iii) $\Delta(f)\phi$ est invariante à gauche par $G(k)$.

(la construction ne donne a priori qu'une invariance par $G'(k)$; il faut utiliser les propriétés d'invariance de f par $G(k)$ tout entier). On montre alors comme au chapitre III que $\Delta(f)\phi$ est une forme automorphe sur $G(k)\backslash\mathbf{G}$ et qu'elle vérifie la condition de la proposition III.2.1.

Si G est un de ses sous-groupes de Lévi, la proposition III.3.1 reste vraie; on pose par définition $G_{\mathrm{der}} = G_{\mathrm{der}}^0$ et $N(G) = N(G^0)$. Si G n'est pas un de ses sous-groupes de Lévi, il n'y a pas de spectre discret, i.e. $A^2(G(k)\backslash\mathbf{G})_\xi = \{0\}$. On voit en effet que si $\phi \in A(G(k)\backslash\mathbf{G})_\xi$ et $g \in \mathbf{G}$ sont tels que $\phi(g) \neq 0$, l'intégrale

$$\int_{Z_{\mathbf{G}}(Z_{G^0}(k)\cap Z_{\mathbf{G}^0})\backslash Z_{\mathbf{G}^0}} |\phi(zg)|^2 dz$$

ne peut pas être convergente. On retrouvera ce résultat comme cas particulier de la décomposition spectrale (cf. ci-dessous).

14. Décomposition spectrale

Le chapitre V se généralise sans aucun changement au cas non connexe. En effet l'objet de ce chapitre est la décomposition spectrale du produit scalaire des pseudo-séries d'Eisenstein. La méthode suivie utilise:

la formule explicite du produit scalaire, qui est la même dans le cas connexe et le cas non connexe au facteur scalaire près $|B_M|^{-1}$.

de l'analyse (essentiellement le théorème des résidus) sur les orbites sous $X_M^{\mathbf{G}}$ de représentations cuspidales de $\mathbf{M}$ (M Levi standard de G) pour des fonctions (à valeurs scalaires) méromorphes et à singularités polynomiales le long des hyperplans singuliers pour les opérateurs d'entrelacement. Ces orbites et ces hyperplans sont de même nature dans le cas connexe et le cas non connexe.

dans le cas des corps de nombres, la décomposition spectrale de l'opérateur $\Delta(f_0)$, où f_0 est définie comme dans le cas connexe, qui est un resultat standard d'analyse.

On ne réécrit pas les théorèmes de V mais il sont complètement valables ici.

Le chapitre VI se généralise aussi; on rappelle que son objet est la description des espaces $A_{\mathfrak{C},\pi}$ (notation du cas connexe). Toutefois, on a fait, dans ce chapitre, des récurrences sur le rang semi-simple de G et la généralisation n'est donc immédiate que si G est un de ses Levi standard. Dans le cas général, on note G' le plus grand sous-groupe de Levi standard de G; c'en est aussi un sous-groupe parabolique standard. Pour simplifier, on suppose ici que k est un corps de nombres. On note ξ' le caractère de $Z_{\mathbf{G}}A_{G'}^{\mathbf{G}}$ prolongeant ξ sur $Z_{\mathbf{G}}$ et trivial sur $A_{G'}^{\mathbf{G}}$. Et la généralisation du chapitre VI à G' donne la décomposition spectrale de $L^2(G'(k)\backslash\mathbf{G})_{\xi'}$ en fonction du spectre discret des sous-groupes de Levi standards de G', c'est-à-dire de G. Le résultat pour $\mathbf{G}$ est alors:

Proposition. *$L^2(G(k)\backslash\mathbf{G})_\xi$ est isomorphe à l'ensemble des fonctions f définies presque partout sur Im $X_{G'}^{\mathbf{G}}$ à valeurs dans $L^2(G'(k)\backslash\mathbf{G})_{\xi'}$*

vérifiant, pour tout élément w du groupe de Weyl de G de longueur minimale modulo le groupe de Weyl de $(G')^0$:

$$M(w^{-1}, w\lambda)f(w\lambda) = f(\lambda),$$

presque partout et vérifiant aussi:

$$\int_{\mathrm{Im}\ X_{G'}^{\mathbf{G}}} \|f(\lambda)\| d\lambda < +\infty,$$

où $\|f(\lambda)\|$ est la norme dans $L^2(G'(k)\backslash\mathbf{G})_{\xi'}$. L'isomorphisme est donné grâce à la série d'Eisenstein de G' à G; remarquons que cette série n'est qu'une somme finie sur $G'(k)\backslash G(k)$.

La démonstration est la même que la démonstration du dernier théorème de VI dès que l'on aura montré l'équivalent de VI.1.4 et VI.2.4, c'est-à-dire:

Lemme. *Soit $(M, \mathfrak{P})$ une donnée cuspidale relative au caractère ξ de $Z_{\mathbf{G}}$ et soit $\mathfrak{S}$ un sous-espace affine de $\mathfrak{P}$. On note $\mathfrak{S}'$ l'ensemble des éléments de $\mathfrak{S}$ dont la restriction du caractère central à $A_{G'}^{\mathbf{G}}$ est trivial. Alors:*

(i) $\mathfrak{S} \in \mathrm{Sing}^G$ *si et seulement si* $\mathfrak{S}' \in \mathrm{Sing}^{G'}$ *et* $\mathfrak{S} = \mathfrak{S}' \otimes X_{G'}^{\mathbf{G}}$. *Si ces conditions sont remplies:*

$$\mathrm{Res}_{\mathfrak{S}}^{G} A(\phi', \phi) = \mathrm{Res}_{\mathfrak{S}'}^{G'} A(\phi', \phi),$$

pour tout $\phi', \phi \in P_{\mathfrak{X}}$ (les notations sont les mêmes que dans le cas connexe)

(ii) *On note $\mathfrak{C}$ la classe de conjugaison de $\mathfrak{S}$ et $\mathfrak{C}'$ celle de $\mathfrak{S}'$. Soit $\pi' \in \mathfrak{S}'$ un point général et soit $\mu \in X_{G'}^{\mathbf{G}}$. La série d'Eisenstein de G' à G, induit un isomorphisme de $A_{\mathfrak{C}',\pi'}$ sur $A_{\mathfrak{C},\pi\otimes\mu}$ qui est, à un scalaire près, une isométrie si μ est unitaire.*

(i) On reprend le calcul de VI.1.4 (b), où l'on fait $L = G'$. On fixe $\lambda_0 = \lambda_0^{G'} + \mu_0$ comme en loc. cit. mais il n'y a pas de conditions de positivité à imposer à μ_0. On peut donc, comme nous le ferons, supposer que $\mu_0 = 0$. On fait le calcul comme en loc. cit. pour arriver à VI.1.4 (b) $(6)_n$. Remarquons que dans (4), on remplace "τ^L minimal dans $\tau^L W_L$" par "$\tau^{G'}$ minimal dans sa classe à droite modulo le groupe de Weyl de $(G')^0$" et on divise le membre de droite par $|B|^{-1}$ où B est l'intersection de l'ensemble de ces éléments avec le groupe de Weyl de G'. Le facteur $|B|$ apparait à la fin du calcul suivant (4) parce qu'un élément τ de $W(M)$ a $|B|$ désompositions $\tau = \tau^{G'}\tau_{G'}$. Cette formule $(6)_n$ étant prouvée, on obtient (7) sans hypothèse de nullité sur ϕ, simplement parceque $\mu_0 = 0$. On a aussi VI.1.4 (b) (8) et on termine comme en loc. cit.

(ii) On reprend la notation B introduite dans la preuve de (i). On vérifie que pour tout élément de $P_{\mathfrak{X}}^R$ et pour tout $w \in W_{G'}(M)$ et tout $\mu \in X_{G'}^{\mathbf{G}}$:

$$\mathrm{Res}_{w\mathfrak{S}}^{G} E(\phi, w\pi' \otimes \mu) = E_{G'}^{G}(\mu)\mathrm{Res}_{w\mathfrak{S}'}^{G'} E(\phi, w\pi').$$

L'injectivité de $E_{G'}^{G}(\mu)$ se prouve alors par un calcul de produit scalaire comme en VI.2.4. La surjectivité est facile: on sait que $A_{\mathfrak{C},\pi'\otimes\mu}$ est engendré par l'ensemble des éléments:

$$\mathrm{Res}_{w\mathfrak{S}}^{G} E(\phi, w(\pi' \otimes \mu)),$$

où w parcourt $W(M)$. D'après (i), on sait que l'élément écrit ci-dessus est aussi:

$$\mathrm{Res}_{w\mathfrak{S}'}^{G'} E(\phi, w(\pi' \otimes \mu)).$$

Avec ce qui précède, cela veut dire que $E_{G'}^{G}(\mu)$ induit une surjection de $\oplus_{w\in B} A_{w\mathfrak{C}',w\pi'}$ sur $A_{\mathfrak{C},\pi'\otimes\mu}$. Il suffit donc de vérifier que pour tout $w \in B$:

$$E_{G'}^{G}(\mu)A_{w\mathfrak{C}',w\pi'} = E_{G'}^{G}(\mu)A_{\mathfrak{C}',\pi'}.$$

Cela se fait comme à la fin de VI.2.4.

Corollaire. *Les énoncés de VI.2 sont vrais au changement près suivant: il faut remplacer les fonctions sur* $\mathrm{Im}\, X_L^{\mathbf{G}}$ *à valeurs dans* $\mathrm{ind}_{\mathbf{K}\cap L}^{\mathbf{K}} L^2(L(k)\backslash\mathbf{L})$ *par les sections du fibré sur* $\mathrm{Im}\, X_L^{\mathbf{G}}$ *de fibre en* μ *l'espace* $L^2(U_L(\mathbb{A})L(k)\backslash\mathbf{G})_{\xi_L\otimes\mu}$, *où* U_L *est le radical unipotent du parabolique standard de Levi* L *et où* $\xi_L \otimes \mu$ *est le caractère de* $Z_{\mathbf{G}}A_L^{\mathbf{G}}$ *prolongeant* ξ *sur* $Z_{\mathbf{G}}$ *et valant* μ *sur* $A_L^{\mathbf{G}}$.

Bibliographie

[A1] **Arthur, J.,** A trace formula for reductive groups I. terms associated to classes in $G(Q)$, *Duke Math. J.* **45** (1978), 911–952.

[A2] **Arthur, J.,** A trace formula for reductive groups II: applications of a truncation operator, *Comp. Math.* **40** (1980), 87–121.

[A3] **Arthur, J.,** Eisenstein series and the trace formula, in Authomorphic forms, representations and L-functions, Part 1, *Proc. of Symp. in Pure Math.* **33,** AMS 1979, 253–274.

[A4] **Arthur, J.,** On some problems suggested by the trace formula, in Lie group representations II, LN **1041,** Springer Verlag 1983, 1–49.

[A5] **Arthur, J.,** *Cours à Paris* **7,** 1987.

[A6] **Arthur, J.,** Unipotent automorphic representations: global motivations, in *Automorphic Forms, Shimura Varieties and L-functions*, Vol. II, Academic Press 1988.

[BDKV] **Bernstein, J., Deligne, P.,** Le "centre" de Bernstein, in *Représentations des groupes réductifs sur un corps local*, Hermann, Paris 1985.

[Bor] **Borel, A.,** Groupes linéaires algébriques, *Ann. Math.* **64** (1956), 20–82.

[BJ] **Borel, A., Jacquet, H.,** Automorphic forms and automorphic representations, in Automorphic forms, representations and *L*-functions, Part 1, *Proc. of Symp. in Pure Math.* **33,** AMS 1979, 189–202.

[BT] **Borel, A., Tits, J.,** Groupes réductifs, *Publ. Math. de l'IHES* **27** (1965), 55–150.

[B] **Bourbaki, N.,** *Groupes et algèbres de Lie,* **chapitres 4, 5 et 6, Hermann 1968**

[B2] **Bourbaki, N.,** *Algèbre commutative,* **chapitres 1 à 4, Masson, Paris 1985**

[C] **Colin de Verdières, Y.,** Une nouvelle démonstration du prolongement méromorphe des séries d'Eisenstein *CRAS* **293** (1981), 361–363.

[D] **Dixmier, J.,** *Les algèbres d'opérateurs dans l'espace hilbertien,* **Paris 1957.**

[E] **Efrat, I.,** *The Selberg trace formula for* $PSL_2(\mathbb{R})^n$, *Memoirs AMS* **359** (1987).

[G] **Godement, R.,** *Introduction à la théorie de Langlands,* **Séminaire Bourbaki 321** (1967/68).

[H] **Harder, G.,** Chevalley groups over function fields and automorphic forms, *Annals of Math.* **100** (1974), 249–306.

[HC] **Harish-Chandra,** *Automorphic forms on semi-simple Lie groups,* LN **62,** Springer Verlag, 1968

[HC2] **Harish-Chandra,** Two theorems on semi-simple Lie groups, *Ann. of Math.* **83 (1966), 74–128.**

[HC3] **Harish-Chandra,** Discrete series for semisimple Lie groups II, *Acta Math.* **116** (1966), 1–111.

[J] **Jacquet, H.,** On the residual spectrum of $GL(N)$, in *Lie group representations II,* LN **1041,** Springer Verlag 1983, 185–208.

[L] **Langlands, R. P.,** *On the functional equations satisfied by Eisenstein series,* LN **544,** Springer Verlag 1976

[M1] **Morris, L. E.,** Eisenstein series for reductive groups over global function fields I: the cusp form case, *Can. J. Math.* **34** (1982), 91–168.

[M2] **Morris, L. E.,** Eisenstein series for reductive groups over global function fields II: the general case, *Can. J. Math.* **34** (1982), 1112–1182.

[M3] **Morris, L. E.,** Some remarks on Eisenstein series for metaplectic coverings, *Can. J. Math.* **35** (1983), 974–985.

[OW] **Osborne, M S., Warner, G.,** *The theory of Eisenstein systems*, **Academic Press 1981**

[Ro] **Rogawski, J.,** On modules over the Hecke algebra of a p-adic group, *Invent. Math.* **79** (1985), 443–465.

[Ru] **Rudin, W.,** *Functional analysis*, **Mc Graw-Hill, 1974**

[Sp] **Springer, T.,** Reductive groups, in Automorphic forms, representations and L-functions, Part 1, *Proc. of Symp. in Pure Math.* **32,** AMS 1979, 3–28.

[S] **Steinberg, R.,** Générateurs, relations et relèvements, *Colloque sur la théorie des groupes algébriques*, Bruxelles, 1962, (CBRM), 113–128.

[St] **Stone, M. H.,** *Linear transformations in Hilbert space and their applications to analysis*, **AMS, New-York 1932**

[W] **Waldschmidt, M.,** *Un 1er cours sur les nombres transcendants*, **Orsay 1973**

Index Terminologique

Progress in Mathematics

Edited by:

J. Oesterlé
Départment de Mathématiques
Université de Paris VI
4, Place Jussieu
75230 Paris Cedex 05, France

A. Weinstein
Department of Mathematics
University of California
Berkeley, CA 94720
U.S.A.

Progress in Mathematics is a series of books intended for professional mathematicians and scientists, encompassing all areas of pure mathematics. This distinguished series, which began in 1979, includes authored monographs, and edited collections of papers on important research developments as well as expositions of particular subject areas.

We encourage preparation of manuscripts in such form of TeX for delivery in camera-ready copy which leads to rapid publication, or in electronic form for interfacing with laser printers or typesetters.

Proposals should be sent directly to the editors or to: Birkhäuser Boston, 675 Massachusetts Avenue, Cambridge, MA 02139, U.S.A.

45 BISMUT. Large Deviations and the Malliavin Calculus
47 TATE. Les Conjectures de Stark sur les Fonctions L d'Artin en s=0
48 FRÖHLICH. Classgroups and Hermitian Modules
49 SCHLICHTKRULL. Hyperfunctions and Harmonic Analysis on Symetric Spaces
50 BOREL ET AL. Intersection Cohomology
51 Séminaire de Théorie de Nombres, Paris 82-83
52 GASQUI/GOLDSCHMIDT. Déformations Infinitésimales desStructures Conformes Plates
53 LAURENT. Théorie de la 2ième Micro-localisation dans le Domaine Complexe
54 VERDIER. Module des Fibres Stables sur les Courbes Algébriques
55 EICHLER/ZAGIER. The Theory of Jacobi Forms
56 SHIFFMAN/SOMMESE. Vanishing Theorems on Complex Manifolds
57 RIESEL. Prime Numbers and Computer Methods for Factorization
58 HELFFER/NOURRIGAT. Hypoellipticité Maximale pour des Operateurs Polynomes de Champs de Vecteurs
59 GOLDSTEIN. Séminaire de Théorie de Nombres, Paris 83-84
60 ARBARELLO. Geometry Today
62 GUILLOU. A la Recherche de la Topologie Perdue
63 GOLDSTEIN. Séminaire de Théorie des Nombres, Paris 84-85
64 MYUNG. Malcev-Admissible Algebras
65 GRUBB. Functional Calculus of Pseudo-Differential Boundary Problems
66 CASSOU-NOGUÈS/TAYLOR. Elliptic Functions and Rings of Integers
67 HOWE. Discrete Groups in Geometry and Analysis
68 ROBERT. Autour de l'Approximation Semi-Classique
69 FARAUT/HARZALLAH. Analyse Harmonique: Fonctions Speciales et Distributions Invariantes
70 YAGER. Analytic Number Theory and Diophantine Problems

GPSR Compliance

The European Union's (EU) General Product Safety Regulation (GPSR) is a set of rules that requires consumer products to be safe and our obligations to ensure this.

If you have any concerns about our products, you can contact us on ProductSafety@springernature.com

In case Publisher is established outside the EU, the EU authorized representative is:

Springer Nature Customer Service Center GmbH
Europaplatz 3
69115 Heidelberg, Germany

Batch number: 10614741

Printed by Printforce, the Netherlands